# 逆合成孔径雷达成像处理

尹灿斌　曾创展　阮　航　劳国超　冉　达　著

哈尔滨工程大学出版社
Harbin Engineering University Press

## 内容简介

本书聚焦逆合成孔径雷达(ISAR)对空间目标的高分辨成像处理问题,共9章,系统介绍和论述了雷达测量基础、逆合成孔径雷达原理、距离-多普勒 ISAR 成像处理、ISAR 成像的运动补偿处理、距离-瞬时多普勒 ISAR 成像处理、复杂运动目标现代优化 ISAR 成像处理、稀疏孔径 ISAR 成像与运动补偿处理、双基地 ISAR 成像处理、空间目标 ISAR 图像直接定标与三维成像处理等知识,内容全面,体系完整。

本书适用于普通高等院校学习空间目标雷达探测与成像处理等相关专业的本科生、研究生,对于从事空间态势感知、雷达目标探测与识别等领域研究工作的科研人员、技术人员亦有参考价值。

**图书在版编目(CIP)数据**

逆合成孔径雷达成像处理/尹灿斌等著. --哈尔滨 : 哈尔滨工程大学出版社, 2024. 6. --ISBN 978-7-5661 -4438-6

Ⅰ. TN958

中国国家版本馆 CIP 数据核字第 2024Q1F574 号

逆合成孔径雷达成像处理
NIHECHENG KONGJING LEIDA CHENGXIANG CHULI

选题策划　田　婧
责任编辑　刘海霞
封面设计　李海波

---

出版发行　哈尔滨工程大学出版社
社　　址　哈尔滨市南岗区南通大街 145 号
邮政编码　150001
发行电话　0451-82519328
传　　真　0451-82519699
经　　销　新华书店
印　　刷　武汉精一佳印刷有限公司
开　　本　787 mm×1 092 mm　1/16
印　　张　39.25
字　　数　812 千字
版　　次　2024 年 6 月第 1 版
印　　次　2024 年 6 月第 1 次印刷
书　　号　ISBN 978-7-5661-4438-6
定　　价　238.00 元

http://www.hrbeupress.com
E-mail:heupress@ hrbeu.edu.cn

# 前　言

逆合成孔径雷达(inverse synthetic aperture radar, ISAR)是极其重要的遥感工具之一,能够实现非合作空间运动目标的高分辨成像,是空间态势感知不可或缺的重要装备,在空间态势感知、空间目标探测与识别领域地位重要,作用突出。

逆合成孔径雷达技术与合成孔径雷达(synthetic aperture radar, SAR)技术共同起源于 20 世纪 50 年代的多普勒锐化分析理论。然而,不同于 SAR 技术的蓬勃发展和一帆风顺,ISAR 技术曾长期受困于观测目标非合作运动造成的补偿困难,其高分辨成像理论与技术的早期发展较为缓慢。直到 20 世纪 60 年代,美国密歇根大学 Willow Run 实验室的 Brown 等提出了转台模型等效理论,ISAR 成像理论和技术的壁垒才逐渐获得突破。此后,美国麻省理工学院(Massachusetts Institute of Technology, MIT)林肯实验室以及德国弗劳恩霍夫高频物理和雷达技术研究所(Fraunhofer Institute for High Frequency Physics and Radar Techniques, FHR)在 ISAR 高分辨成像技术发展中发挥了重要作用。当前,用于空间目标监视、特性测量与目标识别的微波探测技术首推 ISAR。

ISAR 早期研究主要针对合作目标,目标的运动信息已知或较易获得,成像场景较为简单,如已知轨道或轨道可精确预测的空间目标,而对于非合作目标的一般化成像处理理论直到 1978 年才由 C. C. Chen 等给出了相应的解决方案。C. C. Chen 和 Andrews 等利用信号处理技术对 ISAR 实测数据中存在的距离弯曲、距离对齐以及相位补偿等问题进行了系统的分析研究,最终实现了对未知航迹的非合作飞机的成像,ISAR 才真正进入实用阶段。随后,对于空间目标成像的研究蓬勃发展,多种型号飞机的 ISAR 图像陆续获得,对舰船目标的成像研究也相继开展。20 世纪 90 年代末,针对机动目标运动补偿困难的问题,V. C. Chen 等采用联合时频分析(joint time-frequency transform, JTF)的方法获得机动目标的图像。V. C. Chen 和 Li Jian 等也针对非刚体目标游动部件在成像中产生的微多普勒效应进行了研究。进入 21 世纪后,ISAR 技术与超宽带高分辨成像技术、多功能相控阵雷达技术、分布式雷达组网技术、量子雷达技术、太赫兹成像技术、激光成像技术以及群目标成像技术等相结合,力图快速获取特殊场景构型下的高分辨目标图像。本书系统论述了 ISAR 相关的成像处理技术和方法,并尝试利用现代优化处理解决复杂运动目标的高分辨成像问题,获得了满意的结果;同时,本书还针对稀疏孔径成像和运动补偿、双基地 ISAR 探测与成像等问题尝试给出相应的技术方案,并获得了满意的结果。

现实中,目标是分布在三维空间中的,但 ISAR 图像却是距离-方位(多普勒)二维的,因此其实质是将三维目标信息投影到二维距离-多普勒平面上。对于给定的目标和已知的目标运动参数,ISAR 图像的样子由成像投影平面(imaging projection plane,IPP)决定。经典 ISAR 图像仅是一个降维测量结果,存在目标图像的尺度未标定或有标定误差的问题,空间目标的图像显示与其真实姿态和运行状况等往往存在较大差异,图像的非光学效应导致非专业用户对成像结果的理解存在困难。空间目标的传统 ISAR 图像非人眼视觉效应的特点,极大制约了高分辨二维 ISAR 图像在实际中的运用效果。这一难题在面对机动性极强的非合作空间目标时尤其突出。为满足空间目标探测、跟踪、识别、状态判断、威胁评估等方面的需求,获取空间目标的三维雷达影像一直是人们关心的问题,本书尝试探讨这一问题并给出相应的技术解决方案,获得了令人鼓舞的结果。

全书共分9章,围绕空间目标的高分辨逆合成孔径成像处理,系统介绍和论述了空间目标雷达测量的基础理论、逆合成孔径雷达基本概念和原理、距离-多普勒 ISAR 成像处理、ISAR 运动补偿处理、距离-瞬时多普勒 ISAR 成像处理、现代优化 ISAR 成像处理、稀疏孔径 ISAR 成像与运动补偿处理、双基地 ISAR 成像处理、空间目标 ISAR 图像直接定标与三维成像处理等内容。其中,尹灿斌设计、统稿了全书并撰写了第1、2、3、4、5、9章相关内容,尹灿斌、劳国超撰写了第6章相关内容,尹灿斌、曾创展撰写了第4、7、8章相关内容,尹灿斌、冉达、阮航撰写了第1、4、5章相关内容,尹灿斌、冉达审阅并统稿修改了书稿。

本书于 2020 年 12 月 27 日成稿,于 2024 年 2 月 27 日定稿。书稿撰写期间,得到了很多单位诸多同行的关心及帮助,也得到了航天工程大学各级领导和组织的支持和帮助,在此表示衷心感谢!书稿撰写期间,得到了很多爱心人士的关心、帮助和支持,在此深表谢意!祖国因你们而更加精彩,世界因你们而更加有爱!

ISAR 技术发展迅速,新技术、新方法层出不穷,限于作者经验和水平,书中难免存在个别描述不当和有所疏漏的地方,敬请读者批评指正。笔者将根据反馈,适时调整和修订书中的相关内容。

著 者

2024 年 2 月 27 日于怀柔

# 目　　录

1

# 第1章 雷达测量基础

## 1.1 雷达散射截面积

雷达散射截面积(radar cross section,RCS)是反映空间目标对雷达入射电磁波的电磁散射能力强弱的重要特性。当前对于 RCS 的定义有两种,分别是从电磁散射理论的角度和雷达测量的角度给出的。从本质含义上看,这两种角度的解释近似相同,都表示单位立体角内目标向电磁波入射方向散射功率与目标表面电磁波功率密度之比的 $4\pi$ 倍,这种定义实质反映的是目标的后向雷达散射截面积。

根据电磁散射理论中目标在平面电磁波照射下散射波各向同性的假设,目标散射功率可以由入射波功率密度与受照射等效面积的乘积表示。平面电磁波的入射功率可以定义为

$$W_i = \frac{1}{2} E_i \times H_i^* = \frac{|E_i|^2}{2\eta_0} \hat{e}_i \times \hat{h}_i^*$$

$$|W_i| = \frac{|E_i|^2}{2\eta_0} \qquad (1.1)$$

式中,$E_i$ 为入射电场强度;$H_i$ 为磁场强度;"*"号表示复共轭;$\hat{e}_i = E_i / |E_i|$;$\hat{h}_i = H_i / |H_i|$;$\eta_0$ 为自由空间中的波阻抗。

由天线接收发射电磁波的有关理论可知,雷达目标获取的电磁波总功率可以表示为入射功率密度与等效面积的乘积,目标获取电磁波总功率为

$$P = \sigma |W_i| = \frac{\sigma}{2\eta_0} |E_i|^2 \qquad (1.2)$$

根据目标散射电磁波具有各向同性的假设,目标在距离 $R$ 处的散射电磁波功率密度为

$$|W_s| = \frac{P}{4\pi R^2} = \frac{\sigma |E_i|^2}{8\pi \eta_0 R^2} \qquad (1.3)$$

参照式(1.1),目标散射功率密度也可以由散射电场强度 $E_s$ 计算:

$$|\boldsymbol{W}_{\mathrm{s}}| = \frac{1}{2\eta_0}|\boldsymbol{E}_{\mathrm{s}}|^2 \tag{1.4}$$

由式(1.3)和式(1.4)可得雷达散射截面积 $\sigma$ 为

$$\sigma = 4\pi R^2 \frac{|\boldsymbol{E}_{\mathrm{s}}|^2}{|\boldsymbol{E}_{\mathrm{i}}|^2} \tag{1.5}$$

当定义远程 RCS 时,由于距离 $R$ 足够大,照射目标的入射电磁波可以近似为平面波,雷达散射截面积 $\sigma$ 与距离 $R$ 无关。

雷达测量理论中忽略雷达内部传播途径的各种损耗,基于雷达方程式可以得到 RCS 的定义:

$$\sigma = 4\pi \cdot \frac{\dfrac{P_{\mathrm{r}}}{A_{\mathrm{r}}}}{r_{\mathrm{r}}^2} \cdot \frac{1}{\dfrac{P_{\mathrm{t}}G_{\mathrm{t}}}{4\pi r_{\mathrm{t}}^2}} \tag{1.6}$$

式中,$P_{\mathrm{r}}$ 和 $P_{\mathrm{t}}$ 分别表示接收机和发射机的功率;$A_{\mathrm{r}} = G_{\mathrm{r}}\lambda_0^2/4\pi$,为接收天线的有效面积,其中 $G_{\mathrm{r}}$ 表示天线的接收增益;$G_{\mathrm{t}}$ 表示天线的发射增益;$r_{\mathrm{r}}$ 和 $r_{\mathrm{t}}$ 分别表示目标与接收、发射天线间的距离。公式(1.5)与公式(1.6)对 RCS 的定义是一致的,区别在于公式(1.5)用于理论计算,而公式(1.6)用于实际测量。

一般雷达目标的 RCS 变化范围较大,为了方便,常用其相对 1 m² 的分贝数来表示,即

$$\sigma(\mathrm{dBsm}) = 10\lg\left[\frac{\sigma(\mathrm{m}^2)}{1(\mathrm{m}^2)}\right] \tag{1.7}$$

根据雷达波带宽、场区以及雷达信号收发位置等影响因素的不同,可以将 RCS 分为许多类。RCS 按照雷达波带宽可以分成窄带 RCS 和宽带 RCS,这里结合空间态势感知的需要,为提高窄带雷达数据的利用率,选用窄带 RCS 作为研究对象;按照场区可以分成近场 RCS 和远场 RCS,其中近场 RCS 是距离的因变量,而远场 RCS 基本不受距离影响;按雷达信号收发位置可以分成单站 RCS 和双站 RCS,其中单站 RCS 与目标的后向散射特性相关,双站 RCS 受入射方向、散射方向以及信号频率等因素的共同影响,本书主要讨论的是单站 RCS 特性测量数据。

除上述影响因素外,雷达波长是影响目标 RCS 数值大小的重要因素,因此下面介绍基于雷达波长的 RCS 分类方法。

为表示经雷达波长归一化后的目标尺寸,引入一个物理量 $ka$ 值:

$$ka = 2\pi\frac{a}{\lambda} \tag{1.8}$$

式中,$k$ 为波数;$a$ 为目标特征尺寸。根据 $ka$ 值大小的不同,目标散射特性可以分为三个散射区间。

（1）瑞利区

当 $ka<0.5$ 时一般称为瑞利区，在该区目标特征尺寸小于波长，RCS 一般与雷达工作波长的四次方成反比，主要受波长归一化的物体体积影响。

（2）谐振区

当 $0.5 \leqslant ka \leqslant 20$ 时一般称为谐振区，在该区 RCS 受不同散射分量间相互干涉的影响，会随着频率变化振荡性起伏，导致 RCS 的理论计算非常困难，只有通过对矢量波动方程进行精确求解，才能对处于该区的散射场准确分析。

（3）光学区

当 $ka>20$ 时一般称为光学区，在该区目标 RCS 大小主要受目标形状和表面粗糙度影响，光滑凸形导电目标的 RCS 可以近似视为雷达视线方向垂直平面的最大横截面积，而带有拐角、凹腔或棱边等因素的目标 RCS 相对物理横截面会明显增大。

综上所述，在瑞利区，波长归一化的物体体积决定了目标 RCS 的数值大小，姿态变化难以对其造成实质影响；在谐振区，计算 RCS 较为困难，需要对矢量波动方程精确求解，条件较为严苛；在光学区，RCS 数值大小主要受目标被观测表面形状尺寸以及结构材质影响，姿态变化会导致被观测表面变化，因此光学区 RCS 蕴含着目标姿态变化的信息，适用于检测姿态异常。

## 1.2　雷 达 测 距

雷达的英文原始定义是"radio detection and ranging"，简写为"RADAR"，本质上反映了其最基本的功能，就是测距。雷达测距的基本过程，就是利用目标对雷达发射的电磁波的散射效应实现的。雷达发射的脉冲信号与目标相遇时会被目标散射，散射的回波脉冲经过传输到达雷达接收天线，被雷达接收天线接收，如图 1.1 所示。

在自发自收的单基地雷达配置下，由于电磁波在自由空间中的传播速度是光速 $c$，因此目标和雷达之间的距离 $R$ 与回波延迟 $\tau$ 之间满足关系：

$$\tau = \frac{2R}{c} \tag{1.9}$$

因此，目标距离雷达的距离 $R$ 可以描述为

$$R = \frac{c \cdot \tau}{2} \tag{1.10}$$

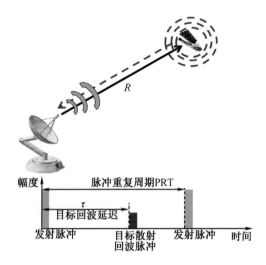

图 1.1 雷达测距的示意图

## 1.3 距离与距离分辨

如图 1.2 所示,假设雷达波束指向矢量的俯仰角为 $\varphi$,它是从本地竖直线到雷达波束指向矢量的角度。俯仰角在图像扫描带内是变化的,在远距离处角度大,在近距离处角度小。对于天底点,俯仰角等于 0°。在地面,也定义有类似的角度。本地入射角 $\theta$ 定义为雷达波束与地面本地垂线之间的夹角;对于水平地面,本地入射角就等于雷达视角($\theta=\varphi$)。本地入射角的余角定义为擦地角,记为 $\gamma$。斜距定义为天线与地面或目标的视线距离。地面距离定义为地面轨迹(即天底点)到目标的水平地面距离。在雷达主波束与地面相交的点中,离地面轨迹最近的点定义为近距点,离地面轨迹最远的点定义为远距点。

雷达的斜距方向通常定义为雷达波束指向的视线方向,地面距离通常定义为斜距在地面的投影。一般斜距方向的距离分辨率是由天线发射的雷达脉冲的物理长度,即脉冲长度决定的。脉冲长度等于脉冲持续时间 $\tau$ 乘以光速($c=3\times10^8$ m/s):

$$脉冲长度 = c\tau \tag{1.11}$$

如果雷达系统要辨别沿距离向上的两个不同目标,则目标反射信号的所有部分都必须在不同的时间被雷达天线所接收,否则就将显示为一个合成的脉冲回波,在图像上表现为一个点。斜距之差小于等于 $c\tau/2$ 的不同物体所产生的反射波将连续抵达天线,即它们会被当作一个大物体,而不是不同的物体。如果斜距之差大于 $c\tau/2$,不同目标反射的脉冲回波就不会相互重叠,它们的信号将会被单独记录下来。因此,雷达在距离方向的斜距分辨率通常就等于发射脉冲长度的一半:

$$R_{sr} = c\tau/2 \tag{1.12}$$

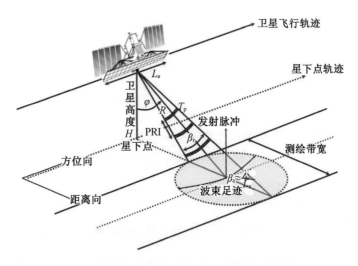

图 1.2　雷达探测的几何示意

若将 $R_{sr}$ 转换为地面距离分辨率 $R_{gr}$，可用公式

$$R_{gr} = \frac{c\tau}{2\sin\theta} \tag{1.13}$$

式中，$\tau$ 表示脉冲长度；$c$ 为光速；$\theta$ 为天线本地入射角。注意，雷达图像可以按斜距进行处理，也可按地面距离进行处理。这是一个技术选择问题，在一定程度上根据具体问题而定。从公式上可以看出，当地面距离增加时，地面距离分辨率会改善（即远距的地距分辨率要优于近距，因为远距的 $\theta$ 更大）。缩短脉冲长度，可改善分辨率。但是当大幅缩短脉冲到一定程度时，脉冲信号的能量就不够了，这会导致目标反射回波无法有效地被雷达接收器探测到。因此，实际操作中，最短脉冲长度为几微秒，对应的距离分辨率为数百米。

　　一直以来，提升雷达对目标的分辨能力基本上都是围绕着雷达脉冲的时间长度做文章的。但是实际应用中，往往需要在信号功率和距离分辨率之间进行平衡或折中。这个问题在远距离探测和高分辨能力同时需要保证的应用场合，尤其突出。由于远距离探测需要较大的脉冲能量，往往需要长脉冲；但是脉冲越长，距离分辨能力就越低。这时，探测距离和距离分辨率就成了一对矛盾体。

## 1.4　信号的带宽方程和时宽方程

　　解决探测距离和距离分辨率之间矛盾最有效的办法就是使用脉冲调制。为了后续行文的方便，这里首先引入信号的时宽方程以及信号的带宽方程的相关概念。

　　根据物理意义，频率反映信号波形起伏的快慢，因此定义频率算子为

$$W = \frac{d}{j dt} \tag{1.14}$$

利用该算子,由信号波形可以方便地计算信号的频谱特征。例如:

$$W[\exp(j\omega_0 t)] = \frac{d}{j dt}[\exp(j\omega_0 t)] = \omega_0 \exp(j\omega_0 t) \tag{1.15}$$

设给定信号为 $s(t)$,将能量归一化信号 $s(t)$ 用调幅和调相两部分表示为

$$s(t) = A(t)\exp[j\varphi(t)] \tag{1.16}$$

式中,$\int |A(t)|^2 dt = 1$。利用频率算子,其中心频率可描述为

$$<\omega> = \frac{1}{2\pi}\int s^*(t) W[s(t)] dt \tag{1.17}$$

事实上,设 $s(t)$ 的傅里叶变换为 $S(\omega)$,由中心频率的定义以及傅里叶变换的定义,得

$$<\omega> = \int \omega S(\omega) S^*(\omega)$$
$$= \left(\frac{1}{2\pi}\right)^2 \iiint \omega s^*(t) s(t') \exp[j\omega(t-t')] d\omega dt dt'$$
$$\Rightarrow <\omega> = \left(\frac{1}{2\pi}\right)^2 \frac{1}{j} \iint s^*(t) s(t') dt dt' \int \frac{d}{dt}\{\exp[j\omega(t-t')]\} d\omega$$
$$= \frac{1}{2\pi j} \iint s^*(t) s(t') \frac{d}{dt}\delta(t-t') dt dt'$$
$$= \frac{1}{2\pi} \int s^*(t) \left[\int s(t') \frac{d}{j dt}\delta(t-t') dt'\right] dt$$
$$= \frac{1}{2\pi} \int s^*(t) \frac{d}{j dt} s(t) dt$$
$$= \frac{1}{2\pi} \int s^*(t) W[s(t)] dt \tag{1.18}$$

要得到指定带宽的信号,可以有多种方式,其中最基本的方式是调幅(amplitude modulation,AM)和调频(frequency modulation,FM),它们对带宽的贡献满足带宽方程。根据信号理论,能量归一化信号 $s(t)$ 的带宽为 $B$,则

$$B^2 = B_{AM}^2 + B_{FM}^2 \tag{1.19}$$

这就是信号 $s(t)$ 的带宽方程,其中

$$B_{AM}^2 = \int [A'(t)]^2 dt \tag{1.20}$$

$$B_{FM}^2 = \int [\varphi'(t) - <\omega>]^2 A^2(t) dt \tag{1.21}$$

分别反映调幅和调频成分对信号带宽的贡献,称为调幅带宽和调频带宽。相应地

$$r_{AM} = \frac{B_{AM}}{B} \tag{1.22}$$

$$r_{FM} = \frac{B_{FM}}{B} \tag{1.23}$$

分别称为调幅带宽系数和调频带宽系数。

带宽方程表明,可以通过调整信号幅度或相位的变化得到某一指定带宽:既可以让信号幅度快速变化而相位缓慢变化,也可以让幅度缓慢变化而相位快速变化。显然,获得大带宽的方式有两种。其一,利用相位调制,通过足够长的时间可以获得大带宽。其二,利用幅度调制,当幅度变化很缓慢时,可以延长持续时间获得大带宽;反之,可以令幅度变化极快,在短时间内获得大带宽。

类似于上述讨论,设信号的归一化复频谱为

$$S(\omega) = B(\omega)\exp[j\psi(\omega)] \tag{1.24}$$

式中, $\int |B(\omega)|^2 d\omega = 1$。类似于频率算子,定义时间算子: $T = j\dfrac{d}{d\omega}$,利用该算子,由信号复频谱 $S(\omega)$ 可以方便地计算信号的波形特征。

设给定信号的复频谱为 $S(\omega)$,则其波形中心为

$$< t > = \frac{1}{2\pi}\int S^*(\omega)TS(\omega)d\omega \tag{1.25}$$

事实上,设 $S(\omega)$ 对应的能量归一化信号为 $s(t)$,由信号波形中心的定义及信号傅里叶展开,得

$$
\begin{aligned}
< t > &= \int t|s(t)|^2 dt \\
&= \int ts^*(t)s(t)dt \\
&= \left(\frac{1}{2\pi}\right)^2 \iiint S(\omega)S^*(\omega')te^{j(\omega-\omega')t}dtd\omega d\omega' \\
&= \left(\frac{1}{2\pi}\right)^2 \iint S(\omega)S^*(\omega')d\omega d\omega'\int te^{j(\omega-\omega')t}dt \\
&= \frac{j}{2\pi}\iint S(\omega)S^*(\omega')\delta'(\omega-\omega')d\omega d\omega' \\
&= \frac{j}{2\pi}\int S^*(\omega')\int S(\omega)\delta'(\omega-\omega')d\omega d\omega' \\
&= \frac{1}{2\pi}\int S^*(\omega)TS(\omega)d\omega
\end{aligned} \tag{1.26}
$$

利用信号理论可以得到信号的时宽方程:

$$T^2 = T_{SAM}^2 + T_{SPM}^2 \tag{1.27a}$$

7

其中

$$T^2_{SAM} = \int [B'(\omega)]^2 d\omega \qquad (1.27b)$$

$$T^2_{SPM} = \int [\psi'(\omega) + <t>]^2 B^2(\omega) d\omega \qquad (1.27c)$$

分别称为频谱调幅时宽和频谱调相时宽,反映信号频谱的调幅和调相成分对信号时宽的贡献。式(1.27a)中下标 SAM 表示频谱幅度调制,SPM 表示频谱相位调制。

## 1.5 频率调制、信号带宽与距离分辨率

根据信号的时宽方程和带宽方程,信号在时域中的波形形状与其在频域中的频率分布之间存在明显的联系。图 1.3 给出了信号的一些基本特征和相关概念。不失一般性,以单频信号为例,基本情况是,如果脉冲极短,则意味着信号时域波形的幅度变化剧烈,信号将具有较大的带宽,即较宽的频谱分布,反之连续波单频信号意味着极长的脉冲,信号时域波形的幅度变化几乎不存在,那么信号具有极窄的带宽,即极窄的频谱分布。

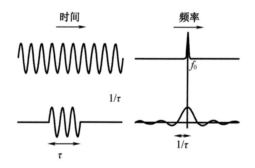

图 1.3 脉冲时域与频域的关系

利用简单的傅里叶分析理论可得出这些关系中的关键点。具体地说,矩形脉冲的频谱是一个 sinc 函数。脉冲的带宽(即频谱分布的宽度)就等于脉冲时间宽度的倒数,如图 1.3 的下半部分所示。注意,经过单频载波调制的矩形脉冲,频率的中心尽管发生了偏移,但是频谱函数的形状并没有改变。

根据脉冲带宽(即频谱分布的宽度)与脉冲时宽的倒数关系,雷达距离分辨率就有了稍微不同的定义,具体如下:

$$\Delta 距离 = c\tau/2 = c/(2B) \qquad (1.28)$$

式中,$\tau$ 为脉冲长度;带宽 $B$ 为 $\tau$ 的倒数;$c$ 为光速。

这个定义看上去纯粹是形式上的,但是可以更方便于对后续内容的理解。显然,

距离分辨率取决于信号的带宽,信号带宽越大,距离分辨率越高。但是通过幅度调制来获取大信号带宽只能使用极端窄的脉冲信号,这是不可取的,因为雷达同时还有远距离探测的高能量需求,极窄的短脉冲很难携载足够的能量。根据信号带宽方程,获取大信号带宽的途径有两种,即调幅和调频(相)。显然,可以通过长时间调频的信号来同时兼容雷达对于大带宽(高分辨)和远距离探测的需求。

对雷达脉冲进行频率调制(现在叫作"FM 脉冲")是雷达科学家 Suntharalingam Gnanalingam 于 1954 年在剑桥提出并发明的。当时开发这个技术是为了进行电离层研究。对雷达脉冲进行频率调制的最基本信号样式就是线性调频(linear frequency modulation,LFM),线性调频脉冲采用随时间线性变化的频率对脉冲进行调制,它的带宽取决于调制的频率范围,当频率变化的范围越大时,信号的带宽也越大。图 1.4 显示了线性调频脉冲的概念。线性调频脉冲调制的价值在于,因为频率调制带来的大带宽,哪怕不同物体的反射回波在时域发生了严重的重叠,被雷达脉冲照射的物体仍然可以被有效识别并区分开来。与恒定频率的有限长脉冲相比,线性调频脉冲用扫频范围代替带宽。于是,有效距离分辨率等于

$$\Delta \, 距离 = \frac{c}{2\Delta f} \tag{1.29}$$

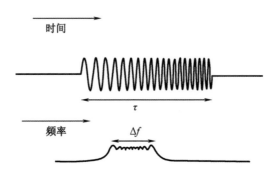

图 1.4　线性调频脉冲的概念及其时域、频域关系

由于相同时间长度的线性调频脉冲可以根据不同的扫频范围获得大信号带宽,且这一带宽比脉冲宽度的倒数大得多,因此使用线性调频脉冲可以大大改善雷达的距离分辨率。例如美国搭载于航天飞机上的成像遥感用 SIR-C X 波段雷达,其载波频率 9.61 GHz 上的线性调频脉冲信号具有 9.5 MHz 的信号带宽,可以获得约 15 m 的距离分辨率;若线性调频脉冲信号具有更大的信号带宽,如 95 MHz,则可以获得约 1.5 m 的距离分辨率。

## 1.6　脉冲压缩与高分辨距离像

上一节阐明了频率调制、信号带宽与距离分辨率之间的关系。根据这一关系,可以采用线性调频脉冲信号来同时兼容雷达对于大带宽(高分辨)和远距离探测的需求。线性调频脉冲信号究竟是通过怎样的过程实现高分辨的呢?

当雷达采用了宽频带信号后,距离分辨率可大大提高。根据散射点模型,设目标的散射点为理想的几何点,若发射信号为 $p(t)$,对不同距离的多个散射点目标,其回波可写成

$$s_r(t) = \sum_i A_i p\left(t - \frac{2R_i}{c}\right) e^{-j\frac{2\pi f_c}{c}R_i} \tag{1.30}$$

式中,$A_i$ 和 $R_i$ 分别为第 $i$ 个散射点回波的幅度和距离;$p(\cdot)$ 为归一化的回波包络;对于线性调频信号而言,$p(t) = \text{rect}\left(\dfrac{t}{T_p}\right)\exp(j\pi\gamma t^2)$,其中 $T_p$ 为脉冲宽度,$\gamma$ 为调频斜率;$f_c$ 为载波频率;$c$ 为光速。

若以单频脉冲发射,脉冲越窄,信号带宽越宽。但发射很窄的脉冲,要有很高的峰值功率,实际困难较大,通常都采用大时宽的宽频带信号(例如线性调频信号),并在接收后通过信号处理得到窄脉冲,从而实现目标的分辨。

将回波信号换到频域来讨论如何处理,这时有

$$S_r(f) = \sum_i A_i P(f) e^{-j\frac{2\pi(f_c+f)}{c}R_i} \tag{1.31}$$

对理想的点目标当然希望重建其响应为冲激脉冲,如果 $P(f)$ 在所有频率上均没有零分量,则冲激脉冲信号可通过逆滤波得到,即

$$F_{(\omega)}^{-1}\left[\frac{S_r(f)}{P(f)}\right] = \sum_i A_i e^{-j\frac{2\pi f_c}{c}R_i}\delta\left(t - \frac{2R_i}{c}\right) \tag{1.32}$$

实际 $P(f)$ 的频带虽然较宽,但总是带宽有限的信号,考虑到 $P(f)$ 本身的带通特性,上式采用的逆滤波在频域使用了除法,这会给实际应用带来很多棘手的问题。譬如,导致带外噪声的放大效应,因而逆滤波并不是最佳的处理方式,如图 1.5 所示。

根据信噪比最大化准则,雷达接收机通常采用一种实用的方法来实现目标分辨,即匹配滤波。匹配滤波通过参考信号的频谱相乘,将回波信号各频率分量的相位补偿掉,然后再经过逆傅里叶变换实现最终响应的输出。匹配滤波的过程及其输出为

$$s_{rM}(t) = F_{(f)}^{-1}\left[S_r(f)P^*(f)\right]$$
$$= F_{(f)}^{-1}\left[\sum_i A_i P(f)P^*(f) e^{-j\frac{2\pi(f_c+f)}{c}R_i}\right]$$

$$= \sum_i A_i \mathrm{e}^{-\mathrm{j}\frac{2\pi f_c}{c}R_i} F_{(f)}^{-1} \left[ \, | P(f) \, |^2 \mathrm{e}^{-\mathrm{j}\frac{2\pi f}{c}R_i} \right]$$

$$= \sum_i A_i \mathrm{e}^{-\mathrm{j}\frac{2\pi f_c}{c}R_i} \mathrm{psf}\left( t - \frac{2R_i}{c} \right) \tag{1.33}$$

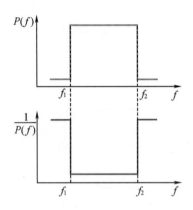

图 1.5　逆滤波的带外噪声放大效应

这里 $P^*(\,\cdot\,)$ 为 $P(\,\cdot\,)$ 的复共轭,而

$$\mathrm{psf}(t) = F_{(f)}^{-1} \left[ \, | P(f) \, |^2 \right] \tag{1.34}$$

式中,$\mathrm{psf}(t)$ 称为时域点散布函数。对于线性调频脉冲信号而言,$\mathrm{psf}(t)$ 具有 sinc 函数的形状。在时域上看,匹配滤波相当于信号与滤波器冲激响应的卷积。对一已知波形的信号做匹配滤波,滤波器冲激响应为该波形的共轭反转(时间倒置)。若波形的时间长度为 $T_p$,则卷积输出信号时间长度为 $2T_p$。

　　根据信号的时宽方程,信号在时域的时间宽度是频谱调幅时宽和频谱调相时宽的和。匹配滤波的操作过程相当于在频域通过频谱共轭相乘消除了回波信号频谱的相位调制项,直接导致经过匹配滤波后输出的时域信号时间宽度损失了频谱调相时宽,直接的效应是压缩了信号的时间宽度。因此,在雷达领域又将匹配滤波处理过程称为"脉冲压缩"。经过匹配滤波的雷达信号的时间宽度约等于时域点散布函数的主瓣宽度。

　　实际上,匹配滤波后输出信号的主瓣宽度近似等于频谱调幅时宽,主要由信号频谱的带宽决定,其取值约为 $1/B$($B$ 为信号的带宽),因此距离分辨率为 $\frac{c}{2B}$。由于调频信号的带宽 $B$ 通常较大,而且时宽和带宽的积 $BT \gg 1$,因此匹配滤波之后输出的时域点散布函数的主瓣宽度是很窄的,在整个时宽为 $2T_p$ 的输出中,绝大部分区域为幅度很低的副瓣。此时通过检测时域点散布函数的主瓣来发现并测量目标的距离信息。

　　当目标是静止的离散点时,其雷达回波为一系列不同延时和复振幅的已知波形之

11

和,对这样的信号用发射波形做匹配滤波时,由于滤波是线性过程,可等效为分别处理后迭加。如果目标长度相应的回波距离段为 $\Delta r$,其相对应的时间段为 $\Delta T(\Delta T = 2\Delta r/c)$,考虑到发射信号时宽为 $T_p$,则目标所对应的回波时间长度为 $\Delta T+T_p$,因此匹配滤波后的输出信号长度为 $\Delta T+2T_p$。虽然如此,具有离散主瓣的时间段仍只有 $\Delta T$,两端的部分只是副瓣区,不含目标的主要信息。需要指出的是,通过卷积做匹配滤波的运算量相对较大,因此通常在频域通过频谱共轭相乘再做逆傅里叶变换的方式实现雷达回波的脉冲压缩,如图 1.6 所示。

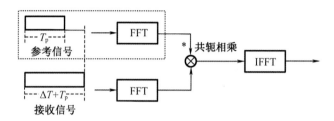

图 1.6 匹配滤波实现雷达脉冲压缩的示意图

注:FFT 为快速傅里叶变换;IFFT 为快速傅里叶逆变换。

实际处理中,为了压低副瓣,通常会将匹配函数加窗,然后补零延伸为 $\Delta T+T_p$ 的时间长度,做傅里叶变换后做共轭,再与回波信号的傅里叶变换相乘后,做傅里叶逆变换,并取前 $\Delta T$ 时间段的有效数据段作为最终的输出。通过匹配滤波实现雷达脉冲压缩后,其距离分辨率为 $\dfrac{c}{2B}$,距离采样率为 $\dfrac{c}{2f_s}$,其中 $f_s$ 为采样频率,$T_s = \dfrac{1}{f_s}$ 为采样周期,距离采样周期通常要求小于等于距离分辨单元长度。

注意,通过匹配滤波实现脉冲压缩的过程适用于任意形式的信号波形,只要该波形的调制方式具有大带宽、大时宽的特点,就可以同时兼顾雷达探测的远距离和高分辨需求。其中主要的区别在于匹配滤波输出点散布函数的具体形状和旁瓣特性是不同的。由于线性调频脉冲信号的包络通常是矩形,且其频谱幅度也近似为宽度等于信号带宽的矩形,因此其脉冲压缩的点散布函数的形状是 sinc 函数。

线性调频信号脉冲压缩的实现过程在实际当中是采用色散延迟线来实现的。通过色散延迟线实现脉冲压缩,就是将接收信号经过一条与发射的线性调频信号调频斜率相反的延迟线,使得到达时间上有先有后的不同频率成分通过延迟线后产生不同的延迟。这种延迟对于先出现的频率分量较大,对于后出现的频率分量较小,确保不同的频率分量同时到达延迟线的输出端,从而实现能量累积。由于每个频率分量的持续时间相对于发射脉冲的长度极短,故而实现了脉冲的压缩处理,如图 1.7 所示。

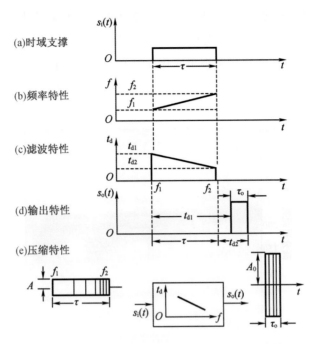

图 1.7 基于色散延迟线的线性调频信号脉冲压缩

利用色散延迟线实现脉冲压缩的过程可以简单地描述为:雷达发射频率线性变化的脉冲,在接收端设置压缩网络,引入与发射信号频率变化相反的时延,线性调制的不同频率经过色散延迟线后,先进入延迟线的频率分量延迟量长,后进入延迟线的频率分量延迟量短,使得不同频率分量的能量在同一时刻到达延迟线输出端,从而输出窄脉冲,实现脉冲压缩。

宽带信号为雷达目标识别提供了较好的实现基础。现代雷达常常希望能对非合作目标进行特性测量和识别。常规窄带雷达由于距离分辨率很低,一般目标(如飞机、卫星、舰船等)都将呈现为"点"目标,其波形虽然也包含一定的目标信息,但十分粗糙。信号带宽为几百兆赫兹甚至上吉赫兹的雷达,目标回波为高分辨(high resolution,HR)信号,分辨率可达亚米级,使得一般目标的高分辨回波呈现为一维高分辨距离像(high resolution range profile,HRRP)。

虽然目标的散射模型随视角变化缓慢,但一维高分辨距离像的变化却要快得多。一维高分辨距离像是三维分布的目标散射中心的回波之和,在远场平面波前假设条件下,相当于三维回波以向量和的方式在雷达视线上投影并叠加,即相同距离分辨单元里的回波做向量相加。由于雷达对目标视角的微小变化,会使位于同一距离分辨单元内而横向位置不同散射点的径向距离差发生改变,从而使两者对应散射中心的回波相位差产生显著变化。因此,目标的一维高分辨距离像中尖峰的位置随视角缓慢变化(由于散射模型缓变),而尖峰的振幅则可能是快速变化的,尤其是当对应的距离分辨单元中有多个散射中心时更是如此。图 1.8 是某雷达实测的某目标的一维高分辨距离像,图中不同脉冲序号对应的探测视角发生了变化,因此所得的一维高分辨距离像变化剧烈。一维高分辨距离像随视角变化而具有的峰值位置缓变性和峰值幅度快变性可作为目标特性识别的基础。

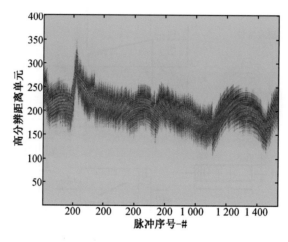

(a)1 356 个脉冲对应的一维高分辨距离像

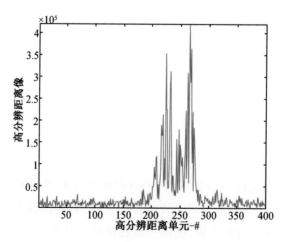

(b)第 1 个脉冲

图 1.8　某目标的实测一维高分辨距离像

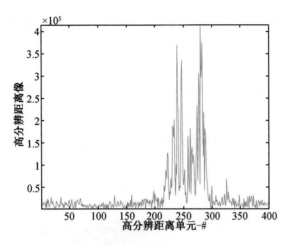

(c)第 2 个脉冲

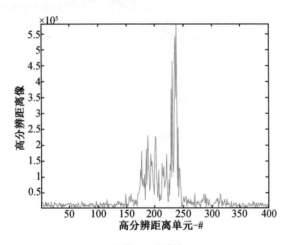

(d)第 100 个脉冲

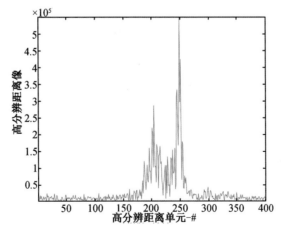

(e)第 351 个脉冲

图 1.8(续)

## 1.7 雷达方程

如图 1.9 所示,假设点目标的 RCS 为 $\sigma$,目标距离雷达的距离为 $R$,雷达辐射的功率为 $P_t$,雷达发射天线的增益为 $G_t$,雷达天线接收信号的等效接收面积为 $A_r$,则根据雷达方程,雷达能够接收到的点目标回波信号功率可以表示为

$$S_1 = \frac{P_t G_t}{4\pi R^2} \sigma \frac{A_r}{4\pi R^2} \qquad (1.35)$$

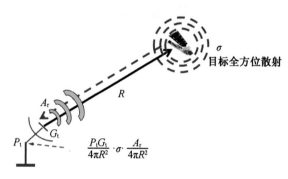

图 1.9　雷达对目标的探测几何

对于使用相同的收、发天线的雷达系统,接收天线增益与发射天线增益是相同的,根据天线增益与等效接收面积之间的关系 $A_r = \dfrac{G_t \lambda^2}{4\pi}$,于是点目标的回波信号功率可以表示为

$$S_1 = \frac{P_t G_t^2 \lambda^2 \sigma}{(4\pi)^3 R^4} \qquad (1.36)$$

考虑到各种损耗因素,引入一个系统损耗因子 $l_s (l_s > 1)$,于是上式可改写为

$$S_1 = \frac{P_t G_t^2 \lambda^2 \sigma}{(4\pi)^3 R^4 l_s} \qquad (1.37)$$

就高分辨能力的雷达而言,至少需要考虑两个特点,一是明确分布式目标雷达截面积 $\sigma$ 的表达式;二是需要考虑回波信号在探测的脉冲积累时间内的相干效应。根据目标散射理论,有

$$\sigma = \sigma^0 A \qquad (1.38)$$

式中,$\sigma^0$ 是地面分布目标的归一化后向散射系数;$A$ 是目标散射单元的有效面积。如果高分辨雷达的方位向分辨率为 $\rho_a$,距离向分辨率为 $\rho_r$,则有

$$A = \rho_a \rho_r \qquad (1.39)$$

因此有

$$\sigma = \sigma^0 \rho_a \rho_r \tag{1.40}$$

故通过单个脉冲获得的目标的回波信号功率可以表示为

$$S_1 = \frac{P_t G_t^2 \lambda^2 \sigma^0 \rho_a \rho_r}{(4\pi)^3 R^4 l_s} \tag{1.41}$$

如果雷达的脉冲重复频率为 $F_r$，探测目标的积累时间为 $T_a$，则一个探测积累时间内雷达可以获取的脉冲数为 $F_r T_a$，因此探测目标的积累时间内，目标回波信号强度可以表示为

$$S_1 = \frac{P_t G_t^2 \lambda^2 \sigma^0 \rho_a \rho_r}{(4\pi)^3 R^4 l_s} F_r T_a \tag{1.42}$$

考虑到与回波信号同时存在的雷达系统热噪声，其功率为

$$N = k T_s B_s \tag{1.43}$$

式中，$k = 1.380\,54 \times 10^{-23}$ J/K，为玻尔兹曼常数；$T_s$ 为系统等效噪声温度，单位为 K；$B_s$ 为系统接收带宽，单位为 Hz。

因此，单个脉冲回波的信号-噪声功率比为

$$(S/N)_1 = \frac{P_t G_t^2 \lambda^2 \sigma^0 \rho_a \rho_r}{(4\pi)^3 R^4 l_s k T_s B_s} \tag{1.44}$$

探测目标的积累时间内的信号-噪声功率比为

$$(S/N)_{T_a} = \frac{P_t G_t^2 \lambda^2 \sigma^0 \rho_a \rho_r}{(4\pi)^3 R^4 l_s k T_s B_s} F_r T_a \tag{1.45}$$

式(1.45)即为雷达中决定检测前信噪比的雷达方程。由于雷达的平均功率 $P_{av}$ 与峰值功率 $P_t$ 的关系为

$$P_{av} = P_t T_p F_r = E_t F_r \tag{1.46}$$

式中，$E_t$ 为单个脉冲的发射信号的能量。于是探测目标的积累时间内的信号-噪声功率比可通过平均功率 $P_{av}$ 表示为

$$(S/N)_{T_a} = \frac{P_{av} G_t^2 \lambda^2 \sigma^0 \rho_a \rho_r}{(4\pi)^3 R^4 l_s k T_s B_s T_p} T_a = \frac{E_t G_t^2 \lambda^2 \sigma^0 \rho_a \rho_r}{(4\pi)^3 R^4 l_s k T_s B_s T_p} F_r T_a \tag{1.47}$$

注意到线性调频信号脉冲压缩后的脉冲宽度 $\tau_{pc} \approx \frac{1}{B_s}$，根据能量守恒定律，脉冲压缩增益为 $n_r = T_p B_s$，故脉冲压缩后的信号-噪声功率比为

$$(S/N)_{T_a} = \frac{P_{av} G_t^2 \lambda^2 \sigma^0 \rho_a \rho_r}{(4\pi)^3 R^4 l_s k T_s} T_a = \frac{E_t G_t^2 \lambda^2 \sigma^0 \rho_a \rho_r}{(4\pi)^3 R^4 l_s k T_s} F_r T_a \tag{1.48}$$

通常情况下，雷达在探测目标的积累时间内的脉冲累积可以理解为方位向的脉冲压缩过程，类似于对单个脉冲回波的脉冲压缩过程，其脉冲压缩增益为 $n_a \approx T_a B_a$，其中 $B_a$ 为雷达在探测目标的积累时间内形成的多普勒带宽，通常情况下 $B_a \approx F_r$，于是经过

二维相干处理的信号-噪声功率比可改写为

$$(S/N)_{T_a} = \left[ \frac{P_t G_t^2 \lambda^2 \sigma^0 \rho_a \rho_r}{(4\pi)^3 R^4 l_s k T_s B_s} \right] \cdot (n_r n_a) \tag{1.49}$$

式中,前一部分对应常规的非脉冲压缩雷达的一次脉冲探测的信号-噪声功率比,因此二维脉冲压缩雷达的信号-噪声功率比 $(S/N)_{PC}$ 与常规的非脉冲压缩雷达信号-噪声功率比 $(S/N)_{con}$ 之间的关系为

$$(S/N)_{PC} = (S/N)_{con} \cdot (n_r n_a) \tag{1.50}$$

由于 $n_r \gg 1, n_a \gg 1$,可见进行二维脉冲压缩的相干处理后,雷达的信号-噪声功率比得到了极大的改善,与常规非脉冲压缩雷达相比,脉冲压缩雷达的抗干扰能力大大增强了。

在二维脉冲压缩等成像雷达的目标探测过程中,为了进一步改善图像的质量,抑制噪声干扰的影响,通常会进行多视处理。独立视数为 $M$ 的多视处理就是把整个探测时间分为 $M$ 个子片段,$M$ 个子片段时间内的信号分别进行二维脉冲压缩相干处理,即子孔径处理,然后再将 $M$ 个子孔径处理获得的子图像非相干叠加,达到降低合成图像噪声干扰电平的目的。由于子孔径处理的方位多普勒信号带宽只有整个探测时间(即全孔径)内方位多普勒信号带宽的 $\frac{1}{M}$,因此子孔径处理的方位压缩增益为 $n_{asub} \approx \frac{T_a B_a}{M}$,同时还应该注意到子孔径处理能够获得的方位可分辨单元尺寸增大为全孔径时的 $M$ 倍,且 $M$ 个子图像非相干叠加是在信号检测后进行的,已经丢失了相位信息,是一种非相干累积,对信噪比的改善为 $\sqrt{M}$ 倍。因此多视处理后的信号-噪声比为

$$(S/N)_{T_a,M} = \left[ \frac{P_t G_t^2 \lambda^2 \sigma^0 M \rho_a \rho_r}{(4\pi)^3 R^4 l_s k T_s B_s} \right] \cdot \left( \frac{n_r n_a}{M} \right) \cdot \sqrt{M} = \sqrt{M} \cdot (S/N)_{T_a} \tag{1.51}$$

可见,多视处理确实能够改善图像的信噪比,但是以二维探测图像的分辨率的降低为代价的。在设计阶段,雷达的作用距离是作为一个指标给定的,此时必须决定达到图像质量要求的信噪比时需要的发射功率。根据前面的推导,可以比较容易地得到下列雷达方程:

$$P_t = \frac{(4\pi)^3 R^4 l_s k T_s B_s}{G_t^2 \lambda^2 \sigma^0 \rho_a \rho_r \cdot (n_r n_a) \cdot \sqrt{M}} \cdot (S/N)_{T_a,M} \tag{1.52}$$

在某些情况下会用到雷达的噪声等效后向散射系数 $NE\sigma^0$ 的概念,该值通常作为雷达任务的一个指标加以提出,需要在设计时予以考虑。$NE\sigma^0$ 定义为单视信号-噪声比等于 1 时目标的归一化后向散射系数,于是有

$$NE\sigma^0 = \frac{(4\pi)^3 R^4 l_s k T_s B_s}{P_t G_t^2 \lambda^2 \rho_a \rho_r \cdot n_r n_a} \tag{1.53}$$

## 1.8　典型雷达测量信号及其距离像合成原理

### 1.8.1　线性调频信号及其脉冲压缩

假设单基地雷达探测的空间几何示意如图 1.10 所示。以场景中心点 $O$ 为原点，建立直角坐标系 $O$-$xyz$，雷达沿航线 $y'$ 方向以速度 $v$ 匀速运动（$y'$ 轴与 $y$ 平行）。场景中存在一点目标 $p$，位置矢量为 $r_p$，散射系数为 $\sigma_p$，雷达平台 $O'$ 到场景中心点 $O$ 和目标 $p$ 的距离矢量分别为 $r_0$ 和 $r_{p0}$，其中 $r_0$ 的擦地角与方位角分别为 $\varphi_{\eta 0}$ 和 $\theta_{\eta 0}$，其大小随方位慢时间 $\eta$ 变化。

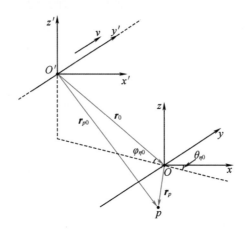

图 1.10　单基地 SAR 成像空间几何示意图

雷达采用线性调频信号，且发射信号为

$$s_t(t') = \mathrm{rect}(t'/T_p) \cdot \exp\left[ j(2\pi f_c t' + \pi K_r t'^2) \right] \tag{1.54}$$

式中，$t'$ 代表快时间；$T_p$ 为脉冲时间宽度；$K_r$ 为信号调频率；$f_c$ 为载波中心频率；$\mathrm{rect}$（·）为窗函数，$\mathrm{rect}(t'/T_p) = \begin{cases} 1, & -T_p/2 \leqslant t' \leqslant T_p/2 \\ 0, & \text{其他} \end{cases}$。发射信号经目标 $p$ 散射后被雷达接收的回波信号 $s_r(t', \eta)$ 可表示为

$$s_r(t', \eta) = \sigma_p \cdot \mathrm{rect}\left[ (t'-\tau_p)/T_p \right] \exp\left[ j\pi K_r(t'-\tau_p)^2 \right] \exp\left[ j2\pi f_c(t-\tau_p) \right] \tag{1.55}$$

式中，$\eta$ 代表慢时间；$t$ 为全时间，且有 $t = t' + \eta$；$\tau_p$ 为目标 $p$ 对应的信号双程时延。

LFM 信号脉冲压缩有匹配滤波处理和解线调处理两种方式，下面分别予以介绍。

（1）匹配滤波处理

匹配滤波处理是指寻找一个参考函数，使得信号经过匹配滤波处理后系统获得的信噪比最大。由于 FFT 的高效运算性能，匹配滤波处理一般在频域进行。设回波信

号 $s_r(t',\eta)$ 的匹配滤波参考信号 $s_{ref}^{(MF)}(t')$ 为

$$s_{ref}^{(MF)}(t') = rect(t'/T_p) \cdot \exp(j\pi K_r t'^2) \qquad (1.56)$$

将 $s_r(t',\eta)$ 解调到基带并做距离向 FFT,然后与参考信号 $s_{ref}^{(MF)}(t')$ 的频域形式共轭相乘,有

$$S_{MF}(f,\eta) = S_r(f,\eta) \cdot [S_{ref}^{(MF)}(f)]^*$$
$$= \sigma_p \cdot [rect(f/B_r)]^2 \exp(-j2\pi f\tau_p)\exp(-j2\pi f_c\tau_p) \qquad (1.57)$$

做距离向 IFFT,有

$$s_{MF}(t',\eta) = \sigma_p B_r \cdot sinc[B_r(t-\tau_p)] \exp(-j2\pi f_c\tau_p) \qquad (1.58)$$

式中,$sinc(x) = \sin(\pi x)/(\pi x)$;$B_r = K_r T_p$,为信号带宽。

（2）解线调处理

解线调处理是针对 LFM 信号提出的一种特殊处理方法,通过回波信号和一个固定时延,且与其载波频率和调频率相同的 LFM 参考信号在时域做差频处理,实现 LFM 信号在距离向(频域)能量的累积。

以场景中心点 $O$ 为参考点,解线调处理的参考信号 $s_{ref}^{(DC)}(t')$ 可表示为

$$s_{ref}^{(DC)}(t') = rect[(t'-\tau_0)/T_{ref}]\exp[j\pi K_r(t'-\tau_0)^2]\exp[j2\pi f_c(t-\tau_0)] \qquad (1.59)$$

式中,$T_{ref}$ 为参考信号宽度,$T_{ref}$ 略大于 $T_p$;$\tau_0 = 2R_{ref}/c$,为合成孔径时间内雷达平台 $O'$ 与场景中心点 $O$ 之间最近斜距 $R_{ref} = \min(|r_0|)$ 对应的信号双程时延。将回波信号 $s_r(t',\eta)$ 与 $s_{ref}^{(DC)}(t')$ 的共轭相乘,差频信号 $s_{DC}(t',\eta)$ 可表示为

$$s_{DC}(t',\eta) = s_r(t',\eta) \cdot [s_{ref}^{(DC)}(t')]^*$$
$$= \sigma_p \cdot rect[(t'-\tau_p)/T_p]\exp[-j2\pi K_r(\tau_p-\tau_0)(t'-\tau_0)] \cdot$$
$$\exp[-j2\pi f_c(\tau_p-\tau_0)] \cdot \exp[j\pi K_r(\tau_p-\tau_0)^2] \qquad (1.60)$$

式中,$[\cdot]^*$ 为取共轭操作。式中信号基带延迟 $\tau_0$ 与信号包络延迟 $\tau_p$ 存在明显的差异。为避免上述差异对成像结果的影响,在后续信号处理前需要首先完成对回波信号的包络对齐处理。因此,$s_{DC}(t',\eta)$ 可改写为

$$s_{DC}(t',\eta) = \sigma_p \cdot rect[(t'-\tau_p)/T_p]\exp[-j2\pi K_r(\tau_p-\tau_0)(t'-\tau_p+\tau_p-\tau_0)] \cdot$$
$$\exp[-j2\pi f_c(\tau_p-\tau_0)] \cdot \exp[j\pi K_r(\tau_p-\tau_0)^2]$$
$$= \sigma_p \cdot rect[(t'-\tau_p)/T_p]\exp[-j2\pi K_r(\tau_p-\tau_0)(t'-\tau_p)] \cdot$$
$$\exp[-j2\pi f_c(\tau_p-\tau_0)] \cdot \exp[-j\pi K_r(\tau_p-\tau_0)^2] \qquad (1.61)$$

将其变换到频域,有

$$S_{DC}(f,\eta) = \sigma_p T_p \cdot sinc\{T_p[f+K_r(\tau_p-\tau_0)]\} \cdot \exp[-j2\pi f_c(\tau_p-\tau_0)] \cdot$$
$$\exp[-j\pi K_r(\tau_p-\tau_0)^2] \cdot \exp(-j2\pi f\tau_p) \qquad (1.62)$$

可见回波信号 $s_r(t',\eta)$ 解线调处理后的频域形式为频点在 $f = -K_r(\tau_p-\tau_0)$ 处的 sinc 状窄脉冲。乘以相位因子 $\exp(j2\pi f\tau_0)$,有

$$S_{\mathrm{DC}}(f,\eta) = \sigma_p T_{\mathrm{p}} \cdot \mathrm{sinc}\{T_{\mathrm{p}}[f + K_{\mathrm{r}}(\tau_p - \tau_0)]\} \cdot \exp[-\mathrm{j}2\pi f_{\mathrm{c}}(\tau_p - \tau_0)] \cdot$$
$$\exp[-\mathrm{j}\pi K_{\mathrm{r}}(\tau_p - \tau_0)^2] \cdot \exp[-\mathrm{j}2\pi f(\tau_p - \tau_0)] \tag{1.63}$$

式中,第二个相位项为解线调处理特有的相位——"剩余视频相位(residual video phase, RVP)",最后一个相位项为包络斜置相位,上述两相位均会给成像结果带来不利影响,必须予以消除。由于 $f = -K_{\mathrm{r}}(\tau_p - \tau_0)$,式中后两个相位项可合并为

$$\exp(\mathrm{j}\varPhi_{\mathrm{RVP}}) = \exp[-\mathrm{j}\pi K_{\mathrm{r}}(\tau_p - \tau_0)^2 - \mathrm{j}2\pi f(\tau_p - \tau_0)] = \exp(\mathrm{j}\pi f^2/K_{\mathrm{r}}) \tag{1.64}$$

由式(1.64)可知,通过乘以 $S_{\mathrm{RVP}}(f) = \exp(-\mathrm{j}\varPhi_{\mathrm{RVP}})$,可去除 RVP 和包络斜置相位。在此基础上,利用 IFFT 将其变回到频域,即可得到 RVP 补偿和包络斜置校正后回波信号的解线调处理结果,有

$$S_{\mathrm{DC}}(f,\eta) = \sigma_p T_{\mathrm{p}} \cdot \mathrm{sinc}\{T_{\mathrm{p}}[f + K_{\mathrm{r}}(\tau_p - \tau_0)]\} \cdot \exp[-\mathrm{j}2\pi f_{\mathrm{c}}(\tau_p - \tau_0)] \tag{1.65}$$

对比上述式子可以看出,匹配滤波处理和解线调处理均可实现回波信号能量在距离向的有效累积,不同的是前者信号能量累积在时域,而后者信号能量累积在频域。图 1.11 给出了同一 LFM 信号匹配滤波处理和解线调处理后的距离向脉冲压缩结果。由图 1.11 可以看出,匹配滤波和解线调两种处理方式均能实现对 LFM 信号的能量累积。

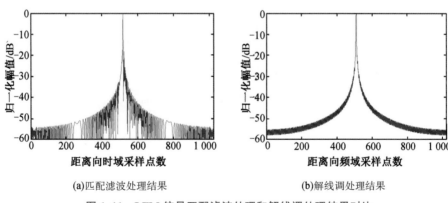

(a)匹配滤波处理结果　　　　　　　　(b)解线调处理结果

图 1.11　LFM 信号匹配滤波处理和解线调处理结果对比

### 1.8.2　线性调频连续波信号及其脉冲压缩

传统雷达通常采用脉冲模式,对系统的峰值功率要求较高,且系统体积和成本较大。线性调频连续波(linear frequency modulation continuous wave, LFMCW)雷达采用独立的收、发天线不间断地发射和接收信号,大大降低了雷达系统对峰值功率的要求,简化了天线收发组件的设计难度,有效地提高了发射机和天线收发组件的能量利用率及系统可靠性,可实现雷达系统的小型化、轻型化和低成本。

本节针对线性调频连续波雷达,建立其回波信号模型,并研究适用于该信号的脉

冲压缩方法。线性调频连续波雷达收发信号的过程不再适用"走－停"模型,与 LFM 雷达在回波模型以及信号处理的方法上存在较大的差异,但是通过一定的预处理,可将两者的处理流程统一起来。图 1.12 给出了 LFMCW 雷达探测的空间几何示意图。

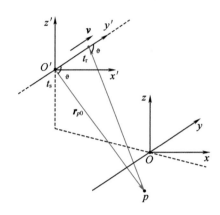

**图 1.12　LFMCW 雷达探测空间几何示意图**

如图 1.12 所示,雷达与静止目标 $p$ 之间的距离矢量为 $\boldsymbol{r}_{p0}$,雷达沿航线 $y'$ 以速度 $\boldsymbol{v}$ 运动,$\vartheta$ 为雷达速度矢量 $\boldsymbol{v}$ 与 $\boldsymbol{r}_{p0}$ 之间的夹角。方位慢时间 $\eta$ 时刻,雷达发射信号时对应的快时间为 $t_s$,接收信号时对应的快时间为 $t_r$。快时间 $t_s$ 时刻发射的 LFMCW 信号经历的自由空间传输延迟 $\tau$ 可描述为信号从雷达发射机到目标 $p$ 的延迟 $\tau_1$ 与经目标 $p$ 散射再到雷达接收机的延迟 $\tau_2$ 之和,即 $\tau = \tau_1 + \tau_2$。记方位慢时间 $\eta$ 时刻,雷达与目标 $p$ 之间的距离为 $R_{p0} = |\boldsymbol{r}_{p0}|$,故 $\tau_1$ 和 $\tau_2$ 可分别表示为

$$\tau_1 = \frac{R_{pt}(t_s)}{c} = \frac{\sqrt{R_{p0}^2 + v^2 t_s^2 - 2R_{p0} v t_s \cos\vartheta}}{c} \tag{1.66}$$

$$\tau_2 = \frac{R_{pr}(t_r)}{c} = \frac{\sqrt{R_{p0}^2 + v^2 t_r^2 - 2R_{p0} v t_r \cos\vartheta}}{c} = \frac{\sqrt{R_{p0}^2 + v^2 (t_s + \tau)^2 - 2R_{p0} v (t_s + \tau) \cos\vartheta}}{c} \tag{1.67}$$

式中,$t_r = t_s + \tau$;$v = |\boldsymbol{v}|$,为雷达平台的速度;$R_{pt}(t_s)$ 和 $R_{pr}(t_r)$ 分别为方位慢时间 $\eta$、快时间 $t_s$ 和 $t_r$ 时刻对应的雷达与目标 $p$ 之间的距离。

根据 $\tau_1^2 = (\tau - \tau_2)^2 = \tau^2 + \tau_2^2 - 2\tau \cdot \tau_2$,于是 $\tau$ 可以表示为

$$\tau = \frac{2c\sqrt{R_{p0}^2 + v^2 t_s^2 - 2R_{p0} v t_s \cos\vartheta} + 2v^2 t_s - 2R_{p0} v \cos\vartheta}{c^2 - v^2} \tag{1.68}$$

式(1.68)是以方位慢时间 $\eta$、快时间 $t_s$ 时刻发射的信号经目标 $p$ 散射后被雷达再次接收时对应的传输延迟。考虑到延时 $\tau$ 中的时间变量在根号内部,这会给回波分析和成像算法的推导带来诸多不便,因此将延时 $\tau$ 用快时间 $t_s$ 的一阶泰勒级数展开:

$$\tau = \tau_{0s} + \dot{\tau}_s \cdot t_s \tag{1.69}$$

$$\tau_{0s} = (2cR_{p0} - 2R_{p0}v\cos\vartheta)/(c^2 - v^2) \tag{1.70}$$

$$\dot\tau_s = \left[\frac{2c(v^2 t_s - R_{p0}v\cos\vartheta)}{\sqrt{R_{p0}^2 + v^2 t_s^2 - 2R_{p0}vt_s\cos\vartheta}} + 2v^2\right]/(c^2 - v^2) \tag{1.71}$$

将 $t_r = t_s + \tau$ 代入，有

$$\tau = \tau_{0s} + \dot\tau_s \cdot t_s = \tau_{0s} + \dot\tau_s \cdot (t_r - \tau) \Rightarrow \tau = \frac{\tau_{0s} + \dot\tau_s \cdot t_r}{1 + \dot\tau_s} \tag{1.72}$$

于是，LFMCW 雷达的回波模型可表示为

$$s_r(t_r,\eta) = \sigma_p \cdot \mathrm{rect}[(t_r-\tau)/\mathrm{PRT}] \cdot \exp[j\pi K_r(t_r-\tau)^2]\exp[j2\pi f_c(t-\tau)] \tag{1.73}$$

式中，$t = t_r + \eta$，为全时间；PRT 为线性调频连续波信号的周期。为方便后续表达，后面的均以 $t'$ 代替 $t_r$。于是有

$$\begin{aligned}
s_r(t',\eta) &= \sigma_p \cdot \mathrm{rect}[(t'-\tau)/\mathrm{PRT}] \cdot \exp[j\pi K_r(t'-\tau)^2]\exp[j2\pi f_c(t-\tau)]\\
&= \sigma_p \cdot \mathrm{rect}\left[\left(t' - \frac{\tau_{0s} + \dot\tau_s \cdot t'}{1 + \dot\tau_s}\right)/\mathrm{PRT}\right] \cdot\\
&\quad \exp\left[j\pi K_r\left(t' - \frac{\tau_{0s} + \dot\tau_s \cdot t'}{1 + \dot\tau_s}\right)^2\right]\exp\left[j2\pi f_c\left(t - \frac{\tau_{0s} + \dot\tau_s \cdot t'}{1 + \dot\tau_s}\right)\right]\\
&= \sigma_p \cdot \mathrm{rect}\left[\frac{t' - \tau_{0s}}{(1+\dot\tau_s)\mathrm{PRT}}\right] \cdot \exp\left[j\pi K_r\left(\frac{t'-\tau_{0s}}{1+\dot\tau_s}\right)^2\right]\exp\left[j2\pi f_c\left(\frac{t'-\tau_{0s}}{1+\dot\tau_s}\right)\right] \cdot\\
&\quad \exp(j2\pi f_c\eta) \tag{1.74}
\end{aligned}$$

由于 $\dot\tau_s \ll 1$，通常可忽略回波信号包络的尺度伸缩效应，式（1.74）可改写为

$$s_r(t',\eta) = \sigma_p \cdot \mathrm{rect}\left(\frac{t'-\tau_{0s}}{\mathrm{PRT}}\right) \cdot \exp\left[j\pi K_r\left(\frac{t'-\tau_{0s}}{1+\dot\tau_s}\right)^2\right]\exp\left[j2\pi f_c\left(\frac{t'-\tau_{0s}}{1+\dot\tau_s}\right)\right]\exp(j2\pi f_c\eta) \tag{1.75}$$

利用参考信号 $\exp[j2\pi f_c(t'+\eta)]$ 去除载波频率，并忽略其中的信号包络项，有

$$s_r(t',\eta) = \sigma_p\exp\left[j\pi\frac{K_r}{(1+\dot\tau_s)^2}(t'-\tau_{0s})^2\right]\exp\left(-j2\pi\frac{f_c}{1+\dot\tau_s}\tau_{0s}\right)\exp\left(-j2\pi f_c\frac{\dot\tau_s}{1+\dot\tau_s}t'\right) \tag{1.76}$$

式（1.76）中，第三个指数相位项对目标探测无贡献，它是由雷达平台连续运动在距离向产生的多普勒频率调制。由于 $\dot\tau_s$ 的具体取值对应快时间 $t_s = 0$ 时刻，且有

$$\dot\tau_s\big|_{t_s=0} = \frac{2v^2 - 2cv\cdot\cos\vartheta(\eta)}{c^2 - v^2} \tag{1.77}$$

因此，第三个指数相位项可以很方便地通过补偿去除。

由于线性调频连续波信号的持续时间很长，为降低系统采样率要求和数据率，一般采用解线调的方式对其进行处理。因"走-停"模型不再成立，解线调处理后线性调

频连续波信号回波除了由雷达平台连续运动在距离向引入的多普勒频率偏移 $\exp\left[-\mathrm{j}2\pi f_c t' \cdot \dot{\tau}_s / (1 + \dot{\tau}_s)\right]$ 外,其回波信号形式与线性调频脉冲信号基本相同,但是回波信号的调频率和载波频率分别变为 $K_r / (1 + \dot{\tau}_s)^2$ 和 $f_c / (1 + \dot{\tau}_s)$。若解线调处理参考场景中心点 $O$ 处对应的信号时延为 $\tau_{0s,\mathrm{ref}}$,则解线调处理后,线性调频连续波信号对应的傅里叶变换峰值频点为 $f_{\mathrm{LFMCW}} = -K_r(\tau_{0s} - \tau_{0s,\mathrm{ref}}) / (1 + \dot{\tau}_s)^2$。

### 1.8.3 频率步进雷达信号及其距离像合成原理

脉间频率步进雷达通过发射载频步进变化的子脉冲串来合成大的等效带宽,这种分时发射不同频率窄带子脉冲的工作方式大大降低了系统对接收机等硬件的要求。相比直接发射瞬时宽带信号的雷达系统,该雷达采用瞬时窄带的发射信号体制,更容易保证雷达的探测威力。此外,频率步进雷达的信号载频也可以编码,因此该雷达体制还具有一定的抗干扰能力。频率步进雷达的上述优点对于同时实现现代雷达的抗干扰和高距离分辨能力具有重要的意义。

但是,目前频率步进雷达(frequency-stepped radar, FSR)探测时存在以下几个问题:①经典时域 IFFT 距离像合成方法受噪声的影响较大,鲁棒性较差,且去冗余过程复杂;②频率步进雷达成像结果受固有信号参数决定的最大无模糊距离约束,限制了其在高分辨–宽测绘带成像领域的应用。为解决上述问题,本节提出了频率步进雷达频域抽取高分辨距离像合成方法,提出了基于 CZT 和 SPFT 的改进算法;然后,提出了基于虚拟阵列模型的频率步进雷达高分辨距离像合成方法;最后,利用实测和仿真数据分别对上述成像方法及算法进行了实验验证。

#### 1.8.3.1 经典时域 IFFT 距离像合成方法及其原理

假设频率步进雷达脉冲串共包含 $N_p$ 个子脉冲,子脉冲宽度为 $T_p$,$T_r$ 为脉冲重复周期,$\Delta f$ 为频率步进增量,$n$ 为子脉冲序号,$f_n$ 为每个子脉冲发射信号载频,满足 $f_n = f_0 + n\Delta f$。其中,$f_0$ 为起始频率,$n = 0, 1, \cdots, N_p - 1$。图 1.13 给出了频率步进信号的示意图,该信号共包括 $N_a$ 组脉冲串,每组脉冲串包含 $N_p$ 个子脉冲。

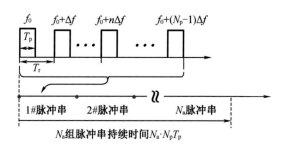

图 1.13　频率步进信号示意图

根据频率步进雷达的基本原理,以某一组脉冲串为例,设雷达发射的第 $n$ 个子脉冲信号为

$$s_{n,t}(t) = \text{rect}\left(\frac{t-nT_r}{T_p}\right) \cdot \exp(\text{j}2\pi f_n t) \qquad (1.78)$$

式中,$t$ 为全时间;$\text{rect}(\ \cdot\ )$ 为窗函数,有

$$\text{rect}\left(\frac{t-nT_r}{T_p}\right) = \begin{cases} 1, & -T_p/2+nT_r \leqslant t \leqslant nT_r+T_p/2 \\ 0, & \text{其他} \end{cases} \qquad (1.79)$$

假设场景中存在一个理想点目标 $p$,复散射系数为 $\sigma_p$,雷达与目标之间的距离为 $R_{p0}$,则经目标 $p$ 散射后的回波信号为

$$s_{n,r}(t) = \sigma_p \cdot \text{rect}\left(\frac{t-nT_r-\tau_{np}}{T_p}\right) \cdot \exp\left[\text{j}2\pi f_n(t-\tau_{np})\right] \qquad (1.80)$$

式中,$\tau_{np}$ 为第 $n$ 个子脉冲对应的目标 $p$ 双程回波时延。设第 $n$ 个子脉冲的参考信号为

$$s_{n,\text{ref}}(t) = \exp(\text{j}2\pi f_n t) \qquad (1.81)$$

回波信号 $s_{n,r}(t)$ 与参考信号混频后的输出信号为

$$s_{n,rB}(t) = \sigma_p \cdot \exp(-\text{j}2\pi f_n \tau_{np}), \quad -T_p/2+nT_r \leqslant t-\tau_{np} \leqslant nT_r+T_p/2 \qquad (1.82)$$

设目标 $p$ 径向速度为 $v_{\text{tgt}}$,光速为 $c$,系统采样时间 $t = nT_r+T_p/2+2R_{p0}/c$,则采样时刻 $t$ 对应的目标回波延迟 $\tau_n$ 可表示为

$$\tau_{np} = \frac{2(R_{p0}-|v_{\text{tgt}}|t)}{c} = \frac{2R_{p0}}{c} - \frac{2|v_{\text{tgt}}|}{c}\left(nT_r + \frac{T_p}{2} + \frac{2R_{p0}}{c}\right) \qquad (1.83)$$

则 $s_{n,rB}(t)$ 的相位可表示为

$$\varphi_n = -2\pi n\Delta f \frac{2R_{p0}}{c} + 2\pi f_0 \frac{2|v_{\text{tgt}}|}{c}\left(nT_r + \frac{T_p}{2}\right) + 2\pi n\Delta f \frac{2R_{p0}}{c} \cdot \frac{2|v_{\text{tgt}}|}{c} +$$

$$2\pi n\Delta f \frac{2|v_{\text{tgt}}|}{c}\left(nT_r + \frac{T_p}{2}\right) - 2\pi f_0 \cdot \frac{2R_{p0}}{c} + 2\pi f_0 \frac{2R_{p0}}{c} \cdot \frac{2|v_{\text{tgt}}|}{c} \qquad (1.84)$$

为获得目标的一维距离像,需对混频后各组脉冲串对应采样序列做 IFFT。记第 $\hat{n}$ 个采样点时刻,脉冲串的采样结果为 $\boldsymbol{s}_{rB}(\hat{n}) = \begin{bmatrix} s_{1,rB}(\hat{n}) & s_{2,rB}(\hat{n}) & \cdots & s_{N_p,rB}(\hat{n}) \end{bmatrix}^T$,对 $\boldsymbol{s}_{rB}(\hat{n})$ 做 $N_p$ 点的 IFFT,有

$$S_r(l) = \frac{1}{N_p}\sum_{\hat{n}=0}^{N_p-1} \boldsymbol{s}_{rB}(\hat{n}) \cdot \exp\left(\text{j}\frac{2\pi}{N_p}l \cdot \hat{n}\right)$$

$$= \frac{\sigma_p}{N_p}\sum_{\hat{n}=0}^{N_p-1} \exp\left\{\text{j}2\pi\hat{n}\left[\frac{l}{N_p} - \Delta f\frac{2R_{p0}}{c} + \frac{2|v_{\text{tgt}}|}{c}f_0 T_r + \frac{2|v_{\text{tgt}}|}{c}\Delta f\left(\frac{T_p}{2} + \frac{2R_{p0}}{c}\right)\right]\right\} \cdot$$

$$\exp\left(\text{j}2\pi\hat{n}^2\frac{2|v_{\text{tgt}}|}{c}\Delta f \cdot T_r\right) \cdot \exp\left\{\text{j}2\pi\left[\frac{2|v_{\text{tgt}}|}{c}f_0\left(\frac{T_p}{2} + \frac{2R_{p0}}{c}\right) - \frac{2R_{p0}}{c}f_0\right]\right\}$$

$$(1.85)$$

式中, $l$ 是径向距离位置, $l=0,1,\cdots,N_p-1$。当目标径向速度 $|\boldsymbol{v}_{tgt}|=0$ 时,式(1.85)可改写为

$$
\begin{aligned}
S_r(l) &= \frac{\sigma_p}{N_p} \sum_{\hat{n}=0}^{N_p-1} \exp\left[j2\pi\hat{n}\left(\frac{l}{N_p} - \Delta f\frac{2R_{p0}}{c}\right)\right] \cdot \exp\left(-j2\pi f_0 \cdot \frac{2R_{p0}}{c}\right) \\
&= \frac{\sigma_p}{N_p} \cdot \frac{\sin\left[\pi\left(l - \dfrac{2N_p R_{p0}\Delta f}{c}\right)\right]}{\sin\left[\dfrac{\pi}{N_p}\left(l - \dfrac{2N_p R_{p0}\Delta f}{c}\right)\right]} \cdot \exp\left[j\pi\frac{(N_p-1)}{N_p}\left(l - \frac{2N_p R_{p0}\Delta f}{c}\right)\right] \cdot \\
&\quad \exp\left(-j2\pi f_0 \frac{2R_{p0}}{c}\right)
\end{aligned}
\tag{1.86}
$$

对 $S_r(l)$ 取模,有

$$
|S_r(l)| = \frac{\sigma_p}{N_p} \cdot \left|\frac{\sin\left[\pi\left(l - \dfrac{2N_p R_{p0}\Delta f}{c}\right)\right]}{\sin\left[\dfrac{\pi}{N_p}\left(l - \dfrac{2N_p R_{p0}\Delta f}{c}\right)\right]}\right|
\tag{1.87}
$$

式(1.87)中, $|S_r(l)|$ 的峰值对应目标的距离响应,此时满足 $\left(l - \dfrac{2N_p R_{p0}\Delta f}{c}\right) = 0, \pm N_p,$ $\pm 2N_p, \cdots$。峰值响应 $l=l_0$ 处对应的目标距离为

$$
R_{p0} = \frac{cl_0}{2N_p\Delta f}, \frac{c(l_0 \mp N_p)}{2N_p\Delta f}, \frac{c(l_0 \mp 2N_p)}{2N_p\Delta f}, \cdots
\tag{1.88}
$$

可见雷达的最大无模糊距离为 $R_u = c/2\Delta f$。由于 IFFT 的点数为 $N_p$,因此频率步进雷达的距离向分辨率可表示为

$$
\rho_r = \frac{R_u}{N_p} = \frac{c}{2N_p\Delta f}
\tag{1.89}
$$

为得到正确的目标距离像,频率步进雷达的信号参数必须满足一定的条件。下面就其主要信号参数的设计约束进行简要介绍。

(1)PRF 选择

脉冲重复频率的选择需要根据成像几何以及雷达与目标之间的径向速度来确定。理论文献给出,频率步进雷达信号的脉冲重复频率值应满足

$$
\frac{2\left[\max(|\boldsymbol{v}_{tgt}|) + \min(|\boldsymbol{v}_{tgt}|)\right]}{\lambda} \leqslant \mathrm{PRF} \leqslant \frac{c}{2R_{max}}
\tag{1.90}
$$

式中, $\max(|\boldsymbol{v}_{tgt}|)$ 和 $\min(|\boldsymbol{v}_{tgt}|)$ 分别为雷达与目标之间的最大和最小径向速度。

(2)频率步进数 $N_p$ 和频率步进增量 $\Delta f$

目标与雷达平台之间的径向速度 $\boldsymbol{v}_{tgt}$ 造成的距离向偏移 $L$ 和展宽 $P$ 分别为

$$
L = \frac{M_{FFT}}{N_p} \frac{|\boldsymbol{v}_{tgt}| N_p T_r}{\rho_r} \frac{f_0}{B}
\tag{1.91}
$$

$$P = \frac{M_{FFT}}{N_p} \frac{2|\boldsymbol{v}_{tgt}|N_p T_r}{\rho_r} \tag{1.92}$$

式中，$M_{FFT}$ 为傅里叶变换点数；$\rho_r = c/2N_p \Delta f$，为距离向分辨率；$f_0$ 为起始载波频率；$T_r$ 为脉冲重复周期；$B = N_p \Delta f$，为频率步进雷达信号的合成带宽。当 $M_{FFT} = N_p$ 时，$L$、$P$ 即为常规意义下的偏移和发散因子，距离向偏移和展宽与径向速度的关系可以表达为

$$L + P = \frac{2|\boldsymbol{v}_{tgt}|N_p T_r}{c}(f_0 + 2B) \tag{1.93}$$

高分辨雷达通常要求距离向偏移和展宽量不超过一个距离单元，此时对应的频率步进数 $N_p$ 应满足

$$N_p < \frac{c \cdot PRF}{2|\max(|\boldsymbol{v}_{tgt}|)|} \cdot \frac{1}{f_0 + 2B} \tag{1.94}$$

为便于运算，$N_p$ 一般取 2 的整数次幂。

(3)子脉冲宽度 $T_p$

为避免距离像模糊，通常要求子脉冲宽度满足

$$T_p \leq 1/\Delta f \tag{1.95}$$

(4)脉组数 $N_a$

根据方位分辨率需求，确定合成孔径时间 $T_{syn}$，再结合子脉冲重复频率 PRF、频率步进数 $N_p$，即可确定脉组数 $N_a$ 为

$$N_a = PRF \cdot T_{syn}/N_p \tag{1.96}$$

### 1.8.3.2　频域抽取高分辨距离像合成方法及其原理

(1)基于快速傅里叶变换(fast Fourier transform，FFT)的频域抽取距离像合成方法

传统基于逆傅里叶变换的频率步进雷达距离像合成方法存在以下几个问题：①该方法理论上仅需利用每个子脉冲内的单个采样点信息，即可得到目标的距离像。而实际中，为充分利用回波的数据信息，需要经过一系列处理并实施复杂的去冗余过程，才能得到最终的目标距离像。②该方法成像结果受噪声干扰的影响较大，鲁棒性较差。为克服上述问题，这里首先给出一种频率步进雷达频域抽取(frequency-domain extracted，FDE)高分辨距离像合成方法。其基本原理如下：以频率步进雷达的某一组脉冲串为例，如第 $n$ 个子脉冲回波信号 $s_{n,r}(t)$ 所示。利用参考信号 $s_{ref}(t) = \exp(j2\pi f_0 t)$ 对其解调，其中 $-T_r/2 + nT_r \leq t \leq nT_r + T_r/2$，$f_0$ 为参考信号载频，数值上等于第 1 个子脉冲的发射信号载频。设子脉冲信号采样时间间隔为 $T_s$，则混频后的第 $n$ 个子脉冲输出信号为

$$s_{n,rB}(mT_s) = \sigma_p \cdot \exp\left(-j2\pi f_0 \cdot \frac{2R_{p0}}{c}\right) \cdot \exp\left[j2\pi n\Delta f\left(mT_s - \frac{2R_{p0}}{c}\right)\right] \tag{1.97}$$

式中，$f_0$ 为参考信号载频；$\Delta f$ 为载频间隔；$R_{p0}$ 为雷达与目标之间的距离。为方便后续

表示，记 $s_{n,\mathrm{rB}}(mT_\mathrm{s}) = s_{n,\mathrm{rB}}(m)$。

对各子脉冲回波进行 FFT，有

$$S_{n,\mathrm{rB}}(l) = \sum_{m=0}^{M_\mathrm{r}-1} s_{n,\mathrm{rB}}(m) \exp\left(-\mathrm{j}\frac{2\pi}{M_\mathrm{r}} m \cdot l\right)$$

$$= \sigma_p \cdot \frac{\sin\left[\pi M_\mathrm{r}\left(n\Delta f T_\mathrm{s} - \dfrac{l}{M_\mathrm{r}}\right)\right]}{\sin\left[\pi\left(n\Delta f T_\mathrm{s} - \dfrac{l}{M_\mathrm{r}}\right)\right]} \cdot \exp\left(-\mathrm{j}2\pi f_0 \cdot \frac{2R_{p0}}{c}\right) \cdot$$

$$\exp\left(-\mathrm{j}2\pi n\Delta f\frac{2R_{p0}}{c}\right) \cdot \exp\left[\mathrm{j}\pi(M_\mathrm{r}-1)\left(n\Delta f T_\mathrm{s} - \frac{l}{M_\mathrm{r}}\right)\right] \tag{1.98}$$

式中，$M_\mathrm{r}$ 为子脉冲采样点数；$l = 0,1,\cdots,M_\mathrm{r}-1$，当且仅当 $n\Delta f T_\mathrm{s} - l/M_\mathrm{r} = 0, \pm 1, \pm 2, \cdots$ 时，式（1.98）取得极大值 $\hat{S}_{n,\mathrm{rBmax}}$。

抽取 $N_\mathrm{p}$ 个子脉冲各自对应的频域峰值 $\hat{S}_{n,\mathrm{rBmax}}$，并将其组成一个新的向量：

$$\hat{\boldsymbol{S}}_{\mathrm{rBmax}} = \begin{bmatrix} \hat{S}_{1,\mathrm{rBmax}} & \hat{S}_{2,\mathrm{rBmax}} & \cdots & \hat{S}_{N_\mathrm{p},\mathrm{rBmax}} \end{bmatrix}^\mathrm{T} \tag{1.99}$$

式中，$\hat{S}_{n,\mathrm{rBmax}} = \sigma_p \exp\left(-\mathrm{j}2\pi f_0 \cdot \dfrac{2R_{p0}}{c}\right) \cdot \exp\left(-\mathrm{j}2\pi n\Delta f \dfrac{2R_{p0}}{c}\right)$，$\hat{\boldsymbol{S}}_{\mathrm{rBmax}}$ 即为频率步进雷达脉冲串对应的频域抽取结果。

对 $\hat{\boldsymbol{S}}_{\mathrm{rBmax}}$ 做 IFFT，得到距离向成像结果为

$$\hat{s}_{\mathrm{rB}}(k) = \frac{1}{N_\mathrm{p}} \sum_{n=0}^{N_\mathrm{p}-1} \hat{S}_{\mathrm{rBmax}}(n) \cdot \exp\left(\mathrm{j}\frac{2\pi}{N_\mathrm{p}} n \cdot k\right)$$

$$= \frac{\sigma_p}{N_\mathrm{p}} \cdot \frac{\sin\left[\pi N_\mathrm{p}\left(\dfrac{k}{N_\mathrm{p}} - \Delta f\dfrac{2R_{p0}}{c}\right)\right]}{\sin\left[\pi\left(\dfrac{k}{N_\mathrm{p}} - \Delta f\dfrac{2R_{p0}}{c}\right)\right]} \cdot \exp\left[\mathrm{j}\pi(N_\mathrm{p}-1)\left(\dfrac{k}{N_\mathrm{p}} - \Delta f\dfrac{2R_{p0}}{c}\right)\right] \cdot$$

$$\exp\left(-\mathrm{j}2\pi f_0 \cdot \frac{2R_{p0}}{c}\right) \tag{1.100}$$

式中，$k = 0,1,\cdots,N_\mathrm{p}-1$。

图 1.14 给出了频率步进雷达频域抽取高分辨距离像合成方法的流程。

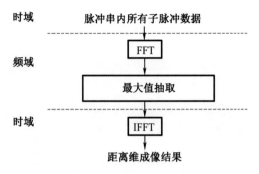

图 1.14　频率步进雷达频域抽取高分辨距离像合成方法流程

可见,频域抽取高分辨距离像合成方法主要包含以下三个步骤:

步骤 1:对脉冲串 $N_p$ 个子脉冲混频后的采样数据进行 FFT,获得其对应的频域值;

步骤 2:抽取每个子脉冲 FFT 后的频域最大值,并将 $N_p$ 个子脉冲的频域最大值组合成一个新的向量;

步骤 3:对步骤 2 中得到的新向量进行 IFFT,即得到目标的距离向高分辨成像结果。

图 1.15 分别给出了信噪比为 0 dB 和 -20 dB 条件下,传统时域 IFFT 方法和频域抽取方法对 3 个点目标的距离向成像结果。

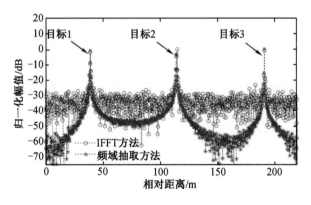

(a)信噪比为 0 dB

图 1.15　不同信噪比条件下,传统时域 IFFT 方法与频域抽取方法距离像对比

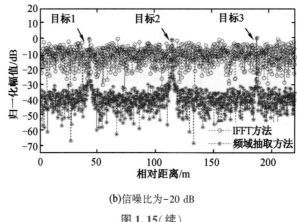

(b)信噪比为−20 dB

图 1.15（续）

由图 1.15 可知,当信噪比为 0 dB 时,上述两种方法均能够获得目标正确的距离像;当信噪比为−20 dB 时,传统时域 IFFT 方法已无法对目标进行正确成像,而频域抽取方法仍然可以获得目标正确的成像结果。仿真结果表明,相比传统时域 IFFT 方法,频域抽取方法具有更好的抗噪性能和鲁棒性。这是由于频域抽取方法通过将时域信号变换到频域,使噪声能量平均分布在整个频域空间,而目标能量集中在其对应的频域位置,这一处理过程极大减小了目标对应频域区间内的噪声能量。在此基础上,通过频域抽取操作提取对应位置处的目标信息,可大大降低噪声对成像结果的影响,从而提高了算法的抗噪性能。

（2）频域抽取距离像合成改进方法

频域抽取高分辨距离像合成方法需利用 FFT 将时域信号变换到频域,再抽取频域最大值用于合成距离像,其成像质量与 FFT 运算和频域抽取最大值的精度直接相关。为保证最终的质量,通常会采用补零 FFT 运算。但是,由于 FFT 存在栅栏效应,仅能够得到频带范围内有限个均匀采样点处的值,会造成处理误差。针对该问题,这里给出两种改进的频域抽取距离像合成方法。

①Chirp 变换（Chirp Z transform, CZT）改进的频率步进雷达频域抽取高分辨距离像合成方法

相比 FFT,CZT 在计算信号频谱时更加灵活,它可以计算单位圆上任意一段曲线上的 Z 变换,变换前后信号的输入点数和输出点数可以不相等,可达到频域"细化"的目的。对于频率步进雷达信号的子脉冲,其有限 $M_r$ 个非零采样点 $x(\hat{n})$ 的 Z 变换可以表示为

$$X(z) = \sum_{\hat{n}=0}^{M_r-1} x(\hat{n}) z^{-\hat{n}} \tag{1.101}$$

令 $z_l = A \cdot W^{-l} = \dfrac{A_0}{W_0^l} \exp[\mathrm{j}(l\varphi_0 - \theta_0)], l = 0, 1, \cdots, M_z - 1$,有

$$X(l) = X(z_l) = \sum_{\hat{n}=0}^{M_r-1} x(\hat{n}) A^{-\hat{n}} W^{\hat{n} \cdot l}, \quad l = 0, 1, \cdots, M_z - 1 \tag{1.102}$$

式中,$A$ 和 $W$ 为任意复数,$A = A_0 \exp(-\mathrm{j}\theta_0)$,$W = W_0 \exp(-\mathrm{j}\varphi_0)$,$A_0$ 和 $W_0$ 为任意复数,$M_z$ 为任意整数。

由于 $\hat{n} \cdot l = [\hat{n}^2 + l^2 - (l - \hat{n})^2]/2$,$X(l)$ 可进一步写为

$$X(l) = X(z_l) = \sum_{\hat{n}=0}^{M_r-1} x(\hat{n}) A^{-\hat{n}} W^{\frac{\hat{n}^2}{2}} W^{\frac{l^2}{2}} W^{-\frac{(l-\hat{n})^2}{2}}, \quad l = 0, 1, \cdots, M_z - 1 \tag{1.103}$$

令

$$f(\hat{n}) = x(\hat{n}) A^{-\hat{n}} W^{\frac{\hat{n}^2}{2}}, \hat{n} = 0, 1, \cdots, M_r - 1$$

$$h(\hat{n}) = W^{-\frac{\hat{n}^2}{2}}, \hat{n} = 0, 1, \cdots, M_r - 1$$

$$g(l) = \sum_{\hat{n}=0}^{M_r-1} f(\hat{n}) h(l - \hat{n}), l = 0, 1, \cdots, M_z - 1 \tag{1.104}$$

因此,$x(\hat{n})$ 的 Z 变换可以表示为

$$X(l) = g(l) W^{\frac{l^2}{2}}, l = 0, 1, \cdots, M_z - 1 \tag{1.105}$$

相比 FFT 对频谱的均匀采样,CZT 可对感兴趣的局部频谱区域进行分析。在对目标频谱峰值的提取过程中,采用 CZT 算法能够得到更加精确的结果,可一定程度克服栅栏效应对 FFT 运算的不利影响。对频率步进雷达信号的每个子脉冲频谱 $X(l)$ 取峰值,有

$$\hat{X}(n) = \max[X(l)], \quad l = 0, 1, \cdots, M_z - 1 \tag{1.106}$$

然后,对各子脉冲频谱峰值 $\hat{X}(n)$ 进行 FFT,得到目标的距离向高分辨成像结果。

$$\hat{s}_{rB}(k) = \frac{1}{N_p} \sum_{n=0}^{N_p-1} \hat{X}(n) \exp\left(\mathrm{j} \frac{2\pi}{N_p} n \cdot k\right) \tag{1.107}$$

式中,$n = 0, 1, \cdots, N_p - 1$;$k = 0, 1, \cdots, N_p - 1$。

图 1.16 给出了 CZT 改进的频域抽取高分辨距离像合成方法的流程。

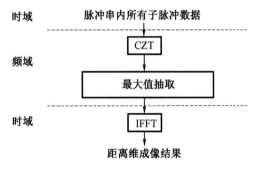

**图 1.16　CZT 改进的频域抽取高分辨距离像合成方法流程**

综上所述,CZT 在计算频率步进雷达回波频谱峰值时能够大大改善算法的成像精度,这对频率步进雷达频域抽取高分辨距离像合成方法具有重要的意义。但是,该方法仍然存在改进的空间。

②单点傅里叶变换(single point Fourier transform,SPFT)改进的频率步进雷达频域抽取高分辨距离像合成方法

通过分析可以发现,由于频率步进雷达信号的子脉冲脉宽较窄,当平台运动速度不大、回波信号满足"走-停"模型时,随快时间变化的多普勒调制可忽略,此时目标回波载频与发射信号载频相同,其频谱峰值与发射信号频谱峰值属于同一个频域分辨单元。基于上述性质,可以直接计算子脉冲采样数据在对应频点上的傅里叶变换,即

$$V_{f_n}(n) = \sum_{\hat{n}=0}^{M_r-1} x(\hat{n}) \exp(-\mathrm{j}2\pi f_n \cdot \hat{n} T_s) \tag{1.108}$$

式中,$n = 0, 1, \cdots, N_p - 1$;$M_r$ 为子脉冲对应的采样点数。

上述 SPFT 改进的频率步进雷达频域抽取高分辨距离像合成方法可以进一步简化算法的运算量,且利用该方法提取的目标频谱峰值,可以避免算法傅里叶变换过程中引入的近似误差,无须抽取频域峰值的操作,从而有效提高了算法精度。直接对序列 $V_{f_n}(n)$ 进行 IFFT,即可得到目标的距离像高分辨成像结果。

$$\hat{s}_{rB}(k) = \frac{1}{N_p} \sum_{n=0}^{N_p-1} V_{f_n}(n) \exp\left(\mathrm{j}\frac{2\pi}{N_p} n \cdot k\right) \tag{1.109}$$

式中,$n = 0, 1, \cdots, N_p - 1$;$k = 0, 1, \cdots, N_p - 1$。

图 1.17 给出了 SPFT 改进的频域抽取高分辨距离像合成方法流程。

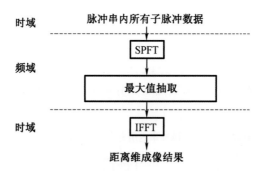

图 1.17 SPFT 改进的频域抽取高分辨距离像合成方法流程

### 1.8.3.3 频域抽取高分辨距离像合成实验

为对比 CZT 和 SPFT 改进的频域抽取距离像合成方法与基于 FFT 的频域抽取距离像合成方法的性能差异,现利用仿真和实测数据进行几组实验。仿真实验参数如表 1.1 所示。

表 1.1　FS-SAR 成像仿真参数

| 参数 | 数值 | 参数 | 数值 | 参数 | 数值 |
|---|---|---|---|---|---|
| 参考载频/GHz | 10 | 频率步进量/MHz | 0.683 | 等效信号带宽/MHz | 700 |
| 子脉冲数目 | 1 025 | 子脉冲宽度/μs | 1.46 | 脉冲串重复频率/Hz | 333.14 |
| 天线方位波束宽度/(°) | 1.30 | 平台速度/(m/s) | 58.50 | 场景大小 | 200× |
| 平台高度/km | 8.00 | 参考斜距/km | 11.31 | $R_g$/m×$A_z$/m | 200 |

　　图 1.18 给出了信噪比为-20 dB 时,上述三种频域抽取高分辨距离像合成方法对 3 个点目标的距离像合成结果对比。

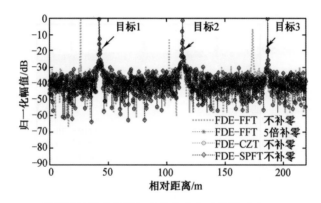

图 1.18　三种频域抽取高分辨距离像合成方法结果对比（SNR=-20 dB）

　　由图 1.18 可知,基于 FFT 的频域抽取距离像合成方法在不对信号进行补零操作时,距离像存在虚假目标,结果不正确,而当对信号进行了 5 倍补零操作之后,该方法获得了目标正确的距离像,仿真结果说明基于 FFT 的频域抽取距离像合成方法的成像质量会受到 FFT 栅栏效应的影响,为避免成像误差,一般需要在抽取频域峰值前对信号进行补零操作;CZT 和 SPFT 改进的频域抽取距离像合成方法克服了 FFT 的上述缺点,不需要对信号进行补零操作即可获得目标正确的距离像,提高了算法的鲁棒性。

　　为分析和检验 SPFT 和 CZT 改进的频域抽取距离像合成方法在噪声条件下的稳健性,图 1.19(a)和(b)分别给出了上述两种方法在不同信噪比条件下的距离像合成结果。

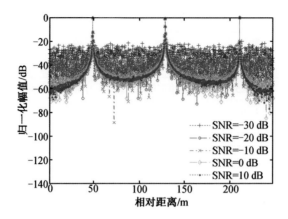

(a) SPFT 改进的 FDE 方法距离像

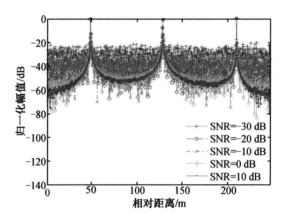

(b) CZT 改进的 FDE 方法距离像

图 1.19　不同信噪比条件下,SPFT、CZT 改进的频域抽取高分辨距离像合成结果

　　从图 1.19 中可以看出,上述两种方法均能够得到正确的目标距离像,成像质量基本一致,且方法适用的信噪比范围较宽,具有较强的鲁棒性。为进一步验证频域抽取高分辨距离像合成改进方法的性能,利用某频率步进雷达实测数据进行进一步检验。实测数据雷达参数如下:子脉冲数 1 024、频率步进量 0.5 MHz、子脉冲宽度 0.1 μs、子脉冲重复频率 50 kHz。图 1.20(a)给出了该频率步进雷达实测数据回波示意图,图1.20(b)~(d)分别给出了 SPFT 改进的频域抽取距离像合成方法成像结果以及经典时域 IFFT 方法抽取不同采样点时的成像结果,图 1.20(e)(f)分别给出了经典时域 IFFT 方法采用选大法和累加法去冗余处理后的成像结果。

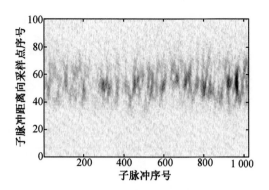

(a)频率步进雷达实测回波数据

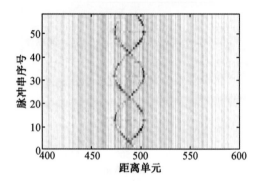

(b)频域抽取方法成像结果

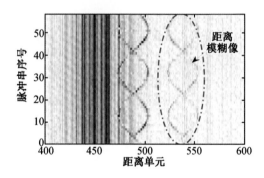

(c)时域 IFFT 方法成像结果(第 45 个采样点)

图 1.20 频率步进雷达实测数据时域 IFFT 方法与频域抽取方法成像结果对比

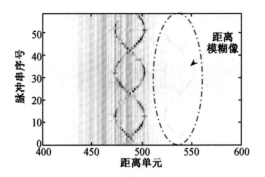

(d)时域 IFFT 方法成像结果(第 50 个采样点)

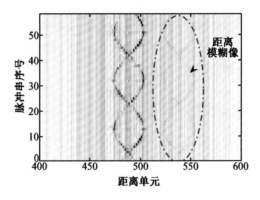

(e)时域 IFFT 累加法去冗余成像结果

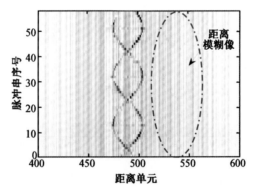

(f)时域 IFFT 选大法去冗余成像结果

图 1.20(续)

可见,改进的频域抽取距离像合成方法实现了对目标的精确成像,而经典时域 IFFT 方法出现了距离模糊像,且距离像冗余大,必须进行去冗余处理,但去冗余后仍未完全消除距离模糊像。上述结果验证了频域抽取距离像合成改进方法的正确性和有效性。

### 1.8.3.4　基于虚拟阵列模型的频率步进雷达信号距离像合成原理

由于频率步进雷达固有的系统参数设计约束,导致其存在距离向探测宽度较窄的问题,在应用于宽测绘带目标探测时,探测结果将出现严重的距离模糊。为了拓展频率步进信号的适用范围,需要研究满足高分辨-宽测绘带探测需求的频率步进雷达信号处理方法。不同于前文在频率步进雷达距离像合成过程中对每个子脉冲逐个进行处理的思路,本节给出一种基于虚拟阵列模型的频率步进雷达距离像合成新方法。以频率步进雷达的每个脉冲串为处理对象,将脉冲串信号看作一个沿雷达平台运动方向排列的虚拟阵列发射的雷达信号,然后对脉冲串内的所有子脉冲实施累积处理,最终得到目标的合成距离像。该方法为频率步进雷达距离像合成提供了一种新的处理思路,可以解决频率步进雷达固有的系统设计约束对距离向探测宽度的限制问题。

(1)空间几何及信号模型

图 1.21 给出了基于虚拟阵列模型的频率步进 SAR 成像空间几何示意图,将雷达发射的各脉冲串等效为一个虚拟天线阵列信号。以场景中心点 $O$ 为原点建立直角坐标系 $O\text{-}xyz$,雷达沿航线 $y'$ 以速度 $v$ 匀速运动($y'$ 轴与 $y$ 轴平行),雷达发射信号的子脉冲时间间隔为 $T_r$,子脉冲宽度为 $T_p$,相邻子脉冲之间的距离为 $d=|v|\cdot T_r$,子脉冲数为 $N_p$,脉组数为 $N_a$。令频率步进信号脉冲串的第 1 个子脉冲为参考脉冲,发射信号载频为 $f_0$,记其对应的雷达平台位置为 $O'$,第 $n$ 个子脉冲发射信号载频为 $f_n$,$f_n=f_0+n\Delta f$,$n=0,1,\cdots,N_p-1$,$\Delta f$ 为频率步进间隔。第 1 个子脉冲位置 $O'$ 到场景中心点 $O$ 的距离矢量为 $\boldsymbol{r}_0$,$\boldsymbol{r}_0$ 的擦地角与方位角分别记为 $\varphi_{\eta 0}$ 和 $\theta_{\eta 0}$,其大小与场景中心点 $O$ 和方位时间 $\eta$ 有关;第 1 个子脉冲位置 $O'$ 到目标 $p$ 的距离矢量为 $\boldsymbol{r}_{p0}$,$\boldsymbol{r}_{p0}$ 的擦地角与方位角分别记为 $\varphi_{np}$ 和 $\theta_{np}$,其大小与目标 $p$ 和方位时间 $\eta$ 有关;第 $n$ 个子脉冲到目标 $p$ 的距离矢量为 $\boldsymbol{r}_{np}$。

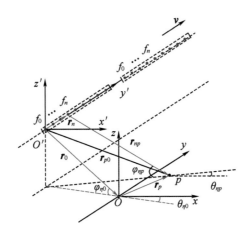

图 1.21　基于虚拟阵列模型的频率步进雷达探测空间几何示意图

为方便说明,这里仅以雷达发射的任意一组脉冲串为例。其第 $n$ 个子脉冲的回波信号可表示为

$$s_{n,\mathrm{r}}(t',\eta)=\sigma_p\exp\left[\mathrm{j}\left(2\pi f_n t-2\,\boldsymbol{k}_{np}\cdot\boldsymbol{r}_{np}\right)\right]$$

$$= \sigma_p \exp\left[ j2\pi f_0 \left( t - \frac{2\,\hat{\boldsymbol{r}}_{p0} \cdot \boldsymbol{r}_{p0}}{c} \right) \right] \cdot$$

$$\exp\left\{ j2\pi \left[ n\Delta f \left( t - \frac{2\,\hat{\boldsymbol{r}}_{p0} \cdot \boldsymbol{r}_{p0}}{c} \right) + f_n \cdot \frac{2\,\hat{\boldsymbol{r}}_{p0} \cdot \boldsymbol{r}_n}{c} \right] \right\} \tag{1.110}$$

式中,$-T_p/2 + nT_r + 2\,|\,\boldsymbol{r}_{np}\,|/c \leqslant t' \leqslant nT_r + 2\,|\,\boldsymbol{r}_{np}\,|/c + T_p/2$,$t'$ 为快时间;$\eta$ 为慢时间;全时间 $t = t' + \eta$;$\boldsymbol{r}_{np} = \boldsymbol{r}_{p0} - \boldsymbol{r}_n$,$\boldsymbol{r}_n$ 为第 1 个子脉冲到第 $n$ 个子脉冲位置的距离矢量。

远场条件下,存在以下近似:$\hat{\boldsymbol{r}}_{np} \approx \hat{\boldsymbol{r}}_{p0}$,$\hat{\boldsymbol{r}}_{p0}$ 为 $\boldsymbol{r}_{p0}$ 的单位向量。因此,距离矢量 $\boldsymbol{r}_{np}$ 对应的波数 $\boldsymbol{k}_{np} = k_n \cdot \hat{\boldsymbol{r}}_{np} \approx k_n \cdot \hat{\boldsymbol{r}}_{p0}$,$k_n = 2\pi f_n/c$,$\hat{\boldsymbol{r}}_{np}$ 为距离矢量 $\boldsymbol{r}_{np}$ 的单位向量。式(1.110)中最后一个相位项的值随着子脉冲序号发生改变,反映了子脉冲位置与目标之间的相对几何关系以及子脉冲发射信号载频对回波相位的影响。由公式可知,$\hat{\boldsymbol{r}}_{p0}$ 和 $\boldsymbol{r}_n$ 可分别表示为

$$\hat{\boldsymbol{r}}_{p0} = \cos\varphi_{\eta p}\cos\theta_{\eta p}\hat{\boldsymbol{x}} + \cos\varphi_{\eta p}\sin\theta_{\eta p}\hat{\boldsymbol{y}} + \sin\varphi_{\eta p}\hat{\boldsymbol{z}}$$

$$\boldsymbol{r}_n = [\,0, n\,|\,\boldsymbol{v}\,|\,T_r \cdot \hat{\boldsymbol{y}}, 0\,] \tag{1.111}$$

式中,$n = 0, 1, \cdots, N_p - 1$,$\hat{\boldsymbol{x}}$、$\hat{\boldsymbol{y}}$ 和 $\hat{\boldsymbol{z}}$ 分别对应 $x$ 轴、$y$ 轴和 $z$ 轴的单位向量。

(2)虚拟阵列模型距离像合成方法

同时对 $N_p$ 个子脉冲回波进行累加,有

$$s_r(t', \eta) = \sigma_p \exp\left[ j2\pi f_0 \left( t - \frac{2\,|\,\boldsymbol{r}_{p0}\,|}{c} \right) \right] \cdot$$

$$\sum_{n=0}^{N_p-1} \exp\left[ jn^2 \left( \frac{4\pi\Delta f}{c} \cdot |\,\boldsymbol{v}\,|\,T_r\cos\varphi_{\eta p}\sin\theta_{\eta p} \right) \right] \cdot$$

$$\exp\left\{ jn \left[ \frac{4\pi f_0}{c} \cdot |\,\boldsymbol{v}\,|\,T_r\cos\varphi_{\eta p}\sin\theta_{\eta p} + 2\pi\Delta f \left( t - \frac{2\,|\,\boldsymbol{r}_{p0}\,|}{c} \right) \right] \right\} \tag{1.112}$$

利用参考脉冲信号 $s_{ref}(t) = \exp(j2\pi f_0 t)$ 对回波信号进行解调,有

$$s_{rB}(t', \eta) = \sigma_p \exp\left( -j2\pi f_0 \frac{2\,|\,\boldsymbol{r}_{p0}\,|}{c} \right) \cdot \sum_{n=0}^{N_p-1} \exp\left[ jn^2 \left( \frac{4\pi\Delta f}{c} \cdot |\,\boldsymbol{v}\,|\,T_r\cos\varphi_{\eta p}\sin\theta_{\eta p} \right) \right] \cdot$$

$$\exp\left\{ jn \left[ \frac{4\pi f_0}{c} \cdot |\,\boldsymbol{v}\,|\,T_r\cos\varphi_{\eta p}\sin\theta_{\eta p} + 2\pi\Delta f \left( t - \frac{2\,|\,\boldsymbol{r}_{p0}\,|}{c} \right) \right] \right\} \tag{1.113}$$

当二次相位项的取值小于 $\pi/4$ 时,可忽略其对成像质量的影响。令最后一个相位项为 $\exp(jn \cdot \Phi_1)$,其中

$$\Phi_1 = \frac{4\pi f_0}{c} \cdot |\,\boldsymbol{v}\,|\,T_r \cdot \cos\varphi_{\eta p}\sin\theta_{\eta p} + 2\pi\Delta f \left( t - \frac{2\,|\,\boldsymbol{r}_{p0}\,|}{c} \right) \tag{1.114}$$

根据 $\displaystyle\sum_{n=0}^{N_p-1} \exp(jn\Phi_1) = \exp\left( j\frac{N_p-1}{2} \cdot \Phi_1 \right) \cdot \sin\left( \frac{N_p}{2}\Phi_1 \right) \Big/ \sin\left( \frac{1}{2}\Phi_1 \right)$,公式可改写为

$$s_{rB}(t',\eta) = \sigma_p \exp\left(-j2\pi f_0 \cdot \frac{2|\boldsymbol{r}_{p0}|}{c}\right) \cdot \exp\left(j\frac{N_p-1}{2} \cdot \varPhi_1\right) \cdot \frac{\sin\left(\frac{N_p}{2}\varPhi_1\right)}{\sin\left(\frac{1}{2}\varPhi_1\right)} \quad (1.115)$$

式(1.115)即为目标的高分辨距离像合成结果。

当 $\varPhi_1 = 2\kappa\pi(\kappa=0,\pm1,\pm2,\cdots)$ 时，$s_{rB}(t',\eta)$ 取得最大值，此时有

$$t'_{p0} = \tau_{p,\text{fixed}} + \tau_{p,\text{offset}} = \frac{2|\boldsymbol{r}_{p0}|}{c} - \frac{2f_0}{c\Delta f} \cdot |\boldsymbol{v}|T_r\cos\varphi_{\eta p}\sin\theta_{\eta p} \quad (1.116)$$

式中，$\tau_{p,\text{fixed}} = 2|\boldsymbol{r}_{p0}|/c$ 为参考子脉冲位置与目标之间的双程距离时延；$\tau_{p,\text{offset}} = -2f_0 \cdot |\boldsymbol{v}|T_r \cdot \cos\varphi_{\eta p}\sin\theta_{\eta p}/c\Delta f$ 为雷达信号各子脉冲空间位置引入的额外时延，该时延与雷达平台速度 $|\boldsymbol{v}|$、子脉冲发射时间间隔 $T_r$、参考子脉冲位置与目标 $p$ 之间的空间几何关系、参考子脉冲发射信号载频 $f_0$ 和频率步进间隔 $\Delta f$ 有关。观察可知，$s_{rB}(t',\eta)$ 的峰值具有周期性。为计算信号的距离向分辨率，需要知道 $s_{rB}(t',\eta)$ 第一零点之间的时间间隔。由于第一零点 $t_{p\pm1}$ 满足条件 $N_p\varPhi_1/2 = \pm\pi$，有

$$t_{p\pm1} = \pm\frac{1}{N_p\Delta f} + \frac{2|\boldsymbol{r}_{p0}|}{c} - \frac{2f_0}{c\Delta f} \cdot |\boldsymbol{v}|T_r\cos\varphi_{\eta p}\sin\theta_{\eta p} \quad (1.117)$$

因此，距离分辨率 $\rho_r$ 可表示为

$$\rho_r = \left(\frac{1}{2} \cdot \frac{2}{N_p\Delta f}\right) \cdot \frac{c}{2} = \frac{c}{2 \cdot N_p\Delta f} = \frac{c}{2B} \quad (1.118)$$

式中，系数 1/2 代表半功率峰值处的时间间隔，式(1.118)的推导结果与频率步进雷达距离向分辨率理论值一致。

（3）基于虚拟阵列模型的频率步进雷达探测实验

①基于虚拟阵列模型的频率步进雷达距离像合成方法实测数据验证

为验证基于虚拟阵列模型的频率步进雷达距离像合成方法的正确性和有效性，利用某频率步进雷达实测信号进行距离像合成试验。图 1.22（a）和（b）分别给出了实测回波数据频域抽取方法和基于虚拟阵列模型方法的距离像合成结果。

由图 1.22 可以看出，相比频域抽取方法的距离像合成结果，基于虚拟阵列模型方法的距离像合成结果的散射中心峰值更加清晰且旁瓣能量更低，效果略优，这一结果验证了基于虚拟阵列模型的频率步进雷达距离像合成方法的正确性和有效性。

②频率步进雷达虚拟阵列模型去模糊效果验证

当目标场景尺寸超过频率步进信号对应的最大无模糊距离决定的成像范围时，频率步进 SAR 经典成像方法对目标的成像结果存在距离向模糊。为对比频率步进 SAR 经典成像方法与虚拟阵列模型成像方法对大场景（超过频率步进信号参数决定的距离向无模糊范围）目标的成像结果，在仿真实验 1 设置的 9 个点目标的基础上，添加了 8 个位于最大无模糊成像范围之外的点目标，它们的位置坐标分别为（-296,-296,0）

$(-296,0,0)(-296,296,0)(0,-296,0)(0,296,0)(296,-296,0)(296,0,0)$ 和 $(296,296,0)$,即场景中总共存在 17 个点目标。图 1.23 给出了上述两方法的成像结果对比。

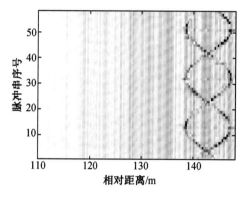 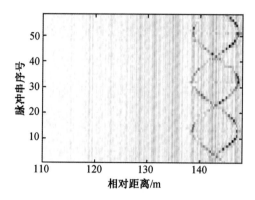

(a)实测数据频域抽取方法的距离像合成结果　　　(b)基于虚拟阵列模型方法的距离像合成结果

**图 1.22　频率步进雷达频域抽取方法与基于虚拟阵列模型方法的距离像结果对比**

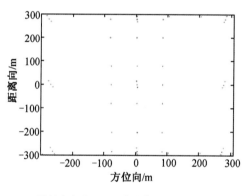 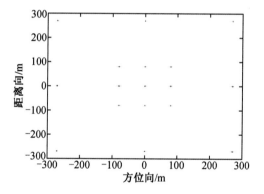

(a)频率步进 SAR 经典成像方法成像结果　　　(b)虚拟阵列模型的频率步进 SAR 成像结果

**图 1.23　频率步进 SAR 经典成像方法和虚拟阵列模型方法的成像结果对比**

对比图 1.23(a)和(b)可知,当场景尺寸超过频率步进信号对应的最大无模糊距离决定的成像范围时,频率步进 SAR 经典成像方法目标成像结果中存在严重的距离向模糊,其能量甚至遮盖了正确的目标成像结果;而基于虚拟阵列模型方法的成像结果则不存在距离向模糊,实现了对 17 个目标的正确成像。实验结果表明,基于虚拟阵列模型的频率步进雷达距离像合成方法可以有效克服频率步进信号体制在经典处理方法中存在的距离向模糊问题。

### 1.8.4　频率分集阵列雷达信号及其距离像合成原理

线性调频信号和频率步进信号均具有良好的距离向分辨能力。但是,线性调频信号经脉冲压缩处理后,目标回波能量散布范围较宽,持续时间为整个测绘带宽度对应的时间范围,这种能量泄漏现象容易造成强目标旁瓣遮盖邻近弱目标,导致目标漏检等问题;而频率步进信号虽能够在一定程度上避免线性调频信号的上述问题,但其系统参数设计受理论约束较大,要求脉冲宽度与频率步进增量的乘积不大于1,当成像场景距离向尺寸较大时,存在严重的距离模糊问题,限制了成像场景的宽度,且频率步进信号逐脉冲发射,一组脉冲综合的结果等效于经典宽带雷达的一个脉冲,导致其成像探测时回波录取时间较长,这在实际应用中是非常不利的。

针对经典信号存在的上述问题,通过引入阵列合成孔径雷达技术,基于频率分集(frequency diverse, FD)以及多输入多输出(multi-input multi-output, MIMO)思想,研究了频率分集线性阵列体制,可有效克服线性调频信号目标响应能量散布范围较宽而导致的强目标旁瓣遮盖邻近弱目标问题,以及频率步进信号参数设计受理论约束较大、难以应用于高分辨率-宽测绘带成像领域的问题,实现了频率分集线性阵列雷达回波数据距离向合成处理。

### 1.8.4.1　频率分集线性阵列雷达基本概念

频率分集是通信领域为提高信号增益而使用的一种技术手段,它通过发射若干个不同载频的信号并在接收端完成信号合成,达到提高信号增益的目的。2006 年,美国空军研究院实验室的 Paul Antonik 和 Michael C. Wicks 在国际雷达会议上首次提出了频率分集阵列雷达这一概念,指出可以在天线各阵元中心频率上引入微小的频率差异,实现波束的空间扫描。频率分集线性阵列 SAR(frequency diverse linear array synthetic aperture radar, FD-LA-SAR)是频率分集阵列雷达在合成孔径成像领域的一种应用,"线性"二字代表其采用的天线阵列为线性阵列。它通过改变频率分集阵列雷达的空间波束指向,可以有效扩展雷达的合成孔径,获得比传统聚束 SAR 更高的方位分辨率。本节针对天线阵列沿航迹方向排布的情况,给出了频率分集线性阵列雷达的信号体制及其距离像合成方法。

以场景中心点 $O$ 为原点,建立场景地平面直角坐标系 $O\text{-}xyz$。雷达沿航线 $y'$ 轴方向以速度 $v$ 匀速运动($y'$ 轴与 $y$ 轴平行)。设场景中存在一目标 $p$,其位置矢量为 $\boldsymbol{r}_p$,散射系数为 $\sigma_p$。记阵列天线中心阵元为 $O'$,其到场景中心点 $O$ 的距离矢量为 $\boldsymbol{r}_0$,$\boldsymbol{r}_0$ 的擦地角与方位角分别记为 $\varphi_{\eta 0}$ 和 $\theta_{\eta 0}$,其大小与场景中心点 $O$ 和方位时间 $\eta$ 有关;$\boldsymbol{r}_{p0}$ 为中心阵元 $O'$ 到目标 $p$ 的距离矢量,$\boldsymbol{r}_{p0}$ 的擦地角与方位角分别记为 $\varphi_{\eta p}$ 和 $\theta_{\eta p}$,其大小与目标 $p$ 位置和方位时间 $\eta$ 有关;阵列天线共有 $N_{\text{ant}}$ 个阵元,第 $n$ 个阵元在雷达平台坐标系 $O'\text{-}x'y'z'$ 中的位置矢量为 $\boldsymbol{r}_n$(以中心阵元 $O'$ 为参考),其到目标 $p$ 的距离矢量为 $\boldsymbol{r}_{np}$。天线阵元同时发射不同载频的脉冲信号,脉冲宽度为 $T_p$,发射信号载频 $f_n$ 与阵元序号 $n$ 之间满足:$f_n = f_c + [n - (N_{\text{ant}} - 1)/2] \cdot \Delta f$。其中,$f_c$ 为天线中心阵元 $O'$(参考阵元)的发射信号载频;$n = 0, 1, \cdots, N_{\text{ant}} - 1$;$\Delta f$ 为各阵元发射信号载频之间的频率间隔。

为方便表述,后文也将上述频率分集阵列雷达信号简称为多载频(multiple carrier

frequency，MCF)信号。

### 1.8.4.2　频率分集线性阵列雷达信号模型

如图 1.24 所示，频率分集线性阵列雷达的天线阵列沿 $y'$ 轴排列。

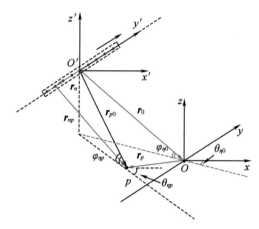

图 1.24　频率分集线性阵列 SAR 成像空间几何示意图

设第 $n$ 个阵元的发射信号为 $s_{n,t}(t')$，其表达式为（信号幅度已做归一化处理）

$$s_{n,t}(t') = \mathrm{rect}\left(\frac{t'}{T_p}\right) \cdot \exp(j2\pi f_n t') \tag{1.119}$$

式中，$t'$ 为快时间，$\mathrm{rect}(t'/T_p) = \begin{cases} 1, & |t'| \leqslant T_p/2 \\ 0, & |t'| > T_p/2 \end{cases}$。方位时刻 $\eta$，阵元 $n$ 接收的目标回

波信号为

$$\begin{aligned}
s_{n,r}(t',\eta) &= \sigma_p \cdot \mathrm{rect}\left(\frac{t'-2|\boldsymbol{r}_{np}|/c}{T_p}\right) \exp[j(2\pi f_n t - 2\boldsymbol{k}_{np} \cdot \boldsymbol{r}_{np})] \\
&= \sigma_p \cdot \mathrm{rect}\left(\frac{t'-2|\boldsymbol{r}_{np}|/c}{T_p}\right) \exp\{j[2\pi f_n t - 2\boldsymbol{k}_{np} \cdot (\boldsymbol{r}_{p0}-\boldsymbol{r}_n)]\}
\end{aligned} \tag{1.120}$$

式中，$\boldsymbol{k}_{np}$ 为第 $n$ 个天线阵元、距离矢量 $\boldsymbol{r}_{np}$ 对应的波数，$\boldsymbol{r}_{np}=\boldsymbol{r}_{p0}-\boldsymbol{r}_n$；$t$ 为全时间，$t=t'+\eta$。
远场条件下，存在以下近似：$\hat{\boldsymbol{r}}_{np} \approx \hat{\boldsymbol{r}}_{p0}$。其中，$\hat{\boldsymbol{r}}_{np}$ 和 $\hat{\boldsymbol{r}}_{p0}$ 分别为距离矢量 $\boldsymbol{r}_{np}$ 和 $\boldsymbol{r}_{p0}$ 的单位
向量。因此，有 $\boldsymbol{k}_{np}=k_n \cdot \hat{\boldsymbol{r}}_{np} \approx k_n \cdot \hat{\boldsymbol{r}}_{p0}$，$k_n=2\pi f_n/c$。为简化表述，后续推导忽略了信号
的包络项，公式可改写为

$$s_{n,r}(t',\eta) = \sigma_p \cdot \exp[j(2\pi f_n t - 2k_n \hat{\boldsymbol{r}}_{p0} \cdot \boldsymbol{r}_{p0} + 2k_n \hat{\boldsymbol{r}}_{p0} \cdot \boldsymbol{r}_n)] \tag{1.121}$$

其中

$$\begin{cases}
\hat{\boldsymbol{r}}_{p0} = k_x \hat{\boldsymbol{x}} + k_y \hat{\boldsymbol{y}} + k_z \hat{\boldsymbol{z}} \\
k_x = \cos \varphi_{\eta p} \cos \theta_{\eta p}, \ k_y = \cos \varphi_{\eta p} \sin \theta_{\eta p}, \ k_z = \sin \varphi_{\eta p} \\
\boldsymbol{r}_n = \left[n - \frac{(N_{ant}-1)}{2}\right] d \cdot \hat{\boldsymbol{y}}'
\end{cases} \tag{1.122}$$

式中,$\hat{\boldsymbol{x}}$,$\hat{\boldsymbol{y}}$ 和 $\hat{\boldsymbol{z}}$ 分别表示 $x$ 轴、$y$ 轴和 $z$ 轴的单位向量;$d$ 为天线阵元间隔。将其代入式(1.121),$s_{n,\mathrm{r}}(t',\boldsymbol{\eta})$ 可改写为

$$s_{n,\mathrm{r}}(t',\boldsymbol{\eta}) = \sigma_p \exp\left\{\mathrm{j}2\pi f_n\left[t-\frac{2|\boldsymbol{r}_{p0}|}{c}+\frac{2\left[n-\frac{(N_{\mathrm{ant}}-1)}{2}\right]d\cos\varphi_{\eta p}\sin\theta_{\eta p}}{c}\right]\right\} \quad (1.123)$$

综合 $N_{\mathrm{ant}}$ 个阵元的回波信号,频率分集线性阵列 SAR 接收的总的回波信号 $s_r(t',\boldsymbol{\eta})$ 为

$$\begin{aligned}
s_{\mathrm{rB}}(t',\boldsymbol{\eta}) = {} & \sigma_p \cdot \exp\left\{\mathrm{j}2\pi\left[f_c-\frac{(N_{\mathrm{ant}}-1)}{2}\cdot\Delta f\right]\cdot\right. \\
& \left[t-\frac{2|\boldsymbol{r}_{p0}|}{c}-\frac{(N_{\mathrm{ant}}-1)d\cos\varphi_{\eta p}\sin\theta_{\eta p}}{c}\right]\Big\}\cdot \\
& \sum_{n=0}^{N_{\mathrm{ant}}-1}\exp\left(\mathrm{j}2\pi\Delta f\frac{2d\cos\varphi_{\eta p}\sin\theta_{\eta p}}{c}n^2\right)\cdot\exp\Big\{\mathrm{j}n\Big(2\pi f_c\frac{2d\cos\varphi_{\eta p}\sin\theta_{\eta p}}{c}+ \\
& 2\pi\Delta f\cdot\left[t-\frac{2|\boldsymbol{r}_{p0}|}{c}-\frac{2(N_{\mathrm{ant}}-1)d\cos\varphi_{\eta p}\sin\theta_{\eta p}}{c}\right]\Big)\Big\}
\end{aligned} \quad (1.124)$$

当上式中二次相位项的取值 $\dfrac{2\pi\Delta f(2n^2 d\cos\varphi_{\eta p}\sin\theta_{\eta p})}{c}<\dfrac{\pi}{4}$ 时,其对雷达探测结果的影响可以忽略。令 $f_{\mathrm{center}}=f_c-\dfrac{(N_{\mathrm{ant}}-1)\Delta f}{2}$,利用参考信号 $s_{\mathrm{ref}}(t)=\exp(\mathrm{j}2\pi f_{\mathrm{center}}t)$ 对上述回波进行解调,则解调后的回波信号可以表示为

$$\begin{aligned}
s_{\mathrm{rB}}(t',\boldsymbol{\eta}) = {} & \sigma_p\cdot\exp\left\{-\mathrm{j}2\pi f_{\mathrm{center}}\cdot\left[\frac{2|\boldsymbol{r}_{p0}|}{c}+\frac{(N_{\mathrm{ant}}-1)d\cos\varphi_{\eta p}\sin\theta_{\eta p}}{c}\right]\right\}\cdot \\
& \exp\left\{\mathrm{j}\frac{N_{\mathrm{ant}}-1}{2}\overline{\Theta}\right\}\cdot\frac{\sin\left(\frac{N_{\mathrm{ant}}}{2}\overline{\Theta}\right)}{\sin\left(\frac{1}{2}\overline{\Theta}\right)}
\end{aligned} \quad (1.125)$$

式中,$\overline{\Theta}=2\pi\Delta f\left[t'-2\dfrac{|\boldsymbol{r}_{p0}|}{c}-\dfrac{2(N_{\mathrm{ant}}-1)d\cos\varphi_{\eta p}\sin\theta_{\eta p}}{c}+\dfrac{2f_c d\cos\varphi_{\eta p}\sin\theta_{\eta p}}{c\Delta f}\right]$。当且仅当 $\overline{\Theta}=\kappa\pi(\kappa=0,\pm2,\pm4,\cdots)$ 时,$|s_{\mathrm{rB}}(t',\boldsymbol{\eta})|$ 取极大值。此时,有

$$s_{\mathrm{rB}}(t',\boldsymbol{\eta}) = \sigma_p\cdot\exp(-\mathrm{j}\Phi_1)\cdot\exp(-\mathrm{j}\Phi_2)\cdot\exp\left[\mathrm{j}\frac{\kappa(N_{\mathrm{ant}}-1)\pi}{2}\right] \quad (1.126)$$

其中

$$\begin{cases}
\Phi_1 = \dfrac{2\pi f_{\mathrm{center}}\cdot 2|\boldsymbol{r}_{p0}|}{c} \\[3mm]
\Phi_2 = \dfrac{2\pi f_{\mathrm{center}}\cdot\left[(N_{\mathrm{ant}}-1)d\cos\varphi_{\eta p}\sin\theta_{\eta p}\right]}{c}
\end{cases} \quad (1.127)$$

取主值区间$(\kappa = 0)$,此时目标峰值对应的时刻$t'_{p0}$为

$$t'_{p0} = \tau_{p,\text{fixed}} + \tau_{p,\text{offset}}$$

$$\tau_{p,\text{fixed}} = \frac{2|\boldsymbol{r}_{p0}|}{c}$$

$$\tau_{p,\text{offset}} = \frac{2[(N_{\text{ant}}-1)\Delta f - f_c] d\cos \varphi_{\eta p} \sin \theta_{\eta p}}{c\Delta f} \tag{1.128}$$

式中,$\tau_{p,\text{fixed}}$为目标固有回波时延;$\tau_{p,\text{offset}}$为目标空变距离回波时延,对应大小为$\Delta R = \dfrac{[(N_{\text{ant}}-1)\Delta f - f_c] d\cos \varphi_{\eta p} \sin \theta_{\eta p}}{\Delta f}$的单程距离偏移。

当$\dfrac{N_{\text{ant}}\overline{\boldsymbol{\Theta}}}{2} = \pm\pi$时,$s_{\text{rB}}(t',\eta)$的第一零点时刻$t_{\text{null}}^{\text{1st}}$为

$$t_{\text{null}}^{\text{1st}} = \pm\frac{1}{N_{\text{ant}}\Delta f} + \frac{2|\boldsymbol{r}_{p0}|}{c} + \frac{2[(N_{\text{ant}}-1)\Delta f - f_c] d\cos \varphi_{\eta p} \sin \theta_{\eta p}}{c\Delta f} \tag{1.129}$$

因此,信号峰值响应的时间宽度为$\Delta t = \dfrac{2}{N_{\text{ant}}\Delta f}$,其对应的信号距离分辨率为

$$\rho_{\text{r}} = \frac{c}{2} \cdot \frac{\Delta t}{2} = \frac{c}{2N_{\text{ant}}\Delta f} = \frac{c}{2B_{\text{e}}} \tag{1.130}$$

式中,$B_{\text{e}} = N_{\text{ant}} \cdot \Delta f$,为 MCF 信号的等效带宽。

可见,频率分集线性阵列雷达信号距离像合成结果相比目标真实距离存在一定程度的偏移,且偏移量由天线阵列因子及雷达探测的空间几何决定,其回波信号的上述特点使得不同目标的距离向成像结果具有空变性。为得到目标精确的距离像结果,必须在处理过程中对其加以补偿。

由上述推导可知,通过简单的累加处理即可实现对频率分集线性阵列雷达信号回波能量的累积,获得分辨率为$\rho_{\text{r}} = \dfrac{c}{2N_{\text{ant}}\Delta f}$的目标距离像。图 1.25 给出了相同时宽、相同带宽条件下上述两种信号的频谱和脉冲压缩结果对比。

由图 1.25 可以看出,频率分集线性阵列雷达信号具有更陡峭的频带边缘,且幅度更加平坦,目标能量分布更加集中,距离像响应的持续时间范围很有限,由雷达脉冲宽度决定,这一宽度通常远远小于 LFM 脉冲信号。频率分集线性阵列雷达信号的这一特性使其能够在一定程度上克服强目标旁瓣对邻近弱目标的影响,这对于提升系统区分强弱目标的能力以及目标检测概率都具有积极的意义。

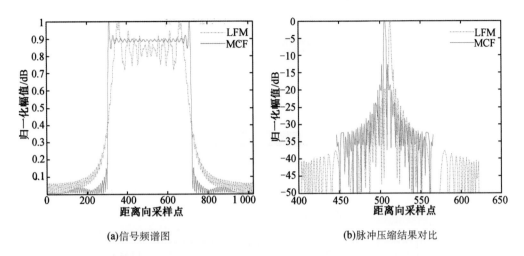

(a)信号频谱图　　　　　　　　(b)脉冲压缩结果对比

图 1.25　MCF 信号与 LFM 信号频谱及脉冲压缩结果对比

### 1.8.4.3　频率分集线性阵列雷达信号对邻近强弱目标的成像实验

频率分集线性阵列雷达信号,相比相同时宽、相同带宽条件下的 LFM 信号,探测结果中的目标能量分布更加集中,能量分布范围非常有限,且远远小于 LFM 脉冲信号,这一特性使其能够在一定程度上克服强目标旁瓣对邻近弱目标的影响。图 1.26给出了应用频率分集线性阵列 SAR 对邻近强弱目标的成像结果,其中两个强目标附近有 3 个能量极其微弱的弱目标,但依然清晰地显示了出来。

图 1.26(b)给出了经典 LFM 信号与频率分集线性阵列雷达信号对邻近强弱目标成像的距离向切片结果,由图可知,频率分集线性阵列雷达信号可以较好地区分邻近强弱目标,有效解决了 LFM 信号无法有效区分邻近强弱目标的问题。此外,由图 1.26(b)可知,相比 LFM 信号采用加窗方法抑制旁瓣后的成像结果,MCF 信号可以在不加窗、不降低成像分辨率的条件下实现对所有 3 个弱目标的有效区分。实验结果证明,使用频率分集线性阵列雷达信号可以有效地区分邻近强弱目标,有效提高雷达对弱目标的检测和成像能力。

需要注意的是,尽管频率分集线性阵列雷达信号具有一定的优势,但是使用这一信号体制也是有代价的,它要利用阵列天线才能实现,雷达系统的复杂度较高,需要在实际运用中根据需要做出选择。

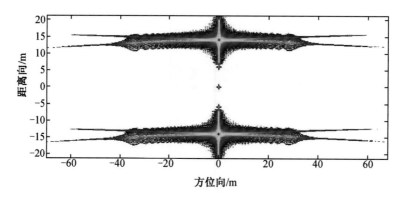

(a) MCF 信号邻近强弱目标成像结果

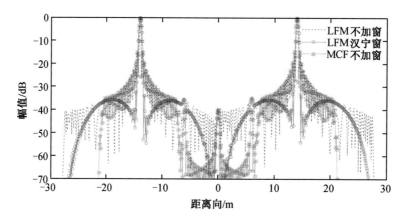

(b) MCF 信号与 LFM 信号邻近强弱目标距离向切片结果对比

图 1.26　频率分集线性阵列 SAR 邻近强弱目标成像结果

# 第 2 章　逆合成孔径雷达原理

## 2.1　合成孔径的基本概念

### 2.1.1　孔径的基本概念

所谓"孔径"，即一种信号通道。这种信号通道在光学照相机里就是光学镜头；在雷达里就是雷达天线。所谓"合成孔径"的"合成"，即"虚拟、人工"，特指获取信号的通道是虚拟的，人工合成的。"合成孔径"联合起来理解就是虚拟的、人工合成的一种信号通道。这种信号通道对光学照相机就是虚拟的、人工合成的光学镜头；对雷达就是虚拟的、人工合成的雷达天线。

为什么会是这样呢？带着这个问题，下面首先介绍合成孔径的基本概念。

### 2.1.2　合成孔径的基本概念

合成孔径的基本概念源于合成孔径雷达(synthetic aperture radar, SAR)。合成孔径雷达是一种利用搭载于运动平台上的小天线对静止目标成像的高分辨成像雷达。其基本原理基于两种关键的技术，一是脉冲压缩技术，二是合成孔径技术。关于脉冲压缩技术，在第 1 章已经进行了详细介绍，它可确保雷达获得距离向的高分辨能力，而合成孔径技术则确保雷达可以获得方位向的高分辨能力，这样二维高分辨的结果使得雷达可以像光学照相机一样获取目标区域的直观可视的高分辨图像。

合成孔径实际上是由雷达实际的物理小天线通过运动而虚拟、人工合成出来的大型天线阵列。现代雷达的天线阵列常用许多阵元排列组成，图 2.1 所示为用许多阵元构成的线性阵列，阵列的孔径 $L$ 可以比阵元孔径 $D$ 长得多。

图 2.1 的阵列可以是实际的，也可以是"合成"的。所谓"合成"是指不是同时具有所有的阵元，而是一般只有一个阵元，该物理阵元首先在第一个阵元位置发射和接收目标回波，然后移动到第二个阵元位置同样地发射和接收目标回波，如此逐步移动，直到到达最后一个阵元位置并完成信号的发射和目标回波接收。如果原阵列发射天

线的方向图与单个阵元相同,则用一个阵元逐步移动得到的一系列远场固定目标(场景)信号与原阵列各个阵元的位置在形式上基本相同。当然,为保证"合成"的可行性,雷达发射载波频率必须在整个过程中十分稳定。

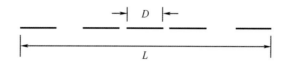

图 2.1  由阵元构成的线性阵列

根据上面的描述,假设雷达发射载波信号为 $\mathrm{e}^{\mathrm{j}(2\pi f_c t+\varphi_0)}$,$\varphi_0$ 是载波的起始相位。定义三种时间概念,即全时间 $t$、慢时间 $t_m$ 和快时间 $t_k$,其中慢时间 $t_m$ 为雷达物理小天线发射脉冲的时刻构成的时间序列,其间隔为雷达重复周期 PRT;快时间 $t_k$ 为任意一个脉冲回波接收过程中,采样回波信号时以采样间隔为基本单元的时间序列,其起始时刻为雷达接收回波最近距离对应的延迟时间 $t_n$,其终止时刻为雷达接收回波最远距离对应的延迟时间 $t_f$;全时间等于慢时间 $t_m$ 和快时间 $t_k$ 之和。设 $t_m$ 时刻在第 $m$ 个阵元发射包络为 $p(t_k)$ 的信号,则发射信号为

$$s_t(t_k,t_m) = \mathrm{rect}\left(\frac{t_k}{T_p}\right)\mathrm{e}^{\mathrm{j}(2\pi f_c t+\varphi_0)} \tag{2.1}$$

式中,快时间 $t_k = t - t_m$;$\mathrm{rect}\left(\dfrac{t_k}{T_p}\right)$ 表示信号包络为宽度为 $T_p$ 的矩形脉冲。

若在雷达的目标场景中有众多的散射点,假设它们到第 $m$ 个阵元相位中心的距离分别为 $R_{mi}$,子回波幅度为 $A_i(i=1,2,\cdots)$,则第 $m$ 个阵元的接收信号为

$$s_r(t_k,t_m) = \sum_i A_i \cdot \mathrm{rect}\left(\frac{t_k - \dfrac{2R_{mi}}{c}}{T_p}\right)\mathrm{e}^{\mathrm{j}\left[2\pi f_c\left(t - \frac{2R_{mi}}{c}\right)+\varphi_0\right]} \tag{2.2}$$

若用发射的载波 $s_0(t) = \mathrm{e}^{\mathrm{j}(2\pi f_c t+\varphi_0)}$ 与接收信号做相干检波,即去载波,得基带信号为

$$s_b(t_k,t_m) = s_r(t_k,t_m) \cdot s_0^*(t) = \sum_i A_i \cdot \mathrm{rect}\left(\frac{t_k - \dfrac{2R_{mi}}{c}}{T_p}\right)\mathrm{e}^{-\mathrm{j}\frac{4\pi f_c R_{mi}}{c}} \tag{2.3}$$

注意,式(2.3)中并不包含全时间 $t$。

假设目标是固定的,不随慢时间 $t_m$ 变化,所以只要阵元位置准确,哪一个快时间时刻测量所得的回波都是一样的。当然,前提是发射载波在全过程必须十分稳定。

合成孔径的工作方式与实际阵列是有区别的,它不像实际阵列那样作为整体工作,而是各个阵元自发自收。从合成的方向图、波束宽度等可以对比实际阵列与合成

孔径的特性差异。假设各阵元等强度辐射,则实际天线的收或发的单程方向图为 $\frac{\sin x}{x}$,其收发双程方向图为 $\left(\frac{\sin x}{x}\right)^2$,它们的 3 dB 波束宽度分别约为 $0.88\frac{\lambda}{L}$ 和 $0.64\frac{\lambda}{L}$,其中 $L$ 为实际阵列的长度。为了对场景成像,须做广域观测,即窄波束的阵列接收天线要用数字波束形成覆盖全域,并采用宽波束发射、多个窄波束接收的方式,即实际阵列天线的波束由接收单程波束决定。而合成孔径则不一样,阵元是宽波束的,阵元为收发双程,分时工作。阵元间的相位差由双程传输延迟决定,为单程时的两倍,因此其方向图为 $\frac{\sin 2x}{2x}$,其 3 dB 波束宽度为 $0.44\frac{\lambda}{L}$,即合成孔径的有效阵列长度比实际阵列大一倍,而波束宽度只有实际阵列的一半,如图 2.2 所示。

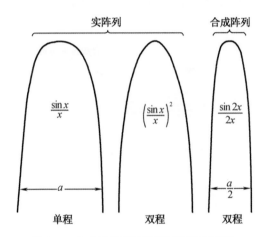

图 2.2　合成孔径与实际阵列的特性对比

合成孔径雷达利用飞机、卫星等运动载体实现合成孔径,雷达物理小天线在飞行过程中以脉冲重复周期 $T_p$ 发射和接收回波信号,即可在空间形成很长的虚拟的人工合成阵列,即合成孔径。相比真实的小物理孔径,合成孔径可以大大改善雷达的方位分辨能力。

如图 2.3 所示,假设雷达工作的载波波长为 $\lambda$,实际尺寸为 $D$ 的物理天线的波束宽度为

$$\theta_{3\,dB} \approx \frac{\lambda}{D} \tag{2.4}$$

如果雷达探测的目标场景与雷达的距离为 $R$,则雷达的波束足迹覆盖沿方位方向的尺寸为

$$Az = \frac{\lambda}{D}R \tag{2.5}$$

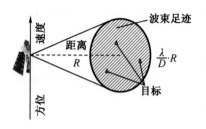

图 2.3　实际小物理天线的波束足迹覆盖情况

此时,处于同一个波束足迹内的不同的目标将难以从方位向区分开。注意到波束足迹覆盖沿方位向的尺寸与距离 $R$ 成正比,因此对于实孔径雷达而言,其方位向的目标分辨能力将随着距离的增加而变差,具有"近视"的毛病。

与之形成鲜明对比的是合成孔径,如图 2.4 所示。

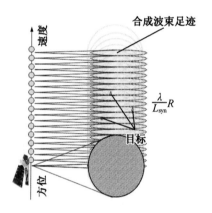

图 2.4　合成孔径及其合成波束足迹

利用目标与雷达之间的相对运动,小孔径物理天线在不同的空间位置处周期性地发射和接收目标散射回波,通过对回波进行合成处理得到媲美大阵列天线同时收发信号的效果。对于目标场景上的任意一个点目标,产生回波的时间长度是由其被小孔径物理天线波束照射的时间决定的。对于物理尺寸为 $D$ 的小天线,其在距离 $R$ 处的波束足迹覆盖沿方位方向的尺寸约为 $\frac{\lambda}{D}R$,这就是任意一个点目标产生回波信号的虚拟大孔径范围,即虚拟的人工合成孔径尺寸满足

$$L_{\text{syn}} \approx \frac{\lambda}{D}R \qquad (2.6)$$

利用阵列尺寸与波束宽度的约束关系可知,合成孔径对应的合成波束足迹沿方位向的尺寸近似为

$$\text{Az}_{\text{syn}} \approx \frac{\lambda}{L_{\text{syn}}}R = D \qquad (2.7)$$

很显然,合成孔径对应的合成波束足迹沿方位向的尺寸等于小物理天线的孔径大小。由于小物理天线的孔径尺寸通常很小(在米级),此时处于不同的合成波束足迹内的不同的目标将很容易区分开来。注意到合成波束足迹覆盖沿方位方向的尺寸与距离 $R$ 无关,因此对于合成孔径雷达而言,其方位向的目标分辨能力与距离无关,很好地克服了实孔径雷达"近视"的毛病,这是合成孔径带来的极其重要的一个特性。

从本质上讲,合成孔径是利用雷达与目标之间的相对运动来实现方位高分辨的关键技术。前面在描述其概念和原理时,假设目标是静止的,而雷达是运动的。实际上,合成孔径的形成也可以通过静止的雷达对运动的目标的跟踪测量来实现,如图 2.5 所示。

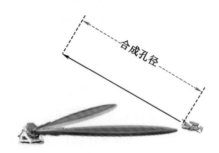

图 2.5　静止的雷达跟踪运动的目标形成合成孔径

为了区别两种合成孔径,通常把利用运动雷达对静止目标探测的雷达称为合成孔径雷达(synthetic aperture radar,SAR);而把利用雷达对非合作运动的目标实施跟踪和成像探测的雷达称为逆合成孔径雷达(inverse synthetic aperture radar,ISAR)。

## 2.2　方位分辨率与方位压缩

### 2.2.1　方位分辨率

前面曾提到,合成孔径由于阵元自发自收,其波束宽度为实际阵列尺寸对应波束宽度的一半,近似为

$$\theta_{3\,dB} = \frac{\lambda}{2L_{syn}} \tag{2.8}$$

由此可算出其对应的方位向分辨单元长度 $\rho_a$:

$$\rho_a = \theta_{3\,dB}R = \frac{\lambda}{2L_{syn}}R = \frac{D}{2} \tag{2.9}$$

为提高方位向分辨率,即减小 $\rho_a$,应加大合成孔径长度 $L_{syn}$,但 $L_{syn}$ 的加长是有限制的,它严格受到实际物理天线尺寸的控制。若实际物理天线在方位向孔径尺寸为

$D$,则在距离 $R$ 处的照射宽度为

$$L_R = \frac{\lambda}{D} R \tag{2.10}$$

对于场景上的任一点 $A$,只有在实际天线波束照射期间才有回波产生。因此,虽然雷达可以一直沿直线飞行下去,但对任意一个目标点而言,其有效的最大合成孔径只有 $L_R$,因此最小方位向分辨单元长度就是 $\rho_a$。

合成孔径的方位分辨能力与目标距离无关,这是比较容易理解的。由于距离越远,则有效合成孔径越长,从而形成的合成波束也越窄,它正好与因距离加长而使方位向分辨单元变宽的效应相抵消,因此合成孔径保持了方位向分辨单元的大小不变。

如上所述,为了提高方位向分辨率,应减小天线方位向孔径。但天线孔径取多大,还要考虑雷达的其他应用因素。由于孔径减小会使天线增益随之降低,因此雷达实际物理天线的尺寸是不可能任意小的,通常是有限制的。

注意:上述方位向分辨率是在天线视线方向不变的情况下得到的,此时雷达的观测区域是与雷达的航线平行的条带,故在 SAR 中又被称为条带模式(stripmap mode)。这时,雷达视线对目标的转角受天线波束宽度的限制。如果天线波束指向可以改变,则雷达可以在飞行过程中不断调控天线波束在较长时间内始终指向感兴趣的地区,这可显著增大对目标的观测角,实现对目标的更细致的观测,而不受雷达天线波束宽度的限制,这种方式在 SAR 中被称为聚束模式(spotlight mode)。

### 2.2.2 方位压缩

如何更好地理解使用合成孔径天线的雷达的方位分辨能力呢?不失一般性,下面以 SAR 为例进行信号域的分析,并引入方位压缩的概念。

实际的 SAR 是搭载在运动载体上的,载体平台平稳地以速度 $V$ 直线飞行,而雷达以一定的脉冲重复周期 PRT 发射脉冲,并在飞行过程中在空间形成了间隔为 $d = V \cdot \text{PRT}$ 的均匀直线阵列,雷达依次接收到的回波数据即相应顺序阵元的信号。因此,可用二维时间信号,即快时间信号和慢时间信号来分别表示雷达接收到的脉冲回波信号以及随雷达天线相位中心移动而调制的多普勒信号。严格地说,雷达运动形成的阵列和物理小天线逐次移位形成的合成阵列还是有区别的,前者为"一步一停"地工作,而后者为连续工作,即在发射脉冲到接收回波期间,阵元也是不断运动着的。不过,由于雷达发射脉冲通常时间宽度很窄,这一影响是很小的。因为快时间对应于电磁波速度(即光速),而慢时间对应于雷达平台速度,两者相差很大,在以快时间计的时间里雷达平台的移动量很小,由此引起的合成阵列上的位置变化可以忽略。为此采用"一步一停"的方式,用快、慢时间分析二维回波还是比较合理的。

简单起见,假设雷达载体以理想的速度匀速直线飞行,雷达在空间形成的阵列为均匀线阵,且不存在误差,则合成孔径雷达的二维时间信号接收模型如图 2.6 所示。

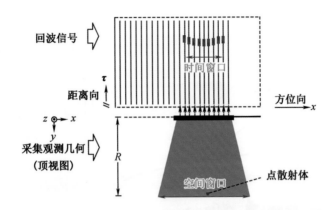

图 2.6 合成孔径雷达的二维时间信号接收模型

合成孔径雷达通常周期性发射线性调频脉冲,由于要对接收回波在较长的相干时间(以秒计)内做相干处理,发射载频信号 $e^{j2\pi f_c t}$ 在全过程必须十分稳定,$t$ 为全时间,而第 $m$ 个周期发射的信号为

$$s(t_k, t_m) = \mathrm{rect}\left(\frac{t_k}{T_p}\right) e^{j\left(2\pi f_c t + \frac{1}{2}\gamma \hat{t}^2\right)} \tag{2.11}$$

式中,$\mathrm{rect}(u) = \begin{cases} 1, & |u| \leqslant \dfrac{1}{2} \\ 0, & |u| > \dfrac{1}{2} \end{cases}$;$T_p$ 为发射脉冲的时间宽度;$\gamma$ 为线性调频信号的调频率;$t_m$ 和 $t_k$ 分别为慢时间和快时间,$t_k = t - m \cdot \mathrm{PRT}$;信号带宽 $B = \gamma T_p$。

在时域内,每一个脉冲的 SAR 雷达回波信号记录为一条线,该记录包含有发射脉冲的脉内特征。该脉冲的频谱宽度(通常在几十兆至几百兆甚至上千兆赫兹)决定雷达的距离分辨率。对该脉冲的距离处理是将每一散射源压缩成一个距离可分辨单元。在航路上与合成孔径单元的位置相对应的后续雷达回波记录为相邻线,在该线簇中的任意的距离可分辨单元内包含有该单元内任意目标的相位变化。脉冲间的载波相位变化是雷达回波产生脉间多普勒频移的根源,其频谱(通常在千赫兹数量级)分布于 $\pm\dfrac{\mathrm{PRF}}{2}$ 范围内。脉间多普勒频移的范围即多普勒带宽,它决定了横向距离分辨能力,即方位分辨率。

SAR 信号是二维的,发射的线性调频信号被距离远近不同的目标散射并被雷达接收,基本过程如图 2.7 所示。由于受到雷达天线方向图不同增益的调制,因此不同空间位置的目标雷达回波强度是不同的。这种回波强度的调制效应尤其在沿飞行方向(方位向)最为明显。距离向回波基本都处于雷达主波束内,因此距离向调制效应不如方位向调制效应明显。这一现象如图 2.8 所示。

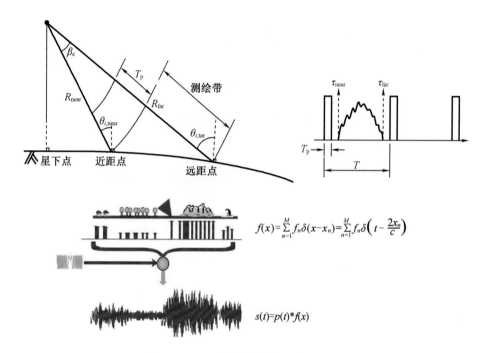

$$f(x)=\sum_{n=1}^{M}f_n\delta(x-x_n)=\sum_{n=1}^{M}f_n\delta\left(t-\frac{2x_n}{c}\right)$$

$$s(t)=p(t)*f(x)$$

图 2.7　SAR 回波信号产生几何及原理

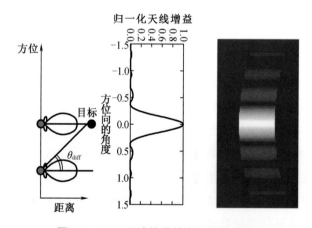

图 2.8　SAR 回波信号的方向图调制效应

　　考虑到雷达天线方向图的主瓣增益远远大于旁瓣,所以这种强度调制的效应可以简化为仅考虑主瓣接收的情形。因此,可以理解为目标有效的回波是在被雷达天线主瓣照射的这段时间内产生的。这一过程开始于天线主瓣照射目标之时,结束于天线主瓣离开目标之时。距离向被天线主瓣照射的目标,其回波延迟受距离远近的控制,距离远的目标,对应的回波延迟时间长;距离近的目标,对应的回波延迟距离短。

　　目标回波信号被雷达天线接收,并通过模拟数字转换器(ADC)采样记录下来。

一个脉冲回波对应为一行(或一列)离散的采样数据,若干脉冲回波存储在一起,就形成了一个二维的、离散的回波数据矩阵。

SAR 雷达对回波数据的采样通常是正交双通道采样,如图 2.9 所示。

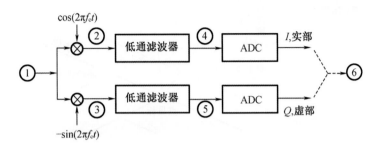

图 2.9　回波数据的采样

其中,各关键节点的信号的表达式为

①　$\cos\left\{2\pi f_c t-\dfrac{4\pi R(t_m)}{\lambda}+\pi\gamma\left[t_k-\dfrac{2R(t_m)}{c}\right]^2\right\}=\cos\left[2\pi f_c t+\varphi(t_k)\right]_k$

②　$\dfrac{1}{2}\cos\left[\varphi(t_k)\right]+\dfrac{1}{2}\cos\left[4\pi f_c t+\varphi(t_k)\right]$

③　$\dfrac{1}{2}\sin\left[\varphi(t_k)\right]+\dfrac{1}{2}\sin\left[4\pi f_c t+\varphi(t_k)\right]$

④　$\dfrac{1}{2}\cos\left[\varphi(t_k)\right]$

⑤　$\dfrac{1}{2}\sin\left[\varphi(t_k)\right]$

⑥　$\dfrac{1}{2}\exp\left[j\varphi(t_k)\right]=\dfrac{1}{2}\exp\left\{-j\dfrac{4\pi R(t_m)}{\lambda}+\pi\gamma\left[\hat{t}-\dfrac{2R(t_m)}{c}\right]^2\right\}$　　(2.12)

最终所得的二维回波可以表达为

$$s(t_k,t_m)=A\cdot g_a(t_m)\cdot\mathrm{rect}\left[\dfrac{t_k-\dfrac{2R(t_m)}{c}}{T_p}\right]\exp\left\{-j\dfrac{4\pi R(t_m)}{\lambda}+\pi\gamma\left[t_k-\dfrac{2R(t_m)}{c}\right]^2\right\}$$

(2.13)

式中,$g_a(t_m)$ 为不同慢时间时刻的雷达接收天线增益。

由于不同脉冲周期内,目标和雷达之间的距离 $R(t_m)$ 是不同的,因此同一目标在不同脉冲周期的回波是不同的,不仅距离延迟不同,而且载波相位的调制也不同。同一目标回波距离延迟在不同脉冲周期的变化引起的回波距离向包络变化称为目标的距离徙动。如图 2.10 和图 2.11 所示。

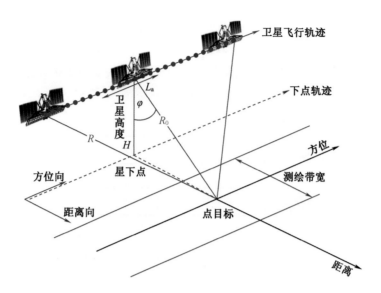

图 2.10　理想点目标 SAR 回波数据录取空间几何

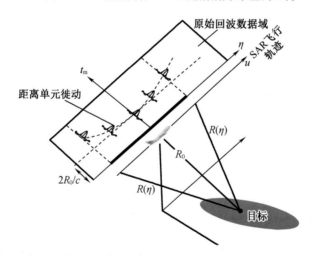

图 2.11　理想点目标 SAR 回波的距离徙动效应

由于距离 $R(t_m)$ 的表达式可以描述为

$$R(\eta) = \sqrt{R_0^2 + V^2(\eta - \eta_0)^2} \tag{2.14}$$

令 $t = \eta - \eta_0$，则有

$$R(t) = \sqrt{R_0^2 + V^2 t^2} \tag{2.15}$$

泰勒展开,保留二阶,近似有

$$R(t) \approx R_0 + \frac{V^2 t^2}{2R_0} \tag{2.16}$$

由于回波的载波相位延迟与 $R(\eta)$ 密切相关,该相位项可单独写为

$$\varphi(t) = -\frac{4\pi R(t)}{\lambda} \tag{2.17}$$

将近似表达式代入有

$$\varphi(t) = -\frac{4\pi R(t)}{\lambda} = -\frac{4\pi R_0}{\lambda} - \frac{2\pi}{\lambda}\frac{V^2 t^2}{R_0} \tag{2.18}$$

由于载波相位的变化导致多普勒调制,因此沿飞行方向,该目标的多普勒调制可写为

$$F_d(t) = \frac{1}{2\pi}\frac{d\varphi(t)}{dt} = \frac{-2V^2}{\lambda R_0}t \tag{2.19}$$

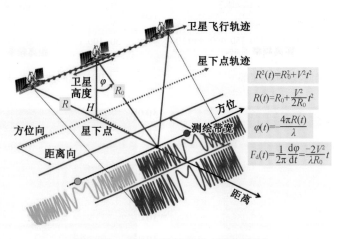

图 2.12　SAR 回波数据的多普勒调制

可见,SAR 目标回波的多普勒调制也是线性调频信号,其持续的时长为雷达主瓣照射目标的时间宽度。随着雷达的运动,不同方位位置的目标只是产生回波的时间先后不同,调制的特征却都是相似的。

因此,一个理想的点目标的 SAR 回波数据的特征总结起来如图 2.13 所示。

雷达系统的热噪声经雷达射频前端滤波,进入处理器的合成带宽等于雷达的测距带宽,即信号带宽。而在多普勒频域,热噪声则被限制在 $\pm\dfrac{\text{PRF}}{2}$ 范围内,当脉冲具有最小脉冲重频率时,热噪声分布的多普勒带宽与雷达信号多普勒带宽相同。

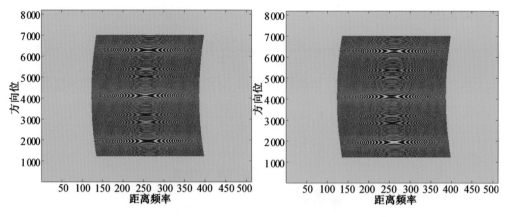

(a)二维回波数据-实部　　　　　　　　　(b)二维回波数据-虚部

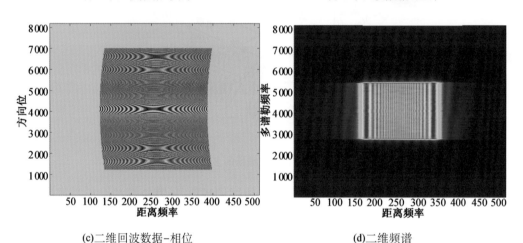

(c)二维回波数据-相位　　　　　　　　　(d)二维频谱

图 2.13　SAR 回波数据的特征

　　从原理上讲,SAR 这种离散化的数据存储格式,就像是一个二维的数据矩阵,其中的每个元素,就是一个脉冲的离散采样点对应的数据。不同目标的距离和有效数据支撑区是不同的。其每一个回波脉冲,沿距离向看,是发射信号经过不同的延迟和调幅之后叠加而成的,远、中、近不同目标的回波数据沿方位向的支撑区是不同的,因为主波束覆盖的范围在远处、近处的宽度是不同的,从波束前沿照射到目标开始,到波束后沿离开目标为止,这期间一个点目标会持续产生回波信号,如图 2.14 所示。

　　如何提取不同目标的延迟信息,即距离参数呢? 显然,利用雷达测距的"脉冲压缩技术"可以解决这个问题。这一原理如图 2.15 所示,具体过程在第 1 章中已有论述,这里不再赘述。

　　经过距离向"脉冲压缩",所有目标的距离参数都已准确得到。距离压缩后,目标能量在距离向完成累积,回波能量清晰地呈现出目标的距离徙动轨迹,如图 2.16 所示。

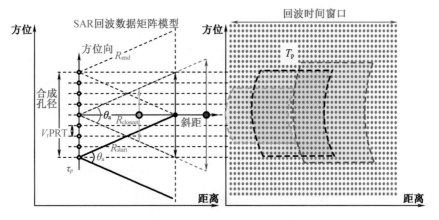

图 2.14　SAR 回波数据的支撑区

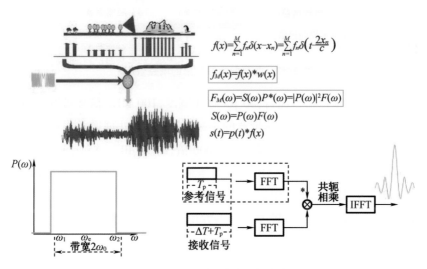

图 2.15　利用雷达测距的"脉冲压缩技术"测距的原理

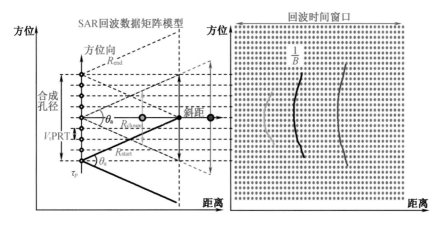

图 2.16　距离压缩的效果示意

注意,距离信息的获取——距离向匹配滤波或脉冲压缩带来了回波强度的剧烈变化。根据能量守恒定律,脉冲压缩之后的信号强度将发生巨大变化,由于时间宽度被压缩了,所以脉冲压缩后信号强度大大增强了。这种处理的增益到底有多大呢?距离向匹配滤波或脉冲压缩使雷达回波获得的处理增益是非常大的,该增益通常等于雷达信号的"时宽–带宽积",如图 2.17 所示。

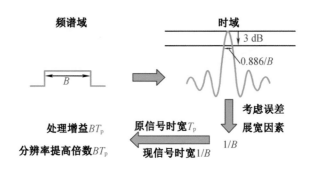

图 2.17　距离向脉冲压缩的增益效应

对于一个典型的雷达信号而言,40 μs 脉冲宽度,100 MHz 信号带宽,处理增益接近 4 000 倍,约 36 dB。而随着雷达带宽的不断提高,这种处理增益将更加巨大,若带宽达到 8 GHz,脉宽不变,则处理增益近 320 000 倍,约 55 dB。这对于微弱的雷达回波信号而言是非常可观的。所以,SAR 的距离压缩处理不仅实现了目标距离参数的批量自动估计,而且大大提高了有用信号的强度。

那么,成像所需的另一个位置参数——方位参数,又该如何估计呢?方位向的能量累积又是如何实现的呢?这种处理能否带来同样可观的处理增益呢?

从距离压缩后的回波信号表达式出发,我们发现方位向信号参数与距离 R 的历史以及载波信号密切相关。注意到对同一个目标而言,其不同脉冲的回波信号距离延迟不同,而这种延迟的不同使得回波脉冲之间出现了多普勒调制。由于距离的变化产生调频的多普勒,且线性调频变化,不同方位位置的目标对应的多普勒信号仅仅存在时间先后的不同,波形参数却几乎相同,类似于距离向的一个脉冲对应的回波。

因此,与雷达最近距离相同的所有目标的多普勒信号也是同一信号经过不同的延迟和调幅后叠加而成的,类似于雷达发射线性调频信号之后收集的目标回波。故同样可以通过对多普勒"脉冲压缩"完成目标方位位置信息的提取。

但是,不同距离单元的方位向多普勒调制是有非常显著的区别的,这导致 SAR 对多普勒信号的脉冲压缩要复杂得多。这主要体现在:一是距离远近不同的目标被雷达波束照射的时间长短是不同的,近距小,远距大,导致不同距离单元的目标的回波的时间支撑长短不同;二是距离远近不同的目标多普勒信号的调制斜率也是不同的,近距大,远距小,导致多普勒调制的斜率是不同的。这一规律从式(2.20)、式(2.21)可以明确看出来：

$$T_d = \frac{\lambda R_0}{DV} \tag{2.20}$$

$$K_d = \frac{-2V^2}{\lambda R_0} \tag{2.21}$$

但是,有趣的是,所有目标的多普勒带宽却是相同的,主要因为

$$B_d = K_d T_d = \frac{-2V^2}{\lambda R_0} \cdot \frac{\lambda R_0}{DV} = \frac{2V}{D} \tag{2.22}$$

上述规律如图 2.18 所示。

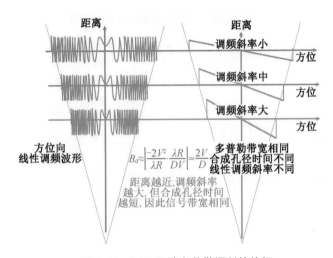

图 2.18　SAR 回波多普勒调制的特征

综上所述,实施方位多普勒脉冲压缩,雷达需对不同的距离单元给出不同的多普勒参考函数。

经过多普勒脉冲压缩之后,目标图像初步呈现,如图 2.19 所示。

同距离向的脉冲压缩处理一样,方位多普勒压缩处理也会产生较大的信号处理增益。由于线性调频信号的处理增益等于“时宽-带宽积”,而多普勒信号在远距时宽更大,所以方位多普勒脉冲压缩处理增益随着距离的增大而增大。这一现象可以很好地弥补雷达回波在自由空间传输产生的信号衰减。这也是最终人们看到的雷达图像在矫正方向图增益等因素后,并无明显的远距弱、近距强的感觉的原因。该原理如图2.20、图 2.21 所示。

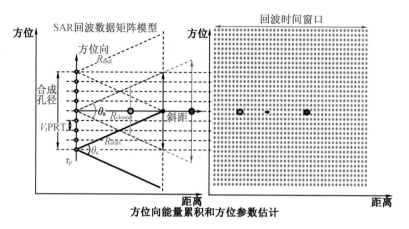

图 2.19　SAR 回波多普勒脉冲压缩的效果

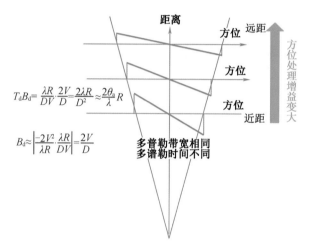

图 2.20　SAR 回波的多普勒特性

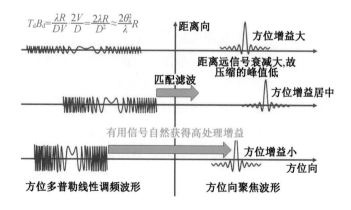

图 2.21　SAR 多普勒脉冲压缩的增益效应

总结起来,SAR 成像处理过程如图 2.22 所示。

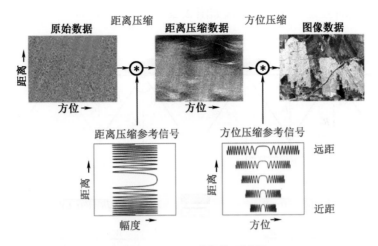

图 2.22　SAR 成像处理过程

事实上,实际的 SAR 成像处理过程情况要复杂得多。由于目标回波存在距离徙动,距离徙动的产生原因是目标与雷达之间的距离在不同脉冲周期不断变化,这直接导致方位的"多普勒脉冲压缩"操作必须沿距离徙动的曲线进行。这是非常不方便的,如图 2.23 所示。由于不同目标的距离徙动轨迹并不重合,因此这种曲线积分只能逐点实施,效率非常低下,必须找到一种快速高效的处理方法。

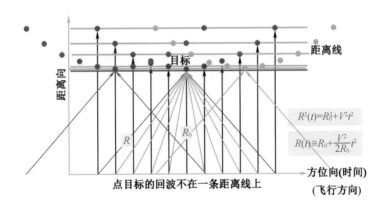

图 2.23　距离徙动问题的本质

注意到,与雷达之间最近距离相同的不同目标点 $A$ 和 $B$,其产生回波的历程基本相同,只是时间先后不同,在产生回波的过程中具有相同的距离历程和多普勒调制历程,如图 2.24 和图 2.25 所示。

因此,目标的距离徙动曲线在多普勒频域看,应该是重合的。于是,人们通过方位向时域信号的傅里叶变换,将信号从距离–方位二维时域,转换到距离–方位多普勒频域,此时同一距离单元的不同目标的距离徙动轨迹将重合为一条轨迹,于是可以在距离–多普勒域将弯曲的距离徙动曲线校正为平行于飞行方向的直线,然后沿直线实施批量的多普勒脉冲压缩处理。该原理如图 2.26 所示。

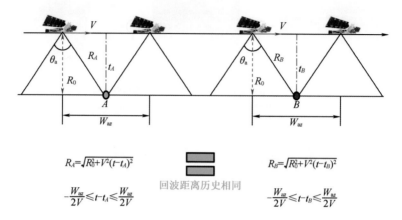

$$R_A=\sqrt{R_0^2+V^2(t-t_A)^2}$$

回波距离历史相同

$$R_B=\sqrt{R_0^2+V^2(t-t_B)^2}$$

$$-\frac{W_{az}}{2V}\leq t-t_A\leq\frac{W_{az}}{2V}$$

$$-\frac{W_{az}}{2V}\leq t-t_B\leq\frac{W_{az}}{2V}$$

图 2.24　相同距离单元不同方位位置理想点目标的距离历史

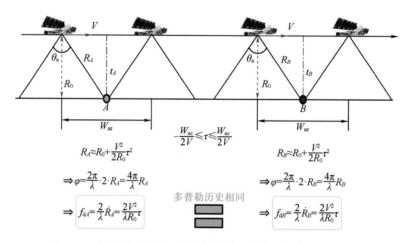

$$-\frac{W_{az}}{2V}\leq\tau\leq\frac{W_{az}}{2V}$$

$$R_A\approx R_0+\frac{V^2}{2R_0}\tau^2$$

$$R_B\approx R_0+\frac{V^2}{2R_0}\tau^2$$

$$\Rightarrow\varphi=\frac{2\pi}{\lambda}\cdot2\cdot R_A=\frac{4\pi}{\lambda}R_A$$

多普勒历史相同

$$\Rightarrow\varphi=\frac{2\pi}{\lambda}\cdot2\cdot R_B=\frac{4\pi}{\lambda}R_B$$

$$\Rightarrow f_{dA}=\frac{2}{\lambda}\dot{R}_A=\frac{2V^2}{\lambda R_0}\tau$$

$$\Rightarrow f_{dB}=\frac{2}{\lambda}\dot{R}_B=\frac{2V^2}{\lambda R_0}\tau$$

图 2.25　相同距离单元不同方位位置理想点目标的多普勒历史

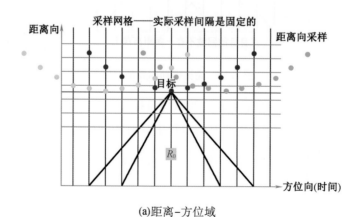

(a)距离-方位域

图 2.26　距离-方位域与距离-多普勒域距离徙动效应对比

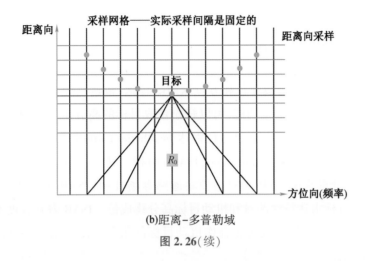

(b)距离-多普勒域

图 2.26(续)

　　沿飞行方向,不同方位上的目标的距离徙动可以在方位多普勒域统一校正,这主要得益于雷达系统可以近似在多普勒域推算每个脉冲回波响应的距离徙动量:

$$R(f) = \frac{\lambda^2 R_0}{8V_r^2} f^2 \tag{2.23}$$

　　基于该距离徙动量,距离徙动校正的基本过程可以在距离-多普勒域利用 sinc 插值实现,用到的信号处理基本工具是采样-插值的基本原理和公式。

　　综上所述,SAR 成像的主要过程如图 2.27 所示。

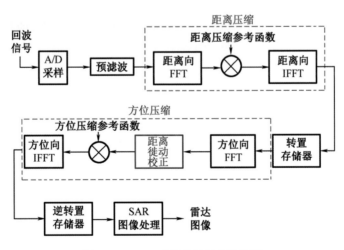

图 2.27　SAR 成像处理的完整流程

　　根据上述信号处理流程,SAR 可以以"批处理"的方式完成所有目标点的"二维参数估计",将不同目标点的回波能量正确聚焦于目标距离和方位参数对应的位置,人们就可以看到目标的图像了。

## 2.3 逆合成孔径雷达基础

显然,有了距离压缩、合成孔径和方位压缩等技术,雷达已经脱胎换骨,完全超越其"无线电探测与测距"的基本功能,可以轻松获取目标的高分辨二维图像。目前,用于目标成像探测的雷达主要有合成孔径雷达(synthetic aperture radar,SAR)和逆合成孔径雷达(inverse synthetic aperture radar,ISAR)两种。其中,SAR主要用于运动雷达对静止目标的高分辨成像,适用于对地侦察遥感等场合;而ISAR主要用于对机动的目标跟踪探测、目标雷达特性测量和机动目标高分辨成像。ISAR普及程度不及SAR。但是,由于ISAR可以轻松实现对非合作机动目标的跟踪探测和雷达特性测量,历来受到各国的重视,已经成为空间目标雷达特性测量与识别领域不可或缺的重要工具。

ISAR的主要成像对象为空间、空中以及海上的非合作目标,如卫星、导弹、飞机和舰船等。进入21世纪,空间技术迅猛发展,空间竞争日益激烈,空间逐步成为综合国力斗争的新平台,影响国家安全和国家利益。在这种背景下,空间目标监视可以为空间态势感知提供目标特征、运动趋势等关键信息,对维护国家空间能力具有重要意义。ISAR针对常规空间目标的成像技术已相对成熟,可获得各类卫星、飞行器的清晰图像,利用ISAR等成像雷达对目标进行监视识别,可协助建立早期预警体系。

### 2.3.1 多普勒效应

ISAR能够实现高分辨目标成像,主要得益于三个关键的技术,即脉冲压缩技术、合成孔径技术和信号处理技术。脉冲压缩技术使得雷达可以通过单一脉冲在兼顾探测距离和分辨率需求的同时,获得目标雷达波束视线的一维高分辨距离像;合成孔径技术和信号处理技术则确保雷达可以利用目标与雷达之间相对运动产生的多普勒效应实现距离正交的方位向的高分辨,从而获得对目标的二维高分辨,进而获得目标图像。其中,多普勒效应是ISAR成像的物理基础。

雷达向目标发送信号,并从目标接收回波信号。雷达可以根据接收信号的时延来测量目标的距离。如果目标移动,接收信号的频率相对于发射信号频率将产生偏移,这就是所谓的多普勒频移。多普勒频移是由运动目标的径向速度决定的,它通常在频域内通过对接收信号进行傅里叶分析来测量。

在雷达探测场景中,目标的运动速度$v$通常远远小于光速$c$,即$v \ll c$。假设雷达系统收发共用同一天线,当电磁波从雷达到目标并返回雷达天线时,目标相对于雷达的径向速度引发的多普勒频移可以表示为

$$f_{\mathrm{D}}(t) = \frac{f_{\mathrm{c}}}{c} \cdot 2v(t) = \frac{2v(t)}{\lambda} \tag{2.24}$$

式中，$f_c$ 为发射载波频率；$v(t)$ 为目标相对于雷达的径向速度。当目标远离雷达时，其速度定义为正，反之则为负。于是，雷达接收信号的模型如下：

$$
\begin{aligned}
s_R(t) &= A\cos\left[2\pi f_c(t-\tau_d)\right] \\
&= A\cos\left(2\pi f_c\left\{t-\frac{\left[2R_0+2\int_\tau v(\tau)\,d\tau\right]}{c}\right\}\right) \\
&= A\cos\left[2\pi f_c t-\frac{4\pi R_0}{\lambda}-2\pi\frac{2\int_\tau v(\tau)\,d\tau}{\lambda}\right] \\
&= A\cos\left(2\pi f_c t-\frac{4\pi R_0}{\lambda}+2\pi f_D t\right) \\
&= A\cos\left[2\pi f_c t-\frac{4\pi R_0}{\lambda}+\varphi(t)\right]
\end{aligned}
\tag{2.25}
$$

式中，$A$ 为接收信号的振幅；$\varphi(t)=2\pi f_D t$，为由于目标运动的多普勒效应引起的相移。一般雷达接收机通过同相 $I$ 和正交 $Q$ 双通道接收的方式采集回波信号，并从信号中获得所有的信号相位信息。通过将接收信号与参考载波信号 $\cos(2\pi f_c t)$ 混频，得到的同相 $I$ 和正交 $Q$ 双通道基带信号，操作描述如下：

$$
\begin{aligned}
s_R(t)s_T(t) &= A\cos\left[2\pi f_c t-\frac{4\pi R_0}{\lambda}+\varphi(t)\right]\cos(2\pi f_c t) \\
&= \frac{A}{2}\cos\left[-\frac{4\pi R_0}{\lambda}+\varphi(t)\right]+\frac{A}{2}\cos\left[4\pi f_c t-\frac{4\pi R_0}{\lambda}+\varphi(t)\right]
\end{aligned}
\tag{2.26}
$$

$$
\begin{aligned}
s_R(t)s_T^{90°}(t) &= A\cos\left[2\pi f_c t-\frac{4\pi R_0}{\lambda}+\varphi(t)\right]\sin(2\pi f_c t) \\
&= -\frac{A}{2}\sin\left[-\frac{4\pi R_0}{\lambda}+\varphi(t)\right]+\frac{A}{2}\sin\left[4\pi f_c t-\frac{4\pi R_0}{\lambda}+\varphi(t)\right]
\end{aligned}
\tag{2.27}
$$

低通滤波后，$I$ 通道输出变为

$$
I(t)=\frac{A}{2}\cos\left[-\frac{4\pi R_0}{\lambda}+\varphi(t)\right]
\tag{2.28}
$$

低通滤波后，$Q$ 通道输出变为

$$
Q(t)=\frac{A}{2}\sin\left[-\frac{4\pi R_0}{\lambda}+\varphi(t)\right]
\tag{2.29}
$$

将 $I$ 和 $Q$ 输出相结合，可以形成解析复信号，如下所示：

$$
s_D(t)=I(t)+jQ(t)=\frac{A}{2}\exp\left\{-j\left[\varphi(t)-\frac{4\pi R_0}{\lambda}\right]\right\}=\frac{A}{2}\exp\left[-j\left(2\pi f_D t-\frac{4\pi R_0}{\lambda}\right)\right]
\tag{2.30}
$$

因此，通过使用频率测量工具，可以从复信号 $s_D(t)$ 中估计出多普勒频移 $f_D$。

脉冲雷达的多普勒调制往往包含于不同脉冲的目标回波信号的载波相位变化之中,为了准确地跟踪并测量雷达回波的相位信息,雷达发射机必须使用一个高度稳定的频率源,以确保不同脉冲回波的相干性。由于频率是由相位函数的时间导数决定的,因此利用接收信号和发射信号之间的相位差来估计接收信号的多普勒频移 $f_D$:

$$f_D = \frac{1}{2\pi} \frac{d\varphi(t)}{dt} \tag{2.31}$$

### 2.3.2 运动目标的二维高分辨成像原理

考虑一个相对简单的探测场景,假设目标在与雷达一定距离的空间某点围绕某个旋转轴相对雷达旋转,如图 2.28 所示。为了方便后续行文描述,图 2.28 中只在二维平面刻画了雷达对旋转目标的探测几何。

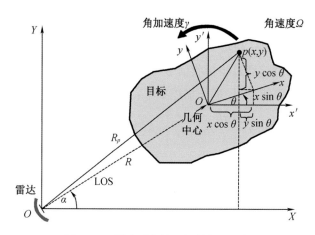

图 2.28 雷达对旋转目标的探测几何

假设雷达位于坐标原点,目标的旋转轴穿过其几何中心垂直于纸面,目标旋转角速度等于 $\Omega(t) = \Omega + \gamma \cdot t$,其中 $\Omega$ 为转动角速度,$\gamma$ 为转动的角加速度,并假设角加速度恒定。为了便于描述目标的旋转,引入了另一个平行于坐标系 $(x,y)$ 的参考坐标系 $(x',y')$,两个坐标系的原点重合,且均位于目标几何中心。假设目标几何中心距离雷达为 $R$,通过简单的几何计算,可以得到雷达到目标上不同的散射中心点 $p(x,y)$ 的距离近似为

$$R_p(t) \approx R + x\cos[\theta(t)-\alpha] - y\sin[\theta(t)-\alpha] \tag{2.32}$$

利用泰勒展开,$\theta(t)$ 可近似为

$$\theta(t) = \theta_0 + \Omega t + \frac{1}{2}\gamma t^2 \tag{2.33}$$

式中,$\theta_0$ 为参考 $(x',y')$ 系统的初始旋转角;$\alpha$ 为目标几何中心相对于雷达的方位角。根据回波信号表达式,来自散射点 $p$ 的雷达基带信号可描述为

$$s_p(t) = \rho(x_p, y_p) \exp\left[-j\frac{4\pi f_c R_p(t)}{c}\right] \tag{2.34}$$

式中，$\rho(x_p, y_p)$ 是点散射体的反射率密度函数；$R_p(t)$ 是时间的函数。对旋转角度的泰勒近似代入，根据多普勒频率等于相位对时间取导数的计算方法，得到目标旋转引起散射点 $p$ 的多普勒频移为

$$\begin{aligned} f_D(t) &= \frac{2}{\lambda}\frac{\mathrm{d}R_p(t)}{\mathrm{d}t} \\ &= \frac{2}{\lambda}\{-[x\sin(\theta_0-\alpha)+y\cos(\theta_0-\alpha)]\Omega-[x\cos(\theta_0-\alpha)+y\sin(\theta_0-\alpha)]\Omega^2 t\} \end{aligned}$$

$$\tag{2.35}$$

当旋转角速率 $\Omega$ 为常数时，多普勒频移的一次项是确定的，但二次项是随时间变化的。

同理，基于单散射点的回波信号，可以将目标上所有散射点的回波信号表示为属于目标的所有散射点的回波信号的积分：

$$s_R(t) = \iint\limits_{X,Y} \rho(x,y) \exp\left[-j\frac{4\pi f_c R_p(t)}{c}\right]\mathrm{d}x\mathrm{d}y \tag{2.36}$$

现在进一步假设目标质心同时存在平移运动，且其相对于雷达的距离历史为 $R(t)$，假设方位角 $\alpha$ 为 0，$(x,y)$ 处的单一散射点的距离变为

$$R_p(t) \approx R(t) + x\cos\theta(t) - y\sin\theta(t) \tag{2.37}$$

则雷达回波信号可以改写为

$$\begin{aligned} s_R(t) &= \iint\limits_{X,Y} \rho(x,y) \exp\left[-j\frac{4\pi f_c R_p(t)}{c}\right]\mathrm{d}x\mathrm{d}y \\ &= \exp\left[-j\frac{4\pi f_c R(t)}{c}\right]\iint\limits_{X,Y} \rho(x,y)\exp\{-j2\pi[xf_x(t)-yf_y(t)]\}\mathrm{d}x\mathrm{d}y \end{aligned} \tag{2.38}$$

式中，$f_x(t)$ 和 $f_y(t)$ 可以看作是沿两个坐标方向的频率分量，且满足

$$f_x(t) = \frac{2\cos\theta(t)}{\lambda} \tag{2.39}$$

$$f_y(t) = \frac{2\sin\theta(t)}{\lambda} \tag{2.40}$$

利用波数的概念，波数 $k = \dfrac{2\pi}{\lambda}$，则雷达回波信号可以表示为

$$\begin{aligned} s_R(t) &= \iint\limits_{X,Y} \rho(x,y) \exp\left[-j\frac{4\pi f_c R_p(t)}{c}\right]\mathrm{d}x\mathrm{d}y \\ &= \exp\left[-j\frac{4\pi f_c R(t)}{c}\right]\iint\limits_{X,Y} \rho(x,y)\exp\{-j2[xk_x(t)-yk_y(t)]\}\mathrm{d}x\mathrm{d}y \end{aligned} \tag{2.41}$$

两个波数分量表示为

$$k_x(t) = \frac{2\pi}{\lambda}\cos\theta(t) = k\cos\theta(t) \tag{2.42}$$

$$k_y(t) = \frac{2\pi}{\lambda}\sin\theta(t) = k\sin\theta(t) \tag{2.43}$$

如果在整个雷达探测期间或相干处理间隔内,目标的运动规律已知,即如果准确地知道目标质心的距离函数 $R(t)$,则可以通过将接收信号乘以 $\exp\left[j\dfrac{4\pi f_c R(t)}{c}\right]$ 来完美地去除由于目标运动而产生的相位项 $\exp\left[-j\dfrac{4\pi f_c R(t)}{c}\right]$。该操作通常被称为径向运动补偿或平动补偿,经过平动补偿得到的信号通常称为运动补偿信号。因此,对运动补偿基带信号进行二维的傅里叶反变换即可得到目标的散射点的反射率密度函数 $\rho(x,y)$,即目标的二维高分辨雷达图像:

$$\rho(x,y) = \text{IFT}\left\{s_R(t)\exp\left[j\frac{4\pi f_c R(t)}{c}\right]\right\} \tag{2.44}$$

当雷达发射 $N$ 个脉冲信号,每个发射信号的回波信号有 $M$ 个时间采样时,则雷达采集的原始回波数据可以排列为 $M\times N$ 维的矩阵。估计目标运动并去除与目标径向运动相关的相位项的过程称为包络对齐或距离跟踪。这是 ISAR 成像过程中的一个基本步骤,也称为粗运动补偿,去除相位项后,则利用傅里叶逆变换重建目标的反射率密度函数,即可得到目标的雷达图像。可见,ISAR 实现二维高分辨成像的基本原理如图 2.29 所示。

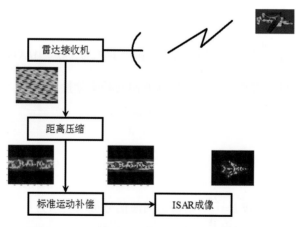

**图 2.29　ISAR 实现二维高分辨成像的基本原理**

### 2.3.3　ISAR 图像的二维分辨率

ISAR 图像分辨率是指对 ISAR 图像中分离的散射点进行有效分辨的能力。ISAR

图像的二维分辨率将分两个维度进行描述,即距离分辨率和多普勒(方位)分辨率。

(1)距离分辨率

根据脉冲压缩雷达的理论,ISAR 采用脉冲压缩信号来获取目标的高分辨一维距离像。距离压缩的概念被用来实现远距离宽脉冲情况下的高距离分辨率。根据第 1 章的相关理论,距离分辨率取决于 ISAR 发射信号的带宽 $B$,满足

$$\rho_r = \frac{c}{2B} \tag{2.45}$$

(2)多普勒(方位)分辨率

多普勒分辨率是指在多普勒频域内区分两个正弦频率分量的能力。根据信号频谱分析的基本理论,如果观测到两个正弦信号的时间长度为有限值 $T$,则其频谱分析的频率分辨率为 $\rho_f = \frac{1}{T}$。这个概念可以直接应用到多普勒分辨率:

$$\rho_{f_D} = \frac{1}{T} \tag{2.46}$$

因此,方位分辨率也可以转换得到。

假设雷达探测时间内,目标相对于雷达视线的角度变化非常小,即接近于零,此时的回波信号可以近似为

$$
\begin{aligned}
s_R(t) &= \iint_{X,Y} \rho(x,y) \exp\left[-j\frac{4\pi f_c R_p(t)}{c}\right] \mathrm{d}x\mathrm{d}y \\
&= \exp\left[-j\frac{4\pi f_c R(t)}{c}\right] \iint_{X,Y} \rho(x,y) \exp\left\{-j2\pi\left[xf_x(t) - yf_y(t)\right]\right\} \mathrm{d}x\mathrm{d}y \\
&= \exp\left[-j\frac{4\pi f_c R(t)}{c}\right] \iint_{X,Y} \rho(x,y) \exp\left\{-j2\pi\left[x\frac{2\cos\theta(t)}{\lambda} - y\frac{2\sin\theta(t)}{\lambda}\right]\right\} \mathrm{d}x\mathrm{d}y \\
&\approx \exp\left[-j\frac{4\pi f_c R(t)}{c}\right] \iint_{X,Y} \rho(x,y) \exp\left\{-j\frac{4\pi}{\lambda}\left[x - y\Omega t\right]\right\} \mathrm{d}x\mathrm{d}y
\end{aligned} \tag{2.47}
$$

由于方位向的频域表示的是多普勒频率,可见

$$f_D \approx \frac{2\Omega y}{\lambda} \tag{2.48}$$

于是有

$$f'_D = \frac{2\Omega y'}{\lambda} \Rightarrow \rho_{f_D} = \frac{2\Omega}{\lambda}\rho_y = \frac{1}{T}$$

$$\Rightarrow \rho_y = \frac{\lambda}{2\Omega}\rho_{f_D} = \frac{\lambda}{2\Omega T} = \frac{\lambda}{2\Delta\theta} \tag{2.49}$$

可见,ISAR 的方位分辨率是由雷达探测时间内目标相对雷达的旋转角 $\Delta\theta$ 决定的。旋转角越大,分辨能力越高。根据分辨率公式,较长的积分时间可能提供较高的

分辨率,但需要注意的是,这也会导致相位跟踪误差和多普勒模糊,因此成像分辨率和旋转角度大小之间也存在一种矛盾。由于多普勒分辨率与图像积分时间 $T$ 成反比,因此方位分辨率与多普勒分辨率成正比,其比例因子为 $\frac{\lambda}{2\Omega}$。

还应该指出,ISAR 图像的方位分辨率取决于目标通过参数 $\Omega$ 的运动。但是,对于非合作的运动目标而言,该值是未知的。这是一个典型的问题,因为 ISAR 的方位分辨率性能并不是完全可以预测的,并且依赖于雷达和目标的相对运动,通常是不可控的。

## 2.4 逆合成孔径雷达的历史及现状

ISAR 技术与 SAR 技术一同起源于 20 世纪 50 年代的多普勒分析理论,然而不同于 SAR 技术的蓬勃发展,ISAR 技术受困于观测目标的非合作运动特性,相关研究发展较为缓慢。直至 20 世纪 60 年代,美国密歇根大学 Willow Run 实验室的 Brown 等提出了转台模型等效理论,ISAR 成像理论的研究才逐渐起步。而后,美国麻省理工学院(Massachusetts Institute of Technology,MIT)的林肯实验室以及德国弗劳恩霍夫高频物理和雷达技术研究所(Fraunhofer Institute for High Frequency Physics and Radar Techniques,FHR)在 ISAR 技术发展中发挥了重要作用。当前,用于空间目标监视和特性测量的微波技术首推 ISAR。

### 2.4.1 夸贾林导弹靶场的基尔南再入测量站

美国高等研究计划局(Advanced Research Projects Agency,ARPA)最早在 20 世纪 50 年代初开始 ISAR 技术研究,到 20 世纪 60 年代进入技术验证阶段。1952 年 2 月,美国在夸贾林岛建立了美国五大靶场之一的夸贾林导弹靶场,靶场建有美国最先进的空间目标特性测量雷达系统。位于夸贾林靶场的里根试验场拥有美国最先进并且最重要的宽带雷达探测中心,在美国国家导弹防御系统(national missile defense,NMD)中起着重要的作用。在当时,该基地一方面执行美国的反战略导弹任务,另一方面开展 ISAR 的技术验证试验。

美国于 1959 年在夸贾林导弹靶场建立了"基尔南再入测量站"(Kiernan Reentry Measurement,KREMS),主要用于太平洋靶场电磁特征(PRESS)的研究。KREMS 基地由林肯实验室代表美国陆军弹道导弹防御系统司令部进行维护和操作,拥有美国最先进的宽带雷达探测中心,部署了多部目标特性测量雷达系统,目前该试验场主要的雷达是由林肯实验室负责的 TRADEX(target resolution and discrimination experiment system,TRADEX)、ALTAIR(ARPA long-range tracking and instrumentation radar,ALTAIR)、ALCOR(ARPA Lincoln Laboratory C-band observation radar,ALCOR)以及毫米

波(millimeter wave,MMW)雷达。其中,ALCOR 与 MMW 雷达为逆合成孔径雷达,能够实现宽带成像,获得目标高分辨率图像,为目标识别和监视提供重要支撑。

美国的 ISAR 成像技术及应用水平在世界范围内一直处于领先地位,能够获取大多数运动目标(如飞机、舰船、导弹、卫星等)的精细雷达图像,已成为美国战略防御系统和太空监视网络中极其重要的一种目标探测和识别手段。

自 20 世纪 50 年代 ISAR 首次提出以来,美国在 ISAR 成像雷达研制方面开展了卓有成效的工作。20 世纪 60 年代初,美国密西根大学 Willow Run 实验室的 Brown 等开展了对旋转目标的成像研究,研制出对空间轨道目标成像的雷达,迈出了 ISAR 成像系统发展中关键的第一步。20 世纪 70 年代初,美国林肯实验室首先获得了高质量近地空间目标的 ISAR 图像,尽管其使用的 ALCOR 不是成像雷达,但是通过相干数据记录和 ISAR 成像技术处理,获得了 50 cm 的有效分辨率。20 世纪 70 年代末,美国林肯实验室建成的"干草堆"远距离成像雷达,分辨率可达 0.24 m,最远可对 40 000 km 处的目标进行跟踪成像,是第一部具有实用价值的高分辨 ISAR 成像系统。服务于美国战区导弹防御系统的 GBR 成像雷达距离像分辨率达到了 0.12 m,能对来袭的导弹、诱饵等目标进行成像。美国的高分辨 ISAR 成像系统已获得实际应用,并取得了很好的效果。

经过多次扩建和设备升级,夸贾林导弹靶场的里根试验场(图 2.30)已经成为世界级的远程导弹防御和太空目标监视技术测试基地。截至 2016 年,该试验场对 RTS 光学套件进行了若干次升级,目前已经可以实现远程操控。

图 2.30　夸贾林导弹靶场的里根试验场

(1)TRADEX(图 2.31)

目标分辨和判别实验系统(TRADEX)是美国在夸贾林导弹靶场(Kwajalein)为 PRESS 项目(太平洋靶场电磁特征研究)建造的第一个微波雷达系统。该雷达于 1962 年投入运行,同年第一位林肯实验室工作人员抵达夸贾林岛。TRADEX 早期被用于跟踪和收集导弹的测试任务数据;1995 年,对雷达的升级改造使 TRADEX 还能够用于评估低纬度地区的空间碎片数量,用于为美国国家航空航天局(NASA)收集空间碎片数据。1998 年,TRADEX 成为美国太空监视网的一个特殊贡献传感器,主要用于跟踪外国发射、深空卫星和低地球轨道卫星,提供重要的轨道测量数据。近年来,TRADEX 每周工作 10 h 进行太空监视任务。

图 2.31　TRADEX

（2）ALTAIR(图 2.32)

ALTAIR 是 ARPA 远程跟踪和测量雷达的缩写,其工作波段为甚高频(VHF)和特高频(UHF),该雷达具有口径大、灵敏度高、跟踪距离远等特点。ALTAIR 于 1969 年投入使用。1998 年,ALTAIR 和 TRADEX 被用于对英仙座和狮子座流星雨进行首次测量,以了解流星如何影响航天器。ALTAIR 于 1982 年加入太空监视网络。与 TRA-DEX 一样,ALTAIR 负责跟踪外国发射、近地轨道和深空卫星。今天,ALTAIR 每周花费 128 h 进行太空监视任务,通常每周提供 1 000 多个深空轨道数据。

图 2.32　ALTAIR

ALTAIR 自 1970 年投入运行后进行了多次的技术改造,除了执行常规的深空和近地空间目标的探测和跟踪任务外,主要用于为 ALCOR、TRADEX、MMW 等窄波束宽带成像雷达提供重要的跟踪数据,为其提供目标轨道预测等保障。

1972 年,林肯实验室将位于 KREMS 的 TRADEX 雷达由 UHF 波段改造成为 S 波段。TRADEX 是林肯实验室的第二部宽带成像雷达系统,它通过发射步进频信号来实现距离向的高分辨,信号综合带宽为 250 MHz,能达到的理论分辨率为 0.6 m。

(3)ALCOR(主要的 ISAR 成像雷达)(图 2.33)

ALCOR 在 ALTAIR 之后一年开始运行,这是第一款利用宽带波形的高功率微波雷达。建立 ALCOR 的目的是能够生成和处理宽带信号,并研究宽带数据在再入飞行器识别和空间态势感知方面的应用。ALCOR 的宽带能力不仅有效地获取导弹的高分辨率数据,而且对于确定轨道近地卫星的大小和形状也非常有用。ALCOR 系统最终适用于卫星成像,引发了林肯实验室在开发用于生成和解释雷达图像的技术和算法方面的开创性工作。

图 2.33　ALCOR

ALCOR 是世界第一部获得空间目标图像的宽带雷达,于 1970 年 1 月在夸贾林导弹靶场投入使用。

ALCOR 工作在 C 波段,载频为 5.672 GHz,信号带宽为 512 MHz,距离分辨率达 0.5 m。1973 年,林肯实验室利用 ALCOR 对出现故障的 Skylab 轨道实验室进行成像,并分析得到太阳能帆板失效的结论。

图 2.34 中仅给出了仿真的 Skylab 空间站 ISAR 图像。ALCOR 对空间目标成像的成功,极大促进了地基 ISAR 系统的发展。在 ALCOR 成功的技术经验上,美国相继研制成功了多套高分辨 ISAR 成像系统。

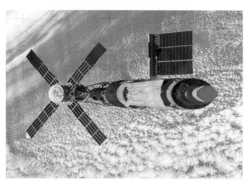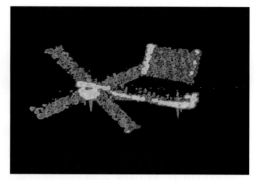

图 2.34　Skylab 光学图像及 ISAR 仿真图像

（4）MMW 雷达（图 2.35）

在林肯实验室的建议下,美国分别于 1983 年和 1985 年在 KREMS 基地建成了两部远程 MMW 雷达。MMW 雷达大大扩展了 ALCOR 的跟踪和成像能力。MMW 雷达最初是作为 ALCOR 的附属雷达设计的,后来发展成为一个完整的、自给自足的系统。MMW 雷达具有 Kwajalein 雷达体系中的最佳分辨率,能够生成近地卫星的高分辨率图像。这两部雷达分别工作在 Ka 波段(35 GHz)和 W 波段(95.48 GHz),初始带宽均为 1 GHz,径向分辨率为 28 cm,脉冲重复频率可达 2 000 Hz,多年来,MMW 雷达经历了一系列升级,包括 20 世纪 80 年代末,林肯实验室将 Ka 波段 MMW 雷达的带宽提升至 2 GHz,距离分辨率达 12 cm,极大地提高了该雷达对空间弱小目标的成像能力,从而具备跟踪太空垃圾和空间碎片的能力;20 世纪 90 年代早期进行的部件更换工作使得发射机的功率水平更高。2012 年的进一步升级使 MMW 雷达成为当时运行的最高分辨率的相干成像雷达。经过改造升级,MMW 雷达的带宽为 4 GHz,距离分辨率为 6 cm。

图 2.35　MMW 雷达

### 2.4.2　林肯空间监视组合体

1987 年,Wehner 对 SAR 和 ISAR 的基本理论和现存的实际问题给出了较明确的论述。同年,美国海军实验室的科学家研制成功的 ISAR 技术已经可使机载雷达获取海面上舰船目标的雷达图像,并可用于识别其类型和威胁等级。20 世纪 80 年代,美国的战略防御计划 (strategic defense initiative, SDI)将陆基成像(又称终端成像)雷达列入计划之中。该雷达是一部 X 波段雷达,它能在足够高空间同时捕获多个目标,并能实时区分和诱捕真正目标,林肯实验室作为主要研究单位负责建立了一个新的雷达试验场区——林肯空间监视组合体(Lincoln space surveillance complex, LSSC)。在此期间,美国研发了 Haystack 雷达(地基)、Cobra Judy 雷达(海基)和 AN/APS-137 雷达(空基)等多个成功的雷达产品,这也宣告 ISAR 技术进入实用阶段。

LSSC(图 2.36)是美国除夸贾林 KREMS 基地外一处非常重要的雷达系统组合体,该组合体能够对空间碎片进行监测编目,为空间环境监测发挥了重要作用。LSSC 的空间目标监视雷达外场距离林肯实验室 32 km,主要用于空间目标探测和弹道目标监视。美国在该雷达试验场建造和部署了多部宽带测量雷达,主要包括 Millstone Hill 雷达、HUSIR、Haystack 辅助雷达(HAX 雷达)和 Firepond 激光雷达等 4 部大型雷达配套形成的空间目标监视系统。其中,HUSIR 雷达是世界上第一部具有实用价值的高分辨成像雷达系统。

图 2.36　LSSC

(1)Millstone Hill 雷达(图 2.37)

Millstone Hill 雷达主要用于跟踪太空飞行器和太空碎片。该雷达自 1957 年成功探测到苏联人造卫星以来一直在运行。它是美国太空监视网络中的一个贡献传感器,这是一个光学和雷达传感器网络,可以探测、跟踪和表征绕地球运行的物体。因此,Millstone Hill 雷达在美国国家深空监视计划中发挥着关键作用。高功率的 L 波段 Millstone Hill 传感器每年提供大约 18 000 个深空卫星轨道。它支持几乎所有美国深空卫星发射,主要用于数据获取以及可能影响发射的太空活动探测。此外,它也用于大气科学研究。

图 2.37　Millstone Hill 雷达

（2）HUSIR(ISAR 主要成像雷达)(图 2.38)

干草堆超宽带卫星成像雷达(HUSIR)最初是 X 波段干草堆传感器。2014 年,林肯实验室完成了将这一单波段系统转换为双波段雷达系统的改造。HUSIR 目前是世界上分辨率最高的远程雷达传感器,同时可产生 X 波段和 W 波段雷达图像,以帮助美国研究人员更好地确定绕地球运行的物体的尺寸、形状、运动方向和运动参数;其 W 波段升级的同时开发和建造了新的 120 ft① 直径的天线。

HUSIR 是美国太空监视网络中的另一个重要传感器。它还用于收集数据以协助 NASA 开发轨道空间碎片模型。HUSIR 天线精确对准的表面还使其成为射电天文学的重要工具。麻省理工学院海斯塔克天文台使用 HUSIR 作为射电望远镜进行射电天文学和甚长基线干涉测量实验。

---

①　1 ft＝0. 304 8 m。

图 2.38　HUSIR

HUSIR 于 1978 年由林肯实验室在 Haystack 雷达的基础上改造而成。Haystack 雷达工作在 X 波段,带宽为 1 GHz,距离分辨率为 0.25 m,最远可实现对 40 000 km 处地球轨道卫星的 ISAR 成像。改造后的 HUSIR 脉冲重复频率(PRF)高达 1 200 Hz,能够消除目标快速旋转带来的多普勒模糊。

为进一步提高成像分辨率,2010 年 5 月开始,林肯实验室再次着手对 Haystack 雷达进行升级改造,增加了一个 W 波段 92~100 GHz 的高功率毫米波天线。升级改造后的 X、W 双波段 Haystack 雷达被统一称为干草堆超宽带卫星成像雷达(HUSIR),如图 2.39 所示。

(a) Haystack 雷达　　　　　　　(b) Haystack 辅助雷达

图 2.39　HUSIR 及其辅助雷达

HUSIR 雷达同时工作在 X 波段(频率 10 GHz,带宽 1 GHz)和 W 波段(频率 96 GHz,带宽 8 GHz),是目前世界上距离分辨率最高的地面监视雷达,距离分辨率可达 0.018 7 m。

图 2.40 中的卫星仿真数据成像结果显示了 Haystack 雷达和带宽扩展的 HUSIR 在成像分辨能力上的区别。从图中可见,带宽更大的 HUSIR 成像分辨率更高,成像结果能够展现目标更加丰富的细节,为后续的目标特征提取和识别提供了更为有利的

支撑。

| 卫星模型 | Haystack LRIR-1 GHz (25 cm) | MMW-2 GHz (12 cm) | MMW-4 GHz (6 cm) | Haystack HUSIR-8 GHz (3 cm) |

图 2.40　HUSIR 不断升级的空间分辨能力

（3）HAX 雷达（图 2.41）

1993 年，在 HUSIR 附近，林肯实验室又建成 HAX 雷达。HAX 雷达工作在 Ku 波段，是继升级完的 Ka 波段 MMW 雷达后又一部带宽达到 2 GHz 的 ISAR，距离分辨率达到 0.12 m。与 HUSIR 相比，HAX 雷达能获取更加精细、质量更高的卫星图像，并可为 NASA 提供有效的空间碎片信息。

HAX 雷达主要用于增强卫星成像和空间碎片数据收集。配备 40 ft 天线的这种 Ku 波段雷达位于右侧较小的天线罩中。

图 2.41　HAX 雷达

### 2.4.3　美国的舰载、海基和机载 ISAR

21 世纪以来，ISAR 技术进入初步成熟阶段。这一阶段各种 ISAR 产品经过多次技术迭代,向多平台方向发展。海基舰载雷达方面,林肯实验室还与雷声公司协商研制了眼镜蛇系列雷达:丹麦眼镜蛇(Cobra Dane)、朱迪眼镜蛇(Cobra Judy)和双子座眼镜蛇(Cobra Gemini),并最终发展至眼镜王蛇(Cobra King)雷达系统,主要用于收集各国弹道导弹数据;机载雷达方面,由 AN/APS-137 经过 AN/APS-143、AN/APS-147 两代产品发展至 AN/APS-153 雷达。

(1)海基和舰载 ISAR 成像系统(图 2.42)

除了地基雷达,搭载于舰船等移动平台的对空 ISAR 成像系统日渐成为空间监视的一个新的发展思路。由于空间监视雷达通常尺寸较大,其搭载的移动平台主要分为海基和舰载两种,相比于地基雷达,移动式雷达的优势是部署更为灵活、观测范围更广、战时生存能力更强。比较典型的舰载 ISAR 系统是 1981 年开始服役的 Cobra Judy 雷达,它装载于美国军舰"瞭望号"上,经过 1984 年的改装,Cobra Judy 具备了宽带成像功能。

(a)Cobra Judy舰载雷达　　　　　　　(b)Cobra Gemim舰载雷达

图 2.42　海基和舰载 ISAR 系统

1996 年,林肯实验室开始着手研制陆海两用可移动 Cobra Gemin 雷达,以更方便地收集世界各国的弹道导弹数据。Cobra Gemin 舰载雷达于 1999 年 3 月完成在"无敌号"军舰上的安装并投入使用。该雷达工作在 S 和 X 两个波段,其中 S 波段的带宽为300 MHz,实际分辨率为 0.8 m,X 波段带宽为 1 GHz,实际分辨率为 0.25 m。

2004 年,美国公布了 Cobra Judy 替换项目的新舰设计要求,该舰将替代"瞭望号",成为 CJR 项目的支持平台。新的舰船将装备 Cobra Judy Ⅱ 改进型舰载雷达组包括 S 波段雷达和 X 波段雷达,是美国第一部全智能、双波段舰载相控阵雷达系统。该项目于 2011 年 10 月 7 日正式完成,并于 2013 年 4 月 2 日成功对 Atlas Ⅴ 火箭发射进行了获取和跟踪任务。

美国研制了朱迪眼镜蛇和双子座眼镜蛇雷达。这两部雷达均可部署到舰船上,从而可使其观测范围更广、战时生存能力更强。此外,带宽外推(bandwidth extrapolation,BWE)、子频带内插和外推连接技术的发展,使得原有雷达可获得更宽带宽的性能,从而所成图像也更加清晰。如 Cobra Judy 为 S 波段有源相控阵和 X 波段蝶形天线组成的双基雷达系统,通过对两个波段回波信号进行稀疏频带合成,可获得超分辨图像,如

图 2.43 所示。

（2）海基 X 波段宽带相控阵雷达（SBX 雷达）（图 2.44）

2005 年 11 月，随着重型起重船 MV Blue Marlin 号半潜在墨西哥湾内，由美国波音公司和雷神综合防务系统公司设计并建造的 SBX 雷达正式入海使用。

SBX 雷达由宙斯盾战斗系统使用的雷达变化而来，是美国导弹防御局（MDA）为防御弹道导弹而部署。SBX 雷达作为对地基雷达的补充，具备宽带成像功能，能够对来袭的远程弹道导弹进行跟踪、识别和评估。

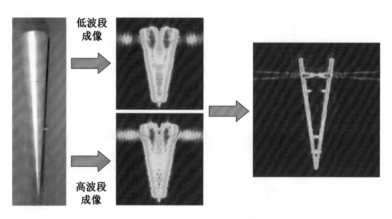

图 2.43 Cobra Judy 舰载雷达稀疏频带融合高分辨成像

(a) SBX 雷达组装场景

(b) SBX 雷达海面漂浮场景

图 2.44 SBX 雷达

（3）机载 AN/APS-153 雷达

AN/APS-153(V) 是 AN/APS-147 的后继产品，旨在满足美国海军苛刻的任务要求，在所有天气条件下提供全天候可靠的海域监视。该雷达具备自动检测识别潜望镜功能（ARPDD），可以将潜望镜与海洋上的雷达杂波区分开来，通过人工最终确认的方式很大程度上提高了 AN/APS-153(V) 的反潜能力，此外该雷达还具有小目标检测、

ISAR 成像和完全集成的识别敌友(IFF)等功能。该雷达具备大范围搜索、ISAR 成像、小目标/潜望镜检测、近距离 SAR 成像、导航等工作模式。机载 AN/APS-153 雷达 ISAR 夜间成像图如图 2.45 所示。

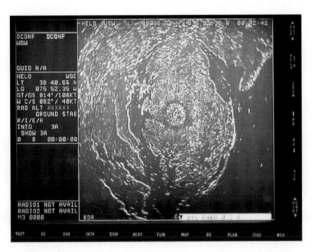

图 2.45　机载 AN/APS-153 雷达 ISAR 夜间成像图

MH-60R 航电系统的集成度极高,如图 2.46 所示,AN/APS-153(V)完全集成在 MH-60R 的航空电子设备套件中。机载计算机通过飞机任务系统控制 AN/APS-153(V)雷达并将显示结果反馈到 8 in①×10 in 的多功能显示器上,为船员提供独立的雷达数据视图。

图 2.46　搭载了 AN/APS-153(V)的 MH-60R

MH-60R 与 AN/APS-153(V)相结合,是航空母舰-直升机系统中的关键要素。通过飞机的 C 波段数据链,舰上人员几乎有与机组人员相同的雷达图像。

---

① 　1 in=2.54 cm。

纵观美国 ISAR 成像系统和技术的发展历程,可以看出:每次技术进步都紧紧围绕着进一步提高雷达探测能力和提升雷达分辨性能展开,在提高目标轨道信息获取能力的同时,更加注重获取目标的电磁散射特性,实现了空间碎片等微小目标、同步轨道卫星等超远距离目标的宽带高分辨成像观测。

随着现代微小卫星的发展和应用,空间目标尺寸越来越小,对雷达的目标探测能力和成像分辨率要求越来越高。ISAR 将围绕超远距离探测和高分辨精细成像两大技术主题快速展开,而高分辨精细成像在实现目标检测和准确识别中显得尤为重要。

### 2.4.4　德国高分辨率 ISAR

德国的弗劳恩霍夫高频物理和雷达技术研究所(FHR)在 ISAR 技术研究领域与林肯实验室同负盛名,其负责的地基跟踪与成像雷达(tracking and imaging radar,TIRA)是当前世界最强大的空间观测雷达之一。TIRA(图 2.47 和图 2.48)建造于 20 世纪 60 年代,由 FHR 管理和运行,部署于德国的 Wachtberg,已有效运行超过 50 年。TIRA 为单脉冲雷达,抛物面天线直径为 34 m,工作频段分别为 L 频段(中心频率 1.333 GHz,波长 22.5 cm)和 Ku 频段(中心频率 16.7 GHz,波长 1.8 cm)。L 波段波束宽度为 0.45°,峰值功率为 1 MW,可跟踪太空中的碎片。该雷达可测量单个目标的方位、距离和速度等轨道参数,在可探测到 1 000 km 内大小为 2 cm 的目标。Ku 波段用于 ISAR 成像,峰值功率为 13 kW,成像分辨率优于 7 cm。雷达方位角探测范围为 0°~360°,转速达每秒 24°,俯仰角探测范围 0°到 90°。天线罩直径为 47.5 m。

图 2.47　TIRA 雷达站全景图

TIRA 的主要工作频段为 L 波段(1.333 GHz)和 Ku 波段(16.7 GHz),其中 L 波段为窄带、全相参高功率跟踪雷达,Ku 波段为宽带成像雷达。需要说明的是,TIRA 建造之初的带宽为 800 MHz,距离分辨率为 25 cm。经过多次升级改造,TIRA 的带宽由 800 MHz 提高到 2.1 GHz,距离分辨率可达 12.5 cm。TIRA 雷达除可对空间碎片进行精确测量外,还能协助完成卫星故障检测、卫星操纵分析以及失控物体成像。

图 2.48　从天线罩内看 TIRA

1991 年和 1992 年,TIRA 成功对苏联“礼炮-7”空间站和“和平号”空间站进行 ISAR 成像(图 2.49)。2012 年 4 月,欧洲航天局的对地观测卫星 ENVISAT 突然失联,为确定失联原因并对故障进行分析,FHR 利用 TIRA 获取的 ENVISAR 失联前后 ISAR 图像进行比对分析,如图 2.50 和图 2.51 所示,为欧洲航天局最终放弃 ENVISAT 提供了技术支撑。2018 年,某航天器(图 2.52)再入大气层前,TIRA 对其进行了跟踪观测,并预测了该航天器再入的时间和降落地点。

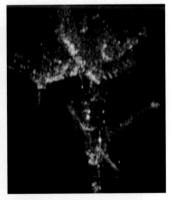

图 2.49　“礼炮-7”空间站(左)和“和平号”空间站(右)成像结果

双基地模式下,TIRA 作为发射站,埃费尔斯贝格转动抛物面射电望远镜作为接收站,系统可探测到 1 000 km 内目标的大小可提升为 1 cm。

如图 2.53 所示,经过 2002 年的升级改造,该雷达的成像带宽已达 2.1 GHz,距离分辨率优于 12.5 cm。带宽升级后,TIRA 对航天飞机和欧洲空间局的 ATV-4 货运飞船进行了成像。如图 2.54 和图 2.55 所示,可以看出,随着带宽的增加,雷达对目标细节的成像能力得到进一步提高。

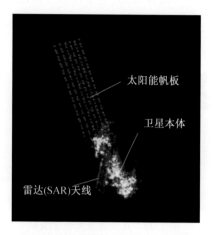

图 2.50　ENVISAT 卫星 ISAR 图像

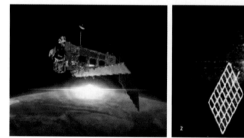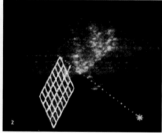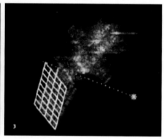

图 2.51　ENVISAT 卫星(左)及其姿态正常(中)、姿态失稳(右)时的 ISAR 图像

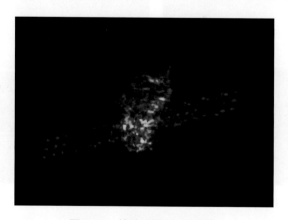

图 2.52　某航天器 ISAR 图像

　　TIRA 作为一套配属于研究机构的雷达,其测量数据对世界的许多国家的空间机构是公开的。雷达为这些机构提供了高精度的轨道测量数据以及高分辨的卫星目标雷达图像。这些数据在空间碎片精确测量、卫星碰撞预警、目标图像结构分析等方面

发挥着重要作用。

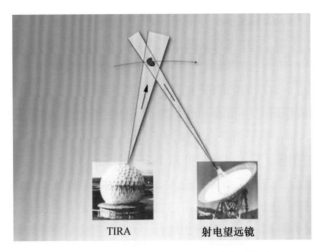

图 2.53　TIRA 和射电望远镜双站监测模式

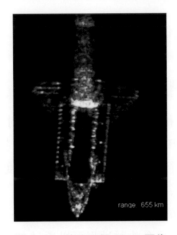

图 2.54　航天飞机 ISAR 图像

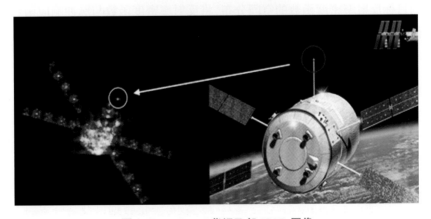

图 2.55　ATV-4 货运飞船 ISAR 图像

ISAR 早期研究主要针对合作目标,目标的运动信息已知或较易获得,成像场景较为简单,如已知轨道或轨道可精确预测的空间目标。而对于非合作目标的一般化成像处理直至 1978 年才由 C. C. Chen 等给出了相应的解决方案。C. C. Chen 和 Andrews 等利用信号处理技术对 ISAR 飞机实测数据中存在的距离弯曲、距离对齐以及相位补偿等问题进行了分析研究,最终实现了对未知航迹飞机的成像,ISAR 真正进入了实用阶段。随后,对于空中目标成像的研究蓬勃发展,多种型号飞机的 ISAR 图像陆续获得,对舰船目标的成像研究也相继开展。20 世纪 90 年代末,针对机动目标运动补偿困难的问题,V. C. Chen 等采用联合时频分析(joint time-frequency transform, JTF)的方法获得机动目标的图像。V. C. Chen 和 Li Jian 等针对非刚体目标游动部件在成像中产生的微多普勒效应也进行了研究。进入 21 世纪后,ISAR 技术与超宽带高分辨成像技术、多功能相控阵雷达技术、分布式雷达组网技术、量子雷达技术、太赫兹成像技术、激光成像技术以及群目标成像技术等相结合,力图快速获取特殊场景构型下的高分辨目标图像。

## 2.5　逆合成孔径雷达成像的基本问题

### 2.5.1　成像的数学模型

为了实现高距离分辨率和远距离探测,雷达系统发射脉冲应具有非常高的发射能量和非常大的信号带宽,ISAR 采用频率调制的脉冲压缩技术来实现这一目的。ISAR 回波信号通过匹配滤波器进行处理,压缩距离向脉冲宽度以及方位向多普勒调制,实现对目标的二维高分辨探测。

任何一个雷达成像系统的数学模型都可以描述为一个基于二维回波数据重建目标空间散射分布的二维映射,这个映射过程可以通过二维反卷积来实现。设 $\rho(u,v)$ 为被探测目标反射率密度函数的空间分布,将反射率密度函数与脉冲响应函数进行二维卷积得到系统的期望输出 $I(x,y)$,卷积如下:

$$I(x,y) = \iint \rho(u,v)h(x-u,y-v)\,\mathrm{d}u\mathrm{d}v \qquad (2.50)$$

如果成像系统的脉冲响应函数是理想的二维冲激函数,即 $h(x,y)=\delta(x,y)$,则 $I(x,y)$ 就是理想的目标反射率密度函数。然而,成像系统的脉冲响应函数往往是非理想的,存在很多的退化和模糊。因此,必须对其进行适当的处理以确保能够实现对目标反射率的精确重建。

### 2.5.2　成像的点散布函数

ISAR 成像中,二维图像以距离和方位距离(多普勒)表示。方位距离位于垂直于距离向的方向,包含于雷达与目标之间的相对运动。ISAR 成像的点散布函数(PSF)形状和性能完全取决于雷达获取的经过平动补偿的回波信号。

根据 2.3.2 节的相关结论,有

$$\rho(x,y) = \mathrm{IFT}\left\{ s_{\mathrm{R}}(t)\exp\left[ \mathrm{j}\frac{4\pi f_c R(t)}{c} \right] \right\} \tag{2.51}$$

事实上,$s_{\mathrm{R}}(t)$ 可以写为快时间 $t_{\mathrm{k}}$ 和慢时间 $t_m$ 的二维函数 $s_{\mathrm{R}}(f,t_m)$,其中 $f$ 是对应快时间 $t_{\mathrm{k}}$ 的频率域,即发射信号的傅里叶变换域。显然 ISAR 成像的点散布函数形状和性能主要取决于二维函数 $s_{\mathrm{R}}(f,t_m)$ 的形状和性能。如果 $s_{\mathrm{R}}(f,t_m)$ 的支撑区间无穷大,那么 ISAR 成像的点散布函数将无限逼近理想的二维冲激函数。但是,$s_{\mathrm{R}}(f,t_m)$ 是有限区域支撑的二维函数,其支撑区间在快时间 $t_{\mathrm{k}}$ 的频域和慢时间 $t_m$ 两维上都是有限的。因此,ISAR 成像的点散布函数总是在距离维和方位维都存在主瓣和旁瓣,而且还受到非理想因素的影响,会产生主瓣展宽或者旁瓣抬高的恶化现象。

由于 ISAR 通常采用宽带信号,因此其图像点散布函数的距离维切片的主瓣宽度由雷达发射信号的带宽决定;由于 ISAR 通过傅里叶变换实现方位向分辨,且分辨率取决于相干积累时间,因此脉冲积累时间的长度直接决定了其图像点散布函数的方位维切片的主瓣宽度。

实际中,ISAR 成像过程中的各种非理想因素可以定义为一个新的加权函数 $W(f,t_m)$,它对 ISAR 成像质量的影响可以描述为

$$\hat{\rho}(x,y) = \mathrm{IFT}\{ s_{\mathrm{R}}(f,t_m)W(f,t_m) \} \tag{2.52}$$

需要注意的是,加权函数 $W(f,t_m)$ 是有频带和时间限制的,还必须指出的是 $W(f,t_m)$ 也真实反映了雷达接收信号的时频特性。ISAR 成像的目标就是想方设法估计各种非理想因素导致的加权函数 $W(f,t_m)$,并将其想方设法地补偿掉,以实现理想的成像,得到理想的点散布函数性能。

### 2.5.3　目标的未知机动造成的成像难题

现实中,目标是分布在三维空间中的,但 ISAR 图像却是距离-多普勒二维的,因此其实质是将三维目标信息投影到二维距离-多普勒平面上。对于给定的目标和已知的目标运动参数,ISAR 图像的样子由成像投影平面(IPP)决定。

现实中的机动目标可以看作是具有 6 自由度的刚体,在沿 $X$、$Y$、$Z$ 方向进行 3 次平移,围绕局部坐标($X$、$Y$、$Z$)进行 3 次横滚、俯仰和偏航的旋转($\Omega_{\mathrm{r}}$,$\Omega_{\mathrm{p}}$,$\Omega_{\mathrm{y}}$),如图 2.56 所示。

如图 2.57 所示,通常目标的平动运动用速度和加速度来描述,可分解为一个 LOS 分量($v_{\mathrm{los}}$,$a_{\mathrm{los}}$)和一个垂直于 LOS 的分量。沿视距的运动分量将产生多普勒频移。另一方面,平移也可以改变雷达对目标的视角。视角的变化是目标相对雷达旋

转的结果。在短时间内,目标的旋转可以用一个恒定的旋转速率来描述。目标中的不同散射点产生不同的多普勒频移,从而形成目标的距离-多普勒图像。但是,目标相对雷达的视线旋转与目标自身旋转并不是简单的线性向量和。对于具有复杂横滚、俯仰和偏航运动的目标,目标的机动会产生更高的复杂性。在这种情况下,恒定旋转速度的假设只在很短的时间内有效。ISAR 图像是由雷达接收到的信号进行相干处理而形成的。由于目标与雷达是相对运动的,因此在位置矢量 $r(t)$ 处的散射点与雷达的距离将是时变的,可以描述为

$$c\frac{\tau(t)}{2} = |r(t)-R_0| + v_r\frac{\tau(t)}{2} + \frac{1}{2}a_r\left[\frac{\tau(t)}{2}\right]^2 \qquad (2.53)$$

式中,$R_0$ 为目标中心到雷达的矢量距离。

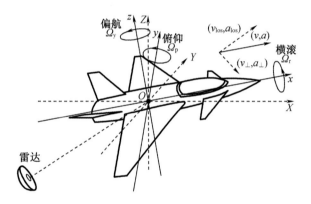

图 2.56　机动目标的 6 自由度

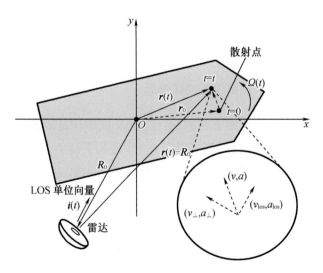

图 2.57　雷达和旋转目标的二维几何图形

在大多数情况下,由于二阶项要比一阶项小得多,因此近似有

$$c\frac{\tau(t)}{2} = |\boldsymbol{r}(t) - \boldsymbol{R}_0| + v_r\frac{\tau(t)}{2} \tag{2.54}$$

因此散射点的回波时间延迟变为

$$\tau(t) = \frac{2|\boldsymbol{r}(t) - \boldsymbol{R}_0|}{c - v_r} \approx \frac{2|\boldsymbol{r}(t) - \boldsymbol{R}_0|}{c} \tag{2.55}$$

式中,$t$ 时刻散射点的位置向量 $\boldsymbol{r}(t)$ 由 $t_0$ 时刻散射体的位置向量 $\boldsymbol{r}(t_0)$ 和一个旋转矩阵 $\Re(\theta_r, \theta_p, \theta_y)$ 描述:

$$\boldsymbol{r}(t) = \Re(\theta_r, \theta_p, \theta_y)\boldsymbol{r}(t_0) \tag{2.56}$$

其中,横摇角为 $\theta_r = \Omega_r t$,俯仰角为 $\theta_p = \Omega_p t$,偏航角为 $\theta_y = \Omega_y t$。

根据 2.3 节的原理,回波信号的相位函数是 $\varphi(t) = 4\pi f_c R(t)/c$。如果目标从初始距离沿视距方向以速度移动,则相位函数可表示为

$$\varphi(t) = 4\pi\frac{f_c}{c}\left[\Re_0 - \int \boldsymbol{v}_{\mathrm{los}}(t)\,\mathrm{d}t\right] \tag{2.57}$$

式中,$c$ 为波的传播速度;$f_c$ 为雷达载频;$\Re_0$ 为旋转中心的初始距离;$\boldsymbol{v}_{\mathrm{los}}(t)$ 为决定目标多普勒频移的目标径向速度,它是目标运动速度在径向方向 $\boldsymbol{i}(t)$ 上的投影:

$$\boldsymbol{v}_{\mathrm{los}}(t) = \boldsymbol{v}(t)\cdot\boldsymbol{i}(t) \tag{2.58}$$

ISAR 图像在二维距离–多普勒平面上显示,多普勒频移满足

$$f_D(t) = \frac{2f_c}{c}|\boldsymbol{v}(t)\cdot\boldsymbol{i}(t)| \tag{2.59}$$

如果 $\boldsymbol{r}$ 是从旋转中心测量的散射点的位置矢量,则散射点的多普勒频移变为

$$f_D(t) = \frac{2f_c}{c}[\boldsymbol{\Omega}(t)\times\boldsymbol{r}]\cdot\boldsymbol{i}(t) \tag{2.60}$$

式中,$\boldsymbol{\Omega}(t)$ 为目标的实际旋转速度向量。假设在时间 $t$ 时,实际旋转向量 $\boldsymbol{\Omega}(t)$ 与 LOS 单位向量 $\boldsymbol{i}(t)$ 的夹角 $\zeta$ 如图 2.58 所示,则多普勒频移可以重写为

$$f_D(t) = \frac{2f_c}{c}\boldsymbol{\Omega}(t)r_{cr}\sin\xi = \frac{2f_c}{c}[\boldsymbol{\Omega}(t)\sin\zeta]r_{cr} = \frac{2f_c}{c}\boldsymbol{\Omega}_{\mathrm{eff}}(t)r_{cr} \tag{2.61}$$

式中,有效旋转矢量 $\boldsymbol{\Omega}_{\mathrm{eff}}(t)$ 的大小 $\boldsymbol{\Omega}_{\mathrm{eff}}(t) = \boldsymbol{\Omega}(t)\sin\xi$;$r_{cr}$ 为散射点垂直于视线方向的实际方位位移。

当目标有横滚、俯仰和偏航运动时,实际旋转矢量 $\boldsymbol{\Omega}$ 决定了目标中给定散射点的多普勒频移。有效旋转矢量 $\boldsymbol{\Omega}_{\mathrm{eff}}$ 是一个垂直于 LOS 单位向量 $\boldsymbol{i}$,并且在旋转矢量 $\boldsymbol{\Omega}$ 和 $\boldsymbol{i}$ 所在平面上的向量。因此,将成像投影平面定义为垂直于 $\boldsymbol{\Omega}_{\mathrm{eff}}$ 且平行于 $\boldsymbol{i}$ 的平面。当目标的横滚、俯仰和偏航运动随时间发生变化时,有效旋转矢量 $\boldsymbol{\Omega}_{\mathrm{eff}}$ 可能随时间发生变化。因此,目标的 ISAR 图像以时变距离–多普勒图像的形式出现在一个不断变化的二维成像投影平面上。

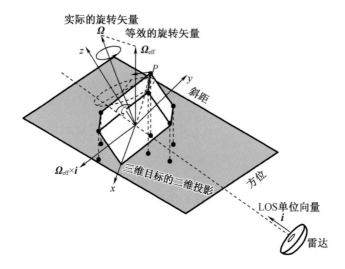

图 2.58　图像投影平面

如果目标有横滚、俯仰和偏航运动,则目标回波信号可以表示为

$$s_R(t) = \rho(r) \exp \iiint \left( -j\frac{4\pi f_c}{c} \boldsymbol{r} \cdot \boldsymbol{i} \right) d\boldsymbol{r} \qquad (2.62)$$

其中,平移运动已补偿;$\boldsymbol{r}$ 为目标内散射点的位置矢量;$\boldsymbol{i}$ 为沿雷达视距方向的单位矢量;$\rho(r)$ 为目标在 $\boldsymbol{r}$ 处的反射率。重建图像可以表示为

$$\rho(r) = \text{IFT}\left[ s_R(t) \exp\left( j\frac{4\pi f_c}{c} \boldsymbol{r} \cdot \boldsymbol{i} \right) \right] \qquad (2.63)$$

当目标旋转时,$\boldsymbol{r}$ 可以表示为

$$\boldsymbol{r} = \boldsymbol{R}(\theta_r, \theta_p, \theta_y)\boldsymbol{r}_0 \qquad (2.64)$$

式中,$\boldsymbol{r}_0$ 为旋转前的位置向量。于是

$$\rho(r) = \text{IFT}\left[ s_R(t) \exp\left\{ j\frac{4\pi f_c}{c} \left[ \boldsymbol{R}(\theta_r, \theta_p, \theta_y)\boldsymbol{r}_0 \right] \cdot \boldsymbol{i} \right\} \right] \qquad (2.65)$$

多普勒频移变成

$$f_D = \frac{2f_c}{c} \frac{d}{dt} \left[ \boldsymbol{R}(\theta_r, \theta_p, \theta_y)\boldsymbol{r}_0 \right] \cdot I \qquad (2.66)$$

式中,$\dfrac{d}{dt}\left[ \boldsymbol{R}(\theta_r, \theta_p, \theta_y)\boldsymbol{r}_0 \right]$ 确定位置矢量 $\boldsymbol{r}_0 = (x_0, y_0)$ 处的散射点的横滚、俯仰和偏航对其多普勒频移的影响。注意,由于目标的运动往往是未知的,所以 $\boldsymbol{R}(\theta_r, \theta_p, \theta_y)$ 通常无法预知,因此回波信号的补偿是非常困难的。当目标的运动完全无法正确估计时,很有可能导致成像失败。

### 2.5.4　成像步骤

ISAR 可以生成高分辨率的距离–多普勒图像。利用距离分辨能力,可以将从目标不同散射中心返回的信号分解到不同的距离单元。同一距离单元中的目标散射体可能具有不同的方位位置。方位距离方向垂直于视距方向,也垂直于有效旋转矢量$\boldsymbol{\Omega}_{\text{eff}}$。利用不同的多普勒频移对不同方位距离的目标散射点进行分辨。

ISAR 成像处理包括预处理、距离处理和方位处理三个步骤。

(1)预处理

预处理包括对接收到的原始 ISAR 数据进行处理,去除数据采集过程中引入的振幅和相位误差,过滤掉不需要的调制和干扰,以及补偿成像不需要的目标运动的影响。

(2)距离处理

距离处理包括平动补偿和相位校正。平动补偿包括粗补偿和精补偿。实现补偿的一种简单方法是利用两个连续距离像之间的相互关系。平动补偿之后,距离像对齐,但目标散射点的相位函数可能会变得非线性,无法直接进行傅里叶分析并成像。因此,必须进行相位校正。经过相位校正处理后,接着对每个距离单元进行脉冲间的傅里叶变换,形成目标的 ISAR 图像。

但是,如果目标有快速的横滚、俯仰和偏航旋转运动,ISAR 图像仍然会严重散焦。由于目标的运动是未知的,所以$\boldsymbol{R}(\theta_{\text{r}},\theta_{\text{p}},\theta_{\text{y}})$无法准确预估,导致回波信号的补偿不理想。

(3)方位处理

距离处理只能补偿目标中心平动。如果目标绕其旋转中心旋转,可能会导致时变的多普勒频移,从而引起额外的散焦。有效旋转速率$\Omega_{\text{eff}}$随时间的变化也会引起方位散焦。因此,方位处理的主要目的是估计这两个引起图像散焦的时变函数,并进行适当的补偿。

方位处理的另一个核心问题是方位定标。实际上,为了将目标的几何投影叠加到图像投影平面上,需要将多普勒频移(Hz)转换为方位尺度(m)。

经过 ISAR 距离处理后,目标的散射点将保持在固定的距离单元内,因此后续工作主要聚焦在方位处理上。如果目标上有多个特显点位于同一个特定的距离单元内,当多普勒频移为零,有效旋转速率为零时,这些散射点的多普勒历程不随时间变化。因此,这个特定的距离单元接收到的信号处于聚焦状态。但当存在多普勒频移时,目标上散射点的所有多普勒历史都呈现相同的变化。在这种情况下,ISAR 图像上的所有散射点都将产生相同程度的散焦。如果目标具有时变的旋转速率$\Omega_{\text{eff}}(t)$,那么目标上散射点的多普勒历史具有不同的变化规律(这种取决于散射点到旋转中心的距离),在这种情况下,ISAR 图像上的所有散射点都将产生散焦,但散焦的程度各不相同。

在方位处理中,补偿多普勒频移的一种方法是估计多普勒频移函数$\Phi(t)=f_{\text{D}}(t)$,然后进行补偿。然而,对时变转速$\Omega_{\text{eff}}(t)$导致的多普勒频移的补偿非常复杂。

一般来说,ISAR 成像和自动聚焦算法可以实现方位聚焦,常用的方法包括距离-多普勒算法、最小方差算法、相位差算法、特显点算法、相位梯度算法、最小熵算法、对比度优化算法和距离-瞬时多普勒算法等,这些算法的原理将在后续章节进行介绍。

# 第 3 章　距离-多普勒 ISAR 成像处理

为了提高雷达图像的方位分辨率,需要利用合成孔径技术。合成孔径可以通过待成像目标与雷达的相对运动或旋转来实现。从合成孔径的角度来看,对于静止雷达和旋转目标,目标的逆合成孔径雷达(ISAR)成像相当于静止目标的聚束合成孔径雷达(SAR)成像,如图 3.1 所示。如果目标有足够的旋转,在保持相同的距离分辨精度的情况下,ISAR 的相干处理时间(CPI)可以明显短于 SAR。

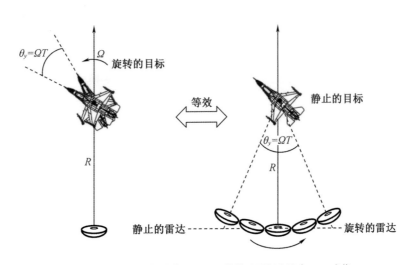

(a)静止雷达对旋转目标成像　　　　(b)静止目标的聚束 SAR 成像

**图 3.1　ISAR 对旋转目标成像与 SAR 聚束成像的等效性**

在第 2 章 2.3 节里已经提到,运动目标相对于雷达的运动可以分解为平动和转动两个分量,如能设法将平动分量补偿掉,将目标上某特定的参考点移至转台轴心,则对运动目标成像就简化为转台目标成像。当目标在较远距离处平稳运动时,它相当于匀速转动的转台目标,此时可以利用最基础的 ISAR 成像方法——距离-多普勒方法,实现目标成像。本章重点介绍这一最基本的 ISAR 成像方法及其原理,它适用于旋转目标产生的多普勒具有时频平稳特性的场合。为了更好地呈现目标的二维高分辨 ISAR 图像,可以使用有效的加窗和补零操作来抑制点散布函数的旁瓣,还可以使用相干斑滤波来抑制类似“椒盐散粒”的相干斑噪声。

## 3.1 ISAR 距离-多普勒成像

根据第 2 章 2.3 节所述,ISAR 接收信号可以表示为

$$s_R(t) = \exp\left[-j4\pi f \frac{R(t)}{c}\right] \iint_{-\infty}^{\infty} \rho(x,y) \exp\{-j2[xk_x(t) - yk_y(t)]\} dxdy \quad (3.1)$$

式中

$$k_x(t) = k\cos\theta(t) \quad (3.2)$$

$$k_y(t) = k\sin\theta(t) \quad (3.3)$$

瞬时距离和旋转角度可以用目标运动历史来表示:

$$\begin{cases} R(t) = R_0 + v_0 t + \dfrac{1}{2}a_0 t^2 + \cdots \\ \theta(t) = \theta_0 + \Omega_0 t + \dfrac{1}{2}\gamma_0 t^2 + \cdots \end{cases} \quad (3.4)$$

式中,平动参数为初始距离 $R_0$、速度 $v_0$、加速度 $a_0$,角旋转参数为初始角 $\theta_0$、角速度 $\Omega_0$、角加速度 $\gamma_0$。如果目标的平移运动参数可以准确地估计,则无关的相位项 $\exp\left[-j4\pi f \dfrac{R(t)}{c}\right]$ 可以完全移除。因此,通过二维傅里叶逆变换,即可以精确地重构目标的反射率密度函数 $\rho(x,y)$。

因此,ISAR 距离-多普勒成像首先需要进行平移运动补偿(TMC)。通过估计目标的平移运动参数,去掉额外的相位项,使目标的距离不再随时间变化。然后,沿脉冲(慢时间)域进行傅里叶变换,重建目标的距离-多普勒图像。

然而,在许多情况下,目标也可以绕轴非匀速旋转。旋转运动使多普勒频移随时间变化。因此,利用傅里叶变换重建 ISAR 图像会产生多普勒模糊。在这种情况下,必须执行转动补偿(RMC)来纠正旋转运动。经过 TMC 和 RMC 后,通过二维傅里叶变换可以精确地重建 ISAR 距离-多普勒图像。这就是 ISAR 成像处理的最基本方法——距离-多普勒法的主要原理。

## 3.2 转台目标的 ISAR 回波信号模型

由之前的章节可知,如果目标的平移运动参数可以准确地估计,则无关的相位项 $\exp\left[-j4\pi f \dfrac{R(t)}{c}\right]$ 可以完全移除,此时空间目标在 ISAR 坐标系下的运动可转化为目标相对雷达的径向运动(即平动分量)和目标相对雷达的旋转运动(即转动分量)。为便于分析,建立如图 3.2 所示的转台模型。其中 $O-XY$ 为固定于目标上的直角坐标系,$O$

为目标质心。

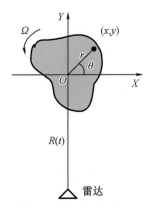

图 3.2　转台模型示意图

假设 $R_0(t)$ 为目标质心点 $O$ 在时刻 $t$ 到雷达的距离。同时，目标绕质心 $O$ 按逆时针转动，角速度为 $\Omega$。ISAR 通过发射超大带宽的线性调频信号实现距离向的高分辨，其发射信号可表示为

$$s_t(t_k, t_m) = \mathrm{rect}\left(\frac{t_k}{T_p}\right) \exp\left(\mathrm{j}2\pi f_c t + \mathrm{j}\pi k_r t_k^2\right) \tag{3.5}$$

式中，$\mathrm{rect}(t_k/T_p) = \begin{cases} 1, & |t_k| \leqslant T_p/2 \\ 0, & |t_k| > T_p/2 \end{cases}$；$T_p$ 为脉冲宽度；$f_c$ 为发射信号载频；$k_r$ 为调频斜率；$t_k$ 为快时间，即脉冲内时间；$t_m$ 为慢时间，即脉冲间时间，其中 $m = 1, 2, \cdots, M$，且满足全时间 $t = t_k + t_m$。

设 $r$ 为目标上任一点到质心 $O$ 的距离。在满足远场近似条件，即 $R_0(t) \gg r$ 时，若考虑快时间内目标的运动，在 $t = t_k + t_m$ 时刻目标上该点到雷达的距离为

$$R(t_k, t_m) \approx R_0(t_k, t_m) + x\sin\theta(t) + y\cos\theta(t) \tag{3.6}$$

式中，$(x, y)$ 为目标点的坐标。

由于脉冲持续时间很短且转动角速度较小，因此忽略了转动分量在快时间的变化，且有

$$R_0(t_k, t_m) = R_0 + v_0(t_k + t_m) + \frac{1}{2!}a(t_k + t_m)^2 + \cdots \tag{3.7}$$

式中，$R_0$ 为雷达到目标质心 $O$ 的初始距离；$v_0$ 为径向初始速度；$a$ 为加速度。

由第 2 章内容可知，在天基 ISAL 对空间目标成像时，只考虑目标相对雷达的二阶径向运动，即式（3.7）可重写为

$$R_0(t_k, t_m) = R_0(t_m) + v(t_m)t_k + \frac{1}{2}a t_k^2 \tag{3.8}$$

其中，$v(t_m) = v_0 + at_m$，$R_0(t_m) = R_0 + v_0 t_m + \dfrac{1}{2} a {t_m}^2$。

因此，式(3.6)可重写为

$$R(t_k, t_m) = \widetilde{R}(t_m) + v(t_m) t_k + \frac{1}{2} a t_k^2 \tag{3.9}$$

其中

$$\widetilde{R}(t_m) = R_0(t_m) + x\sin\theta(t) + y\cos\theta(t) \tag{3.10}$$

因此，点目标的回波信号可表示为

$$s_r(t_k, t_m) = \sigma\,\mathrm{rect}\!\left(\frac{t_k - \tau}{T_p}\right) \exp\!\left[\,\mathrm{j}2\pi f_c(t-\tau) + \mathrm{j}\pi k_r(t_k-\tau)^2\,\right] \tag{3.11}$$

式中，$\sigma$ 为回波信号幅度；延时 $\tau = 2R(t_k, t_m)/c$，$c$ 为光速。

当 ISAR 采用外差相干探测接收回波信号时，距离像合成实质是"去斜处理"方式。假设参考距离 $R_{\mathrm{ref}}$，对应的延时 $\tau_{\mathrm{ref}} = \dfrac{2R_{\mathrm{ref}}}{c}$，则参考信号为

$$s_{\mathrm{ref}}(t_k, t_m) = \mathrm{rect}\!\left(\frac{t_k - \tau_{\mathrm{ref}}}{T_p}\right) \exp\!\left[\,\mathrm{j}2\pi f_c(t-\tau_{\mathrm{ref}}) + \mathrm{j}\pi k_r(t_k-\tau_{\mathrm{ref}})^2\,\right] \tag{3.12}$$

经过外差探测"去斜处理"后的信号为

$$\begin{aligned}
s(t_k, t_m) &= s_r(t_k, t_m) \cdot s^*_{\mathrm{ref}}(t_k, t_m) \\
&= \sigma\,\mathrm{rect}\!\left(\frac{t_k - \tau}{T_p}\right) \exp\!\left[\,\mathrm{j}2\pi f_c(\tau_{\mathrm{ref}}-\tau)\,\right] \cdot \exp\!\left[\,\mathrm{j}2\pi k_r(\tau_{\mathrm{ref}}-\tau) t_k\,\right] \cdot \\
&\quad \exp\!\left[\,-\mathrm{j}\pi k_r(\tau_{\mathrm{ref}}^2 - \tau^2)\,\right]
\end{aligned} \tag{3.13}$$

将式(3.11)、式(3.12)代入式(3.13)中，可得

$$s(t_k, t_m) = \sigma\,\mathrm{rect}\!\left(\frac{t_k - \tau}{T_p}\right) \exp\!\left[\,\mathrm{j}2\pi\left(P_0 + P_1 t_k + P_2 t_k^2 + P_3 t_k^3 + P_4 t_k^4\right)\,\right] \tag{3.14}$$

其中，$P_0$、$P_1$、$P_2$、$P_3$ 和 $P_4$ 分别为

$$P_0 = -2f_c\,\frac{\widetilde{R}(t_m) - R_{\mathrm{ref}}}{c} + 2k_r\,\frac{\widetilde{R}(t_m)^2 - R_{\mathrm{ref}}^2}{c^2} \tag{3.15}$$

$$P_1 = -2f_c\,\frac{v(t_m)}{c} + 4k_r\,\frac{\widetilde{R}(t_m) v(t_m)}{c^2} - 2k_r\,\frac{\widetilde{R}(t_m) - R_{\mathrm{ref}}}{c} \tag{3.16}$$

$$P_2 = -\frac{af_c}{c} + 2ak_r\,\frac{\widetilde{R}(t_m)}{c^2} + 2k_r\,\frac{v(t_m)^2}{c^2} - 2k_r\,\frac{v(t_m)}{c} \tag{3.17}$$

$$P_3 = 2ak_r\,\frac{v(t_m)}{c^2} - \frac{ak_r}{c} \tag{3.18}$$

$$P_4 = \frac{k_r a^2}{2c^2} \tag{3.19}$$

$P_0$ 的第一项包含了方位多普勒信息,是实现方位高分辨成像所必需的;第二项为残余视频相位(RVP),对于 ISAR 成像没有贡献,可通过补偿去除。$P_1$ 的第一项是由发射信号的超高载频产生的脉内多普勒频移,对于匀加速运动目标,它与第二项共同作用将产生随方位时间变化的多普勒耦合时移,使包络沿方位慢时间产生斜置,在成像过程中经包络对齐可消除掉。第三项表征了目标相对参考点的距离,是实现距离成像的基础。$P_2$ 会导致产生距离色散效应,即距离像展宽、散焦。其前两项为加速度产生的二次相位项,后两项为速度产生的二次相位项,它们将使距离像产生谱峰分裂和展宽,并影响成像质量,需要在成像中进行补偿。该项对于运动速度较低的目标而言可以忽略,但对于高速运动目标而言,必须予以补偿。$P_3$ 为目标速度和加速度引起的三次相位项。$P_4$ 为加速度引起的四次相位项。

假设目标的运动速度 $v$ 带来的影响均被补偿,此时 ISAR 成像处理主要考虑以下几种情形。

(1)小转角条件下的 ISAR 成像

小转角条件下,经过运动补偿的 ISAR 接收信号可以表示为

$$s_R(t) = \iint_{-\infty}^{\infty} \rho(x,y) \exp\{-j2[xk_x(t) - yk_y(t)]\} dxdy \tag{3.20}$$

其中

$$k_x(t) = k\cos\theta(t) \tag{3.21}$$

$$k_y(t) = k\sin\theta(t) \tag{3.22}$$

由于转角很小,近似有

$$\cos\theta(t) = 1 \tag{3.23}$$

$$\sin\theta(t) = \theta(t) \tag{3.24}$$

于是有

$$s_R(t) = s_R(k,\theta) = \iint_{-\infty}^{\infty} \rho(x,y) \exp\{-j2[kx - yk\theta(t)]\} dxdy \tag{3.25}$$

当信号带宽相对载波频率的比值远远小于 0.25(即 $B/fc \ll 0.25$),且目标转角范围不大时,可以忽略目标旋转加速度的影响,有

$$k = \frac{2\pi f}{c} \approx \frac{2\pi f_c}{c} = \frac{2\pi}{\lambda} \tag{3.26}$$

$$\theta(t) = \theta_0 + \Omega_0 t \tag{3.27}$$

因此有

$$s_R(k,\theta) = \iint_{-\infty}^{\infty} \rho(x,y) \exp\{-j2[kx - yk\theta_0 - yk\Omega_0 t]\} dxdy \tag{3.28}$$

由于目标散射点的多普勒频移满足

$$f_\mathrm{D} \approx \frac{2\Omega_0 y}{\lambda} \tag{3.29}$$

因此,此时目标的二维距离-多普勒图像可以直接通过对 $s_\mathrm{R}(k,\theta)$ 做二维逆傅里叶变换得到。

(2)大转角条件下的 ISAR 成像

当目标转角范围很大时,目标旋转加速度的影响不可忽略,且电磁波的平面波假设也不再成立,ISAR 成像算法必须考虑波前的弯曲效应。尽管可以采用子孔径技术将大转角范围划分为若干个小转角,但是这种方法会降低方位分辨率。通常采用两种方法来解决大转角的 ISAR 成像问题,一种是直接积分法,另一种则是极坐标格式方法(PFA)。数值积分可以获得较好的距离和分辨率,但是计算量较大。极坐标格式方法通过将采集的数据插值投影到一个空间均匀的矩形网格,然后借助快速傅里叶变换实现成像处理。

## 3.3 SAR 和 ISAR 距离-多普勒算法的区别与联系

在 SAR 成像时,有一种距离-多普勒算法(range-Doppler algorithm, RDA),它与 ISAR 的距离-多普勒成像方法不同。在这里,首先介绍 SAR RDA,为理解 ISAR RDA 提供基础。

如图 3.3 所示,SAR 通常用于对静止目标成像。为了实现高方位分辨率,SAR 通过雷达平台沿轨道方向的运动来合成大尺寸天线孔径。对于目标上的每一个散射点而言,SAR 从目标空间采集数据,然后在数据空间中进行数据转换,最终在图像空间中形成 SAR 图像。而 ISAR 通过雷达与目标的相对旋转来合成大的天线孔径,且成像过程中,雷达是静止的,目标是机动的。在静止平台的 ISAR 成像中,移动目标的雷达图像是通过目标相对于雷达的相对旋转生成的。在动平台的 ISAR 成像中,运动目标的雷达图像是通过目标和雷达运动的相对旋转产生的。SAR 和 ISAR 采集到的原始数据相似,两者都可以看作是二维的随机数据矩阵,其中一维代表每个脉冲回波的快时间采样序列,另一维代表不同脉冲的慢时间采样序列。

SAR 中平台运动与 ISAR 中目标运动的不同之处在于,雷达平台运动引起的方位角的时变变化与目标运动引起的视场角度的时变变化尽管相互对应,但意义完全不同,一个是雷达已知的变化规律(SAR),而另一个却是雷达未知的变化规律(ISAR)。

SAR 数据存在于距离域(快时间)和方位域(慢时间)。在距离域使用匹配滤波器进行距离压缩。由于距离-多普勒算法工作在距离域和方位(多普勒)域,因此必须对方位域进行傅里叶变换转换为多普勒域。然后,在距离域和多普勒域进行距离单元迁移校正(RCMC),以补偿距离单元的迁移。在 RCMC 之后,应用方位匹配滤波,最后,在方位域进行 IFFT,形成 SAR 图像。

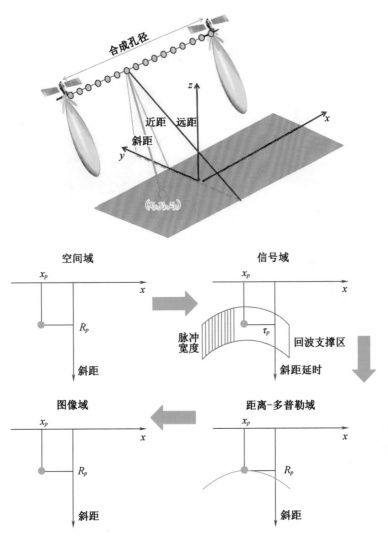

图 3.3　静止点目标 SAR 成像过程

原始 SAR 数据按距离单元(快时间)和脉冲数(慢时间)排列,如图 3.4 和图 3.5 所示。为了重建 ISAR 距离–多普勒图像,首先必须进行距离压缩得到一维高分辨距离像,然后应用 TMC 去除目标的距离像平移运动。TMC 的一般过程包括距离包络对齐和相位校正两个阶段。如果目标在相干处理时间有更加明显的旋转运动,则旋转引发的多普勒时变效应会导致形成的 ISAR 距离–多普勒图像散焦和模糊。在这种情况下,必须应用额外的图像自聚焦算法来校正旋转误差。在去除平移和旋转运动的影响后,沿脉冲序号维度进行傅里叶变换,最终可生成 ISAR 距离–多普勒图像。为了在距离-方位域显示 ISAR 图像,还需要对多普勒频移进行定标操作,将多普勒频移转换为方位距离。在 ISAR 的距离-多普勒成像中,运动补偿是最重要的步骤。第 4 章将详细讨论 ISAR 运动补偿方法及相关算法。

(a)距离-方位域静止目标的 SAR 成像

(b)距离-多普勒域运动目标的 ISAR 成像

图 3.4    SAR 与 ISAR 成像示意

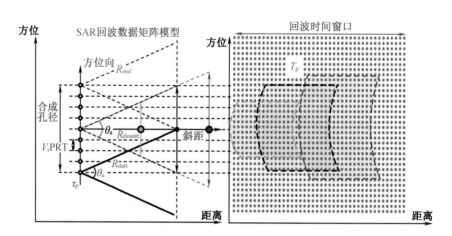

图 3.5    距离-方位二维 SAR 原始数据排列

## 3.4    ISAR 的一维高分辨距离像

为了重建 ISAR 距离-多普勒图像,首先必须进行距离压缩得到一维高分辨距离像,如图 3.6 所示。

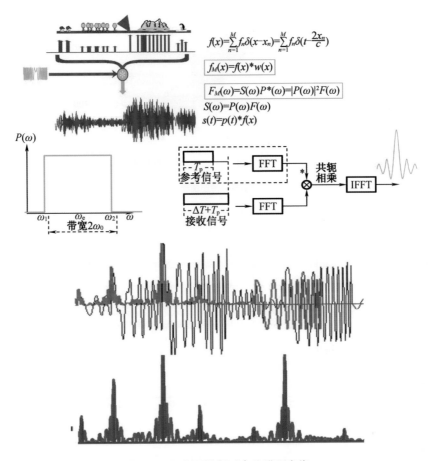

图 3.6　距离压缩得到高分辨距离像

一般来说,对于给定的信号波形,必须应用匹配滤波来生成脉冲压缩的一维高分辨距离像。图 3.7(a)显示了一个 ISAR 距离像的例子,信号的幅度峰值表明了主要散射点的距离位置。图 3.7(b)是对应某一距离单元的相位函数(沿脉冲序号方向)。距离压缩后信号的动态范围(dynamic range)是雷达接收机的一个重要指标。它由信号强度的最大值和最小值之间的比值来定义,并用公式表示为

$$\text{dynamic range} = 20 \cdot \log_{10} A_{\max} - 20 \cdot \log_{10} A_{\min} = 20 \cdot \log_{10}\left(\frac{A_{\max}}{A_{\min}}\right) \qquad (3.30)$$

式中,$A_{\max}$ 和 $A_{\min}$ 分别为线性尺度下的强度最大值和最小值。例如,要获得 60 dB 的动态范围,可接收信号强度最大值和最小值($A_{\max}/A_{\min}$)的比值必须为 1 000。

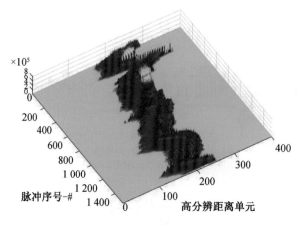

(a)高分辨距离像

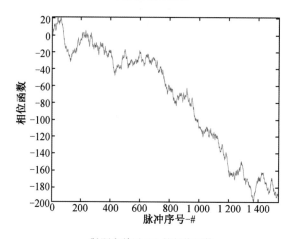

(b)距离单元 231 的相位函数

图 3.7　ISAR 二维数据距离压缩后的距离像

## 3.5　距离包络对齐——粗平移运动补偿

在 ISAR 数据中,目标平移运动的影响通常可以通过对不同脉冲回波所得的高分辨距离像的包络进行对齐来补偿,补偿的效果使得来自同一散射点的雷达回波信号始终保持在同一距离单元内。距离包络对齐又被称为粗平移运动补偿。ISAR 距离-多普勒算法框图如图 3.8 所示。

距离包络对齐过程通常通过对准每个距离像中最强的幅度峰值来实现。两个不同脉冲回波对应的距离像之间的包络互相关方法通常用于估计两个距离像包络之间的距离单元偏移。图 3.9(a)显示,在距离包络对齐之后,图 3.7 中的 ISAR 不同脉冲回波对应的距离像变得对齐了。图 3.9(b)是距离校准后与图 3.7 中相同的距离单元的相位函数,它仍然是非线性的。由于方位成像基于傅里叶变换,显然,只有线性变化的相位函数才有可能经过傅里叶变换而聚焦。因此,在完成方位成像之前,还需要进行相位校正,实现将各距离单元的相位函数校正为随脉冲序号线性变化的函数。

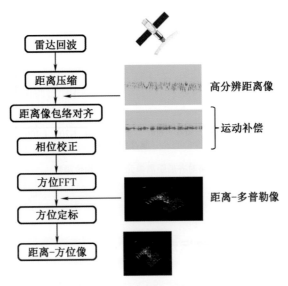

图 3.8　ISAR 距离–多普勒算法框图

距离包络对齐要求较高的信噪比,在低信噪比和目标转角较小的条件下,可以直接利用 keystone 变换实现平动补偿。

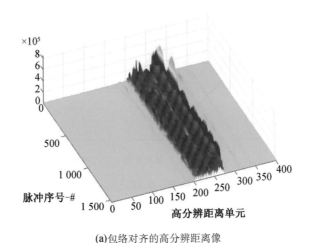

(a)包络对齐的高分辨距离像

图 3.9　距离包络对齐后的 ISAR 距离像

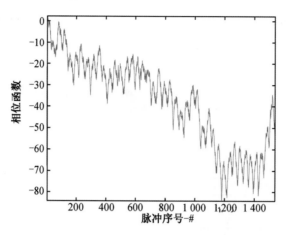

(b)包络对齐后距离单元 231 的相位函数

图 3.9(续)

## 3.6 相位校正——精细平移运动补偿

距离包络对齐也会导致相位偏移。图 3.10(a)显示了距离包络对齐过程在选定距离单元上产生的非线性相位函数。为了消除相位偏移,并在目标能量占据的距离单元处建立起线性相位函数,必须应用一种称为精细运动补偿的相位校正处理方法。相位校正方法的一种典型算法是最小方差法,将在第 4 章中详细介绍。理想的相位校正结果是使校正后的相位函数为线性函数。

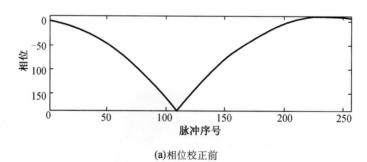

(a)相位校正前

图 3.10 理想的相位函数校正结果

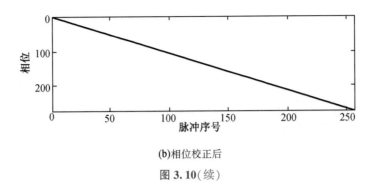

(b)相位校正后

图 **3.10**(续)

## 3.7　旋转运动补偿

在 ISAR 距离-多普勒图像中,多普勒频移是由目标的旋转引起的。如果目标旋转太快或雷达探测的相干累积时间太长,在距离包络对齐和相位校正后,多普勒频移仍然是随时间变化的。在这种情况下,最终重建的 ISAR 距离-多普勒图像仍然可能散焦或模糊。因此,必须校正由于目标快速旋转而导致的影响。

极坐标格式算法(PFA)是一种众所周知的补偿旋转运动的技术。PFA 是基于医学成像的电子计算机断层扫描(CT)技术,该技术已用于重建空间物体的图像。根据投影切片定理,雷达观测数据是空间物体电磁散射 $f(x,y)$ 在空间角度为雷达视线方向的一条线上的投影的傅里叶变换,如图 3.11 左侧所示;而雷达观测数据在雷达视线方向的傅里叶变换实质上构成了图 3.12 右侧所示的空间谱(目标雷达响应的二维傅里叶变换)切片。于是,将二维傅里叶变换应用于雷达在一系列观测角上获取的观测值(图 3.12 左侧),可以重建物体的二维电磁散射图像。

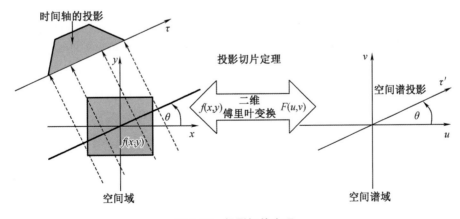

图 **3.11**　投影切片定理

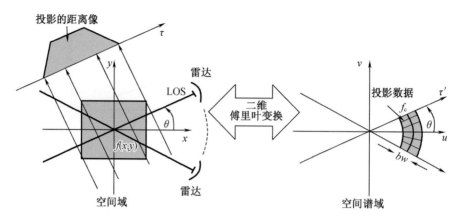

图 3.12  空间域 $f(x,y)$ 投影距离像和傅里叶域空间谱 $F(u,v)$ 切片之间的关系

空间物体电磁散射 $f(x,y)$ 的二维傅里叶变换定义为

$$F(u,v) = \iint\limits_{-\infty}^{\infty} f(x,y)\exp\left[-j2\pi(ux+vy)\right] dxdy \tag{3.31}$$

空间物体电磁散射 $f(x,y)$ 沿角度为 $\theta$ 的直线的投影距离像对应的傅里叶变换是 $F(u,v)$ 沿角度为 $\theta$ 的一条空间谱切片，如图 3.11 右侧所示。

由于雷达接收到的回波信号可被看作是物体电磁散射在雷达视线上的投影的傅里叶变换，因此 PFA 适用于雷达成像。在图 3.12 中，如果雷达视线的角度是 $\theta$，那么目标电磁散射 $f(x,y)$ 在沿角度为 $\theta$ 的直线 $\tau$ 上的投影就成为一个投影距离像。与此同时，在傅里叶域中，其傅里叶变换 $F(u,v)$ 将产生一个切片线段，该线段起点位于离原点 $(u=0,v=0)$ 半径为信号起始频率的圆上，且具有与雷达视线相同的方位角度 $\theta$；切片线段的长度由雷达信号的带宽决定。当雷达视角扫描时，投影距离像的傅里叶变换 $F(u,v)$ 在不同角度方向都产生切片，这些切片构成了 $f(x,y)$ 在傅里叶域的一个二维空间谱。图 3.12 显示了空间域雷达投影距离像和傅里叶域空间谱切片之间的关系。

原则上，ISAR 极坐标格式算法类似于聚束 SAR 极坐标格式算法。然而，在 ISAR 成像中目标的方向角会随着目标的运动而改变，这种变化是未知和不可控的。在聚束 SAR 中，雷达运动决定了方位角。因为波数方向的变化定义了波数数据平面，所以在 ISAR 应用 PFA 之前必须估计目标旋转。为了在 ISAR 实施极坐标格式算法，雷达必须从接收到的回波数据中测量目标运动参数，以便对波数数据曲面进行建模，将数据投影到成像平面上，并插值为均匀采样，利用傅里叶逆变换实现成像。

关于 ISAR PFA 的细节总结如下：

PFA 的基本思路是将目标回波在波数域按极坐标格式进行存储，由于波数域与目标位置的空间域会构成傅里叶变换对，通过插值将回波数据由先前的扇形圆环谱域转换成相应的矩形网格，最后做一个二维的逆傅里叶变换便可得到目标在空域的位置分布。使用 PFA 时存在两个前提，首先是假设发射信号为平面波，这对 ISAR 成像而言是非常

合理的,因为其成像的目标尺寸通常不是特别大,而且雷达与目标的距离通常比较远:

$$X_{\max} = 4\delta_a \sqrt{\frac{R_{\text{ref}}}{\lambda}} \tag{3.32}$$

$$Y_{\max} = 2\delta_a \sqrt{\frac{2R_{\text{ref}}}{\lambda}} \tag{3.33}$$

式中,$X_{\max}$、$Y_{\max}$ 分别为成像目标的方位向与距离向的最大范围;$\delta_a$ 为方位分辨率;$R_{\text{ref}}$ 为合成孔径中心时刻雷达与目标中心之间的距离。

假设雷达接收机使用去调频(dechirp)技术来完成回波信号的解调,下面介绍算法的推导过程。

图 3.13(a)为目标聚焦平面(focused target plane)内雷达的成像几何,目标坐标系中 $(X_t, Y_t)$ 处存在一点目标 $P$,雷达在合成孔径时间内的方位向采样点数为 $N_a$,慢时间 $t_m = n/\text{PRF}(n=0,1,\cdots,N_a-1)$。$\boldsymbol{R}_0(t_m)$、$\boldsymbol{R}_t(t_m)$ 分别表示雷达至场景中心与目标点 $P$ 的瞬时斜距向量,$R_0(t_m)$ 和 $R_t(t_m)$ 分别为二者的模值,此外使用 $\theta_a(t_m)$ 表示雷达向量 $\boldsymbol{R}_0(t_m)$ 的极角,图 3.13(b)中的 $\theta_c = \theta_a(t_c)$,$t_c$ 指的是合成孔径中心时刻。根据上述几何关系,不难得出目标 $P$ 的回波表达式为

$$s_r(\hat{t}, t_m) = \sigma_t \exp\left\{ j2\pi f_c\left[\hat{t} - \frac{2R_t(t_m)}{c}\right] + j\pi k_r\left[\hat{t} - \frac{2R_t(t_m)}{c}\right]^2 \right\} \tag{3.34}$$

式中,$\sigma_t$ 为目标 $P$ 的复散射强度。

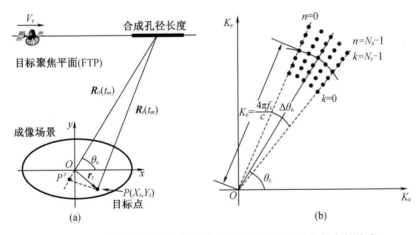

图 3.13　目标聚焦平面内雷达的成像几何及波数域数据存储格式

在距离向 A/D 采样前使用 dechirp 方式进行解调,具体使用如下的参考函数:

$$s_{\text{ref}}(\hat{t}, t_m) = \exp\left\{ j2\pi f_c\left[\hat{t} - \frac{2R_0(t_m)}{c}\right] + j\pi k_r\left[\hat{t} - \frac{2R_0(t_m)}{c}\right]^2 \right\} \tag{3.35}$$

此处参考信号中的参考距离 $R_0(t_m)$ 是回波录取过程中雷达与目标中心之间的时

变距离,这会同时实现二维回波信号在距离向和方位向的去调频,PFA 这种 dechirp 解调方式使信号的方位向多普勒带宽大大降低,从而降低了对雷达 PRF 的要求。

将式(3.34)与式(3.35)共轭相乘,得到去调频解调后的信号:

$$s_o(\hat{t}, t_m) = \sigma_t \exp\left[-jK_R(\hat{t}, t_m)R_\Delta(t_m)\right] \exp\left[j\frac{4\pi k_r}{c^2}R_\Delta(t_m)^2\right] \tag{3.36}$$

$$K_R(\hat{t}, t_m) = \frac{4\pi\{f_c + k_r[\hat{t} - 2R_0(t_m)/c]\}}{c} \tag{3.37}$$

$$R_\Delta(t_m) = R_t(t_m) - R_0(t_m) \tag{3.38}$$

其中式(3.36)中的第二个指数项通常被称为残余视频相位(RVP),它会使目标多普勒产生少许改变,成像过程中应该予以去除。

式(3.37)中 $K_R(\hat{t}, t_m)$ 表示波数向量 $\boldsymbol{K}_R(\hat{t}, t_m)$ 的模值,该向量的方向与 $\boldsymbol{R}_0(t_m)$ 相同,能用前面介绍的极角 $\theta_a(t_m)$ 进行表示,故波数 $\boldsymbol{K}_R(\hat{t}, t_m)$ 可以表示成如下的直角坐标:

$$\boldsymbol{K}_R(\hat{t}, t_m) = \{K_R(\hat{t}, t_m)\cos[\theta_a(t_m)], K_R(\hat{t}, t_m)\sin[\theta_a(t_m)]\} \tag{3.39}$$

当 $R_\Delta(t_m) \ll R_0(t_m)$ 时,使用 Taylor 级数展开并忽略高次项可以得到

$$R_\Delta(t_m) \approx -\frac{[\boldsymbol{R}_0(t_m) \cdot \boldsymbol{r}_t]}{R_0(t_m)} + (R_\Delta)_{rc} \tag{3.40}$$

$$(R_\Delta)_{rc} = \frac{r_t^2}{2R_0(\hat{t}, t_m)} - \frac{[\boldsymbol{R}_0(\hat{t}, t_m) \cdot \boldsymbol{r}_t]^2}{2R_0(\hat{t}, t_m)^3} \tag{3.41}$$

式(3.40)中 $\boldsymbol{R}_0(t_m) \cdot \boldsymbol{r}_t$ 表示向量 $\boldsymbol{R}_0(t_m)$ 与 $\boldsymbol{r}_t$ 的内积;$(R_\Delta)_{rc}$ 指的是非平面波引起的距离弯曲(range curvature,RC)。当发射信号的平面波假设条件成立时,$(R_\Delta)_{rc}$ 可以忽略,式(3.39)可以改写为

$$R_\Delta(t_m) \approx -\frac{[\boldsymbol{R}_0(t_m) \cdot \boldsymbol{r}_t]}{R_0(t_m)} = -(X_t\cos\theta_a + Y_t\sin\theta_a) \tag{3.42}$$

综合考虑式(3.36)~式(3.42),并忽略 RVP 后,可以得到

$$s_o(\hat{t}, t_m) = \sigma_t \exp\left[-j\boldsymbol{K}_R(\hat{t}, t_m) \cdot \boldsymbol{R}_\Delta(t_m)\right] = \sigma_t \exp\{j[K_x(\hat{t}, t_m)X_t + K_y(\hat{t}, t_m)Y_t]\} \tag{3.43}$$

由式(3.43)可得波数域与目标的空间分布构成了傅里叶变换对,理论上只需要进行一次 IFFT 便能实现成像。图 3.13(b)示意了与图 3.13(a)成像几何相对应的数据存储格式,要想完成 IFFT 必须将图中的扇形圆环谱域插值成矩形网格。

由于直接进行二维插值的运算量很大,通常分两步进行,具体分解为距离向和方位向的两个一维插值,插值的基本方法是使用 FIR 滤波器与输入数据进行卷积实现采样位置变换。图 3.14 对该过程进行了示意,其中图 3.14(a)表示距离向的插值过程,由于输出数据的距离网格间距固定,通常使用以输入为中心的卷积方式,插值完后数据为楔形,故该插值也称为 keystone 采样。图 3.14(b)表示的是方位向的插值过程,

其输入数据位于同一距离单元,此时采用以输出为中心的卷积方式更为合适,对于方位向的插值,还可以使用一种基于 Chirp-Z 变换(CZT)的插值方式,很好地提高了运算效率和插值精度。

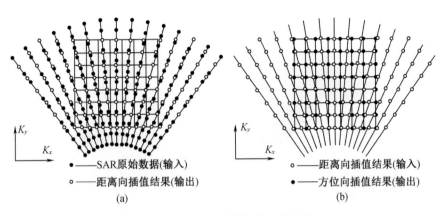

图 3.14　PFA 二维插值的实现过程

实质上,上述的插值过程也可以选择在其他的成像平面。对于运行平稳的空间目标(例如 LEO 轨道上的卫星),在雷达成像探测的短时间内其姿态通常比较稳定,PFA 算法可以起到非常好的成像效果,而且通过选择不同的成像投影面,可以一次性获得目标在选定的成像平面的成像结果,具有非常好的应用前景。算法的流程如图 3.15 所示。

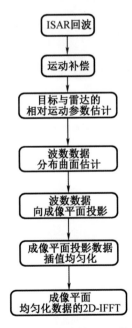

图 3.15　ISAR 成像的 PFA 算法流程

下面举例予以说明。

假设待成像空间目标在目标坐标系 $O\text{-}XYZ$ 内的空间分布以及雷达观测的中心时刻的入射电磁波矢量如图 3.16 所示。

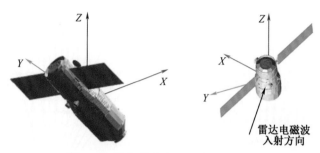

图 3.16　目标的姿态和雷达观测几何

所得空间目标 ISAR 回波经过运动补偿的结果和其在空间坐标系 $O\text{-}XYZ$ 中的空间波数分布曲面如图 3.17 所示。

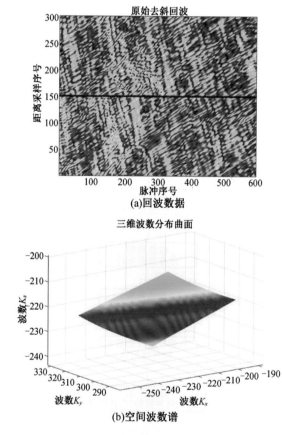

图 3.17　ISAR 回波数据及其空间波数分布曲面

根据观测几何,各脉冲雷达 LOS 在空间坐标系 $O\text{–}XYZ$ 中三个正交的投影平面的方位角度分布如图 3.18 所示。

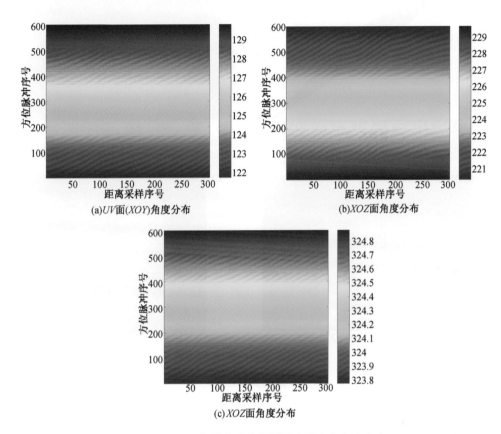

(a)$UV$面($XOY$)角度分布　　　(b)$XOZ$面角度分布

(c)$XOZ$面角度分布

图 3.18　ISAR 视线在成像投影面上的方位角度分布

空间波数在三个投影面的支撑区以及投影分布如图 3.19 所示。

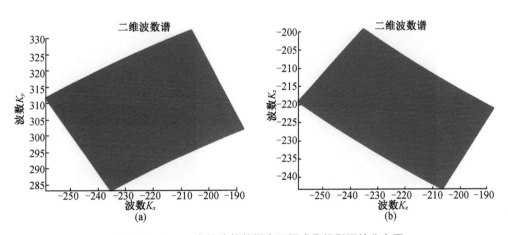

图 3.19　ISAR 空间波数数据在不同成像投影面的分布图

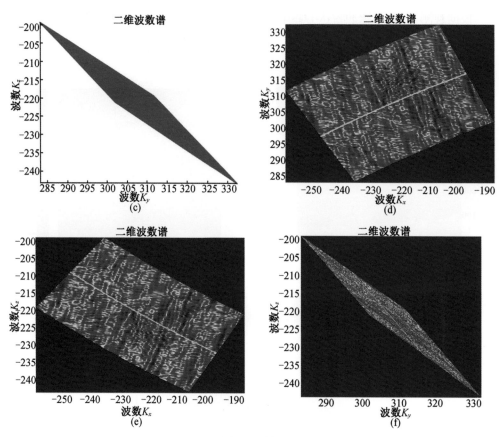

图 3.19(续)

采用 PFA 算法,ISAR 回波数据转换为空间波数并投影在成像平面,经过插值均匀化后做二维逆傅里叶变换,可以得到目标在选定的成像平面的图像。其中三个典型且互为正交的成像平面是 XOY、XOZ、YOZ 面,此时可获得三个不同的成像结果,其成像结果及与经典距离-多普勒算法所得图像的对比如图 3.20 所示。

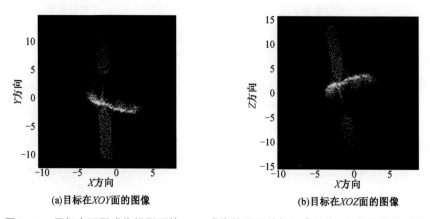

图 3.20　目标在不同成像投影面的 PFA 成像结果及其与经典距离-多普勒像的对比

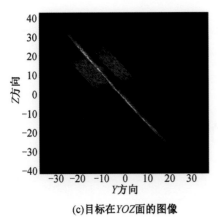

(c)目标在YOZ面的图像

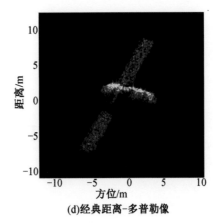

(d)经典距离-多普勒像

图 3.20(续)

# 第4章 ISAR 成像的运动补偿处理

## 4.1 运动目标的距离像色散效应

空间目标 ISAR 回波数学模型如第 3 章 3.2 节式(3.5)~式(3.19)的推导,在此不再赘述。根据式(3.14)~式(3.19)可知,当空间目标相对 ISAR 的径向运动可近似为二阶运动时,经外差探测后的 ISAR 回波信号存在距离色散效应,利用传统傅里叶变换进行距离压缩将产生距离像谱峰分裂和展宽,下面针对这一现象进行分析。

将式(3.14)相位项对快时间求导,可得 ISAR 回波脉内多普勒频率为

$$f_{\mathrm{d}}(t_{\mathrm{k}}, t_m) = -\frac{1}{2\pi} \frac{\mathrm{d}\varphi(t_{\mathrm{k}}, t_m)}{\mathrm{d}t_{\mathrm{k}}} = -(P_1 + 2P_2 t_{\mathrm{k}} + 3P_3 t_{\mathrm{k}}^2 + 4P_4 t_{\mathrm{k}}^3) \tag{4.1}$$

可见,对第 $m$ 个回波脉冲,目标回波的脉内多普勒频率由固定频率 $P_1$、线性调频项 $P_2$、高次非线性调频项 $P_3$ 和 $P_4$ 组成,其中线性调频项 $P_2$、高次非线性调频项 $P_3$ 和 $P_4$ 将使距离像产生谱峰分裂和展宽。假设脉冲持续时间为 $T_{\mathrm{p}}$,则对应的距离向频谱分辨率为 $1/T_{\mathrm{p}}$。因而脉冲内多普勒效应产生的频谱展宽可表示为

$$\Delta f_{\mathrm{d}} = \Delta f_{\mathrm{d}2} + \Delta f_{\mathrm{d}3} + \Delta f_{\mathrm{d}4} = 2P_2 T_{\mathrm{p}} + 3P_3 T_{\mathrm{p}}^2 + 4P_4 T_{\mathrm{p}}^3 \tag{4.2}$$

假设发射信号带宽 $B = k_{\mathrm{r}} T_{\mathrm{p}}$,距离向分辨率 $\delta_{\mathrm{r}} = c/2B$,由此产生的频谱单元展宽量为

$$\begin{aligned} \Delta N &= |\Delta f_{\mathrm{d}} T_{\mathrm{p}}| \\ &= |2P_2 T_{\mathrm{p}}^2 + 3P_3 T_{\mathrm{p}}^3 + 4P_4 T_{\mathrm{p}}^4| \\ &= |\Delta N_2 + \Delta N_3 + \Delta N_4| \end{aligned} \tag{4.3}$$

其中

$$\Delta N_2 = 2P_2 T_{\mathrm{p}}^2 = \frac{T_{\mathrm{p}}}{\delta_{\mathrm{r}}} \left[ \frac{-af_{\mathrm{c}}}{k_{\mathrm{r}}} - 2v(t_m) + \frac{2a\widetilde{R}(t_m)}{c} + \frac{2v(t_m)^2}{c} \right] \tag{4.4}$$

$$\Delta N_3 = 3P_3 T_{\mathrm{p}}^3 = \frac{3T_{\mathrm{p}}^2}{\delta_{\mathrm{r}}} \left[ \frac{av(t_m)}{c} - \frac{a}{2} \right] \tag{4.5}$$

$$\Delta N_4 = 4P_4 T_{\mathrm{p}}^4 = \frac{T_{\mathrm{p}}^3 a^2}{\delta_{\mathrm{r}} c} \tag{4.6}$$

当目标相对 ISAR 的径向运动近似为匀速运动时,回波信号的调频斜率可重写为

$$P_2 = 2k_{\mathrm{r}} \frac{v_0^2}{c^2} - 2k_{\mathrm{r}} \frac{v_0}{c} \tag{4.7}$$

二次项的频谱展宽量为

$$|\Delta N_2| = |2P_2 T_{\mathrm{p}}^2| = \left| \frac{T_{\mathrm{p}}}{\delta_{\mathrm{r}}} \left( -2v_0 + \frac{2v_0^2}{c} \right) \right| \tag{4.8}$$

式中,$v_0$ 为目标径向运动速度。

图 4.1 给出了二次项频谱展宽量随径向速度的变化曲线,为了清晰展示相关现象,假设雷达工作在频率极高的激光频段,发射信号带宽 $B = 150$ GHz,脉宽 $T_{\mathrm{p}} = 400$ μs,波长 $\lambda = 1.55$ μm,此时距离分辨率 $\delta_{\mathrm{r}} = 0.001$ m。可见,即使在目标相对径向速度较小的情况下,距离色散产生的频谱展宽也不可忽视,这也表明,频段越高、分辨率越高的雷达对目标运动速度更为敏感,同时在进行工作频段和分辨率极高的 ISAR 回波信号建模和成像时有必要考虑脉冲持续时间内目标运动的影响。

由于目标回波信号是由调频斜率相同的多分量 LFM 信号组成的,且对于匀速运动目标,多分量 LFM 信号的调频斜率在成像积累时间内都是恒定的,因此在成像中可只估计一次目标径向运动速度,并通过构造相同的补偿函数实现对所有回波脉冲距离色散的补偿,达到简化处理过程,提高成像效率的目的。

当目标匀加速运动时,情况又有所不同。这里仍以带宽 $B = 150$ GHz,脉宽 $T_{\mathrm{p}} = 400$ μs,波长 $\lambda = 1.55$ μm 的激光频段 ISAR 为例进行分析。

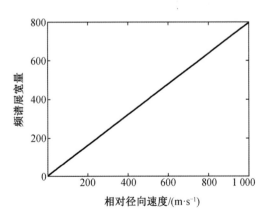

**图 4.1　频谱展宽量随径向速度的变化曲线**

(1)式(4.4)中加速度(第一项)和速度(第二项)对频谱展宽有影响,速度对频谱展宽量的影响与图 4.1 相同,加速度对频谱展宽量的影响如图 4.2 所示。其中,当加

速度 $a>4.844$ m/s$^2$ 时,就能产生 1 个单元的频谱展宽,在空间目标 ISAR 成像中影响较为明显,需在成像中进行补偿。此外在式(4.4)中,第 2 项中 $v(t_m)$ 是随慢时间变化的,因而 $\Delta N_2$ 也随慢时间变化,这表明当加速度足够大时需对每个回波脉冲逐一进行补偿,相比于匀速时的情况要复杂。

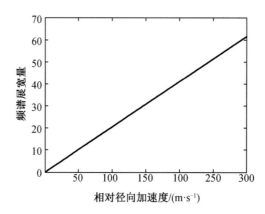

图 4.2 频谱展宽量随径向加速度的变化曲线

(2)对大多数目标,在式(4.5)中,由于 $c \gg av(t_m)$ 且 $T_p^2 \ll \delta_r$,因而 $\Delta N_3$ 的第一项可忽略。第二项只有当 $a>4\,167$ m/s$^2$ 时才会有影响,而绝大多数情况下在成像时不满足该条件。因此可认为三次非线性调频分量对频谱展宽的影响可以忽略。

(3)由于 $T_p^3 a^2 \ll \delta_r c$,因而式(4.6)中的 $\Delta N_4$ 可忽略。

图 4.3 给出了各阶次分量对频谱展宽的影响,其中假设目标趋近雷达运动,其径向初始速度为 1 000 m/s,加速度为 100 m/s$^2$。可见,当目标匀加速运动时,二次相位项产生的频谱展宽量很大,需要在成像中进行补偿;而高次相位项产生的频谱展宽很小,可忽略不计。此时,经过外差探测后的空间目标 ISAR 回波信号也可近似为调频斜率相同的多分量线性调频信号。但值得注意的是,目标匀加速运动时,式(4.9)中 LFM 信号的调频斜率是随慢时间变化的,如图 4.4 所示,其中目标径向运动参数与图 4.3 相同。此时,需对回波脉冲逐一进行速度估计和补偿。综合上述分析,目标径向运动为匀速运动或匀加速运动时,外差探测后的距离向回波信号都可以近似为调频斜率相同的多分量线性调频信号。因此,式(3.14)可简写为

$$s(t_k,t_m) \approx \sigma \mathrm{rect}\left(\frac{t_k-\tau}{T_p}\right)\exp\left[\mathrm{j}2\pi\left(P_0+P_1 t_k+P_2 t_k^2\right)\right] \qquad (4.9)$$

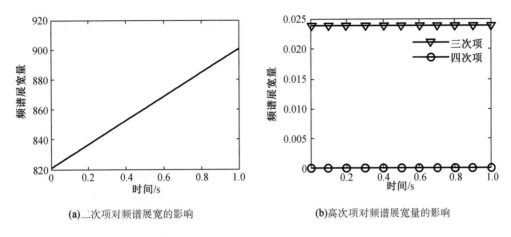

(a)二次项对频谱展宽的影响　　　　(b)高次项对频谱展宽量的影响

图 4.3　各次相位项对频谱展宽的影响

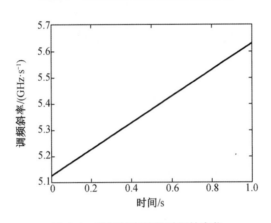

图 4.4　调频斜率随慢时间的变化

## 4.2　基于 FrFT 的距离像速度补偿

### 4.2.1　补偿原理

经过外差探测后,空间目标的 ISAR 回波信号为调频斜率相同的多分量 LFM 信号,其在时频平面上呈现为多条平行的斜线。传统的傅里叶变换是一种线性算子,它可看作从时间轴逆时针旋转 $\pi/2$ 到频率轴的变换,即信号的时频分布在频率轴上的投影,因此利用离散傅里叶变换(discrete Fourier transform,DFT)进行距离压缩将出现距离像展宽和畸变。而分数阶傅里叶变换(fractural Fourier transform,FrFT)是将时间轴旋转任意角度的算子,因此可认为 FrFT 是一种广义的傅里叶变换。对于 FrFT,如果选取合适的旋转角度 $\alpha$,就可将线性调频信号的能量在分数阶变换域高度聚集,其原理如图 4.5 所示。

FrFT 的定义为

$$X_\alpha(u) = \int_{-\infty}^{+\infty} x(t) K_\alpha(u,t) \, dt \qquad (4.10)$$

$$K_\alpha(u,t) = \begin{cases} \sqrt{1-\mathrm{j}\cot\alpha} \exp\left\{\mathrm{j}\pi\left[(t^2+u^2)\cot\alpha - 2ut\csc\alpha\right]\right\}, & \alpha \neq n\pi \\ \delta(u-t), & \alpha = 2n\pi \\ \delta(u+t), & \alpha = (2n\pm1)\pi \end{cases} \qquad (4.11)$$

式中，$n = 1, 2, \cdots$。当角度旋转 $\pi/2$ 时，FrFT 就褪变为传统的傅里叶变换。

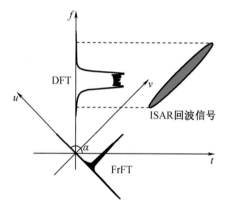

图 4.5 DFT 与 FrFT 实现距离压缩原理图

对式(4.9)中经过外差探测后的 ISAR 回波信号做 FrFT，可得

$$S_\alpha(u, t_m) = \sigma A(u) \cdot \exp(\mathrm{j}2\pi P_0) \int_{-\infty}^{\infty} \mathrm{rect}\left(\frac{t_k - \tau}{T_p}\right) \exp\left[\mathrm{j}2\pi(P_1 - u\csc\alpha)t_k\right] \cdot$$

$$\exp\left[\mathrm{j}\pi(2P_2 + \cot\alpha)t_k^2\right] dt_k \qquad (4.12)$$

式中，$A(u) = \sqrt{1-\mathrm{j}\cot\alpha} \exp(\mathrm{j}\pi u^2\cot\alpha)$。当旋转角度 $\alpha = -\mathrm{arccot}(2P_2)$ 时，可得到回波信号能量高度聚集的分数阶傅里叶分布：

$$S_\alpha(u, t_m) = \sigma T_p A(u) \exp(\mathrm{j}2\pi P_0) \mathrm{sinc}\left[T_p\left(\frac{u}{\sin\alpha} - P_1\right)\right] \qquad (4.13)$$

式中，$A(u) = \sqrt{1+\mathrm{j}2P_2} \exp(-\mathrm{j}2\pi P_2 u^2)$，且将 $\alpha = -\mathrm{arccot}(2P_2)$ 时的角度称为最优旋转角。

在已知最优旋转角度 $\alpha$ 后，便可求出 LFM 信号的调频斜率 $K$：

$$K = 2P_2 = -\cot\alpha \qquad (4.14)$$

实际当中，ISAR 回波信号是经过采样和离散化的，因此在计算 FrFT 过程中可采用 Ozaktas 等提出的分解型离散算法，该算法可借助 FFT 实现快速计算。同时，FrFT 是一种线性变换，不存在交叉项的影响，且具有很高的时频联合分辨率。因此，利用 FrFT 实现 ISAR 回波信号的速度补偿具有巨大的优势。

从上述分析可见,当 $\alpha$ 取最优旋转角度时,利用 FrFT 既能够使回波信号能量在分数阶 Fourier 分布域高度聚集,又可通过最优旋转角得到 LFM 信号的调频斜率。因此,利用 FrFT 可通过两种方式实现对 ISAR 回波距离向的聚焦:

(1)估计 FrFT 的最优旋转角度,在该角度下对 ISAR 距离向回波信号做 FrFT 以直接获取聚焦的距离像。

(2)估计 FrFT 的最优旋转角度,通过式(4.14)求出调频斜率,构造如式(4.15)所示的补偿函数,并与 ISAR 回波信号共轭相乘,接着对补偿后的信号做 FFT 获取距离像:

$$H_c = \exp(j\pi K t_k^2) \tag{4.15}$$

由于匀速运动目标外差探测后回波信号的调频斜率在成像过程中保持不变,因此用第二种方法进行补偿时,可只估计某次回波脉冲 LFM 信号的调频斜率,构造统一的补偿函数并对回波信号进行补偿,之后可直接用 FFT 实现快速成像。而如果采用第一种方法,虽然也能够对所有的回波脉冲用统一的旋转角度做 FrFT 实现距离成像,但 FrFT 的运算复杂度比 FFT 要高,因而其效率相对要低一些。对于匀加速运动目标,当加速度较大时,其回波脉冲 LFM 信号的调频斜率是随慢时间变化的,因而需对各次回波脉冲逐一估计最优旋转角度,这一过程对于上述两种基于 FrFT 的距离向聚焦方法都是必需的。此时采用第一种方法,在估计获得最优旋转角的同时即已实现距离压缩,相比于第二种方法,它避免了速度补偿的步骤,简化了处理流程。为实现处理流程的统一,这里对于匀速运动目标和匀加速运动目标都采用第一种方法实现对 ISAR 回波距离向的聚焦。

### 4.2.2　基于最小熵分级搜索的最优参数确定方法

FrFT 旋转角度的取值是实现速度补偿和距离向聚焦的关键。由于实际中目标运动参数是未知的,因此要通过搜索获取最优旋转角。经过外差接收后的 ISAR 回波信号为调频斜率相同的多分量 LFM 信号,且对于高分辨率的 ISAR 而言,距离向散射点数目众多,相邻散射点的 LFM 子回波分量的起始频率也较为接近,在 FrFT 变换后,各子分量之间存在严重的叠加干扰。此时,若采用 FrFT 变换后包络幅度最大准则进行最优旋转角度的估计,将存在较大的误差。在同一脉冲内,所有散射点回波信号的调频斜率都是相同的,当用最优旋转角度做 FrFT 时,可同时实现对所有 LFM 子分量的聚焦。因此,可利用包络波形熵这一指标对最优旋转角进行估计。FrFT 变换的旋转角度越接近最优旋转角,目标各散射点回波能量聚集性就越好,距离像的波形锐化度也越高,包络波形熵也就越小。为此,可在旋转角度区间 $[0,\pi)$ 内以步长 $\Delta\alpha$ 进行搜索,获取 ISAR 回波在各个取值角度的 FrFT 包络波形熵,以熵值最小作为最优旋转角取值的标准。

假设某次回波在旋转角度 $\alpha_i$ 的 FrFT 变换后的实包络序列可表示为

$$\left| S_{\alpha_i}(u) \right| = \left| S_{\alpha_i}(1), S_{\alpha_i}(2), \cdots, S_{\alpha_i}(N) \right| \tag{4.16}$$

式中,$N$ 为距离采样点数。则包络波形熵定义为

$$H_{\alpha_i}(n) = - \sum_{n=1}^{N} p_{\alpha_i}(n) \ln \left[ p_{\alpha_i}(n) \right] \tag{4.17}$$

式中,$p_{\alpha_i}(n) = \dfrac{\left| S_{\alpha_i}(n) \right|}{\sum\limits_{n=1}^{N} \left| S_{\alpha_i}(n) \right|}$。

最优旋转角的取值为

$$\{\alpha\} = \underset{\alpha}{\mathrm{argmin}} \left[ H_{\alpha_i}(n) \right] \tag{4.18}$$

要获取高精度的最优旋转角,就必须减小搜索步长,这必然增加计算量,降低算法效率。为此,可采用分级搜索的方法对最优旋转角度进行估计,即先采用大步长搜索获取粗值,然后再在以粗值为中心的相邻区间内进行精细搜索。具体步骤如下:

步骤 1    根据初始搜索范围 $[0, \pi)$,确定初始搜索步进 $\Delta \alpha_0$ 和结束搜索步进 $\Delta \alpha_{\mathrm{end}}$,其中 $\Delta \alpha_0$ 取值稍大(如取 $0.1\pi$)。

步骤 2    获取步长为 $\Delta \alpha_0$ 时 FrFT 距离压缩后的包络波形熵最小值 $H_0$,以及对应的最优旋转角度取值 $\alpha_i$。

步骤 3    以步骤 2 中获取的角度 $\alpha_i$ 为初始值,进行如下参数更新过程:

$$\begin{cases} \alpha_{i+1,\min} = \alpha_i - \Delta \alpha_i \\ \alpha_{i+1,\max} = \alpha_i + \Delta \alpha_i \\ \Delta \alpha_{i+1} = \Delta \alpha_i / 10 \end{cases} \tag{4.19}$$

式中,$[\alpha_{i+1,\min}, \alpha_{i+1,\max}]$ 为第 $i+1$ 次搜索的范围;$\Delta \alpha_{i+1}$ 为第 $i+1$ 次的搜索步长;$\Delta \alpha_i$ 为第 $i$ 次的搜索步长。

步骤 4    当 $\Delta \alpha_{i+1} \geqslant \Delta \alpha_{\mathrm{end}}$ 时,计算回波 FrFT 后的包络波形熵,取最小熵值对应的最优旋转角度 $\alpha_{i+1}$ 并按式(4.34)更新参数;否则,将 $\alpha_i$ 作为最终的最优旋转角。

对于加速度较大的匀加速运动目标,需逐个估计各次回波脉冲的调频斜率,才能获得最佳的成像效果。考虑到空间目标沿轨道运动,在很短的成像时间内,目标相对雷达的径向速度变化具有连续性和平稳性的特点,因而相邻回波信号调频斜率的变化也是连续的。为此,可先利用本节所提出的方法对其中一次回波脉冲进行最优旋转角的估计,然后以该估计角度为基准,根据二者轨道参数计算出的径向加速度粗值设置合理的搜索区间,对下一次回波脉冲进行最优旋转角的估计,以提高运算效率。

### 4.2.3    回波预相干化处理及对 MTRC 的校正

在式(4.13)中,通常认为 $P_1$ 在方位向的变化小于一个距离单元,即不存在越距

离单元走动(MTRC),之后可利用 DFT 实现方位成像。该近似需要满足以下条件:

$$L_a < \frac{4\rho_a\rho_r}{\lambda}, L_r < \frac{4\rho_a^2}{\lambda} \qquad (4.20)$$

式中,$L_a$ 为目标的横向最大尺寸;$L_r$ 为目标的纵向最大尺寸;$\rho_r$ 为距离分辨率;$\rho_a$ 为方位分辨率,这里假设 $\rho_r = \rho_a$。然而,由于 ISAR 具有很高的空间分辨率,对于尺寸较大的空间目标(如卫星等)难以满足式(4.20)中的条件,因此在距离压缩后很容易出现 MTRC,此时可利用 keystone 变换进行补偿。

实际中,参考距离 $R_{ref}$ 的取值是对目标的测距结果,与真实值存在一定的误差,由于雷达载波波长极短,即便微小的测距误差也可能产生巨大的相位误差,使得距离压缩后的信号变得非相干,因而在 keystone 变换前需要将回波信号进行预相干化处理。

假设参考信号实际使用的参考距离为 $\hat{R}_{ref}(t_m)$,而准确值为 $R_{ref}(t_m)$,二者误差 $\Delta R_{ref}(t_m) = R_{ref}(t_m) - \hat{R}_{ref}(t_m)$。因此,式(4.13)可重写为

$$\hat{S}_\alpha(u, t_m) = \sigma T_p A(u) \exp(j2\pi \hat{P}_0) \mathrm{sinc}\left[ T_p \left( \frac{u}{\sin\alpha} - \hat{P}_1 \right) \right] \qquad (4.21)$$

$$\hat{P}_0 = -2f_c \frac{\widetilde{R}(t_m) - \hat{R}_{ref}(t_m)}{c} + 2k_r \frac{\widetilde{R}(t_m)^2 - \hat{R}_{ref}(t_m)^2}{c^2} \qquad (4.22)$$

$$\hat{P}_1 = -2k_r \frac{\widetilde{R}(t_m) - \hat{R}_{ref}(t_m)}{c} \qquad (4.23)$$

式中,$\hat{P}_1$ 忽略了式(3.16)中的第一和第二项(在估计出调频斜率后可补偿掉第一项,而第二项可近似为一常数项)。通过包络对齐可以将式(4.21)中 $\hat{P}_1$ 补偿为 $P_1$,从而获取比较精确的误差 $\Delta R_{ref}(t_m)$,因此在包络对齐后的相干化补偿因子为

$$
\begin{aligned}
H_1(t_m) &= \exp[j2\pi(P_0 - \hat{P}_0)] \\
&= \exp\left[ j4\pi f_c \frac{\Delta R_{ref}(t_m)}{c} \right] \exp\left\{ j4\pi k_r \frac{\hat{R}_{ref}(t_m)^2 - [\hat{R}_{ref}(t_m) + \Delta R_{ref}(t_m)]^2}{c^2} \right\}
\end{aligned} \qquad (4.24)
$$

经过包络对齐及预相干处理后的 ISAR 回波信号即为式(4.13)所示。在此,将式(4.13)重写如下:

$$S_\alpha(u, t_m) = \sigma T_p A(u) \exp(j2\pi P_0) \mathrm{sinc}\left[ T_p \left( \frac{u}{\sin\alpha} - P_1 \right) \right] \qquad (4.25)$$

假设满足 $R_{ref}(t_m) = R_0(t_m)$,即选取的参考距离将模型补偿为以图 4.1 中 $O$ 点为参考点的转台模型,且成像过程中满足小转角近似:

$$\begin{cases} \sin(\omega t_m) \approx \omega t_m \\ \cos(\omega t_m) \approx 1 \end{cases} \qquad (4.26)$$

因此,式(3.10)的 $\widetilde{R}(t_m)$ 可简化为

$$\widetilde{R}(t_m) = R_0(t_m) + x\sin(\omega t_m) + y\cos(\omega t_m) \approx R_0(t_m) + y + x\omega t_m \qquad (4.27)$$

此时,式(4.25)中的 $P_0$ 和 $P_1$ 可重写为

$$P_0 = -\frac{2f_c}{c}\left[x\sin(\omega t_m) + y\cos(\omega t_m)\right] + 2k_r\frac{\widetilde{R}(t_m)^2 - R_{\mathrm{ref}}(t_m)^2}{c^2}$$

$$\approx -\frac{2f_c}{c}\left[x\sin(\omega t_m) + y\cos(\omega t_m)\right]$$

$$\approx -\frac{2f_c}{c}(x\omega t_m + y) \qquad (4.28)$$

$$P_1 = -2k_r\frac{\widetilde{R}(t_m) - R_{\mathrm{ref}}(t_m)}{c} = -\frac{2k_r}{c}\left[x\sin(\omega t_m) + y\cos(\omega t_m)\right] \approx -\frac{2k_r}{c}(y + x\omega t_m)$$

$$(4.29)$$

式中,$2k_r\dfrac{\widetilde{R}(t_m)^2 - R_{\mathrm{ref}}(t_m)^2}{c^2}$ 在成像时间内的变化量极小,可视为一恒值,在此忽略其影响。

在此基础上,式(4.25)可简化为

$$S_\alpha(u, t_m) = \sigma T_p A(u)\exp\left\{-\mathrm{j}\frac{4\pi f_c}{c}\left[x\sin(\omega t_m) + y\cos(\omega t_m)\right]\right\} \cdot$$

$$\mathrm{sinc}\left(T_p\left\{\frac{u}{\sin\alpha} + \frac{2k_r}{c}\left[x\sin(\omega t_m) + y\cos(\omega t_m)\right]\right\}\right)$$

$$\approx \sigma T_p A(u)\exp\left(-\mathrm{j}\frac{4\pi f_c y}{c}\right)\exp\left(-\mathrm{j}\frac{4\pi f_c \omega x}{c}t_m\right) \cdot$$

$$\mathrm{sinc}\left[T_p\left(\frac{u}{\sin\alpha} + \frac{2k_r y}{c} + \frac{2k_r \omega x}{c}t_m\right)\right] \qquad (4.30)$$

对式(4.30)做关于 $u$ 的逆傅里叶变换,可得

$$s_\alpha(\tilde{t}, t_m) = \sigma A(\tilde{t})\exp\left(-\mathrm{j}\frac{4\pi f_c y}{c}\right)\otimes\mathrm{rect}\left(\frac{\tilde{t}}{T_p}\right)\exp\left[-\mathrm{j}\sin\alpha\left(\frac{4\pi k_r y}{c}\right)\tilde{t}\right] \cdot$$

$$\exp\left[-\mathrm{j}4\pi(f_c + k_r\tilde{t}\sin\alpha)\frac{\omega x}{c}t_m\right] \qquad (4.31)$$

keystone 变换就是对回波的慢时间做如下尺度变换:

$$(f_c + k_r\tilde{t}\sin\alpha)t_m = f_c\tau_m \qquad (4.32)$$

因此,式(4.31)变为

$$s_\alpha(\tilde{t}, \tau_m) = \sigma A(\hat{t}) \exp\left(-j\frac{4\pi f_c y}{c}\right) \otimes \mathrm{rect}\left(\frac{\tilde{t}}{T_p}\right) \exp\left[-j\sin\alpha\left(\frac{4\pi k_r y}{c}\right)\tilde{t}\right] \exp\left(-j\frac{4\pi f_c \omega x}{c}\tau_m\right)$$

$$(4.33)$$

对式(4.33)距离向快时间做傅里叶变换就可得到无 MTRC 的散射点距离像:

$$S'_\alpha(u, \tau_m) = \sigma T_p A(u) \exp\left(-j\frac{4\pi f_c y}{c}\right) \exp\left(-j\frac{4\pi f_c \omega x}{c}\tau_m\right) \mathrm{sinc}\left[T_p\left(\frac{u}{\sin\alpha} + \frac{4\pi k_r y}{c}\right)\right]$$

$$(4.34)$$

在此之后,经过方位 FFT 就可得到最终的二维 ISAR 成像结果。

至此,可以得出平稳运动空间目标 ISAR 成像的流程图如图 4.6 所示。

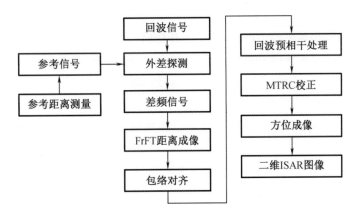

图 4.6　平稳运动空间目标 ISAR 成像流程图

### 4.2.4　距离像速度补偿的 ISAR 成像原理及流程

实质上,FrFT 与离散 Chirp 变换具有相似性,考虑到实际的 ISAR 回波是离散的数据矩阵,因此实际包含距离像速度补偿的 ISAR 成像原理及算法流程可以描述为如下基本步骤:

步骤 1　读取数据,假设数据为一个矩阵 $\mathrm{Data}(m,n)$:

其中, $m$ 为各脉冲距离像的采样点序号, $n$ 为脉冲序号,假设成像子孔径使用的脉冲数为 $N$,每个脉冲的采样点数为 $M$,即 $m$ 的取值满足 $m=1,2,3,\cdots,M$, $n$ 的取值满足 $n=1,2,3,\cdots,N$。

步骤 2　对数据 $\mathrm{Data}(m,n)$ 沿距离向做傅里叶变换,得到初始的距离像:

$$\mathrm{Profile}_{\mathrm{rgc}}(:,n) = \mathrm{FFT}_{\mathrm{rg}}\left[\mathrm{Data}(:,n)\right]$$

$\mathrm{FFT}_{\mathrm{rg}}\left[\mathrm{Data}(:,n)\right]$ 表示对第 $n$ 个脉冲回波数据(数据矩阵 Data 的第 $n$ 列)进行傅里叶变换操作,即沿数据矩阵 Data 的行进行逐列的傅里叶变换。

步骤 3　计算初始距离像峰值 $\mathrm{Profile}_{\mathrm{rg}}|_{\max}$ 并存储:

$$\mathrm{Profile}_{\mathrm{rg}}(m,n) = \mathrm{Profile}_{\mathrm{rgc}}(m,n) \times \cos(\pi m), \quad m=0,1,2,\cdots,M-1$$

$$\text{Profile}_{\text{rg}} \big|_{\max} = \max \big[ \text{abs} \big( \text{Profile}_{\text{rg}}(:,n) \big) \big]$$

其中,abs(·)表示取模运算;max[·]表示取最大值的运算。

步骤 4　利用改进的离散 Chirp 变换或 FrFT 进行脉冲内运动补偿,具体步骤如下:

当应用改进的离散 Chirp 变换时,操作如下:

(1)构造参考函数:

$$\exp r(m,i) = \exp \left( -\text{j}2\pi \frac{m^2}{M} \frac{i}{M} \right), m = 0,1,2,\cdots,M-1, i = 0,1,2,\cdots,M-1$$

(2)遍历所有的 $i$ 值,计算经过补偿的数据矩阵及其补偿后的距离像:

$$\text{Data}_{\text{pc}}(m,n) = \text{Data}(m,n) \times \exp r(m,i)$$

$$\text{Profile}_{\text{pcrgc}}(:,n) = \text{FFT}_{\text{rg}} \big[ \text{Data}_{\text{pc}}(:,n) \big]$$

(3)计算补偿距离像峰值 $\text{Profile}_{\text{pcrg}} \big|_{\max}$ 并存储:

$$\text{Profile}_{\text{pcrg}}(m,n) = \text{Profile}_{\text{pcrgc}}(m,n) \times \cos(\pi m), m = 0,1,2,\cdots,M-1$$

$$\text{Profile}_{\text{pcrg}} \big|_{\max} = \max \big[ \text{abs} \big( \text{Profile}_{\text{pcrg}}(:,n) \big) \big]$$

(4)比较 $\text{Profile}_{\text{pcrg}} \big|_{\max}$ 与 $\text{Profile}_{\text{rg}} \big|_{\max}$,按下述操作:若 $\text{Profile}_{\text{pcrg}} \big|_{\max} > \text{Profile}_{\text{rg}} \big|_{\max}$,则记录取得当前最大值的 $i$ 值以及峰值在补偿距离像中的位置 $p$,并将 $\text{Profile}_{\text{rg}} \big|_{\max}$ 取值替换为 $\text{Profile}_{\text{pcrg}} \big|_{\max}$。

(5)遍历 $i$ 值,重复(2)至(4),不断更新取得最大值的 $i$ 值以及峰值在补偿距离像中的位置 $p$,同时更新 $\text{Profile}_{\text{rg}} \big|_{\max}$,直至所有的 $i$ 值都遍历完。

(6)输出运动补偿参数 $p_{\text{e}} = 2p$。

(7)遍历所有的脉冲回波,令 $n = 1,2,3,\cdots,N$,重复(1)至(5),得到整个数据各脉冲的运动补偿参数 $p_{\text{e}}(n) = 2p(n), n = 1,2,3,\cdots,N$。

(8)根据运动补偿参数 $p_{\text{e}}(n), n = 1,2,3,\cdots,N$,进行多项式拟合,得到精估计的运动补偿参数 $p_{\text{ep}}(n), n = 1,2,3,\cdots,N$。

$$p_{\text{ep}} = \text{polyfit}(n,p_{\text{e}},k)$$

式中,$\text{polyfit}(n,p_{\text{e}},k)$ 表示对初始补偿参数 $p_{\text{e}}$ 以 $n$ 为自变量进行 $k$ 阶的多项式拟合,$p_{\text{ep}}$ 为根据拟合多项式所得的运动补偿参数。

(9)根据运动补偿参数 $p_{\text{e}}(n), n = 1,2,3,\cdots,N$,构造参考函数 $\exp r$,对回波数据 Data 进行脉内运动补偿。操作如下:

构造参考函数:

$$\exp r(m,n) = \exp \left[ -\text{j}\pi \left( \frac{m}{M} \right)^2 p_{\text{e}}(n) \right], m = 0,1,2,\cdots,M-1$$

实施运动补偿:

$$\text{Data}_{\text{pc}}(m,n) = \text{Data}(m,n) \times \exp r(m,n)$$

(10)对数据 $\text{Data}_{\text{pc}}(m,n)$ 沿距离向做傅里叶变换,得到脉内运动补偿后的距离像:

$$\text{Profile}_{\text{rgc}}(:,n)=\text{FFT}_{\text{rg}}\big[\text{Data}_{\text{pc}}(:,n)\big]$$

$\text{FFT}_{\text{rg}}\big[\text{Data}_{\text{pc}}(:,n)\big]$ 表示对第 $n$ 个脉冲回波数据（数据矩阵 $\text{Data}_{\text{pc}}$ 的第 $n$ 列）进行傅里叶变换操作，即沿数据矩阵 $\text{Data}_{\text{pc}}$ 的行进行逐列的傅里叶变换。

当应用 FrFT 时，操作如下：

（1）取出数据矩阵的任意一个脉冲 $\text{Data}(:,n)$，$n=1,2,3,\cdots,N$，对其实施阶数搜索的 FrFT。假设起始阶数为 $\alpha_{\text{start}}$，终止阶数为 $\alpha_{\text{end}}$，初始搜索步长为 $\alpha_{\text{steps}}$，终止搜索步长为 $\alpha_{\text{stepend}}$。则初始搜索的阶数为

$$\alpha=\begin{bmatrix}\alpha_{\text{start}} & \alpha_{\text{start}}+\alpha_{\text{steps}} & \alpha_{\text{start}}+2\alpha_{\text{steps}} & \cdots & \cdots & \alpha_{\text{end}}\end{bmatrix}$$

（2）逐一阶数对任意一个脉冲回波 $\text{Data}(:,n)$，$n=1,2,3,\cdots,N$，实施 FrFT：

$$\text{Profile}_{\text{frft}}(:,n)=\text{FrFT}\big[\text{Data}(:,n),\beta\big]$$

其中，$\text{FrFT}[:,\beta]$ 表示对数据进行 $\beta$ 阶的 FrFT，$\beta$ 的取值依次取 $\alpha$ 序列中的值。

利用 FrFT 可通过两种方式实现对 ISAR 回波距离向的聚焦：一是估计 FrFT 的最优旋转角度，在该角度下对 ISAR 距离向回波信号做 FrFT 以直接获取聚焦的距离像；二是估计 FrFT 的最优旋转角度（如本节前文最优参数确定方法所述），通过求出调频斜率，构造补偿函数，并与回波信号共轭相乘，接着对补偿后的信号做 FFT 获取距离像。

（3）对 $\beta$ 阶的 FrFT 结果取模平方，并对其求和取值归一化：

$$P_{\beta}(m)=\frac{\text{abs}\big[\text{Profile}_{\text{FrFT}}(m,n)\big]^{2}}{\sum\limits_{m}\text{abs}\big[\text{Profile}_{\text{FrFT}}(m,n)\big]^{2}},\quad m=1,2,3,\cdots,M$$

计算其熵值：

$$EP_{\beta}=\sum\limits_{m}-P_{\beta}(m)\log P_{\beta}(m),\quad m=1,2,3,\cdots,M$$

（4）遍历阶数序列 $\alpha=\begin{bmatrix}\alpha_{\text{start}} & \alpha_{\text{start}}+\alpha_{\text{steps}} & \alpha_{\text{start}}+2\alpha_{\text{steps}} & \cdots & \cdots & \alpha_{\text{end}}\end{bmatrix}$，重复（2）至（3），得到一个对应于各阶数的熵值序列 $EP_{\beta}$。

（5）找到最小熵取值对应的序号及其对应的阶数 $\alpha_{\text{min}}$，其中

$$\alpha_{\text{min}}\in\begin{bmatrix}\alpha_{\text{start}} & \alpha_{\text{start}}+\alpha_{\text{steps}} & \alpha_{\text{start}}+2\alpha_{\text{steps}} & \cdots & \cdots & \alpha_{\text{end}}\end{bmatrix}$$

（6）更新阶数序列 $\alpha$ 以及搜索步长 $\alpha_{\text{step}}$。每完成一次阶数序列搜索就将起始阶数更新为 $\alpha_{\text{start}}=\alpha_{\text{min}}-10\alpha_{\text{steps}}$，终止阶数更新为 $\alpha_{\text{end}}=\alpha_{\text{min}}+10\alpha_{\text{steps}}$，搜索步长更新为 $\alpha_{\text{step}}=\dfrac{\alpha_{\text{steps}}}{10}$。于是新的阶数搜索序列更新为

$$\alpha=\begin{bmatrix}\alpha_{\text{start}} & \alpha_{\text{start}}+\alpha_{\text{step}} & \alpha_{\text{start}}+2\alpha_{\text{step}} & \cdots & \cdots & \alpha_{\text{end}}\end{bmatrix}$$

（7）重复（2）至（6），直至 $\alpha_{\text{step}}<\alpha_{\text{stepend}}$。

（8）当搜索步长 $\alpha_{\text{step}}$ 小于终止步长 $\alpha_{\text{stepend}}$ 时，输出最小熵取值对应的序号及其对应的阶数 $\alpha_{\text{min}}$，作为初始估计的 FrFT 阶数。

（9）遍历所有脉冲，重复（1）至（8），得到各脉冲对应的 FrFT 阶数序列 $\alpha_{\text{min}}(n)$，$n=1,2,3,\cdots,N$。

（10）根据运动补偿参数 $\alpha_{\min}(n), n = 1, 2, 3, \cdots, N$,进行多项式拟合,得到精估计的运动补偿参数 $\alpha_{\min p}(n), n = 1, 2, 3, \cdots, N$。

$$\alpha_{\min p} = \text{polyfit}(n, \alpha_{\min}, k)$$

其中,$\text{polyfit}(n, \alpha_{\min}, k)$表示对初始补偿参数 $\alpha_{\min}$ 以 $n$ 为自变量进行 $k$ 阶的多项式拟合,$\alpha_{\min p}$ 为根据拟合多项式所得的运动补偿参数。

（11）以最终输出的分数阶数 $\alpha_{\min p}$,对原始回波数据 $\text{Data}(:, n), n = 1, 2, 3, \cdots, N$,实施阶数为 $\alpha_{\min p}(n)$ 的 FrFT,作为脉内运动补偿后的距离像输出。

步骤 5 对完成脉内运动补偿的距离像实施脉冲之间的包络对齐处理,具体包络对齐方法可以采用后文描述的最小熵包络对齐方法、互相关包络对齐方法等。

步骤 6 对完成包络对齐处理的回波数据进行相位校正,相位校正方法可以采用后文描述的相位梯度自聚焦算法（PGA）等。

步骤 7 对完成相位校正的回波数据实施方位向傅里叶变换,得到目标的输出图像。

### 4.2.5 距离像速度补偿与成像仿真实验

本节首先开展对点目标的距离向成像仿真实验,验证基于 FrFT 距离成像算法的有效性,之后结合特定参数,给出一个 ISAR 对平稳运动空间目标成像的二维成像仿真实例,以验证所提出成像算法对平稳运动空间目标成像的有效性。为便于观察相关的色散效应和补偿效果,仿真参数如下所述:雷达与目标初始距离 100 km,ISAR 发射波长为 1.55 μm 的激光频段电磁波,带宽为 150 GHz,脉宽为 100 μs,距离向采样点数为 512。目标相对雷达的径向速度为 100 m/s,加速度为 30 m/s²。仿真中采用 Ozaktas 提出的分解型 FrFT 数值计算方法,其中对最优旋转角度的初始搜索范围设为 $[0, \pi)$,初始搜索步长为 0.1π,结束步长为 10.5π。仿真散射点模型如图 4.7 所示,所用计算机处理器为 Intel Core2 Quad CPU 2.50 GHz,内存为 4 GB。

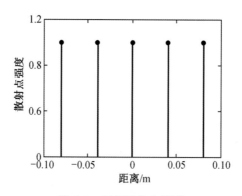

图 4.7 目标散射点模型

图 4.8 所示为输入信噪比 SNR = 10 dB 时的距离向成像结果。

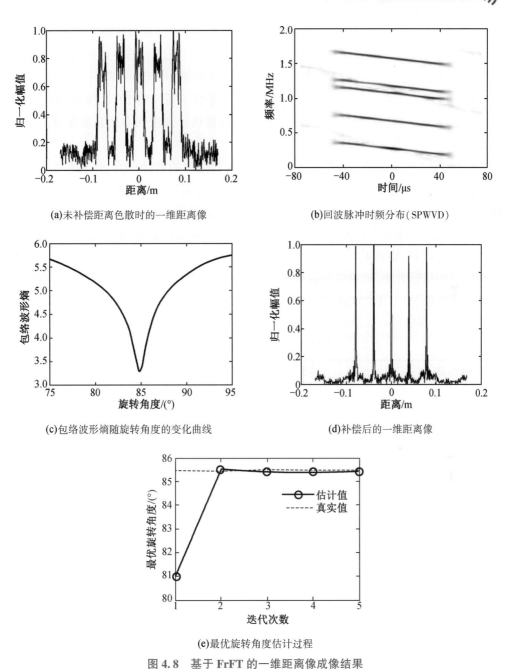

(a)未补偿距离色散时的一维距离像　　　　　(b)回波脉冲时频分布(SPWVD)

(c)包络波形熵随旋转角度的变化曲线　　　　　(d)补偿后的一维距离像

(e)最优旋转角度估计过程

图 4.8　基于 FrFT 的一维距离像成像结果

　　图 4.8(a)中,由于存在距离色散,用 DFT 进行距离压缩出现了严重的距离像谱峰分裂和展宽,实际上 DFT 可等效为 $\alpha=90°$ 时的 FrFT。图 4.8(b)所示为回波脉冲信号在时频域上的平滑伪随机 Wigner-Ville 分布(SPWVD)。可见,外差探测后的 ISAR 回波信号在时频域上呈现为相互平行的斜线,说明回波信号为调频斜率相同的多分量 LFM 信号。图 4.8(c)所示为包络波形熵随 FrFT 旋转角度的变化曲线,其中,当旋转角度 $\alpha=84.88°$,FrFT 距离成像后的包络波形熵最小时,可获得聚焦良好的一维距离

像,如图 4.8(d)所示,因此估计出的最优旋转角为 84.88°。图 4.8(e)给出了采用基于最小熵和分级搜索的估计方法对最优旋转角度的搜索过程,图中可见,该方法经过 4 次迭代就可获得精度符合要求的最优旋转角度估计值,其运算时间只需 0.191 3 s,而传统的等间隔搜索方法在满足同样搜索步长的条件下需要约 $10^4$ 次搜索,运算时间为 23.312 4 s。可见基于最小熵和分级搜索的参数估计方法在有效获取最优旋转角度的同时,还具有很高的运算效率。

由于 FrFT 距离成像方法的核心在于最优旋转角度的估计,为验证其在不同信噪比条件下的性能,这里进行了 Monte Carlo 仿真实验。对某个特定的输入信噪比,进行 100 次 Monte Carlo 仿真实验来获取最优旋转角度估计值,而用式(3.17)和式(4.14)求出的最优旋转角度真实值为 85.433 4°,由此可获取最优旋转角度的估计均值和均方根误差,其结果如表 4.1 所示。由表 4.1 可见,当 SNR 大于 0 dB 时,基于最小熵和分级搜索的估计方法,可获得比较精确的最优旋转角度值,进而利用 FrFT 可实现对距离色散的补偿,且上述方法随着信噪比的增加,估计精度也稳步提高。

表 4.1 不同信噪比下对最优旋转角度的估计性能

| SNR/dB | −10 | −5 | 0 | 5 | 10 | 15 |
|---|---|---|---|---|---|---|
| 均值/(°) | 82.606 4 | 82.713 8 | 85.379 9 | 85.381 7 | 85.390 0 | 85.396 5 |
| 均方根误差/(°) | 2.827 2 | 2.775 0 | 0.059 3 | 0.052 9 | 0.044 2 | 0.037 1 |

仿真中用到的 ISAR 与空间目标轨道参数如表 4.2 所示。

表 4.2 仿真中的空间目标与 ISAR 轨道参数

| 轨道参数 | 空间目标 | ISAR |
|---|---|---|
| 近地点高度/km | 800 | 700 |
| 轨道倾角/(°) | 87.5 | 97.5 |
| 升交点赤经/(°) | 0 | 0 |
| 近地点幅角/(°) | 0 | 0 |
| 真近点角/(°) | 2 | 0.8 |
| 偏心率 | 0 | 0 |

仿真中用到的其他参数如下所述:ISAR 发射波长为 10 μm,带宽为 150 GHz,脉宽为 200 μs,距离向采样点数为 512,成像时间为 0.693 6 s,共积累 1 734 个脉冲,总积累转角为 0.005 rad,对应的方位分辨率为 0.001 m。成像中平动补偿采用最小熵包络对齐法。目标散射点模型如图 4.9 所示,其中,用箭头指出的两散射点距离向间隔为 0.002 m,即 2 个距离分辨单元。

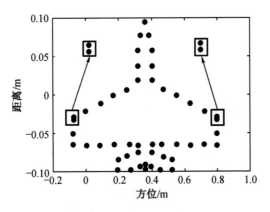

图 4.9　目标散射点模型

　　图 4.10 所示分别为成像期间空间目标相对 ISAR 的相对距离、径向速度和姿态转角变化曲线。可见,在成像期间目标相对雷达的径向速度是近似线性变化的,可认为是匀加速运动。同时,目标相对 ISAR 的姿态转角也近似为线性变化,即可认为目标的等效转动为匀速的,因此可直接用 DFT 实现方位成像。

　　仿真中的信噪比 SNR = 10 dB,且在外差接收时,加入了 0.1 m/s 的速度误差和随机变化的测量误差,测量误差的变化范围为 ±20 个距离单元。图 4.11 所示为对目标的距离成像仿真结果,其中,图 4.11(a)为外差接收后的二维距离像,图 4.11(b)为第 867 个回波脉冲的一维距离像。可见,由于径向运动的影响,目标存在严重的距离像展宽和谱峰分裂的现象。图 4.11(c)为利用基于 FrFT 的距离成像方法并经包络对齐后的二维像,图 4.11(d)为第 867 个回波脉冲的一维距离像,此时距离像展宽和谱峰分裂的现象已被有效补偿。

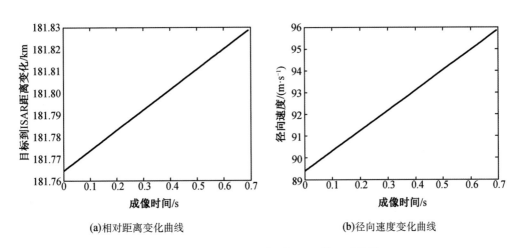

(a)相对距离变化曲线　　　　　　　　　　　(b)径向速度变化曲线

图 4.10　成像期间目标相对 ISAR 的运动曲线

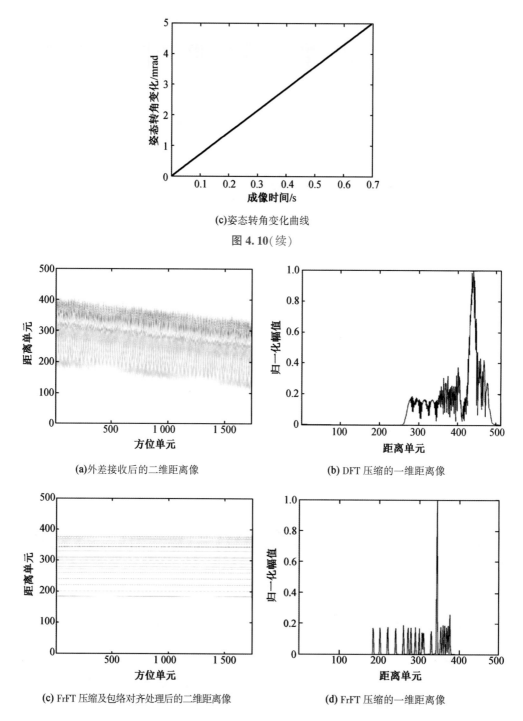

(c)姿态转角变化曲线

图 4.10(续)

(a)外差接收后的二维距离像

(b) DFT 压缩的一维距离像

(c) FrFT 压缩及包络对齐处理后的二维距离像

(d) FrFT 压缩的一维距离像

图 4.11　距离成像仿真结果

图 4.12 为二维成像结果。其中,图 4.12(a)为利用传统距离-多普勒算法(RD)的成像结果,图中目标距离像存在严重的展宽,可见传统 RD 算法无法适用;图 4.12(b)采用了 FrFT 进行距离压缩,但没有校正 MTRC,从图中可见,处于横向最右侧的两

个目标点存在重合,无法分辨开;图 4.12(c)为利用本节方法进行距离压缩,并用 key-stone 变换校正 MTRC 后的图像,图中最右侧的两个点已明显分离,说明 MTRC 得到了很好的补偿。可见,采用本节所提出的算法,可消除空间目标运动带来的色散效应,并能够补偿 MTRC,最终实现对目标的二维 ISAR 高分辨成像。

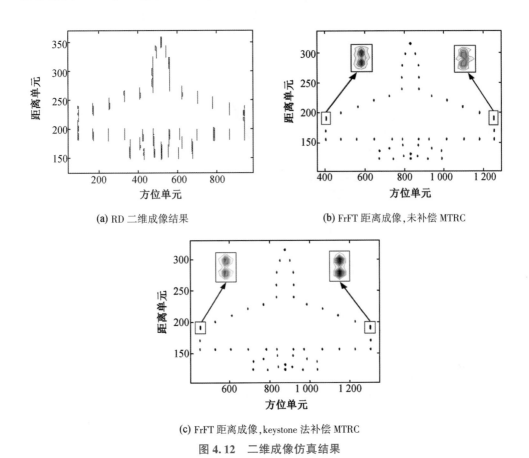

(a) RD 二维成像结果      (b) FrFT 距离成像,未补偿 MTRC

(c) FrFT 距离成像,keystone 法补偿 MTRC

图 4.12  二维成像仿真结果

### 4.2.6  实测数据距离像速度补偿与成像实验

本节利用实测雷达数据,验证了距离像速度补偿方法的有效性。该实测数据具有如下特点:由于雷达信号带宽大,目标运动速度快,测量所得的数据探测距离远,回波信噪比低;由于目标运动速度快,雷达带宽大,工作频段高,回波信号距离像色散效应明显,距离像散焦严重;由于目标姿态运动复杂,回波强度动态变化明显,动态范围大。数据处理的关键主要集中在高精度运动参数估计和高精度运动补偿处理两方面。利用基于 FrFT 的距离像速度补偿方法,可实现回波数据高精度补偿处理,获得清晰的 ISAR 影像。其中,利用 FrFT 估计所得的各脉冲回波的分数阶数分布如图 4.13 所示,距离像速度补偿前后的对比如图 4.14 所示。

由图 4.14 的结果可知,速度补偿前,雷达回波的距离像(竖向)存在明显的展宽效应,而且能量散布严重,目标散射中心并未完全聚焦(表现为图像上竖向的模糊),相互之间能量混淆、叠掩严重;经过多普勒展宽补偿后,雷达回波的距离像(图4.14(c))存在的能量散布、散射中心散焦、能量混淆等现象明显消失,补偿效果较好。

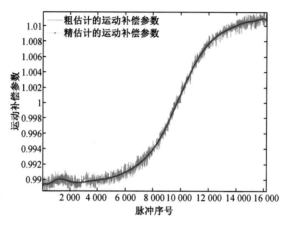

图4.13  盲估计的补偿参数

(a)速度补偿前距离像

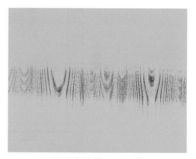

(b)速度补偿后距离像

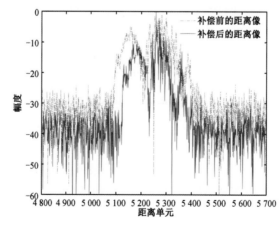

(c)速度补偿前后的距离像对比

图4.14  速度补偿前后的雷达距离像,横向为脉冲序号,竖向为距离像

　　图 4.15 表明经过运动补偿,不同脉冲的距离像(竖向)完全实现了对齐(横向看),处于同一个距离单元(竖向不同位置)的散射中心雷达响应实现了对齐,便于方位向(横向)对其实施统一的聚焦处理。图 4.16 的 ISAR 成像结果正确地反映了目标的结构信息,成像结果比较清晰,目标主要结构的雷达散射特性清楚,随观测角度的变化明显,部分视角图像存在目标本体自身遮挡,部分视角雷达图像存在比较明显的多径散射效应。

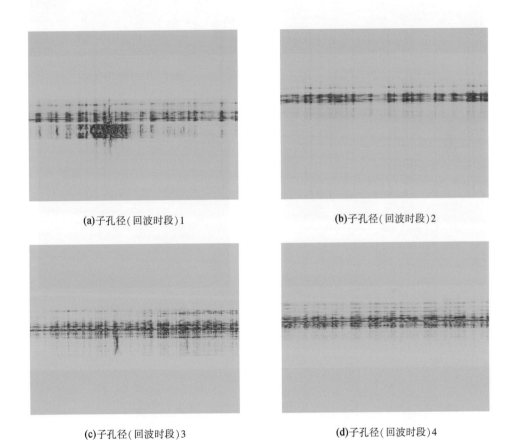

(a)子孔径(回波时段)1　　　　　　　　　　(b)子孔径(回波时段)2

(c)子孔径(回波时段)3　　　　　　　　　　(d)子孔径(回波时段)4

图 4.15　运动补偿后的回波数据,横向为脉冲序号,竖向为距离向

　　采用相同的技术思路,对另一空间目标回波数据的 ISAR 成像处理结果如图 4.17 所示,进一步证明了处理方法的有效性。

(a)子孔径(回波时段)1

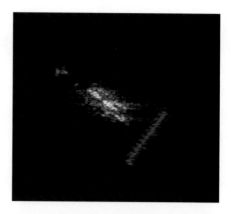

(b)子孔径(回波时段)2

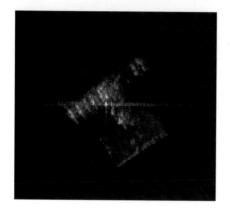

(c)子孔径(回波时段)3

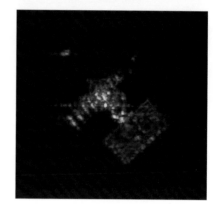

(d)子孔径(回波时段)4

图 4.16　某空间目标 ISAR 成像处理的结果,横向为方位向,竖向为距离向

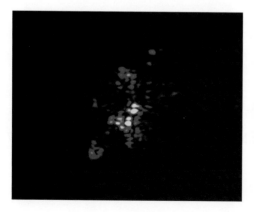

(a)子孔径(回波时段)1

(b)子孔径(回波时段)2

图 4.17　某空间目标四个子孔径(时间段)的 ISAR 成像结果,横向为方位向,竖向为距离向

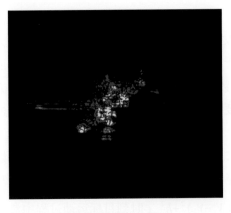 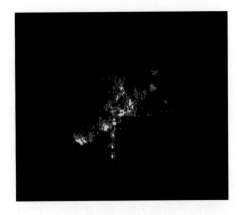

(c)子孔径(回波时段)3　　　　　　　　　　(d)子孔径(回波时段)4

图 4.17(续)

## 4.3　基于频谱最小熵的距离像速度补偿

### 4.3.1　补偿原理

针对速度补偿方法高估计精度以及大数据处理能力的需求,本节提出一种兼顾补偿精度与速度的改进最小熵速度补偿方法。该方法利用延迟相乘快速粗补偿,而后使用最小频谱熵法进行参数精估计,并针对基于牛顿法的最小熵法易收敛至局部最小熵的问题,提出了基于二分搜索–牛顿法的改进方法。研究结果表明:所提方法补偿精度接近小步长 FrFT 法,且耗时更短,能够满足大带宽高速目标运动补偿的要求。

速度补偿是 ISAR 成像的重要组成部分,通过将运动调制回波视为线性调频信号,利用接收的回波估计调频率,并根据估计的调频率构造相位补偿函数进行补偿。常用的调频率估计方法可分为两大类:一是相关法,其基本原理为通过相关处理将二次项降阶,从而转化为频率估计问题,如延迟相关法、Radon-Wigner 变换法、修正Wigner-Ville 变换法等。相关法通过降阶处理有效降低了估计的复杂度,但其同时也引入了交叉项问题。吕变换是 Lü Xiaolei 于 2011 年提出的一种相关变换,其将线性调频信号投射到中心频率–调频率域(centroid frequency-chirp rate, CFCR),从而得到调频率的估计值。该方法所产生的交叉项幅值不仅受自项的影响,还受自项位置的影响,因而可以有效抑制交叉项,从而提高估计精度。二是匹配法,通过匹配二次项相位获得代价函数最小,如匹配傅里叶变换法、调频傅里叶变换法以及二次相位函数法等,常用的代价函数包括峰值、熵和对比度等。匹配法是一种线性处理,不会引入交叉项,但代价函数的优化通常计算量较大,且受所搜范围、搜索步长的影响较大。FrFT 是一种线性时频分析方法,不存在交叉项,且具有极强的能量聚集性。随着其离散算法研究的不断深入,其计算复杂度不断降低。

当前,为获得更高分辨率的 ISAR 图像,发射信号的带宽不断增大,距离分辨单元不断缩小,目标的高速运动产生的影响愈加严重,为获得较好的补偿效果,对估计精度有较高要求。然而,随着带宽的增大,信号的数据量也急剧增大,一些高精度的估计方法计算量太大,难以满足大数据处理的速度要求。为此,提出一种兼顾补偿精度与速度的运动补偿方法。

高速目标运动模型如图 4.18 所示,假设雷达坐标为 $(U_r, V_r, 0)$,目标参考点初始坐标为 $(U_t, V_t, h)$,目标速度为 $\boldsymbol{v}$,$|\boldsymbol{v}| = v$,其径向分量为 $\boldsymbol{v}_s$,$|\boldsymbol{v}_s| = v_s$。令目标参考点与雷达的初始距离为 $\boldsymbol{R}_0$,则 $|\boldsymbol{R}_0| = \sqrt{(U_t - U_r)^2 + (V_t - V_r)^2 + h^2}$,$t$ 时刻目标运动过程中参考点与雷达的瞬时距离为 $\boldsymbol{R}$,$|\boldsymbol{R}| = |\boldsymbol{R}_0| + v_s t$。不失一般性假设雷达位于坐标原点,即 $U_r = V_r = 0$,则 $|\boldsymbol{R}_0| = \sqrt{U_t^2 + V_t^2 + h^2}$,$|\boldsymbol{R}| = \sqrt{U_t^2 + V_t^2 + h^2} + v_s t$。以参考点为原点构造目标坐标系 $O_t\text{-}xy$,则散射点 $p_i(x_i, y_i)$ 与雷达的瞬时距离为 $|\boldsymbol{R}_i(t)| = \sqrt{U_t^2 + V_t^2 + h^2} + v_s t + y_i \cos\theta(t) - x_i \sin\theta(t)$。

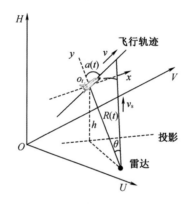

图 4.18　高速目标运动三维示意图

通常,利用解调频方式处理得到的散射点 $p_i(x_i, y_i)$ 的回波信号为

$$s_c(t, t_m) = \text{rect}\left(\frac{t - \tau_i}{T_p}\right) \exp(j\pi\gamma\tau_\Delta^2) \exp(-j2\pi f_c\tau_\Delta) \exp\left[-j2\pi\gamma\tau_\Delta(t - \tau_{\text{ref}})\right] \quad (4.35)$$

式中,$\tau_i = 2R_i(t_m)/c$,为散射点回波时延;$R_i(t_m)$ 为散射点与雷达的距离;$\tau_{\text{ref}}$ 为参考时延。

当目标相对于雷达的径向速度 $v_s$ 较大时,即满足 $v_s t_p > \rho_r$ 时($\rho_r$ 为距离分辨率),回波在一个脉冲持续时间内的走动距离无法忽略,此时 $R_i(t_m, \hat{t}) = \sqrt{U_t^2 + V_t^2 + h^2} + y_i + v_s t_m + v_s t - x_i \omega t_m$,代入公式,并令 $\bar{t} = t - \tau_{\text{ref}}$ 可得

$$s_c(\bar{t}, t_m) \approx \text{rect}\left[\frac{\bar{t} - (\tau_{i\Delta} + \mu\tau_{\text{ref}})}{T_p}\right] \exp\left[-j2\pi(\varphi_1\bar{t}^2 + \varphi_2\bar{t} + \varphi_3 + \varphi_4)\right] \quad (4.36)$$

式中，$\tau_{i\Delta} = \tau_{im} - \tau_{\text{ref}}$，为时延差慢时间项；$\tau_{im} = \tau_i - \mu t$，为回波时延慢时间项，$\mu = 2v_s/c$，且

$$\begin{cases} \varphi_1 = \gamma\mu(1-\mu/2) \\ \varphi_2 = \gamma(1-\mu)(\tau_{i\Delta}+\mu\tau_{\text{ref}})+\mu f_c \\ \varphi_3 = f_c(\tau_{i\Delta}+\mu\tau_{\text{ref}}) \\ \varphi_4 = -\gamma(\tau_{i\Delta}+\mu\tau_{\text{ref}})^2/2 \end{cases} \tag{4.37}$$

式（4.36）中，二次相位项 $\varphi_1\bar{t}^2$ 会产生脉内调制，展宽一维距离像，而 $\varphi_2\bar{t}$ 为线性相位项，在距离频域上表现为距离像的"走动"，$\varphi_3$ 和 $\varphi_4$ 与一维距离像无关，但会影响之后二维成像的多普勒分析过程，其中 $\varphi_3$ 为方位成像所需的多普勒项，$\varphi_4$ 为残余视频相位项。

为获取清晰的一维距离像，需要对二次相位项进行补偿，由式（4.36）可知，解调频处理后的目标回波信号为多个初始频率不同、调频率相同的线性调频信号之和，其调频率为 $\gamma' = 2\varphi_1$。令目标的飞行速度为 $v$，其与雷达初始视线夹角为 $\alpha_0$，则目标的等效转动角速度为

$$\omega = \frac{v \times R_0}{|R_0|} = \frac{v\sin\alpha_0}{\sqrt{U_t^2+V_t^2+h^2}} \tag{4.38}$$

因而，目标相对雷达的径向速度为

$$v_s = v\cos\alpha(t) = v\cos(\alpha_0-\omega t_m) \approx v\cos\alpha_0 + v\omega t_m\sin\alpha_0 \tag{4.39}$$

固定目标投影在 $(U_t, V_t) = (20\text{ km}, 20\text{ km})$，假设 $\alpha = 60°$，$B = 600$ MHz，$t_p = 200$ μs，$t_m = 0.02$ s，由此可得，调频率 $\gamma'$ 随目标高度 $h$、速度 $v$ 以及信号带宽的变化曲线如图4.19所示。

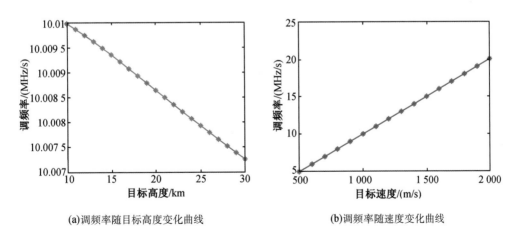

(a)调频率随目标高度变化曲线　　　　(b)调频率随速度变化曲线

图 4.19　调频率随目标高度和速度、信号带宽的变化曲线

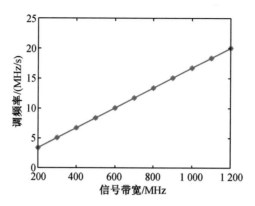

(c)调频率随信号带宽变化曲线

图 4.19(续)

由式(4.37)可知,$\varphi_1$ 在 $v_s \in (0, c/2]$ 区间内为递增函数。随着目标高度 $h$ 的增大,目标等效转动角速度 $\omega$ 减小,目标相对雷达的径向速度 $v_s$ 减小,调频率 $\gamma'$ 也随之减小;而当目标高度 $h$ 不变时,增大目标速度 $v$ 可以增大其径向速度 $v_s$,从而增大调频率 $\gamma'$。又 $\varphi_1 \propto \gamma = B/t_p$,故随着信号带宽的增大,调频率 $\gamma'$ 增大。

为补偿二次相位项,构造相位补偿函数 $s_{cmp} = \exp(j\pi\hat{\gamma}' \cdot \bar{t}^2)$,其中 $\hat{\gamma}'$ 为 $\gamma'$ 的估计值,相位补偿可得

$$s'_c(\bar{t}, t_m) \approx \mathrm{rect}\left[\frac{\bar{t} - (\tau_{i\Delta} + \mu\tau_{ref})}{T_p}\right] \exp\left[-j2\pi(\varphi_2\bar{t} + \varphi_3 + \varphi_4)\right] \tag{4.40}$$

又因 $\tau_{i\Delta} \approx 2(\sqrt{U_t^2 + V_t^2 + h^2} - R_{ref} + vt_m + x_i\omega t_m + y_i)/c$,故 $s'_c(\bar{t}, t_m)$ 经快时间傅里叶变换,RVP 项补偿,包络对齐和初相校正,慢时间傅里叶变换并忽略无关项,可得

$$s'_c(f_j, f_d) = \mathrm{sinc}\left[T_p(f_j + \varphi_{20})\right] \cdot \mathrm{sinc}\left[T_m\left(f_d + \frac{x_i\omega}{2\lambda}\right)\right] \tag{4.41}$$

式中,$\varphi_{20}$ 为 $t_m = 0$ 时刻 $\varphi_2$ 的值。

综上可知,高速目标 ISAR 成像的关键在于对高速运动产生的二次相位项进行补偿。

### 4.3.2  基于频谱最小熵的补偿方法

高速目标回波可建模为多分量线性调频信号之和,这些分量的初始频率不同、调频率相同,故回波可简化为

$$s_{target}(t, t_m) = \sum_{i=1}^{P} \exp(j2\pi f_{0i}t + j\pi\gamma t^2) \cdot \exp\left[j\theta(i, t_m)\right] \tag{4.42}$$

式中,$P$ 为分量个数;$f_{0i}$ 为各分量初始频率;$\gamma$ 为调频率;$\exp\left[j\theta(i, t_m)\right]$ 为慢时间多普勒相位。为得到目标的一维距离像,需补偿 $s_{target}$ 中 $t$ 的二次项,而后沿 $t$ 做傅里叶变换,即

$$S_{\text{profile}}(f_j, t_m) = \int s_{\text{target}}(t, t_m) \cdot \exp(-j\pi\hat{\gamma}t^2) \exp(-j2\pi f_j t) \, dt$$

$$= \sum_{i=1}^{P} \exp[j\theta(i, t_m)] \int \{\exp[-j2\pi(f_j - f_{0i})t + j\pi(\gamma - \hat{\gamma})t^2]\} \, dt$$

$$\tag{4.43}$$

式中, $\hat{\gamma}$ 为 $\gamma$ 的估计值。

当 $\hat{\gamma} = \gamma$ 时, 式(4.43)可简化为

$$S_{\text{profile}}(f_j, t_m) = \sum_{i=1}^{P} \exp[j\theta(i, t_m)]\delta(f_j - f_{0i}) \tag{4.44}$$

对于 $\gamma$ 的估计, 相关法快速简单, 但会引入交叉项, 影响估计精度; 匹配法为线性处理方法, 不会引入交叉项, 但代价函数的优化通常计算量较大, 且受所搜范围、搜索补偿的影响较大。本节将两者相结合, 利用延迟相乘快速定位, 再使用最小频谱熵法进行精估计, 能够有效提高估计精度和估计速度。

(1)粗补偿: 延迟相乘

离散化式(4.42), 得

$$s_{\text{target}}(n, m) = \sum_{i=1}^{P} \exp(j2\pi f_{0i} n T_s + j\pi\gamma n^2 T_s^2) \cdot \exp[j\theta(i, m T_{\text{PRF}})] \tag{4.45}$$

式中, $T_{\text{PRF}}$ 为脉冲重复间隔。

将信号与延迟共轭相乘, 可得

$$s_{\text{NEW}}(n, \tau_0, m) = s_{\text{target}}(n, m) \cdot s_{\text{target}}^{*}(n, \tau_0, m)$$

$$= \sum_{i=1}^{P}\sum_{l=1}^{P} \{\exp[j2\pi(f_{0i} - f_{0l})n T_s + j2\pi\gamma n\tau_0 T_s^2] \times$$

$$\exp(j2\pi f_{0l}\tau_0 T_s - j\pi\gamma\tau_0^2 T_s^2) \times \exp[-j\theta(l, m T_{\text{PRF}})] \cdot$$

$$\exp[j\theta(i, m T_{\text{PRF}})]\}$$

$$\tag{4.46}$$

式中, $\tau_0$ 为延迟点数。

对 $s_{\text{NEW}}(n, \tau_0, m)$ 沿 $n$ 做傅里叶变换, 由辛格函数的 3 dB 带宽可知, 可得谱线为 $k_{\text{peak}} = N(f_{0i} - f_{0l})T_s$(假谱峰)或 $k_{\text{peak}} = N\gamma\tau_0 T_s^2$(真谱峰)。令 $\hat{\gamma} = k_{\text{peak}}/(N\tau_0 T_s^2)$, 构造相位补偿函数为 $s_{\text{cmp}}(n) = \exp(-j\pi\hat{\gamma}n^2 T_s^2) = \exp[-j\pi n^2 k_{\text{peak}}/(N\tau_0)]$, 相乘得

$$s'_{\text{target}}(n, m) = \sum_{i=1}^{P} \exp\left[j2\pi f_{0i} n T_s + j\pi n^2\left(\gamma T_s^2 - \frac{k_{\text{peak}}}{N\tau_0}\right)\right] \cdot \exp[j\theta(i, m T_{\text{PRF}})]$$

$$\tag{4.47}$$

当 $k_{\text{peak}}/(N\tau_0) = \gamma T_s^2$ 时, $s'_{\text{target}}(n, m)$ 的频谱熵最小, 当 $k_{\text{peak}} = N(f_{0i} - f_{0l})T_s$ 时, $s'_{\text{target}}(n, m)$ 的频谱熵较大, 故由频谱熵可以区分真假谱线。

由谱线 $k_{\text{peak}} = Nb\tau_0 T_s^2$ 可知信号的调频率估计值 $\hat{b} = k_{\text{peak}}/(N\tau_0 T_s^2)$, 又 $k = -N/2 : 1 : N/2 - 1$, 故该方法估计范围为 $\Delta\hat{b} = [-1/(2\tau_0 T_s^2), 1/(2\tau_0 T_s^2)]$, 估计分辨率为 $\rho\hat{b} = 1/(N\tau_0 T_s^2)$, 平均估计误差为 $\delta\hat{b} = 1/(4N\tau_0 T_s^2)$。当 $\tau_0$ 越小时, 估计范围 $\Delta\hat{b}$ 越大, 但估

计分辨率 $\rho\hat{b}$ 及估计误差 $\delta\hat{b}$ 也同时增大;当 $\tau_0$ 越大时,能获得较优的估计分辨率 $\rho\hat{b}$ 和估计误差 $\delta\hat{b}$,但可估计范围 $\Delta\hat{b}$ 也随之变小。常用的 $\tau_0$ 值取 $0.4N$。

由于相位补偿项 $s_{\mathrm{cmp}}(n)$ 仅与信号长度 $N$、信号谱线位置 $k_{\mathrm{peak}}$ 以及所设延迟点数 $\tau_0$ 有关,无须信号采样率、载频、带宽等先验信息,此方法为盲补偿方法。由前文分析可知,该方法的估计分辨率为 $\rho\hat{b}=1/(N\tau_0 T_s^2)$,为获得较大的估计范围,$\tau_0$ 通常取值较小,此时误差较大,为此可采用最小熵准则法进行精补偿。

(2)精补偿:最小熵法

对 $s_{\mathrm{LFM}}(t)$ 能量归一化后做傅里叶变换得信号的频谱为

$$S_{\mathrm{LFM}}(f) \approx \sqrt{\frac{1}{BT_p}}\,\mathrm{rect}\left(\frac{f-a}{B}\right)\exp\left[-\mathrm{j}\pi\,\frac{(f-a)^2}{b}+\mathrm{j}\,\frac{\pi}{4}\right],BT_p \gg 1 \qquad (4.48)$$

频谱熵的定义式为

$$H = -\sum_f \frac{|S_{\mathrm{LFM}}(f)|^2}{I}\log\frac{|S_{\mathrm{LFM}}(f)|^2}{I} = -\frac{1}{I}\sum_f |S_{\mathrm{LFM}}(f)|^2\log|S_{\mathrm{LFM}}(f)|^2 + \log I$$

$$(4.49)$$

式中,$I = \sum_f |S_{\mathrm{LFM}}(f)|^2 = \sum_t |s_{\mathrm{LFM}}(t)|^2$ 为信号能量,为常量。

故公式可简化为

$$H' = -\sum_f |S_{\mathrm{LFM}}(f)|^2\log\left[|S_{\mathrm{LFM}}(f)|^2\right] \qquad (4.50)$$

于是可得

$$H' = \sum_f \mathrm{rect}\left(\frac{f-a}{B}\right)\frac{1}{BT_p}\log(BT_p) \approx \frac{1}{T_p}\log(|b|\cdot T_p^2) \qquad (4.51)$$

当 $T_p$ 一定时,$H'$ 随着 $|b|$ 的增大而增大,如图 4.20 所示,调频率 $b$ 越趋近于零,熵越小。由图 4.20 可知,当 $\hat{\gamma}$ 接近 $\gamma$ 时,$b=(\gamma-\hat{\gamma})$ 趋近于零,此时熵趋近于最小值,故可通过最小熵准则来估计 $\gamma$。

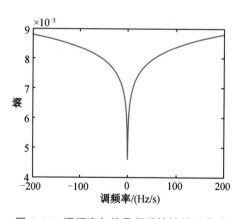

图 4.20　调频率与信号频谱熵的关系曲线

由于单分量线性调频信号的频谱熵为凸函数,因而可以利用牛顿迭代搜索法得到频谱熵函数的极小值。

令 $d = \gamma T_s^2$ 并忽略无关项,则可得

$$s_{\text{target}}(n,m) = \sum_{i=1}^{P} \exp(j2\pi f_{0i}nT_s + j\pi dn^2) \tag{4.52}$$

构建相位补偿函数 $s_{\text{cmp}}(n) = \exp(-j\pi \hat{d}n^2)$,可得

$$z(n) = \sum_{i=1}^{P} \exp[j2\pi f_{0i}nT_s + j\pi(d - \hat{d})n^2] \tag{4.53}$$

计算得 $z(n)$ 的频谱熵为

$$H'\big|_{z(n)} = -\sum_{k=0}^{N-1} |Z(k)|^2 \log[|Z(k)|^2] = -\sum_{k=0}^{N-1} Z(k)Z^*(k)\log[Z(k)Z^*(k)] \tag{4.54}$$

式中,$Z(k)$ 为 $z(n)$ 的频谱。

以频谱熵为代价函数,使用牛顿法进行精估计,其迭代公式为

$$\hat{d}_{r+1} = \hat{d}_r - F(\hat{d}_r)^{-1} G(\hat{d}_r) \tag{4.55}$$

式中,$r$ 为迭代次数;$F(\hat{d}_r)$ 为二阶导数;$G(\hat{d}_r)$ 为一阶导数,且

$$G(\hat{d}_r) = \frac{\mathrm{d}H'}{\mathrm{d}\hat{d}}\bigg|_{\hat{d}=\hat{d}_r} = -\sum_{k=0}^{N-1} 2\mathrm{Re}\left\{\frac{\partial Z(k)}{\partial \hat{d}}Z^*(k)\right\}\{1 + \ln[Z(k)Z^*(k)]\}\big|_{\hat{d}=\hat{d}_r} \tag{4.56}$$

$$\begin{aligned}
F(\hat{d}_r) &= \frac{\mathrm{d}^2 H'}{\mathrm{d}\hat{d}^2}\bigg|_{\hat{d}=\hat{d}_r} \\
&= -\sum_{k=0}^{N-1}\left\{\frac{4\left[\mathrm{Re}\left\{\dfrac{\partial Z(k)}{\partial \hat{d}}Z^*(k)\right\}\right]^2}{|Z(k)|^2} + \{1 + \ln[Z(k)Z^*(k)]\}\cdot\right. \\
&\qquad\left. 2\mathrm{Re}\left\{\left|\frac{\partial Z(k)}{\partial \hat{d}}\right|^2 + \frac{\partial^2 Z(k)}{\partial \hat{d}^2}Z^*(k)\right\}\right\}\bigg|_{\hat{d}=\hat{d}_r}
\end{aligned} \tag{4.57}$$

式中

$$\frac{\partial Z(k)}{\partial \hat{d}} = \sum_{n=0}^{N-1}(-j\pi n^2)z(n)\exp(-j2\pi nk/N) \tag{4.58}$$

$$\frac{\partial^2 Z(k)}{\partial \hat{d}^2} = \sum_{n=0}^{N-1}(-\pi^2 n^4)z(n)\exp(-j2\pi nk/N) \tag{4.59}$$

以粗补偿中的估计值为初始值,利用牛顿迭代算法,可以有效收敛至频谱熵的极小值点,从而达到精补偿的效果。

（3）局部最小值陷阱

由式（4.56）及式（4.58）可得精补偿过程中的频谱熵一阶导数为

$$\frac{\mathrm{d}H'}{\mathrm{d}\hat{d}} = -2\mathrm{Im}\left\{\sum_{n=0}^{N-1}\pi n^2 z(n)\sum_{k=0}^{N-1}\left\{1 + \ln\left[Z(k)Z^*(k)\right]\right\}Z^*(k)\exp(-\mathrm{j}2\pi nk/N)\right\}$$

(4.60)

令 $\mathrm{d}H'/\mathrm{d}\hat{d} = 0$，可得

$$\sum_{k=0}^{N-1}\left[1 + \ln|Z(k)|^2\right]\mathrm{Im}\left[\left(\sum_{n=0}^{N-1}n^2\sum_{i=1}^{P}\exp\left\{\mathrm{j}\pi\left[2f_{0i}T_s n - \frac{2k}{N}n + (d-\hat{d})n^2\right]\right\}\right)\times\right.$$

$$\left.\left(\sum_{l=0}^{N-1}\sum_{i=1}^{P}\exp\left\{-\mathrm{j}\pi\left[2f_{0i}T_s l - \frac{2k}{N}l + (d-\hat{d})l^2\right]\right\}\right)\right]$$

$$= 0$$

(4.61)

可见，精补偿过程中的频谱熵存在多个极小值点，因而在利用牛顿法迭代收敛时，一旦粗补偿估计值落入非最小值点所在波谷中，则将收敛到局部最小值处，如图 4.21 所示。

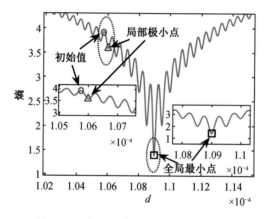

图 4.21　信号频谱熵的极小点与最小点

为此，提出了一种二分搜索-牛顿法（Binary search-Newton method，BSNM），该方法利用粗补偿估计得到初始点，以粗补偿估计分辨率为搜索范围，利用二分法，以牛顿迭代得到的极小值点作为梯度方向，线性搜索频谱熵曲线的最小点，如图 4.22 所示。

综上，基于最小熵准则的高速目标 ISAR 成像运动补偿方法步骤为：

第 1 步，设定合理延迟量 $\tau_0$，利用补偿后的频谱熵判断含调频率的真实谱峰 $k_{\mathrm{peak}}$，得到 $d$ 的粗估计值 $\tilde{d} = k_{\mathrm{peak}}/(N\tau_0)$。

第 2 步，以 $\tilde{d}$ 为初始点 $d_{\mathrm{ini}}$，粗补偿估计分辨率 $1/(N\tau_0)$ 为搜索范围 $r_{\mathrm{d}}$，取左搜索点 $d_{\mathrm{left}} = \tilde{d} - r_{\mathrm{d}}$，右搜索点 $d_{\mathrm{right}} = \tilde{d} + r_{\mathrm{d}}$。

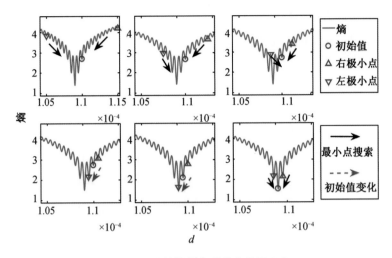

图 4.22　线性搜索频谱熵曲线最小点

第 3 步,分别以初始点和左、右搜索点为初值,进行牛顿法迭代,分别获得局部最小值点 $d'_{\text{ini}}$、$d'_{\text{left}}$、$d'_{\text{right}}$,按照公式推导构造相应补偿函数并计算补偿后频谱熵 $E'_{\text{ini}}$、$E'_{\text{left}}$、$E'_{\text{right}}$。

第 4 步,判断 $E'_{\text{ini}}$、$E'_{\text{left}}$、$E'_{\text{right}}$ 大小,若 $E'_{\text{ini}}$ 最小,初始点 $d_{\text{ini}}$ 不变,搜索范围 $r_{\text{d}}=\lambda \cdot r_{\text{d}}$ $(0.5 \leqslant \lambda < 1)$;若 $E'_{\text{left}}$ 最小,搜索范围 $r_{\text{d}}$ 不变,初始点 $d_{\text{ini}}=d_{\text{ini}}-r_{\text{d}}$;若 $E'_{\text{right}}$ 最小,搜索范围 $r_{\text{d}}$ 不变,初始点 $d_{\text{ini}}=d_{\text{ini}}+r_{\text{d}}$。

第 5 步,判断搜索范围 $r_{\text{d}}$ 是否满足循环终止条件 $r_{\text{d}}<\xi$,若不满足,则循环执行第 2~5 步;若满足,则输出 $d'_{\text{ini}}$。

第 6 步,将 $d'_{\text{ini}}$ 代入公式进行运动补偿。

### 4.3.3　实验验证与分析

为验证所提补偿方法的有效性,本小节从线性调频信号参数的估计性能和高速目标 ISAR 成像运动补偿效果两方面进行了仿真实验。

(1) 仿真 1:线性调频信号的参数估计

假设信号初始频率分别为 90 Hz、100 Hz、101 Hz、105 Hz 和 110 Hz,持续时长为 2 s,调频率为 50 Hz,采样频率为 400 Hz,幅度 $A=1$,同时加入均值为 0,方差为 $\sigma^2$ 的高斯白噪声,信噪比为 $\text{SNR}=10\lg(A^2/\sigma^2)$。在不同信噪比下,所提算法与 FrFT、吕变换(LVT)、最小熵等传统算法的性能对比如图 4.23 所示。为衡量估计值与真值的偏差,常使用均方根误差(root mean squared error,RMSE),其定义为

$$\text{RMSE} = \sqrt{\frac{1}{N}\sum_{t=1}^{N}(\hat{d}_t - d)^2} \qquad (4.62)$$

式中,$\hat{d}_t$ 为 $d$ 的估计值。

图 4.23 为不同估计算法的 RMSE 和耗时变化曲线,蒙特卡洛仿真次数为 500 次。

最小熵准则的估计方法为有偏估计,当 SNR>-5 dB 时,其 RMSE 估计性能优于克拉美罗(Cramer-Rao lower bound, CRLB)界。

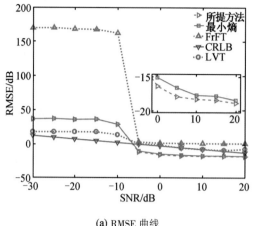

(a) RMSE 曲线

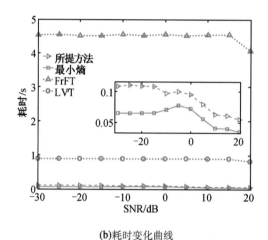

(b)耗时变化曲线

图 4.23  不同估计算法的 RMSE 和耗时变化曲线

(2)仿真2:高速目标 ISAR 成像运动补偿

经过多年的研究发展,高速目标运动补偿方法的估计精度都已接近克拉美罗界,在处理一般数据时性能相差不大。但随着高频段微波成像技术的发展,大带宽信号在提高分辨率的同时也面临着高精度参数估计和大数据量处理的难题。

为验证所提方法在兼顾补偿精度与速度方面的有效性,利用实测数据进行了对比实验。该数据矩阵大小为300×10 020(脉冲数×距离单元数),且未提供相关参数先验知识,即信号采样率、载频、带宽和雷达工作参数均未知,目标运行速度大约为第一宇宙速度7 900 m/s。利用 FrFT(不同搜索步长 10.2/10.3/10.4)、LVT、最小熵(不同收敛阈值 10.4/10.5/10.6)及所提方法(不同收敛阈值 10.6/10.7/10.8)对数据进行处理后,所成图像如图 4.24 所示。图像的各项指标如表 4.3 所示。

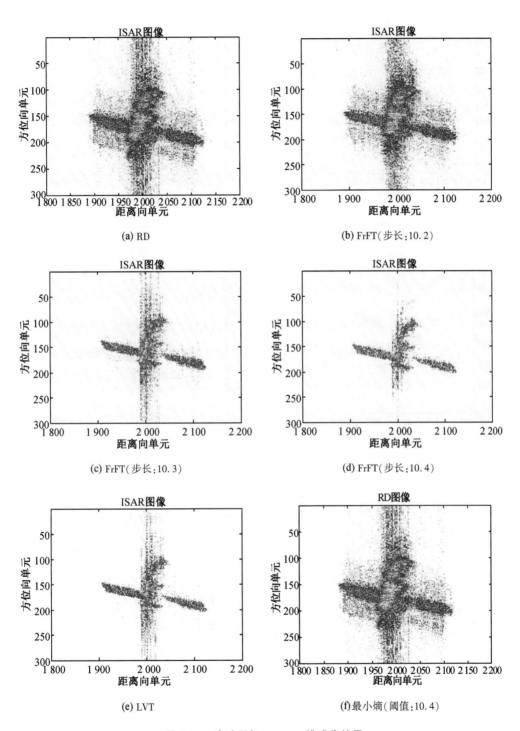

(a) RD

(b) FrFT(步长:10.2)

(c) FrFT(步长:10.3)

(d) FrFT(步长:10.4)

(e) LVT

(f)最小熵(阈值:10.4)

图 4.24　高速目标 ISAR 二维成像结果

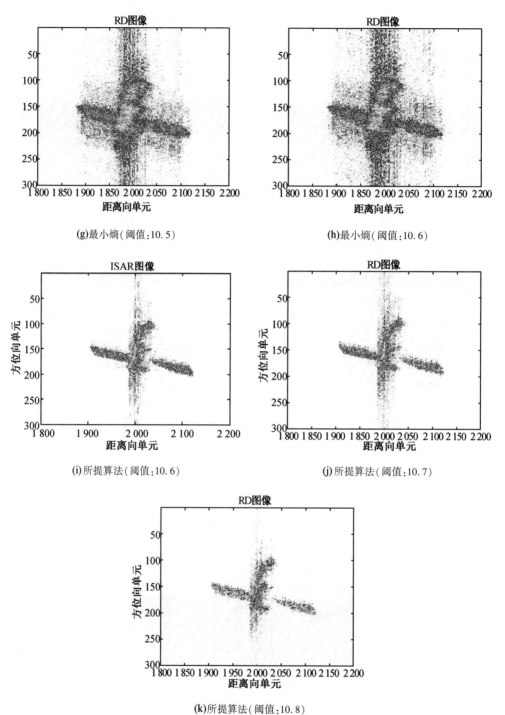

(g)最小熵(阈值:10.5)

(h)最小熵(阈值:10.6)

(i)所提算法(阈值:10.6)

(j)所提算法(阈值:10.7)

(k)所提算法(阈值:10.8)

图4.24(续)

表 4.3　不同补偿算法所成图像的图像指标

| 算法 | | | 图像熵 | 等效视数 | 平均梯度 | 距离向峰值旁瓣比/dB | 方位向峰值旁瓣比/dB | 补偿耗时/min |
|---|---|---|---|---|---|---|---|---|
| RD | | | 9.924 4 | 0.048 0 | 1 658 | 1.85 | 3.74 | None |
| FrFT | 步长 | 10.2 | 9.902 4 | 0.047 1 | 1 686 | 1.85 | 6.09 | 24.32 |
| | | 10.3 | 9.182 7 | 0.022 9 | 1 846 | 7.23 | 8.16 | 243.6 |
| | | 10.4 | **8.995 3** | **0.019 3** | **1 987** | **11.27** | 10.24 | 2 350 |
| LVT | | | *9.095 9* | *0.020 6* | *1 930* | 10.09 | 2.95 | 504.5 |
| 最小熵 | 阈值 | 10.4 | 9.924 5 | 0.048 0 | 1 658 | 3.75 | 6.31 | 0.13 |
| | | 10.5 | 9.914 9 | 0.048 2 | 1 662 | 2.70 | 4.70 | 2.41 |
| | | 10.6 | 10.010 6 | 0.049 4 | 1 676 | 4.72 | 2.06 | 5.31 |
| 本节算法 | 阈值 | 10.6 | 9.282 5 | 0.033 1 | 1 859 | 9.33 | 3.93 | 4.72 |
| | | 10.7 | 9.268 0 | 0.032 2 | 1 880 | 9.78 | 4.75 | 7.11 |
| | | 10.8 | 9.191 5 | 0.025 7 | 1 914 | *10.26* | *9.97* | 9.10 |

注:黑体表示最优值,黑斜体表示次优值。

由结果可知,由于处理数据急剧增大,小步长的 FrFT 算法和 LVT 算法虽然补偿效果较好,但补偿耗时难以忍受。而最小熵算法耗时最短,但收敛至局部最小值,补偿效果较差。本节所提算法能够在较短时间内完成高速目标的速度补偿,获得清晰的目标图像。

## 4.4　距离像包络对齐的基本方法及原理

运动目标相对于雷达的运动可以分解为平动和转动两个分量,如能设法将平动分量补偿掉,而将目标上某特定的参考点移至转台轴心,则对运动目标成像就简化为转台目标成像。当目标在较远距离平稳飞行时,相当于匀速平台转动的转台目标。

平动补偿是将运动目标上的某一特定参考点通过平动补偿移到转台的轴心,这一参考点可以是实际的,也可以是虚拟的。若发射信号为 $s(\hat{t})\mathrm{e}^{\mathrm{j}2\pi f_0 t}$,其中 $s(\hat{t})$ 为复包络,$f_0$ 为载波频率,则参考点的子回波为 $s_\mathrm{r}(\hat{t}-\tau)\mathrm{e}^{\mathrm{j}2\pi f_0(t-\tau)}$,其中 $\tau$ 为回波延时,$s_\mathrm{r}(t)$ 与 $s(t)$ 相比,仅仅是复幅度变化。将该子回波转换到基频,其基带信号为 $s_\mathrm{r}(\hat{t}-\tau)\mathrm{e}^{\mathrm{j}2\pi f_0 \tau}$。因此,平动补偿可以分两步进行,第一步是包络对齐,即把移动目标的复包络(也称复距离像)对齐排列成以慢时间为横坐标的矩形平面;第二步是初相校正,即把变化的初相 $2\pi f_0\tau$ 校正为零或某一常数。下面分别介绍平动补偿涉及的两大步骤的关键原理。本节首先介绍距离像包络对齐的基本方法和原理。

### 4.4.1　距离质心跟踪法

对于离散信号 $S = [s_1, s_2, \cdots, s_k]$，质心由下式定义：

$$\text{Centroid} = \sum_{k=1}^{K} k \cdot s_k \bigg/ \sum_{k=1}^{K} s_k \tag{4.63}$$

其中信号由一系列 $K$ 个样本表示。

使用距离质心跟踪法时，首先需要确定距离像是否集中。如果不集中，则应循环移位，使其集中化。

根据各脉冲的距离像的质心距离可估计距离随时间的变化历程，估计的距离是时间的函数 $R(t)$。该距离函数用于补偿 $s_R(t)$ 中从一个脉冲到另一个脉冲的距离偏移，使得目标运动导致的无关相位项 $\exp\left[-j4\pi f \dfrac{R(t)}{c}\right]$ 可以被精确去除。因此，目标的 ISAR 图像可以简单地通过对距离补偿信号进行傅里叶逆变换来获得：

$$\text{IM} = \text{IFT}\left\{ s_R(t) \cdot \exp\left[ j4\pi f \frac{R(t)}{c} \right] \right\} \tag{4.64}$$

### 4.4.2　相邻相关法

包络对齐是对整个目标进行的，一般要求对齐误差不大于 1/8 个分辨单元。包络对齐可以用目标的复包络，也可以用目标的实包络，用得多的是实包络。

实际目标的距离像包络沿方位（相当于慢时间）的变化相对缓慢。对相邻两次回波，目标的转角一般小于 0.01°，由此而引起的散射点走动是很小的，即相邻两次回波中的距离像变化也很小，它们的实包络十分相似（其互相关系数一般达 0.95 以上）。可以想象到，采用互相关法以其峰值相对应的延迟做补偿，可使相邻实包络实现很好的对齐。若相邻两次回波的实包络分别为 $u_1(t)$ 和 $u_2(t)$，则互相关函数为

$$R_{12}(\tau) = \int u_1(\hat{t}) u_2(\hat{t} - \tau) \mathrm{d}\tau \tag{4.65}$$

对 $\tau$ 进行搜索，计算其峰值所相应的延迟值即可实现两个脉冲对应的距离像包络的对齐。

需要指出的是上式是以连续时间描述的，而实际雷达信号是以离散时间采样的，采样间隔一般稍小于脉冲压缩后的脉冲宽度。包络对齐精度要求达到 1/8 个距离分辨单元，所以求互相关函数时，通常将时间离散值做 8 倍的插值处理。

将目标距离像的实包络序列用上述相邻相关法逐个对齐，并做横向排列。利用相邻相关法对齐，多数情况可获得好的结果。但是相邻相关法也存在一些问题，主要有两个方面：一是会产生包络漂移，虽然相邻相关法误差很小，但用以成像的回波数通常达数百（如 256）次，很小的误差通过积累有可能出现大的漂移；二是会产生突跳误差，

在正常情况下相邻回波的实包络是十分相似的,但在实测数据中多次发现突然有一次或两三次回波发生异常,实包络波形明显变化,虽然后续回波又恢复正常,但相邻相关法只以当前回波脉冲的前一次回波为基准,此时由相邻相关法得到的延迟补偿值会有大的误差,从而造成包络突跳。

### 4.4.3　基准距离像相关法

包络对齐是 ISAR 成像的基础,容许约 1/8 个距离分辨单元误差是对整个成像孔径内所有回波脉冲而言的。可见,只追求相邻包络对齐最好的相邻相关法不是一种整体最优的方法,距离像包络对齐更应保证整体距离像的对齐精度,满足高精度成像的要求。

基于上述思想,各次脉冲的距离像如果能对一个统一的基准(例如成像孔径时段内所有脉冲回波实包络的平均距离像)做对齐处理,则整体对齐精度会明显提高。这时,即使有一两次异常回波也不会影响太大(当用数百次回波通过傅里叶积分处理,一两次不正常不会产生大的影响)。但是,统一的距离像对齐基准很难得到,上面说的平均距离像在包络对齐后才能得到,而不可能在对齐之前凭空产生出来。这里介绍的基准距离像相关法是一种较简易的方法,其距离像包络对齐的成功率较相邻相关法大大提高。

基准距离像相关法对某次包络做对齐时避免只用它前面相邻的一次脉冲回波作为基准,而是对它前面的许多次已对齐的所有包络加权求和而得。可以想象,当前面已有许多次回波做了对齐处理,则用这种求和基准相关时,各次的相关基准基本相同,包络漂移现象可基本消除。即使出现一两次异常回波,只要前面的回波足够多,对求和基准的影响也是不大的。

为了避免在对齐操作开始不久即出现异常回波而对最终结果产生大的影响,通常可在对齐完成后再反向进行一次对齐操作,即以第一次全部回波的求和为基准对最后一次回波做相关延迟补偿,然后用求和基准相关逐个向前推,直至反向对齐至第一个回波。当然,在实际应用中,第二步通常是不需要的,用第一步已能得到较好的结果。

如果对对齐结果不够满意,还可对所得对齐结果取平均值,以该平均像为基准对各次回波再次做对齐处理,效果会明显得到改善。

### 4.4.4　距离像包络对齐的其他准则

(1)模-2 准则

实际上,实包络对齐还可以用其他一些准则。首先将上面的相关对齐法用信号向量空间加以说明。设能包容实包络距离像并略有余度到一定长度的距离窗,窗内有 $N$ 个离散值,则可以看作一列向量:

$$\boldsymbol{U} = [u_1, u_2, \cdots, u_N]^{\mathrm{T}} \tag{4.66}$$

窗所取的起点不同,向量会随之变化。

如相邻两次回波实包络分别为$U_1$和$U_2$,用$U_{2\tau}$表示第二次回波但起点较$U_2$延迟时间$\tau$的向量。于是实包络对齐可以用信号空间两信号端点最接近来衡量,对$U_1$和$U_2$两向量可改变$\tau$,比较$U_1$和$U_{2\tau}$两者端点的空间距离,对$\tau$进行搜索,以两者最接近时的$\tau$值作为对齐的延迟补偿值。两向量端点的空间距离显然与向量长度(即信号幅值)有关,应对向量长度取归一化。若以信号空间的欧氏距离(即模$-2$距离)为准,则对长度归一化后的$U_1$和$U_{2\tau}$,其欧氏距离为

$$
\begin{aligned}
\left| U_1 - U_{2\tau} \right|_2 &= \sum_{i=1}^{N} (u_{1i} - u_{2\tau i})^2 \\
&= \sum_{i=1}^{N} u_{1i}^2 + \sum_{i=1}^{N} u_{2\tau i}^2 - 2\sum_{i=1}^{N} u_{1i} u_{2\tau i} \\
&= 2(1 - u_1^{\mathrm{T}} u_{2\tau}) \\
&= 2[1 - \rho_{12}(\tau)]
\end{aligned}
\tag{4.67}
$$

式中,$u_i(i=1,2,\cdots,N)$为向量$U$各个元素的值;$\rho_{12}(\tau)$为$U_1$和$U_{2\tau}$的相关系数。由此可知,向量空间欧氏距离最小和相关系(函)数最大是等价的。

(2)模$-1$准则

上面介绍的是用模$-2$距离作为延迟补偿准则,是否可用模$-1$距离作为准则呢?因为模$-1$距离的计算更加简单。这是可以考虑的,用模$-1$距离较之模$-2$距离在某些情况下,还能得到更好的结果。比较两种距离可知,模$-2$距离有平方,大的元素在总的计算中起更大作用。有些目标,如螺旋桨飞机,除机体外还有快速转动的螺旋桨,对于螺旋桨的子回波,即使是相邻回波,其相关性也很弱。由于螺旋桨子回波只存在于向量中的少数几个元素里,其扰动作用会影响对齐,但通常还不会破坏成像。但如果螺旋桨回波很强,它会使包络对齐产生很大的误差。此时,若将对齐准则由模$-2$距离改为模$-1$距离,则扰动分量的作用将会小得多。

(3)最小熵准则

最小熵准则也是包络对齐的一种常用准则。这里仍以相邻回波实包络对齐为例,先将实包络信号幅度取归一化,设第一次回波和延迟$\tau$后的第二次回波实包络向量分别为$U_1 = [u_{11}, u_{12}, \cdots, u_{1N}]^{\mathrm{T}}$和$U_{2\tau} = [u_{2\tau 1}, u_{2\tau 2}, \cdots, u_{2\tau N}]^{\mathrm{T}}$,将两者相加得到合成向量,合成向量的形状是随$\tau$的改变而变化的。可以想象,当两者未对齐时的合成向量,因波形的"峰"和"谷"都错位相加,其结果是使合成波形"钝化"。因此,用合成向量波形的"锐化度"最大作为包络对齐的准则是一种合理的选择。

在 ISAR 中,熵函数可以用作距离对齐和相位校正的代价函数。在统计热力学中,熵是不可预测性的量度。设 $S$ 为离散随机变量,$S = [s_1, s_2, \cdots, s_n]$,其概率分布函数为 $p(s_n) \geq 0$,平均值为 $E(S) = \sum_{n=1}^{N} s_n p(s_n)$。$S$ 的香农熵 $H(S)$ 定义为

$$H(S) = -\sum_{n=1}^{N} p(s_n) \log p(s_n) \qquad (4.68)$$

熵函数量化了概率分布函数 $p(s_n)$ 的不均匀性。当 $p(s_n)$ 是确定的或不可能的，即 $p(s_n) = 1$ 或 0 时，香农熵最小。当所有随机变量概率相等，即 $p(s_n) = \dfrac{1}{N} = \text{const}$ 时，香农熵最大。

　　熵可用于评估距离像包络对齐的效果。如果距离像精确对准，所有距离像包络的求和函数应该在主要散射中心处具有尖峰。换句话说，熵函数应该达到最小值。设 $S_n$ 为第 $n$ 个距离像，$S_{n+1}$ 为连续的第 $n+1$ 个距离像。那么香农熵函数可以改写为

$$H(S_n, S_{n+1}) = -\sum_{m=1}^{M} p(k,m) \cdot \log[p(k,m)] \qquad (4.69)$$

式中，$M$ 是距离剖面中距离像元的总数，概率分布函数 $p(k,m)$ 定义为

$$p(k,m) = \frac{|S_n(m)| + |S_{n+1}(m-k)|}{\sum_{m=0}^{M-1} \left[ |S_n(m)| + |S_{n+1}(m-k)| \right]} \qquad (4.70)$$

式中，$m$ 是距离单元的索引；$k$ 是两个距离像之间的相对距离单元偏移量。因此，两个距离像之间的相对距离单元偏移 $k$ 可以通过下式估计：

$$\hat{k} = \text{argmin}[H(S_n, S_{n+1})] \qquad (4.71)$$

　　最小熵法允许找到这样一个最小化熵函数的 $\hat{k}$；通过移动 $\hat{k}$ 个距离单元，第 $n$ 个距离像将与第 $n+1$ 个距离像对齐。为了减少距离像对齐时的累积误差，应用时可以使用平均距离像包络。

　　用最小熵准则做包络对齐处理，同样可获得好的效果。但是，如果只是将相邻两次回波逐个处理，其结果与相邻相关法相似，也可能出现包络漂移和突跳误差。对相关处理法的改进方法同样也适用于最小熵方法。

## 4.5　相位校正的基本方法及原理

### 4.5.1　多普勒质心跟踪法

　　在包络对齐之后，距离像分布变得对齐。然而，各距离单元的散射点的多普勒频移仍然没有对齐，仍然可能随着方位慢时间的变化而变化，即散射点的多普勒频移是时变的，导致散射点之间的多普勒频移不是常数。因此，应该在多普勒域中进行多普勒质心处理，使得各距离单元之间的多普勒频移为常数。只有散射点之间的多普勒频移为常数，才能保证目标成像后散射点的相对位置不发生变化，不出现散焦现象。

　　可在各距离单元的多普勒频域进行多普勒质心跟踪，通过多普勒质心对齐处理，使各距离单元之间的多普勒频移近似为常数。具体操作方法是对距离对齐后的各距

离单元进行多普勒频域分析,得到其多普勒频谱,跟踪各距离单元的多普勒频谱质心,使其对齐在多普勒频谱中心位置。

然而,在多普勒质心处理后,距离像分布又可能变得不对齐。因此,可能需要进一步的细化处理来重新对准距离像并保持多普勒也对准。

### 4.5.2 单特显点法

通过包络对齐处理,各次脉冲回波对应的距离像各距离单元已基本对齐,但对于载波频率较高的微波雷达而言,即使厘米级的误差也会对雷达回波造成很大的相位误差。因此,经过距离像包络对齐后,虽然各距离单元的回波序列的幅度已基本准确,但其相位沿脉冲序列方向(方位向)仍然是混乱的。

以第 $n$ 个距离单元为例,经过距离像包络对齐后其回波的复包络可写成

$$s_n(m) = e^{j\gamma_m}\Big[\sum_{i=1}^{L_n}\sigma_{in}e^{j\psi_{in}}e^{j\frac{4\pi}{\lambda}m\chi_{in}} + \omega_n(m)\Big], m = 0,1,\cdots,M-1 \quad (4.72)$$

式(4.72)中中括号内表示该距离单元里 $L_n$ 个散射点子回波,其幅度、起始相位和横向距离分别为 $\sigma_{in}$、$\psi_{in}$ 和 $\chi_{in}$,$\omega_n(m)$ 为该距离单元内的噪声。此外,包络对齐还有剩余误差,它主要影响各次回波的初相,式中以 $\gamma_m(m=0,1,\cdots,M-1)$ 表示各次回波的初相误差。

式(4.72)表明,若能准则估计出初相误差 $\gamma_m(m=0,1,\cdots,M-1)$,并分别对各次回波序列加以校正,就可通过傅里叶变换得到各距离单元里散射点的横向分布,将各距离单元综合起来就成为目标的二维图像,即 ISAR 像。

式(4.72)表明,初相误差对各距离单元都相同,即与 $n$ 无关,它可以利用任一个距离单元回波序列估计得到。为叙述简单,假设回波的信噪比足够强,噪声可以忽略不计。如果某距离单元(设为第 $p$ 个单元)只有一个孤立的散射点,则第 $p$ 个距离单元的子回波复包络可简写成

$$s_p(m) = \sigma_{1p}e^{\left(\varphi_{1p0}+\frac{4\pi}{\lambda}m\chi_{1p}+\gamma_m\right)}, m=0,1,\cdots,M-1 \quad (4.73)$$

这是一等幅的复正弦波,其相位历程为

$$\Phi_p(m) = \varphi_{1p0}+\frac{4\pi}{\lambda}m\chi_{1p}+\gamma_m, m=0,1,\cdots,M-1 \quad (4.74)$$

式中的起始相位 $\varphi_{1p0}$(即 $m=0$ 时刻的相位)是未知的。为了去除它的影响,可利用相邻两次回波的相位差 $\Delta\Phi_p(m)=\Phi_p(m)-\Phi_p(m-1)$,于是

$$\Delta\Phi(m) = \frac{4\pi}{\lambda}\chi_{1p}+\Delta\gamma_m, m=1,2,\cdots,M-1 \quad (4.75)$$

式中,$\Delta\gamma_m=\gamma_m-\gamma_{m-1}$ 为第 $m$ 次和第 $m-1$ 次回波的初相差。

如果将该孤立散射点的位置作为转台的轴心(即 $\chi_{1p}=0$),则该散射点子回波的相

位应不随 $m$ 改变,它的相邻相位差为 0,这时相位差是由初相误差 $\Delta\gamma_m$ 造成的。于是,将实测回波序列用该 $\Delta\gamma_m$ 逐个校正,便可将初相误差去除,而使该单元各次子回波的相位均成为 $\varphi_{1p0}$。

实际上,所有初相为同一数值 $\varphi_{1p0}$ 或所有初相为 0 对成像结果并没有大的影响。因此,初相校正可简化为将各次回波序列里所有距离单元的相位减去该孤立散射点距离单元同一次回波的实测相位 $\Phi_p(m)(m=0,1,\cdots,M-1)$。

初相误差使 ISAR 图像散焦,基于数据消除初相误差通常称为自聚焦。上述方法实质是将图像中的某一孤立点作为自聚焦的参考,从而实现整个图像的自聚焦。实际上,理想的孤立散射点单元几乎是不存在的,但在某些距离单元里只有一个特强的散射点(称之为特显点),其余还有众多的小散射点(称之为杂波)和噪声,由于杂波和噪声之和的强度远小于特显点强度的情况是很普遍的。因此,可借助这些特显点单元的回波数据,采用上述方法做初相校正。如此,可基本消除初相误差。但需要注意的是,这一操作也会带来另外的误差,且信杂(噪)比越小,其影响会越大。下面进行讨论。

若第 $p$ 个距离单元为特显点单元,这时该单元子回波的表示式相似,只是小杂波和噪声会对该回波的幅度和相位产生小的调制,即

$$s_p(m)=\sigma_{1p}(m)\mathrm{e}^{\mathrm{j}\left[\varphi_{1p0}+\frac{4\pi}{\lambda}m\chi_{1p}+\psi_{1p}(m)+\gamma_m\right]},m=0,1,\cdots,M-1 \qquad(4.76)$$

式中,$\sigma_{1p}(m)$ 和 $\psi_{1p}(m)$ 表示小杂波和噪声产生的幅度和相位调制。

若以该特显点的位置作为转台轴心(即 $\chi_{1p}=0$),则上述子回波的相位历程为

$$\Phi_p(m)=\varphi_{1p0}+\gamma(m)+\psi_{1p}(m),m=0,1,\cdots,M-1 \qquad(4.77)$$

如果仍采用孤立散射点的方法做初相校正,即将各次回波所有距离单元数据的相位分别减去特显点的实测相位 $\Phi_p(m)$,则从式(4.77)可知,初相误差 $\gamma(m)$ 被正确消除,同时还要减去 $\varphi_{1p0}$,$\varphi_{1p0}$ 为常数,对成像结果没有影响;问题是上述操作会引进相位 $\psi_{1p}(m)$,这相当于将已校正好的各距离单元的回波序列乘以序列 $\mathrm{e}^{\mathrm{j}\psi_{1p}(m)}$。因此,它对各距离单元方位像的影响相当于正确校正了的方位像与 $\mathrm{IDFT}[\mathrm{e}^{\mathrm{j}\psi_p(m)}]$ 的卷积。由于 $\psi_p(m)$ 是一个小的变化量,所以 $\mathrm{IDFT}[\mathrm{e}^{\mathrm{j}\psi_p(m)}]$ 呈现为展宽了的尖峰,同时有一定的小副瓣,它与横向像卷积的结果将会降低图像波形的锐化度,而副瓣会使原图像产生小的模糊。

可见,特显点单元是一个特例。通过上述处理,该单元数据序列的相位均为零,杂波和噪声产生的小的相位调制也会被补偿掉。但幅度调制没有被补偿,这一距离单元的信噪比只是略有下降,且由于纯幅度调制为双边谱,因此在原干扰相对于图像中心的另一侧会出现新的干扰(成对回波效应)。

综上可知,如果目标回波序列中存在信噪比很强的特显点单元,则用上述特显点法可以得到很好的效果。在完成距离像包络对齐后,虽然各距离单元子回波序列的相

位历程仍然混乱,但幅度变化已基本正确,可挑选幅度变化起伏小(即幅度方差/标准差较小)的距离单元作为特显点单元。Steinberg 提出用归一化幅度方差来衡量并选择特显点单元,其定义为

$$\overline{\sigma_{un}^2} = 1 - \overline{u_n^2} / \overline{u_n^2} \tag{4.78}$$

式中,符号上的一横表示取平均值;$\overline{u_n}$ 是第 $n$ 个距离单元回波幅度的均值;$\overline{u_n^2}$ 是其均方值。

Steinberg 指出,当归一化幅度方差 $\overline{\sigma_{un}^2}$ 小于 0.12 时,特显点法一般可获得较好的成像结果。$\overline{\sigma_{un}^2}$ 小于 0.12 相当于该单元特显点的回波功率比杂波、噪声之和大 4 dB 以上。但是,外场实测数据的处理证明,在实测数据里找不到满足上述条件的特显点单元的情况很常见,因此仍需要寻找其他的更加有效的相位校正方法。

### 4.5.3　多特显点法

由单特显点法可知,在同一批次的雷达回波里,所有距离单元的数据具有同样的初相误差序列 $\gamma(m)$($m = 0, 1, \cdots, M-1$)。只要选用一个特显点单元估计出 $\gamma(m)$,就可对全部数据做误差校正。实际上,在雷达数据里,信噪比不太强的特显点单元一般有很多个,若将它们做综合处理,可以提高等效信噪比,可以提高初相误差的估计精度。多特显点法就是基于该思想提出来的。

将多个数据综合处理来提高信噪比是信号处理里常用的方法,当杂波和噪声呈高斯分布时,宜采用最大似然(maximum likelihood, ML)法,而当杂波和噪声满足其他不规则分布时,宜采用加权最小二乘(weighted least square, WLS)法。在这些方法里,都必须设法将各个数据的信号分量调整成同相相加。

设某一雷达数据可以挑选出 $L$ 个特显点单元,即它们满足 $\overline{\sigma_{un}^2} < 0.12$ 的条件,且它们还是可以表示为式(4.73)的形式。为了使 $L$ 个信号同相相加,首先应去除式中因多普勒频率不同而产生的随慢时间变化的相位分量($\frac{4\pi}{\lambda} m \chi_{1p}$),这可以通过将各距离单元的横向像中的峰值移至图像中心(相当于转台轴心,这时 $\chi_{1p} = 0$)来实现。因为图像做圆平移,相当于数据序列的相位增加一线性项($-\frac{4\pi}{\lambda} m \chi_{1p}$)。此外,由于特显点回波的起始相位 $\varphi_{1p0}$ 是随机的,为实现不同距离单元数据中的信号分量同相相加,也要把它估计出并加以补偿。通过这样的预处理,$L$ 个特显点单元的回波复包络可表示为

$$s_p'(m) = \mathrm{e}^{-\mathrm{j}\left(\varphi_{1p0} + \frac{4\pi}{\lambda} m \chi_{1p}\right)} s_p(m) = \sigma_{1p}(m) \mathrm{e}^{\mathrm{j}\left[\psi_{1p}(m) + \gamma_m\right]}, \quad p = 1, 2, \cdots, L \tag{4.79}$$

上述子回波的相位历程为

$$\Phi_p'(m) = \psi_{1p}(m) + \gamma_m, \quad p = 1, 2, \cdots, L \tag{4.80}$$

式中,$\psi_{1p}(m)$ 是杂波、噪声调制引起的小的相位调制。

为了能较精确地从式(4.80)的 $L$ 个关于 $\Phi'_p(m)$ 的方程估计出初相误差 $\gamma_m$,最好采用加权最小二乘法,即将式(4.80)的 $L$ 个方程做加权和:起伏分量小的,予以大的权重;反之,起伏分量大的,予以小的权重。

上述方法理论上可以得到好的效果,但由于要通过烦琐的预处理,运算量大,特别是当多普勒中心和起始相位估计不准时,很难达到预期的效果。实际里用得更多的是初相相位差估计法。将式(4.73)所示的第 $m$ 次回波与第 $m-1$ 次回波做共轭相乘,即

$$s_p(m)s_p^*(m-1)=\sigma_{1p}(m)\sigma_{1p}(m-1)\mathrm{e}^{\mathrm{j}\left[\frac{4\pi}{\lambda}\chi_{1p}+\Delta\psi_{1p}(m)+\Delta\gamma_m\right]},\quad m=1,2,\cdots,M-1\quad(4.81)$$

式中,$\Delta\gamma_m=\gamma_m-\gamma_{m-1}$ 是相邻的初相误差相位差;$\Delta\psi_{1p}(m)=\psi_{1p}(m)-\psi_{1p}(m-1)$ 是相邻相位起伏分量之差。

从式(4.81)可见,特显点回波的起始相位 $\varphi_{1p0}$ 被相除,而多普勒相位变成与 $m$ 无关的常量($\frac{4\pi}{\lambda}\chi_{1p}$)。

不过,相邻单元数据相乘,除信号和杂噪分量各自相乘外,还有两者交叉相乘的交叉项,这会导致信噪比损失,这种损失与幅度(或相位)检波带来的损失相类似。由于原信噪比越高,检波损失越小,因此还要使用迭代法提高信噪比,尽量克服信噪比损失的不利影响(因为多次迭代可提高信噪比)。

将各距离单元方位像的峰值移至(圆位移)图像中心,然后做式(4.81)的共轭相乘,即

$$R_p(m)=s_p(m)s_p^*(m-1)\mathrm{e}^{-\mathrm{j}\frac{4\pi}{\lambda}\chi_{1p}}=\sigma_{1p}(m)\sigma_{1p}(m-1)\mathrm{e}^{\mathrm{j}\left[\Delta\psi_{1p}(m)+\Delta\gamma_m\right]},\quad p=1,2,\cdots,L$$
$$(4.82)$$

其相位差历程为

$$\Delta\Phi'(m)=\Delta\psi_{1p}(m)+\Delta\gamma_m,\quad p=1,2,\cdots,L\qquad(4.83)$$

式(4.83)与式(4.80)相类似,只是用相位差替代原式中的相位,因此也可用加权最小二乘(WLS)法估计出 $\Delta\tilde{\gamma}_m$,然后用 $\gamma(i)=\sum_{m=1}^{i}\Delta\tilde{\gamma}_m$ 计算出第 $i$ 次回波各距离单元回波数据所需校正的相位 $\tilde{\gamma}(i)$。

不过,用加权最小二乘法必须知道各个 $\Delta\psi_{1p}(m)(p=1,2,\cdots,L)$ 的起伏方差,而在初相正确校正前这一起伏方差是未知的,有学者在发表的文献里是通过幅度方差近似推算的,计算较烦琐。实际上,如果杂波和噪声满足高斯分布,则综合的初相相位差估计可以用最大似然法直接估计得到,即

$$\Delta\tilde{\gamma}_m=\arg\left[\sum_{p=1}^{L}s_p(m)s_p^*(m-1)\mathrm{e}^{-\mathrm{j}\frac{4\pi}{\lambda}\chi_{1p}}\right]\qquad(4.84)$$

这样做虽然估计精度差一些,但运算简单。不过直接用式(4.84)估计得到的初相相位误差做校正,通常难以获得好的效果,因为在信噪比不很高的情况下,多普勒圆位移对准很难准确,这会影响综合估计精度。因此,上述过程往往会通过多次迭代来提高补偿精度。

多特显点的多次迭代算法就是在上述初相校正的基础上进行的。通过上述初步的初相校正,经傅里叶变换得到的各特显点单元的方位像中特显点峰值会比原来尖锐,因此可重新对多普勒做圆位移补偿以提高补偿精度。方位像中特显点峰值的锐化,也有可能在方位像里将特显点和分布的杂波和噪声区分开,因此可在峰中心附近加窗,只选取特显点信号部分,而将与信号非重合部分的杂波和噪声滤除。需要指出的是,经过初步的初相校正,特显点信号还不会很尖锐,所以一开始窗函数应适当宽一些,以免削弱信号。

将窗函数所包含部分的方位像(应为复数像)通过逆傅里叶变换变到数据域,得到 $L$ 个特显点单元初相误差已初步校正、且信噪比得到一定提高的数据序列,再次从这一组数据序列出发,重复上述步骤,做新的初相误差估计和校正。很显然,这时多普勒圆位移的对准可以更准确,随着特显点峰值的锐化,窗函数的宽度可进一步缩窄,从而使新一次估计得到的初相精度进一步提高。

通过上述迭代,窗函数的宽度越来越窄,当窗宽缩窄到 $3\sim5$ 个多普勒单元时,迭代过程结束。在一般情况下,$3\sim5$ 次迭代就可满足要求,运算并不是很烦琐。这种多特显点综合初相校正算法又被称为相位梯度自聚焦(phase gradient autofocus,PGA)法。

综上所述,PGA法主要有四个关键的处理步骤:

(1)中心圆周移位。对图像的每个多普勒像执行圆周移位,将多普勒像的最强散射点置于图像的中心(图4-25(a))。

(2)加窗截断。对圆周移位的图像的每一行进行加窗截断。该操作保留图像中心点附近的能量,并丢弃其他对相位误差估计贡献较小的杂波或噪声干扰,如图4.25(b)所示。移位和加窗一起可以提高信噪比,以确保相位误差估计的精度。

(3)相位梯度估计。这是一种线性无偏最小方差估计。通过对估计的相位梯度进行积分来获得相位误差估计。对每个多普勒像进行相位校正之前,有必要从估计的相位误差中去除线性相位分量,以防止相位校正引起的任何图像偏移。

(4)迭代相位校正。重复(1)至(3),直到均方根相位误差变得足够小或达到收敛条件。最后,将所有估计的相位误差相加,得到从原始图像中去除的总相位误差。

图4.26是用不同初相校正法实施ISAR成像的例子。在此例中最好的单特显点单元的 $\overline{\sigma_{un}^2}=0$,比标准的0.12大许多,但特显点法的聚焦结果是较差的。图4.26(c)则是用PGA法迭代的聚焦结果,成像结果明显得到了改善。

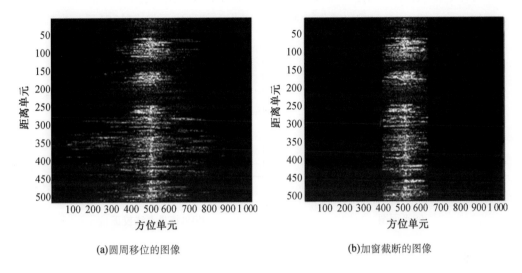

(a)圆周移位的图像　　　　　　　　　　　(b)加窗截断的图像

图 4.25　圆周移位和加窗截断

### 4.5.4　图像对比度法

图像对比度法旨在通过最大化图像对比度来实现相位校正,获得聚焦良好的 ISAR 图像。图像对比度是图像质量的一个衡量指标,这一特性使这种算法不同于其他技术。

当目标相对雷达规则运动时,从目标原点到雷达的距离 $R_0(t)$ 可以通过泰勒多项式在中心时刻 $t_0$ 附近展开:

$$R_0(t) \cong \widetilde{R}_0(t) = \sum_{n=0}^{N} \frac{\alpha_n t^n}{n!} \tag{4.85}$$

式中,$\alpha_n = d^n R_0(t)/dt^n$。由于 $R_0(t)$ 项必须被估计和补偿,ISAR 图像聚焦问题归结为系数的估计问题。通常,二阶或三阶多项式足以描述短积分时间间隔内的目标径向运动,这通常足以确保 C 波段或更高频率的高分辨率 ISAR 成像。

必须特别注意零阶项 $\alpha_0$。事实上,与零阶分量相关联的相位项是常数,等于 $\exp(-j4\pi f \alpha_0/c)$。该项是恒定的相位项,不会产生任何图像散焦效应,可以忽略项 $\alpha_0$,因此,问题简化为仅估计剩余系数,即一阶、二阶、三阶系数。

图像对比度法分两步实现:

(1)聚焦参数的初步估计,通过使用 Radon 变换和半穷举搜索的初始化技术来完成;

(2)聚焦参数的精细估计,通过解最优化问题而实现,其中代价函数是图像对比度。

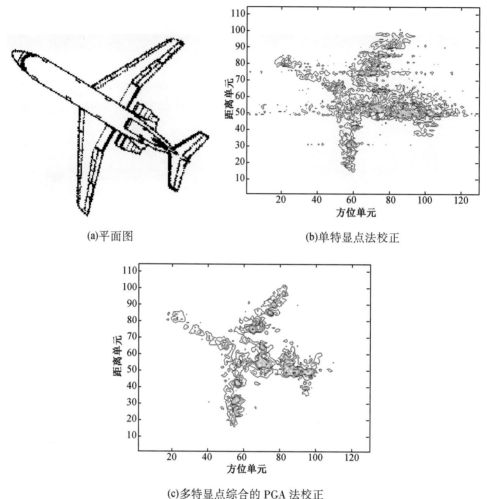

(a)平面图　　　　　　　　　　(b)单特显点法校正

(c)多特显点综合的 PGA 法校正

图 4.26　Yak-42 飞机用不同初相校正方法时的成像结果

　　为了简化描述,这里给出二阶多项式系数的估计过程,更高阶多项式系数的估计可由此推广而得。

### 4.5.4.1　$\alpha_1$ 的估计

　　设 $S_R(\tau, k\Delta T)$ 为第 $k$ 次雷达发射脉冲期间收集的距离压缩数据,$\tau$ 代表往返延迟时间,$\Delta T$ 代表脉冲重复间隔。图 4.27(a)是某实测数据 $S_R(\tau, k\Delta T)$ 的距离像。值得注意的是,距离 $r = c\tau/2$。由于主散射体的距离偏移,条纹几乎是线性的。每个条纹代表一个散射体的距离 $R_s(k\Delta T)$ 历程。为了估计 $\alpha_1$ 的值,假设:

　　(1)第 $i$ 个散射体的距离 $R_{si}(k\Delta T)$ 历程以 $\alpha_1$ 斜率线性变化,即 $R_{si}(k\Delta T) \approx R_{si}(0) + \alpha_1 k\Delta T$。

　　(2)目标上每个散射体距离 $R_0(k\Delta T)$ 具有大致相同的准线性行为,即 $R_0(k\Delta T) \approx R_0(0) + \alpha_1 k\Delta T$。

如果条件(1)和(2)大致满足,则可以通过计算散射体距离轨迹的平均斜率来获得 $\alpha_1$ 的初步估计。设 $\alpha_1 = \tan\phi$,角度 $\phi$ 可以通过 $S_R(\tau, k\Delta T)$ 的 Radon 变换估算如下:

$$\hat{\phi} = \arg\left\{\max_\phi\left[RT_{S_R}(r, \phi)\right]\right\} - \frac{\pi}{2} \tag{4.86}$$

式中, $RT_{S_R}(r, \phi)$ 是 $S_R(\tau, k\Delta T)$ 的 Radon 变换。因此, $\hat{\alpha}_1^{(in)}$ 的估计值是通过将 $\hat{\alpha}_1^{(in)} = \tan\hat{\phi}$ 而得到的。

$S_R(\tau, k\Delta T)$ 的 Radon 变换如图 4.27(b) 所示,在信噪比较弱的情况下,用一个阈值屏蔽 $S_R(\tau, k\Delta T)$ 的距离像,将低于阈值的所有值置零。图 4.27(c) 示出了应用该阈值处理后获得的结果,图 4.27(d) 示出了应用该阈值处理后获得的 Radon 变换。该图中,阈值等于 $S_R(\tau, k\Delta T)$ 峰值的80%。因此,实质上是选择目标上的主要的散射体的距离轨迹实施参数估计。

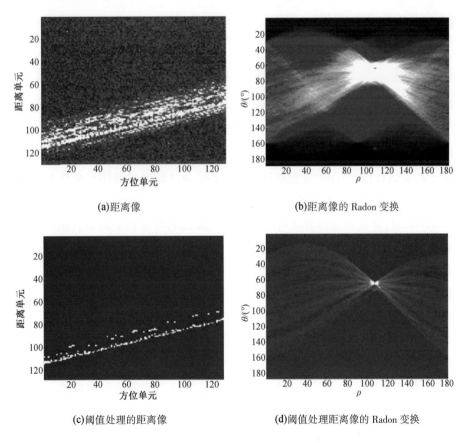

(a)距离像　　　　　　　　　　(b)距离像的 Radon 变换

(c)阈值处理的距离像　　　　　(d)阈值处理距离像的 Radon 变换

图 4.27　通过 Radon 变换估算径向速度

### 4.5.4.2　$\alpha_2$ 的估计

$I(\tau, v; \tilde{\alpha}_1, \tilde{\alpha}_2)$ 是使用两个初始值 $(\tilde{\alpha}_1, \tilde{\alpha}_2)$,补偿接收信号后获得的复图像的绝对

值。图像对比度 IC 定义如下：

$$\mathrm{IC}(\widetilde{\alpha}_1, \widetilde{\alpha}_2) = \sqrt{A\{[I(\tau, v; \widetilde{\alpha}_1, \widetilde{\alpha}_2) - A\{I(\tau, v; \widetilde{\alpha}_1, \widetilde{\alpha}_2)\}]^2\}} / A\{I(\tau, v; \widetilde{\alpha}_1, \widetilde{\alpha}_2)\}$$

(4.87)

式中，$A\{\cdot\}$ 表示坐标 $(\tau, v)$ 上的图像空间平均值。

函数 $\mathrm{IC}(\widetilde{\alpha}_1, \widetilde{\alpha}_2)$ 代表图像强度 $I(\tau, v; \widetilde{\alpha}_1, \widetilde{\alpha}_2)$ 的归一化有效功率，用于图像聚焦的度量。事实上，当误差被正确补偿时，图像对比度高。当误差未被正确补偿时，图像对比度低。参数 $\alpha_1$ 和 $\alpha_2$ 的最终估计是通过最大化 IC 获得的。因此，必须解决以下优化问题：

$$(\hat{\alpha}_1, \hat{\alpha}_2) = \arg\left(\max_{\widetilde{\alpha}_1, \widetilde{\alpha}_2}[\mathrm{IC}(\widetilde{\alpha}_1, \widetilde{\alpha}_2)]\right)$$

(4.88)

通过在预设区间 $[\alpha_2^{(\min)}, \alpha_2^{(\max)}]$ 内，对变量 $\alpha_2$ 上图像对比度的最大值 $\mathrm{IC}(\hat{\alpha}_1^{(in)}, \widetilde{\alpha}_2)$ 进行穷尽线性搜索，获得 $\alpha_2$ 的初步估计值 $\hat{\alpha}_2^{(in)}$，其中 $\hat{\alpha}_1^{(in)}$ 在前一步由 Radon 变换获得，写为

$$\hat{\alpha}_2^{(in)} = \arg\left(\max_{\widetilde{\alpha}_2}[\mathrm{IC}(\hat{\alpha}_1^{(in)}, \widetilde{\alpha}_2)]\right)$$

(4.89)

通过在预设区间 $[\alpha_2^{(\min)}, \alpha_2^{(\max)}]$ 内的穷举搜索，获得求解优化问题的迭代数值搜索初始估计；如果目标发生强烈加速，并且发现该值接近其中一个边界，则定义新的搜索间隔来进一步估计 $\alpha_2$ 的值。

基于初步估计 $(\hat{\alpha}_1^{(in)}, \hat{\alpha}_2^{(in)})$ 获取最优估计 $(\hat{\alpha}_1, \hat{\alpha}_2)$ 是通过使用经典优化算法最大化图像对比度而获得的。最优化问题的数值解可以基于确定性方法，例如奈尔德-米德（Nelder-Mead）算法或遗传算法等随机方法。算法的收敛到全局最大值的速度取决于初始估计的准确程度，因为 IC 显示出接近全局最大值 $(\hat{\alpha}_1, \hat{\alpha}_2)$ 时的良好峰值特性和远离全局最大值 $(\hat{\alpha}_1, \hat{\alpha}_2)$ 时的多峰特性。图 4.28(a) 提供了一个 IC 的例子，图 4.28(b) 和图 4.28(c) 分别显示了对应于全局最大值的 $\alpha_1$ 和 $\alpha_2$ 截面。

为了表述更加清晰，图像对比度法的流程如图 4.29 所示。

图像对比度法精确估计的两个参数 $\hat{\alpha}_1$ 和 $\hat{\alpha}_2$ 有特定的物理意义，它们代表目标的物理径向速度和加速度。与单特显点法和 PGA 法不同，图像对比度法的目标是聚焦整个图像，而不仅是聚焦一个或几个主要散射点，并且不需要数据存在稳定的特显散射体来确保良好的性能。但是，作为一种参数化技术，它基于相干累积时间内目标规则运动的假设，并且优化过程的运算量比较大。

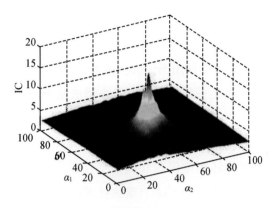

(a)图像对比度

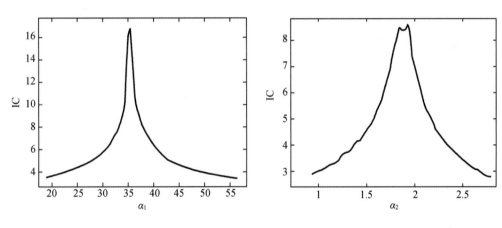

(b)沿 $\alpha_1$ 的 IC 截面 　　　　　　　　　　(c)与峰值相对应的沿 $\alpha_2$ 的 IC 截面

图 4. 28　图像对比度举例

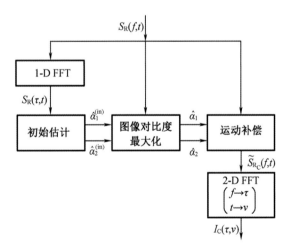

图 4. 29　图像对比度法的流程图

### 4.5.5　图像最小熵法

图像聚焦性能的度量还可以使用图像熵。接下来,介绍基于最小熵的相位校正方法。该方法与图像对比度法几乎是等效的。最小熵法是 ISAR 相位补偿和自聚焦典型算法之一。

在许多实际情况下,特显散射体很难被很好地分离,因此很难精确估计这些散射体的相位历史。由于存在旋转相位误差和残余平移相位误差,ISAR 图像可能散焦。因此,基于特显散射体假设的相位补偿和自聚焦技术可能无法有效工作。在这些情况下,基于最小熵的相位补偿和自聚焦算法有助于 ISAR 成像。

熵函数可以用来度量图像聚焦的质量,它以 ISAR 图像的二维熵作为代价函数。

设一个 $M \times N$ 的图像矩阵 $S_{mn}(m=1,2,\cdots,M;n=1,2,\cdots,N)$,那么熵函数为

$$H(S_{mn}) = -\sum_{m=1}^{M}\sum_{n=1}^{N} p(k,m) \cdot \log\{p(k,m)\} \tag{4.90}$$

其概率分布函数为

$$p(m,n) = S_{mn} \Big/ \sum_{m=1}^{M}\sum_{n=1}^{N} S_{mn} \tag{4.91}$$

二维熵方法是通过以下方式估计 $m$ 和 $n$:

$$(\hat{m},\hat{n}) = \mathrm{argmin}\{H(S_{mn})\} \tag{4.92}$$

因为 ISAR 图像中的相位函数控制图像的聚焦性能,所以可以使用熵最小化方法来实施相位校正。

基于最小熵法的相位校正和自聚焦算法能够获得最小化熵函数的最佳相位函数为

$$\hat{\Phi} = \mathrm{argmin}_{\Phi}\{H(S_{mn})\} \tag{4.93}$$

式中,$S_{mn}(m=1,2,\cdots,M;n=1,2,\cdots,N)$ 是 $M \times N$ 维的图像矩阵。

最小熵法相位校正和自聚焦的流程如图 4.30 所示。

为了有效地搜索最佳相位函数,应该选择合适的模型来表示相位函数(例如多项式函数)、搜索参数(不超过两个)并合理设置参数的搜索范围。在使用熵最小化之前,首先使用参数化方法来估计目标的速度和加速度。如果估计的参数不正确,ISAR 图像聚焦效果不好,二维熵最小化方法可以帮助估计最正确的参数。根据估计的目标运动参数(速度 $v$ 和加速度 $a$),由目标运动引起的相位函数可以通过下式计算:

$$R(t) = vt + \frac{1}{2}at^2 \tag{4.94}$$

然后,将相位调整项 $\exp[-\mathrm{j}4\pi fR(t)/c]$ 应用于对齐的距离像。在进行二维傅里

叶变换之后,可以生成相位校正的 ISAR 图像。

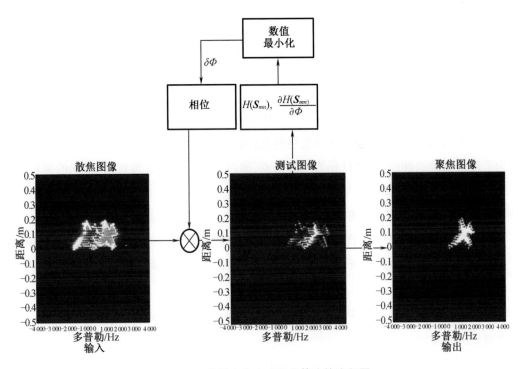

图 4.30　熵最小化自动聚焦算法的流程图

## 4.6　目标转动时散射点的走动补偿

前面介绍的运动目标平动补偿,将运动目标补偿成为转台目标,散射点回波的多普勒频率与其相对于轴心的横坐标成正比,通过傅里叶变换,可从各距离单元的回波序列得到散射点的方位分布,综合各个距离单元的结果,得到目标的 ISAR 二维图像。

上述讨论隐含了一个假设,即转台目标上的散射点回波在转动过程中只发生了相位变化(以区分不同的多普勒),而忽略了包络走动。实际上,若某散射点由于目标转动而产生的径向距离变化为 $\Delta R(t_m)$($t_m$ 为慢时间),慢时间为 $t_m$ 时的子回波复包络可写成

$$r_{\mathrm{s}}(t,t_m) = s\left[t - \frac{\Delta R(t_m)}{c}\right] \mathrm{e}^{-\mathrm{j}2\pi f_{\mathrm{e}}\frac{\Delta R(t_m)}{c}} \tag{4.95}$$

式中,$c$ 为光速,且忽略了包络延迟项。将式(4.95)的序列做傅里叶变换相当于对该序列做加权(即乘以相应的相位旋转因子)和。$s(t)$ 为窄脉冲,其宽度与一个距离单元相当,如果在成像的相干积累时间里,散射点总的径向走动量远小于一个距离单元

宽度,将其忽略是合理的,但实际上这一条件并不总是成立的。

如果散射点走动较大,就会发生越距离单元走动。这时,对式(4.95)的序列做傅里叶变换的加权和时,包络的走动不能忽略。设式(4.95)中的相位变化恰好被傅里叶变换中某频率分量的相位旋转因子所抵消,若在整个相干积累过程中,总的径向走动为 $\Delta R_{\mathrm{T}}$,总回波次数为 $M$,$t_m = mT$ 时的输出为

$$\frac{1}{M}\sum_{m=0}^{M-1}\gamma_{\mathrm{s}}(t,t_m) = \frac{1}{M}\sum_{m=0}^{M-1}s\left(t - \frac{\Delta R_{\mathrm{T}}}{M-1}m\right) \tag{4.96}$$

显然,径向距离走动会使输出包络钝化(峰值降低和宽度增加)。在成像系统里,为了衡量系统的性能,常设目标为一几何点,通过信号录取和处理重构,得到的函数称为点散布函数,因为雷达信号为带限信号,点散布函数会有一定的宽度。散射点距离走动使点散布函数进一步展宽。

点散布函数展宽相当于分辨率降低。当用离散值表示时,单个点会延伸为相连的几个点。若以 $\Delta R_{\mathrm{R}} \leqslant \rho_{\mathrm{a}}$ 为容许分辨率降低的界限,则目标离转台轴心的最大横距($L_{\mathrm{m}}$)就会有所限制。因为当成像相干角为 $\Delta\theta$ 时,上述条件规定最大横距 $L_{\mathrm{m}} \leqslant \rho_{\mathrm{a}}/\Delta\theta$,考虑到 $\rho_{\mathrm{a}}$ 与 $\Delta\theta$ 的关系,可得 $L_{\mathrm{m}} \leqslant 2\rho_{\mathrm{a}}^2/\lambda$。若要求的 $\rho_{\mathrm{a}}$ 值减小或加大,则相应的 $L_{\mathrm{m}}$ 值也成比例地减增。

实际上,散射点径向走动造成的点目标包络展宽可加以补偿。当散射点以某恒定的径向速度走动时,设 $\Delta R(t_m) = V_{\mathrm{r}}t_m$,则式(4.95)可写成

$$r_s(t,t_m) = s\left(t - \frac{V_{\mathrm{r}}t_m}{c}\right)\mathrm{e}^{-\mathrm{j}2\pi f_{\mathrm{c}}\frac{V_{\mathrm{r}}t_m}{c}} \tag{4.97}$$

将上述对 $t$ 做傅里叶变换,其频谱随慢时间 $t_m$ 的变化式为

$$R_s(f,t_m) = S(f)\mathrm{e}^{-\mathrm{j}2\pi(f_{\mathrm{c}}+f)\frac{V_{\mathrm{r}}}{c}t_m} \tag{4.98}$$

式中,$S(f)$ 为 $s(t)$ 的傅里叶变换。

式(4.97)中的线性相位项 $\left(2\pi f\dfrac{V_{\mathrm{r}}}{c}t_m\right)$ 表示信号有与 $t_m$ 成正比的延迟,这就是包络走动。同时也可以看出,信号各频率分量 $(f_{\mathrm{c}}+f)$ 的多普勒频率为 $2(f_{\mathrm{c}}+f)\dfrac{V_{\mathrm{r}}}{c}$,即与 $f$ 成线性关系,这是造成包络走动的原因,如果定义一虚拟慢时间 $\tau_m$,令

$$f_{\mathrm{c}}\tau_m = (f_{\mathrm{c}}+f)t_m \tag{4.99}$$

将上述代入式(4.99),并逆变换回到时间域,得

$$r(t,\tau_m) = s(t)\mathrm{e}^{-\mathrm{j}2\pi f_{\mathrm{c}}\frac{V_{\mathrm{r}}}{c}\tau_m} \tag{4.100}$$

即以虚拟慢时间 $\tau_m$ 为准,信号只有相位变化(呈现为多普勒频率),而包络走动

被消除。图 4.31 为用此方法校正散射点包络走动的例子,数据是用 B-52 飞机模型在微波暗室转台录得的,总转角为 20°,图 4.31(a)和(b)为未做走动校正和校正后的成像结果,可以明显看到校正对分辨率的改进是比较明显的。

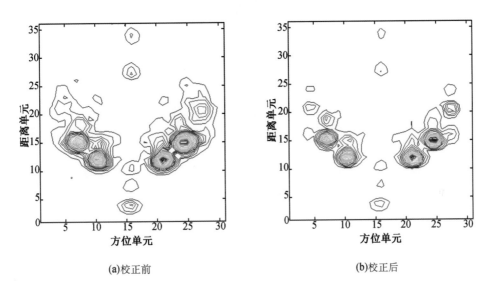

(a)校正前　　　　　　　　　　　(b)校正后

图 4.31　散射点径向走动校正

目标在转动过程中,其散射点不仅有径向距离单元走动,还会有方位单元走动,或称多普勒走动,散射点横距改变,其回波多普勒也随之变化。多普勒走动主要发生在转台目标的上下两侧,多普勒走动与散射点离目标转台轴心的径向距离成正比。

多普勒走动完全可用公式表示,对转台目标采用近似后,回波的多普勒只与散射点的横距有关。如果在采用近似时严格一些,令 $\cos(\delta\theta) \approx 1 - \dfrac{\delta\theta^2}{2}$,则有

$$\Delta\varphi_p = \frac{4\pi}{\lambda}(X_p\delta\theta + y_p\delta\theta^2/2) \tag{4.101}$$

式(4.101)表示子回波相位变化为二次型的,即回波为线性调频波。

多普勒走动的影响与距离走动相类似,只是后者的影响是使点散布函数沿纵向距离展宽,影响纵向距离分辨率;而前者的影响是使点散布函数沿方位(多普勒)展宽,影响方位(多普勒)分辨率。两者都与散射点离轴心的径向距离有关,如果散射点位于图像的四角,则两者的影响都比较大,点散布函数在二维同时展宽。

多普勒走动也可通过补偿加以校正,方法是对线性调频实施相干积分。后续还要讨论对机动目标成像,散射点做等加速运动时,回波的多普勒为线性调频,有关这一类数据的目标重构问题将在后文中讨论。

基于转动可以对目标做 ISAR 成像,也是由于转动产生的散射点走动会造成目标

图像分辨率下降。因此,对于 SAR 和 ISAR,运动是成像的基础,也是产生问题的根源。不规则的随机运动常常会破坏散射点子回波相位历程的规律,从而会产生散焦,严重时甚至会影响包络对齐,对图像质量造成明显失真,这一问题对非合作目标的 ISAR 成像尤为突出,后续章节中将进一步予以讨论。

# 第 5 章　距离–瞬时多普勒 ISAR 成像处理

前文讨论了 ISAR 的距离–多普勒成像方法,以及对目标运动的补偿方法。如果将 ISAR 的转台目标成像和 SAR 聚束式成像相比较,两者在原理上是相同的。转台目标成像是雷达不动,目标绕转轴转动。这等效于目标不动,雷达反向地绕转台轴心转动,这就是聚束式 SAR 的工作方式。但两者也有区别,主要是聚束式 SAR 的成像场景要大得多,通常为几百米到几千米,虽然相干积累角很小,但目标散射点的越距离单元和越多普勒单元走动要严重得多。故 SAR 一般采用极坐标格式算法(PFA),即相对于场景中的某一参考点以极坐标格式录取数据,并在波数域做直角坐标插值,再得到场景图像。对 ISAR 而言,目标尺寸要小得多,散射点越分辨单元走动通常不严重,而距离–多普勒算法要简单得多。但是,简单的距离–多普勒算法在 ISAR 里只适用于平稳运动的目标,对机动目标不能直接应用。本章从更广泛的意义上来讨论 ISAR 成像算法,它既适用于机动目标,也适用于平稳运动的目标。

## 5.1　机动目标运动类型及其等效转动特性

对机动目标做 ISAR 成像,可将其运动分为三种类型:一是平稳匀速直线飞行;二是等加(或减)速直线飞行;三是姿态有变化的机动飞行,如飞机除偏航外,还有俯仰和(或)横滚。这三种类型的运动均可通过平动补偿等效为转台目标,而且平动补偿的方法基本相同,因为任何情况下,微波 ISAR 成像的相干积累角一般不超过 3°~5°,在这样小范围的视角变化时的,目标散射点模型基本不变,因而在此期间接收到的目标距离像具有强相关性,用前面介绍过的求和基准相关法可以实现良好的包络对齐效果。但是相位校正和自聚焦需要考虑后两种情况时散射点回波的多普勒通常不是一个常数,而是随时间变化的。一般主要考虑加速度的影响,即回波的相位历程为二次型的抛物线(即多普勒变化规律为线性调频)。

虽然上述三种运动均可变换成转台目标,但是运动类型不同,转台的转动情况也会有区别。当目标做匀速平稳飞行时,转台为平面等速转动;当目标有一定的加速度时,转台仍为平面转动,只是转动为加速或减速的。而机动目标的情况就不一样了,同时存在偏航、俯仰和横滚等三维转动,其等效的转台转动也是三维的。综上所述,机动目标的三维转动具有一般意义,前两种情况只是它的特例。

聚束 SAR 的极坐标格式算法是基于层析成像的,它所采用的主要近似是平面波假设。ISAR 的目标要小得多,平面波假设依然完全适用。当以目标为基准且将其视为固定时,目标因转动产生的姿态变化就等价于雷达从不同视角照射目标,即雷达围绕目标运动。其视线(LOS)在目标空间(即 $x,y,z$ 空间)形成以转台轴心为锥点的曲面。若目标的散射点分布函数为 $g(x,y,z)$,其傅里叶变换 $G(k_x,k_y,k_z)$ 为波数谱,根据投影切片定理,$g(x,y,z)$ 在某径向 LOS 上的投影的傅里叶变换为波数谱在同样的径向上的分布。由于 $g(x,y,z)$ 在某径向 LOS 上的投影,相当于雷达 LOS 位于该方向时目标回波的一维复距离像(以一定的距离分辨率)。于是,通过目标转动过程中录取的数据,可以得到 $G(k_x,k_y,k_z)$ 在相应曲面上的分布,利用这些信息能够以一定的分辨率重构目标 $g(x,y,z)$ 的三维空间分布,即得到目标的三维像。

实际上,由于 ISAR 成像的目标尺寸较小,在成像的转动过程发生越距离单元走动的情况通常可以忽略,加之雷达在空间的扫描曲面比较简单,因此上述成像算法可以简化。

如果以雷达 LOS 的某一指向为准,并以该指向为 $x$ 轴,$y$ 为方位向,$z$ 为俯仰向,于是波数空间里的扫描曲面被限制在以目标旋转轴心为顶点,以 $x$ 为轴的小圆锥体内。

若方位角范围为 $\left[-\dfrac{\Delta\theta}{2}, \dfrac{\Delta\theta}{2}\right]$,俯仰角范围为 $\left[-\dfrac{\Delta\psi}{2}, \dfrac{\Delta\psi}{2}\right]$,信号中心频率为 $f_c$,频带为 $B$,则在波数空间 $(k_x,k_y,k_z)$ 里的扫描曲面限制在 $\left[4\pi\left(f_c-\dfrac{B}{2}\right)/c, 4\pi\left(f_c+\dfrac{B}{2}\right)/c\right]$,$\left[-\pi\dfrac{\Delta\theta}{\lambda}, \pi\dfrac{\Delta\theta}{\lambda}\right]$,$\left[-\pi\dfrac{\Delta\psi}{\lambda}, \pi\dfrac{\Delta\psi}{\lambda}\right]$ 的楔形里。由于 $B\ll f_c$,$\Delta\theta$ 和 $\Delta\psi$ 又很小,这一楔形可以近似为长方的立体形,因此这一长方立体形中包含的扫描曲面可视为与 $x$ 无关的柱面,即在该长方立体形范围内,任一 $x$ 横截面的扫描线均相同。于是可将该曲面上的 $G(k_x,k_y,k_z)$ 对 $k_x$ 做逆傅里叶变换 $\mathcal{F}_{k_x}^{-1}\left[G(k_x,k_y,k_z)\right]=G_x(x,k_x,k_z)$。这意味着,对一定的 $x$ 值,波数谱只是二维函数,且扫描线的形状均相同,而与 $x$ 无关。由此计算得到各距离单元的目标二维像就可拼接成所需的三维像。可以看出,这里的情况只是前面介绍的距离-多普勒算法的推广,所不同的是这里距离单元里的散射点还可能有二维运动。

还有一点需要指出,ISAR 成像的目标,如飞机,具有较大的惯性,即使在机动情况下,在成像所需的小转角里,姿态的变化不可能十分复杂,上述扫描曲面一般比较平稳,即在 $k_x$-$k_z$ 平面里的扫描线一般为平缓的曲线或直线。

因为所有距离单元的扫描线均相同,可以用任一个距离单元为例进行讨论。我们知道,若扫描线形状和波数谱 $G(k_y,k_z)$ 已知,则可以通过傅里叶变换重构在该距离单元的二维像。应当指出的是,目标在某方向的分辨率与扫描线在波数域所对应的孔径长度有关,当扫描线为平缓曲线时,只在它的延伸方向上具有高的分辨率。

实际上,扫描线和它上面的波数谱都是未知的,因为非合作目标的姿态变化往往难以精确测量,而雷达所能得到的只是一系列回波数据,通过平动补偿可以得到各个距离单元的回波序列,与回波序列对应的有扫描线,但扫描线的形状不确知。

为了将接收到的回波序列和扫描线上的波数谱相联系,还用散射点模型进行研究。假设所讨论的距离单元里有许多散射点,它们的回波序列线性相加。设第 $p$ 个散射点的空间坐标为 $(y_p,z_p)$,其散射函数为 $g(x,y)=A_p(y-y_p,z-z_p)$,其中 $A_p$ 为散射系数。与 $g(y,z)$ 对应的波数谱 $G(k_y,k_z)$ 的相位函数 $\Phi(k_y,k_z)=-(k_yy_p+k_zz_p)$,在波数平面 $k_y$-$k_z$ 里,该函数的等相位数为一组平行等距的直线,如图 5.1 中的虚线所示。

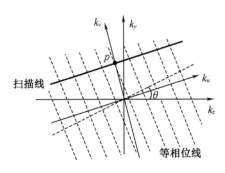

图 5.1 一维转动时 $k_y$-$k_z$ 平面的扫描线举例

由图 5.1 可见,所接收到的回波序列相当于沿扫描线扫描,通过切割等相位线表现出该散射点回波的相位历程 $\varphi(t)$。$\varphi(t)$ 蕴含在接收到的回波中(上面的例子是一个散射点,若有多个散射点,则每一点对应一组等相位线)。从回波序列确定散射点的位置,关键在于扫描线的形状,以及各次回波在扫描线上的分布。

下面分三类情况进行讨论:

(1)目标以匀角速度做平面转动

这时在 $k_y$-$k_z$ 平面里的扫描线为直线,但直线的斜率未知(若已知目标为平稳飞行,则扫描线为水平线),此时可设扫描线为新的坐标轴 $k_u$。设目标的有效匀角速度为 $\Omega_e$(有效角速度的概念将在后面说明),则 $k_u=(4\pi/\lambda)\Omega_e t$,即 $k_u$ 与 $t$ 呈线性关系,各次回波数据在 $k_u$ 轴上均匀分布,但角速度 $\Omega_e$ 未知,所以分布间隔是未知的。尽管如此,仍然可通过傅里叶变换得到该距离单元散射点的横向分布,但真实尺度是未知的(因 $\Omega_e$ 未知)。

至于 $k_u$ 的实际方向,也只有在成像后才能估计出来。应当指出的是这时所成的平面像并非雷达"看到"的平面像,而是从这一段期间目标转动轴方向的视入像,即像的横轴为 LOS 向量与目标转轴向量外积的方向。实际上这就是普通的距离–多普勒算法,即分距离单元按其回波序列得到多普勒像,不需要将数据变换到波数域。

这里再补充说明一下有效角速度 $\Omega_e$ 的问题。当目标做三维转动时,其转轴向量 $\boldsymbol{\Omega}$ 相对于 LOS 向量 $\boldsymbol{R}$ 的方向可以是任意的,如图 5.2 所示可以将向量 $\boldsymbol{\Omega}$ 分解成两个分量,其一与向量 $\boldsymbol{R}$ 垂直。可以看出,与向量 $\boldsymbol{R}$ 同向的分量只是使目标绕向量 $\boldsymbol{R}$ 且垂直于该向量的平面内转动,目标上的所有散射点至雷达天线相位中心的距离不发生变化,即不会产生多普勒效应,对成像没有贡献,所以有效的转动分量为 $\boldsymbol{\Omega}_e$。

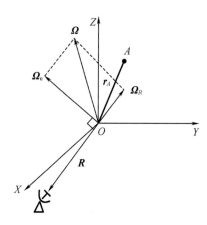

图 5.2  三维物体转动示意图

(2)目标以非匀角速度做平面旋转

在这种情况下,在 $k_y$-$k_z$ 平面里的扫描线仍然是斜率未知的直线 $k_u$,但回波序列数据不是以等间隔在 $k_u$ 上排列,$k_u$ 是时间 $t$ 的非线性函数。对于飞机等惯性较大的目标,其转动角可以用起始有效角速度 $\Omega$ 和角加速度 $\alpha$ 表示。在这种情况下,上述距离单元内第 $p$ 个回波序列为线性调频,设其起始频率为 $f_d$,调频率为 $\gamma_p$,与 $\Omega$、$\alpha$ 有下列关系:

$$\frac{2}{\lambda}L_p(\Omega+\alpha t)=f_d+\gamma_p t \tag{5.1}$$

式中,$L_p$ 为该散射点的横距。

由式(5.1)得

$$\gamma_p/f_p=\alpha/\Omega \triangleq \eta \tag{5.2}$$

$$f_p+\gamma_p t=f_p(1+\eta t) \tag{5.3}$$

式中,$\eta$ 是常数,它可从回波信号序列估计得到。

再定义一个新的时间变量 $t'=\left(1+\frac{1}{2}\eta t\right)t$,则第 $p$ 个散射点子回波的相位函数可写成 $\Phi(t)=\varphi_0+2\pi f_p\left(1+\frac{1}{2}\eta t\right)t=\varphi_0+2\pi f_p t'$。因此,对于新变量 $t'$,目标为匀速旋转。如上所述,按离散时间 $t$ 所录取的一系列回波数据,在 $k_y$-$k_z$ 平面里沿 $k_u$ 轴非均匀分布。

但如果按 $t'=(1+\eta t)t$ 的关系式通过插值得到一系列以 $t'$ 为变量的离散数据,则这些数据点沿 $k_u$ 轴均匀分布,因而可以通过离散傅里叶变换得到该距离单元目标沿 $k_u$ 方向的横向像。与上面讨论过的匀速转动情况相同,$k_u$ 的方向和横向实际尺度也是未知的。

根据起始时刻的某散射点回波的多普勒 $f_d$ 及其调频率 $\gamma_p$,就可计算得到 $\eta(=\gamma_p/f_d)$,利用系数 $\eta$ 可以对各种起始频率的散射点回波做解线调处理,从而将时频分布变成各自频率等于其起始频率的一组单频信号,对变换后的信号做傅里叶变换,得到该距离单元的目标的横向像。应当指出,这种处理只限于平面转动的理想情况,当转动有一定偏离时,效果明显下降,但用一般的时频分析方法仍能得到较好的效果。式(5.2)、式(5.3)关于目标转动与回波关系的描述很容易推广到更高阶角加(减)速转动的情况,只是新变量要以更高阶的多项式表示,所需估计的参数也要多一些。实际成像处理是采用时频方法实现的,即对各距离单元回波序列时频分析得到时频分布,则任一时刻的多普勒频移即该时刻的瞬时像。图 5.3(a)(b)是某一实测空间目标数据平动补偿前后的高分辨距离像;图 5.3(c)(d)是其中两个距离单元回波的时频分布,可见在同一距离单元多普勒频移有所不同,将其中 $t_1$、$t_2$、$t_3$、$t_4$ 时刻各个距离单元时频分布的切片拼接成的二维像如图 5.3(e)(f)(g)(h)所示,相同动态范围条件下,目标图像明显不同,这是运动导致散射特性变化以及多普勒的时变导致的。

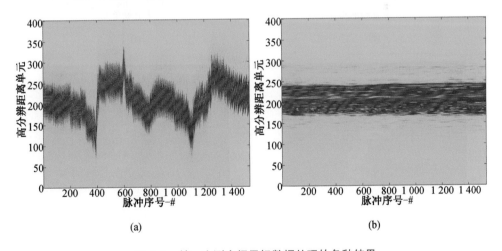

图 5.3　某一实测空间目标数据处理的各种结果

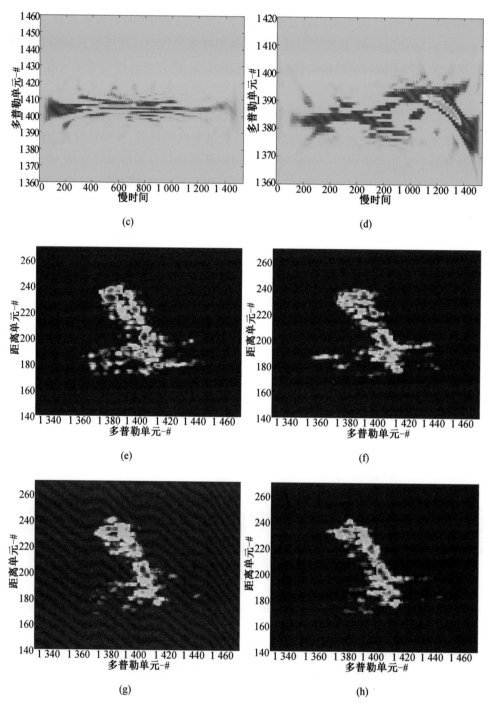

图 5.3(续)

　　图 5.3 的实测空间目标是轨道运行相对平稳的卫星,尽管机动性不大,但已经表现出了时变的多普勒特性。图 5.4 给出的飞机目标机动性更大,多普勒时变特性更加明显。图 5.4(a)(b)是平动补偿前后的高分辨距离像;图 5.4(c)(d)是其中两个距

离单元回波的时频分布,可见在同一距离单元多普勒明显随时间变化,将其中 $t_1$、$t_2$ 时刻各个距离单元时频分布的切片拼接成的二维像如图 5.4(e)(f)所示,相同动态范围条件下,目标图像方位尺度明显不同,这是由多普勒的剧烈时变导致的。

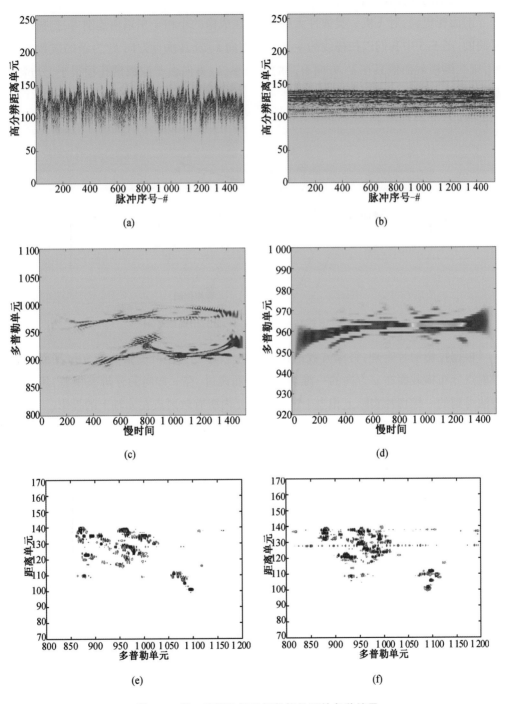

图 5.4　某一实测飞机目标数据处理的各种结果

（3）目标三维转动

当目标以偏航、俯仰、横滚三维转动时,扫描线为曲线,如果扫描线及它上面的波数谱已知,则可得到该距离单元散射点的二维横截面分布,各个方向的分辨率由相应方向波数谱的孔径长度确定。

前面曾提到,对飞机一类惯性大的目标,在成像的小相干积累角范围内,扫描线是平缓的,图 5.5 中我们以扫描线的主要沿伸方向 $k_u$ 及其垂直方向 $k_v$ 为新的波数域坐标,则二维横截面像只在 $k_u$ 方向有高的分辨率,$k_v$ 方向由于波数谱孔径很小,分辨率是很差的。

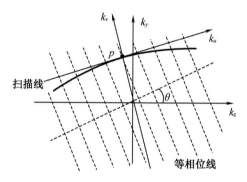

图 5.5 三维转动时 $k_y$–$k_z$ 平面的扫描线举例

根据投影切片定理,目标波数谱在 $k_u$ 轴上投影的傅里叶变换为在 $u$–$v$ 平面二维散射点分布横截面在 $u$ 方向的一维切片。前面说过,在 $v$ 方向的分辨率很差,用上述方法得到的一维切片实际上相当于该距离单元内所有散射点在 $u$ 轴上的投影。

和前面讨论的两种平面转动的情况一样,扫描线以及所录取回波数据与扫描线的关系都是未知的,$k_u$ 是 $t$ 的未知的非线性函数。假设关心的是图 5.5 中 $p$ 点时刻的瞬时像,为此可在 $p$ 点作扫描线的切线而作为 $k_u$ 方向,这是目标二维图像具有高分辨的主要方向。上面提到,为得到散射点二维分布在 $u$ 方向的一维切片,应求得扫描线上的数据（即实录数据）在 $k_u$ 上的投影。由于扫描线未知,准确投影值是得不到的,但在扫描线曲率很小时,投影值可用实录数据值近似。显然,这是有误差的,且离 $p$ 点越远,误差越大。为此,考虑到使上述近似基本成立,从波数谱计算目标像可采用高分辨算法,以缩短对波数域孔径长度的要求;同时在对波数域的数据做锥削加权,即 $p$ 点处权重最大,两侧逐步减小,如采用海明权。应当指出,用扫描线上的数据近似为它在 $k_u$ 轴上投影,只在扫描线曲率很小,即目标机动较小时才成立。如果目标机动十分剧烈,是不可能直接通过回波数据成像的。

## 5.2　距离–瞬时多普勒 ISAR 成像原理

在 ISAR 成像中,傅里叶变换通常用于获取多普勒信息。应用傅里叶变换的基本前提是,在雷达的相干处理时间内,目标的所有散射体没有发生跨距离单元走动,并且它们的多普勒频移保持恒定,即多普勒特性具有平稳性。如果由于目标的运动存在时变多普勒频移,那么使用傅里叶变换形成的 ISAR 图像将在多普勒域变得模糊。因此,在目标存在未知的机动的情况下,应用传统的傅里叶变换是难以确保 ISAR 成像质量的。机动目标的信号多普勒时频分布如图 5.6 所示。

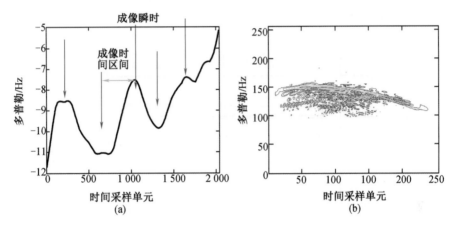

图 5.6　机动目标多普勒的时变性与非平稳性

对于任意机动的目标的 ISAR 成像,通过时频分析方法才能确保成像质量,这种时频分析的成像方法被称为 ISAR 成像的距离–瞬时多普勒方法。时频分析是信号分析中一种有用的工具。通过对信号进行时频变换,可以深入了解信号中与时间相关的频率变化特征。在联合时间域和频率域中呈现的特征比单独在时间域或频率域中呈现的特征信息更丰富、更优越。在雷达距离像、目标特征提取、ISAR 运动补偿和 ISAR 成像中使用时频分析的优势是显著的。雷达距离像是目标反射率空间分布在雷达距离视线方向的投影。典型的距离像分布由对应于目标散射中心的不同距离单元中的多个峰值组成。这些特征可用于识别目标。然而,在现实世界中,电磁色散效应经常存在。时变散射特征不能仅在时域或频域中观察,联合时频分析成为评估色散现象的有力技术。除了来自固定目标的散射外,机动目标的雷达回波信号包含了与未知的振动或旋转相关的时变多普勒(称为微多普勒)特征。微多普勒特征是目标通过其运动呈现的独特特征,从而为目标识别提供有用的信息。为了利用目标的时变多普勒特征,傅里叶分析不再适用。相反地,应该应用联合时频分析。通过应用联合时频变换,将平动补偿后的二维距离–脉冲数据转变成三维的距离–慢时间–瞬时多普勒数据立方,此时可以基于距离–慢时间–瞬时多普勒三维数据立方取时间切片,通过确定任意慢时间的某一时刻,有效地获得每个瞬时时刻 ISAR 的二维距离–瞬时多普勒图像,从而消除距离漂移和多普勒时变效应对于成像的不利影响。

ISAR 成像的距离–瞬时多普勒原理如图 5.7 所示。完成平动补偿的 ISAR 距离像回波序列按脉冲序号组成二维数据矩阵,此时各脉冲的距离像已经实现对齐。对距离向的各距离单元回波(沿脉冲序号先后顺序排列的同一距离单元的复数据)实施联合时频分析,得到相应距离单元的慢时间–多普勒二维时频分布,将这些时频联合分布按距离单元的先后顺序存储,形成距离–慢时间–多普勒三维数据立方。可任意选择一个慢时间时刻,取出三维数据立方在该时刻的二维切片,即可得到目标在该时刻的距离–多普勒瞬时图像。

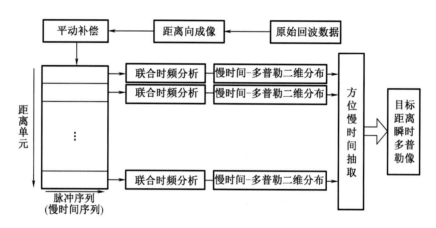

图 5.7 ISAR 成像的距离–瞬时多普勒原理

## 5.3 联合时频分析的基本方法

本节首先介绍一些构成时频分析背景知识的基本概念。在简短回顾信号时域和频域表示之后,介绍时间和频率定位的相关问题以及时宽–带宽积、时宽–带宽积约束(Heisenberg-Gabor 不等式)等概念。然后,从时间和频率定位问题的第一解决方案——瞬时频率和群延迟出发,从“非平稳性”的反面——“平稳性”切入,定义“非平稳性”,并展示如何使用时频分析工具。由于瞬时频率和群延迟等这些适用于单分量信号的函数并不能有效地应用于分析多分量信号,因此人们需要更加严格和有效的时间–频率二维联合分布——时频分布。本节从信号的原子分解出发,依次介绍 ISAR成像处理可用的线性时频分布、双线性时频分布、科恩类时频分布以及重排类时频分布。

### 5.3.1　非平稳信号

#### 5.3.1.1　时域和频域表示

时域表示是最常用,也是最简单的信号表示方式。原因是很明显的,几乎所有的物理信号都是通过接收机记录相关变量随时间变化的波形而获得的。通过傅里叶变换,则可以得到信号的频域表示:

$$X(v) = \int_{-\infty}^{+\infty} x(t) e^{-j2\pi vt} dt \tag{5.4}$$

傅里叶变换是一个非常强大的信号表示方式,人们对频率的相关概念已经非常熟悉,而且它已经应用在物理学、天文学、经济学、生物学等诸多个领域。如果仔细研究信号的频谱 $X(v)$ ,它可以被看作是将信号 $x(t)$ 通过基函数 $e^{-j2\pi vt}$ 展开得到的一系列系数。这些系数在时间上完全无法定位,因为基函数 $e^{-j2\pi vt}$ 时间持续无限长。因此,频谱本质上只能告诉人们信号中存在哪些频率分量,以及相应频率分量的振幅和相位,但并不能告诉人们这些频率出现的时刻或消失的时刻。

#### 5.3.1.2　时间及频率定位与 Heisenberg-Gabor 原理

一个简单的描述信号时间和频率分布的方法是考察该信号在时域和频域的均值以及方差。通过把 $|x(t)|^2$ 和 $|X(v)|^2$ 作为可能的概率分布,并研究它们的平均值和标准差,可以得到如下的一些定义:

$$\begin{cases} t_m = \dfrac{1}{Ex} \displaystyle\int_{-\infty}^{+\infty} t\,|x(t)|^2 dt \\[2ex] v_m = \dfrac{1}{Ex} \displaystyle\int_{-\infty}^{+\infty} v\,|X(v)|^2 dv \\[2ex] T^2 = \dfrac{4\pi}{Ex} \displaystyle\int_{-\infty}^{+\infty} (t-t_m)\,|x(t)|^2 dt \\[2ex] B^2 = \dfrac{4\pi}{Ex} \displaystyle\int_{-\infty}^{+\infty} (v-v_m)\,|X(v)|^2 dv \end{cases} \tag{5.5}$$

式中, $Ex$ 是信号的能量,是取值有限的(有界的):

$$E_x = \int_{-\infty}^{+\infty} |x(t)|^2 dt < +\infty \tag{5.6}$$

于是,一个信号就可以通过它在时间–频率平面的平均位置 $(t_m, v_m)$ 以及由时宽–带宽积 $T×B$ 决定的主要能量区域来描述。注意, $T×B$ 的取值不可能是无穷小的,它是有下界的,通常而言:

$$T×B \geqslant 1 \tag{5.7}$$

这个约束条件,被称为 Heisenberg-Gabor 不等式。这个不等式说明了一个信号不能同时在时间和频率上都占据最小宽度的区间。这一性质本质上也是由傅里叶变换的性质决定的,因为时间持续宽度往往决定频率分辨单元的大小,且它们成倒数关系。

这里有一个重要的结论,即满足$T \times B = 1$条件的信号只能是高斯信号,其表达式为

$$x(t) = C\exp\left[-\alpha(t-t_m)^2 + \mathrm{j}2\pi(t-t_m)\right] \tag{5.8}$$

式中,$C \in R, \alpha \in R+$。根据 Heisenberg-Gabor 不等式,高斯信号是具有最小时宽-带宽积的信号,如图 5.8 所示。

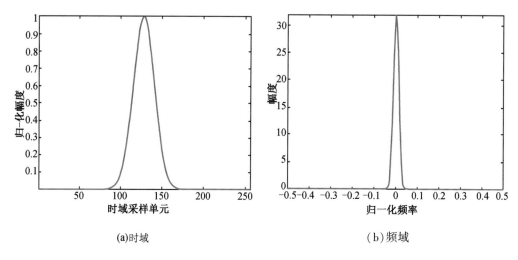

(a)时域　　　　　　　　　　　　　　　　（b）频域

图 5.8　高斯信号:具有最小的时宽-带宽积

### 5.3.1.3　瞬时频率

同时在时间和频率二维平面上描述信号的一种方式是利用其瞬时频率,并绘制其瞬时频率特性曲线。为了介绍这一函数,首先需要用到解析信号的概念。

对于任何实数信号$x(t)$,将其关联一个复值信号,该复值信号定义为

$$x_a(t) = x(t) + \mathrm{jHT}(x(t)) \tag{5.9}$$

式中,$\mathrm{HT}(x)$是信号$x$的希尔伯特(Hilbert)变换;$x_a(t)$被称为是$x(t)$的解析信号。

解析信号$x_a(t)$具有去除负频率分量的单边频谱,其正频率分量幅度是原实信号的两倍,直流分量保持不变,即

$$\begin{cases} X_a(v) = 0, \text{if } v<0 \\ X_a(v) = X(0), \text{if } v=0 \\ X_a(v) = 2X(v), \text{if } v>0 \end{cases} \tag{5.10}$$

式中,$X$是$x$的傅里叶变换,$X_a$是$x_a$的傅里叶变换。因此,解析信号可以通过强制将实信号负频率分量置为零的方式获得,这种方式对实信号来说不会改变信号内容。从该信号可以看出,可以用独特的方式定义瞬时振幅、瞬时频率的概念:

$$a(t) = |x_a(t)|$$

$$f(t) = \frac{1}{2\pi}\frac{\mathrm{d}\arg x_a(t)}{\mathrm{d}t} \tag{5.11}$$

如图 5.9 所示,瞬时频率估计成功显示出了线性调频信号频率随时间线性变化的规律。

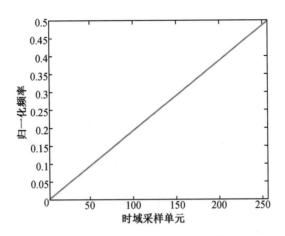

图 5.9　线性调频信号瞬时频率估计

### 5.3.1.4　群延迟

瞬时频率刻画了信号频率随时间变化的规律。同理,可以定义局部时间随频率变化的函数,将其称之为群延迟,其表示为

$$t_x(v) = -\frac{1}{2\pi}\frac{\mathrm{darg}\,X_a(v)}{\mathrm{d}v} \tag{5.12}$$

群延迟刻画了信号频率变化到某一特定值 $v$ 所需的平均时间。线性调频信号的群延迟估计如图 5.10 所示。

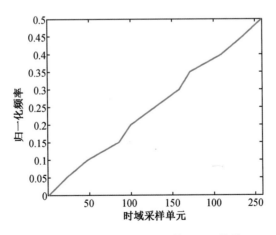

图 5.10　线性调频信号的群延迟估计

一般情况下,瞬时频率和群延迟在时频平面定义为两条不同的曲线。它们只有在

信号时宽-带宽积相当大的情况下才近似重合。为了说明这一点,考虑一个简单的例子:计算两个信号的瞬时频率和群延迟,第一个信号具有较大的时宽-带宽积,第二个信号具有较小的时宽-带宽积(图 5.11)。

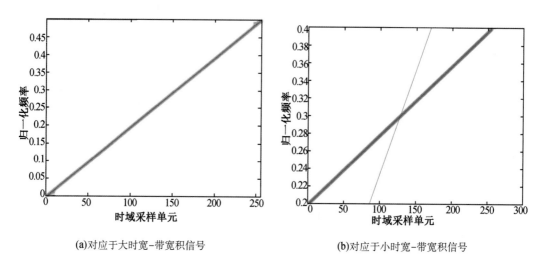

(a)对应于大时宽-带宽积信号　　　　　　　(b)对应于小时宽-带宽积信号

图 5.11　不同时宽-带宽积的调频信号瞬时频率(星号表示)和群延迟(线形表示)估计

显然,在图 5.11(a)中两条曲线几乎完全重叠(即瞬时频率是群延迟的逆变换或反函数);而在图 5.11(b)中两条曲线明显不同。可见,时宽-带宽积较大时,瞬时频率曲线与群延迟曲线近似重合。这一特性是非常有用的,在工程上经常会利用该结论设计一些实用的信号形式,比如非线性调频信号(NLFM)。

### 5.3.1.5　平稳性

在讨论信号的"非平稳性"之前,必须定义"平稳性"。一个确定的信号如果可以被表示为一系列不连续的正弦序列之和,则认为它是平稳的:

$$x(t) = \sum_{k \in N} A_k \cos \left[ 2\pi v_k t + \Phi_k \right]$$

$$x(t) = \sum_{k \in N} A_k \exp \left[ \mathrm{j}(2\pi v_k t + \Phi_k) \right] \tag{5.13}$$

即该信号可以被描述为一系列具有恒定瞬时振幅和瞬时频率的函数之和。

在一般的情况下,如果信号 $x(t)$ 的数学期望是与时间无关的,并且它的自相关函数 $E[x(t_1)x^*(t_2)]$ 仅依赖于时间差异 $t_2 - t_1$,则该信号被认为是广义平稳的(或二阶平稳的)。所以说,如果这些基本假设中的一个不再成立,那么信号就是非平稳的。

### 5.3.1.6　多分量非平稳信号带来的问题

瞬时频率的概念隐含的假设是,在每一时刻仅存在单一的频率分量,而这种限制同样也适用于群时延,即上述两个物理量能够使用的隐含假设是,一个给定的频率只集中在一个单一的时刻。满足这种假设的信号通常称之为单分量信号。如果上述假设不再成立,则称之为多分量信号。对大多数的多分量信号使用瞬时频率或群时延所得到的结果是毫无意义的。联合时间、频率的二维信号表示提供了一种信息更完善的结构,它可以更加清晰地表示信号的结构和组成,清晰呈现多分量信号的若干个频率分量,因此多分量信号必须实施非平稳信号的时频联合分析。

### 5.3.2　基于原子分解的线性时频表示

傅里叶变换不适用于对非平稳信号的分析,因为其信号分解的基函数投影在时间域上是完全不受限制的无限长波形(正弦波)。瞬时频率和群时延的概念本身也不适用于大多数非平稳信号,即那些含有多个分量的信号。因此,必须考虑使用以时间和频率为变量的二维函数——时频分布。第一类时频分布是由原子分解(也称线性时频表示)给出的。为了引入这一概念,首先讨论短时傅里叶变换。

#### 5.3.2.1　短时傅里叶变换

为了在傅里叶变换中引入时间与频率的相关性,一种简单而直观的解决方案是在一个特定的时间段内对信号 $x(u)$ 进行预加窗处理,并计算其傅里叶变换,然后滑动窗函数并在每一时刻 $t$ 都重复这一操作。将所得的变换结果按时间顺序存储下来,所得的二维结果称为信号的短时傅里叶变换(STFT):

$$F_x(t,v;h) = \int_{-\infty}^{+\infty} x(u)h^*(u-t)\mathrm{e}^{-\mathrm{j}2\pi vu}\mathrm{d}u \qquad (5.14)$$

式中,$h(t)$ 是在 $t=0$ 和 $v=0$ 处的一个短时窗函数。因为乘上相对较短的窗函数 $h^*(u-t)$ 能有效地抑制分析时间点 $u=t$ 邻域(该邻域的宽度由窗函数的宽度决定)以外的信号,短时傅里叶变换便是信号 $x(u)$ 围绕时间 $t$ 的“局域”谱。假设短时窗的能量有限,则短时傅里叶变换是可逆的:

$$x(t) = \frac{1}{E_h}\int_{-\infty}^{+\infty}\int_{-\infty}^{+\infty} F_x(u,\xi;h)h(t-u)\mathrm{e}^{\mathrm{j}2\pi t\xi}\mathrm{d}u\mathrm{d}\xi \qquad (5.15)$$

式中,$E_h = \int_{-\infty}^{+\infty} |h(t)|^2\mathrm{d}t$。该关系式表示,信号总可以分解为各个基本波形的加权求和。

式(5.15)中 $h_{t,v}(u) = h(u-t)\exp(\mathrm{j}2\pi vu)$ 可以称为“原子”。每个原子都是从窗函数 $h(t)$ 经过时间变换和频率变换(调制)而得到的。

短时傅里叶变换也可以表示为信号和窗函数频谱的形式:

$$F_x(t,v;h) = \int_{-\infty}^{+\infty} X(\xi)H^*(\xi-v)\exp[\mathrm{j}2\pi(\xi-v)t]\mathrm{d}\xi \qquad (5.16)$$

式中,$X$ 和 $H$ 分别是 $x$ 和 $h$ 的傅里叶变换。该式表明,短时傅里叶变换是所分析信号在短时窗函数这种时频域分布良好的原子上的投影。$F_x(t,v;h)$ 也可以认为是信号 $x(u)$ 通过频率响应为 $H^*(\xi-v)$ 的带通滤波器的传递输出,此带通滤波器可以通过对

一个频响为 $H(\xi)$ 的母滤波器进行频率 $v$ 的搬移而得到。因此 STFT 类似于具有恒定带宽的一组带通滤波器组。

短时傅里叶变换具有一些有用的性质：

（1）短时傅里叶变换的频移和时移特性：

$$y(t) = x(t)e^{j2\pi v_0 t} \Rightarrow F_y(t,v;h) = F_x(t,v-v_0;h)$$

$$y(t) = x(t-t_0) \Rightarrow F_y(t,v;h) = F_x(t-t_0,v;h)e^{j2\pi t_0 v} \qquad (5.17)$$

（2）信号 $x(t)$ 可通过其短时傅里叶变换以及合成窗函数 $g(t)$ 来重构，$g(t)$ 不同于分析窗函数 $h(t)$：

$$x(t) = \int_{-\infty}^{+\infty}\int_{-\infty}^{+\infty} F_x(u,\xi;h)g(t-u)e^{j2\pi t\xi}\mathrm{d}u\mathrm{d}\xi \qquad (5.18)$$

窗函数 $g$ 和 $h$ 满足约束关系：

$$\int_{-\infty}^{+\infty} g(t)h^*(t)\mathrm{d}t = 1 \qquad (5.19)$$

短时傅里叶变换的时间分辨率可以通过狄拉克脉冲来计算：

$$x(t) = \delta(t-t_0) \Rightarrow F_x(t,v;h) = \exp(-j2\pi t_0 v)h(t-t_0) \qquad (5.20)$$

因此，短时傅里叶变换的时间分辨率是与分析窗函数 $h$ 的有效持续时间成正比的。同样，为了计算频率分辨率，要考虑的是一个复正弦波（频率域中的狄拉克脉冲）：

$$x(t) = \exp(j2\pi t_0 v) \Rightarrow F_x(t,v;h) = \exp(-j2\pi t v_0)H(v-v_0) \qquad (5.21)$$

因此，短时傅里叶变换的频率分辨率是正比于分析窗函数 $h$ 的有效带宽的。因而，对于 STFT，要在时间分辨率和频率分辨率之间进行权衡：一方面，良好的时间分辨率需要很短的窗函数 $h(t)$；另一方面，良好的频率分辨率则要求窄带滤波器即长窗口函数 $h(t)$。但不幸的是，两者无法同时满足。这个限制是 Heisenberg-Gabor 不等式约束的结果。两个特例清晰地展示了这一矛盾：

（1）完美的时间分辨率：窗函数 $h(t)$ 选择狄拉克脉冲函数，即

$$h(t) = \delta(t) \Rightarrow F_x(t,v;h) = x(t)\exp(-j2\pi vt) \qquad (5.22)$$

该信号的 STFT 在时域是完美定位，但不提供任何的频域分辨率（图 5.12）。

信号在时域上是完美定位的（一个给定频率的短时傅里叶变换的模截面正好对应于信号的模），但没有频率分辨率可言。

（2）完美的频率分辨率：通过一个常数窗来获得，即

$$h(t) = 1(H(v) = \delta(v)) \Rightarrow F_x(t,v;h) = X(v) \qquad (5.23)$$

这里的 STFT 相当于直接对 $x(t)$ 的傅里叶变换，因而不提供任何的时间分辨率（图 5.13）。

### 5.3.2.2 离散短时傅里叶变换

为了减少连续 STFT 的冗余，可以在时频面上进行采样。由于所用的原子可以通过在时域和频域上对窗函数 $h(t)$ 的变换推导而来，很自然就可以在矩形栅格上对

STFT 进行采样:

$$F_x(n,m;h) = F_x(nt_0, mv_0;h) = \int_{-\infty}^{+\infty} x(u) h^*(u - nt_0) \exp(-\mathrm{j}2\pi m v_0 u)\,\mathrm{d}u$$

$$(5.24)$$

式中, $m, n \in \mathbf{Z}$。那么现在的问题便是选择 $t_0$ 和 $v_0$ 的值以达到在不丢失任何信息的情况下减小冗余。为此,必须使

$$t_0 \times v_0 \leqslant 1 \qquad\qquad (5.25)$$

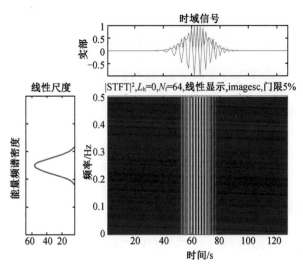

**图 5.12　STFT 完美的时间分辨率,但没有频率分辨率,以狄拉克脉冲函数为窗函数 $h$**

注:STFT 为短时傅里叶变换;$L_h$ 为短时傅里叶变换的窗口长度;$N_f$ 为傅里叶变换点数。

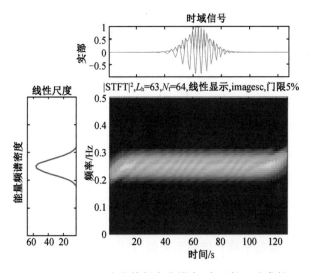

**图 5.13　STFT 完美的频率分辨率:窗函数 $h$ 为常数**

原子簇 $h_{nt_0, mv_0}$ 构成一个离散的非正交的过采样簇。当 $t_0 \times v_0 > 1$ 时，原子簇 $h_{nt_0, mv_0}$ 将不足以"覆盖"时频平面，即相邻原子之间有"空隙"。当 $t_0 \times v_0 = 1$ 时，原子簇 $h_{nt_0, mv_0}$ 能够组成标准正交基。但可以证明，想同时获得一个在时域和频域上都有良好分辨特性的窗函数 $h$ 是不可能的。因此，对于有良好分布的窗 $h$（例如高斯窗），其重建公式往往处于数值不稳定的状态。

在离散的情况下，从 STFT 信号重建（合成）信号的公式为

$$x(t) = \sum_n \sum_m F_x(n, m; h) g_{n,m}(t) \tag{5.26}$$

此处 $g_{n,m}(t) = g(t - nt_0) \exp(j2\pi mv_0 t)$。

只要采样周期 $t_0$ 和 $v_0$、分析窗函数 $h$ 和合成窗函数 $g$ 满足

$$\frac{1}{v_0} \sum_n g\left(t + \frac{k}{v_0} - nt_0\right) h^*(t - nt_0) = \delta_k \ \forall t \tag{5.27}$$

且 $\delta_k$ 满足 $\delta_k = \begin{cases} 1, & k = 0 \\ 0, & k \neq 0 \end{cases}$。这个条件要远比连续情况所要求的条件 $\int_{-\infty}^{+\infty} g(t) h^*(t) \mathrm{d}t = 1$ 严格。

假设一个离散采样信号 $x(n)$ 的采样周期为 $T$，必须选择 $t_0$ 使 $t_0 = kT, k \in \mathrm{N}^*$，然后有以下的分析和合成公式：

$$F_x(n, m; h) = \sum_k x(k) h^*(k - n) \exp(-j2\pi mk) \qquad -\frac{1}{2} \leqslant m \leqslant \frac{1}{2} \tag{5.28}$$

$$x(k) = \sum_n \sum_m F_x(n, m; h) g(k - n) \exp(j2\pi mk) \tag{5.29}$$

这两种关系可以使用快速傅里叶变换算法来高效实现。

### 5.3.2.3 Gabor 表示

Gabor 表示的定义基于离散情况下 STFT 的信号重构（合成）公式：

$$x(t) = \sum_n \sum_m F_x(n, m; h) g_{n,m}(t) \tag{5.30}$$

式中，$g_{n,m}(t) = g(t - nt_0) \exp(j2\pi mv_0 t)$。最初，高斯窗被选为 Gabor 表示的合成窗 $g(t)$。但现在可将任意归一化窗 $g$ 用于 Gabor 表示。原子簇 $g_{n,m}(t)$ 被称为 Gabor 基；系数 $F_x(n, m; h)$，之后记为 $G(n, m)$，被称为 Gabor 系数。每个系数包含与时频面中 $(nt_0, mv_0)$ 附近的信号原子时频内容相关的信息。基 $g_{n,m}(t)$ 与时频面上中心为 $(nt_0, mv_0)$ 的矩形单位面积相关联。

### 5.3.2.4 时间-尺度分析和小波变换

连续小波变换（CWT）是将信号投影于一组零均值函数（小波）上，它们都是由一个基本函数（母函数）通过平移和伸缩而来的，其定义为

$$T_x(t, a; \Psi) = \int_{-\infty}^{+\infty} x(s) \Psi_{t,a}^*(s) \mathrm{d}s \tag{5.31}$$

式中，$\Psi_{t,a}(s) = |a|^{-1/2}\Psi\left(\dfrac{s-t}{a}\right)$。此处的变量 $a$ 对应一个尺度因子，这意味着 $|a|>1$ 表示将母小波 $\Psi$ 伸长，而 $|a|<1$ 表示将母小波 $\Psi$ 压缩。根据定义，小波变换比时频分析多一个尺度维度。但是对于那些以尺度 $a=1$ 分布在非零的频率 $v_0$ 附近的小波，由于频率和尺度之间满足关系式 $v = \dfrac{v_0}{a}$，因此根据小波变换进行时频分析是可能的。

小波变换和短时傅里叶变换之间的基本差别如下：当比例因子 $a$ 发生变化时，信号的持续时间和小波带宽都产生变化，但其形状保持一致。相对于 STFT 使用不变的分析窗，CWT 在高频时使用短窗、在低频时使用长窗。这能够有效克服短时傅里叶变换的分辨率限制。小波的带宽 $B$ 是正比于频率 $v$ 的，满足"恒 $Q$"特性，即

$$\frac{B}{v} = Q \tag{5.32}$$

式中，$Q$ 是一个恒定常数。因此，也把小波变换称为信号的恒 $Q$ 分析，CWT 也可以看作是由一个相对带宽恒定的滤波器组所构成的系统。

图 5.14 所示为时间尺度原子。CWT 是所分析信号在这一类原子上的投影，其持续时间是反比于中心频率的。

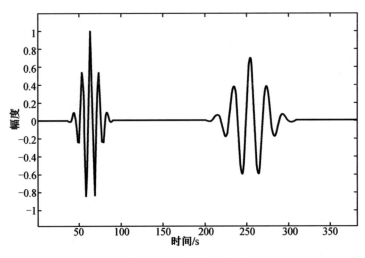

图 5.14　时间尺度原子

小波变换具有一些有用的性质：

（1）小波变换是通过时间平移和尺度伸缩实现的，这意味着变换：

$$y(t) = \sqrt{|a_0|}\, x(a_0(t-t_0)) \Rightarrow T_y(t,a;\Psi) = T_x(a_0^*(t-t_0), a/a_0;\Psi) \tag{5.33}$$

（2）信号 $x$ 可以根据下式从它的连续小波变换来重构：

$$x(t) = \int_{-\infty}^{+\infty}\int_{-\infty}^{+\infty} T_x(s,a;\Phi)\,\Psi_{s,a}(t)\,\mathrm{d}s\,\frac{\mathrm{d}a}{a^2} \tag{5.34}$$

此处 $\Phi$ 是合成小波,满足以下由 $\Phi$ 和 $\Psi$ 构成的约束条件:

$$\int_{-\infty}^{+\infty} \Psi(v)\Phi^*(v)\ \frac{\mathrm{d}v}{|v|} = 1 \tag{5.35}$$

在 STFT 的情况下,时间分辨率和频率分辨率是由 Heisenberg-Gabor 不等式约束的。然而,在小波变换情况下,这两个分辨率取决于频率,随着频率增加,频率分辨率(或时间分辨率)变差(或变好)。

### 5.3.2.5 离散小波变换

在小波变换中,对时频面进行采样是在由下式限定的非均匀网格上进行的:

$$(t,a) = (nt_0 a_0^{-m}, a_0^{-m}); t_0 > 0, a_0 > 0; m, n \in Z \tag{5.36}$$

离散小波变换(DWT)定义为

$$T_x(n,m;\Psi) = a_0^{m/2} \int_{-\infty}^{+\infty} x(u)\Psi_{n,m}^*(u)\mathrm{d}u; m, n \in Z \tag{5.37}$$

式中,$\Psi_{n,m}(u) = \Psi(a_0^m u - nt_0)$。当 $a_0 = 2, t_0 = 1$ 时,对应于时频面上的一个二进制采样。

至此,信号的时域 Shannon 采样、频域 Fourier 采样、Gabor 变换、Wavelet 变换对比如图 5.15 所示。

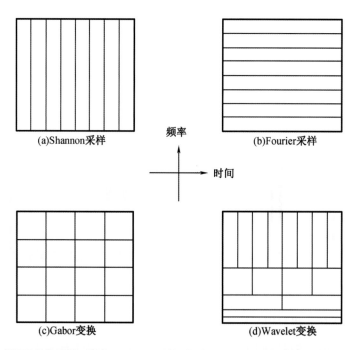

图 5.15 时频面上的采样,时域 Shannon 采样、频域 Fourier 采样、Gabor 变换、Wavelet 变换

### 5.3.3 谱图与尺度图

前面介绍的时频表示都是将信号分解为基本分量,即原子簇。它们在时域和频域

上都有良好的分布,这些表示都是信号的线性时频变换。另一种方法将在后续章节中阐述,包括时域和频域上的信号能量分布,即能量型的时频分布,它们是信号天然的二次变换。在本节,首先讨论这两类解决方案的过渡——谱图和尺度图。

### 5.3.3.1　谱图

将 STFT 变换取模平方,可以得到局部加窗信号 $x(u)h^*(u-t)$ 的频谱能量密度分布:

$$S_x(t,v) = \left| \int_{-\infty}^{+\infty} x(u)h^*(u-t)e^{-j2\pi vu}du \right|^2 \tag{5.38}$$

这就是谱图,它是一个取值为非负实数的分布。由于窗 $h$ 通常假定是单位能量的,因而谱图满足能量守恒特性,即

$$\int_{-\infty}^{+\infty}\int_{-\infty}^{+\infty} S_x(t,v)\mathrm{d}t\mathrm{d}v = E_x \tag{5.39}$$

可以将谱图理解为信号在时频域上中心为点 $(t,v)$ 附近的能量度量,它的形状与分布独立。

谱图具有以下一些性质:

(1)时间和频率的协变特性。

(2)谱图保留了时间和频率的偏移特性:

$$y(t) = x(t-t_0) \Rightarrow S_y(t,v) = S_x(t-t_0,v)$$

$$y(t) = x(t)e^{(j2\pi v_0 t)} \Rightarrow S_y(t,v) = S_x(t,v-v_0) \tag{5.40}$$

谱图是 STFT 幅度的平方,显而易见的是,与 STFT 一样,谱图的时间−频率分辨率是明确受限的。特别是,它仍然存在时间分辨率和频率分辨率之间的矛盾。这个特点是这种时频分布的主要缺点。谱图是二次时频分布中的一员,这类时频分布通常被称为科恩类。

(3)因为谱图是一个二次(或双线性)时频表示,两个信号之和的谱图并不是两个信号各自谱图之和(二次叠加原理),而是会产生交叉项,即

$$y(t) = x_1(t) + x_2(t) \Rightarrow S_y(t,v) = S_{x_1}(t,v) + S_{x_2}(t,v) + 2\Re\{S_{x_1,x_2}(t,v)\} \tag{5.41}$$

式中,$S_{x_1,x_2}(t,v) = F_{x_1}(t,v)F_{x_2}^*(t,v)$,是交叉项,$\Re$ 代表取实部。作为一个二次型分布,谱图将受 $S_{x_1,x_2}(t,v)$ 带来的交叉干扰项影响。研究表明,这些干扰项严格分布于时频面上 $S_{x_1}(t,v)$ 和 $S_{x_2}(t,v)$ 支撑域重叠的区域。因此,如果信号分量 $x_1(t)$ 和 $x_2(t)$ 在时频平面上相距足够远以至于他们各自的谱图不再显著重叠,则交叉干扰项将几乎恒为零。这一属性是谱图的实用优势之一,但同时这也是以牺牲谱图的分辨率为代价的。为了说明谱图分辨率的折中和它的交叉干扰项特点,考虑一个由两个平行的线性调频脉冲构成的双分量信号,分析其采用不同窗函数的谱图(图 5.16 和图 5.17)。

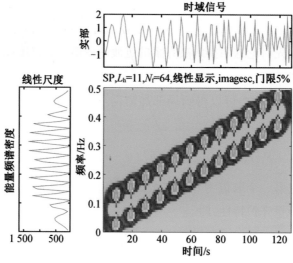

图 5.16　两个平行的线性调频信号的谱图,使用短高斯分析窗:存在交叉项

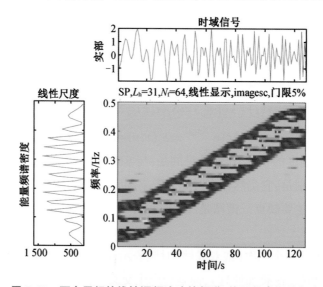

图 5.17　两个平行的线性调频脉冲的频谱,使用长高斯分析窗:
交叉项仍然存在,因为时频图上 FM 分量间的距离过小

　　在这两种情况下,无论如何设置窗的长度,该信号的两个 FM 分量都不足够远。因此,存在交叉干扰项,且扰乱了时频表示的清晰度。如果考虑相距更远的分量(图 5.18 和图 5.19),两个谱图都没有出现重叠和干扰项。还可以看到短窗($h1$)和长窗($h2$)对时间-频率分辨率的影响。长窗 $h2$ 更好是因为频率变化不是很快,在准平稳的假设下使用 $h2$ 是正确的(在这种情况下频率分辨率比时间分辨率更重要),且频率分辨率会比较好;而当窗为短窗($h1$)时,时间分辨率会比较好,但这并不是很有用,其频率分辨率将会比较差。

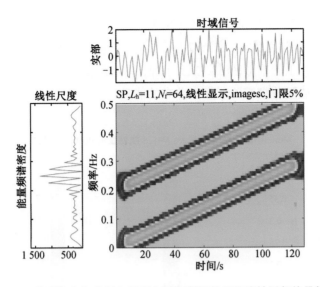

图 5.18　使用短高斯分析窗的两个相距更远的平行线性调频信号的谱图

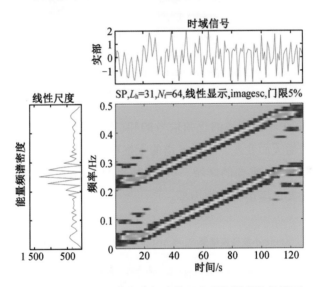

图 5.19　使用长高斯分析窗的两个平行调频信号谱图

#### 5.3.3.2　尺度图

一个与谱图相似的分布可以由小波变换定义。由于连续小波变换具有正交基分解的性质,这表明它保留了信号的能量:

$$\int_{-\infty}^{+\infty}\int_{-\infty}^{+\infty}|T_x(t,a;\varPsi)|^2 dt\frac{da}{a^2}=E_x \qquad (5.42)$$

式中,$E_x$ 是 $x$ 的能量。将 $x$ 的尺度谱图定义为其连续小波变换的模平方。它是时间尺度平面上信号的能量分布,与 $dt\dfrac{da}{a^2}$ 有关。

对于小波变换,尺度谱的时间分辨率和频率分辨率取决于频率。为了说明这一点,展示了两个不同信号的尺度谱。所选择的小波为 12 点的 Morlet 小波,第一个信号为时刻 $t_0 = 64$ 处的狄拉克脉冲。图 5.20 表明,$t = t_0$ 时刻信号行为产生的影响被限定在了时间–尺度平面上的锥形区域:它是"非常"局限在 $t_0$ 附近的小尺度(大频率),而随着尺度的增大(或随着频率的下降),分布的能量越来越少。

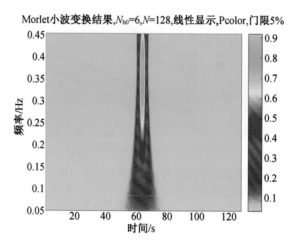

图 5.20　时间 $t = 64$ 狄拉克脉冲的 Morlet 尺度图:时间分辨率与频率(或尺度)有关

注:$N_{h0}$ 为窗长;$N$ 为变换点数。

　　第二个信号为两个不同频率的正弦信号的和(图 5.21),显然频率分辨率是尺度的函数;它随频率的增大而变差。该尺度谱的干扰项,同谱图一样,也被限定在时频面上那些自尺度谱(信号项)重叠的区域。因此,如果两个信号分量在时频面上距离足够远的话,它们的交叉尺度谱将基本为零。

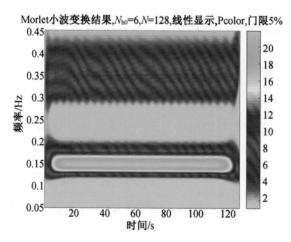

图 5.21　两个同步复正弦信号 Morlet 尺度图:频率分辨率取决于频率(或尺度)

### 5.3.4　能量型时频分布

与把信号分解为基本分量(原子)的线性时频表示相比,能量型时频分布的目的在于把信号的能量分布在时间和频率两个变量描述的平面上。其基础在于信号 $x$ 的能量既可以从其时域波形求得,也可以从它的傅里叶变换求得,分别取时域波形或频域频谱的模平方即可推导出信号的能量:

$$E_x = \int_{-\infty}^{+\infty} |x(t)|^2 \mathrm{d}t = \int_{-\infty}^{+\infty} |X(v)|^2 \mathrm{d}v \qquad (5.43)$$

分别把 $|x(t)|^2$ 与 $|X(v)|^2$ 解释为信号在时域与频域的能量密度,然后自然能够想到一个时间–频率联合密度函数 $\rho_x(t,v)$,使其满足:

$$E_x = \int_{-\infty}^{+\infty}\int_{-\infty}^{+\infty} \rho_x(t,v)\,\mathrm{d}t\mathrm{d}v \qquad (5.44)$$

由于能量是信号的二次函数,因此时频能量分布通常也称二次型时频表示。通常人们还期望该能量密度函数满足两个边缘特性,即

$$\int_{-\infty}^{+\infty} \rho_x(t,v)\,\mathrm{d}t = |X(v)|^2 \qquad (5.45)$$

$$\int_{-\infty}^{+\infty} \rho_x(t,v)\,\mathrm{d}v = |X(t)|^2 \qquad (5.46)$$

#### 5.3.4.1　Wigner-Ville 分布

Wigner-Ville 分布可以定义为

$$W_x(t,v) = \int_{-\infty}^{+\infty} x(t+\tau/2)x^*(t-\tau/2)\mathrm{e}^{-\mathrm{j}2\pi v\tau}\mathrm{d}\tau \qquad (5.47)$$

或者可以定义为

$$W_x(t,v) = \int_{-\infty}^{+\infty} X(v+\xi/2)X^*(v-\xi/2)\mathrm{e}^{\mathrm{j}2\pi\xi t}\mathrm{d}\xi \qquad (5.48)$$

这种分布满足大部分期望的数学性质。WVD 总是实数,具有时间和频率偏移特性且满足边缘特性。

对于经典的线性调频信号,WVD 在时频域具有精确的定位特性和最佳的分辨能力。如果选择用三维图表示,还可以看出 WVD 也可能取负值,但其时频域能量聚积特性以及时间–频率定位性能几乎是完美的,如图 5.22 所示。

但是对于频率时变且非线性变化的多普勒信号,例如当一辆车在观察者前方以稳定的速度行驶时,观察者获得的引擎信号随时间变化,其多普勒频移由一个值变为另一个值,且频移变化是非线性的。WVD 分布将出现严重的交叉项干扰,如图 5.23 所示。

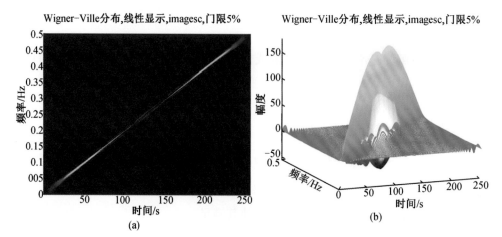

图 5.22　线性调频信号的 WVD 在时频域具有精确能量聚集性和时频定位性能

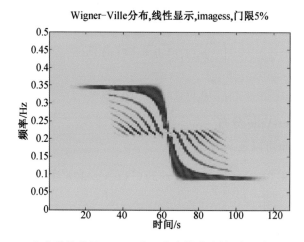

图 5.23　多普勒信号的 WVD：由于分布的非线性，表现出很多干扰项

　　观察以上时频分布，注意到时变的多普勒信号能量并没有按所期望的那样分布。虽然信号项很好地分布在时频域上，但是大量的其他项（干扰项，由于 WVD 的双线性生成）出现在了本该没有能量分布的位置，即产生了干扰项。

　　在深入探讨怎样消除干扰项之前，首先讨论一下 WVD 的主要特性。

（1）能量守恒：

$$E_x = \int_{-\infty}^{+\infty} \int_{-\infty}^{+\infty} W_x(t,v)\,\mathrm{d}t\mathrm{d}v \tag{5.49}$$

（2）边缘特性：能量谱密度和瞬时功率可以由 WVD 的边缘分布获得，即

$$\int_{-\infty}^{+\infty} W_x(t,v)\,\mathrm{d}t = |X(v)|^2 \tag{5.50}$$

$$\int_{-\infty}^{+\infty} W_x(t,v)\,\mathrm{d}v = |X(t)|^2 \tag{5.51}$$

(3)实值性:

$$W_x(t,v) \in \mathbf{R}, \forall\, t,v \tag{5.52}$$

(4)时–频移不变性:WVD 满足时–频移不变特性,即

$$y(t) = x(t-t_0) \Rightarrow W_y(t,v) = W_x(t-t_0,v)$$

$$y(t) = x(t)\mathrm{e}^{\mathrm{j}2\pi v_0 t} \Rightarrow W_y(t,v) = W_x(t,v-v_0) \tag{5.53}$$

(5)伸缩不变性:WVD 也能保持尺度特性,即

$$y(t) = \sqrt{k}\, x(kt); k > 0 \Rightarrow W_y(t,v) = W_x(kt,v/k) \tag{5.54}$$

(6)时域卷积特性:如果信号 $y$ 是 $x$ 和 $h$ 的时域卷积,则 $y$ 的 WVD 是 $h$ 和 $x$ 的 WVD 的时域卷积,即

$$y(t) = \int_{-\infty}^{+\infty} h(t-s)x(s)\,\mathrm{d}s \Rightarrow W_y(t,v) = \int_{-\infty}^{+\infty} W_h(t-s,h) W_x(s,v)\,\mathrm{d}s \tag{5.55}$$

(7)频域卷积特性:这是前一特性的对称特性,如果 $y$ 是 $x$ 和 $m$ 的时域乘积,那么 $y$ 的 WVD 等于 $x$ 和 $m$ 的 WVD 在频域的卷积,即

$$y(t) = m(t)x(t) \Rightarrow W_y(t,v) = \int_{-\infty}^{+\infty} W_m(t,v-\zeta) W_x(s,\xi)\,\mathrm{d}\xi \tag{5.56}$$

(8)广义时间–频率支撑:如果一个信号在时域有限支撑(相对的在频域也是一样的),则其 WVD 在时域也是有限支撑的,且支撑域相同(相对地在频域也一样)。

$$X(t) = 0,\; |t| > T \Rightarrow W_x(t,v) = 0,\; |t| > T$$

$$X(v) = 0,\; |v| > B \Rightarrow W_x(t,v) = 0,\; |v| > B \tag{5.57}$$

(9)一致性:表明了由信号时域与时–频域的能量一致性,即

$$\left| \int_{-\infty}^{+\infty} x(t) y^*(t)\,\mathrm{d}t \right|^2 = \int_{-\infty}^{+\infty} \int_{-\infty}^{+\infty} W_x(t,v) W_y^*(t,v)\,\mathrm{d}t\mathrm{d}v \tag{5.58}$$

(10)瞬时频率:信号 $x$ 的瞬时频率可以作为频域一阶原点矩,从 WVD 中得到,即

$$f_x(t) = \frac{\displaystyle\int_{-\infty}^{+\infty} v W_{x_a}(t,v)\,\mathrm{d}v}{\displaystyle\int_{-\infty}^{+\infty} W_{x_a}(t,v)\,\mathrm{d}v} \tag{5.59}$$

上述表达式也可以称为重心公式。

(11)群延迟:信号 $x$ 的群延迟可以通过 WVD 时域上的一阶原点矩获得,即

$$t_x(v) = \frac{\displaystyle\int_{-\infty}^{+\infty} t W_{x_a}(t,v)\,\mathrm{d}t}{\displaystyle\int_{-\infty}^{+\infty} W_{x_a}(t,v)\,\mathrm{d}t} \tag{5.60}$$

(12)对线性调频信号的精确定位和最优能量聚积性:

$$x(t) = \mathrm{e}^{\mathrm{j}2\pi v_x(t)t} \text{ with } v_x(t) = v_0 + 2\beta t \Rightarrow W_x(t,v) = \delta[v-(v_0+\beta t)] \tag{5.61}$$

由于 WVD 是信号 $x$ 的双线性变换,双线性意味着:

$$W_{x+y}(t,v) = W_x(t,v) + W_y(t,v) + 2R\{W_{x,y}(t,v)\} \tag{5.62}$$

其中

$$W_{x,y}(t,v) = \int_{-\infty}^{+\infty} x(t + \tau/2) y^*(t - \tau/2) e^{-j2\pi v\tau} d\tau \qquad (5.63)$$

它是信号 $x$ 与信号 $y$ 的交叉项。对于多分量信号而言,任意两个信号之间都会产生相应的交叉项,但为了清晰地描述,这里只考虑两个信号分量的情况。

不同于谱图中的交叉项,WVD 的交叉项永远是非零的,无论这两个信号的时频距离是多少。这些干扰项很麻烦,它们可能会重叠在有用的信号项上,从而使得很难在 WVD 图像上有效识别信号。不过,这些交叉项的出现似乎也是必不可少的,因为没有交叉项就不能保证 WVD 的一些特性。实际上,WVD 的优良特性与其交叉项之间存在一种很有意思的折中。

WVD 的交叉项存在一些显著的几何特征:时间-频率平面上两个点的交叉项位于两点的几何中心,而且这些交叉项沿垂直于两点连线的方向振荡,振荡频率与这两个点之间的距离成比例。

计算信号的 WVD 需要计算信号的瞬时自相关函数:

$$q_x(t,\tau) = x(t+\tau/2) x^*(t-\tau/2) \qquad (5.64)$$

$\tau \in [-\infty, +\infty]$,这在实际操作中可能是个问题。通常使用一个窗函数来截断 $q_x(t,\tau)$,从而得到一个新的分布,即伪 WVD:

$$PW_x(t,v) = \int_{-\infty}^{+\infty} h(\tau) x(t + \tau/2) x^*(t - \tau/2) e^{-j2\pi v\tau} d\tau \qquad (5.65)$$

式中,$h(\tau)$ 是个普通的窗函数。

根据频域卷积定理,加窗的操作等效于 WVD 在频率的平滑处理(即卷积)。由于

$$PW_x(t,v) = \int_{-\infty}^{+\infty} H(v - \xi) W_x(t,\xi) d\xi \qquad (5.66)$$

式中,$H(v)$ 是 $h(t)$ 的傅里叶变换。由于交叉项具有振荡特性,与 WVD 相比,伪 WVD (PWVD)的交叉项会有所抑制。然而,这种改进的后果是将使 PWVD 许多特性丢失,比如边缘特性、一致性、频率支撑特性等,信号自项的频率域聚积程度也会变差。

由于 WVD 的二次性,对它的离散采样必须十分小心。

$$W_x(t,v) = 2\int_{-\infty}^{+\infty} x(t + \tau) x^*(t - \tau) e^{-j4\pi v\tau} d\tau \qquad (5.67)$$

如果以周期 $T_e$ 采样信号 $x$,采样结果记为 $x[n] = x(nT_e)$,评估 WVD 在时间上的采样效果,可以获得离散时间、连续频率的表达式:

$$W(n,v) = 2T_e \sum_k x[n + k] x^*[n - k] e^{-j4\pi vk} \qquad (5.68)$$

该表达式在频域是周期的,周期为 $\dfrac{1}{2T_e}$。

可见,WVD 的离散形式可能会受到频谱混叠的影响,特别是对于以奈奎斯特速率

采样的实信号 $x$，主要原因是实信号是双边谱，而 WVD 的交叉项会出现在任意两个自项之间，这包含正频率分量与负频率分量，于是实信号的 WVD 将会出现严重的交叉项以及频谱混叠。两个替代方法可以解决这一问题：一是对信号的过采样因子至少为 2；二是使用解析信号计算 WVD。如图 5.24 所示，由于解析信号的带宽是实值信号的一半，频谱混叠不会发生在信号有用频域之内。第二个解决方法存在诸多优势：由于频域分量减少了一半，在时频平面的信号项数量也将减少一半。因此，交叉项数量会有大幅度减少。

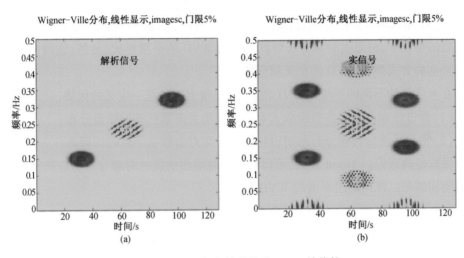

图 5.24　使用解析信号构建 WVD 的优势

### 5.3.4.2　科恩类

科恩类时频分布提供了分析非平稳信号的一系列强大的工具，其基本思想是设计一个时间和频率的联合函数，同时在时域和频域描述信号的能量密度或强度。最重要的科恩类时频分布是 Wigner-Ville 分布。Wigner-Ville 分布满足许多理想的特性。因为它是二次型分布，所以在时频平面中会引入交叉项，交叉项会干扰结果的判读。抑制这些交叉项的一种方法是根据它们的结构对时间和频率分别做平滑处理或联合平滑处理。但这样做的结果降低了时间和频率的分辨率，会带来理论性能的损失。由科恩提出的一般化公式对理解现有的解决方法以及现有的分布和模糊函数之间的联系是非常方便的。

能量型时频分布的期望特性中，有两个特性特别重要，即时间与频率的移位不变性。确实，这些特性保证信号的时间延迟或调制，会在时频分布上有所体现。已经证明的结论是：满足这种特性的能量型时频分布具有以下的一般表达式：

$$C_x(t,v;f) = \iint_{-\infty}^{+\infty} e^{j2\pi\xi(s-t)} f(\xi,\tau) x(s+\tau/2) x^*(s-\tau/2) e^{-j2\pi v\tau} d\xi ds d\tau \quad (5.69)$$

式中，$f(\xi,\tau)$ 是一个二维的参数化函数。

这类分布就称为科恩类时频分布,它也可以定义为

$$C_x(t,v;\Pi) = \int_{-\infty}^{+\infty} \int_{-\infty}^{+\infty} \Pi(s-t,\xi-v) W_x(s,\xi) e^{-j2\pi(v\tau+\xi t)} dt dv \qquad (5.70)$$

其中

$$\Pi(t,v) = \int_{-\infty}^{+\infty} \int_{-\infty}^{+\infty} f(\xi,\tau) e^{-j2\pi(v\tau+\xi t)} dt dv \qquad (5.71)$$

是参数函数 $f$ 的二维傅里叶变换。

科恩类时频分布非常重要,因为它包含了大量已经存在的能量型时频分布。当然,作为一种典型的科恩类时频分布,WVD 奠定了其他科恩类时频分布的基础。WVD 是 $\Pi$ 函数取双狄拉克函数: $\Pi(t,v) = \delta(t)\delta(v)$, $f(\xi,\tau) \equiv 1$ 的结果。在 $\Pi$ 是其他函数的情况下,科恩类时频分布可以理解为 WVD 的平滑形式,显然,这种分布将以一种特别的方式抑制 WVD 的交叉项干扰。

在考虑各种不同的平滑函数 $\Pi$ 之前,首先指出这种统一定义的优势:

(1)通过任意地指定参数函数 $f$,有可能获得大多数已知的能量分布;

(2)很容易将对时频分布的期望特性转换为对参数化函数的约束条件。

根据经典理论的 Moyal 公式,可以轻松地将前面的线性时频分布对应的谱图表示为时间和频率二维均经过平滑的 WVD 形式:

$$S_x(t,v) = \int_{-\infty}^{+\infty} \int_{-\infty}^{+\infty} W_h(s-t,\xi-v) W_x(s,\xi) ds d\xi \qquad (5.72)$$

这种新公式提供了另一种谱图上时间与频率分辨率之间的矛盾产生的原因,即短窗 $h$ 在时域上是窄的,但在频域上是宽的,导致时间分辨率较好,但是频率分辨率较差;反之也如此。

前一个平滑函数 $\Pi(s,\xi) = W_h(s,\xi)$ 的问题在于它仅仅受短时间窗 $h(t)$ 控制。如果通过考虑时间和频率可分离的平滑函数来增加自由度,即使用

$$\Pi(t,v) = g(t)h(-v) \qquad (5.73)$$

$H(v)$ 是平滑窗 $h(t)$ 的傅里叶变换,对 WVD 在时间和频率上实施平滑,获得分布

$$SPW_x(t,v) = \int_{-\infty}^{+\infty} h(\tau) \int_{-\infty}^{+\infty} g(s-t)x(s+\tau/2)x^*(s-\tau/2) ds e^{-j2\pi v\tau} d\tau \qquad (5.74)$$

这就是平滑伪 WVD 的定义。谱图中时间和频率分辨率之间的矛盾,现在取而代之的是联合时频分辨率和交叉项之间的折中:时域或频域越平滑,对应的域分辨率就越糟糕,但同时交叉项的能量却越小。

注意,如果只考虑对信号 WVD 实施频域的平滑处理,平滑的伪 WVD 就退化为伪 WVD。

如图 5.25 所示,从 WVD 中可以看到两个信号位于时间–频率平面上的位置,以及它们之间的交叉项。如图 5.26 所示,伪 WVD 通过频率平滑降低频率分辨率但并没有真正地衰减交叉项,因为其交叉项的振荡方向平行于时间轴,垂直于频率轴。不

同的是,如图 5.27 所示,平滑伪 WVD 的时间平滑大大减少了交叉项。当时间分辨率不是很重要时,平滑伪 WVD 对信号还是很适合的。

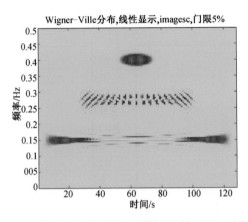

图 5.25　由高斯原子和复正弦组成的信号的 WVD:交叉项明显

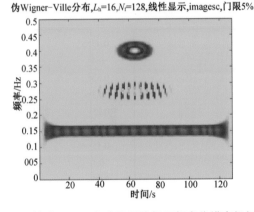

图 5.26　同一个信号的伪 WVD:频率平滑降低了频率分辨率但仍然存在交叉项

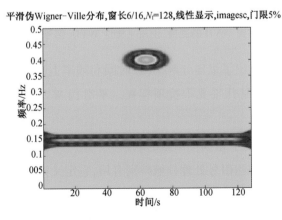

图 5.27　同一信号平滑伪 WVD:时间平滑明显地减少了交叉项

平滑伪 WVD 的一个有趣的特性是它提供了直接从谱图得到 WVD 的方法。当平滑函数 $g$ 和 $h$ 是都高斯函数时,时宽–带宽积从 1(谱图)减小到 0(WVD)就实现了谱图到 WVD 的演化(图 5.28)。

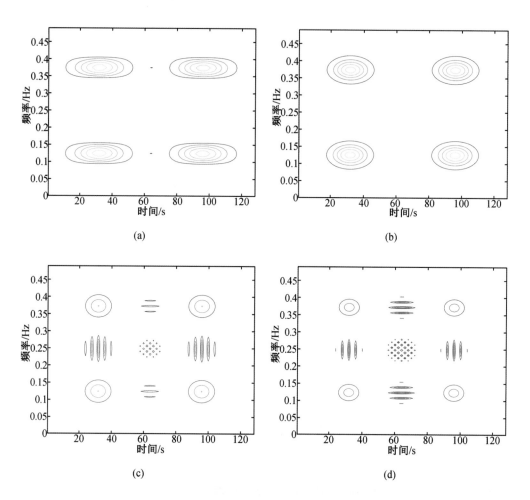

图 5.28　从谱图到 WVD 的变换,使用平滑伪 WVD,信号由四个高斯原子组成

对比可知,WVD 给出了最佳分辨率(在时间和频率上),但是存在大量交叉项,谱图有最差的分辨率,但是几乎无干扰项存在。平滑伪 WVD 在两个极端之间进行了折中。

### 5.3.4.3　科恩类与窄带模糊函数的联系

窄带模糊函数在雷达信号处理领域特别有用,它定义为

$$A_\xi(\xi,\tau) = \int_{-\infty}^{+\infty} x(s+\tau/2)x^*(s-\tau/2)\mathrm{e}^{-\mathrm{j}2\pi\xi s}\mathrm{d}s \tag{5.75}$$

模糊函数是对信号时频相关性的一种度量,反应信号与其本身在时频平面上移位

后的信号分量之间的相似性。不像变量"$t$"与"$v$"是绝对的时间与频率坐标,变量"$\tau$"和"$\xi$"表示相对坐标,分别称为延迟和多普勒。

模糊函数通常是复数并满足厄米特偶对称:

$$A_x(\xi,\tau) = A_{\xi}^*(-\xi,-\tau) \tag{5.76}$$

窄带模糊函数与 WVD 之间存在着重要的联系,即模糊函数是 WVD 的二维傅里叶变换:

$$A_x(\xi,\tau) = \int_{-\infty}^{+\infty}\int_{-\infty}^{+\infty} W_x(t,v)\,\mathrm{e}^{\mathrm{j}2\pi(v\tau-\xi t)}\,\mathrm{d}t\mathrm{d}v \tag{5.77}$$

因此,模糊函数是傅里叶变换意义上的 WVD。所以,对于模糊函数,其特性几乎接近于 WVD 的特性。在这些特性中,只重点论述两个:

(1)边缘特性

时域与频域自相关是模糊函数沿着 $\tau$ 坐标系与 $\xi$ 坐标系的切片:

$$r_x(\tau) = A_x(0,\tau) \text{ and } R_x(\tau) = A_x(\xi,0) \tag{5.78}$$

$X$ 的能量是模糊函数在 $(\xi,\tau)$ 平面原点的值,也是最大值:

$$|A_x(\xi,\tau)| \leqslant A_x(0,0) = E_x \quad \forall \xi,\tau \tag{5.79}$$

(2)平移不变性

一个信号在时频平面平移后,其模糊函数形状不变,只是引入了一个相位因子(调制):

$$y(t) = x(t-t_0)\,\mathrm{e}^{\mathrm{j}2\pi v_0 t} \Rightarrow A_y(\xi,\tau) = A_x(\xi,\tau)\,\mathrm{e}^{\mathrm{j}2\pi(v_0\tau-\xi t_0)} \tag{5.80}$$

在多分量信号的情况下,干扰几何对应于信号分量的模糊函数主要分布在原点附近,与信号分量之间交叉项对应的能量则出现在与原点有一定距离的地方并与涉及的分量之间的时频距离成正比。

首先分析两个信号的 WVD,可以见到交叉项在信号之间振荡。

如图 5.29 和图 5.30 所示,如果看相同信号的模糊函数,则得到了围绕原点(在图像中间)的模糊信号项,模糊干扰项位于远离原点的区域。因此,在模糊函数原点周围加一个二维的低通滤波器,并通过二维傅里叶变换得到 WVD,即可以抑制交叉项。实际上,在科恩类的通常表达式下,这个二维滤波器操作是通过参数函数 $f$ 来实现的。

科恩类时频分布具有多重表达形式,由模糊函数表达的形式可以写为

$$C_x(t,v;f) = \int_{-\infty}^{+\infty}\int_{-\infty}^{+\infty} f(\xi,\tau) A_x(\xi,\tau)\,\mathrm{e}^{-\mathrm{j}2\pi(v\tau+\xi t)}\,\mathrm{d}\xi\mathrm{d}\tau \tag{5.81}$$

式中,$f$ 是 $\Pi$ 的二维傅里叶变换。这个表达式很好地说明了参数函数 $f(\xi,\tau)$ 所起的作用。确实,$f$ 使信号项保持不变,并抑制了干扰项。实际上,从时频平面到模糊函数的变化允许对函数 $f$ 做精确的表征,因此也就可以得到精确地平滑函数 $\Pi(t,v)$。可见,

WVD 对应一个恒值的参数函数 $f(\xi,\tau)=1$，$\forall\,\xi,\tau$，即模糊函数并不进行滤波操作。对于谱图来说，$f(\xi,\tau)=A_h^*(\xi,\tau)$，即窗 $h$ 的模糊函数决定了模糊函数平面的加权函数形状。对于平滑伪 WVD 来说，$f(\xi,\tau)=G(\xi)h(\tau)$，即加权函数在时间和频率上可分离，可以独立地进行控制，这对于设计合适的加权函数以适应模糊函数平面信号项的形状是非常有用的。

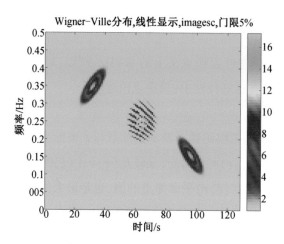

图 5.29　具有高斯幅度和调频斜率的两个调频信号的 WVD

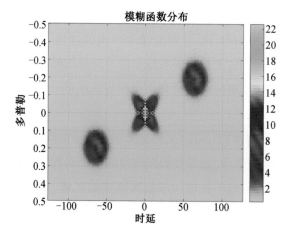

图 5.30　前一个信号的窄带模糊函数：模糊函数信号项在原点周围，模糊函数干扰项位置远离原点

### 5.3.4.4　其他重要的科恩类时频分布

下面，讨论其他一些重要的科恩类时频分布。

（1）Rihaczek 和 Margenau-Hill 分布

如果考虑信号 $x$ 仅限于在以 $t$ 为中心的一个极小区间 $\delta_T$，它通过一个中心为 $v$ 的无穷小带通滤波器 $\delta_B$，输出可以近似地写出以下表达式：

$$\delta_T \delta_B \left[ x(t) X^*(v) \mathrm{e}^{-\mathrm{j}2\pi vt} \right] \tag{5.82}$$

式(5.82)给出了一种新的时频分布计算:

$$R_x(t,v) = x(t) X^*(v) \mathrm{e}^{-\mathrm{j}2\pi vt} \tag{5.83}$$

式(5.83)称作 Rihaczek 分布(RD)。它是科恩类时频分布的一种,其中 $f(\xi,\tau) = \mathrm{e}^{\mathrm{j}\pi\xi\tau}$。Rihaczek 分布具有许多良好的性能。Rihaczek 分布的实部也是一种科恩类时频分布,其中 $f(\xi,\tau) = \cos(\pi\xi\tau)$,称之为 Margenau-Hill 分布。它也具有很多有趣的特性。同 WVD 一样,也可以定义平滑的 Rihaczek 与 Margenau-Hill 分布(MHD)。

Rihaczek 与 Margenau-Hill 分布的交叉项特征与 WVD 不同:定位于 $(t_1,v_1)$ 与 $(t_2,v_2)$ 的两个信号分量对应的干扰项位于坐标 $(t_1,v_2)$ 与 $(t_2,v_1)$。这可由图 5.31 看出。

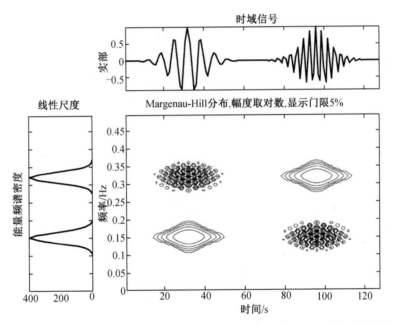

图 5.31　2 原子的 Margenau-Hill 分布,干扰项的位置与 WVD 有很大的不同

可见,对于由时域或频域处于同一位置的多分量组成的信号使用 Margenau-Hill 分布进行分析是不明智的,是因为干扰项很可能压制住信号项。

(2)Page 分布

Page 分布(PD)定义为

$$P_x(t,v) = \frac{\mathrm{d}}{\mathrm{d}t} \left\{ \left| \int_{-\infty}^{t} x(u) \mathrm{e}^{-\mathrm{j}2\pi vu} \mathrm{d}u \right|^2 \right\} = 2R \left\{ x(t) \left( \int_{-\infty}^{t} x(u) \mathrm{e}^{-\mathrm{j}2\pi vu} \mathrm{d}u \right)^* \mathrm{e}^{-\mathrm{j}2\pi vt} \right\} \tag{5.84}$$

PD 是 $t$ 时刻前的信号能量谱密度的导数。它是参数函数 $f(\xi,\tau)=\mathrm{e}^{-\mathrm{j}\xi\pi|\tau|}$ 的一种科恩类时频分布。实际上,它是连续因果的、一致的、调制兼容且保留时间支撑的唯一分布。频率平滑的 PD,叫伪 PD。

(3) WVD 的联合平滑

有一类特殊的科恩类,其参数函数与变量 $\xi$ 和 $\tau$ 的积有关,即

$$f(\xi,\tau)=\varPhi(\tau\xi) \tag{5.85}$$

式中,$\varPhi$ 是递减函数且 $\varPhi(0)=1$(RD 与 MHD 是此类的特殊情况)。此类分布将兼顾所有边缘特性。除此之外,由于 $\varPhi$ 是递减函数,$f$ 是低通函数,根据式(5.85),参数函数将减小干扰。这就是为什么此类分布被称为所谓的减小干扰分布的原因。

一种 $\varPhi$ 的自然选择是高斯函数:

$$f(\xi,\tau)=\exp\left[-\frac{(\pi\xi\tau)^2}{2\sigma^2}\right] \tag{5.86}$$

此时对应的分布为

$$\mathrm{CW}_x(t,v)=\sqrt{\frac{2}{\pi}}\int_{-\infty}^{+\infty}\int_{-\infty}^{+\infty}\frac{\sigma}{|\tau|}\mathrm{e}^{-2\sigma^2(s-t)^2/\tau^2}x(s+\tau/2)x^*(s-\tau/2)\mathrm{e}^{-\mathrm{j}2\pi v\tau}\mathrm{d}s\mathrm{d}\tau$$

$$\tag{5.87}$$

式(5.87)为 Choi-Williams 分布。注意到当 $\sigma\to+\infty$,它将退化为 WVD。相反地,更小的 $\sigma$ 会有更好的干扰抑制效果。

如果通过给时频分布进一步加条件去保证时–频支撑特性,最简单的选择是:

$$f(\xi,\tau)=\frac{\sin(\pi\xi\tau)}{\pi\xi\tau} \tag{5.88}$$

Born-Jordan 分布就满足上述特性,其定义为

$$\mathrm{BJ}_x(t,v)=\int_{-\infty}^{+\infty}\frac{1}{|\tau|}\int_{t-|\tau|/2}^{t+|\tau|/2}x(s+\tau/2)x^*(s-\tau/2)\mathrm{d}s\mathrm{e}^{-\mathrm{j}2\pi v\tau}\mathrm{d}\tau \tag{5.89}$$

如果沿着频率轴平滑 Born-Jordan 分布,将获得 Zhao-Atlas-Marks 分布,也称为 Cone-Shaped Kernel 分布,其定义为

$$\mathrm{ZAM}_x(t,v)=\int_{-\infty}^{+\infty}\left[h(\tau)\int_{t-|\tau|/2}^{t+|\tau|/2}x(s+\tau/2)x^*(s-\tau/2)\mathrm{d}s\right]\mathrm{e}^{-\mathrm{j}2\pi v\tau}\mathrm{d}\tau \tag{5.90}$$

为了说明各种分布之间的不同,将其对应的加权函数画在模糊函数平面上,并把它们应用于加白噪声的两分量信号,这个信号是两个线性调频信号的和,第一个频率从 0.05 到 0.15,第二个从 0.2 到 0.5。信噪比约 10 dB。

在图 5.32 和 5.33 的左列,参数函数以粗轮廓线表现出来(加权函数在这些线内是非零的),叠加到信号的模糊函数上。模糊函数信号项在模糊平面的中部,而模糊

函数干扰项远离中部。在图 5.32 和图 5.33 的右列给出了对应的时频分布。

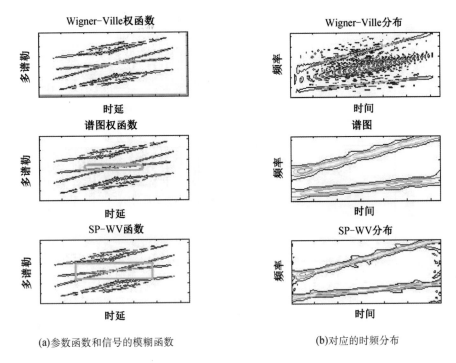

(a)参数函数和信号的模糊函数　　　　　　(b)对应的时频分布

图 5.32　两个调频信号叠加一个 10 dB 白噪声的二次时频分析

可见,模糊函数加权对于多分量情况下的干扰抑制是非常有用的。注意到平滑伪 WVD 是方便且适宜的。因为可以独立地改变它的加权函数对应的时宽与频宽,从而得到最优的抑制交叉项结果。但在通常情况下,对特定的一类信号,只有少部分分布可以使用,因为并不是每一个分布都适用于所有的信号形式。除此之外,对于给定的信号,不同分布对应的交叉项干扰抑制效果不同,而这些不同的效果恰好提供了相同信号的时频分布的互补描述。

### 5.3.4.5　抑制交叉项的组合时频分布

由于本质上模糊函数和 WVD 之间是傅里叶变换对的关系,因此,在追求极致的情况下,可以通过对模糊函数的掩模处理,最大程度保留信号自项,然后通过傅里叶变换获得没有交叉项,同时时频联合分辨性能最佳的能量型时频分布。例如,两个线性调频混合信号的 WVD 如图 5.34 所示,该信号的模糊函数如图 5.35 所示。

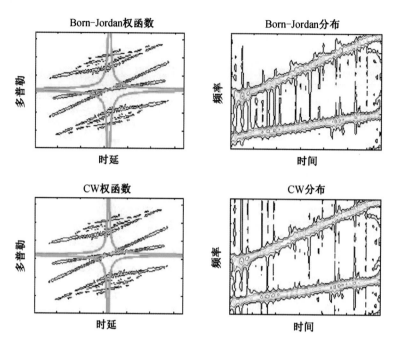

图 5.33　两个混合 10 dB 高斯白噪声的线性调频信号的二次时频分析

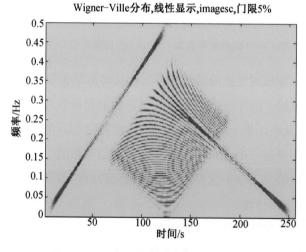

图 5.34　两个线性调频混合信号的 WVD

　　采用如图 5.35 所示的掩模信号最大程度保留模糊函数信号自项,抑制模糊函数交叉项,则可得到如图 5.36 所示的滤波后的模糊函数。

　　基于如图 5.36 所示的滤波后的模糊函数,做二维傅里叶变换,得到抑制交叉项的能量型时频分布,如图 5.37 所示。

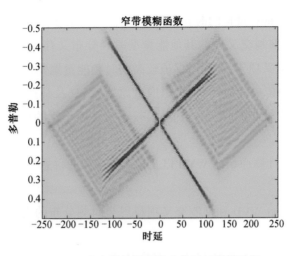

图 5.35　两个线性调频混合信号的模糊函数

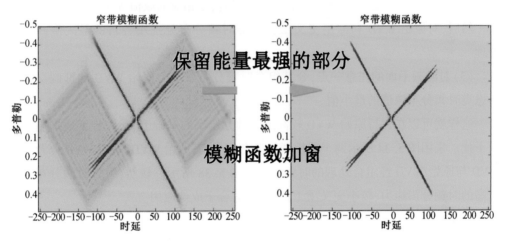

图 5.36　模糊函数掩模滤波的效果

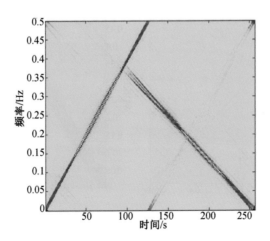

图 5.37　掩模的模糊函数做二维傅里叶变换所得时频分布,显然具有类似 WVD 的时频分布性能

综上可知,WVD 具有最佳的时频聚集性能,但是对于多分量信号却存在严重的交叉项干扰;而谱图和抑制交叉项的其他能量型时频分布又存在时频聚集性能差的问题。为了有效抑制交叉项干扰,同时保证较高的时频能量聚集性能(即良好的时频分辨能力),在实际 ISAR 成像应用时,可以通过原始 WVD 及其抑制交叉项的科恩类时频分布组合构造具有较高的时频分辨能力、较小交叉项干扰的组合型时频分布,构造的基本步骤如下:

(1)对信号分别计算原始的 WVD 以及抑制交叉项的科恩类时频分布(如谱图、平滑 WVD 等)。

(2)由于只有原始 WVD 和抑制交叉项科恩类时频分布的交叉项可能是负值,因此采取如下操作:

当原始 WVD 取值小于零时,令相应的取值等于零;

当抑制交叉项科恩类时频分布取值小于零时,令相应的取值等于零;

然后,对原始 WVD 和抑制交叉项科恩类时频分布分别用各自的最大值归一化处理。

(3)对时频平面的任意一点,令其组合时频分布取值为原始 WVD 和抑制交叉项科恩类时频分布取值的最小值。

这样就可以在保持原始 WVD 较高的时频分辨率的基础上,最大程度地抑制交叉项干扰。采用图 5.34 所示两个线性调频混合信号,其原始 WVD、平滑 WVD 以及平滑 WVD 与原始 WVD 经组合处理的时频分布如图 5.38 所示。显然,组合时频分布具有较高的时频分辨能力、较小交叉项干扰,更加适合于成像应用。

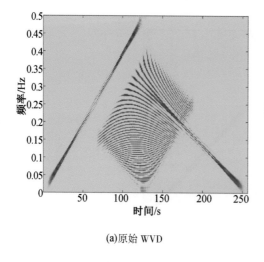

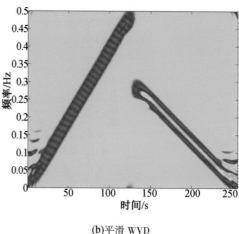

(a)原始 WVD                           (b)平滑 WVD

图 5.38　原始 WVD、平滑 WVD 以及平滑 WVD 与原始 WVD 经组合处理的时频分布

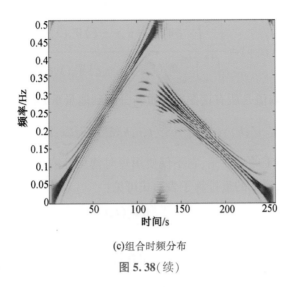

(c)组合时频分布

图 **5.38**(续)

#### 5.3.4.6　重排类

科恩类等时频分布很难兼具对信号分量的良好能量聚积性和良好的交叉项干扰抑制性能。本节讨论的重排类方法就是为了解决这一问题而提出的。

（1）谱图的重排

"重排"最初的想法是为了尝试改善谱图而提出的。正如任何其他双线性能量分布一样,谱图也面临着交叉项干扰抑制和对信号分量的良好能量聚积性之间的不可调和的矛盾。

回想一下通过 Wigner-Ville 分布二维平滑得到谱图的公式:

$$S_x(t,v;h) = \int_{-\infty}^{+\infty} \int_{-\infty}^{+\infty} W_x(s,\xi) W_h(t-s,v-\xi) \mathrm{d}s \mathrm{d}\xi \qquad (5.91)$$

谱图几乎完全抑制了 WVD 的干扰项,但代价是时间和频率分辨率的恶化。然而,仔细看看式(5.91),$W_h(t-s,v-\xi)$定义了一个在$(t,v)$点附近的时间−频率邻域,处于域内的 WVD 值进行了加权平均处理。重排原理的关键点是,这些值没有理由都在$(t,v)$周围对称分布,即$(t,v)$没有理由一定是该邻域的几何中心。因此,加权平均处理的结果不应该赋值于该点,而是应该赋值于这一邻域的重心所在的点。做一个推理,局部能量分布$W_h(t-s,v-\xi)W_x(s,\xi)$可以被视为一个质量分布,更准确的总质量(即谱图值)应赋值于重心,而不是它的几何中心。

这正是重排方法所做的,将谱图上对应任何点$(t,v)$的值赋值到另一点$(\hat{t},\hat{v})$,而该点是点$(t,v)$附近邻域的能量重心:

$$\hat{t}(x;t,v) = \frac{\int_{-\infty}^{+\infty} \int_{-\infty}^{+\infty} s W_h(t-s,v-\xi) W_x(s,\xi) \mathrm{d}s \mathrm{d}\xi}{\int_{-\infty}^{+\infty} \int_{-\infty}^{+\infty} W_h(t-s,v-\xi) W_x(s,\xi) \mathrm{d}s \mathrm{d}\xi} \qquad (5.92)$$

$$\hat{v}(x;t,v) = \frac{\int_{-\infty}^{+\infty}\int_{-\infty}^{+\infty} \xi W_h(t-s,v-\xi) W_x(s,\xi)\,\mathrm{d}s\mathrm{d}\xi}{\int_{-\infty}^{+\infty}\int_{-\infty}^{+\infty} W_h(t-s,v-\xi) W_x(s,\xi)\,\mathrm{d}s\mathrm{d}\xi} \tag{5.93}$$

重排的谱图,其取值是所有谱图取值重新分配到能量重心的结果:

$$S_x^{(r)}(t',v';h) = \int_{-\infty}^{+\infty}\int_{-\infty}^{+\infty} S_x(t,v;h)\delta[t'-\hat{t}(x;t,v)]\mathrm{d}t\mathrm{d}v \tag{5.94}$$

这一新分布最有趣的特性是,它不仅使用短时傅里叶变换的模平方信息,而且利用了其相位信息。从以下的重排算子表达式可见:

$$\hat{t}(x;t,v) = -\frac{\mathrm{d}\Phi_x(t,v;h)}{\mathrm{d}v}$$

$$\hat{v}(x;t,v) = v + \frac{\mathrm{d}\Phi_x(t,v;h)}{\mathrm{d}t} \tag{5.95}$$

式中,$\Phi_x(t,v;h)$是信号的短时傅里叶变换的相位,满足:

$$\Phi_x(t,v;h) = \arg[F_x^*(t,v;h)] \tag{5.96}$$

但是,上述表达式并不能有效的实现,做如下替换:

$$\hat{t}(x;t,v) = t - \Re\left\{\frac{F_x(t,v;T_h)F_x^*(t,v;h)}{|F_x(t,v;h)|^2}\right\}$$

$$\hat{v}(x;t,v) = v - \Im\left\{\frac{F_x(t,v;D_h)F_x^*(t,v;h)}{|F_x(t,v;h)|^2}\right\} \tag{5.97}$$

式中,$T_h(t) = t \times h(t)$和$D_h(t) = \frac{\mathrm{d}h}{\mathrm{d}t}(t)$。重排的谱图是很容易实现的,并且不会急剧增加计算复杂性。

最后,还应该强调的是,虽然重排的谱图不再是双线性的,但是正如 WVD 对线性调频信号和冲激脉冲具有最优的定位特性一样,重排的结果一样保持了这个特性:

$$x(t) = A\exp[j(v_0 t + \alpha t^2/2)] \Rightarrow \hat{v} = v_0 + \alpha\hat{t}$$

$$x(t) = A\delta(t - t_0) \Rightarrow \hat{t} = t_0 \tag{5.98}$$

重排方法对时频分布的改进是很明显的,重排的时频分布具有更好的时频聚集性,同时交叉项很少。

(2)科恩类的重排

重排原则可直接扩展应用于任何时频分布。事实上,如果考虑科恩类分布的一般表达式:

$$C_x(t,v;\Pi) = \int_{-\infty}^{+\infty}\int_{-\infty}^{+\infty} \Pi(t-s,v-\xi) W_x(s,\xi)\,\mathrm{d}s\mathrm{d}\xi \tag{5.99}$$

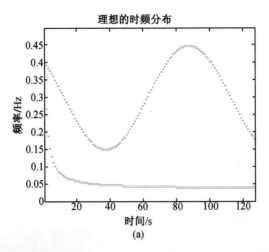

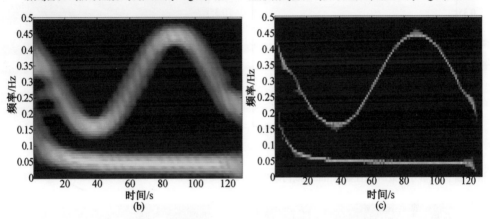

图 5.39　理想时频分布、经典谱图与重排谱图对比

其重排的分布为

$$\hat{t}(x;t,v) = \frac{\displaystyle\int_{-\infty}^{+\infty}\int_{-\infty}^{+\infty} s\Pi(t-s,v-\xi)W_x(s,\xi)\,\mathrm{d}s\mathrm{d}\xi}{\displaystyle\int_{-\infty}^{+\infty}\int_{-\infty}^{+\infty} \Pi(t-s,v-\xi)W_x(s,\xi)\,\mathrm{d}s\mathrm{d}\xi} \tag{5.100}$$

$$\hat{v}(x;t,v) = \frac{\displaystyle\int_{-\infty}^{+\infty}\int_{-\infty}^{+\infty} \xi\Pi(t-s,v-\xi)W_x(s,\xi)\,\mathrm{d}s\mathrm{d}\xi}{\displaystyle\int_{-\infty}^{+\infty}\int_{-\infty}^{+\infty} \Pi(t-s,v-\xi)W_x(s,\xi)\,\mathrm{d}s\mathrm{d}\xi}$$

$$C_x^{(r)}(t',v';\Pi) = \int_{-\infty}^{+\infty}\int_{-\infty}^{+\infty} C_x(t,v;\Pi)\delta\big[v'-\hat{v}(x;t,v)\big]\,\mathrm{d}t\mathrm{d}v \tag{5.101}$$

　　由此产生的重排分布有效地减少了交叉干扰项,同时又提供了良好的信号时频聚集性。从理论的角度来看,这些分布是时间-频率协变的,并且对线性调频信号和冲激脉冲具有最佳的时频聚集性。

（3）数值实例

为了评估在实际应用中的重排方法的好处,通过时频表示分析一个由正弦频率调制的分量和线性调频脉冲组成的128点的信号。

首先绘制瞬时频率,然后计算WVD,信号分量聚集性得到了改善,但许多交叉项也出现了。现在考虑平滑伪WVD及其重排版本。可以看到,SPWVD几乎完全抑制了交叉项,但信号分量的时频聚集性变差了。对比重排方法的结果可知,重排的改进是显而易见的:所有的信号分量时频聚集性均较好,几乎接近理想的结果,如图5.40所示。

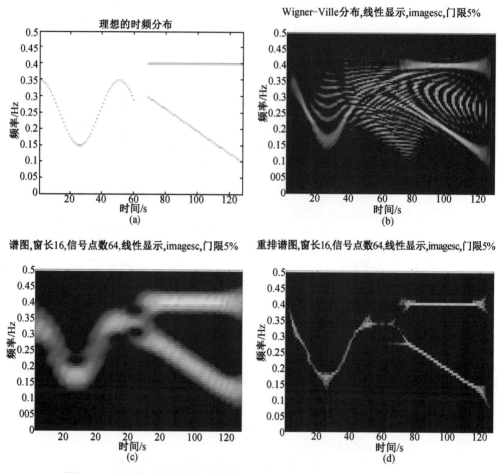

图5.40 不同的时频分布与重排结果比较:所分析的信号由三个分量组成

最后,展示伪Page分布、伪Margenau-Hill分布及其与重排结果。如图5.41所示,这些表示在重排前几乎是不可读的,因为一些交叉项叠加在信号分量上。重排的结果改善了信号分量的时频聚集性。

### 5.3.5　基于时频分析的线性调频信号检测和参数估计

正如在前面的章节中所看到的一样,对线性调频信号,WVD 能够实现在时频平面上最佳的聚集性。检测和估计这样的信号,在时域中是不容易完成的,但在时间−频率平面,该问题转变为二维平面上的"线"的检测问题,在模式识别中,这是一个众所周知的,并且易于解决的问题。这可以通过使用专用于"线形"检测的 Hough 变换来完成。

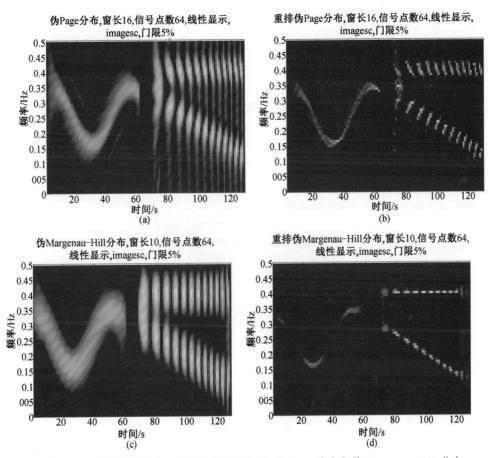

图 5.41　不同的时频分布及其重排结果比较:伪 **Page** 分布和伪 **Margenau-Hill** 分布

#### 5.3.5.1　Hough 变换

考虑直线的极坐标表示:

$$x\cos\theta + y\sin\theta = \rho \tag{5.102}$$

对于图像的各点 $(x, y)$,它的 Hough 变换是极坐标平面上的正弦波,其幅度等于该像素 $(x, y)$ 的强度。所以,图像上的所有点,其 Hough 变换是极坐标平面上相互相交的一簇正弦波。换句话说,Hough 变换完成图像上的沿直线的积分。积分的结果,由图像上直线的参数决定。Hough 变换方法可以很容易地应用到其他参数的曲线,例如双曲线。

### 5.3.5.2 Wigner-Hough 变换

假设信号为

$$x(t) = e^{j2\pi(v_0 t + \beta/2 t^2)} + n(t) \qquad (5.103)$$

当 Hough 变换应用于信号的 Wigner-Ville 分布时,得到一个新的变换,称为 Wigner-Hough 变换(WHT),其表达式为

$$WH_x(v_0, \beta) = \int_T W_x(t, v_0 + \beta t) dt$$

$$= \int_{-\infty}^{+\infty} \int_T x(t + T/2) x * (t - T/2) e^{-j2\pi(v_0 + \beta t)} dt dT \qquad (5.104)$$

WHT 与阈值比较结果为检测的结果,通过检测变换峰值的位置可以实现信号参数的估计。而且估计结果是渐近有效的(即它们渐近收敛于克拉美–罗下限)。这种方法具有以下优点:

(1)估计结果和每个信号分量的幅度和初始相位无关;

(2)不像广义似然比检测,其复杂性并不会随着信号分量 $N_c$ 的增加而增加。

这里举例说明。首先,考虑信噪比为 1 dB 的线性调频信号,用 Wigner-Hough 变换分析它(图 5.42 和图 5.43)。

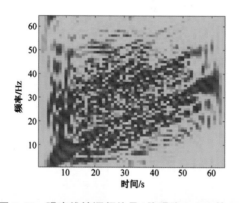

图 5.42　噪声线性调频信号(信噪比 1 dB)的 WVD

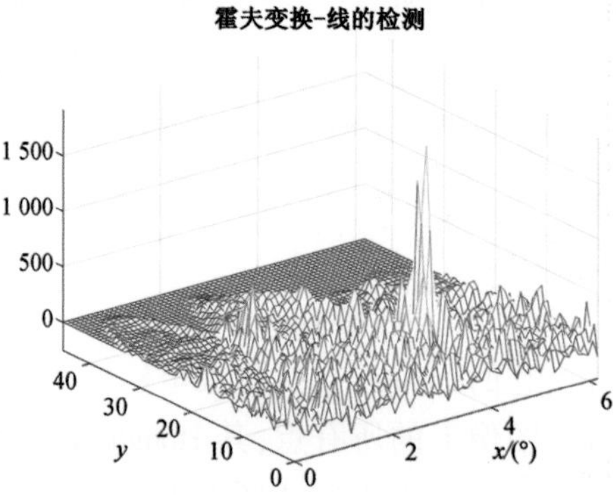

图 5.43　含噪声的线性调频信号的 Wigner-Hough 变换:峰值对应于线性调频信号,根据其坐标可估计出线性调频参数

　　线性调频脉冲的特征从时域波形上很难发现,但在 WVD 中却清楚地显示了出来。得到参数空间$(\rho,\theta)$,代表线性调频脉冲信号的峰值明显比对应的噪声的能量高。检测过程非常简单:选定阈值,如果变换结果中的峰值高于阈值,则被认为是线性调频脉冲源,而且该峰值的坐标$(\hat{\rho},\hat{\theta})$提供估计了该线性调频脉冲信号参数的输入(利用从$(\hat{\rho},\hat{\theta})$到$(\hat{v}_0,\hat{\beta})$的变换关系)。

　　在多分量信号的情况下,主要问题是交叉项干扰的出现。然而,由于交叉项的振荡特征,Hough 变换将削弱交叉项对应的峰值。这可以通过下面的例子观察到,两个叠加的线性调频脉冲信号,它们具有不同的初始频率和扫描速率(图 5.44 和图 5.45)。

　　尽管由于 WVD 的非线性,其变换结果出现了难以避免的交叉项干扰,但是从经过 Hough 变换后的结果中,还是可以看到两个线性调频信号很好地体现在了不同的参数空间上,两个峰值的坐标提供了不同信号分量的参数估计。

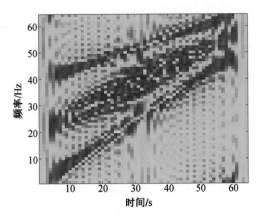

图 5.44　两个线性调频脉冲信号的 WVD:两个分量之间出现交叉项干扰

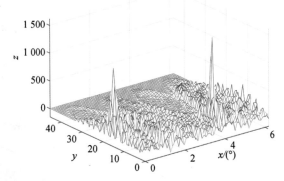

图 5.45　两分量线性调频信号的 Wigner-Hough 变换:存在两个主峰,表征两个线性调频脉冲分量,尽管 WVD 出现了交叉项,但在 Wigner-Hough 变换中交叉项仅引入了较低的旁瓣

至此,本节已经讨论了在时间-频率平面上分析非平稳信号的一系列解决方案——时频联合分布。它们有效地描述了非平稳信号的频率随时间的变化关系。尽管有的时频分布因为交叉项干扰的存在而难以应用,但是总是可以找到有效的方法抑制交叉项干扰,并且在抑制交叉项干扰与最佳时频能量聚集性之间获得平衡,得到满意的时频分析结果。需要注意的是,抑制交叉项干扰总是要付出一定代价的。抑制交叉项的时频分布通常难以满足人们期望的所有性质,因此在应用时频分布解决具体的信号分析与处理问题时,需要具体问题具体分析。

## 5.4　距离-瞬时多普勒 ISAR 成像

### 5.4.1　非均匀转动空间目标 ISAR 回波特性

根据第 4 章的介绍,在对空间目标距离向成像过程中存在距离色散和 MTRC 的问题,可以利用 FrFT 等方法消除距离色散以实现距离像聚焦,并在对回波信号预相干化处理后采用 keystone 变换补偿 MTRC。在此假设已完成距离压缩和平动补偿,并转换成以目标质心为参考点的平面转台模型,如图 5.46 所示。

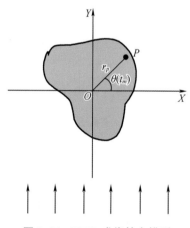

图 5.46　ISAR 成像转台模型

假设在距离单元 $y$ 内的散射点在成像积累时间内未出现 MTRC,或通过 keystone 变换 MTRC 已被补偿掉,则该距离单元内的方位回波信号可表示为

$$s(t) = \sum_{i=1}^{I} \sigma_i \exp\left\{ -\mathrm{j}\frac{4\pi}{\lambda}\left[ x_i \sin \theta(t) + y_i \cos \theta(t) \right] \right\} \tag{5.105}$$

式中,$I$ 为该距离单元内散射点的总数;$(x_i, y_i)$ 为第 $i$ 个散射点的坐标,且有 $y_i = y, i = 1, 2, \cdots, I$;$\sigma_i$ 为第 $i$ 个散射点的回波幅值;$\lambda$ 为激光信号波长;$\theta(t)$ 为 $t$ 时刻的旋转

角度。

对于非均匀转动目标，$\theta(t)$ 可以展开为如下形式：

$$\theta(t) = \omega t + \frac{1}{2}\Omega t^2 + \frac{1}{6}\omega'' t^3 + \cdots \tag{5.106}$$

式中，$\omega$ 为角速度；$\Omega$ 为角加速度；$\omega''$ 为角加加速度。

事实上，考虑到 ISAR 成像时间很短，通常情况下，目标的非均匀转动可考虑到二阶转动分量，也即可近似为匀加速转动：

$$\theta(t) = \omega t + \frac{1}{2}\Omega t^2 \tag{5.107}$$

由于 ISAR 成像所需要的转动积累角通常满足以下小角度近似条件：

$$\sin\theta(t) = \sin\left(\omega t + \frac{1}{2}\Omega t^2\right) \approx \omega t + \frac{1}{2}\Omega t^2 \tag{5.108}$$

$$\cos\theta(t) = \cos\left(\omega t + \frac{1}{2}\Omega t^2\right) \approx 1 \tag{5.109}$$

因而，对式(5.105)求导可得多普勒频率：

$$\begin{aligned}
f_{\mathrm{da}}(t) &= -\frac{2}{\lambda}\left[x\cos\theta(t)\cdot\frac{\mathrm{d}\theta(t)}{\mathrm{d}t} - y\sin\theta(t)\cdot\frac{\mathrm{d}\theta(t)}{\mathrm{d}t}\right] \\
&\approx -\frac{2}{\lambda}(\omega+\Omega t)x + \frac{2}{\lambda}\left(\omega^2 t + \frac{3}{2}\omega\Omega t^2 + \frac{1}{2}\Omega^2 t^3\right)y \\
&= f_{\mathrm{da}}(x,t) + f_{\mathrm{da}}(y,t)
\end{aligned} \tag{5.110}$$

其中

$$f_{\mathrm{da}}(x,t) = -\frac{2}{\lambda}(\omega+\Omega t)x \tag{5.111}$$

$$f_{\mathrm{da}}(y,t) = \frac{2}{\lambda}\left(\omega^2 t + \frac{3}{2}\omega\Omega t^2 + \frac{1}{2}\Omega^2 t^3\right)y \tag{5.112}$$

在 ISAR 相干累积时间 $T_{\mathrm{sa}}$ 内，当角加速度引起的角速度变化量小于初始角速度时，即 $\Omega T_{\mathrm{sa}} < \omega$ 时，式(5.122)可近似为一阶曲线：

$$f_{\mathrm{da}}(y,t) \approx \frac{2}{\lambda}(K_{\mathrm{d}}t - \psi_0)y \tag{5.113}$$

$$K_{\mathrm{d}} = \omega^2 + \frac{3}{2}\Omega\omega T_{\mathrm{sa}} + \frac{3}{8}\Omega^2 T_{\mathrm{sa}}^2 \tag{5.114}$$

$$\psi_0 = \frac{\Omega\omega T_{\mathrm{sa}}^2}{16}\left(3 + \frac{\Omega}{\omega}T_{\mathrm{sa}}\right) \tag{5.115}$$

此时，式(5.110)可简化为

$$f_{\mathrm{da}}(t) = k_{\mathrm{a}}t + f_{\mathrm{a}} \tag{5.116}$$

其中

$$k_a = \frac{2}{\lambda}(K_d y - \Omega x) \tag{5.117}$$

$$f_a = -\frac{2}{\lambda}(\omega x + \psi_0 y) \tag{5.118}$$

因此,二阶转动近似的空间目标 ISAR 回波信号可近似为调频斜率和起始频率都不相同的多分量 LFM 信号(multicomponent linear frequency modulation,MLFM):

$$s(t) = \sum_{i=1}^{I} \sigma_i \exp\left[j2\pi\left(\varphi_{0i} + f_{ai}t + \frac{1}{2}k_{ai}t^2\right)\right] \tag{5.119}$$

式中,$\varphi_{0i}$ 为常数;$k_{ai}$ 与 $f_{ai}$ 分别满足式(5.117)和式(5.118)。

### 5.4.2 基于 FrFT-CLEAN 的方位成像算法

#### 5.4.2.1 算法原理及步骤

由前分析可知,二阶转动近似的空间目标 ISAR 回波信号可近似为 MLFM 信号,如式(5.105)所示。为此,虽然可利用 ISAR 中现有 RID 算法如 STFT 法、WVD 法、Chirplet 法等进行成像,但 STFT 法的时频分辨性能较差,而 WVD 法和 Chirplet 法的运算量较大,且 WVD 法一方面需要在时频分辨率、交叉项抑制和运算效率三者中平衡,另一方面 WVD 还是一种非线性变换,算法的相位保持性较差,将不利于后续可能开展的三维干涉成像的研究。FrFT 不存在交叉项的影响,具有很好的时频分辨率,且离散型 FrFT 可基于 FFT 实现,具有较高的运算效率。此外,FrFT 是一种线性变换,具有很好的相位保持特性,因此利用 FrFT 对非均匀转动目标进行 ISAR 方位成像具有较大优势。在 ISAR 中,有学者提出在分数阶傅里叶变换域用 CLEAN 技术逐个分离出机动目标的各子回波 LFM 信号,再对分离出的每个单分量 LFM 信号做时频分析获取瞬时切片,然后将所有单分量 LFM 信号的这些瞬时切片线性叠加,最终获取目标的 RID 图像。该方法与基于 Radon-Wigner 变换(RWT)的 RID 成像方法较为类似。实际上,在利用 FrFT 对子回波 LFM 信号进行参数估计和分离的过程中,子回波 LFM 信号会在分数阶傅里叶变换域上实现能量聚集而形成峰值点,而该峰值点可视为目标在方位向的成像,这与利用 FrFT 直接实现距离向成像的思想是一致的。因此,对方位向的处理仍可采用 FrFT 直接成像。然而与距离向处理不同,由于不同散射点子回波信号的调频斜率不同,这里不能直接用 FrFT 同时获取所有目标的方位像,但可通过 FrFT 结合 CLEAN 技术(FrFT-CLEAN)实现对所有散射点子回波信号的聚焦和分离。本节给出 FrFT-CLEAN 算法较为详细的推导过程和实现步骤,并将该算法应用于非均匀转动空间目标的 ISAR 成像中,以验证其性能。

将式(5.119)重写如下:

$$s(t) = s(\varphi_{0l}, f_{al}, k_{al}, t) + \sum_{i=1}^{I, i \neq l} s(\varphi_{0i}, f_{ai}, k_{ai}, t) \tag{5.120}$$

式中，$s(\varphi_{0i}, f_{ai}, k_{ai}, t)$ 表示第 $i$ 个子回波分量。

FrFT 的定义为

$$X_\alpha(u) = F^\alpha[x(t)] = \int_{-\infty}^{+\infty} x(t) K_\alpha(u,t) \mathrm{d}t \tag{5.121}$$

$$K_\alpha(u,t) = \begin{cases} \sqrt{\dfrac{1-\mathrm{jcot}\ \alpha}{2\pi}} \exp\left(\mathrm{j}\dfrac{t^2+u^2}{2}\cot\ \alpha - \mathrm{j}utcsc\ \alpha\right) \\ \alpha \neq n\pi \\ \delta(u-t), \alpha = 2n\pi \\ \delta(u+t), \alpha = (2n\pm1)\pi \end{cases} \tag{5.122}$$

式中，$n=1,2,\cdots$。当旋转角度为 $\pi/2$ 时，FrFT 就变为传统的傅里叶变换。

当旋转角度 $\alpha$ 与第 $l$ 个散射点子回波的调频斜率满足 $\alpha = -\mathrm{arccot}(k_{al})$ 时，对回波做旋转角度为 $\alpha = -\mathrm{arccot}(k_{al})$ 的 FrFT，可得：

$$S_\alpha(u) = S_{\alpha,l}(u) + \sum_{i=1}^{I, i\neq l} S_{\alpha,i}(u) \tag{5.123}$$

$$S_{\alpha,l}(u) = A(u)\sigma_l \exp(\mathrm{j}2\pi\varphi_{0l}) \mathrm{sinc}\left[T_p\left(\dfrac{u}{\sin\ \alpha} - f_{al}\right)\right] \tag{5.124}$$

$$S_{\alpha,i}(u) = A(u)\sigma_i \exp(\mathrm{j}2\pi\varphi_{0i}) \int_{-\infty}^{\infty} \exp[\mathrm{j}2\pi(f_{ai} - u\mathrm{csc}\ \alpha)t_m] \exp[\mathrm{j}\pi(k_{ai} + \cot\ \alpha)t_m^2] \mathrm{d}t_m$$
$$\tag{5.125}$$

式中，$A(u) = \sqrt{1-\mathrm{jcot}\ \alpha}\exp(\mathrm{j}\pi u^2 \cot\ \alpha)$。可见，只有第 $l$ 个散射点子回波分量可实现方位聚焦，其他子回波分量由于不是处于最优旋转角度下的变换而无法聚焦。聚焦后的子回波频谱峰值位置为 $u = f_{al}\sin\ \alpha$，经 $u' = \dfrac{u}{\sin\ \alpha}$ 变标处理后，便可获得该散射点的方位像。

实际中，由于同一距离单元内各散射点强度相差很大，强信号分量的存在会影响对弱信号分量的检测。这里可结合 CLEAN 技术在 FrFT 域从大到小实现对强、弱信号分量的分离，具体步骤如下。

步骤 1：分离第 $i$ 个分量时，以步长 $\Delta\alpha$ 对各旋转角度下的回波序列做 FrFT 并取模，形成在分数阶 Fourier 分布平面 $(\alpha, u)$ 上的二维分布 $S_i(\alpha, u)$，即

$$\boldsymbol{S}_i(\alpha,u) = [\ |F^{\alpha_0}(s_i(t))|,\ |F^{\alpha_0+\Delta\alpha}(s_i(t))|,\cdots,\ |F^{\alpha_0+M\Delta\alpha}(s_i(t))|\ ]^T \tag{5.126}$$

式中，$s_i(t)$ 为已分离前 $i-1$ 个分量的回波信号；$\alpha_0$ 为起始旋转角；$M$ 为搜索步长个数；T 为转置运算。

步骤 2：在二维分布平面 $(\alpha, u)$ 上进行峰值搜索，用窄带滤波器将峰值点分离，并将该峰值点作为第 $i$ 个分量的横向聚焦像 $S_{\alpha_k}^i(u)$，即

$$\{\alpha_k, u_k\}_i = \underset{\alpha, u}{\mathrm{argmax}}[\ |\boldsymbol{S}_i(\alpha, u)|\ ] \tag{5.127}$$

$$S_{\alpha_k}^i(u) = S_i(\alpha_k, u) W_i(u) \tag{5.128}$$

式中,$W_i(u)$ 是以 $u_k$ 为中心的窄带滤波器。

步骤 3:将步骤 2 中滤波器带外部分做旋转角度为 $-\alpha_k$ 的 FrFT,作为下一个目标分离的源信号,即

$$s_{i+1}(t) = \int_{-\infty}^{+\infty} S_i(\alpha_k, u)[1 - W_i(u)] K_{-\alpha_k}(u, t) \mathrm{d}u \tag{5.129}$$

步骤 4:重复以上步骤,直至当前距离单元内所有高于某一门限的峰值点被分离。

步骤 5:对分离出的各散射点横向像做变标处理 $u' = \dfrac{u}{\sin \alpha}$ 并进行线性叠加,便得到方位像。

对所有距离单元都采用以上方法,并将结果按距离单元序号排列,便可获取二维 ISAR 图像。需要指出的是,上述方法对回波方位向成像是与 CLEAN 过程同步完成的,无须再用时频分析的方法对每个分离出的 LFM 子回波进行 RID 成像,这在一定程度上降低了计算的复杂度。此外,上述方法是将子回波大部分能量聚集在一起,相比于采用时频分析获取瞬时切片的方法,其图像信噪比及能量都大大提高,所成图像更易于判读和对目标的识别。图 5.47 图为 FrFT-RID 算法与 FrFT-CLEAN 算法的成像流程图。

### 5.4.2.2　成像实验及分析

为验证 FrFT-CLEAN 算法的有效性,在此进行了仿真实验。假设利用 ISAR 对空间目标成像时,距离压缩已完成,且经过平动补偿后成像可视为一转台模型。在此基础上设定仿真参数如下:ISAR 发射波长 1.55 μm,带宽 150 GHz,脉宽 200 μs,距离采样点数为 256,脉冲积累时间 0.155 s,共积累 512 个脉冲,输入信噪比 SNR = 5 dB。目标的转动运动一方面由天基 ISAR 与空间目标的轨道运动所产生;另一方面还受空间目标自身姿态转动的影响。假设在上述两种因素共同作用下的目标转动参数为:角速度 0.005 rad/s,角加速度 0.01 rad/s²,角加加速度 0.006 rad/s³。仿真中的目标模型由 610 个散射点组成,如图 5.48 所示。

图 5.49 所示为在第 154 个距离单元方位子回波数据的平滑伪随机 Wigner-Ville 分布(SPWVD)。可见,由于 ISAR 成像时间很短,即使目标存在三阶转动分量(角加加速度),目标方位子回波信号也可近似为调频斜率不同的 MLFM 信号,其在时频图上表现为斜率不同的斜线,这与之前理论分析一致。

图 5.50 所示为方位成像过程中,在分数阶 Fourier 分布平面 $(\alpha, u)$ 对第 142 个距离单元的前 4 个最大峰值进行搜索及 CLEAN 处理的过程,其中旋转角度 $\alpha \in [0, \pi)$,搜索步长为 $0.005\pi$。在图 5.50(a)(b)中,强信号分量淹没了弱信号分量,使得对弱信号分量的检测和提取存在很大困难。而图 5.50(c)(d)中,采用 CLEAN 技术对强信号分量由强到弱逐个分离之后,对弱信号分量的检测能力显著提高。

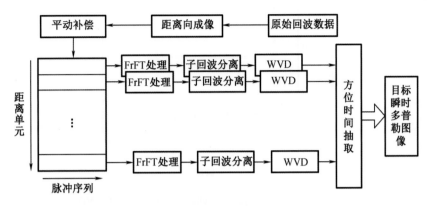

(a) FrFT-RID 算法成像流程图

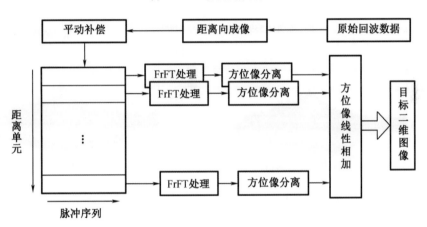

(b) FrFT-CLEAN 算法成像流程图

图 5.47　FrFT-RID 算法与 FrFT-CLEAN 算法的成像流程图

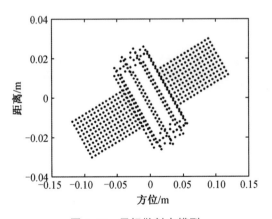

图 5.48　目标散射点模型

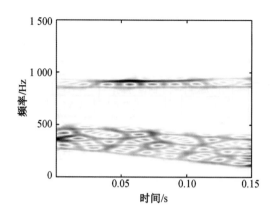

图 5.49　第 154 个距离单元子回波的时频分布(SPWVD)

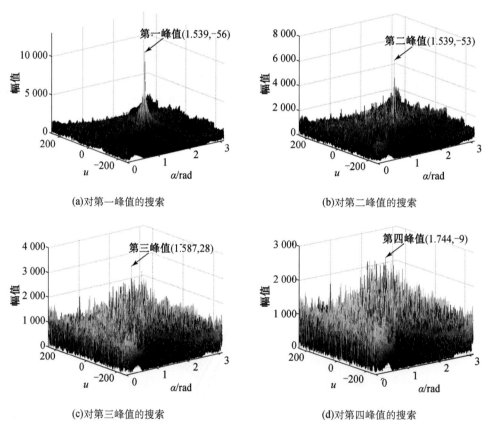

(a)对第一峰值的搜索　　　　　　　　(b)对第二峰值的搜索

(c)对第三峰值的搜索　　　　　　　　(d)对第四峰值的搜索

图 5.50　对第 142 个距离单元前 4 个最强峰值的搜索过程

图 5.51 所示为二维 ISAR 成像结果。图 5.51(a)为 RD 算法的成像结果,由于回波方位多普勒存在时变性,目标方位向出现了严重的散焦,且散射点横向离中心越远,散焦越严重。图 5.51(b)为采用 FrFT 进行方位成像,在逐个分离出子回波 LFM 信号后采用时频分析获取的 RID 图像,从图中可见,点目标聚焦良好,但图像中点目标能量较低,不利于识别。图 5.51(c)为方位向采用 FrFT 直接成像,但未用 CLEAN 技术

抑制强点干扰的结果。此时单个点目标聚焦良好,但由于强信号分量的旁瓣淹没了弱信号分量,一方面,图像存在散射点的大量缺失;另一方面,提取的信号中有很大部分是强信号分量的旁瓣,并不能正确反映出目标上的散射点分布,故导致无法对目标进行判读和识别。图 5.51(d)为采用 FrFT-CLEAN 方法的成像结果,其中将 CLEAN 处理的终止门限设置为当前距离单元中最强散射点幅值的 0.1 倍(即−10 dB),图中目标点聚焦良好,且相比图 5.51(b)图像对比度更大,能量更高,更利于判读和识别。

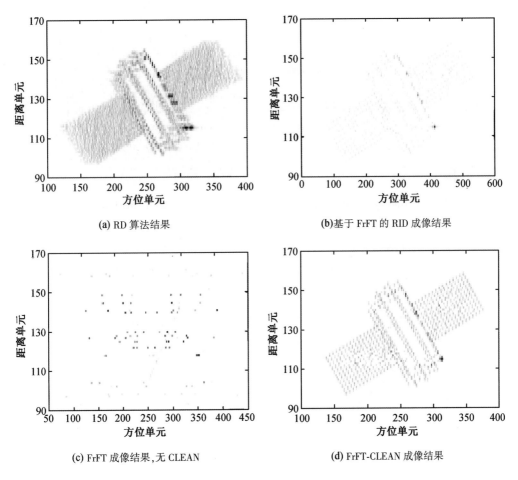

(a) RD 算法结果

(b)基于 FrFT 的 RID 成像结果

(c) FrFT 成像结果,无 CLEAN

(d) FrFT-CLEAN 成像结果

图 5.51　ISAR 二维成像结果

表 5.1 是利用图像熵和对比度对上述几种方法的成像结果进行的定量评价,可见,FrFT-CLEAN 算法相比于 RD 算法具有更高的图像对比度及更低的图像熵,这与图5.51 中获取的图像直观效果一致。需要说明的是,由于 FrFT 不使用 CLEAN 处理时只能输出强信号分量,且信号分量还存在大量缺失,使图像对比度最高,图像熵最低,但并不表明此时图像质量是最好的,因为该方法所成图像无法正确反映目标散射点的分布情况,且存在大量信息的丢失。此外,基于 FrFT 的 RID 成像需要的时间为

161.613 1 s,而 FrFT-CLEAN 算法成像时间为 100.196 2 s,算法效率比 RID 成像有所提高。

表 5.1　算法成像质量比较（Ⅰ）

| 项目 | RD | FrFT-RID | FrFT 无 CLEAN | FrFT-CLEAN |
|---|---|---|---|---|
| 图像熵 | 9.593 8 | 7.132 3 | 5.746 4 | 7.472 1 |
| 对比度 | 1.346 5 | 5.822 7 | 27.138 4 | 6.965 6 |

### 5.4.3　改进的 RWT 方位成像算法

#### 5.4.3.1　算法原理及步骤

从 5.3.2 小节中的结果来看,相比基于 FrFT 的 RID 成像算法,FrFT-CLEAN 算法成像效率虽然有所提高,但成像时间仍在百秒量级,效率仍然较低。为抑制 ISAR 多分量子回波信号在时频分析时产生的交叉项的影响,同时实现较高的时频分辨率,有学者提出了基于 Radon-Wigner 变换(RWT)的成像方法。由于 MLFM 信号在 Wigner 分布平面呈现为斜率不同的直线,其在 Radon 变换后在变换域上呈现为多个峰值点,但交叉项在变换域中会散布开,利用该特点可在 Radon 变换域里将二者分离,并在抑制交叉项后再变换回 Wigner 分布平面,经抽取同一方位时刻的瞬时图像,便得到表征各散射点分量瞬时多普勒的变化图。RWT 可采用解线调(dechirping)和傅里叶变换快速实现。同时,考虑到多分量信号中存在强信号压制弱信号的问题,通常 RWT 成像都采用逐次消去法(CLEAN)由强至弱依次将信号检测出来,之后再转至 WVD 平面获取瞬时多普勒图像。

实际上,在对 MLFM 信号进行参数估计和分离的过程中,当解线调中参考信号的调频斜率与子回波中某一 LFM 信号调频斜率相匹配时,解线调后的该分量变为单频信号,对其做傅里叶变换便可对该子回波信号实现方位压缩,从而在变换域上形成峰值点,该峰值点可视为目标在方位向的成像,而无须再将信号转至 WVD 平面获取瞬时多普勒图像,这一思想与 FrFT-CLEAN 方位成像算法是一致的,在此将上述方法称为改进的 RWT 成像算法。该方法一方面简化了处理步骤,降低了运算量;另一方面,它是将子回波的大部分能量聚集在一起,相比于采用时频分析获取瞬时切片的方法,其图像信噪比及对比度都大为提高,所成图像更易于判读和对目标的识别。由于 RWT 只需 1 次解线调处理(乘法运算)和 1 次傅里叶变换就可实现,相比于 FrFT 具有更高的运算效率,因此在理论上而言,改进的 RWT 算法比 FrFT-CLEAN 算法更高效。

将式(5.120)重写如下:

$$s(t) = \sum_{i=1}^{I} s(\varphi_{0i}, f_{ai}, k_{ai}, t) \tag{5.130}$$

式中, $s(\varphi_{0i}, f_{ai}, k_{ai}, t)$ 表示第 $i$ 个子回波分量, 且 $i$ 以信号强度由大到小排序。

假设信号 $s(t)$ 的 WVD 为 $W_s(t, \omega)$, 则 $s(t)$ 的 RWT 可从平面沿直线 $L$ 积分求得:

$$D_s(\omega_0, m) = \int_L W_s(t, \omega)\,\mathrm{d}s = \sqrt{1 + m^2} \int_{-\infty}^{\infty} W_s(t, \omega_0 + mt)\,\mathrm{d}t \tag{5.131}$$

实际上, 信号 $s(t)$ 的 RWT 可直接通过对 $s(t)$ 解线调求得, 即

$$D_s(\omega_0, m) = \sqrt{1 + m^2} \left| \int_{-\infty}^{+\infty} s(t) \exp\left[ -\mathrm{j}\left(\omega_0 t + \frac{1}{2}mt^2\right) \right]\mathrm{d}t \right|^2 \tag{5.132}$$

当 $\omega_0 = 2\pi f_{ai}$、 $m = 2\pi k_{ai}$ 时, 在平面 $\omega_0\text{-}m$ 上该坐标处存在峰值点。

实际情况中, 由于同一距离单元内存在众多散射点, 且各散射点之间强度相差很大, 强信号分量的存在会影响对弱信号分量的检测, 从而造成部分信息的丢失。RWT 成像算法中采用了逐次消去法由强至弱实现对各子回波信号分量的分离, 从而大大削弱强信号分量对弱信号分量的压制效应。

对式 (5.130) 做解线调处理, 即

$$\hat{s}_k(t) = s(\varphi_{01}, f_{a1}, k_{a1}, t) \exp(-\mathrm{j}\pi k t^2) + \sum_{i=2}^{I} s(\varphi_{0i}, f_{ai}, k_{ai}, t) \exp(-\mathrm{j}\pi k t^2)$$

$$\tag{5.133}$$

当 $k = k_{a1}$ 时, 式 (5.133) 中的第一项就变为 $s(\varphi_{0l}, f_{al}, t) = \sigma_1 \exp[\mathrm{j}2\pi(\varphi_{01} + f_{a1}t)]$, 即为一单频信号。而对于其他分量, 由于是对线性相加的信号乘以 $\exp(-\mathrm{j}\pi k_{a1} t^2)$, 因而仍然保持线性相加的特性, 只是各分量调频斜率的变化量相同。

经过式 (5.133) 的解线调处理后, 对信号做傅里叶变换便可实现对第一个分量在频域的聚焦, 而其他分量由于未能被正确解线调而呈现为散开的宽谱。此时, 用带通滤波器滤出第一个分量及其附近的窄谱, 便得到第一个子回波分量的聚焦像, 剩余的分量经过傅里叶反变换并乘以 $\exp(\mathrm{j}\pi k_{a1} t^2)$, 可得到第一个分量基本消除的残留信号。重复上述过程, 逐一将各子回波分量聚焦后的像滤出, 最后再将它们线性相加, 便可实现方位成像。需要说明的是, 在滤波过程中虽然会影响到其他分量, 但由于滤波器带宽很窄, 且其他分量由于未被正确解线调而呈散开的宽谱, 因而上述滤波过程对其他分量的影响很小。

改进的 RWT 算法进行方位成像的具体步骤如下:

步骤 1: 分离第 $i$ 个分量时, 按照式 (5.133) 以步长 $\Delta k$ 对各调频斜率下的回波序列做解线调处理和傅里叶变换, 形成在平面 $k\text{-}f$ 上的二维分布 $S_i(k, f)$, 即

$$\hat{\boldsymbol{S}}_i(k, f) = [\hat{S}_{k_0}(f), \hat{S}_{k_0+\Delta k}(f), \cdots, \hat{S}_{k_0+n\Delta k}(f), \cdots, \hat{S}_{k_0+N\Delta k}(f)]^{\mathrm{T}} \tag{5.134}$$

式中, $\hat{S}_k(f)$ 为式 (5.133) 中求得的信号 $\hat{s}_k(t)$ 的傅里叶变换, 即 $\hat{S}_k(f) = F[\hat{s}_k(t)]$; $k_0$ 为

起始调频斜率;$N$ 为搜索步长个数;T 为转置运算。

步骤 2:在二维平面 $k\text{-}f$ 上进行峰值搜索,假设平面上的最大峰值点坐标为($k_l$,$f_l$),用窄带滤波器将峰值点分离,并将该峰值点作为第 $i$ 个分量的横向聚焦像 $S_{k_l}^i$($f$),即

$$\{k_l,f_l\}_i = \underset{k,f}{\operatorname{argmax}}[\ |\hat{S}_i(k,f)|\ ] \tag{5.135}$$

$$S_{k_l}^i(f) = \hat{S}_i(k,f)W_i(f) \tag{5.136}$$

式中,$W_i(f)$ 是以 $f_l$ 为中心的窄带滤波器。

步骤 3:将步骤 2 中滤波器带外部分做傅里叶反变换并乘以 $\exp(\mathrm{j}\pi k_l t^2)$,作为下一个子回波分离的源信号,即

$$s_{i+1}(t) = F^{-1}\{[1-W_i(f)]\hat{S}_i(k,f)\}\exp(\mathrm{j}\pi k_l t^2) \tag{5.137}$$

步骤 4:重复以上步骤,直至当前距离单元内所有高于某一门限的峰值点被分离。

步骤 5:对分离出的各散射点横向像进行线性叠加,便得到该距离单元的方位像。

对所有距离单元都采用以上方法,并将结果按距离单元序号排列,便可获取二维 ISAR 图像。需要指出的是,上述方法对回波方位向成像是与 CLEAN 处理过程同步完成的,无须再对获取的 LFM 子回波进行时频分析并获取瞬时多普勒图像,从而简化了处理流程,降低了运算复杂度。图 5.52 为 RWT 法与改进的 RWT 法的成像流程图。

### 5.4.3.2 仿真实验及分析

为验证所提出算法的有效性,在此进行了仿真实验。其中,输入信噪比 SNR 同样设置为 5 dB。仿真所用计算机处理器为 Intel Core2 Quad CPU 2.50 GHz,内存为 5 GB。

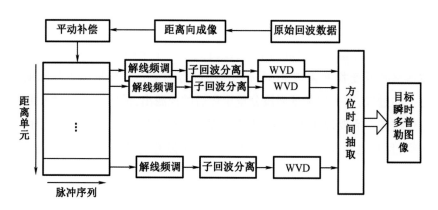

**(a) RWT 法成像流程图**

图 5.52  RWT 法与改进的 RWT 法的成像流程图

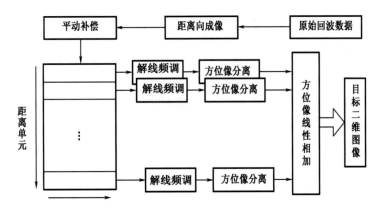

**(b)** 改进的 RWT 法成像流程图

图 5.52(续)

图 5.53 所示为 ISAR 二维成像结果。图 5.53(a) 为 RD 算法的成像结果; 图 5.53 (b) 为采用 RWT 算法获取的 RID 图像, 与 5.3.2 节中获取的 FrFT-RID 图像一样, 图像中点目标聚焦良好, 但图像中点目标能量普遍较低, 图像对比度很小, 不利于对目标的判读和识别; 图 5.53(c) 为采用 FrFT-CLEAN 算法的成像结果; 图 5.53(d) 为采用改进的 RWT 算法获取的成像结果, 上述两图中目标点都聚焦良好, 相对于图 5.53(b) 中图像, 上述两图的对比度更大, 能量更高, 更利于判读和识别。表 5.2 为利用图像熵和对比度对上述几种方法所成图像质量的定量评价, 可见, FrFT-CLEAN 算法和改进的 RWT 算法所成图像质量比较接近, 且都比 RWT RID 图像具有更高的图像对比度, 更有利于对目标的识别, 这与获取的图像直观效果一致。FrFT-CLEAN 算法、RWT 算法以及改进的 RWT 算法在 CLEAN 处理过程中, 都将终止门限设置为当前距离单元中最强散射点幅值的 0.1 倍( 即 - 10 dB )。仿真中, FrFT-CLEAN 算法成像时间为 100.196 2 s, RWT 瞬时多普勒算法成像时间为 113.458 5 s, 而改进的 RWT 算法成像时间为 29.002 7 s, 相比于 FrFT-CLEAN 算法和 RWT 瞬时多普勒算法, 改进后的 RWT 算法成像时间大大降低, 算法效率明显提高。

表 5.2　算法成像质量比较( Ⅱ )

| 项目 | RD | FrFT-CLEAN | RWT RID | 改进的 RWT |
|------|-----|-----------|---------|-----------|
| 图像熵 | 9.593 8 | 7.472 1 | 6.343 7 | 7.320 5 |
| 对比度 | 1.346 5 | 6.965 6 | 5.730 5 | 7.207 6 |

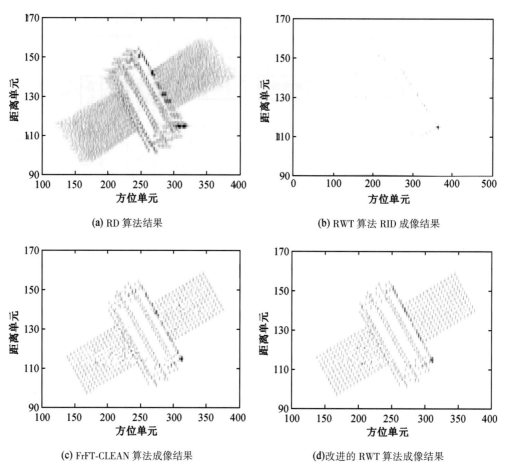

(a) RD 算法结果

(b) RWT 算法 RID 成像结果

(c) FrFT-CLEAN 算法成像结果

(d)改进的 RWT 算法成像结果

图 5.53　ISAR 二维成像结果

　　综合上述分析可见,本节提出的改进的 RWT 算法相比于 FrFT-CLEAN 算法和传统的 RWT 算法具有更高的效率,更有利于对非均匀转动空间目标天基 ISAR 的快速成像和识别。

### 5.4.4　基于方位时频域 keystone 变换的方位快速成像算法

　　非均匀转动空间目标的 ISAR 子回波可近似为 MLFM 信号,不同坐标的散射点,子回波 LFM 信号的调频斜率和起始频率也不相同。为此,本章研究了将 FrFT-CLEAN 算法应用于 ISAR 成像的效果,5.4 节在现有的 RWT 算法的基础上,提出了一种改进的 RWT 算法应用于 ISAR 中,获得了聚焦良好的图像,同时其运算效率相比 FrFT-CLEAN 算法和 RWT 算法有很大提高。但同时注意到,改进的 RWT 算法由于使用了 CLEAN 技术,对散射点子回波信号进行逐个估计和分离,其计算量仍较大,当 ISAR 分辨率很高且回波数据量巨大时,该方法成像效率仍较为有限。研究表明,在满足一定条件下,子回波信号的调频斜率和起始频率的比值可近似为目标转动角加速度和转动角速度的比值,且该比值对所有散射点的 LFM 子回波信号都相同。基于该特征,有学者提出了一种基于离散匹配傅里叶变换(DMFT)的匀加速转动目标成像算法,可以直接完成横向聚焦且无须对子回波信号进行逐个估计和补偿,运算效率大大提高。但由于该算法只是采用传统的 LFM 信号检测和估计方法对调频斜率和起始频率的比值进行估计,所以不仅估计误差较大,而且估计方法的效率较低,且并未讨论所提出算法的适用条件。本节提出一种非均匀转动目标方位快速成像算法,通过在方位时频域做 keystone 变换,将所有 MLFM 子回波同时转换为频率与散射点方位位置有关的多分量单频信号,之后再用 FFT 实现方位聚焦。该方法由于避免了对子回波分量的逐个估计和分离,大大降低了成像时间,并且不存在交叉项的影响。本书中还提出了一种基于解线调和最小熵准则的 LFM 信号调频斜率和起始频率比值的快速估计方法,并分别分析了二阶转动近似、目标径向尺寸和比值估计误差对算法性能的影响,给出了相应的限制条件,最后通过 ISAR 仿真数据和波音 B727 飞机的 ISAR 仿真数据验证了算法的有效性。

成像几何关系及条件与 5.4.1 节中相同,在此将式(5.105)式(5.107)重写如下:

$$s(t) = \sum_{i=1}^{I} \sigma_i \exp\left\{ -j\frac{4\pi}{\lambda}[x_i \sin\theta(t) + y_i \cos\theta(t)] \right\} \tag{5.138}$$

$$\theta(t) = \omega t + \frac{1}{2}\Omega t^2 \tag{5.139}$$

由于 ISAR 波长在 μm 量级,要实现 mm 量级的成像分辨率,其需要的转动积累角在 mrad 量级,因此满足以下小角度近似条件:

$$\sin\theta(t) = \sin\left(\omega t + \frac{1}{2}\Omega t^2\right) \approx \omega t + \frac{1}{2}\Omega t^2 \tag{5.140}$$

$$\cos\theta(t) = \cos\left(\omega t + \frac{1}{2}\Omega t^2\right) \approx 1 \tag{5.141}$$

将式(5.140)和式(5.141)代入式(5.138)中,可得

$$s(t) \approx \sum_{i=1}^{I} \sigma_i \exp\left[ -j\frac{4\pi}{\lambda}\left(x_i \omega t + \frac{1}{2}x_i \Omega t^2 + y_i\right) \right]$$

$$= \sum_{i=1}^{I} \sigma_i \exp\left[ -j2\pi\left(f_i t + \frac{1}{2}k_i t^2\right) \right] \exp\left(-j\frac{4\pi y_i}{\lambda}\right) \tag{5.142}$$

式中,$f_i = \dfrac{2x_i \omega}{\lambda}$;$k_i = \dfrac{2x_i \Omega}{\lambda}$。需要说明的是,式(5.142)是直接从回波相位进行推导,忽略了散射点径向坐标引起的多普勒。因此,理论上而言,FrFT-CLEAN 算法和改进的 RWT 算法是基于更加精确的回波信号模型,因而散射点的方位聚焦效果比本节中所提出的方法要好,关于这点在后续的内容中将详细讨论。式(5.142)说明非均匀转动

目标的 ISAR 子回波信号可视为 MLFM,且通过式(5.142)不难发现,子回波信号的调频斜率 $k_i$ 与起始频率 $f_i$ 的比值为

$$K_{\Omega\omega} = \frac{k_i}{f_i} = \frac{\Omega}{\omega} \tag{5.143}$$

该比值只与转动参数有关,而与散射点的坐标无关。若目标上所有散射点的转动参数一致,则它们的子回波信号调频斜率和起始频率的比值也一致。

通过之前分析可知,如果目标上所有散射点的转动参数是一致的,则其子回波 MLFM 信号的调频斜率 $k_i$ 与起始频率 $f_i$ 之比 $K_{\Omega\omega}$ 也都相同,且 $K_{\Omega\omega}$ 只与转动参数有关,如式(5.143)所示。将式(5.143)代入式(5.142)可得

$$s(t) = \sum_{i=1}^{I} \sigma_i \exp\left[ -\mathrm{j}2\pi f_i \left(1 + \frac{1}{2}K_{\Omega\omega}t\right)t \right] \exp\left( -\mathrm{j}\frac{4\pi y_i}{\lambda} \right) \tag{5.144}$$

其中,第二个相位项为常数项,在之后的分析中可忽略。

目前,keystone 变换在 ISAR 中被用于越距离单元徙动的校正,通过该变换可去除距离向频率对方位多普勒的耦合。在此,本节提出在方位时频域采用 keystone 变换,以实现对二阶转动近似空间目标的方位快速成像。对式(5.144)做以下变换:

$$\left(1 + \frac{1}{2}K_{\Omega\omega}t\right)t = \tau \tag{5.145}$$

则式(5.144)变为

$$\tilde{s}(\tau) = \sum_{i=1}^{I} \sigma_i \exp(-\mathrm{j}2\pi f_i \tau) = \sum_{i=1}^{I} \sigma_i \exp\left( -\mathrm{j}\frac{4\pi}{\lambda}\omega x_i \tau \right) \tag{5.146}$$

从式(5.146)可见,通过式(5.145)变换之后,式(5.144)中的 MLFM 信号变为多分量单频信号,其信号频率为 $f_i = 2x_i\omega/\lambda$,即与散射点的横向坐标和转动角速度有关。对于不同横向位置的散射点,由于变换之后单频信号的频率不同,因此可以通过 FFT 实现散射点的分离,即完成对目标的方位成像。式(5.145)变换的原理示意如图 5.54 所示。其中,竖轴 $f$ 代表的是方位多普勒,横轴 $t$(或 $\tau$)代表的是方位慢时间(或变尺度后的方位慢时间)。图 5.54(a)中表示的是式(5.144)中 MLFM 信号在 $(f-t)$ 平面的时频分布,图 5.54(b)为通过式(5.41)变换得到的多分量单频信号在 $(f-\tau)$ 平面的时频分布。在图 5.54(a)中,信号采样点在 $(f-t)$ 平面是以矩形格式排列的,而在 $(f-\tau)$ 平面,原来的信号采样点将变为楔石形(keystone)格式,通过插值成为矩形格式后,便可以使用 FFT 实现方位成像。值得注意的是,式(5.145)是在方位多普勒-方位慢时间平面进行的变换,因此称其为方位时频域 keystone 变换。

值得注意的是,在相干累积时间区间 $[t_1, t_2]$ 内,散射点多普勒频率 $f(t)$ 须满足以下条件,否则将影响式(5.145)中变换性能,并最终降低方位成像分辨率:

$$f(t) = f_i + k_i t \begin{cases} \geq 0, & t \in [t_1, t_2] \\ \text{or} & \\ \leq 0, & t \in [t_1, t_2] \end{cases} \quad (5.147)$$

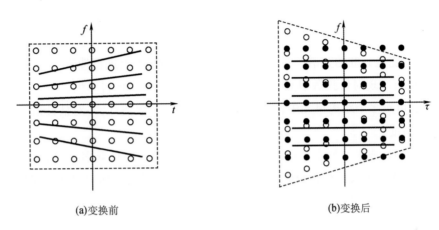

(a)变换前　　　　　　　　　　　　　　(b)变换后

图 5.54　方位时频域 keystone 变换在时频平面示意图

式(5.147)表明,散射点的多普勒频率在相干累积时间内不能同时存在正多普勒和负多普勒的情况。该条件在实际情况中不一定能满足,如当目标转动角速度和转动角加速度方向相反,即 $K_{\Omega\omega} = k_i/f_i < 0$ 时,此时为满足要求可在变换前选取符合要求的回波脉冲数据串。

### 5.4.4.1　基于解线调和最小熵的子回波信号参数估计方法

由前面的内容可知,式(5.145)中变换需要已知转动角加速度和转动角速度的比值 $K_{\Omega\omega}$,而该值在实际对非合作空间目标成像过程中是未知的,需要预先对其进行估计。由式(5.143)可知该比值是 MLFM 信号的调频斜率 $k_i$ 与起始频率 $f_i$ 的比值,因此,可以通过估计子回波 LFM 信号的调频斜率和起始频率来间接估计比值 $K_{\Omega\omega}$,而无须对目标的转动参数进行估计,这一定程度上降低了对参数估计的难度。当目标为刚体时,可以认为目标上所有散射点的转动参数是一致的,因而理论上可只选取一个点估计比值 $K_{\Omega\omega}$。这里可采用解线调的方法实现对比值 $K_{\Omega\omega}$ 的快速估计。

为便于分析,假设式(5.142)中子回波序号 $i$ 按散射点强度由强至弱排序,对其做解线调可得

$$\hat{s}(t) = s(t) \exp(-\mathrm{j}\pi k t^2)$$
$$= \sum_{i=1}^{I} \sigma_i \exp\left[-\mathrm{j}2\pi\left(f_i t + \frac{1}{2} k_i t^2\right)\right] \exp\left(-\mathrm{j}\frac{4\pi y_i}{\lambda}\right) \exp(-\mathrm{j}\pi k t^2) \quad (5.148)$$

当 $k = -k_1$ 时,式(5.148)变为

$$\hat{s}(t) = s(t) \exp(-\mathrm{j}\pi k_1 t^2)$$

$$= \sigma_1 \exp(-\mathrm{j}2\pi f_1 t)\exp\left(-\mathrm{j}\frac{4\pi y_1}{\lambda}\right) + \sum_{i=2}^{I}\sigma_i\exp\left[-\mathrm{j}2\pi\left(f_i t + \frac{1}{2}(k_i - k_1)t^2\right)\right]\cdot$$

$$\exp\left(-\mathrm{j}\frac{4\pi y_i}{\lambda}\right) \tag{5.149}$$

可见,当前距离单元中最强散射点子回波信号变成了单频信号,在对其做傅里叶变换后在频域变为能量聚集的尖峰。由于对其他子回波信号的解线调处理是失配的,其在频域为能量分散的宽谱。对上述尖峰在二维平面 $f-k$ 上进行搜索,并获取其位置 $(f_1,k_1)$,便可实现对最强散射点子回波信号起始频率和调频斜率的估计。为了减小估计误差,可对多个距离单元中各自最强点子回波做参数估计,并对估计值取平均以提高估计精度。

由于 ISAR 成像分辨率很高,同一距离单元内散射点数量众多,当相邻区间内存在多个强度相差不大的最强点时,利用上述方法进行参数估计容易受到相邻强点旁瓣的干扰,其参数估计精度较为有限。为此,可利用解线调先对 $K_{\Omega\omega}$ 进行估计,之后再基于最小熵准则进行精细搜索,以获取更为准确的 $K_{\Omega\omega}$。

假设 $\widetilde{K}_{\Omega\omega}$ 为利用解线调方法获得的比值粗估计值,在此基础上设定一搜索区间为 $[\widetilde{K}_{\Omega\omega}-K,\widetilde{K}_{\Omega\omega}+K]$,步长为 $\Delta K$,共 $L$ 个取值点。对第 $l$ 个取值点 $K_{\Omega\omega}^l$,假设利用方位时频域 keystone 变换获取的第 $n$ 个距离单元的方位包络为 $|\tilde{s}_n(m)|_l$,则熵值为

$$H(l) = -\sum_n\sum_{m=1}^{M} p(n,m)_l \ln[p(n,m)_l] \tag{5.150}$$

$$p(n,m)_l = \frac{|\tilde{s}_n(m)|_l^2}{\sum_n\sum_{m=1}^{M}|\tilde{s}_n(m)|_l^2} \tag{5.151}$$

式中,$M$ 表示方位采样点总数。若 $K_{\Omega\omega}^l$ 越准确,则经过式(5.145)中变换后获得的方位像聚焦越好,因此,式(5.150)计算出的熵值也就越小。最终的估计值为

$$K_{\Omega\omega}^l = \mathop{\arg\min}_{l}[H(l)] \tag{5.152}$$

#### 5.4.4.2 误差分析

(1)二阶转动近似条件分析

本节提出的成像算法基于目标二阶转动近似,而实际上空间目标相对天基 ISAR 的转动还存在高阶分量,当高阶转动分量足够大时,其对方位多普勒的影响不可忽视,此时也将对所提出算法的性能产生影响。

对于非均匀转动目标,相对转角 $\theta(t)$ 可以展开为如下形式:

$$\theta(t) = \omega t + \frac{1}{2}\Omega t^2 + \frac{1}{6}\omega'' t^3 + \cdots \tag{5.153}$$

式中,$\omega$ 为角速度;$\Omega$ 为角加速度;$\omega''$ 为角加加速度。这里只分析三阶转动分量的影

响,因此当满足小角度近似条件时有

$$\sin\theta(t)=\sin\left(\omega t+\frac{1}{2}\Omega t^2+\frac{1}{6}\omega'' t^3\right)\approx\omega t+\frac{1}{2}\Omega t^2+\frac{1}{6}\omega'' t^3 \tag{5.154}$$

$$\cos\theta(t)=\cos\left(\omega t+\frac{1}{2}\Omega t^2+\frac{1}{6}\omega'' t^3\right)\approx 1 \tag{5.155}$$

此时回波信号可表示为

$$\begin{aligned}
s(t)&=\sum_{i=1}^{N}\sigma_i\exp\left\{-j\frac{4\pi}{\lambda}\left[x_i\sin\theta(t)+y_i\cos\theta(t)\right]\right\}\\
&\approx\sum_{i=1}^{N}\sigma_i\exp\left[-j\frac{4\pi}{\lambda}\left(x_i\omega t+\frac{1}{2}x_i\Omega t^2+\frac{1}{6}x_i\omega'' t^3+y_i\right)\right]
\end{aligned} \tag{5.156}$$

如果要忽略式(5.156)中三阶转动分量产生的相位分量,则其在相干累积时间内的变化须小于 $2\pi$,即

$$\frac{4\pi}{\lambda}\cdot\frac{1}{6}x\omega'' T_{\mathrm{sa}}^3<2\pi \tag{5.157}$$

$$\omega''<\frac{3\lambda}{x T_{\mathrm{sa}}^3} \tag{5.158}$$

当满足式(5.158)中条件时,可以忽略三阶转动分量的影响。从式(5.158)也可看出,通过采用较大波长激光信号,或减少相干累积脉冲数从而缩短成像时间,即可满足式(5.158)中的要求。

(2)目标径向尺寸条件分析

在 5.5.1 小节中,对非均匀转动目标的 ISAR 回波信号进行了以下近似:

$$\cos\theta(t)=\cos\left(\omega t+\frac{1}{2}\Omega t^2\right)\approx 1 \tag{5.159}$$

$$\begin{aligned}
s(t)&=\sum_{i=1}^{N}\sigma_i\exp\left\{-j\frac{4\pi}{\lambda}\left[x_i\sin\theta(t)+y_i\cos\theta(t)\right]\right\}\\
&\approx\sum_{i=1}^{N}\sigma_i\exp\left[-j\frac{4\pi}{\lambda}\left(x_i\omega t+\frac{1}{2}x_i\Omega t^2+y_i\right)\right]
\end{aligned} \tag{5.160}$$

实际上,当目标径向尺寸较大时,目标上散射点的径向坐标 $y_i$ 会对回波信号产生影响。对方位回波信号的相位项求导可得多普勒频率为

$$\begin{aligned}
f_{\mathrm{da}}(t)&=-\frac{2}{\lambda}\left[x\cos\theta(t)\cdot\frac{\mathrm{d}\theta(t)}{\mathrm{d}t}-y\sin\theta(t)\cdot\frac{\mathrm{d}\theta(t)}{\mathrm{d}t}\right]\\
&\approx-\frac{2}{\lambda}(\omega+\Omega t)x+\frac{2}{\lambda}\left(\omega^2 t+\frac{3}{2}\omega\Omega t^2+\frac{1}{2}\Omega^2 t^3\right)y\\
&=f_{\mathrm{da}}(x,t)+f_{\mathrm{da}}(y,t)
\end{aligned} \tag{5.161}$$

其中

$$f_{da}(x,t) = -\frac{2}{\lambda}(\omega+\Omega t)x \tag{5.162}$$

$$f_{da}(y,t) = \frac{2}{\lambda}\left(\omega^2 t+\frac{3}{2}\omega\Omega t^2+\frac{1}{2}\Omega^2 t^3\right)y \tag{5.163}$$

式(5.163)中的多普勒由目标散射点的径向坐标产生,这部分多普勒在 FrFT-CLEAN 算法和改进的 RWT 算法中都简化为式(5.113)中的一次项形式,而在本节所提出的算法中直接被忽略了。当目标径向尺寸较大时,该部分多普勒频率将不可忽略,否则会影响图像方位向聚焦质量。假设 ISAR 相干成像的时间为 $T_{sa}$,则相应的频谱分辨率为 $1/T_{sa}$。如果要忽略式(5.163)中的多普勒频率,则目标散射点径向坐标产生的最大多普勒值不能超出一个频谱分辨单元:

$$f_{da}(y,T_{sa}) = \frac{2}{\lambda}\left(\omega^2 T_{sa}+\frac{3}{2}\omega\Omega T_{sa}^2+\frac{1}{2}\Omega^2 T_{sa}^3\right)y < \frac{1}{T_{sa}} \tag{5.164}$$

考虑到 ISAR 方位成像分辨率为

$$\sigma_a = \frac{\lambda}{2\Delta\theta} = \frac{\lambda}{2\omega T_{sa}+\Omega T_{sa}^2} \tag{5.165}$$

因此,由式(5.164)和式(5.165)可得

$$y < \frac{\lambda}{2\omega^2 T_{sa}^2+3\omega\Omega T_{sa}^3+\Omega^2 T_{sa}^4} = \frac{2\lambda}{(2\omega T_{sa}+2\Omega T_{sa}^2)(2\omega T_{sa}+\Omega T_{sa}^2)} \tag{5.166}$$

假设 $\omega \cdot \Omega > 0$ 时,也即转动角速度和角加速度的方向一致时,有

$$|y| < \left|\frac{2\lambda}{(2\omega T_{sa}+2\Omega T_{sa}^2)(2\omega T_{sa}+\Omega T_{sa}^2)}\right| < \frac{2\lambda}{(2\omega T_{sa}+\Omega T_{sa}^2)^2} = \frac{2\sigma_a^2}{\lambda} \tag{5.167}$$

因此,为保证散射点的成像质量,目标最大径向尺寸应满足

$$y_{max} < \frac{2\sigma_a^2}{\lambda} \tag{5.168}$$

值得说明的是,从式(5.167)的推导过程来看,式(5.168)中给出的条件并不严格,但如果满足 $\omega > \Omega T_{sa}$,则上述结果并不会影响对目标最大径向尺寸量级的判断。图5.55 给出了目标最大径向尺寸与方位分辨率的关系。可见,在同等条件下,通过采用较小波长的激光信号或降低方位分辨率将有助于满足式(5.168)的要求。当发射信号波长固定时,可通过减少参与相干累积的回波脉冲串数从而降低方位分辨率来满足上述要求,这点与5.5.3.1 小节中二阶转动近似的限定条件一致。

(3)比值 $K_{\Omega\omega}$ 估计误差分析

由之前的分析可知,比值 $K_{\Omega\omega}$ 的估计精度影响着所提出算法的性能。而受搜索步长和噪声的限制,实际在利用5.5.2 节中方法对 $K_{\Omega\omega}$ 的估计过程中仍然还存在一定的估计误差。假设 $K_{\Omega\omega}$ 的估计误差为 $\Delta K_{\Omega\omega}$,则经过式(5.145)中变换后的回波信号可表示为

$$\tilde{s}'(\tau) = \sum_{i=1}^{N}\sigma_i \exp\left[-j\frac{4\pi\omega x_i}{\lambda}\left(\tau+\frac{1}{2}\Delta K_{\Omega\omega}t^2\right)\right] \tag{5.169}$$

同理,在相干累积时间内,比值估计误差引起的相位最大变化量小于 $2\pi$ 时,比值

的估计误差可忽略,此时有

$$\frac{4\pi\omega x}{\lambda} \cdot \frac{1}{2}\Delta K_{\Omega\omega}T_{\mathrm{sa}}^{2} < 2\pi \tag{5.170}$$

$$\Delta K_{\Omega\omega} < \frac{\lambda}{x\omega T_{\mathrm{sa}}^{2}} \tag{5.171}$$

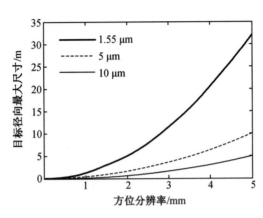

图 5.55　目标径向最大尺寸与方位分辨率的关系

### 5.4.4.3　成像实验验证

(1)ISAR 仿真数据验证

设定仿真参数如下:ISAR 发射波长 1.55 μm,带宽 150 GHz,脉宽 200 μs,距离采样点数为 256,脉冲积累时间 0.155 s,PRF 为 2 000 Hz,共积累 310 个脉冲。目标的转动参数为:角速度 0.005 rad/s,角加速度 0.01 rad/s²,角加加速度 0.006 rad/s³,因此比值 $K_{\Omega\omega}=2$。仿真所用计算机处理器为 Intel Core2 Quad CPU 2.50 GHz,内存为 5 GB。

仿真中的回波信噪比 SNR=5 dB,且在利用解线调估计 $K_{\Omega\omega}$ 时,对归一化调频斜率的搜索步长设为 0.005,其中选择了四个距离单元的最强点分别进行估计。估计结果如表 5.3 所示,图 5.56(a)所示为第 150 个距离单元在平面 $f$-$k$ 的分布情况,其中归一化调频斜率的取值范围为 $k\in[-0.5,0.5]$,对应的调频斜率取值范围为 $\frac{k \cdot f_{\mathrm{PRF}}}{T_{\mathrm{sa}}}$,$T_{\mathrm{sa}}$ 为成像时间,$f_{\mathrm{PRF}}$ 为脉冲重复频率。从表 5.3 中数据可见,对距离单元 98,129 和 135 的估计值较为准确,而对第 150 个距离单元估计时,由于受到相邻强散射点子回波旁瓣的影响,利用解线调方法估计出的比值 $K_{\Omega\omega}$ 为 1.876 3,存在一定的误差。然而,对四个距离单元的估计值取平均后,其值为 1.997 1,精度大大提高。

表 5.3　解线调法参数估计结果

| 距离单元数 | $\widetilde{k}_i/(\mathrm{Hz}\cdot\mathrm{s}^{-1})$ | $\widetilde{f}_i/\mathrm{Hz}$ | $\widetilde{K}_{\Omega\omega}$ |
|---|---|---|---|
| 98 | −1 161.268 9 | −572.815 5 | 2.027 3 |

表 5.3(续)

| 距离单元数 | $\tilde{k}_i/(\mathrm{Hz \cdot s^{-1}})$ | $\tilde{f}_i/\mathrm{Hz}$ | $\widetilde{K}_{\Omega\omega}$ |
|---|---|---|---|
| 129 | −451.603 9 | −223.301 0 | 2.022 4 |
| 135 | −580.647 6 | −281.553 4 | 2.062 3 |
| 150 | 516.134 3 | 275.080 9 | 1.876 3 |

实际成像中,由于无法获知比值 $K_{\Omega\omega}$ 的真实值,还需采用最小熵准则对解线调法估计出的结果做进一步验证。在解线调法估计的基础上,将比值的搜索区间设置为 [1.997 1−1, 1.997 1+1],步长设置为 0.02。图 5.56(b)所示为获取的熵值变化曲线,其中最小熵对应的 $K_{\Omega\omega}$ 为 2.017 1,该比值与真实值 $K_{\Omega\omega}=2$ 非常接近。

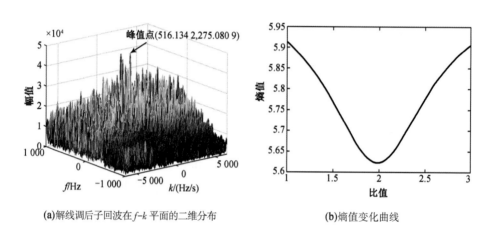

(a)解线调后子回波在 $f$-$k$ 平面的二维分布    (b)熵值变化曲线

图 5.56 参数估计结果

此外,为验证基于解线调和最小熵的参数估计方法在不同信噪比条件下的性能,在此进行了 Monte Carlo 仿真实验。对某个固定的输入信噪比,利用上述方法进行 100 次 Monte Carlo 仿真,获得了对比值 $K_{\Omega\omega}$ 的估计性能参数,如表 5.4 所示。从表中可见,当 SNR>0 dB 时可以获得精确的比值 $K_{\Omega\omega}$ 估计值,且当 SNR 在 5 dB 以上时,该估计算法的性能趋于稳定。实际当中由于在距离向成像可获取较大的脉冲压缩增益,从而使方位成像时的信噪比通常能满足该方法的要求。综上所述,本节提出的基于解线调和最小熵的参数估计方法是有效的。

表 5.4 不同信噪比下对比值 $K_{\Omega\omega}$ 的估计性能

| SNR/dB | −10 | −5 | 0 | 5 | 10 | 15 |
|---|---|---|---|---|---|---|
| 均值 | −21.448 9 | 26.303 1 | 2.012 4 | 1.993 4 | 1.994 9 | 1.991 9 |
| 均方根误差 | 111.342 4 | 105.844 8 | 0.062 0 | 0.009 8 | 0.010 5 | 0.010 8 |

图 5.57 所示为方位时频域 keystone 变换前、后第 126 个距离单元子回波的时频
分布图,其中采用了平滑伪随机 Wigner-Ville 分布(SPWVD)进行时频分析。图 5.57
(a)为变换前的时频分布,子回波分量在图中表现为多条斜率不相同的斜线,表明其
可近似为 MLFM 信号;图 5.57(b)为变换后的时频分布,此时子回波分量表现为多条
与横轴平行的水平线。可见,经过方位时频域 keystone 变换,MLFM 信号已同时转换
为多分量单频信号。之后,在方位向采用 FFT 便可获取目标二维图像。

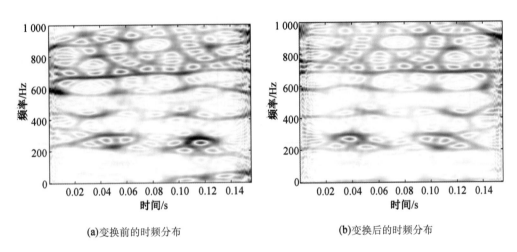

(a)变换前的时频分布　　　　　　　　　　(b)变换后的时频分布

图 5.57　变换前、后第 126 个距离单元回波时频分布(SPWVD)

图 5.58 为对目标的 ISAR 成像结果,其中图 5.58(a)为 RD 成像的结果,图 5.58
(b)为改进的 RWT 算法的成像结果,图 5.58(c)为本节所提出的方位时频域 keystone
变换法的成像结果。可见,当目标非均匀转动时,RD 成像的图像方位向存在严重散
焦,且离参考中心横向距离越远的散射点,其散焦越严重。相比于 RD 成像的结果,改
进的 RWT 算法与本节所提出的方位时频域 keystone 变换法都能获取方位聚焦良好的
ISAR 图像。表 5.5 为利用图像熵和对比度对上述几种方法的成像结果进行的定量评
价,其中,方位时频域 keystone 变换法的图像熵比改进的 RWT 算法的熵值要高,图像
对比度也要小,这主要是由于方位时频域 keystone 变换法保留了所有子回波分量,不
存在弱分量的丢失,而改进的 RWT 算法采用了 CLEAN 技术,只保留了相对较强的一
些子回波分量,因此,其在指标上占优。但这两种方法的评价指标都优于 RD 成像,这
与图 5.58 中的直观效果是一致的。此外,对比图 5.58(b)和(c)可见,方位时频域
keystone 变换法准确无误地还原了目标散射点的分布情况,而改进的 RWT 算法虽然
采用了 CLEAN 技术对子回波分量进行逐个估计和分离,但当输入信噪比为 5 dB 时,
该方法存在少部分目标信息丢失和散射点位置不正确的问题,尤其在散射点分布密集
的地方,该问题相对要严重,如图 5.58(b)和(c)中用虚线圈出的区域。

表 5.5　算法成像质量比较(Ⅲ)

| 项目 | RD | 改进的 RWT | 方位时频域 keystone 变换法 |
|------|------|------|------|
| 图像熵 | 8.429 8 | 7.211 5 | 7.542 9 |
| 对比度 | 3.205 1 | 6.062 4 | 5.246 7 |

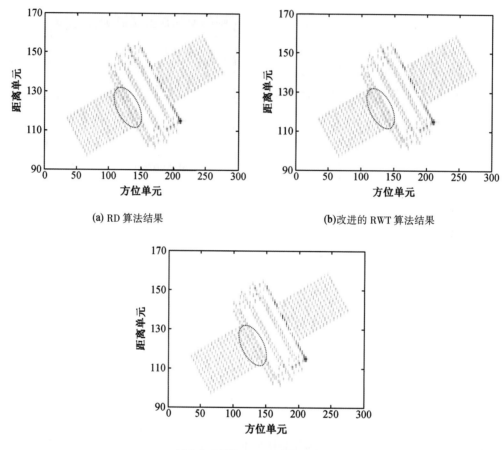

(a) RD 算法结果　　　　　(b)改进的 RWT 算法结果

(c)方位时频域 keystone 变换法结果

图 5.58　ISAR 成像结果

此外,改进的 RWT 算法成像时间为 25.804 5 s,而方位时频域 keystone 变换法方位成像时间总共只需 3.988 5 s,其中利用解线调方法估计比值的时间为 0.253 8 s,最小熵法估计比值的时间为 2.834 5 s,方位时频域 keystone 变换的时间为 0.900 1 s。

综合以上分析可见,本节所提出的基于方位时频域 keystone 变换的方法,在获取聚焦良好的 ISAR 图像的同时还具有很高的运算效率,且能有效保留目标细节信息并正确还原散射点位置分布情况,符合空间目标天基 ISAR 快速成像的要求。

（2）波音 B727 飞机 ISAR 仿真数据验证

由于没有相应的 ISAR 实测数据，在文中只能基于仿真数据进行算法的验证。而实际上，ISAR 与 ISAR 成像算法研究所追求的目标是一致的，即在实现图像更好聚焦的同时具备更高的成像效率。

在 ISAR 中对于机动目标的成像同样也面临着方位多普勒时变这一问题。本章所提出的两种算法都是基于目标二阶转动近似这一条件，因此，从理论上而言，这两种算法也同样适用于对 ISAR 机动目标的成像。为进一步验证算法的有效性，在此再利用美国海军研究实验室的 V. C. Chen 公开提供的波音 B727 飞机的 ISAR 仿真数据进行验证。

该仿真数据由 256 个连续脉冲串组成，发射信号的载频为 9 GHz，带宽为 150 MHz，脉冲重复频率为 20 kHz，且对数据的距离压缩和平动补偿已完成。

在利用解线调法估计 $K_{\Omega\omega}$ 时，对归一化调频斜率的搜索步长设为 0.005，获取的粗值为 79.04。之后再利用最小熵法对比值进行精确搜索，设置的搜索区间为 $[79.04-50，79.04+50]$，搜索步长为 1，获取的熵值变化曲线如图 5.59 所示，其中最小熵对应的比值为 71.04。

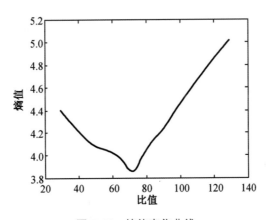

图 5.59　熵值变化曲线

图 5.60 所示为成像结果，其中图 5.60（a）为 RD 算法的成像结果，图 5.60（b）为改进的 RWT 算法的成像结果，图 5.60（c）为方位时频域 keystone 变换法的成像结果。对比图 5.60（b）和（c）可见，当等效散射点较少且分布较分散时，改进的 RWT 算法并不存在明显的目标信息丢失及散射点位置分布不正确的问题。此外，利用改进的 RWT 算法成像时间为 10.866 s，而利用方位时频域 keystone 变换法成像所需时间总共为 2.952 3 s，其中解线调法估计的时间为 0.237 0 s，最小熵法精确估计的时间为 2.449 7 s，方位时频域 keystone 变换的时间为 0.265 6 s。

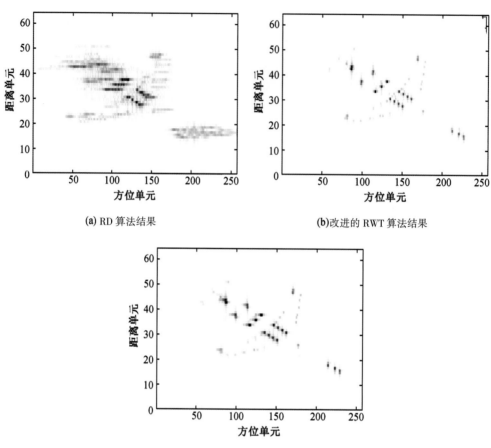

(a) RD 算法结果

(b)改进的 RWT 算法结果

(c)方位时频域 keystone 变换法结果

**图 5.60    波音 B727 飞机 ISAR 仿真数据成像结果**

表 5.6 给出了上述几种方法成像结果的图像熵和对比度,从表中结果可见,改进的 RWT 算法的成像效果比方位时频域 keystone 变换法要好,这一方面是由于前者只保留了相对较强的散射点,而后者保留了所有信息,但此处更主要的原因是方位时频域 keystone 变换法要实现理想聚焦需要满足以下两个条件:一是方位子回波信号满足 LFM 信号近似;二是散射点径向坐标引起的多普勒可忽略。而改进的 RWT 算法只需满足前一个条件,其对回波模型的近似更加精确。然而,就视觉上而言,在图 5.60 中,方位时频域 keystone 变换法的成像质量比 RD 算法有很大提高,且与改进的 RWT 算法所成图像差异并不明显,并不影响对目标的判读和识别。考虑到方位时频域 keystone 变换法具有比改进的 RWT 算法高得多的成像效率,因此其在非均匀转动目标快速、实时成像中仍具有十分重要的实用价值和意义。

表 5.6　算法成像质量比较（Ⅳ）

| 项目 | RD | 改进的 RWT | 方位时频域 keystone 变换法 |
|------|------|------|------|
| 图像熵 | 6.642 8 | 5.892 2 | 5.666 2 |
| 对比度 | 2.396 8 | 7.050 4 | 3.396 2 |

### 5.4.5　机动目标 ISAR 成像的最小二乘 RELAX 算法

当目标平稳飞行时,通过平动补偿(包络对齐和初相校正),等效于转台目标,且做平面匀速转动。当转角很小时,目标上的各个散射点做匀速的径向运动,也就是说可用复正弦作为散射点的运动模型,因而对各距离单元的回波序列做傅里叶变换就能得到散射点的横向分布,得到目标的 ISAR 像。

若目标做机动飞行,散射点的径向运动情况比较复杂,要用更复杂的运动模型加以描述,即各散射点回波的相位历程要用多项式表示。但在机动不大的情况,用二次多项式已够精确,即各子回波可以表示为线性调频(LFM)信号,但其初始频率和调频率各不相同,而需要一一估计。

有许多估计初始频率和调频率的方法,这里介绍基于最小二乘的 RELAX 算法,这是一种高分辨算法,在一定横向分辨率条件下可以缩短成像孔径长度,更适合于三维转动的机动目标成像。

设第 $n$ 个距离单元里有 $K$ 个散射点回波,且为 LFM 信号,其初始频率( $t=0$ 时的频率)和调频率分别为 $f_k$ 和 $\gamma_k$ , $k=1,2,\cdots,K$ ,则各 LFM 信号的转移向量可写成

$$\boldsymbol{\varphi}_k = \left[ e^{j2\pi[f_k(-M/2)+\frac{1}{2}\gamma_k(-M/2)^2]},\cdots,1,\cdots,e^{j2\pi[f_k(M/2-1)+\frac{1}{2}\gamma_k(M/2-1)^2]} \right]^{\mathrm{T}} \quad k=1,2,\cdots,K$$

$$(5.172)$$

式中,T 表示转置; $M$ (偶数)为相干处理脉冲数。

将式(5.172)的 $K$ 个向量排列成下列矩阵:

$$\boldsymbol{\varphi} = [\boldsymbol{\varphi}_1,\boldsymbol{\varphi}_2,\cdots,\boldsymbol{\varphi}_k]_{M\times K} \quad\quad (5.173)$$

并令 $K$ 个 LFM 子回波的复振幅分别为 $\alpha_k(k=1,2,\cdots,K)$ ,它们可排成列向量 $\boldsymbol{\alpha} = [\alpha_1,\alpha_2,\cdots,\alpha_k]^{\mathrm{T}}$ 。同时用向量 $\boldsymbol{s} = [s(-M/2),\cdots,s(0),\cdots,s(M/2+1)]^{\mathrm{T}}$ 表示第 $n$ 个距离单元录取的数据,有下列矩阵方程成立:

$$\boldsymbol{s} = \boldsymbol{\varphi}\boldsymbol{\alpha} + \boldsymbol{e} \quad\quad (5.174)$$

式中, $\boldsymbol{e}$ 为该距离单元的噪声向量。

若能估计得到所有 LFM 回波的参数 $\{\alpha_k, f_k, \gamma_k\}_{k=1}^{K}$，则可基于 $\{\alpha_k, f_k\}_{k=1}^{K}$ 得到 $t=0$ 时刻的图像，而其他时刻的瞬时像可在上述的基础上通过参数 $\{\gamma_k\}_{k=1}^{K}$ 求得。

用加权最小二乘法可以估计各个参数，即使用下列代价函做多维搜索，可求得代价函数最小时的各参数值：

$$\min_{\{\alpha_k, f_k, \gamma_k\}_{k=1}^{K}} \left\| \boldsymbol{W}\left( \boldsymbol{S} - \sum_{k=1}^{K} \boldsymbol{\alpha}_k \boldsymbol{\varphi}_k \right) \right\|^2 \qquad (5.175)$$

式中，$\boldsymbol{W} = \mathrm{diag}(\{w(m)\}_{m=-M/2}^{m=M/2-1})$ 是加权对角矩阵。

令 $\boldsymbol{g} = \boldsymbol{ws}$ 和 $\boldsymbol{b}_k = \boldsymbol{w\varphi}_k$，则 (5.175) 式可写成

$$\min_{\{\alpha_k, f_k, \gamma_k\}_{k=1}^{K}} \left\| \boldsymbol{g} - \sum_{k=1}^{K} \boldsymbol{\alpha}_k \boldsymbol{b}_k \right\|^2 \qquad (5.176)$$

式 (5.176) 的多维搜索优化是十分复杂的，一般可采用 RELAX 算法逐维迭代搜索。

下面的实测数据处理证明了上述方法的正确性和有效性。该实测数据的雷达工作在 C 波段，发射 LFM 信号，带宽为 400 MHz，重复频率为 400 Hz。目标为民航飞机 Yak-42，它的长/宽/高为 36.38 m/35.88 m/9.83 m，尾翼较高。将整个历程中的 5 段分别成像，如图 5.61 所示。

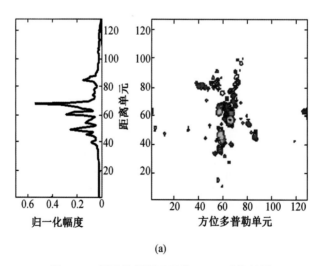

(a)

图 5.61 机动飞行的飞机的 ISAR 成像结果

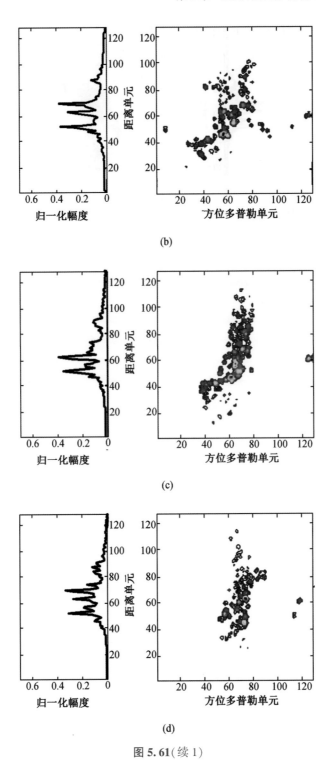

(b)

(c)

(d)

图 **5.61**(续 1)

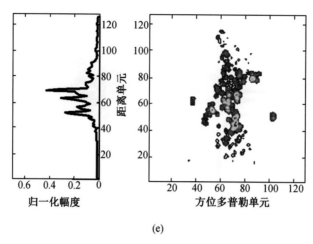

(e)

图 5.61(续 2)

# 第6章 复杂运动目标现代优化 ISAR 成像处理

## 6.1 复杂运动目标运动特性及其影响

### 6.1.1 复杂运动目标的特殊性及成像关键问题

复杂运动的目标,例如舰船、失稳的卫星等,是一类特殊的机动目标,与飞机、稳定的卫星等运动目标相比,其运动情况更加复杂。相比而言,虽然飞机、空间碎片、卫星等目标存在旋转、进动等不同的运动形式,但此类目标主要受自身推力和地球引力的影响,受力情况相对稳定和单一,因此目标的姿态变化具有较强的惯性和连续性,而舰船目标除自身航行推力外,还要受到海面风浪力量的推动,不同于稳定的地球引力、轨道动力等,海面风浪具有很强的随机性、突变性以及难以捉摸的潜在周期性,这导致舰船的三维运动也具有随机性、突变性及周期性的特点,在所有复杂运动目标中具有最大的随机性、非平稳性,是最典型的非合作复杂运动目标,其成像处理也是最难的,因此,不失一般性,本章主要以舰船这种典型复杂运动目标为例进行论述,所涉及的方法和算法可推广应用于其他类型的目标。

舰船目标的三维运动可以分为平动和转动两个分量。其中,平动分量是舰船目标的整体移动,而且由于舰船体积和质量较大,在合成孔径时间内由平动分量引起的舰船位置的整体移动相对较小,利用经典的包络对齐和初相校正方法即可对舰船平动产生的回波相位误差进行整体补偿,可以有效解决由平动引起的成像散焦问题。而转动分量是由海面风浪推动船体绕舰船重心转动引起的,在合成孔径时间内可能形成大角度转动(大于 10°),由于舰船尺寸较大,处在船体边缘位置的目标点会形成较大的位置移动,而且在转动轴心两侧的目标点运动姿态恰好相反,加上舰船是三维转动,三个轴向上的转动使得舰船散射中心的运动更加复杂,几乎没有统一规律可言。

另一方面,海面舰船作为尺寸最大的机动目标,散射中心数量比飞机和空间碎片等目标多出数倍,而且由于舰船结构复杂,有效散射中心的形成对雷达目标入射角度更加敏感,舰船目标的复杂三维转动会导致各散射中心的相对位置不断发生变化,甚至在合成孔径时间内会有散射中心不断出现和消失。尤其是在高分辨率、长合成孔径时间情况下,舰船目标的以上运动特性和散射特性会更加明显和复杂。

(1)独特的回波特性

舰船目标复杂的运动特性和散射特性直接导致了复杂的回波特性,在高分辨率和长合成孔径时间情况下,舰船目标散射中心数量大幅增多,目标运动更为复杂,此时舰船目标运动的随机性和突变性增加了回波相位变化的随机性,目标运动的周期性则会导致回波相位变化和包络距离徙动的卷绕混叠。另一方面,海况越差、风浪越大,舰船的运动特性也就随之更加复杂,而此时海杂波也相对增强,会降低目标有效回波信号的信噪比,影响后续回波信号的处理。

运动舰船目标的回波特性体现在距离向和方位向两个方面,在高分辨率、长合成孔径时间、大目标尺寸的情况下,在距离向上表现为舰船的复杂运动引起回波距离历程的复杂变化,各散射中心不同的运动特性会导致回波脉冲包络具有不同的距离徙动和初始相位。在方位向上表现为回波信号可以表示为多分量多项式相位信号(multi-component polynominal phase signal,mc-PPS)的形式,具有以下新的特点:一是信号分量较多,多项式相位阶次较高;二是不同分量之间存在较大差异性,而且成像时间内会有不同分量的出现和消失;三是各分量之间存在较大的相互干扰,而且由于存在噪声,单一有效分量的信噪比较低。

海面舰船目标的探测和监视,目前最佳的手段是星载 SAR,它具有成像幅宽大、重访率高的特点,但是海况的复杂性,导致高分辨率 SAR 对舰船目标的成像结果往往存在严重的散焦,必须借助 ISAR 的成像处理技术进一步处理。根据 SAR 和 ISAR 的成像理论和成像过程,舰船目标的运动对距离向成像的影响相对较小,而会对方位向成像造成直接且严重的影响,这也是 SAR 图像中运动舰船目标成像散焦和模糊的主要原因。要提高运动舰船目标的成像效果,实现清晰成像,需要估计目标回波特性并补偿相位误差,但舰船目标回波的以上特点,都增加了回波特性估计、相位误差补偿和方位成像的难度。

(2)回波信号时频分解

运动舰船目标雷达回波在方位向可以看作 mc-PPS 信号,在高分辨率、长合成孔径时间、大目标尺寸的情况下,该信号具有前述新的特点,增加了信号处理的难度。对于 mc-PPS 信号,普遍采用时频分解的方法进行处理,但经典的时频分解方法并不能有效处理复杂的运动舰船目标回波。当前典型的时频分解方法主要包括最大似然(ML)方法和多项式相位变换(PPT)方法两大类。其中,ML 方法理论上可以得到最优解,但 ML 方法需要在多维解空间内进行搜索,运算量庞大,因此其应用受到限制。自适应联合时频(AJTF)方法也可以看作一类改进的 ML 方法,但经典的 AJTF 方法仍然需要巨大的运算量,而且其假设条件是目标在一个平面内旋转仅存在二维运动,运动舰船显然不符合该假设条件。PPT 方法包括高阶模糊函数(HAF)、立方相位函数(CPF)等方法,主要利用相位函数的变换或差分函数,降低搜索维度,从而降低运算量。但在处理多分量信号时,此类方法受交叉项的影响较大,尤其是分量数较多、各分量强度近似的情况下,交叉项影响更为严重,而且此类方法参数估计精度较低,对信噪比的要求较高。

另一方面,现有时频分解方法均未考虑信号分量开始和结束时间的问题,在分量提取过程中对信号分量的有效性也未作甄别判断。因此,需要针对复杂运动舰船目标高分辨雷达回波的特点,研究 mc-PPS 信号时频分解新方法,期望满足以下要求:一是满足高阶次(三阶及以上)PPS 信号的处理需求,同时合理控制估计精度和运算量这一对矛盾;二是满足多分量信号的处理需求,较好地抑制交叉项,并确保提取分量的有效性;三是在分量提取的基础上,构建高精度的参数化时频分布,提高时频联合分辨能力,为后续清晰成像提供基础。

(3)最优成像数据段的选取

在 SAR 和 ISAR 成像处理中,对齐的距离包络是方位成像的基础,距离徙动校正或包络对齐是各类成像算法的重要步骤。但舰船目标的复杂三维运动导致散射中心的相对位置发生变化,不仅会在脉冲内形成不同的相位误差,而且会导致回波脉冲之间不同的包络距离徙动,此外,由于舰船运动的周期性,相位误差和包络距离徙动甚至会出现卷绕和折叠。因此,经典成像处理中的包络对齐、徙动校正、MTRC 校正等方法均不满足复杂运动舰船目标回波处理的要求,不能实现对所有包络进行统一地对齐处理。尤其是高分辨率、长合成孔径时间的情况下,目标散射中心之间还会存在相互影响,若强行进行包络对齐处理,反而可能破坏方位数据的连续性,导致方位数据的断裂和跳变。

此种情况下,判断成像时间内的舰船运动状态,选取一段各散射中心位置关系相对恒定、变化规律相对一致的最优方位成像数据段进行后续成像处理,是有效解决以上问题的思路。选取最优方位成像数据有两个好处:一是选取包络对齐相对较好的数据段,可以减小包络徙动带来的影响;二是缩短方位时间长度,可以降低多普勒频率的变化复杂度和多项式相位阶数,从而减少相位参数估计误差,提高拟合效果和估计精度。

经典的舰船目标成像方法中,最优方位成像数据段是根据成像效果或多普勒频率的展宽程度进行选取的,其重点在于数据段内多普勒频率的变化程度。但在前述的分析中,运动舰船目标最优成像数据段选取的最重要依据并不是多普勒频率的变化程度,而是散射中心位置相对变化的一致性,因此需要根据此特点研究最优方位成像数据段的判断标准及选取方法。

(4)相位补偿和成像方法

星载 SAR 系统的成像处理过程一般是相对成熟和固化的,并不能对某个单一的运动舰船目标进行特殊处理。但舰船的运动和散射特性完整地包含在 SAR 复图像中,这为利用 ISAR 技术对运动舰船进行二次成像处理提供了实现基础,另一方面,运动舰船目标的周围通常是空旷的海面水域,这为舰船目标区域的选取提供了便利。但根据数字信号处理的特点,对舰船区域复图像的截取及后续处理,会对数据的时频分辨率和表示范围产生影响。而且舰船目标回波的时频分解和最优方位成像数据段的选取,只是基础性的工作,最终目的仍要实现舰船目标的成像。因此,如何解决从图像到图像之间的处理过程,这也是一个关键的问题。

根据上文对运动舰船目标回波信号特点的阐述,以及对前两个关键问题的分析,需要在时频分解的基础上进行成像,此类方法以 RID 和 CLEAN 技术为典型代表。其中,RID 成像是利用是回波多普勒频率与目标位置的线性关系,通过抽取某一时刻的多普勒频率切片,用多普勒频率表示各目标点的位置而实现。因此,RID 成像也符合选取最优方位成像数据段的应用条件,其成像分辨率受频率分辨能力的影响,而不受相位误差补偿精度和傅里叶变换的限制,对数据长度的要求较低,可以更加有效地利用数据段本身;CLEAN 技术则是对单个散射中心进行参数估计和相位补偿,并逐个提取散射中心,将整体图像表示为离散的散射中心的集合,进而降低了各散射中心之间相互干扰的影响,尤其适合 mc-PPS 信号中各散射中心存在不同相位变化的情况。因此,在研究新的回波信号时频分解方法和最优方位成像数据段选取方法的基础上,需要结合 RID 和 CLEAN 技术,研究运动舰船目标的参数化成像方法。

（5）基于优化算法的自适应时频分解

利用自适应时频分解方法对 mc-PPS 信号进行时频分解处理时,其中最关键的步骤是在解空间内搜索最优参数,这本质上是一个多维优化问题。此类多维优化问题一般是非凸的,在解空间中存在多个极值,而且对于 mc-PPS 信号的时频分解而言,这多个极值解中可能一部分是真值解,分别对应着不同的信号分量,因此这一优化问题变得更为复杂。经典的优化算法如线性规划、整数规划、非线性规划等算法处理此类非凸优化问题时,往往难以找到优化算法的具体数学表达形式,不能取到全局最优解,在求解此类优化问题时受到一定的限制。现代优化算法又被称为智能优化算法,它为此类优化问题提供了较好的解决办法,现代优化算法多是启发类算法,没有固定的处理过程,而是通过一定规则不断更新可行解集,最终以一定的概率收敛到全局最优解。现代优化算法多源自对自然界生物种群或自然现象规律的研究和启发,主要包括进化类算法、群智能算法、模拟退火算法、禁忌搜索算法、神经网络算法等几大类。

在解决运动舰船目标等复杂运动目标的 ISAR 成像问题时,回波信号时频分解这一问题不可避免,现代优化算法需要针对待处理信号的特点进行适应性的改进,以满足信号时频分解中收敛速度、运算量、稳定性、参数估计精度等需求。

### 6.1.2　星载 SAR 运动舰船目标特性分析及系统建模

舰船在国际贸易、世界局势乃至现代战争中,都扮演着极其重要的角色,是海洋目标监视的重点。星载 SAR 系统具备全天时、全天候的主动成像能力,可以对全球所有地区进行观测,成为海洋目标监视的重要手段和工具。

但不同于静止地物,运动舰船目标会受到自身航行、海面风浪的影响,具有复杂的运动特性和回波特性,而星载 SAR 的成像处理不能精确获取并补偿舰船运动产生的相位误差,目标回波中的相位卷绕和相位补偿失配会导致严重的成像模糊和散焦。而且随着星载 SAR 系统分辨率的提高和合成孔径时间的增长,舰船的复杂运动对 SAR 成像的影响也随之加剧,这也造成了后续舰船目标分类识别的困难。

本节首先分析运动舰船目标的高分辨星载 SAR 图像特性和成像中存在的问题,进而构建舰船目标的六自由度运动模型,然后对舰船目标的运动特性和回波特性进行深入的理论分析;其次,根据舰船运动模型和星载 SAR 的成像过程,构建基于 Matlab 类的星载 SAR 运动舰船目标成像仿真模型构建方法,并对运动舰船目标回波进行数值模拟和多项式拟合分析;最后,针对运动舰船目标星载 SAR 成像模糊和散焦的问题,给出了利用 SAR-ISAR 联合成像方法进行二次成像处理的基本流程,并对其可行性进行深入的理论分析。

(1)运动舰船目标高分辨星载 SAR 成像的问题

星载 SAR 系统一般都具有多种成像模式,以满足不同分辨率和观测区域尺寸的要求。当星载 SAR 系统进行高分辨成像时,一般工作在聚束或滑动聚束模式,带宽达到 500 MHz 以上,合成孔径时间在 3 s 以上,地表成像分辨率普遍达到亚米级,最高实现分米级成像。但星载 SAR 系统对运动舰船目标成像时,受到舰船航行和海面风浪的影响,存在复杂三维运动,并由此导致了成像模糊和散焦现象的发生,尤其是高分辨成像条件下,该问题变得更为严重。

高分辨星载 SAR 系统对舰船目标成像时,静止舰船成像效果如图 6.1 所示。

图 6.1(a)和(b)分别是两艘静止舰船的 SAR 图像,可以看到两艘舰船目标均具有较好的成像效果,可以判断出舰船的外轮廓和主要船体结构。从图 6.1 中,可以看到 SAR 图像与光学图像有着较大区别,光学图像具有所见即所得的特点,一般是利用灰度信息的过渡表示目标图像的变化;而 SAR 图像是散射中心的集合,利用散射中心的强弱描绘目标信息,但由于目标不同位置的后向散射系数具有很大不同,因此散射中心的强弱差别很大,舰船目标的散射中心主要出现在桅杆、塔台、护栏等可以形成较强反射的位置,而甲板等大面积平整位置并不能形成有效的散射中心,这为目标分类识别带来了困难,需要专业人员进行判读,这在客观上也限制了 SAR 图像的应用。

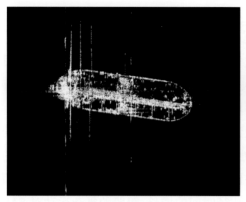

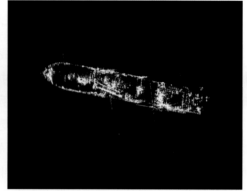

(a)静止舰船图像一　　　　　　　　　　　　　　　　(b)静止舰船图像二

图 6.1　高分辨星载 SAR 静止舰船图像

当舰船目标存在复杂运动时,SAR 成像效果会迅速恶化,运动舰船的成像效果如图 6.2 所示。

图 6.2(a)和(b)是某靠港舰船和某航行舰船,与图 6.1 相比,此两者成像效果较差,其中前者停靠在港口,主要由风浪引起的船体晃动导致成像模糊和散焦,而后者处在航行中,由自身运动和风浪两个因素导致成像模糊和散焦;图 6.2(c)是多艘不同航行方向的舰船,舰船图像不仅出现模糊和散焦现象,还由于航行速度导致目标图像出现漂移现象,从图中可以明显看到舰船船体脱离了航行尾迹的顶点。

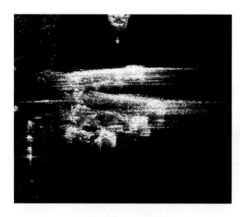

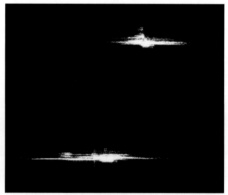

(a)靠港晃动舰船图像　　　　　　　　　　　　　　(b)航行舰船图像

图 6.2　高分辨星载 SAR 运动舰船图像

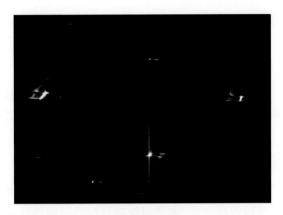

(c)运动舰船图像漂移

图 **6.2**(续)

观察图 6.1 和图 6.2,分析得到高分辨星载 SAR 舰船图像具有以下特点。

①舰船图像散射单元密集。舰船目标可以称之为最大体型的运动目标,尤其是比较重要的军事舰艇尺寸一般达到百米量级,在亚米级高分辨情况下,舰船的 SAR 图像在每个方向维度可达到几百个散射单元。成像效果较好时,密集的散射单元为舰船目标的监视识别提供了良好的基础,可以精确识别出船体轮廓和部分船体结构,如图 6.1 所示。

②成像效果受船体运动影响严重。高分辨情况下,密集的船体散射单元提供了更好的分辨效果,但同时对船体姿态提出了更高的要求,成像效果受到船体运动的严重影响。当处于航行中或受到海面风浪推动时,舰船目标存在独特的运动特性、散射特性和回波特性,如第 6.1.1 小节所述。当 SAR 成像分辨率较低时,目标散射中心较少并且成像时间短,舰船目标的这些特性对成像效果影响相对较小;但随着分辨率的提高和合成孔径时间的增长,这些特性对成像的影响随之变得严重,船体的复杂运动会导致 SAR 成像的模糊和散焦。值得注意的是,舰船运动导致的成像模糊和散焦主要体现在方位向,而对距离向成像的影响相对较小,如图 6.2(a)(b)所示,图中横向是方位向,纵向是距离向。

③运动导致成像位置漂移。舰船航行速度在回波中产生的多普勒信息不仅会影响成像效果,还会导致成像目标位置的整体漂移,使其偏离目标的真实位置,如图 6.2(c)所示。目标偏移距离与航行的速度和方向有关。

④图像背景相对干净。星载 SAR 对海面目标成像时,其入射波束指向与海平面一般存在较大的夹角,而海杂波影响较为严重的典型角度是两者夹角小于 10°,因此舰船目标的星载 SAR 成像受海杂波影响相对较小,图像背景相对干净,目标相对明显,这为后续的舰船目标分割提取和检测识别提供了便利,同时也为散焦的运动目标图像进行二次成像处理提供了实现的条件。当然,当海况较差、风浪较大时,海杂波的

影响会增大,而且目标图像散焦会降低目标散射中心的强度,从而会导致目标背景噪声基底相对提高,但一般情况下,仍然可以根据散射中心区域的位置判断是否属于海面舰船目标。

针对图 6.2(a)(b)中运动舰船目标等复杂运动目标成像的模糊和散焦现象,必须研究新的信号处理方法和成像方法,以提高受自身航行和海面风浪影响下舰船目标的成像效果。

(2)舰船目标运动特性及回波特性分析

不同运动状态的舰船目标的星载 SAR 图像呈现出明显的差别,这是由舰船目标独特的运动特性和回波特性决定的,本节对舰船目标的运动特性和回波特性进行深入分析。

舰船是一类典型的机动目标,与飞机、空间碎片等类型的机动目标相比,舰船的运动情况更加复杂。虽然飞机、空间碎片等目标存在旋转、进动等不同的运动形式,但此类目标主要受自身推力和地球引力的影响,受力情况相对稳定和单一,因此目标的姿态变化具有较强的惯性和连续性;但舰船目标除自身航行推力外,还要受到海面风浪力量的推动,而不同于稳定的地球引力,海面风浪具有很强的随机性、突变性以及一定的周期性,这导致舰船的运动也具有随机性、突变性及周期性的特点。

舰船在海面航行的自身航行速度与船体受海面风浪的推动影响,一并表现为六自由度的自身运动。舰船一般为刚体,即运动时船体各个结构不会发生形变,舰船的六自由度刚体运动模型如图 6.3 所示。

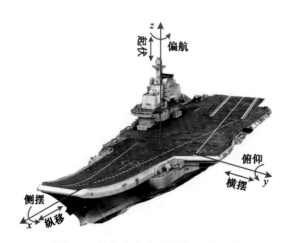

图 6.3  舰船六自由度刚体运动模型

如图 6.3 所示,以舰艏方向为 $x$ 正向,以左舷方向为 $y$ 正向,以天顶方向为 $z$ 正向,建立直角船体坐标系。舰船的六自由度运动表现在坐标系中,可分为三个平动和三个转动自由度,其中三个平动自由度为横摆(sway)、纵移(surge)和起伏(heave),分别代表船体坐标系整体沿 $x$、$y$、$z$ 三轴平移;三个转动自由度为侧摆(roll)、俯仰(pitch) 和偏航(yaw),分别表示船体坐标系按右手螺旋方向绕 $x$、$y$、$z$ 三轴旋转。

　　舰船的三个平动分量是由舰船航行和风浪共同导致的船体坐标系整体运动,舰船目标的各散射中心之间的相对关系未发生变化,舰船平动导致的回波相位误差具有统一的表达形式。另一方面,由于舰船一般具有较大的质量,因此在合成孔径时间内,舰船平动分量有较大惰性,引起的回波误差相对较小,从而利用经典的包络对齐和初相校正等成像处理方法即可对舰船平动产生的回波相位误差进行整体补偿,可以有效解决由此引起的成像散焦问题。

　　但舰船的三个转动分量主要是由海面风浪推动船体绕舰船重心的转动而形成,海况越差、风浪越大,舰船的转动就越剧烈。舰船的转动具有多倍周期性和很强的随机性,三维转动使得船体姿态会发生很大变化,对于大尺寸的舰船目标而言,转动会导致船体上不同位置的散射中心具有不同的运动规律,甚至完全相反,从而使各散射中心的回波相位误差不同,不能进行统一地误差估计和补偿;另一方面,舰船目标船体结构复杂,有效散射中心的形成对雷达目标入射角度更加敏感,舰船目标的复杂三维转动会导致各散射中心的相对位置不断发生变化,甚至会有散射中心不断出现和消失。

　　舰船的每个转动分量均具有一定的周期性,一般认为其符合钟摆运动规律,如下:

$$\begin{cases} \theta(t) = \Theta\sin\left(\Omega t + \varphi\right) \\ \omega(t) = \theta'(t) = \Omega\Theta\cos\left(\Omega t + \varphi\right) \\ \omega'(t) = \theta''(t) = -\Omega^2\Theta\sin\left(\Omega t + \varphi\right) \end{cases} \tag{6.1}$$

式中,$\Theta$ 为振幅;$\Omega = 2\pi/T$ 为角频率;$\varphi$ 为初相;三个等式依次为角位移、角速度和角加速度。钟摆运动不同于其他的一般运动规律,其特点是计算到较高阶次的微分仍然呈正弦或余弦形式变化,且各阶次微分结果的幅度受角频率影响。因此,精确地对钟摆运动进行解析多项式拟合比较困难,这也导致了对相位误差进行精确补偿的困难。

　　驱逐舰和航空母舰两个典型目标的尺寸和在 5 级海况时的速度和转动参数如表6.1 所示,其中侧摆、俯仰和偏航三个旋转角度分别为 $(\theta_r, \theta_p, \theta_y)$。

表 6.1　5 级海况时舰船最大转动参数

| 舰船类型 | 尺寸/m | | 最大速度 | 转动方式 | 双幅度/(°) | 周期/s |
|---|---|---|---|---|---|---|
| | 全长 | 156 | 30 kn | 侧摆 $\theta_r$ | 38.4 | 12.2 |
| 驱逐舰 | 全宽 | 18 | 55 km/h | 俯仰 $\theta_p$ | 3.4 | 6.7 |
| | 舰高(吃水) | 19(6) | 15 m/s | 偏航 $\theta_y$ | 3.8 | 14.2 |

表 6.1（续）

| 舰船类型 | 尺寸/m | | 最大速度 | 转动方式 | 双幅度/(°) | 周期/s |
|---|---|---|---|---|---|---|
| 航空母舰 | 全长 | 330 | 30 kn | 侧摆 $\theta_r$ | 6.0 | 26.4 |
| | 全宽 | 76 | 55 km/h | 俯仰 $\theta_p$ | 0.9 | 11.2 |
| | 舰高（吃水） | 70(12) | 15 m/s | 偏航 $\theta_y$ | 1.33 | 33.0 |

如表 6.1 所示，受风浪影响时，船体侧摆的角度最大，俯仰和偏航的角度相对较小，舰船尺寸越大，风浪引起的转动角度越小，周期越长，即抗风浪能力越强。因此，舰船目标尺寸越小，星载 SAR 对其成像时，受风浪影响越大，导致的模糊和散焦越严重。

根据星载 SAR 成像过程和舰船模型，建立船体坐标系 $Oxyz$，并定义成像投影坐标系 $Ox'y'z'$，如图 6.4 所示。

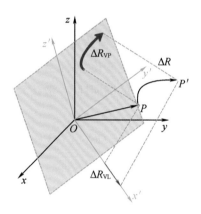

图 6.4　卫星舰船运动关系

其中，船体坐标系 $Oxyz$ 的 $O$ 点为船体重心，即舰船转动的中心点，$x$ 轴指向航向，$y$ 轴指向船体左舷，$z$ 轴指向天顶，三轴组成笛卡儿坐标系；成像投影坐标系 $Ox'y'z'$ 的 $O$ 点与船体坐标系 $Oxyz$ 的 $O$ 点重合，$x'$ 轴方向为由卫星指向舰船的雷达视线（line of sight，LOS）方向的反方向，$y'Oz'$ 平面为 LOS 法平面，$z'$ 轴为 $z$ 轴在 $y'Oz'$ 平面上的投影，$Ox'y'z'$ 组成笛卡儿坐标系。

若 $P$ 为船体坐标系 $Oxyz$ 中一个目标点，其坐标为 $\boldsymbol{T}_P = [x_P, y_P, z_P]^T$，距离原点矢量为 $\boldsymbol{r}_0 = \boldsymbol{OP}$。若舰船旋转角速度为 $\boldsymbol{\omega}_r(t)$，在时刻 $t$，目标点 $P$ 运动到 $P'$ 位置，目标点的旋转角度矢量 $\boldsymbol{\Theta}(t)$ 为

$$\boldsymbol{\Theta}(t) = \int_0^t \boldsymbol{\omega}_r(t) \, dt = [\theta_r, \theta_p, \theta_y]^T \tag{6.2}$$

式中，$(\theta_r, \theta_p, \theta_y)$ 分别为船体坐标的侧摆、俯仰和偏航三个旋转角度。

下面从坐标系变换和矢量积分两个角度分析目标点 $P$ 的位置变化情况。

从坐标系变换角度,根据坐标系欧拉旋转公式,$P'$ 点坐标 $T'_P$ 为

$$T'_P(t) = R_{x,y,z}[\boldsymbol{\Theta}(t)] T_P \tag{6.3}$$

式中,$R_{x,y,z}[\boldsymbol{\Theta}(t)]$ 为欧拉旋转算子,如下:

$$
\begin{aligned}
R_{x,y,z}[\boldsymbol{\Theta}(t)] &= R_x(\theta_r) R_y(\theta_p) R_z(\theta_y) \\
&= \begin{bmatrix} 1 & 0 & 0 \\ 0 & \cos\theta_r & -\sin\theta_r \\ 0 & \sin\theta_r & \cos\theta_r \end{bmatrix}
\begin{bmatrix} \cos\theta_p & 0 & \sin\theta_p \\ 0 & 1 & 0 \\ -\sin\theta_p & 0 & \cos\theta_p \end{bmatrix}
\begin{bmatrix} \cos\theta_y & -\sin\theta_y & 0 \\ \sin\theta_y & \cos\theta_y & 0 \\ 0 & 0 & 1 \end{bmatrix}
\end{aligned}
$$

$$\tag{6.4}$$

限于篇幅,式(6.3)在此不进行详细解析展开,但其中不可避免地存在多个正余弦函数乘积的形式,而且根据式(6.1),角度 $(\theta_r, \theta_p, \theta_y)$ 也是余弦函数的形式,因此解析式中必然存在多级正余弦函数的形式。

另一方面,从矢量积分的角度分析,在时刻 $t$,目标点 $P$ 旋转速度为

$$\boldsymbol{v}_r(t) = \boldsymbol{\omega}_r(t) \times \boldsymbol{r}_0 \tag{6.5}$$

若目标点转动 $\boldsymbol{\Theta}(t)$ 角度后,转动到 $P'$ 位置,则目标运动矢量 $\Delta \boldsymbol{R}(t)$ 为

$$\Delta \boldsymbol{R}(t) = \boldsymbol{PP'} = \int_0^t \boldsymbol{v}_r(t)\,\mathrm{d}t = \int_0^t [\boldsymbol{\omega}_r(t) \times \boldsymbol{r}_0]\,\mathrm{d}t \tag{6.6}$$

根据 SAR 成像的回波距离历程,目标运动矢量 $\Delta \boldsymbol{R}$ 可分解为 $y'Oz'$ 平面上的矢量 $\Delta \boldsymbol{R}_{VP}$ 和 $x'$ 轴上(LOS 方向)的投影 $\Delta \boldsymbol{R}_{VL}$,

$$
\begin{cases}
\Delta \boldsymbol{R}_{VL} = \Delta \boldsymbol{R} \cdot \boldsymbol{I}_{x'} \cdot \boldsymbol{I}_{x'} \\
\Delta \boldsymbol{R}_{VP} = \Delta \boldsymbol{R} - \Delta \boldsymbol{R}_{VL}
\end{cases} \tag{6.7}
$$

式中,$\boldsymbol{I}_{x'}$ 为成像投影坐标系的 $x'$ 轴在船体坐标系 $Oxyz$ 中的单位向量。

星载 SAR 对舰船目标成像时,雷达波束满足远场平面波条件,因此目标在 LOS 法平面内的运动矢量 $\Delta \boldsymbol{R}_{VP}$ 对回波相位影响不大,而在 LOS 方向上的径向运动矢量 $\Delta \boldsymbol{R}_{VL}$ 对回波距离历程有着直接影响,进而影响相位历程和回波多普勒频率的变化。不同方位位置目标点具有不同的径向运动矢量 $\Delta \boldsymbol{R}_{VL}$,会形成不同的多普勒信息,这即是方位向分辨率的来源,而方位成像处理过程即是通过分析不同目标点的 $\Delta \boldsymbol{R}_{VL}$ 产生的多普勒信息,以得到目标方位向的位置。

目标径向运动矢量 $\Delta \boldsymbol{R}_{VL}$ 和 SAR 回波的相位 $\Phi(t)$、多普勒频率 $f_d(t)$、多普勒调频率 $\gamma_d(t)$ 四者满足下式:

$$
\begin{cases}
\Phi(t) = \dfrac{4\pi}{\lambda} |\boldsymbol{R}_{VL}| \\[2mm]
f_d(t) = -\dfrac{1}{2\pi}\dfrac{\mathrm{d}\Phi}{\mathrm{d}t} = -\dfrac{2}{\lambda}\dfrac{\mathrm{d}|\boldsymbol{R}_{VL}|}{\mathrm{d}t} \\[2mm]
\gamma_d(t) = \dfrac{\mathrm{d}f_d}{\mathrm{d}t} = -\dfrac{2}{\lambda}\dfrac{\mathrm{d}^2|\boldsymbol{R}_{VL}|}{\mathrm{d}t^2}
\end{cases} \tag{6.8}
$$

然而,观察式(6.6),与式(6.3)的特点相同,要得到目标点坐标 $\boldsymbol{T}'_p$ 或运动矢量 $\Delta\boldsymbol{R}(t)$ 的解析式,根据式(6.1)中钟摆运动的规律,均不可避免地存在某一维度转动角度 $\theta(t)$ 的多级正弦或余弦形式,即

$$\sin[\theta(t)] \quad \text{or} \quad \cos[\theta(t)], \quad \theta(t) = \Theta\sin(\Omega t + \varphi) \qquad (6.9)$$

此类多级正余弦函数满足如下贝塞尔函数展开形式:

$$\begin{cases} \sin(z\sin\theta) = 2\sum_{l=0}^{\infty} J_{2l+1}(z)\sin[(2l+1)\theta] \\ \cos(z\sin\theta) = J_0(z) + 2\sum_{l=1}^{\infty} J_{2l}(z)\cos(2l\theta) \end{cases} \qquad (6.10)$$

式中,$J_\alpha(z)$ 为贝塞尔函数,如下:

$$J_\alpha(z) = \left(\frac{z}{2}\right)^\alpha \sum_{k=0}^{\infty} \frac{(-1)^k}{k!\,(k+\alpha)!}\left(\frac{z}{2}\right)^{2k} \qquad (6.11)$$

将式(6.10)代入式(6.9),可得

$$\begin{cases} \sin[\theta(t)] = \left\{\Theta - \dfrac{\Theta^3}{8} + \dfrac{\Theta^5}{192}\right\}\sin(\Omega t + \varphi) + \left\{\dfrac{\Theta^3}{24} - \dfrac{\Theta^5}{384}\right\}\sin[3(\Omega t + \varphi)] + \\ \qquad\qquad \dfrac{\Theta^5}{1\,920}\sin[5(\Omega t + \varphi)] + \cdots \\ \cos[\theta(t)] = 1 - \dfrac{\Theta^2}{4} + \dfrac{\Theta^4}{64} + \left\{\dfrac{\Theta^2}{4} - \dfrac{\Theta^4}{48}\right\}\cos[2(\Omega t + \varphi)] + \dfrac{\Theta^4}{192}\cos[4(\Omega t + \varphi)] + \cdots \end{cases}$$
$$(6.12)$$

可见,对于式(6.8)的精确解析求解实际应用中难以实现。但另一方面,观察式(6.12),由于 $\Theta$ 的取值通常较小,式(6.12)是高阶收敛的,因此可以对式(6.8)中的运动矢量、回波相位、多普勒频率等进行多项式拟合处理。

根据以上分析,可将某一目标点的回波信号表示为多项式相位信号(PPS)的形式,由于回波中往往含有多个目标回波分量,运动舰船目标的整体回波可以表示为多分量多项式相位信号(mc-PPS)的形式,如下:

$$s(t) = \sum_{m=1}^{M} A_m \exp\left(j2\pi\sum_{n=0}^{N_P} a_{m,n}t^n\right) \qquad (6.13)$$

式中,$M$ 为分量个数;$A_m$ 为信号分量的强度;$a_{m,n}$ 为多项式系数;$N_P$ 为多项式相位阶数。利用式(6.13)将信号表示为 mc-PPS 信号的形式,使得借助时频分析的方法,量化分析求解舰船运动姿态和带来的相位变化特征成为可能。

根据上述理论分析,运动舰船目标的回波可以表示为式(6.13)所示的 mc-PPS 信号形式,该 mc-PPS 回波信号主要体现在回波相位上,是由成像时间内的舰船运动产生的,与雷达发射信号的形式无关。在高分辨率、长合成孔径时间、大目标尺寸的情况下,运动舰船目标回波信号具有新的特性,主要体现在距离向和方位向两个方面。

在距离向,舰船的复杂运动会引起回波距离历程的复杂变化,各散射中心不同的运动特性会导致回波脉冲包络具有不同的距离徙动和初始相位。在方位向上,目标回波符合 mc-PPS 信号形式,且具有以下新的特点:一是大尺寸舰船目标的散射中心数量较多,mc-PPS 信号具有较多的分量数,而且每个信号分量持续时间也相对较长,信号分量的相位阶次更高、变化更加复杂;二是由于舰船姿态变化较大,船体各部位之间会存在相互遮挡,从而导致散射中心的相对位置会不断发生变化,由此式(6.13)中的部分信号分量可能会在合成孔径时间内出现和消失,而不是随着信号采样时间开始和结束;三是随着信号分量数的增多,每个分量的信噪比相对降低,而且各个分量之间还存在较强的相互干扰。高分辨情况下,运动舰船目标回波的这些特点给后续信号处理和成像造成了较大的困难。

本节在对舰船目标运动特性和回波特性进行理论分析的基础上,根据星载 SAR 成像处理过程和舰船运动模型,建立星载 SAR 运动舰船目标成像仿真模型,对运动舰船目标特性进行数值仿真分析。

利用星载 SAR 系统对海面运动舰船目标进行成像处理的过程,包括星体轨道计算、姿态控制、舰船目标运动、地球转动、回波信号生成、SAR 和 ISAR 图像生成及处理等多方面内容,是最为复杂的 SAR 系统之一。对如此复杂的系统进行建模仿真,最好利用面向对象的编程方法搭建仿真系统。

Matlab 是一种常用的数学工具软件,具有丰富的功能和强大的工具箱,被广泛应用于建模仿真、信号处理、图像处理、工程计算、金融分析等领域。自 20 世纪 80 年代发布以来,Matlab 已有十数次更新,其运算效率、资源利用能力等方面得到持续改善,并不断加入新的功能,尤其是对类的支持为面向对象编程提供了实现基础,可以满足星载 SAR 运动舰船目标成像仿真系统的需求。

尽管 C 或 C++等语言具备足够的能力实现这一仿真模型的构建,但其文件管理、算法调试、结果呈现画图等操作却不如使用 Matlab 方便。但传统的 Matlab 编程是面向过程的,过于依赖函数和变量,为提高该仿真模型程序的易用性和有效性,提高模型功能扩展和代码移植复用能力,在此提出一种基于 Matlab 类的面向对象的星载 SAR 运动舰船目标成像仿真模型构建方法。

Matlab 类是对各个具体、相似对象的共性的抽象,它是面向对象编程的基础。相比于面向过程的函数化编程,面向对象的编程有以下优点:可以把大问题分解成小问题;可以通过对象组合和信息传递完成一项任务;可以通过继承实现代码复用;某一模块的修改或添加不会受到其他模块影响也不会影响其他模块。Matlab 语言中类的组成、定义和调用方法与 C++语言相似,Matlab 类由属性(properties)和方法(methods)组成。前者包含有不同属性的变量,如常变量、非独立变量、隐藏变量等,后者包含完成某一特定任务的函数,以一个简单的 SAR 类的定义为例,如表 6.2 所示。

表 6.2　Matlab 类定义

```
% SarClass.m
classdef SarClass < handle
properties
fs ;                     % variables
BandWid ;
...
end
methods
function SetSarPara(obj)
...                      % functions
end
end
end
```

如表 6.2 所示,定义了一个类 SarClass,包括载频、带宽等参数和参数设置、轨道计算等函数在内的与 SAR 相关的变量和函数均可定义在这个类文件 SarClass. m 中。若仿真主函数为 Simulation. m,在其中创建和调用类 SarClass 的方式如表 6.3 所示。

表 6.3　Matlab 类创建和调用

```
% Simulation.m
S = SarClass;              % 创建类
S.fs = 600e6;             % 类属性赋值
S.SetSarPara( );          % 调用类函数
```

如表 6.3 所示,类 S 用等号创建,其变量或函数用点号调用,类的创建和使用都很方便。Matlab 类的管理需要用到类包(package)进行管理,类包即一个文件夹,文件夹用符号@开头,后面跟随类的名字,将类的定义文件和各个函数的定义文件放入其中,便组成一个 Matlab 类包,如表 6.4 所示。

如表 6.4 所示,Matlab 类的文件结构比程序化代码更加简洁和容易管理,而且类提供了更为方便的参数传递和封装方法。

为满足星载 SAR 运动舰船目标成像的仿真需求,仿真模型需要包括以下模块:仿真主函数、常量参数模块、SAR 平台及信号建模模块、运动舰船建模模块、SAR 成像模块、ISAR 成像模块,后面五个模块分别用类来实现,仿真模型整体结构如图 6.5 所示。

表 6.4　Matlab 类包

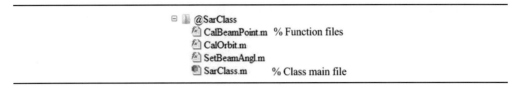

図 6.5　成像仿真模型结构

根据前面介绍,利用类包管理图 6.5 中的五个类,与主函数共同构成了仿真模型的文件结构,其组成如表 6.5 所示。

表 6.5　成像仿真模型文件结构

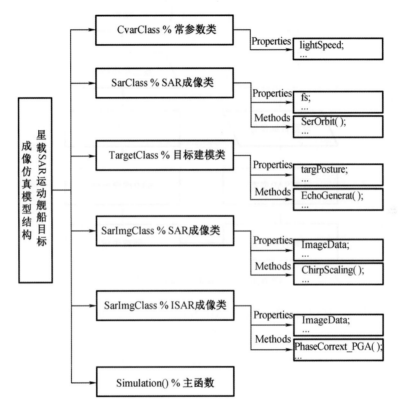

仿真模型中的每一个模块都可以独立运行而不相互影响,而且便于移植到其他应用中。例如,SAR成像类SarImgClass可以作为成像工具,直接应用于雷达接收的回波信号数据的成像处理中。

星载SAR运动舰船目标成像仿真系统的运行流程如图6.6所示。

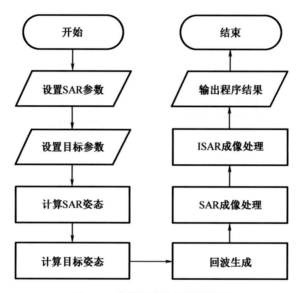

图6.6　成像仿真模型运行流程

如图6.6所示,其中,计算SAR姿态由SAR平台及建模类完成,计算目标姿态和回波生成由目标建模类完成,SAR成像处理由SAR成像类完成,ISAR成像处理由ISAR成像类完成。其中,前三个模块和类的基本结构和方法均已相对成熟,而ISAR成像处理方法即是本书的主要研究内容。

## 6.2　复杂运动目标非合作运动的雷达回波特性分析

舰船运动有平动和转动两个分量,根据对两个运动分量的分析,平动分量造成的回波信号相位误差,可以利用经典的包络对齐、初相校正的方法进行相位补偿处理。但转动分量会在回波中形成多项式相位误差,需要利用时频分解方法将其参数化表示为PPS信号分量的形式。但不同的SAR成像模式、不同的目标运动状态情况下,合成孔径时间、回波相位阶次等关键参数均有很大区别,因此对时频分解的要求也不尽相同。本小节利用数值模拟,分析舰船转动的运动特性和回波特性,重点研究不同条件下,利用PPS信号对回波信号进行拟合的有效性。

建立星载SAR运动舰船目标成像仿真模型,根据表6.1舰船运动参数,设置仿真系统各项参数,其中主要参数如表6.6所示。当不考虑舰船平动时,在$Oxyz$坐标系中三个目标点随方位时间的位置坐标、角速度、速度变化等如图 6.7 所示。

表 6.6　星载 SAR 运动舰船目标成像仿真参数

| 雷达高度/m | 雷达视线与 $xOy$ 平面夹角/(°) | 擦地角/(°) | 仿真总时长/s | 分段拟合时长/s |
|---|---|---|---|---|
| 600 000 | 45 | 45 | 50 | 1~8 |
| 初始坐标/m | 双幅度/(°) | 周期/s | 初相 | 拟合阶数 |
| [−100　−20　10] | 38.4 | 12.2 | 0 | |
| [50　10　6] | 3.4 | 6.7 | 0 | 1~6 |
| [100　−15　8] | 3.8 | 14.2 | 0 | |

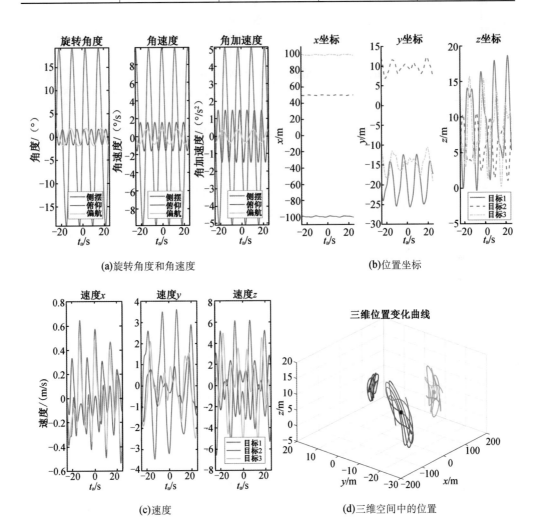

(a)旋转角度和角速度　　　　　　　　(b)位置坐标

(c)速度　　　　　　　　　(d)三维空间中的位置

图 6.7　目标在船体坐标系中的运动特性

注:$t_a$ 为方位脉冲孔径时间。

从图 6.7(a)中可以看到三个目标点在三个维度上的旋转角度和角速度均呈周期性的正弦变化,这也符合钟摆运动的规律;从图 6.7(b)(c)看到,由目标点的三维转动引起的位置和速度变化呈现一定的周期性,但也有较强的随机性;从图 6.7(d)看到,每个目标点在三维空间中随方位时间绕中心点运动,呈现聚集团状。

三个目标点的位置变化投影到 $Ox'y'z'$ 坐标系中,如图 6.8 所示。

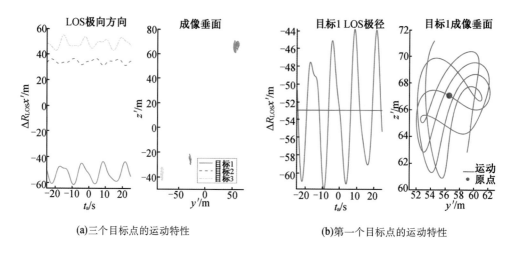

(a)三个目标点的运动特性　　　　　　　　(b)第一个目标点的运动特性

图 6.8　目标在成像投影坐标系中的运动特性

从图 6.8 中可以看到在成像投影坐标系中,三个目标点位置在 LOS 径向上呈现具有一定周期性和随机性的变化,在雷达相对静止的情况下,目标点在 LOS 径向上位置变化也体现了回波距离历程,根据式(6.8),这是目标多普勒信息的主要来源。另一方面,从图 6.8 中可以发现不同目标点的运动特性有很大不同,由此形成不同的距离历程变化,进而会导致回波信号包络不同的距离徙动和初始相位。

根据式(6.8),计算三个目标点多普勒频率变化如图 6.9 所示。

图 6.9(a)表示三个目标点多普勒频率变化,图 6.9(b)表示分别利用速度解析式和距离差分两种方式得到的目标 1 的多普勒频率变化。从图 6.9(a)中可以看到三个目标点的多普勒频率变化与距离变化类似,呈现一定的周期性和随机性,最大分布范围在 $[-400,400]$ Hz。从图 6.9(b)中可以看到速度解析和距离差分两种方式求解的目标多普勒频率结果区别不大,随着 PRF 的增大,两者误差会进一步减小,说明在一个微分时段内舰船运动变化相对稳定。

另一方面,从图 6.9(a)中可以看到,三个目标点的多普勒变化具有很大差别,不存在统一的变化规律,这也印证了对目标回波特性理论分析的结果。

根据对运动舰船回波特性的理论分析,可知图 6.9 的目标多普勒频率符合多项式形式,可以利用多项式对其进行拟合处理。根据图 6.9 的计算结果,选取其中的某一时间段多普勒频率变化,利用不同阶次的多项式对其进行拟合,进而分析拟合效果。

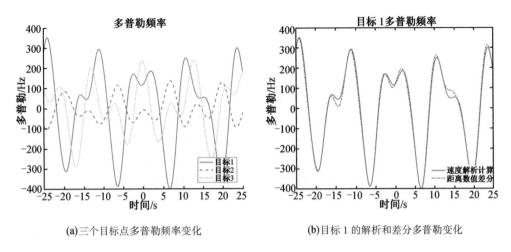

(a)三个目标点多普勒频率变化　　　　(b)目标 1 的解析和差分多普勒变化

图 6.9　目标多普勒变化

以图 6.9(b)中第一个目标点的多普勒频率为分析对象,拟合分段时长 3 s 和 5 s 时,对其进行了 1~5 阶的多项式拟合处理,拟合结果如下。

(1)分段时长 3 s

连续选取 3 s 时长的时间段进行拟合,以选取时段的中心时刻为横坐标,以该时段内拟合误差的最大值与原数值的和作为纵坐标,旨在表现多项式拟合与实际数值的偏离程度,同时统计各阶拟合误差的标准差和概率分布,结果如图 6.10 所示。

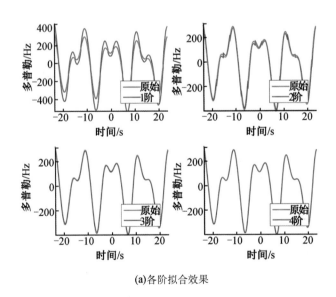

(a)各阶拟合效果

图 6.10　多普勒频率 3 s 分段多项式拟合效果

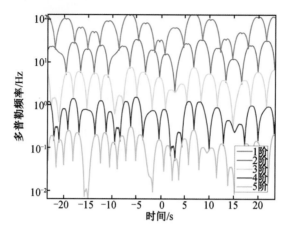

(b)误差最大值

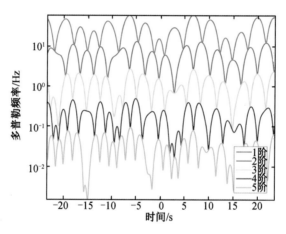

(c)误差标准差

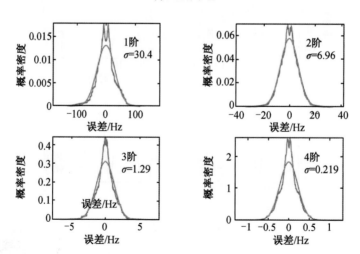

(d)各阶拟合误差概率密度函数

图 6.10( 续 1)

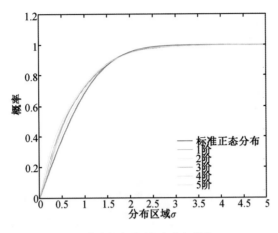

(e)各阶拟合误差概率分布曲线

图 6.10(续 2)

图 6.10(a)是分段时长 3 s 时 1~4 阶的拟合效果,方位时间表示的是拟合时段的中心时刻,拟合曲线是中心时刻的多普勒绝对值和此时段内最大误差值的和,通过对比拟合曲线和真实曲线,可以看到 3 阶拟合时,拟合最大偏离误差已经相对较小,可以达到较好地拟合效果。图 6.10(b)和(c)分别是各拟合时段误差的最大值和标准差,可以看到随拟合阶次的提高,拟合误差有明显下降,在 3 阶拟合时误差最大值在 10 Hz以下,标准差在 1 Hz 以下。

图 6.10(d)是 1~4 阶的拟合误差的标准差和概率密度分布,参考曲线是根据拟合误差标准差的标准正态分布,可以看到各阶拟合误差概率密度分布基本符合正态分布特性,甚至比正态分布更加集中于误差均值(即 0 值),而误差标准差随着拟合阶次的提高而降低。图 6.10(e)表示以各阶拟合误差标准差为横坐标的拟合误差概率分布曲线和正态分布曲线,可以看到几条曲线状态变化相似,各阶误差分布均满足正态分布的 $3\sigma$ 准则。

(2)分段时长 5 s

连续选取 5 s 时长的时间段进行拟合,以时段中心时刻为横坐标,各时段内的拟合效果如图 6.11 所示。

图 6.11(a)是分段时长 5 s 时 1~4 阶的拟合效果,可以看到 4 阶拟合已经可以达到较好的拟合效果,对比图 6.10 中 3 s 时长的拟合效果,可见 5 s 拟合时长时同阶拟合效果明显变差。图 6.11(b)和(c)分别是各拟合时段误差的最大值和标准差,各阶变化趋势与图 6.10 中类似,但由于分段时长提高,拟合误差基本增大一个量级,在3 阶拟合时误差最大值提高到 40 Hz 以下,标准差在 10 Hz 以下,4 阶拟合时误差分布基本与图 6.10 中 3 阶拟合近似。图 6.11(d)表示各阶拟合误差的概率分布曲线和正态分布曲线,可以看到各阶误差分布与图 6.10 类似,同样满足正态分布的 $3\sigma$ 准则。

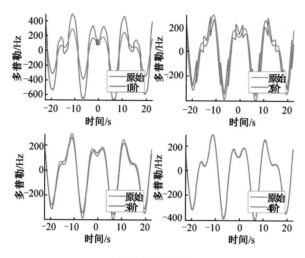

(a)各阶拟合效果

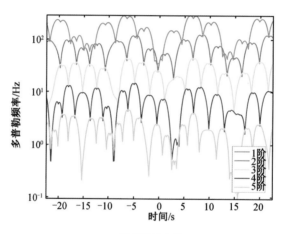

(b)误差最大值

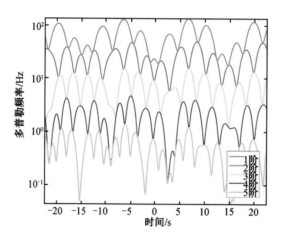

(c)误差标准差

图 6.11　多普勒频率 5 s 分段多项式拟合效果

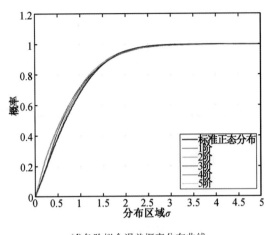

**(d)各阶拟合误差概率分布曲线**

图 **6.11**(续)

由上述仿真和分析可以得出,在合成孔径时间内,舰船回波信号满足多项式相位信号特征,回波多普勒频率可以利用多项式拟合近似,拟合阶次越高、拟合时间越短,则拟合误差越小。多普勒频率的多项式拟合误差基本符合正态分布特征,满足正态分布的 $3\sigma$ 准则,因此,可以用拟合误差标准差对拟合效果进行评价。

另一方面,根据图 6.10 和图 6.11 仿真拟合结果可以看出,不同中心时刻回波数据段的拟合误差也有很大差别,而拟合误差较大的数据段多出现在相位突变等位置,因此选取最优成像数据段也是成像处理中的一项重要工作。

在前述仿真结果的基础上,拓展拟合时长和拟合阶次,利用数值仿真计算分段拟合时长 1~8 s,拟合阶次 1~6 阶的拟合误差标准差,以分析不同时长不同拟合阶次的多普勒频率多项式拟合效果,结果如图 6.12 所示。

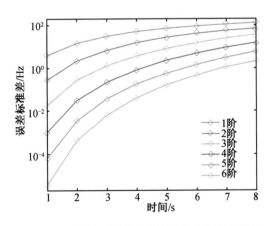

图 **6.12** 不同情况的多普勒频率拟合误差标准差

一般情况下,高分辨星载 SAR 合成孔径时间为 5 s 以内,而且处理过程中一般还需要进行方位成像时间段的选取,有效合成孔径时间要更短,因此对运动舰船回波信号进行 3~4 阶的 PPS 信号拟合,即可满足处理需求。图 6.12 可以作为一个多项式拟合参考图,用以指导满足一定误差条件下,多项式拟合阶次的选取。

根据上述对舰船目标运动特性和回波特性的仿真分析,舰船目标的运动具有一定的周期性和较强的随机性,舰船目标回波也存在周期性和随机性的特点,这导致回波相位变化复杂并存在相位卷绕和突变,给后续的信号处理带来了困难。根据仿真结果,运动舰船目标回波在距离向存在复杂的包络徙动和初始相位,在方位向则表现为多项式相位信号的形式,符合第 6.2 节中对回波特性的理论分析结果。在一定信号时长条件下,舰船回波可以用多项式相位信号进行拟合处理,但不同时长、不同阶次、不同中心时刻的拟合误差有所不同。总体而言,多项式相位拟合误差基本符合正态分布,拟合误差随着信号拟合时长的增长而增大,随着拟合阶次的提高而降低。根据数值仿真结果,一般情况下利用 3~4 阶的 PPS 信号即可较好的完成对舰船回波信号的拟合处理。另外,通过仿真实验发现,不同中心时刻回波数据段的拟合误差也有很大差别,而拟合误差较大的数据段多出现在相位突变等位置,因此选取最优成像数据段也是成像处理中的一项重要工作。

## 6.3　复杂运动目标 ISAR 成像的可行性

以运动舰船目标为典型的复杂运动目标的回波信号可以表示为 mc-PPS 信号的形式,这为相位误差估计和补偿提供了技术基础。但对于某一固定的星载 SAR 系统而言,其处理过程一般是相对成熟和固化的,其产品往往是复图像、灰度图像等产品形式,并不能在处理过程中加入对某个单一运动舰船目标的特殊处理过程。而在星载 SAR 的复图像中完整地包含了舰船的运动和散射特性,这为利用 ISAR 技术对运动舰船进行二次成像处理提供了实现基础。下面对利用星载 SAR 复图像对运动舰船目标进行 SAR-ISAR 联合成像的理论依据进行推导和分析。

SAR 和 ISAR 的成像基本原理是一致的,若舰船图像即目标点位置为 $I_{\mathrm{Ship}}(x,y)$,舰船回波散射场为 $E^s|_{\mathrm{Ship}}(k,\theta)$,则两者为一对傅里叶变换,如下:

$$I_{\mathrm{Ship}}(x,y)\frac{F_2}{F_2^{-1}}E^s|_{\mathrm{Ship}}(k,\theta) \tag{6.14}$$

其中,$F_2$ 和 $F_2^{-1}$ 分别表示二维傅里叶变换和逆变换;$k$ 为波数;$\theta$ 为方位角度,目标的二维散射场 $E^s$ 是两者的函数;$k$ 与信号频率 $f$ 有关,由距离向的宽带信号产生;$\theta$ 由合成孔径产生,在 SAR 成像过程中其来源是雷达平台运动,而在 ISAR 成像过程中是目标运动产生。

在星载 SAR 对运动舰船成像的过程中,SAR 平台和舰船目标两者都在运动,两者的相对运动关系如图 6.13 所示。

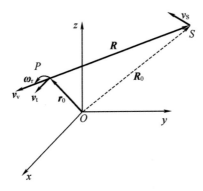

图 6.13　星载 SAR 与舰船运动关系

其中,$O$ 点为目标区域参考点;$R$、$r_0$、$R_0$ 分别为卫星指向舰船的矢量、参考点到舰船和卫星平台的矢量;$\Delta R_S$ 为星载 SAR 平台运动矢量,理论上该参量在成像过程中是精确已知的,这也是静止地物得到高分辨精确成像的基础;$\Delta R_V$ 为舰船运动矢量,由平动矢量 $v_t$ 和旋转运动矢量 $\omega_r$ 共同组成,根据第 2.2 节中的分析,转动矢量 $\omega_r$ 对成像影响最大,平动矢量 $v_t$ 影响较小。

根据舰船回波生成的物理过程,舰船散射场 $E^s$ 的相位受到 SAR 平台和舰船两个运动矢量的调制,如下:

$$E^s(k,\theta) = E^s\big|_{\text{Ship}}(k,\theta)\exp(\text{j}2k\Delta R_S)\exp(-\text{j}2k\Delta R_V) \tag{6.15}$$

式中,$\Delta R_S$ 和 $\Delta R_V$ 分别是 SAR 平台和舰船的运动矢量;$k$ 为沿雷达视线方向的波数矢量。式中第一个相位项由 SAR 平台运动引起,理论上是精确已知的;第二个相位项由舰船运动引起,由于目标的非合作性,此项是未知的。SAR 和 ISAR 的成像过程中,最为关键的工作即是补偿这两个相位项的过程。

星载 SAR 系统的成像处理中,虽然不同 SAR 成像算法的成像过程有所不同,但基本原理都是根据自身位置、波束指向、信号发射及采样参数、地面高度等信息,精确计算 SAR 平台运动相对于目标区域的运动矢量 $\Delta R_S$,进而补偿 SAR 平台运动引起的误差相位 $\exp(\text{j}2k\Delta R_S)$,最后进行二维逆傅里叶变换即得到 SAR 图像,如下:

$$I_{\text{SAR}}(x,y) = F_2^{-1}\big\{E^s\big|_{\text{Ship}}(k,\theta)\exp(-\text{j}2k\Delta R_V)\big\} \tag{6.16}$$

其中,$I_{\text{SAR}}(x,y)$ 表示经 SAR 成像处理得到的 SAR 系统输出复图像。当目标静止时,目标运动矢量 $\Delta R_V = 0$,误差相位项 $\exp(-\text{j}2k\Delta R_V) = 1$,此时式(6.16)与式(6.14)等价,SAR 图像 $I_{\text{SAR}}$ 可得到良好的聚焦效果。但当目标存在运动时,即 $\Delta R_V \neq 0$,则误差相位 $\exp(-\text{j}2k\Delta R_V) \neq 1$,将会导致 $I_{\text{SAR}}$ 能量得不到聚焦,图像质量严重下降,甚至不能成像。

但从 ISAR 成像的角度,经 SAR 成像进行相位补偿后的散射场即式(6.16)的右

项,满足 ISAR 目标回波散射场的形式,其中的目标运动相位误差项可以利用 ISAR 成像方法进行补偿,即

$$E^s\big|_{\text{ISAR}}(k,\theta') = E^s\big|_{\text{Ship}}(k,\theta)\exp(-j2k\Delta R_{\text{V}}) \tag{6.17}$$

其中,$E^s\big|_{\text{ISAR}}(k,\theta')$ 表示 ISAR 成像中的目标回波散射场。ISAR 成像主要是针对非合作的运动目标成像,即通过估计未知的目标运动误差相位 $\exp(-j2k\Delta R_{\text{V}})$,并进行补偿后得到目标的精确成像。根据对运动舰船目标回波特性的分析,误差相位 $\exp(-j2k\Delta R_{\text{V}})$ 满足多项式相位的形式,可以利用时频分解方法,对该相位进行多项式拟合,从而准确获得误差相位的参数化表达形式,然后进行相位补偿并获得清晰的 ISAR 图像。

对比式(6.16)和式(6.17),可以看到 ISAR 散射场 $E^s\big|_{\text{ISAR}}$ 与 SAR 复图像 $I_{\text{SAR}}(x,y)$ 互为二维傅里叶变换,即

$$I_{\text{SAR}}(x,y) \xrightleftharpoons[F_2^{-1}]{F_2} E^s\big|_{\text{ISAR}}(k,\theta') \tag{6.18}$$

因此,SAR 复图像中包含了舰船目标全部的散射特性和运动特性,可以根据式(6.18)将运动舰船目标区域的 SAR 复图像进行二维傅里叶变换得到 ISAR 回波成像的回波信号,然后根据式(6.17)进行 ISAR 成像处理估计并补偿目标运动相位,最后进行二维逆傅里叶变换即可得到清晰的舰船目标图像,如下:

$$I_{\text{Ship}}(x,y) = F_2^{-1}\{E^s\big|_{\text{ISAR}}(k,\theta')\} \tag{6.19}$$

其中,式(6.19)与式(6.14)本质相同,但值得注意的是,当 SAR 平台和舰船目标都有运动时,式(6.14)中回波散射场的角度 $\theta$ 变量受两种运动共同影响,与式(6.17)中的 ISAR 散射场角度 $\theta'$ 并不完全相同。

根据上述分析,运动舰船目标的星载 SAR 复图像中包含有 ISAR 成像处理所需要的所有信息,可以截取舰船目标区域的复图像,再通过 ISAR 成像处理,实现对舰船目标的清晰成像,基本的成像处理过程如图 6.14 所示。

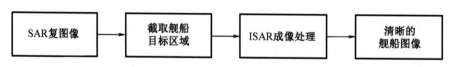

图 6.14 运动舰船目标 SAR–ISAR 联合成像基本流程

如图 6.14 所示,运动舰船目标 ISAR–ISAR 联合成像流程中最重要的步骤是 ISAR 成像处理过程,这也是本章后续重点介绍的内容。

## 6.4 多项式相位信号频域抽取自适应联合时频分解方法

运动舰船雷达回波可以表示为 mc-PPS 信号的形式,需要利用时频分解工具进行处理。但在高分辨率、长合成孔径时间、大目标尺寸的情况下,运动舰船目标的回波信号又具有以下特点:一是信号分量多、多项式相位阶次高;二是不同分量之间存在较大差异性,而且成像时间内会有不同分量的出现和消失;三是各分量之间存在较大的相互干扰,而且由于存在噪声,单一有效分量的信噪比较低。对具有以上特点的 mc-PPS 信号,利用目前经典的时频分解方法处理起来存在一定的困难。

当前可以有效处理 mc-PPS 信号的时频分解方法主要有最大似然(ML)方法和多项式相位变换(PPT)方法两大类。其中,ML 方法理论上可以得到最优解,但 ML 方法需要在多维解空间内进行搜索,运算量庞大,因此其应用受到限制。经典联合时频方法(AJTF 方法)也可以看作一类改进的 ML 方法,但经典 AJTF 方法是将信号与基函数的内积作为目标函数,以此评判参数准确度,此时参数解空间和运算量很大。PPT 方法包括 HAF、CPF 等方法,主要利用相位函数的变换或差分函数,降低搜索维度,从而降低运算量,但在处理高阶 mc-PPS 信号时,HAF 和 CPF 及其诸多改进方法都受到严重的交叉项影响,而且对信噪比的要求较高。另一方面,以上几种方法在参数估计中均未考虑信号分量开始和结束时间窗口的问题,在分量提取过程中信号分量的有效性也未作甄别判断。因此,需要针对复杂运动舰船目标高分辨雷达回波的特点,研究更加适应此类回波处理的 mc-PPS 信号时频分解的方法。

本节针对高分辨情况下运动舰船目标回波的特性,研究其时频分解和时频分布构建方法。首先,给出一种基于频域提取的自适应联合时频(FDE-AJTF)分解方法,以降低参数搜索维度、提高搜索速度和估计精度,而且可以满足不同时间信号分量的处理需求,同时通过恒虚警检测确保信号分量的有效性,降低噪声和杂波的影响;其次,给出一种参数化时频分布构建方法,可以有效降低交叉项和旁瓣的影响;再次,给出 FDE-AJTF 时频分解的流程结构,并对该方法应用中的阶次选择、参数搜索范围、停止条件等控制条件进行详细分析;最后,通过仿真实验与其他方法的对比,验证该方法的可行性和有效性。

### 6.4.1 经典自适应联合时频方法

经典 AJTF 方法是根据最大投影和匹配追踪准则,构建与信号形式相同的基函数,然后搜索与处理信号内积最大的基函数,此时该基函数即为一个信号分量。舰船回波是一类 mc-PPS 信号,信号形式如式(6.13)所示,若将其中一个信号分量表示为一个 PPS 信号 $s_p(t)$,如下:

$$s_p(t) = A \cdot \text{rect}\left[\frac{t}{T}\right] \exp\left\{j2\pi \sum_{n=0}^{N_p} a_n t^n\right\} \tag{6.20}$$

式中，$A$ 是信号强度；$\text{rect}[\,\cdot\,]$ 是矩形窗；$T$ 是时窗宽度；$a_0$ 是与时间 $t$ 无关的常数相位值，可等效为复强度系数；$a_1$ 是时间 $t$ 的线性项，反映了散射中心的实际位置；$a_2$ 及更高阶系数是时间 $t$ 的高阶项，与目标运动有关，是影响成像的运动误差相位，需要进行补偿；$N_p$ 是多项式阶数。

经典 AJTF 方法首先构建与信号 $s_p(t)$ 形式相同的基函数 $h_p(t)$，即

$$h_p(t) = \text{rect}\left[\frac{t}{T}\right] \exp\left\{j2\pi \sum_{n=1}^{N_p} a_n t^n\right\} \tag{6.21}$$

式中，$a_n$ 为待定相位系数；$N_p$ 为基函数的阶数。

目标函数是基函数中估计参数 $\{a_n; n=1,2,\cdots,N_p\}$ 准确度的评价标准，经典 AJTF 方法中目标函数为信号 $s_p(t)$ 与基 $h_p(t)$ 的共轭内积。当参数搜索空间中某一组参数 $\{a_n\}$ 的基 $h_p(t)$ 与信号 $s_p(t)$ 的共轭内积，即目标函数达到最大时，$h_p(t)$ 与 $s_p(t)$ 最为匹配，此时参数 $\{a_n\}$ 最符合信号的实际参数，可作为此信号分量的最优估计参数 $\{\hat{a}_n\}$，即

$$\{\hat{a}_n\} = \text{argmax}\left[\langle s_p(t) \cdot h_p^*(t)\rangle\right], \quad n = 1,2,\cdots,N_p \tag{6.22}$$

式中，$h_p^*(t)$ 为 $h_p(t)$ 的共轭形式；$\langle\,\cdot\,\rangle$ 表示两者内积。

得到信号分量的最优估计参数 $\{\hat{a}_n\}$ 后，此信号分量的强度系数 $\hat{A}$，可以由两者的内积值确定，即

$$\hat{A} = \langle s_p(t) \cdot h_p^*(\{\hat{a}_n\},t)\rangle \tag{6.23}$$

值得注意的是，式 (6.23) 中基函数 $h_p^*(\{\hat{a}_n\},t)$ 需要做能量归一化处理，以确保信号在处理前后保持能量恒定。

估计信号分量 $\hat{s}$ 表示为

$$\hat{s} = \hat{A} \cdot h_p^*(\{\hat{a}_n\},t) = \hat{A} \cdot \exp\left\{j2\pi \sum_{n=1}^{N_p} \hat{a}_n t^n\right\} \tag{6.24}$$

若原始回波信号为 $s(t)$，得到估计信号分量 $\hat{s}$ 后，信号残差 $y(t)$ 更新为

$$y(t) = s(t) - \hat{s}(t) \tag{6.25}$$

根据最大投影定理和匹配追踪思想，从信号残差中逐步迭代估计并提取各信号分量，最终忽略残差，信号可以表示为

$$s(t) = \sum_{m=1}^{M} \hat{s}_m(t) \tag{6.26}$$

式中，$M$ 为分量个数；$\hat{s}_m(t)$ 为第 $m$ 个信号分量。式 (6.26) 的表达形式与式 (6.13) 是相同的。

经典 AJTF 方法一定程度上可以对 mc-PPS 信号进行准确参数估计和分量提取，

但仍然存在以下问题:一是参数搜索维度即为多项式相位阶数,运算量很大;二是参数估计未考虑信号分量时窗问题,导致信号分量提取存在误差;三是未对各提取分量的有效性进行判断,尤其是存在噪声和杂波时,不仅提取了无效分量,而且增加了无用功,耗费了运算资源。

### 6.4.2 频域提取自适应联合时频分解方法

为解决经典 AJTF 方法中存在的问题,本节给出一种基于频域提取的自适应联合时频(FDE-AJTF)分解方法。经典 AJTF 方法中将运动舰船目标回波信号与基函数的共轭内积作为目标函数,其中共轭相乘的处理方式与雷达信号成像过程中的相位补偿有共通之处,这可以作为对经典 AJTF 方法进行改进的出发点。新方法的目标函数、分量提取及残差更新等关键步骤都是在频域完成,因此称之为频域提取自适应联合时频分解方法。FDE-AJTF 时频分解方法主要包括目标函数、分量提取及残差更新方式、信号分量时窗、恒虚警检测等四个部分,具体如下。

#### 6.4.2.1 目标函数

雷达成像的相位补偿即是补偿雷达回波的多项式相位误差的过程,若 PPS 信号 $s_p(t)$ 的各阶相位系数为 $\{a_n\}$,则雷达成像的相位补偿函数 $s_h(t)$ 为

$$s_h(t) = \text{rect}\left[\frac{t}{T}\right] \exp\left\{-\text{j}2\pi \sum_{n=2}^{N_p} a_n t^n\right\} \tag{6.27}$$

观察上式,相位补偿函数 $s_h(t)$ 与式(6.21)中的基函数 $h_p(t)$ 在形式上很类似,但相位补偿函数 $s_h(t)$ 从第二阶开始,不含有一阶项,因为信号 $s_p(t)$ 的一阶相位项代表目标点的位置,需要保留。

信号 $s_p(t)$ 二阶及以上的相位项是目标运动产生的相位误差,需要进行补偿,将信号 $s_p(t)$ 与相位补偿函数 $s_h(t)$ 相乘后,得到补偿信号 $s_c(t)$,如下:

$$s_c(t) = s_p(t) \cdot s_h(t) = A \cdot \exp[\text{j}2\pi(a_0+a_1 t)] = A\text{e}^{\text{j}2\pi a_0}\exp[\text{j}2\pi a_1 t] \tag{6.28}$$

完成相位误差补偿后,对补偿信号 $s_c(t)$ 进行傅里叶变换,其频谱 $S_c(f)$ 即是成像结果:

$$S_c(f) = \text{FT}\left\{\text{rect}\left[\frac{t}{T}\right] \cdot A\text{e}^{\text{j}2\pi a_0}\exp[\text{j}2\pi a_1 t]\right\} = A\text{e}^{\text{j}2\pi a_0}T\text{sinc}[T(f-a_1)] \tag{6.29}$$

式中,$S_c(f)$ 表示补偿信号的频域形式,也表示成像结果;FT$\{\cdot\}$ 表示傅里叶变换。式(6.29)中的频谱峰值出现在 $f=a_1$ 处,为一个 sinc 包络的形式,这个峰值位置即是目标点的位置,此结果与对式(6.20)的分析相符合。

对比式(6.22)中的内积式和式(6.29)中的频谱式,当两种方法的各阶相位系数 $\{a_n\}$ 估计准确时,前者的内积值即为后者的频谱最大值,其原因是根据傅里叶变换的频移特性,式(6.22)中基函数 $h_p(t)$ 的系数 $a_1$ 将式(6.29)中频谱最大值的出现位置

移到了 $f=0$ 处。因此,若以相位补偿函数 $s_h(t)$ 为基函数,以式(6.29)中频谱最大值作为目标函数,则可以忽略第一阶参数 $a_1$ 的搜索,仅搜索二阶及以上的相位参数。得到二阶及以上的相位参数后,再通过式(6.28)和式(6.29)进行相位补偿和成像处理,最终得到参数 $a_1$,完成所有参数的搜索。由此,$a_1$ 由一个不确定的参数变为可以通过相位补偿和傅里叶变换而确切得到。

FDE-AJTF 时频分解的目标函数为

$$\begin{cases} \{\hat{a}_n\} = \text{argmax}\{\max[S_c(f)]\} = \text{argmax}\{\max[\text{FT}(s_p(t) \cdot s_h(t))]\}, & n=2,3,4,\cdots \\ \hat{a}_1 = f_p, & S_{cmax} = S_c(f_p) = \max[S_c(f)] \end{cases}$$

(6.30)

式中,$\max\{\cdot\}$ 表示取最大值;$f_p$ 是频谱最大值的出现位置;$S_{cmax}$ 为频谱最大值。

新的目标函数与经典 AJTF 方法中相比,两者本质上相同,区别在于经典方法基函数 $h_p(t)$ 中的 $a_1$ 参数将最大频谱值 $S_{cmax}$ 移到了 0 频处。虽然新方法中求解式(6.30)需要进行一次傅里叶变换,增加了每一次对搜索参数进行评价的运算量,但新方法减少了一个维度的搜索,算法的总体运算量得到降低,同时提高了算法的稳定性,而且新方法更加符合成像处理的物理过程。

### 6.4.2.2 分量提取及残差更新方式

经典方法的分量提取和残差更新方式如式(6.24)和式(6.25)所示,但在此处理过程中,当信号相位参数存在估计误差时,会形成提取残留分量,从而导致对残留分量进行参数相似的冗余提取,不仅增多了无效信号分量个数,降低收敛速度,而且影响成像分辨效果。而以频谱最大值作为目标函数,也为此问题带来解决思路。

根据式(6.29),信号频谱峰值呈现 sinc 包络的形式,其主瓣出现在峰值频点 $f_p$ 的邻域中,如下:

$$f_p - \Delta f \leq f_{\text{Neighbor}} \leq f_p + \Delta f$$

(6.31)

式中,$f_{\text{Neighbor}}$ 表示峰值频点 $f_p$ 的邻域;$\Delta f$ 表示邻域的前后范围,邻域范围的最小值为 $\Delta f_{\min} = 1/T$。

根据有限信号的数字处理的特点,频谱峰值 sinc 包络的主瓣占有了信号分量的绝大部分能量,而且不能进一步分辨。因此在误差允许的情况下,可以将峰值主瓣区域的能量作为信号分量强度,而主瓣区域提取后的残余信号即为残差信号的频域形式,如下:

$$S_c'(f) = \begin{cases} 0, & f \in f_{\text{Neighbor}} \\ S_c(f), & 其他 \end{cases}$$

(6.32)

式中,$S_c'(f)$ 为残差信号的频域形式;$f_{\text{Neighbor}}$ 表示峰值频点的邻域,为提高信号提取的鲁棒性,可以适当扩展式(6.31)中邻域 $\Delta f$ 的范围。然而,信号提取的分辨率和鲁棒性是一对矛盾,鲁棒性随邻域范围增大而提高,但分辨率随之降低,反之亦然。当存在两个距离较近的散射中心时,两者的运动状态基本相同,其主要的分辨参数是 $a_1$,而最终的分辨率则受限于 $T$ 和 $a_1$,如要提高估计参数 $\hat{a}_1$ 的估计精度,而 FFT 仅能得到整数点的数值,因此可以采用更高分辨率的傅里叶变换如差值 FFT 或 DFT 进行计算。

将频域残差信号 $S'_\text{c}(f)$ 变换到时域,并与相位补偿函数 $s_\text{h}(t)$ 共轭相乘,得到时域残差信号如下:

$$y(t) = \text{IFT}\left[S'_\text{c}(f)\right] \cdot s_\text{h}^*(t)\big|_{|\hat{a}_n|} \tag{6.33}$$

式中,$y(t)$ 为时域残差信号;$\text{IFT}[\ \cdot\ ]$ 表示逆傅里叶变换;$s_\text{h}^*(t)$ 是相位补偿函数的共轭。

逐步对残差信号 $y(t)$ 进行处理,最终得到各信号分量,所有信号分量的线性相加即为 mc-PPS 信号,如式(6.26)。

对比经典 AJTF 和 FDE-AJTF 时频分解方法,根据傅里叶变换的特征,两种方法的目标函数和分量提取方法本质上是相同的。两者的区别在于,在经典 AJTF 分量提取时,仅对内积值即频谱峰值点的强度进行提取,会形成主瓣能量的陷落残留,这是分量重复冗余提取的误差来源,而且当存在较多分量时,会形成误差累积效应,从而导致更大的误差;而 FDE-AJTF 从频域进行分量提取和残差更新时,考虑了 sinc 包络的主瓣范围,从而提高了分量提取的完整性和鲁棒性,降低了残留误差,减少了无效分量,提高了时频分解的收敛速度。

### 6.4.2.3　信号分量时窗

根据对舰船目标散射特性和回波特性的分析,在高分辨率、长合成孔径时间、大尺寸目标的情况下,目标散射特性会出现变化,某些散射中心回波分量可能会在合成孔径时间内出现或消失,而不是随着回波信号采样的起始和结束时刻而产生和结束。但在前述方法中如式(6.21)或式(6.27)的基函数所示,并没有考虑信号分量时窗的问题,因此不能准确适应真实分量的时间,会造成参数估计和分量提取的误差。为解决此问题,在基函数中加入时间窗函数 $w[\ \cdot\ ]$,得到:

$$s_\text{ht}(t,u) = w\left[\frac{t-u}{U}\right]\text{rect}\left[\frac{t}{T}\right]\exp\left(-\text{j}2\pi\sum_{n=2}^{N_\text{p}}a_n t^n\right), \quad U \leqslant T \tag{6.34}$$

式中,$s_\text{ht}(t,u)$ 为含有时窗的基函数;$u$ 为信号分量时窗中心;$U$ 为时窗长度;$T$ 为采样信号的脉冲宽度。时间窗函数 $w[\ \cdot\ ]$ 可以根据需求选择矩形窗、余弦窗等。

在信号参数估计时,为简化时窗参数估计过程,可以将时窗函数的两个参量设定为信号分量起始采样点 $\tau_\text{s}$ 和结束采样点 $\tau_\text{d}$,满足下式:

$$\frac{\tau_\text{d}-\tau_s}{N_t} = U, \frac{\tau_\text{s}+\tau_\text{d}}{2N_t} = u \tag{6.35}$$

且需满足:

$$1 \leqslant \tau_\text{s} \leqslant \tau_\text{d} \leqslant N_t, \quad (\tau_\text{s},\tau_\text{d}) \in \mathbb{N} \tag{6.36}$$

式中,$N_t$ 为采样信号总点数;$U$ 和 $u$ 分别为归一化之后的分量时窗宽度和中心时刻;$\tau_s$ 和 $\tau_d$ 均为正整数,表示对应的采样点位置。

信号分量时窗的加入,会在参数搜索中增加两个维度,但如式(6.36)所示,离散信号处理的时窗参数取值空间是有限的离散值,因此不会导致过多运算资源的需求。

#### 6.4.2.4 恒虚警检测

雷达回波信号中往往含有杂波和噪声,但经典 AJTF 方法中并没有对提取信号分量的有效性进行判断,无法确定提取的分量是有效信号分量还是杂波噪声产生的。这不仅影响分量提取的有效性,也会对后续成像结果产生不良影响,而且会影响信号时频分解的收敛速度。

在 FDE-AJTF 时频分解中,根据式(6.30)和式(6.32),其目标函数和分量提取本质上是一个成像过程,因此可将雷达成像中的恒虚警检测(constant false-alarm rate, CFAR)技术应用在分量提取中,判断所提取信号分量的有效性,当信号分量频谱最大值大于检测门限,则判断为有效回波分量并提取。而根据 FDE-AJTF 时频分解的基本原理,信号分量是按分量强度逐次被提取出来的,当某一信号分量未能通过 CFAR 门限时,其后续的信号分量肯定更弱于此分量而均被检测为无效分量,即可停止对该信号的分量提取。

CFAR 的方法也可以按需求进行选择,若虚警概率为 $P_{FA}$,则经典的 CA-CFAR 检测门限 $D$ 为

$$D = \alpha\beta, \alpha = N_{CFAR}(P_{FA}^{-1/N_{CFAR}} - 1), \beta = \frac{1}{N_{CFAR}}\sum_{i=1}^{N_{CFAR}} x_i \quad (6.37)$$

式中,$\alpha$ 为门限乘积因子;$\beta$ 为样本 $x_i$ 的均值;$N_{CFAR}$ 为检测单元数。

### 6.4.3 参数化时频分布构建方法

利用 FDE-AJTF 时频分解将处理信号分解为时频分量,得到各分量的参数后,需要进一步将各分量统一表现在一张时频分布图上。由于处理信号是各个相互独立分量的线性叠加,因此其时频分布可以通过计算单个分量的时频分布,然后将各分量的时频分布线性叠加而成。另一方面,单分量信号的时频分布会以概率 1 收敛于瞬时频率曲线,而且 PPS 信号的相位处处连续可导,信号的瞬时频率可以按定义直接计算,并且不存在交叉项,这为构建参数化的时频分布提供了理论和实现基础。在此提出一种参数化的时频分布构建方法,具体步骤如下。

①根据时频分解结果,计算处理信号的某一信号分量瞬时频率为

$$f_m(t) = \sum_{n=1}^{N_p} n\hat{a}_n t^{n-1} \quad (6.38)$$

式中,$\{\hat{a}_n; n = 1, 2, \cdots, N_P\}$ 是各阶估计参数。

②确定时频分布图的频率表现范围 $[f_{\min}, f_{\max}]$，一般离散信号时频分析的频率范围如下：

$$\begin{cases} f_{\min} = 0 \\ f_{\max} = N_t - 1 \end{cases} \tag{6.39}$$

式中，$N_t$ 是信号点数。当然，也可以根据需要，确定不同的频率表现范围。

③根据频率分辨率 $\Delta f$ 和频点个数 $N_f$ 的要求，确定频率轴坐标，满足下式：

$$f(n) = f_{\min} + n\Delta f, \Delta f = \frac{f_{\max} - f_{\min}}{N_f - 1}, \quad n = 0, 1, \cdots, N_f - 1 \tag{6.40}$$

式中，$\Delta f$ 为频率步进间隔即分辨率；$N_f$ 为频点个数。

④根据有限离散信号的处理的特性，信号分量在频域的实际频谱分布是中心频点处 sinc(·) 包络的形式，而信号分量的时频分布以概率 1 收敛于瞬时频率曲线，因此若将第 $m$ 个分量的瞬时频率 $f_m(t)$ 作为中心频点，$A_m$ 为分量强度，则信号分量 $s_m(t)$ 的在时频域的分布为

$$D_m(f,t) = A_m \text{sinc}\left\{ 0.886 \frac{[f - f_m(t)]}{\Delta f} \right\} \cdot \left\{ \left| 0.886 \frac{[f - f_m(t)]}{\Delta f} \right| \leqslant N_s + 1 \right\} \tag{6.41}$$

式中，$D_m(f,t)$ 表示时频分布；等式右项的前一个因式代表频率向的 sinc(·) 包络分布，后一个因式用以控制旁瓣数量，降低旁瓣影响；0.886 是 sinc(·) 包络的主瓣展宽系数，$N_s$ 是旁瓣数，$N_s \geqslant 0$ 为正整数。

④将各分量的时频分布线性叠加，即可得到整个处理信号的时频分布，如下：

$$D(f,t) = \sum_{m=1}^{M} D_m(f,t) \tag{6.42}$$

式中，$D(f,t)$ 为整个处理信号的时频分布；$M$ 为信号分量个数。

在上述参数化时频分布构建方法中，各分量之间为线性叠加不存在交叉项，而且可以抑制旁瓣，并可以方便地控制时频分布的显示范围和显示分辨率。

### 6.4.4　FDE-AJTF 时频分解流程及控制条件

#### 6.4.4.1　FDE-AJTF 时频分解流程

根据 FDE-AJTF 时频分解方法原理，对 mc-PPS 信号进行时频分解得到时频分布的完整流程如图 6.15 所示。

如图 6.15 所示，具体流程如下：

①开始，输入待处理的信号。

②设置信号最大分量数 $M$，并初始化分量数 $m=1$；设置残差能量阈值 $R_E$，并初始化残差 $y=s$；设置多项式相位阶数 $N_P$。

③进行参数优化搜索，并判断提取分量是否有效，若有效则执行第④步，提取信号

分量,若无效则跳出循环,执行第⑥步。

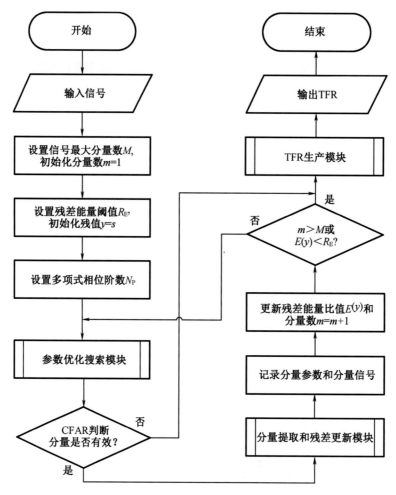

图 6.15　频域提取自适应联合时频分解流程

④分量提取和残差更新,记录分量参数,更新残差能量比值 $E(y)$ 和分量数 $m=m+1$。

⑤判断循环结束条件残差能量 $E(y)<R_E$ 或 $m>M$ 是否满足,若满足则跳出循环,执行第⑥步,不满足则执行第③步,继续提取分量。

⑥根据提取的各分量参数,构建参数化的时频分布。

⑦输出信号时频分布,结束。

其中,参数优化搜索模块、分量提取和残差更新模块、时频分布(time frequency representation,TFR)生成模块是三个主要的运算模块,各自完成相应的功能,其具体流程和步骤在此不再赘述。值得注意的是,在参数搜索模块中为了提高参数搜索速度和全局优化能力,可以采用遗传算法、差分进化算法、粒子群算法等一系列优化算法。

### 6.4.4.2　FDE-AJTF 时频分解控制条件

**(1)拟合多项式阶数的选择**

拟合多项式阶数是影响 PPS 信号拟合精度的关键参数,若拟合多项式阶数较小,则会造成较大的拟合误差;若拟合阶数较大,则会造成运算量的大幅增加。拟合多项式阶数的选择可以有两种方式。第一种方式是根据第 6.3 节中运动舰船目标回波的数值拟合结果即图 6.12 进行选择,根据其结果,高分辨星载 SAR 成像中 3~4 阶的多项式阶数即可满足需求。第二种方式是对信号中的第一分量进行不同阶次的拟合,分析拟合效果即目标函数结果,以及运算量的需求,综合选择最优的拟合阶数。

**(2)参数搜索范围**

在数字信号处理过程中,对于某一离散的多项式相位信号而言,信号时间和频率都是相对的。为了处理过程方便和处理方法的通用性,时频分析处理过程中,一般将处理信号的时间进行归一化处理,信号时间 $t$ 和频率 $f$ 满足下式:

$$\begin{cases} t = n\Delta t, \quad \Delta t = \dfrac{1}{N_t} \\ f = n, \qquad n = 0,1,2,\cdots,N_t-1 \end{cases} \tag{6.43}$$

式中,$t$ 和 $f$ 分别为时间和频率的取值点;$N_t$ 为信号点数。

由此,根据式(6.20)中 PPS 信号的表达形式,各阶多项式相位估计参数 $\{\hat{a}_n\}$ 的搜索范围一般为

$$-N \leqslant \{\hat{a}_n\} \leqslant N, \quad n = 2,3,\cdots,N_P \tag{6.44}$$

式中,$\hat{a}_n$ 为实数;$N_P$ 为多项式阶数。

当考虑信号分量时窗时,如式(6.34)~式(6.36)所示,时窗的两个参数起始时刻 $\tau_s$ 和结束时刻 $\tau_d$,两者满足下式:

$$1 \leqslant \tau_s \leqslant \tau_d \leqslant N_t, \quad (\tau_s,\tau_d) \in \mathbb{N} \tag{6.45}$$

式中,起始时刻 $\tau_s$ 和结束时刻 $\tau_d$ 两者均为式(6.43)中的时刻点的位置。

**(3)停止条件的判定**

如图 6.15 所示,FDE-AJTF 时频分解流程有三个停止条件:①提取信号分量个数 $m$ 达到了设定的最大信号分量个数 $M$;②残差能量比值 $E(y)$ 小于设定的残差能量阈值 $R_E$;③某一分量提取时未能通过 CFAR 有效性判决。

为确保信号分量提取完整,信号残差能量阈值 $R_E$ 一般需要设定得较小,如 0.1%($-30$ dB)或更小,但另一方面,残差能量阈值过小可能会导致误差分量的提取。实际上,在处理真实信号时,并不能确定一个精确的残差能量阈值,而这也是 CFAR 检测的必要之处。在每一个估计分量的提取之前,都对其进行 CFAR 检测,以判断分量是否有效。当信号分量无效时,应舍弃该信号分量,并跳出分量提取的循环。当然,随着虚警概率的增大,CFAR 门限随之降低,则可能有更多的信号分量通过 CFAR 检测。

### 6.4.5 仿真及实测数据处理

本节利用对仿真数据和实测数据的处理,对比 STFT、PCPF、经典 AJTF 和 FDE-AJTF 等不同方法的时频分解效果,以验证 FDE-AJTF 时频分解方法的有效性和各项优势。

#### 6.4.5.1 仿真实验及分析

仿真实验所用的数据由四个三阶 PPS 信号分量组成,信号点数为 $N_t = 512$。为对比时频分解效果,进行了三组仿真和对比:对比经典 AJTF 和 FDE-AJTF 方法的两种目标函数和分量提取模式的时频分解效果;对比基函数是否加入时窗参数的时频分解效果;对比分量提取是否加入 CFAR 检测的时频分解效果。

仿真数据处理中经典 AJTF 和 FDE-AJTF 方法均采用三阶相位函数,参数优化过程以标准的粒子群优化算法为例,并将 STFT 和 PCPF 方法的时频分解结果作为对比参考。

(1)两种目标函数和分量提取方法对比

四个三阶 PPS 信号的参数如表 6.7 所示,仿真时间为 $-0.5 \sim 0.5$ s。

表 6.7　仿真信号分量参数

| | 强度 | $a_1$ | $a_2$ | $a_3$ | 能量占比 |
|---|---|---|---|---|---|
| 分量 1 | 2.0 | 32.1 | 56.6 | 212.4 | 42.11% |
| 分量 2 | 1.5 | 398.2 | 156.6 | −149.3 | 23.68% |
| 分量 3 | 1.5 | 403.9 | −98.2 | −102.2 | 23.68% |
| 分量 4 | 1.0 | 262.8 | −23.1 | −91.5 | 10.53% |

仿真信号是表 6.7 中所示的四个分量的线性叠加,分别用 STFT、PCPF、经典 AJTF 和 FDE-AJTF 方法对其进行处理,后三种方法均提取 6 个分量。其中,经典 AJTF 和 FDE-AJTF 方法中粒子群算法均采用 500 个粒子,前者迭代 1 500 次,后者迭代 200 次。时频分布结果如下所示,时频分布动态显示范围为 30 dB。

图 6.16(a)中可以看到,STFT 可以得到每个分量的大致分布趋势,但由于 STFT 计算过程存在时窗,从而导致分辨率较低。而在图 6.16(b)(c)(d)中,四个分量得到相对精确地提取和表示,分辨率明显优于 STFT 结果。但在 30 dB 动态范围情况下,在图 6.16(b)(c)中,PCPF 和经典 AJTF 方法各自有一个错误分量,在图 6.16(d)中则没有出现错误分量。实际上,因为程序设定为循环 6 次,在后三种方法中均提取了 6 个分量,但由于 FDE-AJTF 方法提取的后两个分量强度比经典 AJTF 方法更小,因此在 30 dB 动态范围时,后者仅有四个分量得以展现。为分析对比三种分解方法的精

度,三种方法提取的各分量强度和残差能量比值如图 6.17 所示,参数估计误差如图 6.18 所示。

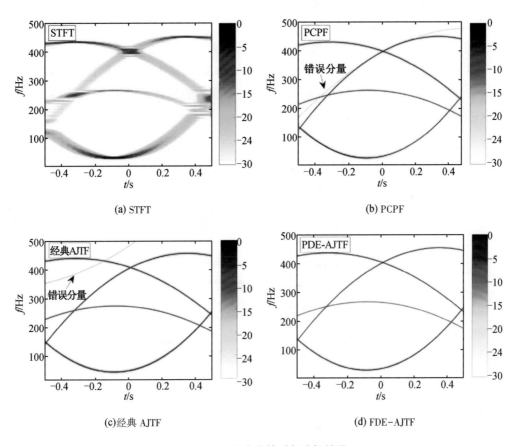

图 6.16　不同方法的时频分解结果

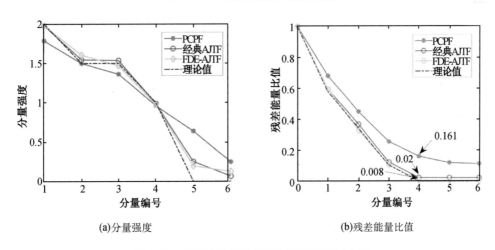

(a)分量强度　　　　　　　　　　　　　　(b)残差能量比值

图 6.17　不同方法的分量强度和残差能量比值

如图 6.17(a)所示,参照表 6.7 中分量强度的理论值,经典 AFJT 和 FDE-AJTF 方法的各分量强调与理论值更为接近,均比 PCPF 方法更为精确。在图 6.17(b)中,提取四个分量之后,FDE-AJTF 方法的残差能量比值下降到 0.8%,但经典 AJTF 方法和 PCPF 方法分别为 2% 和 16.1%,说明 FDE-AJTF 方法的分量提取更为完整,而经典 AJTF 方法和 PCPF 方法均存在一定强度的残留误差。

图 6.18 中是三种方法对三个相位参数的估计误差,从中明显看到,FDE-AJTF 方法的估计误差最小,PCPF 估计误差最大,这三个参数的估计误差即是图 6.17(a)和(b)中现象的原因之一。

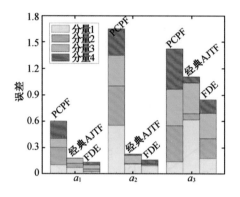

图 6.18 不同方法的相位参数估计误差

如图 6.16 至图 6.18 所示,尽管经典 AJTF 方法中采用了 1 500 次迭代,而 FDE-AJTF 方法仅有 200 次迭代,但后者的分解效果仍然优于前者,两种方法中的粒子群算法的各粒子平均适应度和最佳适应度变化分别如图 6.19 和图 6.20 所示,其中适应度即为优化算法中目标函数值的大小。

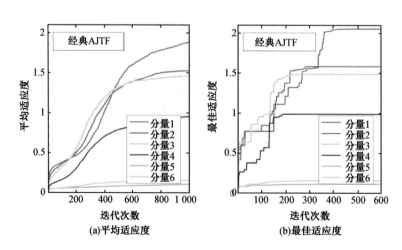

图 6.19 经典 AJTF 方法平均和最佳适应度

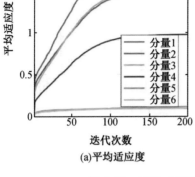
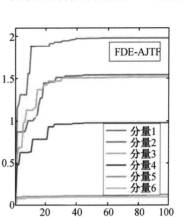

(a)平均适应度　　　　　　　(b)最佳适应度

图 6.20　FDE-AJTF 方法平均和最佳适应度

　　如图 6.19 所示,经典 AJTF 方法中,最佳适应度需要 400 次迭代以上才能达到最大值,在迭代 1 500 次后,平均适应度仍在持续增加,并未进入稳定状态。而如图 6.20 所示,FDE-AJTF 方法中最佳适应度在 40 次迭代时已经达到最大值,平均适应度在 200 次迭代以内已经趋于相对稳定的最大值。

　　此次仿真实验中,经典 AJTF 和 FDE-AJTF 两种方法运算量对比如表 6.8 所示。

表 6.8　经典 AJTF 和 FDE-AJTF 两种方法运算量对比

| | | 经典 AJTF | | FDE-AJTF | |
|---|---|---|---|---|---|
| 信号长度 | | $N_a$ | 512 | $N_a$ | 512 |
| 搜索维度 | | $N_{dim}$ | 3 | $N'_{dim}$ | 2 |
| 粒子数 | | $N_{par}$ | 500 | $N_{par}$ | 500 |
| 迭代次数 | | $N_{iter}$ | 1 500 | $N'_{iter}$ | 200 |
| 适应度 计算一次 | 加法 | $N_a$ | 500 | $N_a\log_2 N_a$ | 4 608 |
| | 乘法 | $N_a$ | 500 | $\dfrac{N_a}{2}\log_2 N_a$ | 2 304 |
| 一次 速度更新 | 加法 | $4N_{dim}N_{par}$ | 6 000 | $4N'_{dim}N_{par}$ | 4 000 |
| | 乘法 | $5N_{dim}N_{par}$ | 7 500 | $5N'_{dim}N_{par}$ | 5 000 |
| 一次 位置更新 | 加法 | $N_{dim}N_{par}$ | 1 500 | $N'_{dim}N_{par}$ | 1 000 |
| | 乘法 | $N_{dim}N_{par}$ | 1 500 | $N'_{dim}N_{par}$ | 1 000 |
| 总计算量 | 加法 | $N_{iter}(5N_{dim}N_{par}+N_a)$ | $1.20\times10^7$ | $N'_{iter}(5N'_{dim}N_{par}+N_a\log_2 N_a)$ | $1.92\times10^6$ |
| | 乘法 | $N_{iter}(6N_{dim}N_{par}+N_a)$ | $1.43\times10^7$ | $N'_{iter}(6N'_{dim}N_{par}+N_a/2*\log_2 N_a)$ | $1.66\times10^6$ |
| 计算量 比值 | 加法 | | 6.25 | | 1 |
| | 乘法 | | 8.60 | | 1 |

根据粒子群算法的计算过程,经典 AJTF 和 FDE-AJTF 两种方法运算量的区别主要在于适应度计算、速度更新和位置更新三个环节,其中 PSO 算法的具体细节如第 4.1.4 小节所述,在此不做详述。

如表 6.8 所示,尽管每一次的适应度计算中,FDE-AJTF 方法比经典 AJTF 方法的运算量大,但整体来看,由于 FDE-AJTF 方法忽略了一个维度的参数搜索,降低了迭代次数,从而降低了整体的运算量。根据表 6.8 所示结果,经典 AJTF 方法的运算量是 FDE-AJTF 方法的 8 倍以上(主要考虑乘法运算)。因此,相比而言,FDE-AJTF 方法的估计准确度得到提高,而运算量得到降低。当然,PCPF 方法的运算量是最低的,但其估计精度是最差的。

值得注意的是,表 6.8 中未考虑基函数生成、随机数产生等环节,如若考虑此环节,则经典 AJTF 方法的运算量还要相对增大。另外,表 6.8 中的对比仅为了说明 FDE-AJTF 方法相比于经典 AJTF 方法在运算量上的优势,当算法的各个参数变化,或者采用其他优化算法时,两种方法的运算比值也会相应改变,但不可否认的是 FDE-AJTF 方法在运算量和估计精度方面存在明显优势。

(2)基函数时窗对比

为了模拟不同信号分量不同的出现和消失时间,仿真信号的四个分量分别加入了四个不同的时间窗,时间窗的起始和结束时刻如表 6.9 所示,整体仿真时间为 -0.5~ 0.5 s,其他参数与表 6.7 相同。

表 6.9　仿真信号分量时间窗参数

| | 起始时刻/s | 结束时刻/s |
|---|---|---|
| 分量 1 | -0.3 | 0.3 |
| 分量 2 | -0.5 | 0.5 |
| 分量 3 | -0.5 | 0.2 |
| 分量 4 | -0.4 | 0.4 |

四种时频分析方法得到的时频分布如图 6.21 所示,与前面仿真相同,后三种方法均提取六个信号分量,显示动态范围为 30 dB。

如图 6.21(a)所示,STFT 仅可以得到四个分量时频分布的大致趋势,分辨率很低。而如图 6.21(b)所示,PCPF 提取了三个有效分量和一个错误分量,而且丢失了强度最弱的一个有效分量。在图 6.21(c)中,经典 AJTF 方法对四个有效分量均进行了准确提取,但同时提取了一个错误分量。而且 PCPF 和经典 AJTF 方法均未能考虑信号分量时窗的问题。但在图 6.21(d)中,FDE-AJTF 方法对四个分量均进行了有效提取,而且分量的时窗分布基本符合表 6.9 中仿真时窗参数的设定和图 6.21(a)中各分量的分布情况。尽管 FDE-AJTF 方法提取了一个错误分量,但该分量仍然与最强的一个有效分量的时频分布趋势基本相同,其原因是在对时窗进行估计时存在误差,导致有效分量提取存在残余。三种方法的残差能量比值变化趋势如图 6.22 所示。

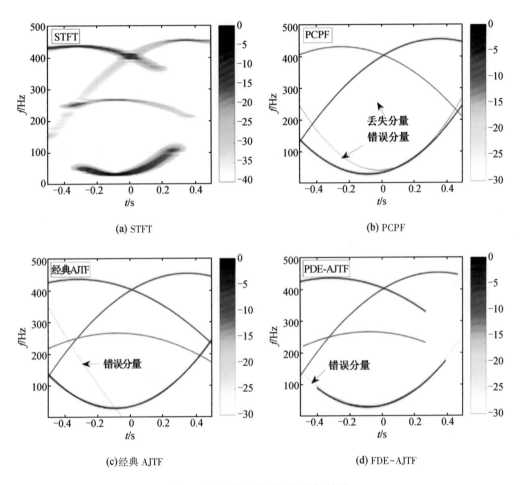

(a) STFT

(b) PCPF

(c)经典 AJTF

(d) FDE-AJTF

图 6.21　四种方法的时频分解结果

如图 6.22 所示,FDE-AJTF 方法在提取四个分量后,残差能量比值下降到 2.9%,已经接近理论值 0,而其他两种方法提取四个分量后,距离理论值有较大差距。这说明基函数加上时窗后,可以更为精确和有效地估计信号分量参数,并提取信号分量。

(3)CFAR 检测对比

为说明 CFAR 检测的必要性,同时对比不同方法的抗噪声能力,将原仿真信号中加入噪声分量,然后对比分析不同方法的参数估计和分量提取效果。信号分量和噪声的强度如表 6.10 所示,表中还计算了各分量信号的信噪比(signal noise ratio,SNR)和信杂噪比(signal clutter noise ratio,SCNR),因为对于某一信号分量而言,其他三个信号分量一定程度上可以当作杂波。噪声信号采用白噪声,其他参数与前面仿真相同。

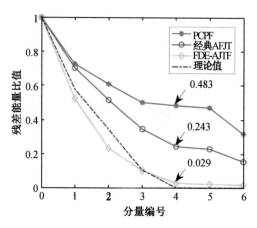

图 6.22　不同方法的残差能量比值变化趋势

表 6.10　仿真信号分量及噪声参数

|  | 强度 | SNR/dB | SCNR/dB | 能量占比 |
|---|---|---|---|---|
| 分量 1 | 2.0 | −3.75 | −6.74 | 21.05% |
| 分量 2 | 1.5 | −6.25 | −8.72 | 11.84% |
| 分量 3 | 1.5 | −6.25 | −8.72 | 11.84% |
| 分量 4 | 1.0 | −9.78 | −12.56 | 6.26% |
| 噪声 | $\sqrt{9.5}$ |  |  | 50.00% |

在 FDE-AJTF 方法中采用 CA-CFAR 检测,设置虚警概率 $P_{FA}=10^{-4}$,检测单元数 $N_{CFAR}=N/4=128$。四种方法得到的时频分布如图 6.23 所示,每种方法提取六个分量,显示动态范围 30 dB。

如图 6.23(a)所示,四个分量受到噪声的严重影响,在 40 dB 动态范围情况下,STFT 方法才能看出信号分量的大致趋势,30 dB 时四个分量均不能有效分辨。在图 6.23(b)中,PCPF 方法提取了六个分量,但仅有第一个分量是有效分量,其原因是其他三个分量均低于 PCPF 方法的信噪比门限。在图 6.23(c)中,经典 AJTF 方法提取了三个有效分量和两个错误分量,丢失了最弱的一个分量。而在图 6.23(d)中,四个有效分量均得到准确提取,时间窗也基本与设定参数一致,第五个分量是错误分量,但此错误分量被 CFAR 检测为无效分量。三种方法的残差能量比值下降趋势和 FDE-AJTF CFAR 检测结果如图 6.24 所示。

如图 6.24(a)所示,三种方法各自提取四个分量后,FDE-AJTF 方法残差能量比值为 53.2%,基本趋近于理论值 50%,而经典 AJTF 和 PCPF 方法仍有较大差距。FDE-AJTF 方法在提取前两个分量后,残差能量低于理论值,其原因是信号分量时窗和强度的估计误差所致,而 PCPF 方法仅在第一个分量有明显下降,后续分量提取对残差能量的降低均不明显,说明其他分量无效,这也验证了图 6.23(b)中仅有一个有效分量的结果。

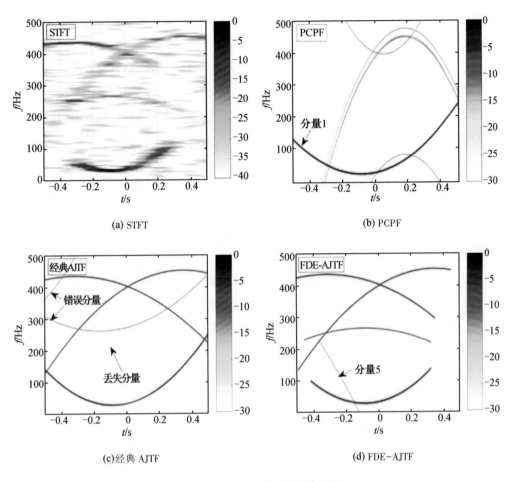

(a) STFT

(b) PCPF

(c)经典 AJTF

(d) FDE-AJTF

图 6.23　四种方法的时频分解结果

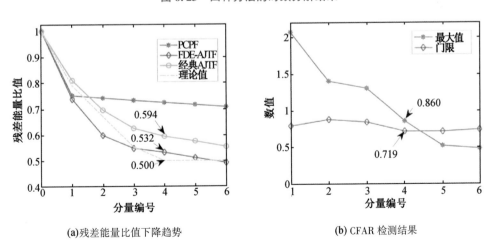

(a)残差能量比值下降趋势

(b) CFAR 检测结果

图 6.24　不同方法的残差能量比值和 CFAR 检测结果

为说明 CFAR 检测的有效性,FDE-AJTF 方法在仿真中仅对分量有效性进行检测,并未以此停止程序循环。如图 6.24(b)所示,在第五个和第六个分量提取时,两个分量的强度值均低于 CFAR 检测门限,而被检测为无效分量。如此,在 FDE-AJTF 方法的正常处理中,在第五个分量未能通过 CFAR 检测时,该分量即被丢弃,程序跳出循环,停止参数估计和分量提取,进行后续处理,如图 6.15 中时频分解流程所示。因此,通过对提取分量的 CFAR 检测,确保了每个提取分量的有效性,降低了噪声的影响,提高了抗噪声能力,而且由于无效分量数目的减少,提取分量数得到合理控制,程序收敛速度得到提升。

#### 6.4.5.2 实测数据处理及分析

实测数据是一段运动舰船目标的高分辨雷达回波,数据长度 $N = 1\,500$。但舰船目标是非合作的,其运动状态和散射中心分布是未知的,而且如第 6.2 节分析,由于舰船的复杂运动,舰船各个散射中心的运动状态和回波多普勒均有不同,这给信号分析增大了难度,传统时频分析方法很难对其进行有效处理。尽管该回波数据的具体参数是未知的,但仍然可以作为经典 AJTF 和 FDE-AJTF 两种方法分解结果的对比。

经典 AJTF 和 FDE-AJTF 方法均采用 PSO 算法,PSO 粒子数 1 500,前者迭代 3 000 次,后者迭代 600 次。另外,FDE-AJTF 分解的 CFAR 检测中,分别设定四个不同的虚警概率 $P_{FA} = 10^{-3}, 10^{-4}, 10^{-5}, 10^{-6}$ 进行有效性检测,以分析虚警概率对分量有效性的影响。STFT、经典 AJTF 和 FDE-AJTF 三种方法的时频分布结果如图 6.25 所示,动态范围是 25 dB。

如图 6.25(a)所示,STFT 可以得到回波数据的大致时频分布趋势,但由于分量数较多,STFT 分辨率较低,并不能对所有分量进行有效区分,其中标注的分量为处于中心位置的较强的一个分量,可以用来对比后两种方法的分解结果。经典 AJTF 方法提取了 20 个信号分量,如图 6.25(b)所示,可见其中有多个分量强度较弱,而且有冗余提取的现象,标注的较强分量提取后其强度反而比较弱,说明其参数估计存在较大的估计误差。而在图 6.25(c)中,在 $P_{FA} = 10^{-4}$ 的虚警概率情况下,FDE-AJTF 方法提取 9 个信号分量后便跳出循环,但主要的信号分量均得到有效提取,分布趋势也基本符合图 6.25(a)(b)的时频分布结果,而且标记的参考分量强度较强。

经典 AJTF 和 FDE-AJTF 方法残差能量下降趋势和各分量强度如图 6.26 所示,四种不同虚警概率的 CFAR 检测结果如图 6.27 所示。

如图 6.26 所示,FDE-AJTF 方法的残差能量下降趋势明显快于经典 AJTF 方法,前者在提取 9 个分量后便下降到 13.9%,而后者提取 9 个分量后仅下降到 47%,甚至提取 25 个分量后残差能量仍有 20.4%。另一方面,仅进行 600 次迭代的 FDE-AJTF 方法的各分量强度呈稳定趋势下降,而进行 3 000 次迭代的经典 AJTF 方法分量强度下降趋势不稳定,说明经典 AJTF 方法稳定性较差,仍需要增加迭代次数或增多粒子数,这也是较大的误差来源。由此说明,FDE-AJTF 方法的稳定性和鲁棒性明显优于经典 AJTF 方法。

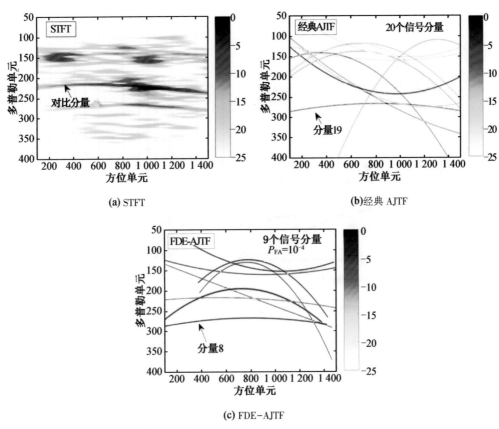

(a) STFT

(b)经典 AJTF

(c) FDE-AJTF

图 6.25　实测数据不同方法的时频分布结果

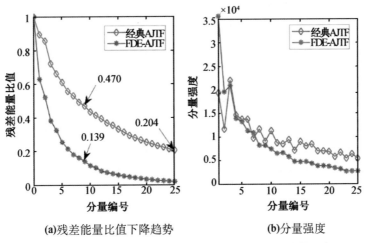

(a)残差能量比值下降趋势

(b)分量强度

图 6.26　不同方法的残差能量比值下降趋势和各分量强度

图 6.27 显示了各分量提取时最大值和不同虚警概率的 CFAR 检测门限值,可以发现,随着虚警概率的提高,检测门限随之降低,因此更多的分量被判定为有效分量。当虚警概率为 $P_{FA} = 10^{-4}$ 时,从第 10 个分量开始,分量最大强度低于检测门限,这与图 6.25(c)展示结果相一致。

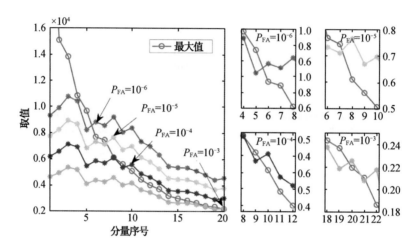

图 6.27　FDE-AJTF CFAR 检测结果

另一方面,根据表 6.8 中对运算量的计算,在对此实测数据的处理过程中,FDE-AJTF 方法的运算量低于经典 AJTF 方法的 20%,而且 FDE-AJTF 方法提取的分量数少于经典 AJTF 方法的一半,因此 FDE-AJTF 方法的总体运算量是经典 AJTF 方法的 10% 还要少,即运算效率提升了十倍。因此,FDE-AJTF 方法与经典 AJTF 方法相比,运算量得到明显降低,而参数估计精度、分量提取有效性、方法的鲁棒性均得到明显提高。

## 6.5　基于现代优化算法的 FDE-AJTF 时频分解方法

利用 FDE-AJTF 方法对 mc-PPS 信号进行时频分解处理时,其中最关键的步骤是在解空间内搜索最优参数,这本质上是一个多维优化问题。此类多维优化问题一般是非凸的,在解空间中存在多个极值,而且对于 mc-PPS 信号的时频分解而言,这多个极值解中可能一部分是真值解,分别对应不同的信号分量,因此这一优化问题变得更为复杂。经典的优化算法如线性规划、整数规划、非线性规划等算法处理此类非凸优化问题时,往往难以找到优化算法的具体数学表达形式,不能取到全局最优解,在求解此类优化问题时受到一定的限制。现代优化算法又被称为智能优化算法,为此类优化问题提供了较好的解决办法。现代优化算法多是启发类算法,没有固定的处理过程,而是通过一定规则不断更新可行解集,最终以一定的概率收敛到全局最优解。现代优化算法多源于对自然界生物种群或自然现象规律的研究和启发,主要包括进化类算法、群智能算法、模拟退火算法、禁忌搜索算法、神经网络算法等几大类,本章主要对进化类算法和群智能算法在 FDE-AJTF 时频分解中的应用进行深入研究。

进化类优化算法是模拟自然界生物繁殖进化的过程,根据繁殖进化和选择淘汰的规律,通过变异产生差别,通过竞争淘汰劣势个体,不断调整种群中个体的基因以适应环境变化的需求,最终使问题逐步逼近最优解的方法。典型的进化类算法有遗传算法(genetic algorithm,GA)、差分进化算法(differential evolution,DE)、免疫算法(immune algorithm,IA)等。群智能算法是模拟自然界群体生物的觅食、迁徙等活动而形成的算法,群体生物中单个个体的行为能力非常有限并不能独自存活,但由多个个体组成的群体则具有非常强的生存能力,可共同完成复杂的任务。群智能算法没有交叉、变异等操作,而是利用种群内部个体之间的信息交互寻求最优解,典型的群智能算法有粒子群算法(particle swarm optimization,PSO)、蚁群算法(ant colony optimization,ACO)等。

本节在 FDE-AJTF 时频分解方法的基础上,首先研究并总结了现代优化算法在时频分解中应用的共性问题,进而深入研究 GA、DE、PSO 等三种典型的现代优化算法在 FDE-AJTF 时频分解中的应用,并深入分析三种方法的优势和不足;其次,结合 DE 算法较好的稳定性和 PSO 算法较快的收敛速度两方面的优势,提出一种粒子群和差分进化混合(PSO-DE)算法;再次,针对 mc-PPS 信号时频分解的特点,利用 PSO 算法的局部收敛性和保留次优解的能力,提出一种多分量粒子群(multicomponent PSO,mc-PSO)算法,可以同时对多个信号分量进行参数估计和分量提取,以提高 FDE-AJTF 时频分解的运算效率;最后,利用仿真实验对各种方法的性能进行分析和对比,验证了所提方法的有效性。

### 6.5.1　现代优化算法在 FDE-AJTF 时频分解中的共性问题

现代优化算法的求解过程一般都是基于种群的更迭,种群中包含若干个体,每个个体即是优化问题可行解的抽象。算法通过一定方式对每一代种群中的个体进行更新,并对个体适应即个体可行解参数的优劣程度进行评价,然后根据一定准则筛选优良个体形成新一代种群,如此逐步迭代,不断提高种群个体的适应度水平,最终得到所求问题的最优解。因此现代优化算法应用于 FDE-AJTF 时频分解中的基本流程大致相同,都存在一些共性问题,不同优化算法的区别主要在于种群个体的更新和淘汰方式。

首先介绍几个现代优化算法相关的基本概念。

#### 6.5.1.1　可行解

根据 FDE-AJTF 时频分解的多项式相位参数搜索过程,一个可行解即为一组多项

式相位参数,如下:

$$\{a_n\} = [a_2, a_3, \cdots a_{N_p}] \tag{6.46}$$

式中,$a_n$ 为多项式相位参数;$N_p$ 为多项式相位阶数。当考虑 PPS 信号分量的时窗时,则求解参数中还需要包括时窗参数,如式(6.34)所示,此时可行解为

$$\{a_n; \tau_s, \tau_d\} = [a_2, a_3, \cdots a_{N_p}, \tau_s, \tau_d] \tag{6.47}$$

式中,$\tau_s$ 为时窗起始时刻;$\tau_d$ 为时窗结束时刻。

根据第 6.4 节中对参数搜索范围的分析,若待处理时域信号的离散长度为 $N_t$,则可行解各参数的解空间需要满足以下条件:

$$\begin{cases} -N_t \leq a_n \leq N_t, & a_n \in \mathbb{R}, \quad n = 2, 3, \cdots, N_p \\ 1 \leq \tau_s < \tau_d \leq N_t, & (\tau_s, \tau_d) \in \mathbb{N} \end{cases} \tag{6.48}$$

式中,$a_n$ 为实数;$\mathbb{R}$ 为实数集;$\tau_s$ 和 $\tau_d$ 对应信号分量的离散时间位置;$\mathbb{N}$ 为整数集。

### 6.5.1.2　种群和个体

现代优化算法的每一代种群是若干个体的集合,每个个体即是可行解参数集,若用 $\boldsymbol{P}$ 表示种群,用 $P$ 表示个体,则第 $g$ 代种群 $\boldsymbol{P}_g$ 为

$$\boldsymbol{P}_g = \{P_m\}, \quad m = 1, 2, \cdots, N_{pop}, \quad 1 \leq g \leq N_{gmax} \tag{6.49}$$

式中,$g$ 为种群代数,$N_{gmax}$ 为最大遗传代数;$P_m$ 为第 $m$ 个个体;$N_{pop}$ 为个体总数。

种群中的个体 $P_m$ 由式(6.47)中可行解参数的集合组成,如下:

$$P_m = \{p_1, p_2, \cdots, p_D\} = \{a_n; \tau_s, \tau_d\}, \quad n = 2, 3, \cdots, N_p \tag{6.50}$$

式中,$p$ 为个体的码元,分别对应各个待求解参数;$N_p$ 为多项式相位阶数;$D$ 为可行解编码维度,此处 $D = N_p + 1$。

在初代种群 $\boldsymbol{P}_1$ 中,各个体 $P_m$ 的参数在解空间中随机生成,取值如下:

$$\begin{cases} a_n = (2\alpha - 1) N_t, n = 2, 3, \cdots, N_p \\ (\tau_s, \tau_d) = \lceil \alpha \cdot N_t \rceil, \alpha \sim U(0, 1) \end{cases} \tag{6.51}$$

式中,$\alpha$ 为服从均匀分布 $U(0,1)$ 的随机数;$\lceil \cdot \rceil$ 表示向上取整操作,且需满足 $\tau_s \leq \tau_d$ 的条件。由此生成 $N_{pop}$ 个个体,即得到初代种群 $\boldsymbol{P}_1$。

种群个体数量 $N_{pop}$ 是优化算法的关键参数,需要综合考虑可行解的维度、解空间范围等条件进行合理取值。若个体数量选择过少,则种群多样性较差,容易陷入局部最优解,算法收敛速度较慢;若个体数量选择过多,则需要更大的运算量。

### 6.5.1.3　适应度函数

适应度用来评价种群中各个个体参数的优化程度,在 FDE-AJTF 时频分解中适应度即为目标函数的值,因此将目标函数称为适应度函数,个体 $P_m$ 的适应度计算如下:

$$F_{fit}(P_m) = \max\{|\mathrm{FT}[s_p(t) \cdot s_h(P_m; t)]|\} \tag{6.52}$$

式中,$F_{fit}(\cdot)$ 表示适应度函数;$\max\{\cdot\}$ 表示取最大值;$|\cdot|$ 表示取模值;$\mathrm{FT}[\cdot]$ 表示傅里叶变换;$s_p(t)$ 为待处理信号;$s_h(P_m; t)$ 为由个体 $P_m$ 参数生成的基函数。

### 6.5.1.4　算法流程

现代优化算法主要应用于 FDE-AJTF 时频分解流程的参数搜索模块,如图 6.28 所示,算法的输入为处理信号的残差,输出为搜索得到的最优参数。

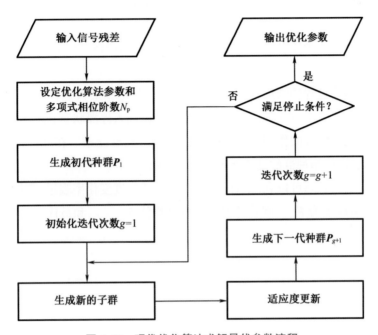

图 6.28　现代优化算法求解最优参数流程

如图 6.28 所示,现代优化算法求解 FDE-AJTF 时频分解最优参数的流程如下。

①输入信号残差;

②设定优化算法参数和多项式相位阶数;

③生成初代种群$P_1$,并令迭代次数 $g=1$;

④根据不同的优化算法,生成新的子群;

⑤更新子群中个体的适应度;

⑥根据不同的优化算法生成下一代种群$P_{g+1}$,并更新迭代次数 $g=g+1$;

⑦判断是否满足循环停止条件,若满足则执行第⑧步,否则执行第④步;

⑧输出优化参数。

各种不同的优化算法均符合图 6.28 的基本流程,各算法的主要区别在于子群更新和新种群选取方式的不同。

### 6.5.1.5　控制条件

(1)边界条件

由于现代优化算法的个体参数更新过程中存在不确定性,有可能出现某一个体参数码元超出解空间边界的情况,此时需要对各码元的取值进行限制和纠错,确保取值在解空间内。一般常用的边界条件处理方式有吸收规则、随机规则和隐身规则三种。

①吸收规则。当个体码元参数超出边界时,此次迭代过程中该码元参数即被设定为临近的最大值或最小值。

②随机规则。当个体码元参数超出边界时,此次迭代过程中该码元参数重新随机生成。

③隐身规则。当个体某一码元参数超出边界时,当前该个体适应度即被置零。

(2)停止条件

优化算法迭代过程的结束判断条件有两个,一是达到最大迭代次数,二是适应度停滞。适应度停滞表示每代种群的个体参数更新已陷入停滞状态,继续进行迭代并不会对参数的优化产生大的作用,因此可以跳出循环,完成搜索。在此提出一种适应度停滞判断方法,以控制种群的迭代次数,减少无用的运算。

适应度的更新状态可以利用每代种群个体的适应度变化率表示,若第 $g$ 代种群 $P_g$ 中个体 $P_m$ 的适应度为 $F_{g,m}$,则若种群的适应度均值 $F_{\text{mean}}(g)$ 和最优适应度 $F_{\text{max}}(g)$ 分别为

$$
\begin{cases}
F_{\text{mean}}(g) = \dfrac{1}{N_{\text{pop}}} \sum_{m=1}^{N_{\text{pop}}} F_{g,m}, & g = 1,2,\cdots,N_{g\max} \\
F_{\text{max}}(g) = \max(F_{g,m}), & m = 1,2,\cdots,N_{\text{pop}}
\end{cases}
\tag{6.53}
$$

式中,$N_{\text{pop}}$ 为种群个体数量;$N_{g\max}$ 为最大迭代次数。

则最优适应度变化率 $R_{\text{mean}}(g)$ 和适应度均值变化率 $R_{\text{max}}(g)$ 为

$$
\begin{cases}
R_{\text{mean}}(g) = \dfrac{1}{F_{\text{mean}}(g)} \left[ F_{\text{mean}}(g) - F_{\text{mean}}(g-1) \right], \\
& g = 2,3,\cdots,N_{g\max} \\
R_{\text{max}}(g) = \dfrac{1}{F_{\text{max}}(g)} \left[ F_{\text{max}}(g) - F_{\text{max}}(g-1) \right],
\end{cases}
\tag{6.54}
$$

当两个适应度变化率小于设定的阈值时,即可判断算法进入停滞状态,如下:

$$
\begin{cases}
R_{\max} < R_{H\max} \\
R_{\text{mean}} < R_{H\text{mean}}
\end{cases}
\tag{6.55}
$$

式中,$R_{H\max}$ 和 $R_{H\text{mean}}$ 分别为适应度均值变化率和最优适应度变化率。

为确保判定的鲁棒性,式(6.54)中可以选取前后两段包含若干代数的区间,计算这两个区间内的适应度变化情况,以防止出现误判的可能。

值得注意的是,达到适应度停滞后,算法不一定取得了全局最优解,有可能取得的是局部最优解,若必须要算法达到一定迭代次数而不考虑运算量和时间消耗时,可以将适应度停滞条件作为种群早熟的判断依据,通过更新早熟个体,以跳出早熟状态,提高算法的鲁棒性。

### 6.5.2　基于遗传优化的 FDE-AJTF 时频分解方法

#### 6.5.2.1　遗传算法概述

遗传(GA)算法是 20 世纪 80 年代由 D. E. Goldberg 等在前人研究基础上总结归纳而成,算法模拟生物在自然环境中的遗传和进化的过程,是最典型、最基本的进化类优化算法。自然界的生物进化循环包括选择、交叉繁殖、变异、优胜劣汰等过程,这一过程具有以下规律:生物的所有遗传信息都包含在染色体中,染色体决定了生物的性状;生物繁殖通过基因复制完成,同源染色体的交叉或变异会使生物产生新的性状;对环境适应能力强的基因或染色体有更多的机会遗传到下一代。GA 算法中的基础术语如表 6.11 所示。

表 6.11　GA 算法基础术语

| 遗传学术语 | 遗传算法术语 |
| --- | --- |
| 种群 | 可行解集 |
| 个体 | 可行解 |
| 染色体 | 可行解编码 |
| 基因 | 可行解编码的分量 |
| 基因形式 | 遗传编码 |
| 适应度 | 目标函数 |
| 选择、交叉、变异 | 选择、交叉、变异等操作 |

其中,GA 算法的可行解有二进制和实数编码两种方式,解决多项式相位的参数搜索等连续优化问题,一般采用实数编码形式。

#### 6.5.2.2　遗传优化步骤

GA 算法生成初代种群后,需要通过选择、交叉、变异等遗传操作,生成子代种群,其过程如图 6.29 所示。

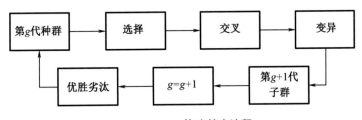

图 6.29　GA 算法基本流程

#### 6.5.2.3　选择操作

选择操作通过一定规则在种群中选取强势的个体,以进行后续的交叉操作。有几种典型的选择方法,如排位次法、随机法、轮盘赌方法、君主选择方法等。

①排位次法。排位次法即是根据种群中所有个体的适应度大小,按一定比例选择适应度排序在前的个体进行后续操作。

②随机法。随机法即是根据选择概率,随机判断个体是否被选择,若初始选择概率为 $P_{ch}$,则根据下式判断个体是否被选中:

$$\text{Flag}_{ch,m} = \begin{cases} 1, & \alpha \leqslant P_{ch}, \quad \alpha \in U(0,1) \\ 0, & \text{其他} \end{cases} \tag{6.56}$$

式中,$\text{Flag}_{ch,m} = 1$ 表示个体被选中;$\alpha$ 为随机数。

③轮盘赌方法。轮盘赌方法是一种基于比例的选择方法,利用各个个体的适应度在整个种群中所占的比例大小,来决定其子孙保留的可能性。算法实际使用过程中,假设所有个体放置在一个轮盘上,轮盘的总面积是固定的,而适应度决定了该个体所占区域的大小即被选中的相对概率,若个体 $P_m$ 适应度为 $F_m$,则被选中的概率为

$$P'_{ch,m} = \frac{F_m}{\sum\limits_{i=1}^{N_{pop}} F_i}, \quad m = 1, 2, \cdots, N_{pop} \tag{6.57}$$

式中,$P'_{ch,m}$ 为个体 $P_m$ 被选中的相对概率,所有个体被选中的相对概率 $P'_{ch}$ 之和为1。

选择操作中,选择概率 $P_{ch}$ 决定了参与交叉操作的个体数量,从而影响种群对解空间的探索能力。若选择概率过低,则会导致种群进化速度较慢,算法收敛速度慢;若选择概率过高,算法对解空间的探索能力较强,但由于最优个体的编码一直在发生变化,从而算法稳定性受到一定影响。

#### 6.5.2.4　交叉操作

交叉操作是将选择的个体作为父代个体,将其两两配对生成子代个体的过程。实数编码时,对于第 $g$ 代种群 $\boldsymbol{P}_g$,选择出父代个体 $P_{m_1}$ 和 $P_{m_2}$,然后按概率随机选择其中的码元,若第 $k$ 个码元被选中,交叉操作如下:

$$\begin{cases} p'_{m_1,k} = \alpha p_{m_1,k} + (1-\alpha) p_{m_2,k} \\ p'_{m_2,k} = \alpha p_{m_2,k} + (1-\alpha) p_{m_1,k} \end{cases}, \quad \alpha \sim U(0,1), 1 \leqslant k \leqslant D \tag{6.58}$$

式中,$p_{m_1,k}$ 和 $p_{m_2,k}$ 分别为父代个体 $P_{m_1}$ 和 $P_{m_2}$ 的第 $k$ 个码元;$p'_{m_1,k}$ 和 $p'_{m_2,k}$ 为交叉生成的子代个体 $P'_{m_1}$ 和 $P'_{m_2}$ 的第 $k$ 个码元;$\alpha$ 为符合均匀分布 $U(0,1)$ 的随机数,$D$ 为可行解维度。对于起始时刻 $\tau_s$ 和结束时刻 $\tau_d$ 两个参数,还应对其进行取整操作,确保为整数。交叉操作完毕后,得到子代种群 $\boldsymbol{P}'_g$。

#### 6.5.2.5　变异操作

变异操作是对交叉操作得到的子代种群中的个体,根据变异概率改变某一个或几个编码基因。首先从子代种群 $\boldsymbol{P}'_g$ 中随机选择子代个体,然后随机选择需要变异的码元,进行变异操作,若选择的码元为 $p'_{m,k}$,则:

$$p''_{m,k} = p'_{m,k} + (\alpha - 0.5) \cdot \delta, \quad \alpha \sim U(0,1) \tag{6.59}$$

式中,$p'_{m,k}$ 是子代种群 $\boldsymbol{P}'_g$ 中个体 $P'_m$ 的第 $k$ 个码元,$p''_{m,k}$ 是变异生成的对应位置的码元;$\alpha$ 为符合均匀分布 $U(0,1)$ 的随机数;$\delta$ 为变异取值的范围,当 $\delta$ 为解空间边界时,此码元变异与重新生成等价。变异码元的数量由变异概率 $P_{\text{mut}}$ 确定,变异在遗传操作中,主要属于辅助性的搜索操作,其目的是保持种群的多样性。若变异概率过低,则算法容易陷入局部最优解,若变异概率过高,则容易导致个体重要基因的丢失,从而影响算法稳定性,使算法趋向于完全随机搜索。

变异个体更新后,得到新种群 $\boldsymbol{P}''_g$,完成遗传操作。然后,对新种群 $\boldsymbol{P}''_g$ 进行适应度评价,与原种群 $\boldsymbol{P}_g$ 的适应度一起进行排序,保留适应度较高的个体,形成第 $g+1$ 代种群 $\boldsymbol{P}_{g+1}$。再对种群 $\boldsymbol{P}_{g+1}$ 进行迭代更新,最终得到最佳优化结果。

### 6.5.3　基于差分进化的 FDE-AJTF 时频分解方法

#### 6.5.3.1　差分进化算法概述

差分进化(DE)算法是在 1995 年由 Storn 等提出的一种进化类优化算法,具有控制参数少、收敛性能强的特性。DE 算法是对进化类算法的推广,其中也包括选择、交叉、变异等操作,但其含义和操作方式与 GA 算法完全不同。DE 算法主要通过对种群中不同个体参数进行差分操作来实现种群个体的更新,因此又将种群中的个体称为向量。

#### 6.5.3.2　差分进化步骤

DE 算法的基本步骤与 GA 算法类似但又有不同,DE 算法先进行变异操作,再进行交叉操作,然后进行选择操作得到新一代种群,算法基本流程如图 6.30 所示。

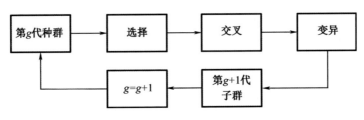

图 6.30　DE 算法基本流程

#### 6.5.3.3　变异操作

DE 算法的变异操作,是从种群中随机选择两个向量(即个体),将两者的加权差向量加到第三个向量上,以产生新的向量。其中,父代向量称为目标向量,变异得到的新向量称为捐赠向量。若要为第 $g$ 代种群 $\boldsymbol{P}_g$ 的第 $m$ 个目标向量 $\boldsymbol{P}_{g,m}$ 创建捐赠向量 $\boldsymbol{V}_{g,m}$,首先随机选择 $\boldsymbol{P}_g$ 中的三个不同向量如下:

$$(\boldsymbol{P}_{m'_1}, \boldsymbol{P}_{m'_2}, \boldsymbol{P}_{m'_3}) \in \boldsymbol{P}_g, \quad (m'_1, m'_2, m'_3) \in \{1, 2, \cdots, N_{\text{pop}}\} - \{m\} \tag{6.60}$$

式中,$(\boldsymbol{P}_{m_1'},\boldsymbol{P}_{m_2'},\boldsymbol{P}_{m_3'})$ 为随机选择的三个不同的向量,下标 $(m_1',m_2',m_3')$ 互不相等且不等于 $m$;$N_{\text{pop}}$ 为种群个体数量。

捐赠向量 $\boldsymbol{V}_{g,m}$ 可由其中两个向量的向量差进行缩放后加到第三个向量上得到,即

$$\boldsymbol{V}_{g,m}=\boldsymbol{P}_{m_3'}+C\cdot(\boldsymbol{P}_{m_1'}-\boldsymbol{P}_{m_2'}) \tag{6.61}$$

式中,$C$ 为变异尺度因子。由此,对于种群 $\boldsymbol{P}_g$ 中的每个目标向量 $\boldsymbol{P}_{g,m}$ 均得到对应的一个捐赠向量 $\boldsymbol{V}_{g,m}$。

#### 6.5.3.4 交叉操作

DE 算法的交叉操作,是按一定规则将得到的捐赠向量与目标向量进行混合,交换部分码元信息,以得到新的向量,从而提高种群的多样性,交叉得到的新向量称为试验向量。交叉操作有指数交叉和二项交叉两种方式。

①指数交叉。指数交叉首先根据个体向量维度,随机选择两个整数 $n$ 和 $L$,满足:

$$(n,L)\in\{1,2,\cdots,D\},\quad n+L\leqslant D \tag{6.62}$$

其中,整数 $n$ 表示目标向量与捐赠向量进行信息交换的起始码元位置;$L$ 表示交换码元的个数;$D$ 为个体码元维度。

若码元 $u_{m,k}$、$v_{m,k}$ 和 $p_{m,k}$ 分别为试验向量 $\boldsymbol{U}_{g,m}$、捐赠向量 $\boldsymbol{V}_{g,m}$ 和目标向量 $\boldsymbol{P}_{g,m}$ 的第 $k$ 个码元,则指数交叉操作如下:

$$u_{m,k}=\begin{cases}v_{m,k}, & k=n,n+1,\cdots,n+L\\p_{m,k}, & \text{其他}\end{cases} \tag{6.63}$$

②二项交叉。二项交叉是从目标向量 $\boldsymbol{P}_{g,m}$ 与捐赠向量 $\boldsymbol{V}_{g,m}$ 中随机选取码元进行交换,如下:

$$u_{m,k}=\begin{cases}v_{m,k}, & \alpha\leqslant P_{\text{cr}}\quad 或\quad k=n\\p_{m,k}, & \text{其他}\end{cases} \tag{6.64}$$

式中,$P_{\text{cr}}$ 为交叉概率;$\alpha$ 为服从均匀分布的随机数,满足 $\alpha\sim U(0,1)$;$n$ 为随机整数,满足 $n\in\{1,2,\cdots,D\}$,用来确保试验向量 $\boldsymbol{U}_{g,m}$ 中至少含有捐赠向量 $\boldsymbol{V}_{g,m}$ 中的一个元素,以提高种群个体的多样性。

#### 6.5.3.5 选择操作

经过变异和交叉操作由试验向量组成新的种群,DE 算法的选择操作是对比新种群中各个向量的适应度,选择适应度较高的向量组成新一代种群,完成此次种群的迭代更新。若原种群的目标向量 $\boldsymbol{P}_{g,m}$ 对应的试验向量为 $\boldsymbol{U}_{g,m}$,则选择操作如下:

$$P_{g+1,m}=\begin{cases}\boldsymbol{U}_{g,m}, & F_{\text{fit}}(\boldsymbol{U}_{g,m})\geqslant F_{\text{fit}}(\boldsymbol{P}_{g,m})\\\boldsymbol{P}_{g,m}, & \text{其他}\end{cases} \tag{6.65}$$

式中,$P_{g+1,m}$ 为第 $g+1$ 代种群的个体;$F_{\text{fit}}(\cdot)$ 为适应度函数。值得注意的是,式中仅对比对应的两个试验向量与目标向量,而不是所有的目标向量。而且即使适应度相

同,目标向量仍然会被试验向量替换掉,以提高种群多样性,从而使得算法适应度跳出较为平坦的适应度区间,提高全局最优搜索能力。

#### 6.5.3.6　差分进化算法的改进形式

（1）差分进化算法的策略

DE 算法在实际应用中发展出了不同的改进形式,可用符号 DE/x/y/z 进行区分。其中,x 指变异向量选择方法,如最佳和随机分别用 rand 和 best 表示;y 指差分向量个数;z 指交叉类型,指数交叉和二项交叉分别用 exp 和 bin 表示。由此,形成了很多不同的策略,典型的几种策略如下:

①DE/rand/1/exp 和 DE/rand/1/bin。此两种策略分别为上述的 DE 算法基本形式的指数交叉方式和二项交叉方式。

②DE/best/1。该策略表示变异操作中的第三个向量为种群中最优适应度的向量 $\boldsymbol{P}_{\text{best},g}$,即变异操作为

$$\boldsymbol{V}_{g,m} = \boldsymbol{P}_{g,\text{best}} + C \cdot (\boldsymbol{P}_{m_1'} - \boldsymbol{P}_{m_2'}) \tag{6.66}$$

③DE/rand/2。该策略表示变异操作中采用两个差分向量,即共需要选择 5 个向量进行变异操作,如下:

$$\boldsymbol{V}_{g,m} = \boldsymbol{P}_{m_5'} + C_1 \cdot (\boldsymbol{P}_{m_1'} - \boldsymbol{P}_{m_2'}) + C_2 \cdot (\boldsymbol{P}_{m_3'} - \boldsymbol{P}_{m_4'}) \tag{6.67}$$

④DE/rand-to-best/1。该策略表示变异操作中既要考虑随机向量,同时也要考虑最优向量,变异操作如下:

$$\boldsymbol{V}_{g,m} = \boldsymbol{P}_{g,m} + C_1 \cdot (\boldsymbol{P}_{g,\text{best}} - \boldsymbol{P}_{g,m}) + C_2 \cdot (\boldsymbol{P}_{m_1'} - \boldsymbol{P}_{m_2'}) \tag{6.68}$$

在第②~④种策略中,还可以分别考虑 exp 和 bin 的不同交叉形式。类似以上的策略有很多种,在此不做一一列举。

（2）差分进化的自适应改进

标准的 DE 算法的变异因子取实常数,若变异率太高,则搜索效率较低,若变异率太低,则种群多样性降低,容易陷入局部最优解。为解决此问题,将变异因子改进为自适应形式,如下:

$$C = 2^{\lambda} C_0, \quad \lambda = \mathrm{e}^{1 - \frac{N_{g\max}}{N_{g\max} - g + 1}} \tag{6.69}$$

式中,$C_0$ 为初始变异算子;$g$ 为当前进化代数;$N_{g\max}$ 为最大进化代数。随着进化代数的增大,变异算子随之降低,在算法初期可以保持个体的多样性,在算法后期可以保留优良信息,防止最优解被破坏。

交叉概率 $P_{\text{cr}}$ 同样可以进行自适应改进,使其满足:

$$P_{\text{cr}} = 0.5 \cdot (1 + \alpha), \quad \alpha \in U(0,1) \tag{6.70}$$

通过式（6.70）,使交叉概率期望值维持在 0.75,同时增加了随机变化,有助于保持种群的多样性。

### 6.5.4 基于粒子群优化的 FDE-AJTF 时频分解方法

#### 6.5.4.1 粒子群算法概述

粒子群（PSO）算法属于群智能算法的典型代表,由 Kennedy 等于 1995 年提出,算法通过模拟鸟类觅食行为,把优化问题的解空间比作鸟类的活动空间,将每只鸟抽象成一个粒子,每一个粒子的位置表示问题的一个可行解,粒子在空间内的移动即为求解过程。PSO 算法没有交叉、变异、选择等进化操作,其个体用粒子表示,每个粒子具有位置和速度两个参量,其中位置参量表示可行解。算法中的各个粒子具有记忆功能,可以感知自身历史最优位置和全局最优位置,通过不断调整自身速度,逐渐向自身历史最优位置和全局最优位置聚集,最终聚集到最优解位置。PSO 算法求解的基本过程如图 6.31 所示。

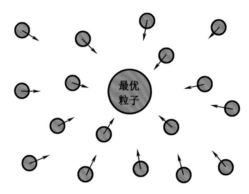

图 6.31 PSO 算法示意图

如图 6.31 所示,每个小圆圈都表示 PSO 算法的一个体,大圆圈即为当前的最优个体,其他个体都有向最优个体聚集的趋势。PSO 算法具有较好的生物社会背景,求解过程简单、易于理解,算法参数较少、操作性强,而且算法的每次迭代不同于进化算法需要所有个体间的选择、交叉等操作,具有天然的并行处理特性,运行速度较快。PSO 算法求解过程中,各个个体也具有向自身历史最优位置聚集的趋势,因此算法可以保留多个次优解。PSO 算法的这个特性,一方面使得算法容易陷入局部最优解,而另一方面为 PSO 算法在 mc-PPS 信号时频分解中的应用提供了继续改进的实现基础。

#### 6.5.4.2 粒子群优化步骤

PSO 算法种群中的个体通过速度和位置更新来实现种群的更新,其中各个个体的速度与当前种群最优个体位置和个体自身历史最优位置有关,算法基本流程如图 6.32 所示。

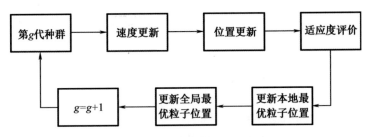

图 6.32  PSO 算法基本流程

值得注意的是,PSO 算法中每次迭代都对所有个体进行速度和位置的更新,但没有进化类算法的淘汰步骤,因此算法的最优解不一定是某个个体当前所处的实际位置,而是历史最优位置。

### 6.5.4.3  粒子速度

PSO 算法与其他优化算法不同,各个个体具有位置和速度两个参量,其中个体位置即是可行解参数集,而速度参量是可行解参数的变化率。种群个体的位置参量仍用 $P$ 表示,与前述方法相同,速度参量用 $V$ 表示,第 $g$ 代种群的速度 $V_g$ 表示如下:

$$V_g = \{V_m\}, \quad m = 1, 2, \cdots, N_{\text{pop}}, \quad 1 \leqslant g \leqslant N_{g\text{max}} \tag{6.71}$$

式中,$V_m$ 为第 $m$ 个个体的速度;$N_{\text{pop}}$ 为个体总数;$N_{g\text{max}}$ 为最大迭代次数。

$$V_m = \{v_1, v_2, \cdots, v_D\} = \{\Delta a_n; \Delta \tau_s, \Delta \tau_d\}, \quad n = 2, 3, \cdots, N_p \tag{6.72}$$

式中,$v$ 为各个参数的变化率;$D$ 为可行解码元维度。参数变化率需满足以下条件:

$$\begin{cases} -N_{va} \leqslant \Delta a_n \leqslant N_{va} \\ -N_{v\tau} \leqslant (\Delta \tau_s, \Delta \tau_d) \leqslant N_{v\tau} \end{cases}, n = 2, 3, \cdots, N_p \tag{6.73}$$

式中,$N_{va}$ 为 $\{\Delta a_n\}$ 的最大变化率;$N_{v\tau}$ 为 $(\Delta \tau_s, \Delta \tau_d)$ 的最大变化率。

初代种群速度 $V_1$ 的各个体速度也通过随机生成,如下:

$$\begin{cases} \Delta a_n = (2\alpha - 1) N_{va} & n = 2, 3, \cdots, N_p \\ (\Delta \tau_s, \Delta \tau_d) = \lceil (2\alpha - 1) \cdot N_{v\tau} \rceil, & \alpha \sim U(0, 1) \end{cases} \tag{6.74}$$

式中,$\alpha$ 为服从 $U(0, 1)$ 的随机数;$N_{va}$ 和 $N_{v\tau}$ 分别为两类参数的变化率最大值。

### 6.5.4.4  最优适应度

PSO 算法中种群个体需要根据自身历史最优位置和全局最优位置进行速度更新,一般称前者为本地最优粒子位置,用 $P_L$ 表示,称后者为全局最优粒子位置,用 $P_G$ 表示,相应的本地最优适应度和全局最优适应度分布用 $F_L$ 和 $F_G$ 表示。PSO 算法的一个特点是算法最优解不一定是个体的当前位置,而是由最优位置决定。

算法在第 $g$ 次迭代中,第 $m$ 个个体的本地最优适应度 $F_{L,g,m}$ 和粒子位置 $P_{L,g,m}$ 满足下式:

$$\begin{cases} F_{L,g,m} = \max\{F_{\text{fit}}(\{P_{g',m}\})\} \\ P_{L,g,m} = \text{argmax}\{F_{L,g,m}\} \end{cases}, \quad g' = 1, 2, \cdots, g \tag{6.75}$$

式中,$F_{fit}(\cdot)$ 为适应度函数;$P_{g',m}$ 表示第 $m$ 个个体的第 $1 \sim g$ 次迭代的所有粒子位置历程。

算法在第 $g$ 次迭代中全局最优适应度 $F_{G,g}$ 和粒子位置 $P_{G,g}$ 满足:

$$\begin{cases} F_{G,g} = \max\{F_{L,g,m}\} \\ P_{G,g} = \arg\max\{F_{G,g}\} \end{cases}, \quad m = 1,2,\cdots,N_{pop} \tag{6.76}$$

式中,$F_{G,g}$ 为所有个体的本地最优适应度的最大值。

### 6.5.4.5 速度和位置更新

PSO 算法中种群个体首先进行速度更新,若在第 $g$ 次迭代过程中,第 $m$ 个个体 $P_{g,m}$ 的本地最优粒子位置为 $P_{L,g,m}$,全局最优粒子位置为 $P_{G,g}$,则个体速度 $V_{g,m}$ 更新方式如下:

$$V_{g+1,m} = \omega V_{g,m} + c_1 \alpha_1 (P_{L,g,m} - P_{g,m}) + c_2 \alpha_2 (P_{G,g} - P_{g,m}), \quad (\alpha_1, \alpha_2) \in U(0,1) \tag{6.77}$$

式中,$V_{g+1,m}$ 表示更新后的第 $g+1$ 代个体速度;$\omega$ 为惯性约束因子;$c_1$、$c_2$ 分别为本地和全局最优吸引因子;$\alpha_1$、$\alpha_2$ 为两个服从 $U(0,1)$ 的随机数。式(6.77)中的第一项为惯性部分,代表粒子维持现有速度的能力,约束因子 $\omega$ 值越大则维持现有速度的能力越大,同时全局收敛能力越强,其值越小则受最优位置吸引越大,局部搜索能力越强;第二项为认知部分,代表粒子本身的经验,吸引因子 $c_1$ 越大,则向自身历史最优位置的趋势越强;第三项为协同部分,反映了粒子种群的种群经验,吸引因子 $c_2$ 越大,则向全局最优位置的趋势越强。一般应用中,设置 $c_1 = c_2$ 即可。

个体速度更新完成后,个体位置 $P_{g,m}$ 更新如下:

$$P_{g+1,m} = P_{g,m} + T V_{g+1,m} \tag{6.78}$$

式中,$P_{g+1,m}$ 为更新后的第 $g+1$ 代位置;$T$ 为位置更新系数,一般取值为 1。

为提高算法的自适应能力,Shi 等提出惯性约束因子 $\omega$ 的一种线性递减方式,如下:

$$\omega = \omega_{max} - \frac{(\omega_{max} - \omega_{min}) \cdot g}{N_{gmax}}, \quad g \leq N_{gmax} \tag{6.79}$$

式中,$\omega_{max}$ 和 $\omega_{min}$ 分别表示惯性约束因子的最大值和最小值;$g$ 表示当前迭代次数;$N_{gmax}$ 表示最大迭代次数。当采用线性递减方式时,在算法迭代初期,粒子惯性速度较强,具有较强的全局搜索能力,以避免算法陷入局部最优;在算法迭代后期,粒子受最优粒子位置吸引较大,可以在局部小范围搜索,以提高算法精度。在大多数应用中,$\omega_{max} = 0.9$ 和 $\omega_{min} = 0.4$。

### 6.5.4.6 最优适应度更新

PSO 算法完成种群更新后,需要对种群个体的适应度进行重新计算,然后更新本地和全局最优粒子位置,本地最优位置的更新方式如下:

$$P_{\mathrm{L},g+1,m} = \begin{cases} P_{g+1,m}, & F_{\mathrm{fit}}(P_{g+1,m}) \geqslant F_{\mathrm{fit}}(P_{\mathrm{L},g,m}) \\ P_{\mathrm{L},g,m}, & \text{其他} \end{cases} \tag{6.80}$$

式中,$P_{\mathrm{L},g+1,m}$ 为第 $g+1$ 代的本地最优位置;$F_{\mathrm{fit}}(\,\cdot\,)$ 为适应度评价函数。

进而,可以更新全局最优粒子位置 $P_{\mathrm{G},g+1}$。当算法适应度进入稳定期后,根据式 (6.77),最优粒子位置的更新速度会逐渐降为 0,当前粒子位置不再发生变化,等同于全局最优粒子位置。

#### 6.5.4.7　越界问题处理

为防止各个体的位置即可行解超出解空间搜索范围,需要对每次迭代更新后的个体位置和速度进行越界判断,并对越界个体位置和速度进行处理。个体位置的越界处理方式与进化类算法一致,有三种规则:吸收规则、随机规则、隐身规则,对个体速度的处理也同样有这三种规则。

①吸收规则。当个体某一位置码元参数超出边界时,此次迭代过程中该码元参数即被设定为临近的最大值或最小值;同时,对应的速度码元置零。

②随机规则。当个体某一位置码元参数超出边界时,此次迭代过程中该码元参数重新随机生成;同时,对应的速度码元也随机生成。

③隐身规则。当个体某一位置码元参数超出边界时,当前该个体适应度即被置零;同时,对应的速度码元不变,下次迭代时重新更新。

#### 6.5.5　三种经典现代优化算法分析和对比

本小节针对 GA、DE 和 PSO 三种算法在 mc-PPS 信号时频分解中的实际应用背景,设计仿真实验,从种群个体数量要求、收敛速度、算法稳定性、参数设置复杂程度等几个方面对三种方法各自的特点进行分析和对比。本小节中算法性能主要利用分量提取后的残差信号能量比值和适应度变化情况进行对比和分析。其中,残差信号能量比值的均值反映了算法的参数估计能力,方差反映了算法的稳定性,适应度的变化情况则反映了算法的收敛速度和稳定性。对不同算法估计精度的精确定量分析,在第6.4 节中与两种改进方法同时比较。

#### 6.5.5.1　仿真实验对比分析

对优化算法性能的传统评价中,普遍采用几十个经典的函数作为优化对象,但将优化算法应用到运动舰船雷达回波信号的时频分解中时,其优化对象并不是某个单一的函数,而是具有多个分量的多项式相位信号,在此情况下,需要对算法中各个参数进行适应性的调整。为了完整描述和全面评价优化算法在时频分解中的性能,在此针对实际应用背景设计了仿真实验。

(1)仿真实验数据

根据第 6.2 节中对运动舰船特性的分析,利用 4 阶 PPS 信号即可较好的对运动舰船目标回波信号进行拟合。因此,针对实际应用条件下的各算法性能分析,仿真所用数据为四个 4 阶 PPS 信号分量,信号点数为 500 点,仿真时间为 -0.5~0.5 s,具体参数如表 6.12 所示。

表 6.12　仿真信号分量参数

| | $A$ | $a_1$ | $a_2$ | $a_3$ | $a_4$ | $\tau_s$ | $\tau_d$ | $R_E$ |
|---|---|---|---|---|---|---|---|---|
| 分量 1 | 2.0 | 32.1 | 56.6 | 212.4 | 10.1 | -0.5 | 0.5 | 46.30% |
| 分量 2 | 1.6 | 398.2 | 156.6 | -149.3 | -20.2 | -0.5 | 0.4 | 29.63% |
| 分量 3 | 1.2 | 333.9 | -98.2 | -102.2 | 30.7 | -0.4 | 0.5 | 16.67% |
| 分量 4 | 0.8 | 262.8 | -23.1 | -91.5 | -10.8 | -0.5 | 0.5 | 7.41% |

生成仿真数据后,利用 STFT 得到时频分布如图 6.33 所示。

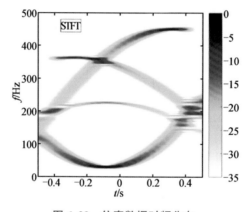

图 6.33　仿真数据时频分布

如图 6.33 所示,SFTF 可以得到仿真数据时频分布的大致趋势,仿真数据由四个不同强度和变化趋势的分量信号组成,但 STFT 的分辨率较低,不能获取信号分量的准确参数。

（2）仿真结果分析

将 GA、DE、PSO 三种优化算法应用到 FDE-AJTF 时频分解中,分别设置不同的种群个体数,对仿真数据进行参数估计和分量提取,各自进行 200 次的蒙特卡洛实验,以分析不同情况下三种优化算法的特性。三种优化算法的参数设置如表 6.13 所示,表中各算法的主要变化参量是个体数量,其他参数都是经过多次仿真实验得到的最优经验值,在此不做赘述。

表 6.13　三种优化算法的参数设置

| GA 算法 | | DE 算法 | | PSO 算法 | |
|---|---|---|---|---|---|
| 个体数量 | 50～500 | 个体数量 | 50～500 | 个体数量 | 50～500 |
| 迭代次数 | 500 | 迭代次数 | 500 | 迭代次数 | 500 |
| 选择概率 | 0.8 | 变异因子 | 0.4 | 约束因子 | 0.729 |
| 交叉概率 | 0.5 | 交叉方式 | 二项交叉 | 吸引因子 | 1.496 |
| 变异概率 | 0.3 | 交叉概率 | 0.7 | | |

种群个体数为 500 时,利用三种优化算法得到的时频分解结果如图 6.34 所示。

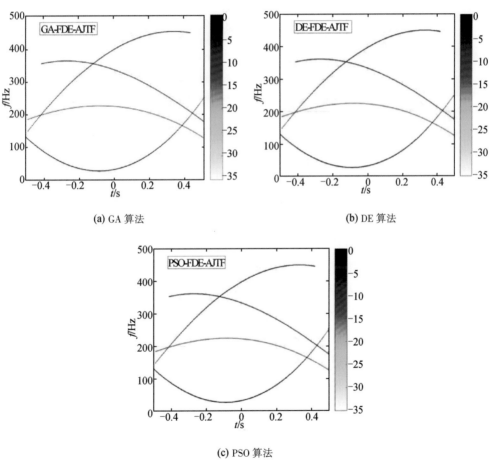

(a) GA 算法　　　　　　　　　　　　　　(b) DE 算法

(c) PSO 算法

图 6.34　三种优化算法时频分解结果

首先对比图 6.33 和图 6.34,利用现代优化 FDE-AJTF 方法的时频分解结果分辨率更高,时频分布曲线更精确,说明现代优化 FDE-AJTF 时频分解的效果比经典时频分析方法更好。对比图 6.34 中三种优化算法的时频分解结果,发现三种方法的结果基本相同,一方面说明三种方法都能满足 FDE-AJTF 时频分解对 mc-PPS 信号参数估计和分量提取的需求,另一方面说明在种群个体数为 500 时表 6.13 的各项参数均满足本仿真条件优化问题的需求。

利用三种优化算法完成四个信号分量的参数估计和分量提取后,残差信号能量比值的蒙特卡洛均值和方差随个体数量的变化如图 6.35 所示。

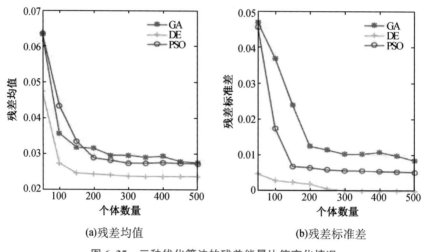

(a)残差均值　　　　　　　　(b)残差标准差

图 6.35　三种优化算法的残差能量比值变化情况

如图 6.35 所示,随着个体数量的增加,利用不同优化算法得到残差能量比值的均值和方差均随之下降,说明参数估计精度不断提高,算法的稳定性也不断增强。当个体数量 $N_{pop} \geqslant 300$ 时,三种优化算法的残差能量均已趋于相对稳定,当个体数量 $N_{pop} > 500$ 时,继续提高个体数量对残差能量的降低已没有明显贡献。对比三种优化算法的结果发现,GA 算法的残差能量均值和方差均最高,说明 GA 算法的估计精度和稳定性最差;PSO 算法表现要优于 GA 算法;而 DE 算法具有最低的残差均值和方差,尤其是 $N_{pop} \geqslant 300$ 时,方差基本为零,说明 DE 算法具有最好的稳定性和结果一致性。

优化算法种群的平均适应度和最优适应度的变化体现了算法的收敛速度和稳定性。利用三种优化算法在对第一个分量进行参数估计和提取时,不同个体数量情况下,种群平均适应度随迭代次数的变化情况分别如图 6.36~图 6.38 所示。

如图 6.36~图 6.38 所示,随着迭代次数的增加,三种优化算法的种群平均适应度均逐渐收敛,而且个体数量越多,适应度收敛速度越快。当个体数量 $N_{pop} \geqslant 300$,迭代次数 $g \geqslant 300$ 时,三种优化算法的平均适应度逐渐趋于稳定。但如图 6.36 所示,GA 算法在求解过程中容易陷入局部最优解,这一局部最优解本质上也是一个真值解即第二个分量,这说明 GA 算法有一定概率先将第二分量提取出来,算法的稳定性较差。如图 6.37 所示,DE 算法经过多次迭代后,完全收敛到一个适应度值上,说明具有很好的算法稳定性和结果一致性,但 DE 算法的收敛速度是三种优化算法中最慢的。如图 6.38 所示,PSO 算法随着个体数量的增多,种群平均适应度的收敛速度增快,但其分布仍然较分散,这一现象是因为 PSO 算法的最优解不一定是当前个体的粒子位置参数,而是保存在对全局最优粒子位置的记忆中。另一方面,PSO 算法中也有陷入局部最优解的情况,说明 PSO 算法的稳定性比 GA 算法要好,但比 DE 算法要差。

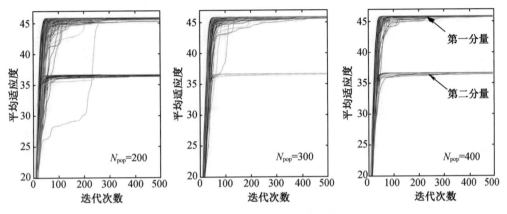

图 6.36　GA 算法的平均适应度的变化情况

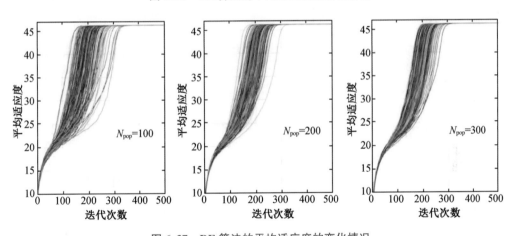

图 6.37　DE 算法的平均适应度的变化情况

三种优化算法种群的最优个体适应度的变化情况如图 6.39~图 6.41 所示。

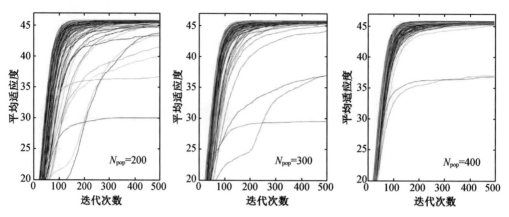

图 6.38 PSO 算法的平均适应度的变化情况

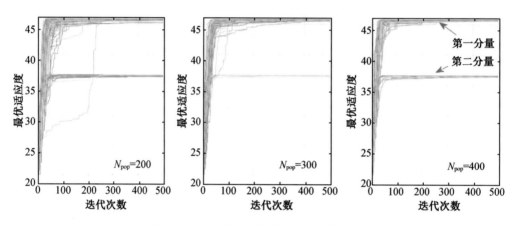

图 6.39 GA 算法的最优适应度变化情况

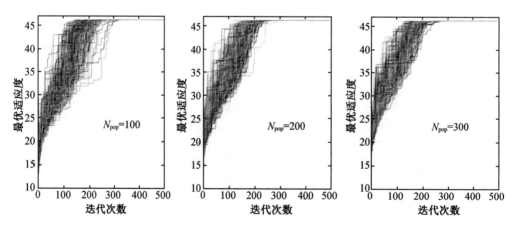

图 6.40 DE 算法的最优适应度的变化情况

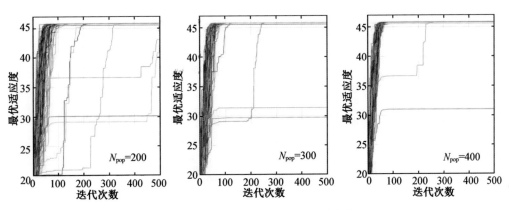

图 6.41　PSO 算法的最优适应度的变化情况

　　如图 6.39 和图 6.40 所示,GA 和 DE 算法的最优适应度变化情况与图 6.36 和图 6.37 中平均适应度的收敛趋势基本一致,这是由进化类算法的特点决定的。进化类算法的最优解信息是保存在个体基因中的,而每次迭代都会进行个体基因的交叉和变异,因此最优个体并不能独善其身,而是随着种群整体基因的变化而不断优化,只有种群整体达到较高的适应度,最优个体的特性才能在不断交叉、变异中达到稳定状态。而图 6.41 中,PSO 算法种群的最优适应度收敛速度和一致性明显优于图 6.38 中的平均适应度变化情况,这也印证了 PSO 算法不同于进化类算法的特点。将三种优化算法提取第一分量时的种群最优适应度分布情况进行统计,其中正确提取第一分量的概率可以由拥有最优适应度的个体数量在种群中的所占比例表示,三种优化算法正确提取第一分量的概率如图 6.42~图 6.44 所示。

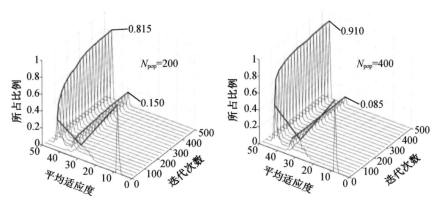

图 6.42　GA 算法正确提取第一分量的概率

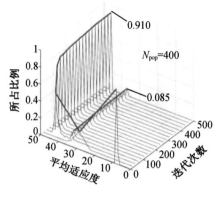

图 6.42(续)

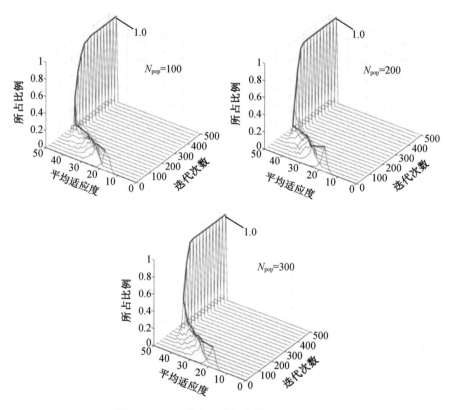

图 6.43 DE 算法正确提取第一分量的概率

如图 6.42~图 6.44 所示,GA 和 PSO 算法种群个体数为 400 时正确提取第一分量的概率分别为 91% 和 99%,而 DE 算法仅有 100 个个体时,正确提取概率已达到 100%,说明 GA 算法稳定性最差,DE 算法稳定性最好,PSO 算法比 DE 算法略差。观察图 6.42~图 6.44 中分布概率最大值的顶部连线,可以发现 PSO 算法具有最快的收敛速度,而 DE 算法收敛速度最慢。

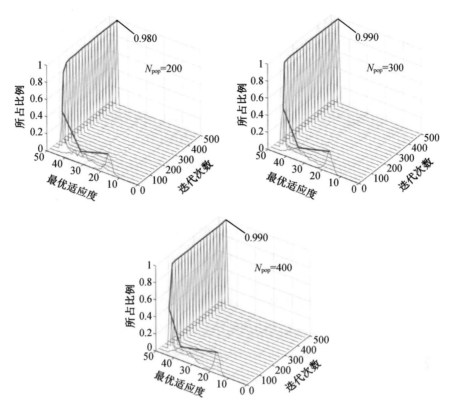

图 6.44　PSO 算法正确提取第一分量的概率

另一方面,仿真实验中 GA 算法需要设置的参数最多,实际应用中需要各项参数进行较多的调整,算法性能受到参数变化的影响最大;DE 算法和 PSO 算法的参数较少,而且不同参数的适应度较高,基本可以满足大多数情况,参数设置难度较小。

#### 6.5.5.2　三种优化算法的特点

根据上述仿真实验分析,综合对比 GA、DE 和 PSO 三种优化算法的参数设置复杂度、个体数量需求、收敛速度、算法稳定性等几个方面,可以得出三种优化算法各自的特点如表 6.14 所示。

表 6.14　GA、DE、PSO 三种算法的特点

|  | GA 算法 | DE 算法 | PSO 算法 |
| --- | --- | --- | --- |
| 参数设置复杂度 | 复杂 | 中等 | 简单 |
| 个体数量需求 | 多 | 少 | 中等 |
| 收敛速度 | 较快 | 慢 | 快 |
| 算法稳定性 | 差 | 好 | 较好 |

如表 6.14 所示,可以得出 GA 算法表现最差,而 DE 算法和 PSO 算法各有明显优势。其中,DE 算法具有较高的稳定度,但收敛速度相对较慢;而 PSO 算法与之相反,具有较快的收敛速度,但稳定度略差。

导致上述特点的原因是,DE 算法属于进化类算法,可以通过变异、交叉、选择等操作不断保持种群的多样性,具有较强的全局收敛能力,算法稳定性较好,优化结果具有较好的一致性。但由于进化类算法的最优解信息是保存在个体基因中的,每次迭代都会进行个体基因的交叉和变异,因此最优个体并不能独善其身,而是随着种群整体基因的变化而不断优化,只有种群整体达到较高的适应度,最优个体的特性才能在不断交叉、变异中达到稳定状态。

PSO 算法具有较快的收敛速度,但由于粒子有向自身历史最优位置和全局最优位置的整体移动趋向,算法随机性和种群多样性较差,导致算法容易出现早熟现象而陷入局部最优解。尤其在 mc-PPS 信号时频分解过程中,由于存在多个适应度不同的真值解,PSO 算法可能会出现先提取低适应度的信号分量后提取高适应度信号分量的情况,而不是根据算法期望按适应度大小的顺序依次提取各个分量。PSO 算法的这个特点一定程度上影响了算法稳定性,而另一方面为同时进行多个分量的提取提供了实现基础。

## 6.6　粒子群和差分进化混合优化的 FDE-AJTF 时频分解方法

在对 mc-PPS 信号进行时频分解时,PSO 算法和 DE 算法都有着明显的优势和各自的不足,其中 PSO 算法收敛速度快,但算法稳定性较差,而 DE 算法稳定性较好,但收敛速度相对较慢。为解决 PSO 和 DE 两种算法各自存在的问题,结合两者的优势,在此提出一种粒子群和差分进化混合(PSO-DE)算法,在保持较快收敛速度的同时,确保较高的算法稳定性和较强的全局收敛能力。

### 6.6.1　粒子群和差分进化混合算法

对粒子群和差分进化混合算法的研究已有先例,但为满足 mc-PPS 信号时频分解的实际应用情况,在此提出一种新的粒子群和差分进化混合(PSO-DE)算法。PSO-DE 算法需满足以下两个要求:第一,以 PSO 算法为主导,以确保整体相对较快的收敛速度;第二,利用 DE 算法提高种群多样性和全局收敛能力,但 DE 操作需保留具有全局最优粒子位置的个体基因编码,防止最优基因丢失。PSO-DE 算法既维持了算法趋向最优粒子快速聚集的性能,也提高了算法的种群多样性和全局收敛能力。PSO-DE 算法的基本思想为:在 PSO 算法的基础上将种群个体分为两个子群,每次循环迭代时分别利用 PSO 和 DE 算法的方式进行子群更新,从而达到结合 PSO 和 DE 两种算法优势的目的。

PSO-DE 算法的基本流程如图 6.45 所示,PSO-DE 优化 FDE-AJTF 时频分解方法的具体步骤如下。

①按 PSO 算法的方式,生成初代种群位置 $\boldsymbol{P}_1$ 和速度 $\boldsymbol{V}_1$,计算个体适应度 $F_m$,并按适应度由大到小将所有个体进行排序,使所有个体位置参量满足下式:

$$F_{\text{fit}}(P_{m_1}) \geqslant F_{\text{fit}}(P_{m_1}), \quad m_1 < m_2, \quad (P_{m_1}, P_{m_2}) \in \boldsymbol{P}_g \tag{6.81}$$

式中,$\boldsymbol{P}_g$ 为第 $g$ 代种群,此时 $g=1$;$P_{m_1}$ 和 $P_{m_2}$ 为两个个体,$m_1$ 和 $m_2$ 分别为两者编号;$F_{\text{fit}}(\cdot)$ 为适应度评价函数。所有个体的速度参量也进行相应的调整。

②将第 $g$ 代种群 $\boldsymbol{P}_g$ 按个体编号分为两个子群 $\boldsymbol{P}_{g,\text{sub}_1}$ 和 $\boldsymbol{P}_{g,\text{sub}_2}$,两者满足下式:

$$\begin{cases} \boldsymbol{P}_{g,\text{sub}_1} = \{P_1, P_3, \cdots, P_{N_{\text{pop}}-1}\} \\ \boldsymbol{P}_{g,\text{sub}_2} = \{P_2, P_4, \cdots, P_{N_{\text{pop}}}\} \end{cases} \tag{6.82}$$

式中,$\boldsymbol{P}_{g,\text{sub}_1}$ 为奇数编号组;$\boldsymbol{P}_{g,\text{sub}_2}$ 为偶数编号组;$N_{\text{pop}}$ 为个体数量,若式中 $N_{\text{pop}}$ 为奇数则进行相应调整。此时,奇数编号组 $\boldsymbol{P}_{g,\text{sub}_1}$ 中包含了具有全局最优粒子位置的个体 $P_{g,1}$,影响着全体种群位置调整大的趋势,因此个体 $P_{g,1}$ 不能进行 DE 操作,以防止个体基因遭到破坏。

③对奇数子群 $\boldsymbol{P}_{g,\text{sub}_1}$ 进行 PSO 算法处理,更新速度和位置,得到新的子群 $\boldsymbol{P}'_{g,\text{sub}_1}$,然后进行适应计算,并更新本地最优适应度和本地最优粒子位置。

④对偶数子群 $\boldsymbol{P}_{g,\text{sub}_2}$ 进行 DE 变异、交叉、选择等操作得到 DE 子群,然后进行适应度计算,并用 DE 子群中具有较高适应度的个体替换 $\boldsymbol{P}_{g,\text{sub}_2}$ 中的个体,得到新的子群 $\boldsymbol{P}'_{g,\text{sub}_2}$,同时更新本地最优适应度和本地最优粒子位置。

⑤合并两个子群,得到 $g+1$ 代种群 $\boldsymbol{P}_{g+1} = \{\boldsymbol{P}'_{g,\text{sub}_1}, \boldsymbol{P}'_{g,\text{sub}_2}\}$,并将对应的适应度由高到低重新排序,同时更新全局最优适应度和全局最优粒子位置。

⑥判断算法是否达到迭代停止条件,若达到则执行第⑦步,否则迭代次数 $g=g+1$,然后执行第②步。

⑦输出优化参数结果,算法停止。

其中,算法中的初代种群生成、PSO 算法处理、DE 操作等具体过程在前文中已有详细说明,在此不再赘述。值得注意的是,第④步中仅对偶数子群的位置进行了 DE 处理,而对个体速度没有进行操作。其原因是,为了保持个体原有速度的惯性和趋向性,使 DE 操作的影响仅限于此次迭代过程,若对速度同样进行 DE 操作,则可能会对下一次迭代中的 PSO 算法处理产生影响,相当于 DE 操作对此个体位置的影响持续了两次迭代过程。

从种群个体的物理或生物角度描述 PSO-DE 算法,其中 DE 操作对某一粒子的影响,相当于在一次迭代过程中使粒子位置发生了瞬移,从而种群的多样性得到了提高。

当然,DE 操作是具有一定规律性的位置移动,而且只有 DE 操作后适应度提高的粒子才进行位置瞬移,适应度没有提高的粒子仍然保持位置不变。

PSO-DE 算法通过种群分组、PSO 算法处理和 DE 操作、适应度评价、合并子群并排序、最优粒子位置更新等操作,经过多次迭代,最终得到最优多项式相位参数并输出。其中,PSO-DE 算法将最大迭代次数和适应度停滞判断作为算法的结束判断条件。

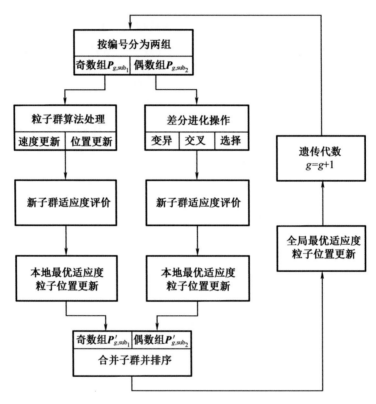

图 6.45　PSO-DE 优化算法基本流程

### 6.6.2　仿真实验

为分析 PSO-DE 算法在运动舰船雷达回波信号的时频分解中的性能,通过仿真实验对算法稳定性和收敛速度进行分析和评价。仿真实验的信号参数与前述仿真相同如表 6.12 所示,PSO-DE 算法的各项参数如表 6.15 所示,同样进行 200 次蒙特卡洛仿真实验。

表 6.15　PSO-DE 算法的各项参数

| 参数 | 数值 |
|---|---|
| 个体数量 | [100：100：500] |
| 迭代次数 | 500 |
| PSO 约束因子 | 0.729 |
| PSO 吸引因子 | 1.496 |
| DE 变异因子 | 0.3 |
| DE 交叉方式 | 二项交叉 0.7 |

种群个体数为 500 时,利用 PSO-DE 算法提取分量的时频分解结果如图 6.46 所示。

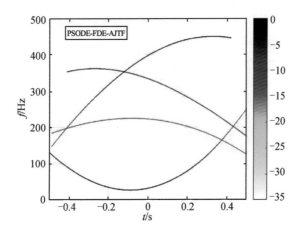

图 6.46　PSO-DE 算法时频分解结果

如图 6.46 所示,利用 PSO-DE 算法可以准确地提取出四个分量,与前述仿真中图 6.33 和图 6.34 相比,PSO-DE 算法的分解结果明显好于 STFT,与 GA、DE 和 PSO 等优化算法的结果基本相同。

利用 PSO-DE 算法提取四个分量后,残差信号能量比值的蒙特卡洛均值和方差随个体数量的变化如图 6.47 所示。

如图 6.47 所示,PSO-DE 算法在个体数 $N_{pop} \geq 200$ 时,残差信号能量比值已经趋于稳定,与图 6.35 中 GA、DE 和 PSO 三种优化算法相比,残差信号能量比值的均值下降趋势和方差稳定程度比 DE 算法略差,但优于 GA 和 PSO 算法,说明 PSO 算法的稳定性得到较好的改善。

PSO-DE 算法在对第一个分量进行参数估计和提取时,不同个体数量情况下,种群平均适应度和最优个体适应度随迭代次数的变化情况分别如图 6.48 和图 6.49

所示。

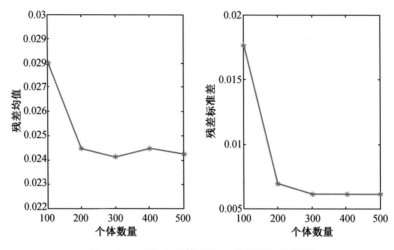

图 6.47 PSO-DE 算法残差能量的变化情况

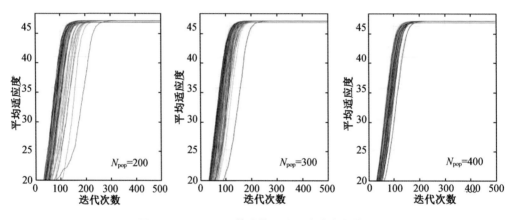

图 6.48 PSO-DE 算法的平均适应度变化情况

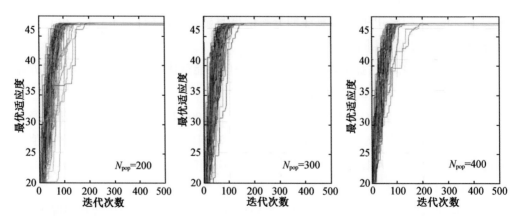

图 6.49 PSO-DE 算法的最优适应度变化情况

如图 6.48 所示,PSO-DE 算法的收敛速度随着个体数量的增多而逐渐提升,而且算法的稳定度和结果的一致性较好,与图 6.38 中标准 PSO 算法相比,PSO-DE 算法的种群个体适应度的一致性得到明显提升。如图 6.49 所示,PSO-DE 算法的最优适应度的一致性明显优于图 6.41 中标准 PSO 算法,说明 PSO-DE 算法的稳定性得到改善。另一方面,与图 6.40 中 DE 算法相比,PSO-DE 算法的最优适应度收敛速度得到明显提升。PSO-DE 算法正确提取第一分量的概率如图 6.50 所示。

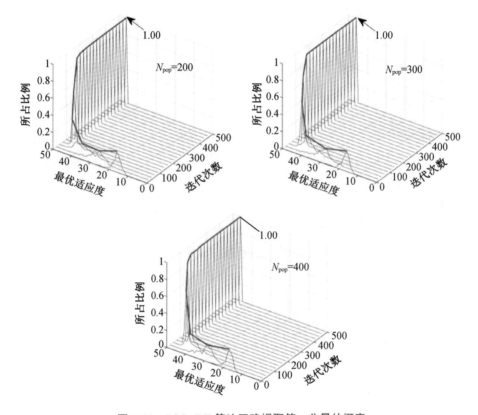

图 6.50　PSO-DE 算法正确提取第一分量的概率

如图 6.50 所示,PSO-DE 算法在个体数量 $N_{pop} \geqslant 200$ 时,第一分量正确提取的概率即达到 100%,算法稳定性优于标准 PSO 算法,而且收敛速度明显快于标准 DE 算法。

根据以上仿真结果,分别对比 PSO-DE 算法与标准 PSO 和 DE 算法的性能可知,PSO-DE 算法的收敛速度略低于标准 PSO 算法,但明显快于 DE 算法;而混合算法的稳定性、全局收敛能力和个体适应度的一致性明显高于标准 PSO 算法。因此,PSO-DE 算法符合理论分析预期,结合了 PSO 和 DE 两种算法的优势,并明显改善了两种算法各自的不足。

## 6.7 基于多分量粒子群优化的 FDE-AJTF 时频分解方法

PSO 算法属于群智能算法,粒子有向自身历史最优位置和全局最优位置的整体移动趋向,因此 PSO 算法在求解过程中可能取到局部最优解并可以保留多个次优解,这带来两个方面的影响:一方面,PSO 算法提前进入早熟状态而陷入局部最优解,从而降低了算法的全局收敛能力,针对此问题,第 6.6 节中结合 DE 算法提出一种 PSO-DE 算法已进行了有效改善;另一方面,当 PSO 算法应用于 mc-PPS 信号的时频分解时,算法的次优解在本质上也是真值解,分别对应于不同的适应度,这一特性使得同时提取多个分量,进一步提高时频分解的运算效率成为可能。

### 6.7.1 多分量粒子群算法基础

由于 mc-PPS 信号的各个分量是相互独立的,精确提取每一个分量在理论上并不会对其他分量产生影响,结合 PSO 算法较强的局部收敛能力和保留次优解的特性,在此提出一种多分量粒子群(multicomponent PSO,mc-PSO)算法,算法把粒子种群分成最优子群和次优子群,在保留算法对最优解搜索能力的同时,人为地提高算法对次优解的搜索能力,从而同步进行多个信号分量的参数搜索和分量提取,并利用 PSO 算法的并行计算特性,进一步提高 PSO 算法的速度和运算效率。

在图 6.31 中标准 PSO 算法的基础上,mc-PSO 算法的基本过程如图 6.51 所示,图中以同时提取两个分量为例。

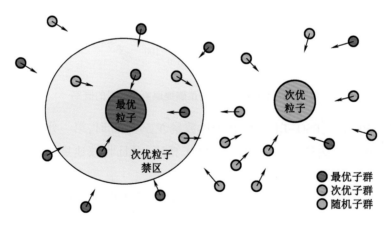

图 6.51 mc-PSO 算法示意图

如图 6.51 所示,在同时提取两个分量时,mc-PSO 算法将种群的全部个体分为相对固定的三个子群,其中最优子群如蓝色圆圈所示,具有全局最优粒子,全局最优粒子的邻域为次优子群的搜索禁区;次优子群如黄色圆圈所示,次优子群的粒子位置可以全局更新,但子群内的最优粒子只能从搜索禁区外选择;随机子群如绿色圆圈所示,不具有最优粒子,每次迭代的过程中都随机跟随最优子群或次优子群进行速度和位置更新。在 mc-PSO 算法运行中,各个子群和个体具有以下特点。

(1)子群的相对独立。三个子群内的个体相对固定,算法迭代过程中最优子群和次优子群分别根据各自子群内的最优粒子进行速度和位置更新,以确保对各自解的收敛能力;随机子群不具有最优粒子,而是分为两组分别跟随最优子群和次优子群进行速度和位置更新,两组随机子群适应度更新完毕后,根据优胜劣汰的思想,若随机个体适应度大于其他两个子群的适应度最小值,则具有进入其他两个子群的能力,可以替换最差的个体,当然每次应控制个体淘汰的数量。随机子群的设立,提高了种群整体的随机性,同时使三个子群相互之间得以进行信息交互。

(2)最优子群的强势。mc-PSO 算法虽然目的是同时提取多个分量,但更要维持最优解的稳定和全局收敛能力,因此需要保持最优子群的强势特性。最优子群中的全局最优粒子位置是这一代种群中包括三个子群在内所有粒子的全局最优,并将此粒子的邻域设置为次优子群最优粒子的搜索禁区,限制次优子群最优粒子位置的搜索,人为降低了次优子群的全局收敛能力,使次优子群陷入局部最优只能进行次优解的搜索。

(3)次优子群的机会。全局最优粒子位置的邻域仅限制对次优子群最优粒子位置的搜索,但并不限制次优子群个体位置更新时的进入,这为次优子群提供了升格的机会。如果某一次迭代中,次优子群的某一个体具备了全局所有个体中的最优适应度,则次优子群即升格成为最优子群,而最优子群退化为次优子群。

(4)次优子群的限制。由于搜索禁区的设立,次优子群内最优粒子位置并不一定是次优子群中适应度最高的个体,次优子群内的最优粒子位置更多的是起到子群速度和位置更新的引导作用,使其他个体逐渐向最佳的次优解聚集。若次优子群某一个体位置进入搜索禁区后,此个体可能具有较高的自身适应度,然而除非此个体全局最优使得两个子群交换角色,否则此个体可能会陷入次优解搜索时"局部最优",虽然此"局部最优"适应度仍然可能大于次优子群的最优粒子,但其结果最好也只能是全局最优解的重复,没有实际意义。因此,次优子群在更新个体历史最佳粒子位置即本地最优粒子位置时,对于没有达到全局最优适应度的搜索禁区内的个体,需要将其本地最优粒子适应度置零,从而下一次迭代时此个体的自身速度、位置以及最优位置、适应度一定会得到更新,使得此个体逐步脱离搜索禁区范围。

## 6.7.2　多分量粒子群算法流程

根据 mc-PPS 信号 FDE-AJTF 时频分解的过程,搜索参数是 2 阶及以上多项式相位参数,适应度评价函数则是相位补偿信号的最大频谱值,如进化类算法和 PSO 算法中所述。根据分析,最大频谱值出现的位置本质上是该分量信号对应的方位向散射中心位置,而得到散射中心的位置是信号分解的最终目的,同时散射中心位置的不同也是各个信号分量最直接和最本质的区别。因此,将 mc-PSO 算法应用于 mc-PPS 信号时频分解时,可以将散射中心位置作为最优粒子邻域的设置条件,并利用散射中心位置区分最优子群和次优子群。

相位补偿信号的最大频谱值位置是 PPS 信号参数 $a_1$,也即散射中心的方位向位置,如式(6.30)所示。值得注意的是,mc-PSO 算法中粒子个体的位置参数与散射中心位置的定义有明显不同:粒子位置是指个体参数集在多维解空间内的位置,参数集包括信号分量起始、结束时刻和二阶及以上多项式系数,是优化问题的可行解;而散射中心位置指的是信号分量在方位向上的一维真实散射位置,仅是多项式参数中 $a_1$ 参量,不参与解空间的搜索,由适应度评价函数获得。

mc-PSO 算法在 FDE-AJTF 时频分解中的具体应用流程如图 6.52 所示。

根据图 6.52,mc-PSO 算法的具体流程如下。

① 设定各项参数,确定最优粒子邻域间隔 $D_{\text{neibor}}$,初始化初代种群 $\boldsymbol{P}_1$ 并计算适应度,记录第 $m$ 个个体的适应度 $F_m$ 及散射中心位置 $X_m$,本地最优适应度 $F_{\text{L},1,m}$ 和本地最优参数 $P_{\text{L},1,m}$ 为初始粒子适应度和参数。

② 将种群分为三组 $\boldsymbol{P}_1 = \{\boldsymbol{P}_{1,\text{sub}_1}, \boldsymbol{P}_{1,\text{sub}_2}, \boldsymbol{P}_{1,\text{sub}_3}\}$,其中第一组 $\boldsymbol{P}_{1,\text{sub}_1}$ 为最优子群,第二组 $\boldsymbol{P}_{1,\text{sub}_2}$ 为次优子群,第三组 $\boldsymbol{P}_{1,\text{sub}_3}$ 为随机子群,三组子群中的个体相对固定,另设定初始迭代次数为 $g = 1$。

③ 搜索第 $g$ 代最优子群 $\boldsymbol{P}_{g,\text{sub}_1}$ 中的全局最优粒子适应度 $F_{\text{G},g}|_{\text{sub}_1}$,更新对应的全局最优粒子参数 $P_{\text{G},g}|_{\text{sub}_1}$ 及散射中心位置 $X_{\text{G},g}|_{\text{sub}_1}$,并将 $X_{\text{G},g}|_{\text{sub}_1}$ 的邻域设置为次优子群的搜索禁区。

④ 搜索第 $g$ 代次优子群 $\boldsymbol{P}_{g,\text{sub}_2}$ 中的最优粒子的全局次优粒子适应度 $F_{\text{G},g}|_{\text{sub}_2}$,更新对应的最优粒子参数 $P_{\text{G},g}|_{\text{sub}_2}$ 和散射中心位置 $X_{\text{G},g}|_{\text{sub}_2}$,其中 $X_{\text{G},g}|_{\text{sub}_2}$ 需在搜索禁区即 $X_{\text{G},g}|_{\text{sub}_1}$ 邻域之外,如下式:

$$P_{\text{G},g}|_{\text{sub}_2} = \arg\max\left(\{F_{\text{L},g,m'}\}|_{\text{sub}_2}\right) \tag{6.83}$$

式中,$m'$ 为次优子群中散射中心位置在搜索禁区之外的粒子个体编号,其个体位置 $P_{\text{L},g,m'}|_{\text{sub}_2}$ 满足下式:

$$P_{\text{L},g,m'}|_{\text{sub}_2} \quad \text{s. t.} \quad |X_{\text{L},g,m'}|_{\text{sub}_2} - X_{\text{G},g}|_{\text{sub}_1}| > D_{\text{neibor}} \tag{6.84}$$

式中,$D_{\text{neibor}}$ 为全局最优粒子邻域间隔。

同时,将次优子群在搜索禁区内的粒子个体本地最优适应度 $F_{\text{fitL},g,m''}|_{\text{sub}_2}$ 置零,即

$$F_{\text{L},g,m''}|_{\text{sub}_2} = 0 \quad \text{if} \quad |X_{\text{L},g,m''}|_{\text{sub}_2} - X_{\text{G},g}|_{\text{sub}_1}| \leqslant D_{\text{neibor}} \tag{6.85}$$

其中,$m''$ 为次优子群中散射中心位置在搜索禁区之内的粒子个体编号。

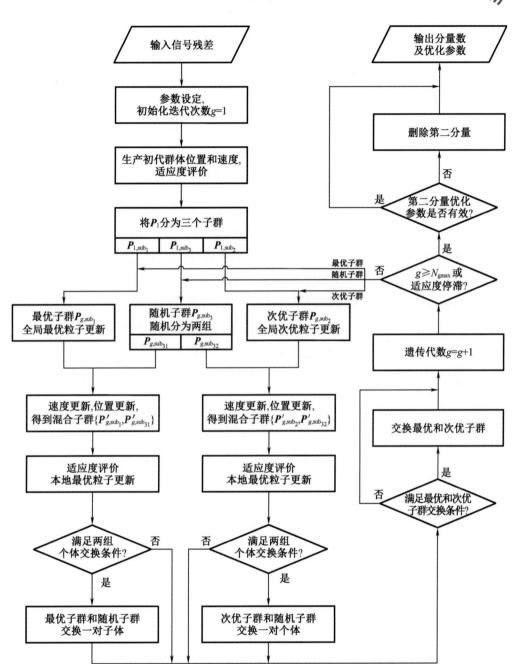

图 6.52　多分量粒子群优化 FDE–AJTF 时频分解流程

⑤将第三组随机子群随机分为两组 $P_{g,\text{sub}_3} = \{P_{g,\text{sub}_{31}}, P_{g,\text{sub}_{32}}\}$，分别附在最优子群和次优子群后面，组成混合子群 $\{P_{g,\text{sub}_1}, P_{g,\text{sub}_{31}}\}$ 和 $\{P_{g,\text{sub}_2}, P_{g,\text{sub}_{32}}\}$，分别以全局最优粒子位置 $P_{G,g}|_{\text{sub}_1}$ 和次优粒子位置 $P_{G,g}|_{\text{sub}_2}$ 作为速度和位置更新参数；

⑥对两组混合子群进行速度和位置更新，得到更新种群 $\{P'_{g,\text{sub}_1}, P'_{g,\text{sub}_{31}}\}$ 和 $\{P'_{g,\text{sub}_2}, P'_{g,\text{sub}_{32}}\}$，计算所有个体的适应度 $F'_{g,m}$ 和散射中心位置 $X'_{g,m}$，更新对应的本地最

321

优适应度 $F'_{\mathrm{L},g,m}$ 和本地最优位置 $P'_{\mathrm{L},g,m}$。

⑦对第一个混合子群 $\{P'_{g,\mathrm{sub}_1}, P'_{g,\mathrm{sub}_{31}}\}$ 进行优胜劣汰处理,判断随机子群 $P'_{g,\mathrm{sub}_{31}}$ 个体本地最优适应度的最大值是否大于最优子群 $P'_{g,\mathrm{sub}_1}$ 个体本地最优适应度的最小值,如满足条件则将对应的两个个体交换子群分组,即

$$P'_{g,m_1}|_{\mathrm{sub}_1} \Leftrightarrow P'_{g,m_2}|_{\mathrm{sub}_{31}} \quad \text{if} \quad F'_{\mathrm{L},g,m_1}|_{\mathrm{sub}_1} \leqslant F'_{\mathrm{L},g,m_2}|_{\mathrm{sub}_{31}} \tag{6.86}$$

其中,符号 $\Leftrightarrow$ 表示个体交换分组;$m_1$ 是最优种群 $P'_{g,\mathrm{sub}_1}$ 中具有最小本地最优适应度的粒子个体编号,$m_2$ 是种群 $P'_{g,\mathrm{sub}_{31}}$ 中的具有最大本地最优适应度的粒子个体编号,即

$$\begin{cases} F'_{\mathrm{L},g,m_1}|_{\mathrm{sub}_1} = \min(\{F'_{\mathrm{L},g,m}\}|_{\mathrm{sub}_1}) \\ F'_{\mathrm{L},g,m_2}|_{\mathrm{sub}_{31}} = \max(\{F'_{\mathrm{L},g,m}\}|_{\mathrm{sub}_{31}}) \end{cases} \tag{6.87}$$

同时,对第二组随机子群和次优子群的混合子群 $\{P'_{g,\mathrm{sub}_2}, P'_{g,\mathrm{sub}_{32}}\}$ 也进行式(6.86)和式(6.87)的适应度判断和个体交换操作,完成此步骤。

⑧根据最优子群和次优子群的最优适应度大小,进行最优种群更迭,若次优子群个体本地最优适应度的最大值大于最优种群的最大值,则两个子群交换角色,即

$$P'_{g,\mathrm{sub}_1} \Leftrightarrow P'_{g,\mathrm{sub}_2} \quad \text{if} \quad F'_{\mathrm{L},g,m_1}|_{\mathrm{sub}_1} < F'_{\mathrm{L},g,m_2}|_{\mathrm{sub}_2} \tag{6.88}$$

式中,符号 $\Leftrightarrow$ 表示个体交换分组;$m_1$ 和 $m_2$ 分别是两个子群中的具有最大本地最优适应度的粒子编号,即

$$\begin{cases} F'_{\mathrm{L},g,m_1}|_{\mathrm{sub}_1} = \max(\{F'_{\mathrm{L},g,m}\}|_{\mathrm{sub}_1}) \\ F'_{\mathrm{L},g,m_2}|_{\mathrm{sub}_2} = \max(\{F'_{\mathrm{L},g,m}\}|_{\mathrm{sub}_2}) \end{cases} \tag{6.89}$$

⑨个体和分组更新后的三个子群 $\{P'_{g,\mathrm{sub}_1}, P'_{g,\mathrm{sub}_2}, P'_{g,\mathrm{sub}_3}\}$ 即成为第 $g+1$ 代对应的三个子群,共同组成第 $g+1$ 代整体种群 $P_{g+1} = \{P_{g+1,\mathrm{sub}_1}, P_{g+1,\mathrm{sub}_2}, P_{g+1,\mathrm{sub}_3}\}$,判断是否满足算法停止条件,若满足则执行第⑩步,若不满足则迭代次数 $g=g+1$,执行第③步。

⑩输出全局最优粒子参数 $P_{\mathrm{G},g}|_{\mathrm{sub}_1}$ 和次优粒子参数 $P_{\mathrm{G},g}|_{\mathrm{sub}_2}$,算法结束。

mc-PSO 算法运行过程中,第④步将次优子群中进入搜索禁区的个体本地适应度 $F_{\mathrm{fitL},g,m''}|_{\mathrm{sub}_2}$ 置零,则在下次速度和位置更新时,此个体粒子位置 $P_{g,m''}|_{\mathrm{sub}_2}$ 及其本地最优适应度 $F_{\mathrm{fitL},g,m''}|_{\mathrm{sub}_2}$ 和本地最优参数 $P_{\mathrm{L},g,m''}|_{\mathrm{sub}_2}$ 肯定会得到更新,以此逐步脱离搜索禁区范围。这一操纵确保次优子群的个体可以从"局部最优"解中跳出来,避免无效搜索影响整体次优解的优化结果。

在第⑦步混合子群优胜劣汰的个体交换过程中,两组混合子群各自最多交换一对个体,其目的是维持最优子群和次优子群的相对独立性,同时维持随机子群的个体竞争力不受到大的损失,尤其对于次优子群而言,若将多个处于搜索禁区内的个体置换进去,反而对次优解的搜索产生了不良影响。

其中,mc-PSO 算法将最大迭代次数和适应度停滞判断作为算法的结束判断条件。值得注意的是,如每次 mc-PSO 算法都会输出多个分量,但若信号中仅剩余一个

有效分量时,第二个分量参数是无效的,此时需要对次优粒子参数进行判断。根据分量参数估计和提取的过程,若次优解是真实的分量参数,则与最优解是相互独立的,各自的分量提取都不受对方分量提取的影响,若次优解不是真实分量,则会受到影响严重,基于此,提出次优分量有效性的判断方式如下。

若参数估计过程中最优解和次优解的适应度分别为 $F_1$ 和 $F_2$,将最优分量提取后次优解与残余信号的适应度为 $F_2'$,则可将最优分量提取前后的两个次优解适应度比值作为判断依据,如下:

$$\begin{cases} \text{有效}, & R_{\text{fit}} \geq H_{\text{fit}} \\ \text{无效}, & \text{其他} \end{cases}, \quad R_{\text{fit}} = \frac{F_2'}{F_2} \tag{6.90}$$

式中,$R_{\text{fit}}$ 为最优分量提取之后和之前的次优适应度的比值;$H_{\text{fit}}$ 为判断阈值。次优解不是真值解时,其适应度受最优分量影响严重,因此该比值较低,而次优解为真值解时,其适应度不会发生大的变化,比值 $R_{\text{fit}}$ 较大,一般取 $H_{\text{fit}} = 0.99$ 即可。

### 6.7.3　仿真实验

为分析 mc-PSO 算法在运动舰船雷达回波信号的时频分解中的性能,通过仿真实验对算法的稳定性和收敛速度进行分析和评价。仿真实验的信号参数与前述仿真相同,如表 6.12 所示,mc-PSO 算法的各项参数如表 6.16 所示,同样进行 200 次蒙特卡洛仿真实验。

表 6.16　mc-PSO 算法的各项参数

| 参数 | 数值 |
| --- | --- |
| 个体数量 | $[100:100:600]$ |
| 迭代次数 | 500 |
| 一次搜索提取分量个数 | 2 |
| 最优粒子邻域大小 | 30 |

种群个体数为 500 时,mc-PSO 算法提取分量的时频分解结果如图 6.53 所示。

如图 6.53 所示,mc-PSO 算法可以准确提取四个信号分量,与前述仿真中 GA、DE、PSO 以及 PSO-DE 等优化算法基本一致。

提取四个分量后,残差信号能量比值的蒙特卡洛均值和方差随个体数量的变化,以及完成四个分量提取所需的平均搜索运行次数如图 6.54 所示。

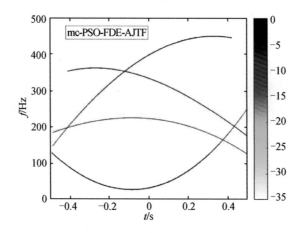

图 6.53　mc-PSO 算法时频分解结果

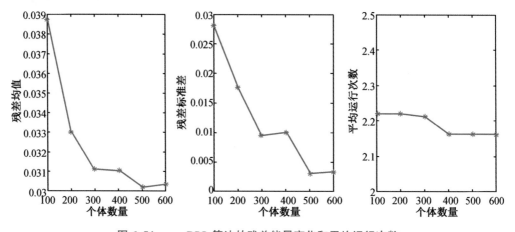

图 6.54　mc-PSO 算法的残差能量变化和平均运行次数

如图 6.54 所示,mc-PSO 算法残差能量均值和方差均随着个体数量的增加而逐渐降低,说明算法精度和稳定性不断提高,当个体数量 $N_{pop} \geqslant 400$ 时,残差信号能量比值已经趋于稳定,与前述仿真中 GA、DE、PSO 和 PSO-DE 等四种优化算法相比,mc-PSO 算法对个体数量的要求略高,这也符合算法的实际情况,因为 mc-PSO 算法每次需要对两个分量进行参数估计和提取。如图 6.54 所示,mc-PSO 算法提取四个分量所用的平均搜索次数在 2.2 次左右,这说明 mc-PSO 算法可以同时对两个分量进行有效提取。搜索次数略大于 2 次的原因是第二分量存在估计误差时会被判定为无效分量,需要进行重复提取,这同时说明了 mc-PSO 算法中对分量有效性的判决条件起到了作用。

mc-PSO 算法提取第一和第二分量时,不同个体数量情况下,种群最优适应度和次优适应度随迭代次数的变化情况如图 6.55 所示,正确提取第一和第二分量的概率如图 6.56 所示。

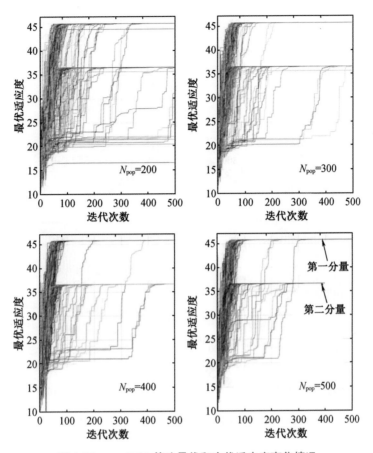

图 6.55　mc-PSO 算法最优和次优适应度变化情况

如图 6.55 和图 6.56 所示,随着个体数量的增加,mc-PSO 算法的收敛速度逐渐提升,而算法最优适应度和次优适应度的一致性也较好。与图 6.41 和图 6.44 中标准 PSO 算法结果相比,mc-PSO 算法的收敛速度略有下降,但 mc-PSO 算法的参数搜索次数仅有标准 PSO 算法的一半,而且 mc-PSO 算法的稳定性和最优解收敛一致性相对更好,其原因是在同时搜索最优解和次优解的过程中,有最优子群和次优子群的交换步骤,从而在一定程度上从全局层面解决了局部收敛的问题,确保了最优子群的全局收敛能力,提高了算法的稳定性。

根据上述仿真实验结果,mc-PSO 算法可以同时实现两个分量的精确估计和提取,降低了分量提取的参数搜索次数,达到了理论预期,整体上提高了 mc-PPS 信号时频分解的运算效率和收敛速度,而且 mc-PSO 算法一定程度上提高了标准 PSO 算法的稳定性。

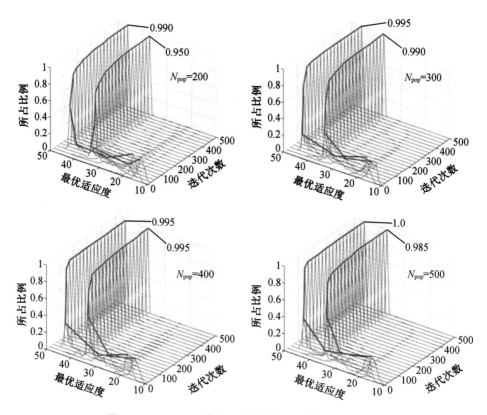

图 6.56  mc-PSO 算法正确提取第一和第二分量概率

## 6.8  五种优化算法性能对比

在前述仿真实验中已经对 GA、DE、PSO 三种标准算法和 PSO-DE、mc-PSO 两种改进算法的稳定性和收敛速度等基本性能进行了详细对比和分析,本节针对五种优化算法在 mc-PPS 信号 FDE-AJTF 时频分解中的实际应用,进一步对其中的参数估计精度、抗噪能力和运算量等性能进行定量对比分析。

### 6.8.1  估计精度和稳定性对比

为对比五种优化算法在 mc-PPS 信号时频分解中的估计精度,采用前述仿真中的实验数据,根据前述各优化算法的仿真实验结果设置最佳的算法参数,分别进行 200 次蒙特卡洛仿真实验。仿真信号参数与前面仿真实验相同,如表 6.12 所示,五种优化算法参数如表 6.17 所示。

表 6.17　五种优化算法参数

| GA 算法 | | DE 算法 | | PSO 算法 | |
|---|---|---|---|---|---|
| 个体数量 | 400 | 个体数量 | 300 | 个体数量 | 400 |
| 迭代次数 | 400 | 迭代次数 | 400 | 迭代次数 | 200 |
| 选择概率 | 0.8 | 变异因子 | 0.4 | 约束因子 | 0.729 |
| 交叉概率 | 0.5 | 交叉方式 | 二项交叉 | 吸引因子 | 1.496 |
| 变异概率 | 0.3 | 交叉概率 | 0.8 | | |
| PSO-DE 混合算法 | | | mc-PSO 算法 | | |
| 个体数量 | 400 | | 个体数量 | | 400 |
| 迭代次数 | 250 | | 迭代次数 | | 300 |
| 约束因子 | 0.729 | | 约束因子 | | 0.729 |
| 吸引因子 | 1.496 | | 吸引因子 | | 1.496 |
| 变异因子 | 0.3 | | 单次分量个数 | | 2 |
| 交叉概率 | 0.7 | | 最优粒子邻域 | | 30 |

　　由于表 6.17 中五种优化算法选取的都是最佳参数,因此五种优化算法对四个分量的分解效果区别不大,在前述仿真结果分析中已有表述。五种优化算法提取四个分量时,四个分量强度的估计误差均值和标准差如图 6.57 所示,其中 DE 算法的估计误差标准差为 0。

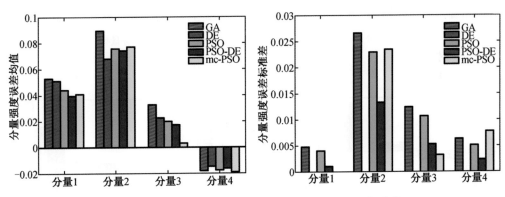

图 6.57　五种优化算法分量强度估计误差的均值和标准差

　　从图 6.57 可以看到,在五种优化算法进行分量提取过程中,各算法提取的分量强度误差均值相差较小,说明各算法对信号分量强度的估计能力基本均衡;而对比各优化算法提取的分量强度误差标准差可以发现,DE 算法具有最小的误差标准差,PSO-DE 算法次之,GA 和 PSO 算法相对较大。这一现象说明 DE 算法的稳定性最好,PSO-DE 算法次之,GA 和 PSO 算法的稳定性相对较差,而 mc-PSO 算法中,第一和第三分量的误差标准差较小,第二和第四分量的相对较大,其原因是第一和第三分量是两次提取过程中的最优解,这两个分量的稳定性相对较好,而第二和第四分量是次优解,这两个分量则稳定性稍弱,与标准 PSO 算法相当。

五种优化算法对各个多项式相位参数的估计误差均值和标准差分别如图 6.58 和图 6.59 所示,其中 DE 算法的参数估计误差的标准差为 0。

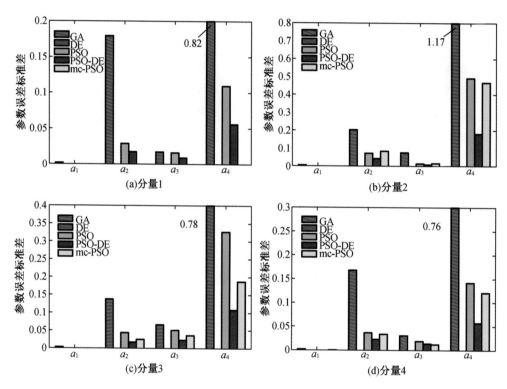

图 6.58　五种优化算法参数估计误差的均值

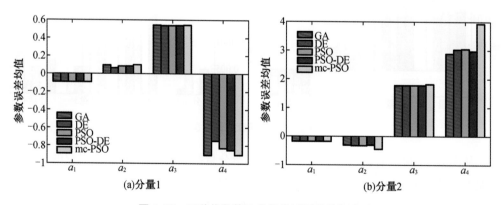

图 6.59　五种优化算法参数估计误差的标准差

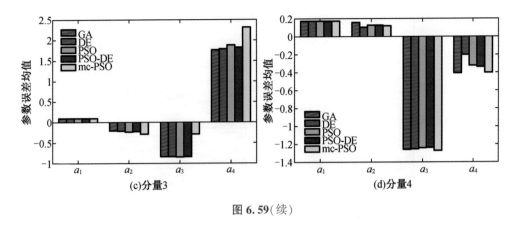

(c)分量3　　　　　　　　　　　(d)分量4

图 6.59(续)

　　如图 6.58 所示,五种优化算法参数估计误差均值基本相同,说明各算法的估计能力基本相同。如图 6.59 所示,五种优化算法的估计误差标准差区别较大,其中 DE 算法的估计误差标准差最小,PSO-DE 算法次之,mc-PSO 算法的奇数分量较小而偶数分量与 PSO 算法的相当,GA 算法最差,这一趋势与图 6.57 分量强度估计误差基本相同。

　　根据上述分析,五种方法的参数估计能力基本相同,但考虑到 GA 算法的误差标准差明显大于其他四种方法,算法稳定性最差,因此其估计精度最差,其他四种方法估计精度基本相同。五种优化算法的估计精度排序为 DE ≈ PSO-DE ≈ mc-PSO ≈ PSO > GA,稳定性排序为:DE > PSO-DE > mc-PSO > PSO > GA。

### 6.8.2　抗噪能力对比

　　为定量分析和对比五种优化算法的抗噪能力,仿真数据取表 6.12 所示的第一个分量,并混入不同信噪比的噪声,噪声 SNR = -20 ~ 20 dB,不同 SNR 信号的 STFT 时频分布结果如图 6.60 所示。

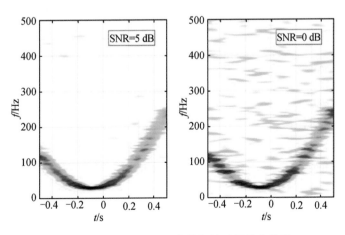

图 6.60　不同信噪比仿真数据的时频分布结果

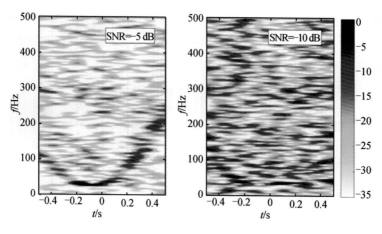

图 6.60(续)

　　如图 6.60 所示,当 SNR<−5 dB 时,STFT 已基本不可分辨真实信号分量的时频分布,根据 FDE-AJTF 时频分解方法与经典时频分布方法的对比,此时 CPF、HAF 等方法均已不能有效提取信号分量,而 FDE-AJTF 方法仍可对信号分量进行准确提取,不同 SNR 信号 FDE-AJTF 时频分解结果如图 6.61 所示。

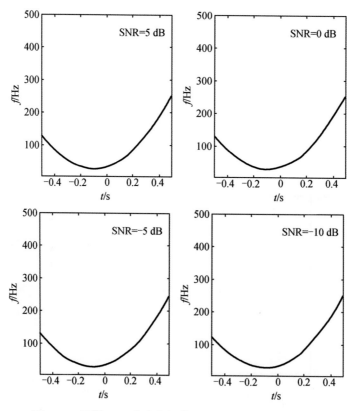

图 6.61　不同 SNR 仿真数据的 FDE-AJTF 时频分解结果

为精确对比五种优化算法应用在 FDE-AJTF 时频分解中的性能,将最终获得的散射中心位置即 $a_1$ 参数作为判断是否有效提取的依据,若在有效区间内则该分量有效,否则无效,设定有效区间大小为 5,五种优化算法分量提取的有效概率如图 6.62 所示。

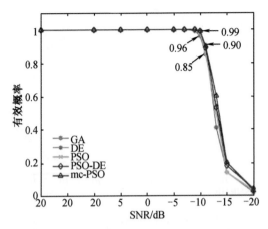

图 6.62　五种优化算法分量提取的有效概率

如图 6.62 所示,五种算法在 SNR>-10 dB 时,有效提取分量的概率均为 1,即全部有效;在 SNR=-10 dB 时,各算法提取分量的有效概率发生突变,其中 GA 算法有效概率为 0.96,低于其他算法的 0.99,说明 GA 算法抗噪性能比其他四种算法略差,在 SNR=-11 dB 时,几种方法的有效概率降为 0.85~0.90。因此,-10 dB 是 FDE-AJTF 时频分解方法处理单分量 PPS 信号的最小信噪比门限。

五种优化算法提取分量后,残差能量比值的均值和标准差如图 6.63 所示。

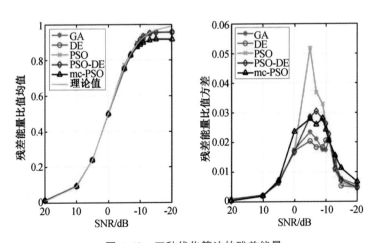

图 6.63　五种优化算法的残差能量

如图 6.63 所示,五种优化算法在 SNR ≥ -10 dB 时,残差能量比值均值基本与理论值一致,说明信号分量提取比较准确。对比不同优化算法的残差能量标准差,PSO

算法略大,这也说明了 PSO 算法的稳定性稍弱。

五种优化算法分量强度估计误差的均值和标准差如图 6.64 所示。

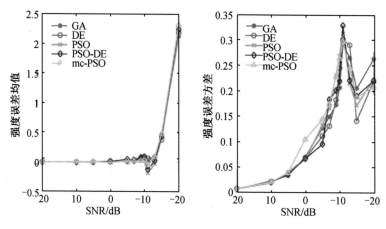

图 6.64　五种优化算法分量强度估计误差

如图 6.64 所示,五种优化算法分量强度估计误差的变化情况基本相同,估计误差随着信噪比的下降而增大,当 SNR≤-10 dB 时误差陡然增大,说明此时基本不能正确提取分量。

五种优化算法分量参数估计误差的均值和标准差分别如图 6.65 和图 6.66 所示。

如图 6.65 和图 6.66 所示,在 SNR=5,0,-5 dB 时,五种优化算法的参数估计误差均值基本相同,均值和标准差的数值也相对较小,说明五种优化算法的参数估计能力基本相同,此时估计精度较高。但当 SNR=-10 dB 时,参数估计误差陡然增大,其中 GA 算法的估计误差最大,而其他四种优化算法估计误差均值比 GA 算法略小,但也增大不止一个量级。对比 SNR=-10 dB 时的误差标准差,GA 算法最大,DE 和 PSO-DE 算法最小,而 PSO 和 mc-PSO 算法大于 GA 算法而小于 DE 算法。根据此实验结果,可以得到五种优化算法的抗噪能力排序为:DE≈PSO-DE>mc-PSO≈PSO>GA。

### 6.8.3　运算量对比

根据前文中对 GA、DE、PSO、PSO-DE 和 mc-PSO 等五种优化算法流程的详细描述,各类算法的每次迭代中运算主要来自个体参数更新和适应度更新两个过程,五种优化算法中每个个体的参数更新均仅需几次乘法和加法,而适应度更新则需要一次信号点数长度的 FFT 计算,因此后者运算量远大于前者。各类优化算法在提取四个分量的过程中适应度计算的次数与种群个体数量和总迭代次数有关,根据表 6.17 中五种算法的参数,可得到五种优化算法的适应度计算次数如表 6.18 所示。

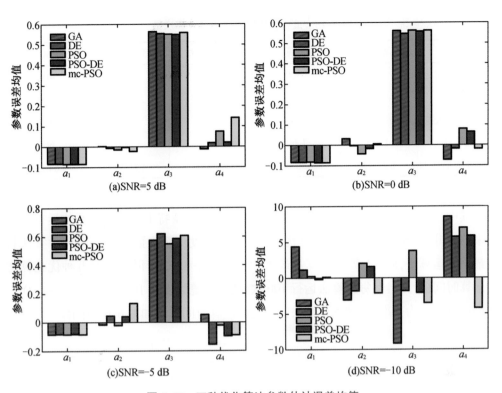

图 6.65　五种优化算法参数估计误差均值

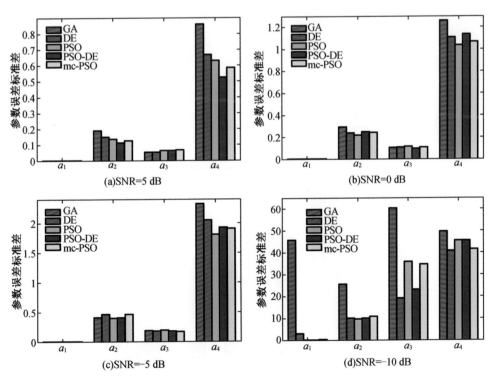

图 6.66　五种优化算法参数估计误差标准差

表 6.18　五种优化算法适应度计算次数

|  | GA 算法 | DE 算法 | PSO 算法 | PSO-DE 算法 | mc-PSO 算法 |
|---|---|---|---|---|---|
| 个体数量 | 400 | 300 | 400 | 400 | 400 |
| 迭代次数 | 400 | 400 | 200 | 250 | 300 |
| 分量提取次数 | 4 | 4 | 4 | 4 | 2.2 |
| 总迭代次数 | 1 600 | 1 600 | 800 | 1 000 | 660 |
| 适应度更新次数 | 640 000 | 480 000 | 320 000 | 400 000 | 264 000 |

其中,mc-PSO 算法的提取次数是根据前述仿真中蒙特卡洛实验的平均运行次数得来的,如图 6.54 所示。对比五种优化算法的适应度更新次数可知,mc-PSO 算法具有最小的运算量,而 GA 算法运算量最大。相同硬件和软件环境下,对五种优化算法的运算时间进行统计,每种算法运行 100 次,仿真环境如表 6.19 所示。以 mc-PSO 算法的运算时间为基准,五种优化算法归一化的运算时间对比如图 6.67 所示。

表 6.19　仿真环境

| 项目 | 参数 |
|---|---|
| CPU | Xeon E3 2.9 GHz |
| 核心数 | 4 核 8 线程 |
| 内存 | 64 GB |
| 硬盘 | 1T SSD |
| 仿真环境 | Matlab R2016b |
| 运行次数 | 100 次 |

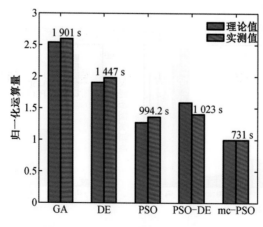

图 6.67　五种优化算法运算时间对比

如图 6.67 所示,其理论值是由表 6.18 中计算得来,实测时间已标注在柱形图上方,归一化的实测值基本符合理论值的变化趋势,从理论值和实测值的变化趋势可以得出,PSO-DE 算法运算速度基本与 PSO 算法相同,比 DE 算法约提升 30%;而 mc-PSO 算法具有最快的运算速度,比之 PSO 算法约提升了 30%。根据仿真实验结果,五种优化算法的运算速度排序为:mc-PSO>PSO>PSO-DE>DE>GA。

### 6.8.4 五种优化算法的性能总结

根据前述仿真实验分析和对比,可总结出五种优化算法的估计精度、算法稳定度、抗噪能力、运算量以及算法参数的设置复杂度等算法性能的对比如表 6.20 所示。

表 6.20 五种优化算法的性能对比

| 算法性能 | 五种优化算法对比 |
| --- | --- |
| 估计精度 | DE≈PSO-DE≈mc-PSO≈PSO>GA |
| 稳定度 | DE>PSO-DE>mc-PSO>PSO>GA |
| 抗噪能力 | DE≈PSO-DE>mc-PSO≈PSO>GA |
| 运算速度 | mc-PSO>PSO>PSO-DE>DE>GA |
| 参数复杂度 | GA>PSO-DE≈DE>mc-PSO≈PSO |

根据仿真实验分析和对比结果,五种优化算法的性能如表 6.20 所示。其中,DE 算法具有最佳的算法稳定性,mc-PSO 算法具有最快的运算速度,而 PSO-DE 算法则在稳定性和运算速度中居于平衡,仿真结果也验证了 PSO-DE 和 mc-PSO 两种新算法的有效性和优势。在不同应用条件下,可以根据表 6.20 选取不同的优化算法应用于 FDE-AJTF 时频分解中,以满足不同的应用需求。

## 6.9 复杂运动目标现代优化 ISAR 成像方法及流程

舰船是一类重要的海洋监视目标,星载 SAR 是完成海面舰船目标成像和分类识别的重要工具。但受舰船航行和海面风浪的影响,舰船具有复杂的运动特性和回波特性,会引起复杂的包络徙动,并在回波相位中产生高阶项,回波相位的卷绕和相位补偿的失配会导致星载 SAR 运动舰船目标成像出现模糊和散焦,严重影响了舰船目标的成像效果和分类识别的准确性,从而降低了星载 SAR 系统的使用效能。

运动舰船目标的雷达回波可以表示为 mc-PPS 信号的形式,并可以采用 FDE-AJTF 时频分解方法对其进行参数估计和分量提取,这为运动舰船目标的清晰成像提供了技术基础。然而,星载 SAR 系统的处理过程一般都是相对成熟和固化的,其系统产品往往是目标区域的复图像、灰度图像等形式,并不能对某个单一的运动舰船目标进行特殊处理。但根据前文的分析,舰船的运动和散射特性完整地包含在 SAR 复图像中,这为利用 ISAR 技术对运动舰船进行二次成像处理提供了实现基础。

本节针对星载 SAR 运动舰船目标的成像问题,对 SAR-ISAR 联合成像方法进行深入研究,首先给出一种运动舰船目标的最优成像数据段选取方法,并对实际应用中傅里叶变换的点数问题进行深入分析;其次,基于 FDE-ATJF 时频分解给出一种参数化成像构建方法,并给出了 SAR-ISAR 联合成像的详细流程,深入分析成像方法的各项控制条件;最后,利用对仿真和实测数据的处理,验证方法的可行性和有效性,并对不同优化算法的时频分解成像效果进行对比分析。

### 6.9.1　运动舰船成像数据段的选择

在 SAR 和 ISAR 成像处理中,对齐的距离包络是方位成像的基础,距离徙动校正或包络对齐是各类成像算法的重要步骤。但舰船目标的复杂三维运动导致散射中心的相对位置发生变化,不仅会在脉冲内形成不同的相位误差,还会导致回波脉冲之间不同的包络距离徙动,而且舰船运动的周期性会导致回波相位误差和包络距离徙动出现卷绕和折叠的现象。因此,经典成像处理中的包络对齐、徙动校正、MTRC 校正等方法均不满足复杂运动舰船目标回波处理的要求,不能实现对所有包络进行统一地对齐处理。尤其是高分辨率、长合成孔径时间的情况下,目标散射中心之间还会存在相互影响,若强行进行包络对齐处理,反而可能破坏方位数据的连续性,导致方位数据的断裂和跳变。

基于时频分析的 ISAR 成像技术为此提供了解决思路,以 RID 和 CLEAN 技术为典型代表。其中,RID 成像是利用回波多普勒频率与目标位置的线性关系,通过抽取某一时刻的多普勒频率切片,用多普勒频率表示各目标点的位置,而不是原数据本身,因此 RID 成像不需要对所有方位单元进行处理,仅截取其中一段包络对齐较好的数据即可;CLEAN 技术则是单个散射中心进行参数估计、相位补偿,并逐个提取散射中心,将整体图像表示为离散的散射中心的集合,此技术降低了各散射中心之间相互干扰的影响,尤其适合各散射中心存在不同相位变化的情况。

另一方面,FDE-AJTF 时频分解方法天然满足 RID 和 CLEAN 技术的成像条件,可以实现 RID 时频成像和 CLEAN 散射中心提取。不过,利用 FDE-AJTF 时频分解实现运动舰船目标的 ISAR 成像之前,需要对回波数据进行最优方位成像数据段的选取。根据前述分析,选取最优方位成像数据有两个好处:一是选取包络对齐相对较好的数据段,可以减小包络徙动带来的影响;二是缩短方位时间长度,可以降低多普勒频率的变化复杂度和多项式相位阶数,从而减少相位参数估计误差,提高拟合效果和估计精度。

经典的舰船目标成像方法中,最优方位成像数据段是根据成像效果或多普勒频率的展宽程度进行选取,其重点关注的是数据段内多普勒频率的变化程度。但在前述的分析中,运动舰船目标最优成像数据段选取的最重要依据并不是多普勒的变化程度,而是散射中心位置相对变化的一致性,因此需要根据此特点研究最优方位成像数据段的判断标准及选取方法。

### 6.9.1.1　最优方位成像数据段选取方法

选取最优方位成像数据段,即是判断一定方位时间内的相邻距离单元的包络对齐情况,然后选取其中对齐效果比较好的一段数据。经典 ISAR 成像方法中的各类包络对齐方法,本质上即是对相邻距离单元对齐效果的判断,可以作为最优方位成像数据段选取的依据。

相邻相关方法是一类典型的包络对齐方法,相邻距离单元的相关特性可以作为判断包络对齐程度的特征指标,典型的相关特性包括:内积,即互相关值,内积均值和方差,最大相关峰偏移量。其中,内积均值和方差是一定宽度滑动方位时窗内的内积数据统计值。以上四个相关特性定义如下。

若第 $r$ 个方位多普勒单元的信号为 $s_r(n)$,则第 $r$ 和 $(r+1)$ 个方位多普勒单元的相关值 $X_{\text{corr}}(m,r)$ 为

$$X_{\text{corr}}(\Delta n,r) = \sum_{n=1}^{N} s_r(n) \cdot s_{r+1}^*(n+\Delta n), \quad -N < \Delta n < N \qquad (6.91)$$

式中,$\Delta n$ 为偏移量;$N$ 为信号点数。

内积值 $R_{\text{corr}}(r)$ 即为偏移量为 0 的相关值,即

$$R_{\text{corr}}(r) = X_{\text{corr}}(0,r) = \sum_{n=1}^{N} s_r(n) \cdot s_{r+1}^*(n) \qquad (6.92)$$

其中,为便于量化对比和分析,不同方位多普勒单元的内积值 $R_{\text{corr}}(r)$ 应做归一化处理。

内积的均值 $E_{\text{corr}}(r)$ 和标准差 $\sigma_{\text{corr}}(r)$ 分别为

$$\begin{cases} E_{\text{corr}}(r) = \dfrac{1}{N_{\text{win}}} \sum_{r=1}^{N-1} \text{rect}\left(\dfrac{r}{N_{\text{win}}}\right) R_{\text{corr}}(r) \\ \sigma_{\text{corr}}(r) = \sqrt{\dfrac{1}{N_{\text{win}}} \sum_{r=1}^{N-1} \text{rect}\left(\dfrac{r}{N_{\text{win}}}\right) \left[R_{\text{corr}}(r) - E_{\text{corr}}(r)\right]^2} \end{cases} \qquad (6.93)$$

式中,$N_{\text{win}}$ 是方位时间滑窗的宽度。

最大相关峰偏移量 $P_{\text{corr}}(r)$ 是相邻距离单元最大相关值的偏移量,即

$$P_{\text{corr}}(r) = \left| \underset{\Delta n'}{\arg\max} \{ X_{\text{corr}}(\Delta n',r) \} \right| \qquad (6.94)$$

式中,$|\cdot|$ 表示取模值。为提高最大相关峰偏移量估计的精度,$X_{\text{corr}}(\Delta n',r)$ 计算过程中可以进行插值操作,即 $\Delta n'$ 可能为小数。

选取有效方位成像时间,需要综合考虑四项指标,选取符合相邻距离单元的内积

值较高而且平稳、内积均值较高、方差较小、最大相关峰偏移量较小等条件的方位单元,进行后续的 ISAR 成像处理。

### 6.9.1.2　傅里叶变换的点数问题

对于一幅已经处理完成的 SAR 复图像,截取其中的某一舰船图像区域的过程,相当于在时域对图像进行了二维加窗处理;将图像沿方位向傅里叶变换到方位多普勒域后,选取最优方位成像数据段的处理过程,相对于在方位频域上的再次加窗处理。而根据离散信号处理的特性,傅里叶变换点数是时频域分辨率和频率表示范围的关键,由 SAR 复图像变换到最优方位单元多普勒回波数据的过程中,方位向上的两个加窗处理势必会对回波信号的分辨率和频率表示范围产生较大影响。另一方面,舰船的复杂运动存在一定的周期性,从而回波相位的多普勒频率变化也存在一定的周期性,若两次加窗处理导致傅里叶变换的有效数据点数太小,则会造成多普勒频率的卷绕和折叠。

对于一幅处理好的 SAR 图像而言,其距离和方位分辨率是固定的,若截取的舰船图像方位向点数为 $N_a$,方位分辨率为 $\Delta R_a$,其方位长度 $R_a$ 为

$$R_a = N_a \Delta R_a \tag{6.95}$$

根据 SAR 成像的原理,方位长度 $R_a$ 和方位时间 $T_a$ 呈线性关系,即

$$T_a = cR_a = cN_a \Delta R_a \tag{6.96}$$

式中,$c$ 为两者的常比例系数。

若选取其中一个距离单元的方位多普勒信号 $s_p(t)$,满足 PPS 信号的形式,其中包含了目标点多普勒频率的变化。若信号点数为 $N_a$,则信号最大带宽 $B_a$ 和频率分辨率 $\Delta f_a$ 是固定的,满足下式:

$$\begin{cases} \Delta f_a = \dfrac{1}{T_a} = \dfrac{1}{cN_a \Delta R_a} \\[3mm] B_a = \dfrac{N_a}{T_a} = \dfrac{1}{c\Delta R_a} \end{cases} \tag{6.97}$$

对该信号进行处理时,频率分辨率 $\Delta f_a$ 不变,若处理点数为 $N_p$,则时频分析处理中的带宽支撑区 $B_p$ 为

$$B_p = N_p \Delta f_a = \frac{N_p}{N_a} B_a \tag{6.98}$$

根据离散信号的特点,为了防止信号处理过程中发生频谱卷绕和折叠,需满足处理带宽支撑区大于实际信号带宽,即

$$B_p \geq B_a \tag{6.99}$$

但如前述分析,在 SAR 舰船目标回波中,回波多普勒频率可能存在周期性,即信号 $s_p(t)$ 中可能存在多个多普勒变化周期。此时,当对信号进行方位向截取为 $N_a'$ 点

时,实际信号带宽 $B_a$ 可能不变,若仍按 $N_p = N_a' < N_a$ 的处理点数,会导致处理带宽支撑区 $B_p < B_a$,此时会导致信号频率的卷绕和折叠。实际带宽与处理带宽的关系如图 6.68 所示。

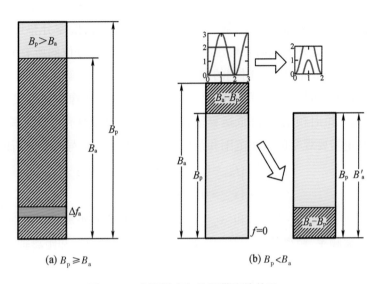

(a) $B_p \geq B_a$　　　　　　　　　　　(b) $B_p < B_a$

图 6.68　实际带宽与处理带宽的关系

如图 6.68(a) 所示,当 $B_p \geq B_a$ 时,满足式(6.99)的离散信号处理需求。但当出现 $B_p < B_a$ 情况时,如图 6.68(b)所示,就会发生频谱混叠。此时,需要对截取的方位多普勒信号进行插值,以扩展信号处理带宽支撑区,使其满足 $B_p \geq B_a$。而频域的插值一般通过图像域的补零实现,即在对舰船区域的复图像进行方位向变换时需要进行多倍补零,以确保截取有效方位时间段信号后的信号处理支撑区不发生卷绕。

### 6.9.2　基于 FDE-AJTF 时频分解的成像方法

本节在 FDE-AJTF 时频分解方法的基础上,提出一种参数化成像构建方法;进而对 FDE-AJTF 时频分解进行适应性改进,并给出了 SAR-ISAR 联合成像的详细流程,以满足运动舰船目标二维回波数据的处理,提高处理效率,降低无效操作;最后对多项式相位阶数、最大分量数、分量强度阈值、CFAR 虚警概率等控制条件进行深入分析。

#### 6.9.2.1　时频分解成像原理

选取最优的方位数据段后,利用 FDE-AJTF 时频分解方法,将所有距离单元的方位多普勒信号分解为式(6.26)PPS 信号的形式:

$$s(t,r) = \sum_{m=1}^{M_r} \hat{s}_m(t)\mid_r, r = 1,2,\cdots,N_r \tag{6.100}$$

式中,$r$ 为距离单元;$N_r$ 为距离单元总个数;$\hat{s}_m(t)$ 为式(6.24)所示的 PPS 信号估计分量;$M_r$ 为第 $r$ 个距离单元的分量个数。

FDE-AJTF 时频分解的具体过程参见第 6.4.2 节。

#### 6.9.2.2 参数化成像构建方法

对每一个距离单元的方位多普勒信号进行 FDE-AJTF 时频分解后,可以将每个距离单元的信号表示为 mc-PPS 信号的形式。根据 RID 成像过程,得到所有距离单元的所有方位时刻的频率分布后,抽取某一时刻所有距离单元的频率分布切片,即可得到二维成像结果。但此种方式需要构建所有距离单元的所有方位的所有分量的时频分布,运算量很大,但并不是所有时刻的成像结果都被使用。为解决此问题,在 mc-PPS 信号参数化时频分布构建方法的基础上,提出一种参数化成像构建方式,可以直接构建某一时刻的二维时频图像,降低运算量,并可以控制图像展示的分辨率和范围。

首先,确定需要观察的频率范围和距离范围,一般离散信号时频分析的范围是

$$\begin{cases} f_{\min}=0, & f_{\max}=N_a-1 \\ x_{\min}=0, & x_{\max}=N_a-1 \end{cases} \tag{6.101}$$

式中,$N_a$ 为信号点数;$[f_{\min},f_{\max}]$ 和 $[x_{\min},x_{\max}]$ 分别是频率和距离表示范围。

然后,根据频率、距离的分辨率和点数的要求,确定频率轴和距离轴坐标:

$$\begin{cases} f(n)=f_{\min}+n\Delta f, & \Delta f=\dfrac{f_{\max}-f_{\min}}{N_f-1}, & n=0,1,\cdots,N_f-1 \\ x(n)=x_{\min}+n\Delta x, & \Delta x=\dfrac{x_{\max}-x_{\min}}{N_x-1}, & n=0,1,\cdots,N_x-1 \end{cases} \tag{6.102}$$

式中,$\Delta f$ 和 $\Delta x$ 分别为频率轴和距离轴的步长,即分辨率;$N_f$ 和 $N_x$ 分别为频率轴和距离轴的点数。

由于离散有限信号的特性,如式(6.29)所示,某一散射中心的频谱分布是一维 $\mathrm{sinc}(\cdot)$ 函数,而根据 SAR 成像和有限离散信号处理的特点,散射中心在距离上的分布同样是 $\mathrm{sinc}(\cdot)$ 函数的形式,因此,该散射中心在某一时刻的 RID 图像切片上呈现距离和多普勒两个维度的 $\mathrm{sinc}(\cdot)$ 函数形式,其峰值即为该时刻的信号分量强度。若第 $r$ 个距离单元信号的第 $m$ 个信号分量在 $t$ 时刻的瞬时频率为 $f_{r,m}(t)$,分量强度为 $A_{r,m}$,则其在距离多普勒域上的二维分布 $D_{r,m}$ 为

$$D_{r,m}(x,f;\tau)=A_{r,m}\cdot\mathrm{sinc}\left\{0.886\frac{[x-x_r]}{\Delta x}\right\}\cdot\left\{\left|0.886\frac{[x-x_r]}{\Delta x}\right|\leqslant N_s+1\right\}\cdot$$
$$\mathrm{sinc}\left\{0.886\frac{[f-f_{r,m}(\tau)]}{\Delta f}\right\}\cdot\left\{\left|0.886\frac{[f-f_{r,m}(\tau)]}{\Delta f}\right|\leqslant N_s+1\right\} \tag{6.103}$$

其中,$D_{r,m}$ 为 $N_f\times N_x$ 维的 RID 分布,即此分量在时刻 $t$ 产生一个散射中心。第一个 $\mathrm{sinc}(\cdot)$ 函数表示距离向成像效果,第二个 $\mathrm{sinc}(\cdot)$ 函数表示方位向成像效果,后面两项是为了提高分辨效果,抑制 $\mathrm{sinc}(\cdot)$ 函数的旁瓣,0.886 是 3 dB 主瓣宽度的展宽系数,$N_s$ 是旁瓣数,$N_s=0,1,2,\cdots$。

将所有距离单元的所有分量线性累加,即可得到 $t$ 时刻的 RID 图像 $I(x,f;t)$ ,如下式:

$$I(x,f;t) = \sum_{r=1}^{N_r} \sum_{m=1}^{M_r} D_{r,m}(x,f;t) \qquad (6.104)$$

式中, $M_r$ 是第 $r$ 个距离单元的分量数。自此,即完成了 $t$ 时刻的所有距离单元所有分量的分布计算,即图像 $I(x,f;t)$ 。

### 6.9.2.3　SAR-ISAR 联合成像流程

SAR 图像是散射中心的集合,利用散射中心的强弱描绘目标信息,但目标不同位置散射中心的强弱具有很大差异,在最终的成像显示时,较弱的散射中心可能到达不了最低的显示阈值而没有任何作用。根据第 6.4 节中的停止条件,每个距离单元进行时频分解时的停止条件仅计算本距离单元的残差能量比值,并没有考虑各距离单元之间相对强度关系,这就导致许多距离单元内的较弱分量尽管都得到了提取,但在最终成像时并没有起到作用,从而造成了运算资源和时间的浪费。

针对此问题,改进各距离单元的 FDE-AJTF 时频分解过程,全面考虑分量提取和停止的阈值,以控制无效分量的提取,降低运算资源的浪费,提高运算效率。首先,对每个距离单元仅提取第一个分量,并选取其中最强的分量作为强度大小基准;然后,继续对每个距离单元进行后续处理,其中不再将残差能量比值作为一个停止条件,而将提取分量强度与最强分量强度的比值作为判断提取分量并进一步循环的条件之一,若该分量强度的比值小于设定的阈值,则停止对该距离单元的分量提取,处理下一个距离单元;最后,将得到的各单元 mc-PPS 信号进行成像处理,得到 ISAR 图像。程序进行过程中,CFAR 检测和分量个数这两个停止条件仍维持不变。

基于 FDE-AJTF 时频分解的运动舰船目标 SAR-ISAR 联合成像方法的详细流程如图 6.69 所示。该成像方法共分为四个主要模块:图像预处理模块、最大分量强度判断模块、单个距离单元时频分解模块和图像构建模块。其中,单个距离单元时频分解模块还包括参数优化搜索和分量提取残差更新这两个处理模块。

在图像预处理模块中,首先选取舰船区域复图像,并在方位向补零后变换到方位多普勒域;然后根据最优方位成像数据段选取方法,选取一定长度的最优方位数据;最后,对选取的方位数据段进行包络对齐处理,以进一步提高包络对齐效果,降低包络距离徙动的影响。

在最大分量强度判断模块中,仅对每个距离单元的第一个分量进行参数估计、分量提取和残差更新,并搜索所有距离单元的最大分量强度,将其作为基准强度。

在单个距离单元时频分解模块中,为防止重复计算,将前一个模块中提取了一个分量的残差信号作为该模块的输入信号,并且从第二个分量开始计数,通过参数优化搜索模块估计分量参数;然后,对该分量进行 CFAR 检测,并计算该分量的强度与基准强度的比值,判断 CFAR 检测有效与强度比值大于设定的阈值两个条件是否同时满足,若同时满足则进行分量提取和残差更新,否则跳出分量提取,处理下一个距离单元;依次处理各个距离单元,直到所有距离单元处理完毕。

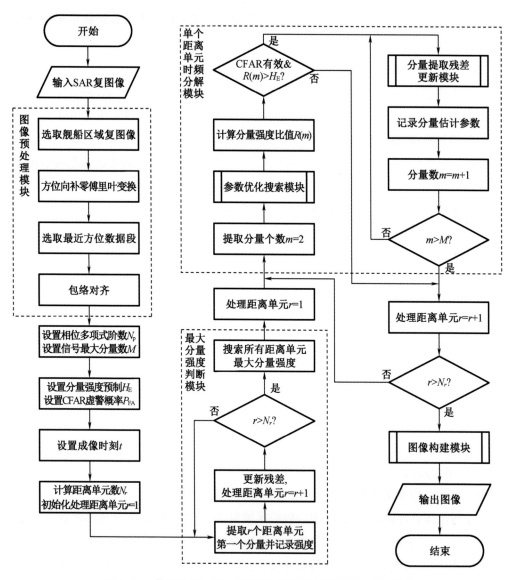

图 6.69　基于 FDE-AJTF 时频分解的运动舰船目标成像流程

在图像构建模块中,根据参数化成像构建方法,利用各距离单元的 mc-PPS 信号参数直接构建某一时刻的二维图像。

#### 6.9.2.4　时频分解成像控制条件

（1）拟合多项式阶数的选择

对于整个成像场景而言,同属一个舰船目标的各散射中心虽然运动姿态有较大区别,但其回波相位的多项式阶数基本相同。因此,可以选取具有较强特显点的距离单元,根据第 6.2 节的方法,进行多项式阶数的选择,并将其作为全部距离单元处理的多项式阶数。

（2）最大分量数的选择

高分辨星载 SAR 的分辨率一般为 0.5~1 m,舰船目标的尺寸在 100 m 左右,而对于运动舰船目标,分辨率会严重降低,因此在一个距离单元的方位向上有效目标点最多在 100 个左右,再考虑到目标点不同的强弱情况,有效的目标点数目会更低。因此,将最大分量数定在 50~100 比较合适。

另一方面,时频分解的过程中分量提取的数量还受到其他停止判定条件的控制,仅在最理想的情况下,可以达到设置的最大分量数。

（3）分量强度阈值

分量强度阈值本质上体现的是最终成像结果中的有效散射中心的强度动态范围。一般而言,对于运动舰船目标的 SAR 成像结果,最终图像的动态范围为 20~30 dB,考虑到成像结果是能量的 dB 形式,因此在分量强度阈值的选取时,一般选－10~－15 dB即可。此时,提取分量中最弱分量强度与最强分量强度的比值为－10~－15 dB,若选择更低的阈值,提取的分量在最终成像结果中得不到呈现。

（4）CFAR 虚警概率

CFAR 虚警概率应该根据不同恒虚警检测方法来选择,但总体趋势是有效分量数随着虚警概率的提高而增多,随着虚警概率的降低而减少。

### 6.9.3　仿真及实测数据处理

#### 6.9.3.1　仿真实验及分析

首先建立了星载 SAR 运动舰船成像仿真系统,散射点分布和静止散射点成像结果如图 6.70 所示。

从图 6.70（a）（b）中可以看到,仿真采用 9 点模型模拟舰船的三维运动,当 9 个散射点静止时,可以得到很好的成像效果,而且 9 个散射点的点散射分布基本相同。但当散射点存在运动时,如图 6.70（c）所示,目标点存在严重的模糊和散焦,其中,中心点成像效果仍然较好,因为其他 8 个点均绕中心点转动,而中心点相对静止,因此和无运动成像结果相同。另一方面,8 个散焦的散射点的图像也均有不同,其原因是三维运动导致的 8 个散射点的运动状态不同。

将仿真数据变换到距离多普勒域,计算相邻距离单元的相关特性,结果如图 6.71

所示。

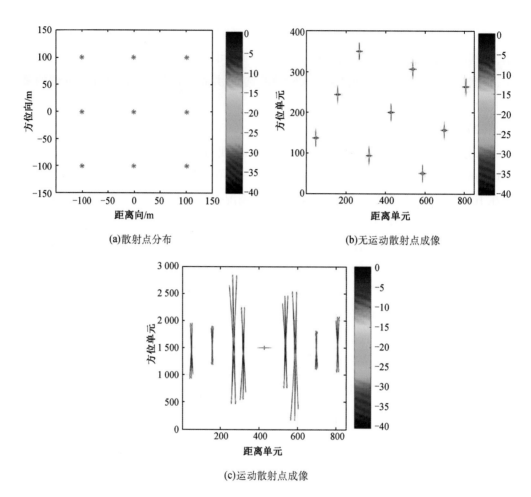

(a)散射点分布

(b)无运动散射点成像

(c)运动散射点成像

图 6.70　星载 SAR 仿真成像结果

　　如图 6.71(a)所示,散射点都具有较严重的包络徙动,而且各散射点的徙动具有很大区别,甚至存在突变的情况。要对所有包络进行统一地对齐处理十分困难,当散射点距离向上较近,发生相互影响后,几乎不可能实现精确地对齐处理。根据图 6.71(b)可以看出,四个相关特性的指标在[2 700~3 050],[3 500~4 200],[4 600~5 000]等三个区域具有较好的表现。对应到图 6.71(a)上,直观地看,三个区域的包络相比其他区域对齐程度更高,因此可以截取此区域的数据进行 FDE-AJTF 时频分解成像处理。

　　根据图 6.70(c)中的结果,截取数据方位单元[3 601~4 100]的数据进行 FDE-AJTF 时频分解成像处理,数据方位点数 500,成像构建保留旁瓣数 $N_s=1$。截取数据直接成像结果、经典 ISAR 成像、经典 AJTF 成像结果如图 6.72 所示,不同时刻的 FDE-AJTF 时频分解成像结果如图 6.73 所示。

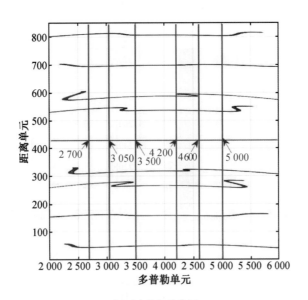

(a)对应的包络位置

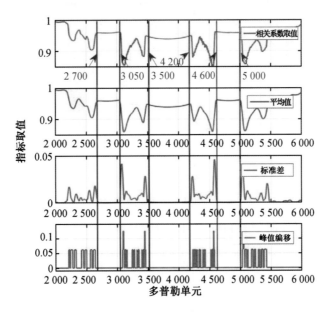

(b)四个指标

图 6.71　仿真数据最优方位单元选取

　　如图 6.72(a)所示,数据截取后直接成像,一定程度上可以消除运动带来的模糊和散焦问题,但由于方位向的加窗截取,方位分辨率受到严重影响。图 6.72(b)为利用经典的 ISAR 成像结果,可以看到成像效果并没有得到改善,而且中心点的成像也受到影响,其原因是各散射点包络徙动特性不一致,经典包络对齐的处理过程中,反而影响了包络对齐较好的距离单元。图 6.72(c)是经典 AJTF 方法成像结果,可以看到成像结果与直接成像,并没有很大区别。

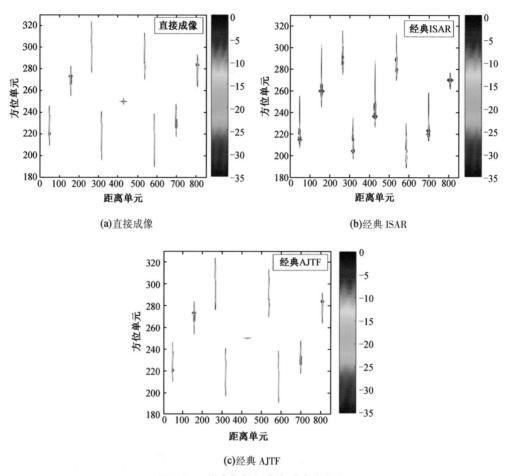

(a)直接成像

(b)经典 ISAR

(c)经典 AJTF

图 6.72　仿真数据经典方法成像结果

图 6.73 是不同成像时刻的 FDE-AJTF 时频分解成像结果,可以看到各散射点均得到较好的聚焦效果,明显优于图 6.72 中的各种方法。而且不同时刻的散射点分布略有不同,一定程度上从中可以分析出目标姿态随时间的变化,这也是 RID 成像的优势所在。

对图 6.72 和图 6.73 中各种方法的成像结果得到的散射点图像进行分析,对比无运动情况、直接截取成像、经典 ISAR 成像、经典 AJTF 成像和 FDE-AJTF 时频分解成像等五种方法的 PSLR 和 ISLR,图 6.74 和图 6.75 展示了其中前 6 个点的结果,其中第 5 个点为中心点。

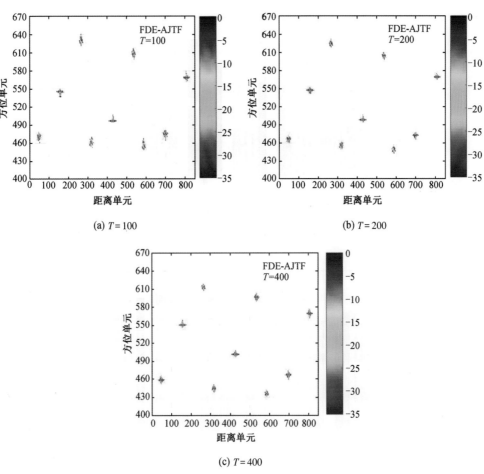

(a) $T = 100$　　　　　　　　　(b) $T = 200$

(c) $T = 400$

图 6.73　FDE–AJTF 时频分解成像结果

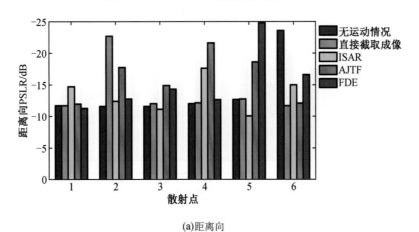

(a)距离向

图 6.74　不同成像方法的 PSLR

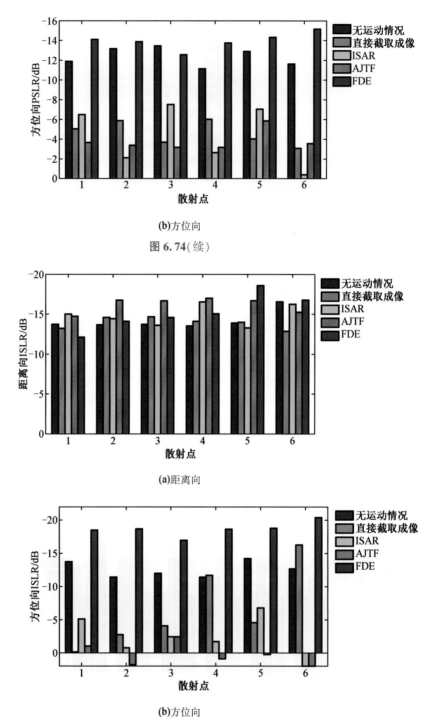

(b)方位向

图 6.74(续)

(a)距离向

(b)方位向

图 6.75 不同成像方法的 ISLR

如图 6.74 和图 6.75 所示,在距离向上,各类成像方法的 PSLR 和 ISLR 并没有太大区别,但在方位向上各类方法的 PSLR 和 ISLR 有明显不同,这也说明舰船运动对散射点成像效果的影响主要体现在方位向,对距离向影响相对较小。如图 6.74(b)所示,FDE-AJTF 方法的方位向 PSLR 明显优于其他三种方法,近似等于无运动情况的 PSLR。图 6.75(b)中 FDE-AJTF 方法同样明显优于其他三种方法,甚至比无运动情况的指标更好,其原因是方位向直接利用 sinc 函数成像所得,而且消除了旁瓣,符合式(6.103)所述。

对比图 6.74 和图 6.75 的结果,FDE-AJTF 时频分解成像方法成像效果最好,散射点 PSLR 比直接截取成像提高 8 dB 以上,ISLR 提高 12 dB 以上。当然,处理实测数据时,由于散射点分布比较密集,相邻散射点的相互影响较为严重,PSLR 和 ISLR 提高应该比之降低,但毋庸置疑的是,FDE-AJTF 方法可以明显提高成像效果。

### 6.9.3.2 实测数据处理及分析

本小节利用 FDE-AJTF 时频分解成像方法分别对运动舰船和某航天器两个不同目标的实测数据进行处理,以验证该成像方法的可行性和有效性。

(1)舰船图像数据

一段实测的星载 SAR 运动舰船目标图像数据如图 6.76 所示。

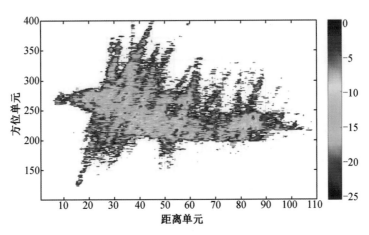

图 6.76 星载 SAR 运动舰船图像

如图 6.76 所示,由于自身运动的影响,舰船目标成像模糊,不能有效分辨图像中的散射单元,其模糊方位向回波信号复杂相位和距离包络徙动两个原因。

将实测数据变换到距离多普勒域,并计算相邻距离单元的相关特性,结果如图 6.77 所示。

如图 6.77 所示,将舰船图像进行补零操作变换到距离多普勒域,可以看到各距离单元的包络也存在一定徙动,而且不同方位时刻的变化趋势有所区别。根据图 6.77(b)所示,综合考虑四个指标的计算结果,在方位单元[1 400~2 100]区域对齐效果较好。因此,可以选取此区域进行后续成像处理。

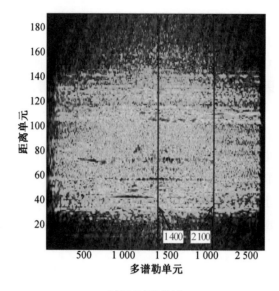

(a)距离多普勒域

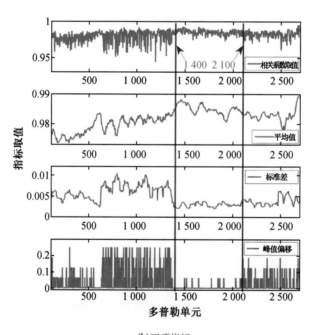

(b)四项指标

图 6.77 实测数据最优方位单元选取

截取实测数据[1 501~2 000]点的方位数据进行处理,数据方位点数 500,成像构建保留旁瓣数 $N_s = 1$。利用三种经典方法成像结果如图 6.78 所示,利用 FDE-AJTF 时频分解成像方法不同成像时刻的成像结果如图 6.79 所示。

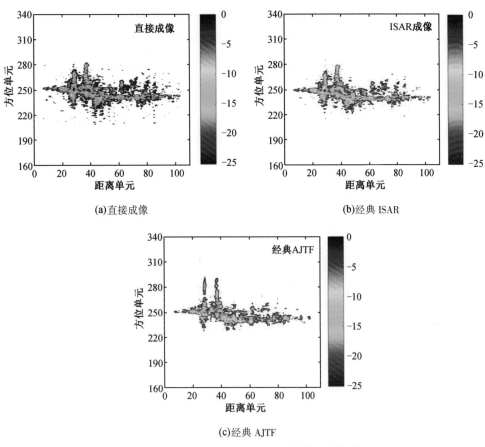

(a)直接成像                                         (b)经典 ISAR

(c)经典 AJTF

图 6.78 实测数据最优数据段经典方法成像结果

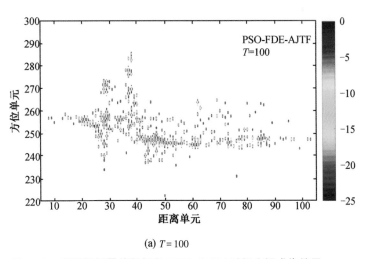

(a) $T = 100$

图 6.79 实测数据最优数据段 FDE–AJTF 时频分解成像结果

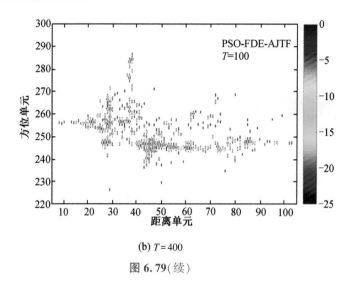

**(b)** $T=400$

图 **6.79**(续)

　　如图 6.78 所示,经典 ISAR 和经典 AJTF 方法对此段数据的成像效果均未得到有效提高,成像效果基本没有改变。如图 6.79 所示,FDE-AJTF 方法中各距离单元的散射中心信息均得到有效提取,在保持基本轮廓的基础上,提高了各散射中心的分辨能力,增强了成像效果,散射中心细节展示更为丰富,一定程度上解决了经典成像方法中由相位卷绕导致的成像模糊问题和由相位补偿失配导致的成像散焦问题,最终实现了运动舰船目标的清晰成像。

　　(2)卫星图像数据

　　由于舰船目标是非合作目标,舰船目标成像时的运动姿态是未知的,因此上述处理中图 6.78 的成像结果与图 6.68 中静止舰船成像结果存在较大差别。由于事先无法预知舰船目标真实图像,为进一步验证 FDE-AJTF 时频分解方法的有效性,利用该方法对卫星实测数据进行了成像处理,并与原始方法成像结果进行对比分析。该目标属于运动姿态未知的失稳目标,存在较大的翻滚运动,可用以验证该方法的有效性。利用经典 ISAR 成像和 FDE-AJTF 时频分解成像方法得到的成像效果如图 6.80 所示。

　　对比图 6.80(a)和(b)两种成像方法,利用经典 ISAR 成像方法仅能将目标主体部分表现出来,而且分辨率较低,存在散焦问题,其原因是目标处于失稳状态,运动姿态未知;而利用 FDE-AJTF 时频分解成像方法可以实现目标主体和太阳翼两个主要部分的精确成像,分辨率明显高于经典 ISAR 成像结果,可以说明 FDE-AJTF 时频分解成像结果可以有效反映目标的真实信息,所得结果具有较高的可信度。

　　根据仿真实验和实测数据处理的结果,基于 FDE-AJTF 时频分解的 SAR-ISAR 联合成像方法可以明显提升运动舰船目标的成像质量,与经典成像方法相比,FDE-AJTF 时频分解成像方法一定程度上解决了成像模糊和散焦问题,图像散射中心细节展示更为丰富,散射点的 PSLR 和 ISLR 均得到较大改善,可以实现运动舰船目标和空间目标的清晰成像,验证了该方法的可行性和有效性。

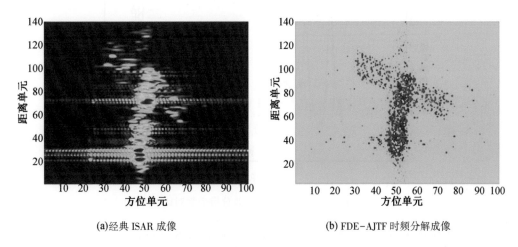

(a)经典 ISAR 成像　　　　　　　　　(b) FDE-AJTF 时频分解成像

图 6.80　卫星目标实测数据成像结果

### 6.9.4　不同优化算法 FDE-AJTF 时频分解成像效果对比

#### 6.9.4.1　实测数据一

利用 GA、DE、PSO、PSO-DE 和 mc-PSO 等五种优化算法对图 6.78 中的实测数据进行 FDE-AJTF 时频分解成像处理,对比不同优化算法的成像效果如下。

五种优化算法的时频分解各距离单元第一分量强度和有效分量个数对比分别如图 6.81 和图 6.82 所示。

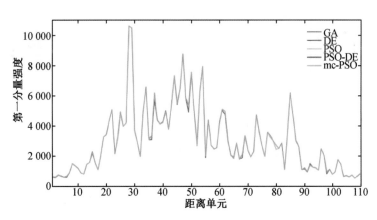

图 6.81　各距离单元第一分量强度对比

如图 6.81 和图 6.82 所示,利用不同优化算法得到的各距离单元的第一分量强度基本相同,各距离单元的有效分量个数也基本相同,说明五种优化算法对各距离单元进行时频分解的结果基本一致。

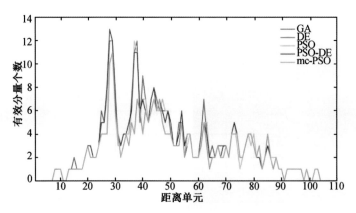

图 6.82　各距离单元有效分量个数对比

　　五种优化算法的时频分解成像结果如图 6.83~图 6.87 所示。

　　观察图 6.83~图 6.87,当成像时刻 $T=100$ 时,各优化算法得到的成像结果基本相同,区别不是很大。当成像时刻 $T=400$ 时,此时刻的成像效果整体比 $T=100$ 时略差,说明此时成像条件变差。其中,观察 GA 算法成像结果图 6.83,其中存在一些噪点,而在其他优化算法中没有,而且 GA 算法图像整体噪点多于其他优化算法的成像结果,说明 GA 优化算法的稳定性和成像质量略差于其他优化算法。观察 PSO 算法成像结果中图 6.85 也存在几个噪点,而在 DE、PSO-DE、mc-PSO 算法成像结果中均未有发现,说明 PSO 算法的稳定性较差,而 PSO-DE、mc-PSO 算法的稳定性得到有效改善,成像效果较好。

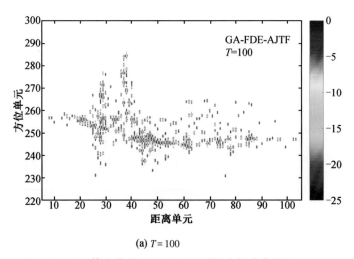

(a) $T=100$

图 6.83　GA 算法优化 FDE-AJTF 时频分解成像结果

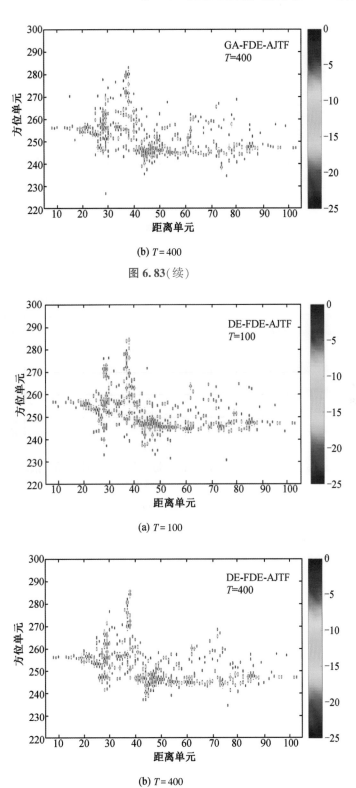

(b) $T = 400$

图 **6.83**（续）

(a) $T = 100$

(b) $T = 400$

图 **6.84**　**DE 算法优化 FDE-AJTF 时频分解成像结果**

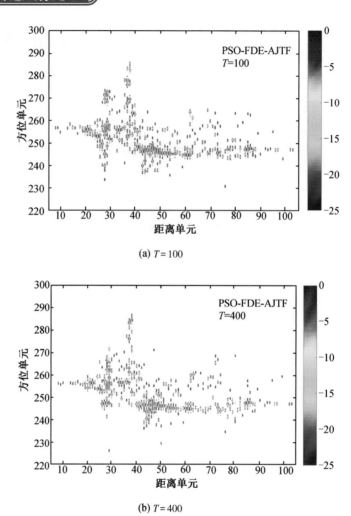

(a) $T = 100$

(b) $T = 400$

图 6.85　PSO 算法优化 FDE–AJTF 时频分解成像结果

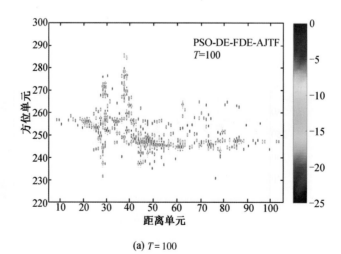

(a) $T = 100$

图 6.86　PSO–DE 优化 FDE–AJTF 时频分解成像结果

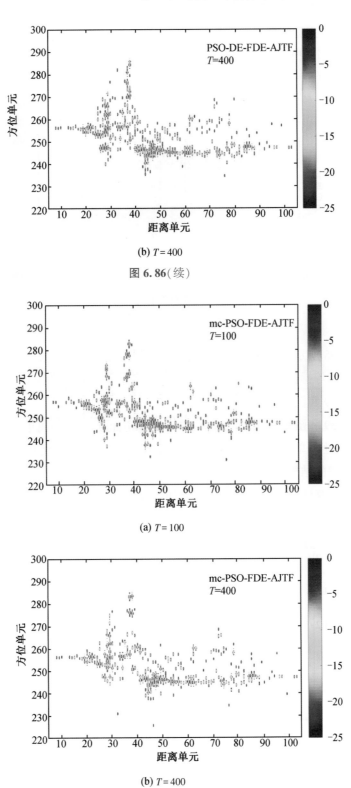

(b) $T = 400$

图 **6.86**(续)

(a) $T = 100$

(b) $T = 400$

图 **6.87　mc-PSO 优化 FDE-AJTF 时频分解成像结果**

### 6.9.4.2　实测数据二

选取另一个舰船目标的星载 SAR 实测图像如图 6.88 所示。

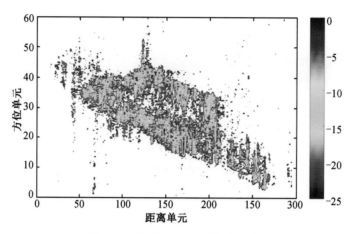

图 6.88　星载 SAR 运动舰船图像

如图 6.88 所示,舰船图像散焦严重。对此数据进行最优数据段选取、FDE-AJTF 时频分解成像等操作,不同优化算法得到各距离单元的第一分量强度和有效分量个数分别如图 6.89 和图 6.90 所示。

如图 6.89 和图 6.90 所示,利用不同优化算法得到的各距离单元的第一分量强度基本相同,各距离单元的有效分量个数也基本相同,说明五种优化算法对各距离单元进行时频分解的结果基本一致。

五种优化算法的时频分解成像结果如图 6.91~图 6.95 所示。

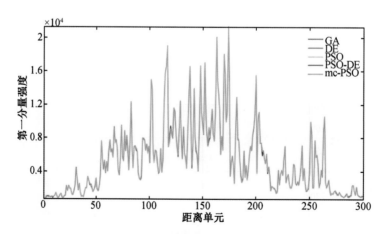

图 6.89　各距离单元第一分量强度对比

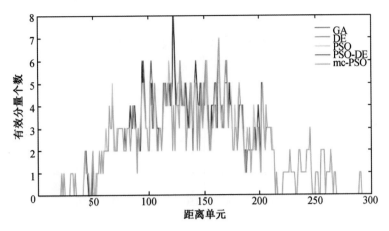

图 6.90　各距离单元有效分量个数对比

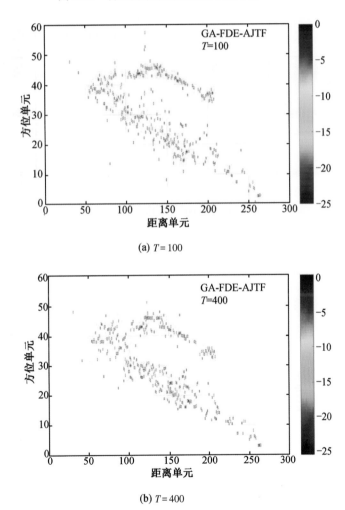

(a) $T = 100$

(b) $T = 400$

图 6.91　GA 算法优化 FDE–AJTF 时频分解成像结果

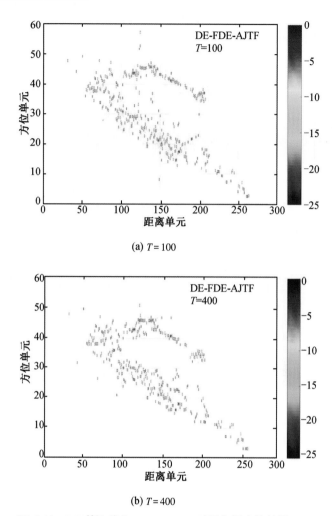

(a) $T = 100$

(b) $T = 400$

图 6.92 DE 算法优化 FDE-AJTF 时频分解成像结果

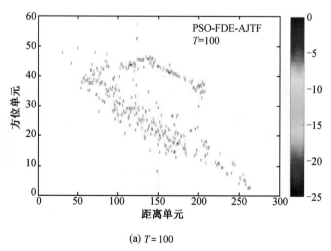

(a) $T = 100$

图 6.93 PSO 算法优化 FDE-AJTF 时频分解成像结果

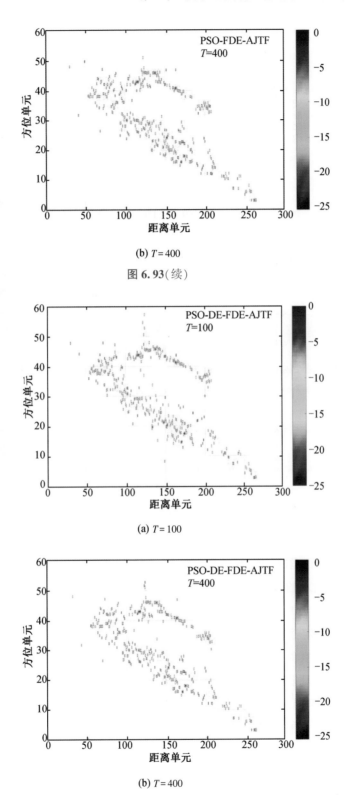

(b) $T = 400$

图 **6.93**(续)

(a) $T = 100$

(b) $T = 400$

图 **6.94**　**PSO–DE** 算法优化 **FDE–AJTF** 时频分解成像结果

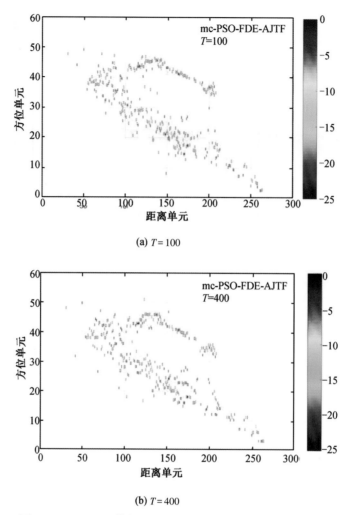

(a) $T = 100$

(b) $T = 400$

图 6.95 mc-PSO 优化 FDE-AJTF 时频分解成像结果

观察图 6.91~图 6.95,舰船目标在 $T = 100$ 和 $T = 400$ 时均可得到清晰的成像结果,与图 6.91 所示的原图像相比,散射中心聚集效果更好,成像效果比有很大改善。对比五种优化算法的成像结果可以发现,GA 算法成像效果整体噪点多于其他方法,说明 GA 算法稳定性较差。

综合对两个实测数据的处理结果,可以得出以下结论:FDE-AJTF 时频分解成像方法可以实现运动舰船目标的清晰成像,一定程度上解决了由舰船运动引起的成像模糊和散焦问题;不同优化算法均可得到较好的成像效果,但其中 GA 和 PSO 算法的稳定性略弱于其他三种算法,PSO-DE 和 mc-PSO 两种改进算法的有效性得到了验证。

# 第7章　稀疏孔径 ISAR 成像与运动补偿处理

ISAR 成像面临的复杂成像几何容易造成目标散射系数的波动起伏,而目标的高速运动则容易造成回波暂消或雷达无法接收回波,成像雷达宽/窄带交替工作模式使得观测孔径在方位时间上不连续,有意或无意干扰时的非正常一维距离像也需要剔除。这些因素都将导致方位孔径缺失,而孔径缺失的数据往往难以确保获得良好聚焦的图像。如何利用稀疏采样数据实现目标的高分辨成像,是空间目标 ISAR 成像面临的又一重大难题。

对于稀疏孔径 ISAR 成像,现有方法主要分为三类,即线性预测法、现代谱估计法和稀疏信号重构法。由于线性预测法及现代谱估计法受回波数据信噪比影响较大,且重构分辨率较低,故基于压缩感知(compressed sensing,CS)的 ISAR 成像算法逐渐得到了国内外研究者的广泛重视。根据压缩感知的主要框架,现有研究可分为三大类:一是测量矩阵的选择;二是稀疏字典的构建,根据目标的不同运动形式和不同回波形式来构建不同的稀疏字典;三是重构算法的实现,这也是大多数研究的重点,学者们相继提出了凸优化法、贪婪算法等,然而这些算法在重构精度、重构速度、抗噪性能等方面仍有所不足。

本章针对稀疏孔径 ISAR 成像问题,利用 ISAR 成像目标散射中心的稀疏性将成像问题转化为稀疏信号重构问题,旨在对基于 CS 架构的算法的重构精度、重构速度、抗噪性能等进行改善。首先,将自适应滤波框架重构算法引入 CS-ISAR 成像,结合牛顿法及平滑零范数法,提出一种新的重构算法——平滑零范数牛顿最小均方重构算法;针对现有方法多是单测量向量(single measurement vector, SMV)模型,在成像时需要多次迭代重构的问题,提出一种多测量向量(multiple measurement vector, MMV)稀疏孔径 ISAR 成像算法,并通过并行处理提高算法运行效率;针对压缩感知在低信噪比条件下重构性能不佳的问题,利用目标图像像素的相关性,提出一种基于稀疏和低秩联合约束的稀疏孔径 ISAR 成像方法;针对稀疏孔径 ISAR 成像问题,利用所提重构算法进行成像;最后利用所提算法对高速运动目标进行稀疏孔径 ISAR 成像。

## 7.1 稀疏孔径 ISAR 成像模型

### 7.1.1 压缩感知框架

若存在一组变换基 $\boldsymbol{\Psi}$,使得信号 $\boldsymbol{x}$ 在该变换基上的投影 $\boldsymbol{\sigma}$ 仅包含有限少的非零值,则称信号 $\boldsymbol{x}$ 在该变换基上的投影是稀疏的,记为 $\boldsymbol{x} = \boldsymbol{\Psi}\boldsymbol{\sigma}$,且将信号 $\boldsymbol{x}$ 及 $\boldsymbol{\sigma}$ 均称为稀疏信号。针对这一类稀疏信号,Donoho、Candes 和 Tao 等提出了压缩感知理论,通过非自适应线性投影得到稀疏信号的测量值,充分利用目标信号的稀疏特性,在满足一定条件时使用重构算法可实现对信号的精确重构。

若将测量过程描述为

$$\boldsymbol{s} = \boldsymbol{\Phi}\boldsymbol{x} = \boldsymbol{\Phi}\boldsymbol{\Psi}\boldsymbol{\sigma} = \boldsymbol{\Theta}\boldsymbol{\sigma} \tag{7.1}$$

式中,$\boldsymbol{\Phi}$ 为测量矩阵;$\boldsymbol{\Theta} = \boldsymbol{\Phi}\boldsymbol{\Psi}$ 为感知矩阵。压缩理论证明,当感知矩阵 $\boldsymbol{\Theta}$ 满足约束等距性(restricted isometry property, RIP)条件时,信号可以通过求解一个欠定方程,从有限测量值中精确重构,如式(7.2):

$$\min \| \boldsymbol{\sigma} \|_0 \quad \text{s.t.} \quad \boldsymbol{s} = \boldsymbol{\Theta}\boldsymbol{\sigma} \tag{7.2}$$

式中,$\| \cdot \|_0$ 为零范数;$\boldsymbol{\sigma}$ 为待重构稀疏信号。

### 7.1.2 CS-ISAR 成像分析

由第 2 章可知,经过运动补偿后,ISAR 成像可转化为转台模型,如图 7.1 所示。其中,$O$ 为目标参考点,$XOY$ 为目标参考系。假设目标参考点距离雷达初始距离为 $R_0$,目标上散射点 $P(x_k, y_k)$ 与参考点的距离为 $r_k = \sqrt{x_k^2 + y_k^2}$。在相干成像时间 $T_m$ 内,目标相对雷达的转动角度为 $\eta(t_m)$,$t_m(m = 1, 2, \cdots, M)$ 为慢时间,$M$ 为积累脉冲数。

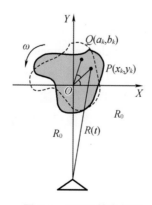

**图 7.1 ISAR 转台模型**

在小转角条件下,目标转动可近似为匀速,假设转动角速度为 $\omega$,则 $\eta(t_m) \approx \omega t_m$。在 $t_m$ 时刻,点 $P$ 与雷达之间的距离为 $R_k(t_m)$:

$$R_k(t_m) = \sqrt{R_0^2 + r_k^2 - 2R_0 r_k \cos\left(\theta + \omega t_m + \frac{\pi}{2}\right)} \approx R_0 + x_k \sin(\omega t_m) + y_k \cos(\omega t_m) \quad (7.3)$$

假设 ISAR 发射信号为线性调频信号:

$$s_t(t) = \operatorname{rect}\left(\frac{t}{T_p}\right) \exp(j2\pi f_c t) \exp(j\pi\gamma t^2) \quad (7.4)$$

假设某个距离单元内有 $K$ 个散射点,其散射系数为 $\delta_k(k=1,2,\cdots,K)$,则此距离单元的回波为

$$s_r(t,t_m) = \sum_{k=1}^{K} \delta_k \operatorname{rect}\left(\frac{t-\tau_k}{T_p}\right) \operatorname{rect}\left(\frac{t_m}{T_m}\right) \exp[j2\pi f_c(t-\tau_k)] \exp[j\pi\gamma(t-\tau_k)^2]$$

$$(7.5)$$

式中,$\tau_k(t_m) = 2R_k(t_m)/c$ 为第 $k$ 个散射点在 $t_m$ 时刻的回波时延;$R_k(t_m)$ 为第 $k$ 个散射点 $(x_k,y_k)$ 在 $t_m$ 时刻距雷达的距离。

对回波进行脉压可得到:

$$s_c(t,t_m) = \sum_{k=1}^{K} \delta_k \operatorname{rect}\left(\frac{t_m}{T_m}\right) \operatorname{sinc}\left[B\left(t - \frac{2R_k(t_m)}{c}\right)\right] \exp\left[-j4\pi f_c \frac{R_k(t_m)}{c}\right] \quad (7.6)$$

当成像持续时间较短时,目标相对转动角度较小,可近似得到 $\sin(\omega t_m) \approx \omega t_m$,$\cos(\omega t_m) \approx 1$,代入式(7.3),得 $R_k(t_m) \approx R_0 + y_k + x_k \omega t_m$。将其代入式(7.6),平动补偿后忽略常数项,则位于某一距离单元处的回波可表示为

$$s_c(t,t_m) = \sum_{k=1}^{K} \delta_k \operatorname{rect}\left(\frac{t_m}{T_m}\right) \exp(-j2\pi f_k t_m) \quad (7.7)$$

式中,$f_k = 2x_k \omega/\lambda$ 为第 $k$ 个散射点相对于参考点的多普勒频率。

离散化式(7.7),令 $t_m = mT_r(m=1,2,\cdots,M)$,$T_r$ 为脉冲重复间隔。选取多普勒单元数 $Q>M$,构造多普勒频率集:

$$\left\{ f_{d_q} \middle| f_{d_q} = q\Delta f_d - \frac{F_r}{2}, q=1,2,\cdots,Q \right\} \quad (7.8)$$

式中,$\Delta f_d = F_r/Q$ 为多普勒分辨率;$F_r = 1/T_r$ 为脉冲重复频率。

假设某一距离单元内的回波散射点强度为 $\boldsymbol{\sigma} = [\sigma_1,\sigma_2,\cdots,\sigma_q,\cdots,\sigma_Q]^T$,其中,$\sigma_q(q=1,2,\cdots,Q)$ 表示位于多普勒单元 $f_{d_q}$ 内散射点的散射系数。由于含有散射点的多普勒单元数通常较少,因而可将 $\boldsymbol{\sigma}$ 视为稀疏信号。

构建稀疏基:

$$\boldsymbol{\varPsi} = \begin{bmatrix} \exp(-\mathrm{j}2\pi f_{\mathrm{d}_1}t_1) & \exp(-\mathrm{j}2\pi f_{\mathrm{d}_2}t_1) & \cdots & \exp(-\mathrm{j}2\pi f_{\mathrm{d}_q}t_1) & \cdots & \exp(-\mathrm{j}2\pi f_{\mathrm{d}_Q}t_1) \\ \exp(-\mathrm{j}2\pi f_{\mathrm{d}_1}t_2) & \exp(-\mathrm{j}2\pi f_{\mathrm{d}_2}t_2) & \cdots & \exp(-\mathrm{j}2\pi f_{\mathrm{d}_q}t_2) & \cdots & \exp(-\mathrm{j}2\pi f_{\mathrm{d}_Q}t_2) \\ \vdots & \vdots & \ddots & \vdots & & \vdots \\ \exp(-\mathrm{j}2\pi f_{\mathrm{d}_1}t_m) & \exp(-\mathrm{j}2\pi f_{\mathrm{d}_2}t_m) & \cdots & \exp(-\mathrm{j}2\pi f_{\mathrm{d}_q}t_m) & \cdots & \exp(-\mathrm{j}2\pi f_{\mathrm{d}_Q}t_m) \\ \vdots & \vdots & & \vdots & \ddots & \vdots \\ \exp(-\mathrm{j}2\pi f_{\mathrm{d}_1}t_M) & \exp(-\mathrm{j}2\pi f_{\mathrm{d}_2}t_M) & \cdots & \exp(-\mathrm{j}2\pi f_{\mathrm{d}_q}t_M) & \cdots & \exp(-\mathrm{j}2\pi f_{\mathrm{d}_Q}t_M) \end{bmatrix}$$

$$(7.9)$$

矢量化式(7.7),得回波表达式为

$$\boldsymbol{s}_{\mathrm{fa}} = \boldsymbol{\varPsi}\boldsymbol{\sigma} \tag{7.10}$$

式中,$\boldsymbol{s}_{\mathrm{fa}} \in \boldsymbol{C}^{M\times1}$ 为全孔径数据;$\boldsymbol{\varPsi} \in \boldsymbol{C}^{M\times Q}$ 为稀疏基;$\boldsymbol{\sigma} \in \boldsymbol{C}^{Q\times1}$ 为回波散射点强度分布。

若回波数据受成像几何或目标非合作运动等影响有所缺失,即 $\boldsymbol{s} = \boldsymbol{F}\boldsymbol{s}_{\mathrm{fa}}$,$\boldsymbol{F} \in \boldsymbol{C}^{M\times M}$ 为稀疏孔径矩阵,此时稀疏孔径下该距离单元的回波表示为

$$\boldsymbol{s} = \boldsymbol{F}\boldsymbol{s}_{\mathrm{fa}} = \boldsymbol{F}\boldsymbol{\varPsi}\boldsymbol{\sigma} = \boldsymbol{\varPsi}_{\mathrm{F}}\boldsymbol{\sigma} = \boldsymbol{\varTheta}\boldsymbol{\sigma} \tag{7.11}$$

式中,$\boldsymbol{s}$ 为稀疏孔径数据;$\boldsymbol{\varTheta} = \boldsymbol{\varPsi}_{\mathrm{F}} = \boldsymbol{F}\boldsymbol{\varPsi}$ 为部分傅里叶重构基。

式(7.11)为部分傅里叶信息重构稀疏信号问题,其 RIP 性质已在文献中论述,在此不赘述。由于 $\boldsymbol{\varTheta} \in \boldsymbol{C}^{M\times Q}$ 且 $M<Q$,式(7.11)为欠定方程组,$\boldsymbol{\sigma}$ 有无数解,通常借助其稀疏性进行限定,即求解:

$$\min \|\boldsymbol{\sigma}\|_0 \quad \text{s.t.} \quad \|\boldsymbol{s}-\boldsymbol{\varTheta}\boldsymbol{\sigma}\|_2^2 \leqslant \varepsilon \tag{7.12}$$

零范数最小化问题为 NP 难问题,常使用 $l_1$ 范数或平滑函数进行近似。至此,稀疏孔径 ISAR 成像问题转化为求解 $\boldsymbol{\sigma}$ 的稀疏重构问题。

## 7.2 基于自适应滤波框架的稀疏孔径 ISAR 成像算法

### 7.2.1 自适应滤波框架重构算法

自适应滤波框架重构算法最早应用于稀疏系统辨识领域,由于其结构与压缩感知相类似,Jin 等将其引入压缩感知领域,提出了零范数最小均方(zeros norm least mean square, L0-LMS)重构算法,并凭借其简单的结构、较高的鲁棒性以及优于凸优化算法、贪婪算法的重构性能得到了更多学者的重视。

假设一 CS 问题为求解 $\boldsymbol{s} = \boldsymbol{\varTheta}\boldsymbol{\sigma}$,$\boldsymbol{s} \in \boldsymbol{R}^{M\times1}$,$\boldsymbol{\varTheta} \in \boldsymbol{R}^{M\times Q}$,$\boldsymbol{\sigma} \in \boldsymbol{R}^{Q\times1}$,且

$$\boldsymbol{\varTheta} = [\boldsymbol{\theta}_1^{\mathrm{T}}, \boldsymbol{\theta}_2^{\mathrm{T}}, \cdots, \boldsymbol{\theta}_M^{\mathrm{T}}]^{\mathrm{T}} \tag{7.13}$$

$$\boldsymbol{\theta}_k = [\theta_{k1}, \theta_{k2}, \cdots, \theta_{kQ}], \quad k=1,2,\cdots,M \tag{7.14}$$

$$\boldsymbol{s} = [s_1, s_2, \cdots, s_Q]^{\mathrm{T}} \tag{7.15}$$

$$\boldsymbol{\sigma} = [\sigma_1, \sigma_2, \cdots, \sigma_Q]^{\mathrm{T}} \tag{7.16}$$

则其重构问题可转化为自适应系统辨识问题,并使用自适应滤波算法进行处理,如图 7.2 所示,其参数与压缩感知问题的参数对应关系由表 7.1 给出。

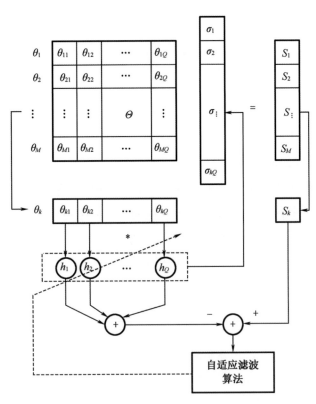

图 7.2　基于自适应滤波框架的 CS 重构算法

表 7.1　自适应滤波算法与压缩感知问题的参数对应关系

| 压缩感知问题 | 自适应滤波算法 |
| --- | --- |
| $\boldsymbol{\theta}_k, k \in \{1, 2, \cdots, M\}$ | $\boldsymbol{x}^{\mathrm{T}}(n)$ |
| $\boldsymbol{\sigma}(n)$ | $\boldsymbol{h}(n)$ |
| $s_k = \boldsymbol{\theta}_k \boldsymbol{\sigma} + n_k$ | $\boldsymbol{d}(n) = \boldsymbol{x}^{\mathrm{T}}(n)\boldsymbol{h} + e(n)$ |

最小均方(least mean square, LMS)算法是自适应滤波算法中最为常用的一种,其结构简单,鲁棒性强且计算量小。传统 LMS 算法的代价函数为

$$\xi_{\mathrm{LMS}}(n) = |e(n)|^2 \tag{7.17}$$

式中,$e(n) = \boldsymbol{d}(n) - \boldsymbol{x}^{\mathrm{T}}(n)\boldsymbol{h}$ 为递归误差。

根据梯度下降法可知,滤波器系数的迭代公式为

$$\boldsymbol{h}(n+1) = \boldsymbol{h}(n) + \mu e(n)\boldsymbol{x}(n) \tag{7.18}$$

式中,$\mu$ 为迭代步长,$\mu > 0$。

然而,传统 LMS 算法并未考虑滤波器系数的稀疏性,为解决稀疏系统辨识的问题,将零范数惩罚项引入代价函数以更准确的描述系数的稀疏性,即 L0-LMS 算法。新的代价函数为

$$\xi_{\text{L0-LMS}}(n) = |e(n)|^2 + \gamma \| \boldsymbol{h}(n) \|_0 \tag{7.19}$$

式中,$\gamma > 0$ 为正则化因子,用以平衡零范数惩罚项和递归误差的影响。

零范数的最小化为 NP 难问题,常使用连续函数或 $l_1$ 范数代替,例如

$$\| \boldsymbol{h}(n) \| \approx \sum_{i=0}^{N-1} \left[ 1 - \mathrm{e}^{-\alpha | h_i(n) |} \right] \tag{7.20}$$

当 $\alpha$ 趋于无穷大时,约等式左右严格相等。将式(7.20)带入式(7.19),并最小化,得新的系数迭代公式为

$$\boldsymbol{h}(n+1) = \boldsymbol{h}(n) + \mu e(n) \boldsymbol{x}(n) - \kappa \alpha \mathrm{sgn}[\boldsymbol{h}(n)] \odot \mathrm{e}^{-\alpha | \boldsymbol{h}(n) |} \tag{7.21}$$

式中,$\kappa = \mu \gamma$ 为正则化因子;$\mathrm{sgn}(\cdot)$ 为符号函数;$\odot$ 为矩阵的 Hadamard 积,即矩阵对应元素的乘积。

根据迭代式(7.21)求解压缩感知问题的流程如表 7.2 所示。

表 7.2　L0-LMS 算法流程

| L0-LMS 重构算法 |
| --- |
| 1. 输入:测量信号 $\boldsymbol{s} = [s_1, \cdots, s_M]^{\mathrm{T}}$,感知矩阵 $\boldsymbol{\Theta} = [\boldsymbol{\theta}_1^{\mathrm{T}}, \cdots, \boldsymbol{\theta}_M^{\mathrm{T}}]^{\mathrm{T}}$; |
| 2. 初始化:$\boldsymbol{h}(0) = \boldsymbol{0}$,$n = 1$,设置 $\mu, \alpha, \kappa$; |
| 3. 当迭代条件 $\| \boldsymbol{h}(n) - \boldsymbol{h}(n-1) \|_2 < \varepsilon$ or $n > C$($C$ 为最大迭代次数)不满足时: |
| 4.　　确定输入向量 $\boldsymbol{x}(n)$ 和期望向量 $\boldsymbol{d}(n)$ |
| 　　　$k = \mathrm{mod}(n, M) + 1$;$\boldsymbol{x}^{\mathrm{T}}(n) = \boldsymbol{\theta}_k$;$\boldsymbol{d}(n) = s_k$; |
| 5.　　计算递归误差 $e(n) = \boldsymbol{d}(n) - \boldsymbol{x}^{\mathrm{T}}(n) \boldsymbol{h}(n)$; |
| 6.　　更新系数 $\boldsymbol{h}(n) = \boldsymbol{h}(n-1) + \mu e(n) \boldsymbol{x}(n)$; |
| 7.　　引入零吸引项 $\boldsymbol{h}(n) = \boldsymbol{h}(n) - \kappa \alpha \mathrm{sgn}[\boldsymbol{h}(n)] \odot \mathrm{e}^{-\alpha | \boldsymbol{h}(n) |}$; |
| 8.　　迭代次数递增 $n = n + 1$; |
| 9. 迭代停止 |

### 7.2.2　平滑零范数–牛顿最小均方算法(SL0-NMLMS)

(1)问题描述

利用 L0-LMS 算法求解式(7.12),即令 $\boldsymbol{h} = \boldsymbol{\sigma}$,可得迭代成像公式为

$$\boldsymbol{\sigma}(n+1) = \boldsymbol{\sigma}(n) + \mu e(n) \boldsymbol{x}(n) - \kappa \alpha \mathrm{sgn}[\boldsymbol{\sigma}(n)] \odot \mathrm{e}^{-\alpha | \boldsymbol{\sigma}(n) |} \tag{7.22}$$

分析式(7.22),其实现主要存在几点不足:一是 $\boldsymbol{\sigma}$ 属于复数域,而零吸引项存在绝对值函数,无法直接对其求导;二是收敛速度受步长 $\mu$ 设置的限制,通常较慢;三是重构性能受输入值是否归一化影响。为此,这里利用牛顿法加速收敛,并将平滑零范数法引入 L0-LMS 算法中,提出平滑零范数–牛顿最小均方重构(smoothed zero norm-Newton's method least mean square, SL0-NMLMS)算法。

(2)牛顿法加速

由 L0-LMS 的算法步骤可知,在进行最速下降法时,需要设置步长 $\mu$,当步长较小时,收敛速度较慢,当步长较大时,可能产生振荡收敛甚至无法收敛,因而收敛速度和收敛精度很难平衡,如图 7.3 所示。此时,使用牛顿法既可以避免步长设置不当带来的误差,又可以提高收敛速度。

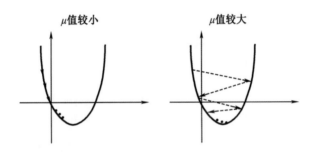

图 7.3 步长设置与算法收敛的关系

牛顿法是函数逼近法的一种,其基本思想是,在迭代点附近用二阶泰勒多项式近似目标函数,进而求出极小点的估计值。当目标函数 $f:\boldsymbol{R}^n \to \boldsymbol{R}$ 二阶连续可微时,将其在点 $\boldsymbol{h}'$ 处二阶泰勒展开,可得近似函数:

$$f(\boldsymbol{h}) \approx f(\boldsymbol{h}') + (\boldsymbol{h}-\boldsymbol{h}')^{\mathrm{T}} \nabla f(\boldsymbol{h}') + \frac{1}{2}(\boldsymbol{h}-\boldsymbol{h}')^{\mathrm{T}} \boldsymbol{F}(\boldsymbol{h}')(\boldsymbol{h}-\boldsymbol{h}') \qquad (7.23)$$

式中,$\boldsymbol{F}(\boldsymbol{h})$ 为 $f(\boldsymbol{h})$ 的二阶导数。

将极小点的必要条件 $\nabla f(\boldsymbol{h})=0$ 应用于式(7.23),得

$$\boldsymbol{0} = \nabla f(\boldsymbol{h}') + \boldsymbol{F}(\boldsymbol{h}')(\boldsymbol{h}-\boldsymbol{h}') \qquad (7.24)$$

若 $\boldsymbol{F}(\boldsymbol{h}')>0$,则极小点为

$$\boldsymbol{h} = \boldsymbol{h}' - \boldsymbol{F}(\boldsymbol{h}')^{-1} \nabla f(\boldsymbol{h}') \qquad (7.25)$$

此即为牛顿法的迭代公式。

又由式(7.17)及 LMS 误差公式 $e(n)=\boldsymbol{d}(n)-\boldsymbol{x}^{\mathrm{T}}(n)\boldsymbol{h}$ 可得

$$\nabla f(\boldsymbol{h}) = \nabla \xi_{\mathrm{LMS}} = -2e(n)\boldsymbol{x}(n) \qquad (7.26)$$

$$\boldsymbol{F}(\boldsymbol{h}) = \nabla^2 \xi_{\mathrm{LMS}} = 2\boldsymbol{x}^{\mathrm{T}}\boldsymbol{x} \qquad (7.27)$$

由式(7.27)可知,当 $\boldsymbol{x} \neq \boldsymbol{0}$ 时,$\boldsymbol{F}(\boldsymbol{h})>0$,即此时牛顿法适用于 L0-LMS 算法。

（3）平滑零范数法

L0-LMS 算法所采用的零吸引项 $\sum_{i=0}^{N-1}(1 - e^{-\alpha|h_i(n)|})$ 存在绝对值项,在复数域中不可导,因而无法直接用于 CS-ISAR 成像,为此引入高斯函数作为零范数的近似函数,即

$$\| \boldsymbol{h}(n) \|_0 \approx \sum_{i=0}^{N-1}\left[ 1 - \exp\left( -\frac{|h_i(n)|^2}{\xi^2} \right) \right] \tag{7.28}$$

式(7.28)所示绝对值函数、式(7.20)所示高斯函数与 $l_0$ 范数的近似程度如图 7.4 所示,由此可知随着 $\xi$ 的变小,高斯函数曲线越陡峭,与零范数实际值越接近,但其平滑度也越差,为此 SL0 算法选择一个逐步递减的序列 $\xi_n$ 来获取一系列平滑函数,从而不断逼近 $l_0$ 范数。

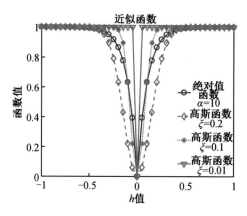

图 7.4　两种函数对零范数近似程度比较

将 SL0 算法引入代价函数,则新的代价函数为

$$\xi_{\text{SL0-NMLMS}}(n) = |e(n)|^2 + \gamma \sum_{i=0}^{N-1}\left[ 1 - \exp\left( -\frac{|h_i(n)|^2}{\xi^2} \right) \right] \tag{7.29}$$

结合式(7.25)并最小化式(7.29),可得新的系数迭代公式为

$$\boldsymbol{h}(n+1) = \boldsymbol{h}(n) - \boldsymbol{F}(\boldsymbol{h}(n))^{-1}\nabla f(\boldsymbol{h}(n)) - \kappa \boldsymbol{h}(n) \odot \exp\left( -\frac{|\boldsymbol{h}(n)|^2}{\xi^2} \right) \tag{7.30}$$

此即为 SL0-NMLMS 重构算法。

令 $\boldsymbol{h} = \boldsymbol{\sigma}$,则为求解稀疏孔径 ISAR 成像问题,其成像迭代公式为

$$\boldsymbol{\sigma}(n+1) = \boldsymbol{\sigma}(n) - \boldsymbol{F}(\boldsymbol{\sigma}(n))^{-1}\nabla f(\boldsymbol{\sigma}(n)) - \kappa \boldsymbol{\sigma}(n) \odot \exp\left( -\frac{|\boldsymbol{\sigma}(n)|^2}{\xi^2} \right) \tag{7.31}$$

具体步骤如表 7.3 所示。

表 7.3　SL0-NMLMS 算法流程

| SL0-NMLMS 重构算法 |
| --- |
| 1. 输入：回波信号 $s=[s_1,\cdots,s_M]^{\mathrm{T}}$，感知矩阵 $\boldsymbol{\Theta}$； |
| 2. 初始化：$\boldsymbol{\sigma}(0)=\mathbf{0}$，$n=1$，设置 $\kappa,\xi,\xi_{\min}$； |
| 3. 当迭代条件 $\xi>\xi_{\min}$ 满足时： |
| 4.　　确定输入向量 $\boldsymbol{x}(n)$ 和期望向量 $\boldsymbol{d}(n)$ <br> 　　$k=\mathrm{mod}(n,M)+1$；$\boldsymbol{x}(n)=\boldsymbol{\theta}_k$；$\boldsymbol{d}(n)=s_k$； |
| 5.　　计算递归误差和代价函数的一阶和二阶导数 <br> 　　$e(n)=\boldsymbol{d}(n)-\boldsymbol{x}(n)\boldsymbol{\sigma}(n)$； <br> 　　$\nabla f(\boldsymbol{\sigma}(n))=-2\,\boldsymbol{x}^{\mathrm{H}}(n)e(n)$ <br> 　　$\boldsymbol{F}(\boldsymbol{\sigma}(n))=2\,\boldsymbol{x}^{\mathrm{H}}(n)\boldsymbol{x}(n)$ |
| 6.　　更新系数 $\boldsymbol{\sigma}(n+1)=\boldsymbol{\sigma}(n)-\boldsymbol{F}(\boldsymbol{\sigma}(n))^{-1}\,\nabla f(\boldsymbol{\sigma}(n))$； |
| 7.　　引入零吸引项 $\boldsymbol{\sigma}(n)=\boldsymbol{\sigma}(n)-\kappa\boldsymbol{\sigma}(n)\odot\exp(-\mid\boldsymbol{\sigma}(n)\mid^2/\xi^2)$； |
| 8.　　迭代次数递增 $n=n+1$； |
| 9.　　经过一定迭代次数后缩小 $\xi$ <br> 　　$\xi=\rho\xi$，$0<\rho<1$ |
| 10. 迭代停止 |

### 7.2.3　抗噪性能分析

SL0-NMLMS 算法的抗噪性主要来自 LMS 算法和平滑零范数法。

（1）LMS 算法的抗噪性

L0-LMS 算法是 SL0-NMLMS 算法的核心部分，而最小二乘法（least square method，LS）为 IRLS、OMP 及 SL0 算法的核心部分，这两者抗噪声性能对比如下：

假设一重构问题 $\boldsymbol{y}_{M\times1}=\boldsymbol{\Theta}_{M\times N}\,\boldsymbol{\sigma}_{N\times1}+\boldsymbol{v}_{M\times1}$，$M\ll N$。若使用 LS 算法则解为 $\boldsymbol{\sigma}=\boldsymbol{\Theta}^{+}\boldsymbol{y}$，其中 $\boldsymbol{\Theta}^{+}=\boldsymbol{\Theta}^{\mathrm{T}}(\boldsymbol{\Theta}\boldsymbol{\Theta}^{\mathrm{T}})^{-1}$ 为 $\boldsymbol{\Theta}$ 的伪逆。令 $\hat{\boldsymbol{v}}=\boldsymbol{\Theta}^{+}\boldsymbol{v}$，则 $\boldsymbol{y}=\boldsymbol{\Theta}\boldsymbol{\sigma}+\boldsymbol{v}=\boldsymbol{\Theta}(\boldsymbol{\sigma}+\hat{\boldsymbol{v}})=\boldsymbol{\Theta}\hat{\boldsymbol{\sigma}}$。此时，该问题解向量被投影到含加性噪声 $\hat{\boldsymbol{v}}$ 的解空间 $\hat{\boldsymbol{\sigma}}$ 上，且

$$\mathrm{E}\{\hat{\boldsymbol{v}}^{\mathrm{T}}\hat{\boldsymbol{v}}\}\approx\frac{M}{N}\mathrm{E}\{\boldsymbol{v}^{\mathrm{T}}\boldsymbol{v}\} \tag{7.32}$$

式中，$\mathrm{E}\{\cdot\}$ 为期望公式。

不同于 LS 算法利用观测向量 $\boldsymbol{y}$ 整体进行迭代求解，L0-LMS 算法是将方程分解为多个等式 $\{y_k=\boldsymbol{\theta}_k\boldsymbol{\sigma}+v_k\mid k\in[1,M]\}$，其中 $\boldsymbol{\theta}_k$ 为 $\boldsymbol{\Theta}$ 的第 $k$ 行，而后依次将解向量代入等式群中进行迭代求解。此时

$$\mathrm{E}\{\hat{\boldsymbol{v}}^{\mathrm{T}}\hat{\boldsymbol{v}}\}\approx\frac{M}{(2M/\mu)-N}\mathrm{E}\{v_k^2\} \tag{7.33}$$

故当 $0<\mu<M/N$ 时,式(7.33)小于式(7.32),因而,本节所提出的 SL0-NMLMS 算法的抗噪性比 IRLS、OMP 及 SL0 算法更好。

(2)平滑零范数法的抗噪性

平滑零范数是一种类零范数的稀疏约束,,该范数曲线越陡峭,其取值与零范数真实值越接近。然而,当噪声存在时,近似值误差也同样增大。当噪声存在时,零范数的近似函数可表示为

$$\parallel \boldsymbol{h}(n) \parallel_0 \approx \sum_{i=0}^{L-1} \left[ 1 - \exp\left( - \frac{\mid h_i(n) + v_i \mid^2}{\xi^2} \right) \right] \tag{7.34}$$

当 $h_i(n)=0$ 时,零范数的真实值应该为零。然而,将 $h_i(n)=0$ 代入式(7.34),近似函数取值大于零,且随着 $\xi$ 变小,该近似值将远大于零。传统零范数近似函数常常将 $\xi$ 取值为一个固定常数,因而无法平衡近似函数的准确性和抗噪性。为此,平滑零范数法选取了一个递减序列 $\xi_n$,$\xi_n$ 取值较大时可以容忍较大噪声的影响,随着迭代次数增加,LMS 算法逐渐抑制噪声,此时 $\xi_n$ 取值较小可以使得对零范数的近似更加精确。

### 7.2.4 仿真实验及分析

为验证所提算法的有效性,这里侧重从牛顿法的有效性、不同信噪比、不同稀疏孔径条件等方面对所提算法和其他算法进行比较,并利用实测数据进行验证。

(1)仿真 1:牛顿法的有效性实验

假设有一个压缩感知重构问题 $y=A\theta+v$,其中感知矩阵 $A$ 为 $M×N$ 的矩阵,$A$ 各元素独立同分布服从于均值为 0、方差为 $1/M$ 的正态分布。$\theta$ 为稀疏信号,其 $K$ 个非零值的位置服从 $[1,N]$ 间的均匀分布,系数服从均值为 0、方差为 1 的高斯分布,而后对 $\theta$ 归一化处理。$v$ 是协方差矩阵为 $\eta^2 \boldsymbol{I}_M$ 的加性高斯白噪声($\boldsymbol{I}_M$ 为 $M$ 阶的单位矩阵)。

为验证牛顿法的有效性,假设 $M=20,N=100,K=3,\eta=3.2×10^{-3}$,利用 SL0-LMS 算法和 SL0-NMLMS 算法分别重构 $\theta$。引入均方误差(mean square deviation, MSD)和重构信噪比(reconstruction signal-to-noise ratio, RSNR)来衡量各算法的重构质量,其定义为

$$\text{MSD} = \parallel \hat{\boldsymbol{\theta}} - \boldsymbol{\theta} \parallel_2^2 \tag{7.35}$$

$$\text{RSNR} = \frac{\parallel \boldsymbol{\theta} \parallel_2}{\parallel \hat{\boldsymbol{\theta}} - \boldsymbol{\theta} \parallel_2} \tag{7.36}$$

根据式(7.35)和式(7.36)计算得到各算法的收敛曲线如图 7.5 所示。随着步长 $\mu$ 逐步增大,SL0-LMS 算法(虚线)收敛所需次数逐渐减少,但重构信噪比也逐渐呈振荡变化。仿真结果如前文理论所分析,SL0-LMS 算法的重构性能受限于步长的设置。当步长设置不合适时,算法的收敛速度及精度均可能恶化。而 SL0-NMLMS 算法(实线)利用牛顿法避免了人工设置固定步长带来的缺陷,能够快速收敛,且算法精度

较优。

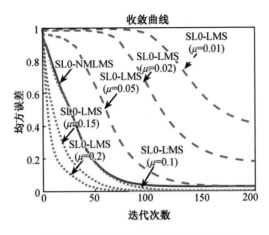

**(a)**不同步长条件下重构均方误差的收敛曲线

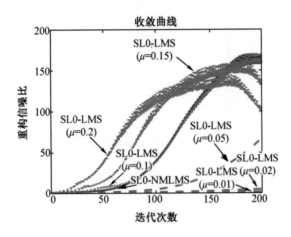

**(b)**不同步长条件下重构信噪比的收敛曲线

**图 7.5 SL0-LMS 算法和 SL0-NMLMS 算法的收敛曲线**

（2）仿真 2：SL0-NMLMS 算法与传统成像算法对比

雷达系统参数如表 7.4 所示,目标模型与前文设置一致,如图 7.6 所示。假设目标经补偿后可视为转台运动,角速度为 0.05 m/s²,在 $t_m = 0$ 时刻,目标到雷达的距离为 5 km。

**表 7.4 雷达系统参数**

| 参数名称 | 参数 |
| --- | --- |
| 信号波形 | FM |
| 载频 $f_c$ | 6 GHz |
| 带宽 $B$ | 400 MHz |

表 7.4(续)

| 参数名称 | 参数 |
|---|---|
| 脉冲重复频率 PRF | 125 Hz |
| 脉宽 $T_p$ | 25.6 μs |
| 采样频率 $f_s$ | 10 MHz |
| 脉冲数 $M$ | 256 |
| 脉冲压缩 | 解线调 |

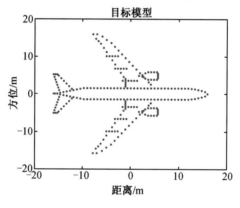

图 7.6 目标模型

　　假设目标回波由于各种原因存在一些缺失(通常无意干扰时回波呈随机缺失,而有意干扰会导致回波在一段时间内损坏,即块缺失),如图 7.7 所示,此时回波信号未加噪声。

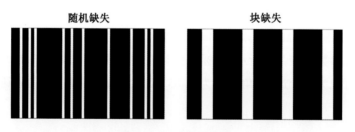

图 7.7 回波数据缺失

　　若使用传统的 RD 成像方法(即对缺失项进行补零),则会导致方位向分辨率降低,甚至模糊不清,如图 7.8(a)和图 7.9(a)所示。根据式(7.11)~式(7.12)将稀疏孔径 ISAR 成像问题转化为稀疏信号重构问题,采用传统的重构算法如 IRLS、OMP、SL0 或稀疏贝叶斯学习(sparse bayesian learning,SBL)算法,成像结果如图 7.8 和图 7.9 中(b)~(e)所示。而根据表 7.3 中所述 SL0-NMLMS 成像算法对稀疏孔径回波进行 ISAR 成像,成像结果如图 7.8(f)和图 7.9(f)所示。根据 ISAR 图像质量的常用评价指标进行计算,各成像结果的相关指标如表 7.5 所示。

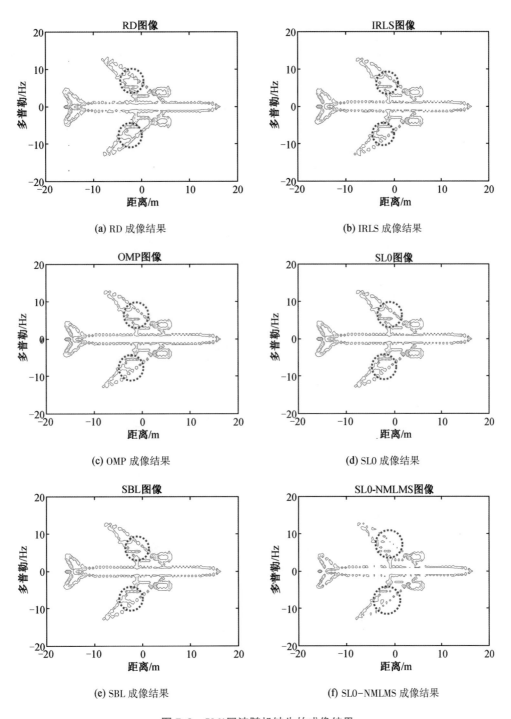

(a) RD 成像结果

(b) IRLS 成像结果

(c) OMP 成像结果

(d) SL0 成像结果

(e) SBL 成像结果

(f) SL0-NMLMS 成像结果

图 7.8　50%回波随机缺失的成像结果

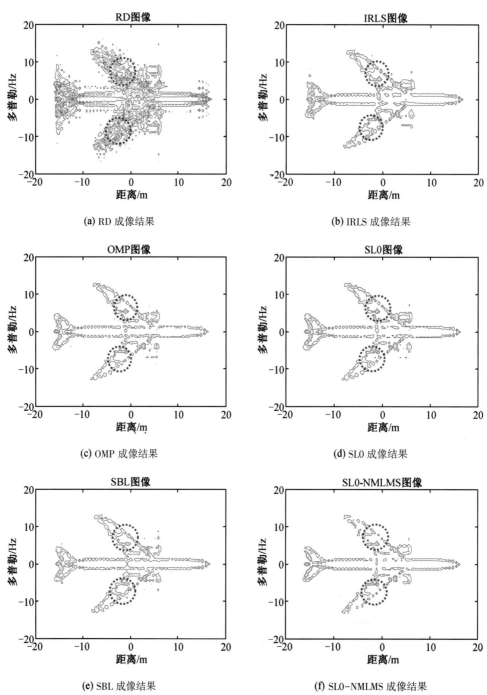

(a) RD 成像结果

(b) IRLS 成像结果

(c) OMP 成像结果

(d) SL0 成像结果

(e) SBL 成像结果

(f) SL0-NMLMS 成像结果

图 7.9　25%回波块缺失的成像结果

表 7.5　各算法成像结果的图像质量

| 图像 | | | 熵 | 等效视数 | 平均梯度 | 距离峰值旁瓣比/dB | 方位峰值旁瓣比/dB |
|---|---|---|---|---|---|---|---|
| 随机缺失 | RD | 图 7.7(a) | 8.560 1 | 0.148 5 | **70.20** | 7.682 3 | **6.690 5** |
| | IRLS | 图 7.7(b) | 6.658 0 | 0.075 3 | 0.440 8 | *7.738 6* | 5.414 1 |
| | OMP | 图 7.7(c) | *6.438 8* | *0.073 2* | 0.465 8 | 7.678 9 | 5.286 6 |
| | SL0 | 图 7.7(d) | 6.640 5 | 0.076 6 | 0.439 4 | 7.710 0 | 5.478 0 |
| | SBL | 图 7.7(e) | 6.645 3 | 0.076 7 | 0.440 6 | 7.710 9 | 5.486 5 |
| | SL0-NMLMS | 图 7.7(f) | **5.991 2** | **0.061 7** | *0.514 7* | **7.898 2** | 5.778 2 |
| 块缺失 | RD | 图 7.8(a) | 7.351 5 | 0.095 2 | **92.00** | 7.070 6 | 4.802 2 |
| | IRLS | 图 7.8(b) | 6.926 8 | 0.083 1 | 0.461 7 | 6.415 9 | 3.797 2 |
| | OMP | 图 7.8(c) | *6.470 0* | *0.073 4* | 0.523 2 | **7.871 2** | **9.140 7** |
| | SL0 | 图 7.8(d) | 6.841 0 | 0.079 3 | 0.504 1 | *7.809 3* | 4.622 6 |
| | SBL | 图 7.8(e) | 7.057 0 | 0.086 5 | 0.446 9 | 7.057 1 | 4.331 3 |
| | SL0-NMLMS | 图 7.8(f) | **6.121 0** | **0.066 7** | *0.532 0* | 7.316 4 | *8.462 4* |

注:黑体表示最优值,黑斜体表示次优值。

可见,目标回波存在缺失时,采用传统的 RD 算法成像时方位向存在散焦,方位向分辨率降低。由于块缺失对回波方位向多普勒信息破坏更大,故其在较低缺失率(25%)下散焦程度亦十分严重。而 IRLS、OMP、SL0 及 SBL 等传统重构算法通过对稀疏信号重构实现了稀疏孔径方位向成像,在一定程度上缓解了方位向散焦现象,提高了方位向分辨率,其成像结果的相关指标如表 7.5 所示,相较于 RD 算法其所成图像更为清晰。SL0-NMLMS 算法在自适应滤波框架重构算法的基础上,引入 SL0 范数,进一步提高了重构精度,如图 7.8 和图 7.9 中红色圆框区域所示,所成方位向较传统重构算法所成图像更为聚焦,因而图像质量更优。但由于回波中无噪声影响,各重构算法所成图像相仿。

在方位向回波中加入噪声,使信噪比为−50 dB(本章中仿真数据所指信噪比均为输入信噪比,距离向脉冲压缩增益为 $D=10\log 10(Bt_p)=40.1$ dB),此时采用成像算法所成图像如图 7.10 和图 7.11 中(a)~(e)所示,所提 SL0-NMLMS 重构算法所成图像为图 7.10(f)和图 7.11(f)。经计算,各成像结果的相关指标如表 7.11 所示。

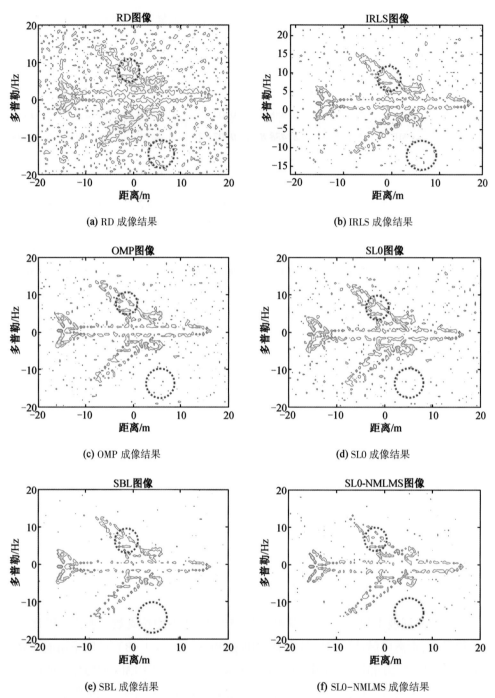

(a) RD 成像结果

(b) IRLS 成像结果

(c) OMP 成像结果

(d) SL0 成像结果

(e) SBL 成像结果

(f) SL0-NMLMS 成像结果

图 7.10　50%回波随机缺失的成像结果(信噪比-50 dB)

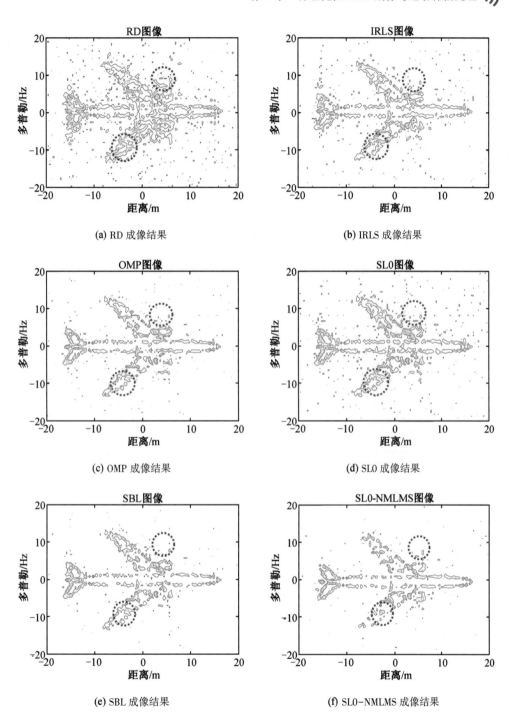

(a) RD 成像结果

(b) IRLS 成像结果

(c) OMP 成像结果

(d) SL0 成像结果

(e) SBL 成像结果

(f) SL0-NMLMS 成像结果

图 7.11　25% 回波块缺失的成像结果(信噪比 -50 dB)

由图 7.10~图 7.11 中红色圆框内所示机翼及成像背景对比可知,稀疏回波中加入噪声后,缺失项补零处理的 RD 成像算法效果进一步恶化,而传统压缩感知重构算法 IRLS、OMP、SL0 算法也受噪声影响,所成图像中存在噪声斑点,目标点散焦,图像质量较无噪声时有所下降,如表 7.6 所示。相比较而言,SBL 算法及本节所提 SL0-NMLMS 算法在低信噪比下所成图像较为清晰,这是因为 SBL 算法充分利用了噪声的先验统计信息,而 SL0-NMLMS 算法则是结合了 LMS 算法及 SL0 算法的抗噪性。

表 7.6　各算法成像结果的图像质量

| 图像 | | | 熵 | 等效视数 | 平均梯度 | 距离峰值旁瓣比/dB | 方位峰值旁瓣比/dB |
|---|---|---|---|---|---|---|---|
| 随机缺失 | RD | 图 7.9(a) | 10.6358 | 0.8463 | **219.0** | **10.6005** | *5.6576* |
| | IRLS | 图 7.9(b) | 9.8229 | 0.3992 | 7.4834 | 7.4654 | 4.6602 |
| | OMP | 图 7.9(c) | **8.3455** | 0.2130 | 7.4370 | 7.0434 | 5.3067 |
| | SL0 | 图 7.9(d) | 9.5995 | 0.3627 | *7.6928* | 6.6710 | 5.1359 |
| | SBL | 图 7.9(e) | 8.7339 | *0.1909* | 7.1076 | 7.2161 | 5.5909 |
| | SL0-NMLMS | 图 7.9(f) | *8.6207* | **0.1642** | 7.2717 | *7.7170* | **7.8325** |
| 块缺失 | RD | 图 7.10(a) | 10.5267 | 0.5922 | **225.3** | 7.1693 | 4.4313 |
| | IRLS | 图 7.10(b) | 10.2218 | 0.4475 | 7.2007 | **7.9521** | 4.5947 |
| | OMP | 图 7.10(c) | **8.1978** | *0.1723* | 7.1540 | *7.9335* | **8.7653** |
| | SL0 | 图 7.10(d) | 10.0635 | 0.4232 | *7.3837* | 7.4082 | 4.4298 |
| | SBL | 图 7.10(e) | 9.2492 | 0.2304 | 7.1017 | 7.7964 | 4.2580 |
| | SL0-NMLMS | 图 7.10(f) | *8.3824* | **0.1687** | 7.0287 | 7.2512 | *8.6214* |

注:黑体表示最优值,黑斜体表示次优值。

由仿真 2 的两组实验结果可知,本节所提出的 SL0-NMLMS 算法所成图像方位向分辨率较高,且具有较好的抗噪性。

(3)仿真 3:信噪比对重构结果的影响

为进一步研究噪声对所提 SL0-NMLMS 算法性能的影响,设置信噪比从 -60 dB 依次递增 10 dB 至 0 dB,其余参数与仿真 2 设置相同,并以 IRLS、OMP、SL0 及 SBL 算法作为对照组分析 SL0-NMLMS 算法在不同信噪比条件下的重构效果,以图像熵和等效视数为例,六种算法重构所得图像的图像质量曲线如图 7.12 所示。

可见,随着信噪比 SNR 逐渐增大,各算法所得图像的图像熵、等效视数均逐渐减小,其图像质量逐渐提高,且相较于 IRLS、OMP、SL0 及 SBL 算法,当信噪比大于 -50 dB 时,SL0-NMLMS 算法所得图像的图像熵、等效视数更小,重构性能更优。

(4)仿真 4:稀疏度对重构结果的影响

此处的稀疏度是指回波的非零孔径数占全孔径数的比例。稀疏度是影响稀疏信号重构性能的重要因素,随着稀疏度不断增大,信号的稀疏性逐渐受到破坏,重构的效果也随之下降,然而,对于稀疏孔径 ISAR 成像场景,随着稀疏度的增大,回波缺失数减少,方位向相干积累获得的增益增大,因而重构得到的图像质量有所提高。为分析稀疏度对 SL0-NMLMS 算法性能的影响,以 IRLS、OMP、SL0 及 SBL 算法作为对照组,设置稀疏度从 0.1 依次递增 0.1 至 0.9,其余参数与仿真 2 设置相同。以图像熵和等效视数为例,六种算法重构所得图像的图像质量与稀疏度的对应关系如图 7.13 所示。

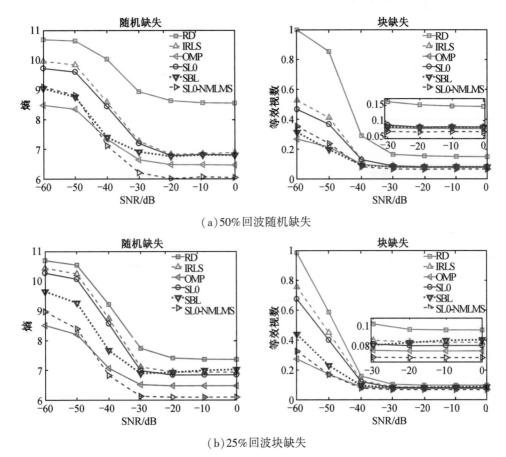

（a）50%回波随机缺失

（b）25%回波块缺失

图 7.12　不同信噪比下重构图像质量曲线

可见,随着稀疏度的增大,RD、SL0-NMLMS 算法所得图像的图像熵及等效视数逐渐降低,图像质量有所提高。而 IRLS、SL0、SBL 和 OMP 算法的重构性能则受稀疏度影响,随着稀疏度的增大,相干增益提高,但重构性能降低,最终得到的图像熵及等效视数均有所增大。这说明,相较于传统重构算法,SL0-NMLMS 算法对稀疏度敏感性较低,在稀疏度大于 0.1 的条件下均能得到较优的重构性能。

（5）仿真 5:实测数据验证

使用 Yak-42 飞机目标的实测数据进一步验证 SL0-NMLMS 算法性能。该实测数据的详细的雷达参数如表 7.7 所示。

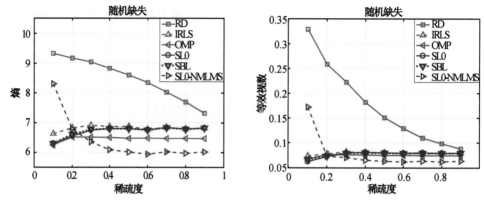

图 7.13　不同稀疏度下重构图像质量曲线

表 7.7　雷达参数

| 参数名称 | 参数 |
|---|---|
| 载频 | C-band |
| 带宽 | 400 MHz |
| 脉宽 | 25.6 μs |
| 脉冲重复频率 | 800 Hz |
| 采样频率 | 10 MHz |
| 脉冲数 | 256 |
| 信噪比 | -40 dB |

利用全孔径数据进行 RD 成像,其成像结果如图 7.14 所示,假设回波有所缺失,利用各重构算法进行稀疏孔径 ISAR 成像结果为图 7.15 和图 7.16 中(b)~(e)。图 7.15 (f)和图 7.16(f)为 SL0-NMLMS 算法的成像结果。各成像结果的图像质量指标如表 7.8 所示。

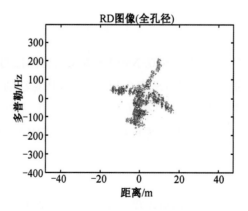

图 7.14　全孔径 RD 成像结果

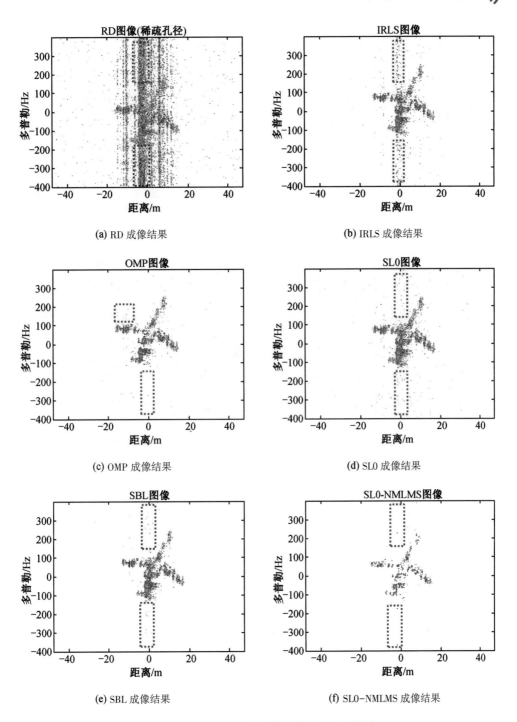

图 7.15　50％回波随机缺失的成像结果（实测数据）

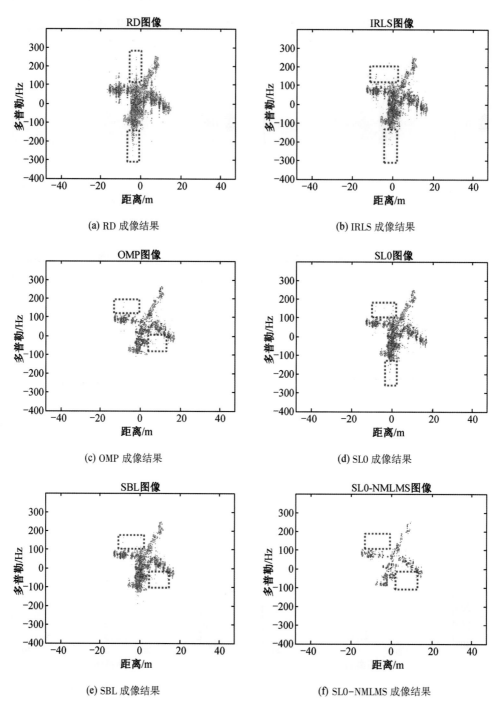

(a) RD 成像结果

(b) IRLS 成像结果

(c) OMP 成像结果

(d) SL0 成像结果

(e) SBL 成像结果

(f) SL0-NMLMS 成像结果

图 7.16　25%回波块缺失的成像结果(实测数据)

表 7.8　各算法成像结果的图像质量

| 图像 | | | 熵 | 等效视数 | 平均梯度 | 距离峰值旁瓣比/dB | 方位峰值旁瓣比/dB |
|---|---|---|---|---|---|---|---|
| 全孔径 | RD | 图 7.13 | 6.966 1 | 0.048 0 | 216.8 | 9.093 6 | 9.599 0 |
| 随机缺失 | RD | 图 7.14(a) | 8.745 3 | 0.099 8 | **149.2** | 8.742 7 | 8.388 0 |
| | IRLS | 图 7.14(b) | 7.025 6 | 0.048 0 | 0.965 4 | 9.066 4 | 9.775 2 |
| | OMP | 图 7.14(c) | *6.058 0* | *0.041 9* | 0.988 7 | 8.840 5 | 8.595 8 |
| | SL0 | 图 7.14(d) | 6.976 2 | 0.050 1 | *7.007 4* | 9.021 4 | 9.848 4 |
| | SBL | 图 7.14(e) | 6.240 7 | 0.042 6 | 0.918 0 | *9.291 7* | *10.022 9* |
| | SL0-NMLMS | 图 7.14(f) | **5.605 6** | **0.029 1** | 0.949 4 | **9.482 3** | **12.472 8** |
| 块缺失 | RD | 图 7.15(a) | 7.469 4 | 0.047 9 | **185.1** | *17.002 1* | **9.433 7** |
| | IRLS | 图 7.15(b) | 6.335 7 | 0.058 9 | 0.885 7 | 9.563 2 | 2.005 2 |
| | OMP | 图 7.15(c) | *5.465 6* | 0.045 7 | *7.064 5* | 9.615 8 | 8.273 0 |
| | SL0 | 图 7.15(d) | 6.133 4 | *0.041 3* | 7.012 3 | 9.686 4 | 8.931 5 |
| | SBL | 图 7.15(e) | 5.983 8 | 0.041 8 | 0.901 8 | 9.247 2 | 8.681 7 |
| | SL0-NMLMS | 图 7.15(f) | **6.767 0** | **0.027 4** | 0.859 8 | **26.877 9** | *9.410 3* |

注:黑体表示最优值,黑斜体表示次优值。

对比图 7.14~图 7.16 可以看出,随机缺失条件下各算法所得图像存在较多的噪声斑点,而在块缺失条件下则主要表现为较高的旁瓣,方位分辨率降低。对比其他重构算法,SL0-NMLMS 算法能有效抑制噪声斑点,获得较低的图像熵(平均降低了10.1%)、等效视数(平均降低了 32.1%)以及较高的峰值旁瓣比(平均提高了 27.1%),方位向聚焦性更优。这表明了该算法对实测数据的有效性。

## 7.3　多测量向量稀疏孔径 ISAR 成像算法

### 7.3.1　问题描述

现有重构算法大多针对向量信号进行处理,而 ISAR 成像目标为二维分布,因而常将 CS-ISAR 成像问题分解为多个独立的单测量向量重构问题,对各个距离单元的回波信号分别进行重构。这样操作需要进行多次冗余重构,计算量较大。为实现二维矩阵快速重构,学者们提出了多测量向量(multiple measurement vectors, MMV)模型,利用并行处理提升了算法效率。然而,传统多测量向量模型要求各个向量具有相同的稀疏度和支撑集,但目标 ISAR 图像中各距离单元内的散射点分布一般并不相同,无法直接适用于多测量向量模型。为此,李少东等提出了任意稀疏结构的多测量向量快速重构算法,其在平滑零范数法的基础上采用贝叶斯组检验方式获取重构支撑集,从而适用于任意稀疏结构 MMV 模型的求解,但当噪声增大时,其重构性能下降。彭军伟等则增加 Lorentzian 范数以优化代价函数的抗噪性,并结合固定步长公式和共轭梯度算法提高了算法的收敛速度和运行效率。陈文峰等提出了基于改进线性 Bregman 迭代的重构算法,能够较快较高质量地重构任意稀疏结构 MMV 模型,但需要对感知矩阵进行预处理。

本节利用 MMV 模型对零范数最小均方算法进行并行处理,并引入最优步长公式和 SL0 提高重构算法的准确性和抗噪性,最终应用到方位向成像中。

由式(7.11)可得

$$\boldsymbol{s}_{M\times 1} = \boldsymbol{\Theta}_{M\times Q}\boldsymbol{\sigma}_{Q\times 1} \tag{7.37}$$

而各个距离单元的感知矩阵 $\boldsymbol{\Theta}$ 相同,令 $\boldsymbol{\Sigma} = [\boldsymbol{\sigma}_1, \boldsymbol{\sigma}_2, \cdots, \boldsymbol{\sigma}_N]$,$\boldsymbol{S} = [\boldsymbol{s}_1, \boldsymbol{s}_2, \cdots, \boldsymbol{s}_N]$,$N$ 为距离单元数,则稀疏孔径下 ISAR 的二维回波为

$$\boldsymbol{S}_{M\times N} = \boldsymbol{\Theta}_{M\times Q}\boldsymbol{\Sigma}_{Q\times N} \tag{7.38}$$

上式即为多测量向量模型,针对此模型的重构问题称为多测量向量问题,即求解:

$$\min \|\boldsymbol{\Sigma}\|_0 \quad \text{s.t.} \quad \|\boldsymbol{S} - \boldsymbol{\Theta}\boldsymbol{\Sigma}\|_{\mathrm{F}}^2 \leq \varepsilon \tag{7.39}$$

### 7.3.2 平滑零范数–多测量向量最小均方算法(SL0-MMVLMS)

本节利用自适应滤波框架重构算法求解式(7.39),提出一种 MMV 模型下的快速成像算法:平滑零范数–多测量向量最小均方法(smoothed zero norm-multiple measurement vectors least mean square, SL0-MMVLMS),其算法原理如下:

(1)多测量向量 LMS 模型

统一参数框架,将 $\boldsymbol{e}$、$\boldsymbol{d}$ 及 $\boldsymbol{h}$ 并行化,可得:

$$\boldsymbol{e} = [e_1, e_2, \cdots, e_N] \tag{7.40}$$

$$\boldsymbol{d} = [d_1, d_2, \cdots, d_N] \tag{7.41}$$

$$\boldsymbol{H} = [\boldsymbol{h}_1, \boldsymbol{h}_2, \cdots, \boldsymbol{h}_N] \tag{7.42}$$

故重写 LMS 递归误差为

$$\boldsymbol{e}_{1\times N} = \boldsymbol{d}_{1\times N} - \boldsymbol{x}_{1\times Q}\boldsymbol{H}_{Q\times N} \tag{7.43}$$

将式(7.41)、式(7.42)代入式(7.43),根据最小均方误差(LMS)准则,可得并行化 LMS 算法的代价函数为

$$\xi_{\mathrm{MMVLMS}} = f(\boldsymbol{H}) = (\boldsymbol{d} - \boldsymbol{x}\boldsymbol{H})(\boldsymbol{d} - \boldsymbol{x}\boldsymbol{H})^{\mathrm{H}} \tag{7.44}$$

记 $\boldsymbol{g}(n) = \nabla f(\boldsymbol{H}(n)) = -2\boldsymbol{x}^{\mathrm{H}}(n)[\boldsymbol{d}(n) - \boldsymbol{x}(n)\boldsymbol{H}(n)]$,则可得新的迭代公式为

$$\boldsymbol{H}(n+1) = \boldsymbol{H}(n) - \mu\boldsymbol{g}(n) \tag{7.45}$$

（2）最优步长公式

由 L0-LMS 的算法步骤可知，在进行梯度下降法时，收敛速度和收敛精度难以平衡。虽然牛顿法收敛速度较快，但其在应用于多测量向量问题时难以保证其收敛性，因而这里使用最优步长公式对 LMS 算法进行加速，既可以保证收敛性，又避免步长设置不当带来的误差，提高收敛速度。

式（7.44）的代价函数为二次型函数，可以确定 $\boldsymbol{H}(n)$ 处步长 $\mu_n$ 的解析式，此时步长最优公式为

$$
\begin{aligned}
\mu_n &= \underset{\mu \geqslant 0}{\arg\min} f(\boldsymbol{H}(n) - \mu \boldsymbol{g}(n)) \\
&= \underset{\mu \geqslant 0}{\arg\min} \big[ (\boldsymbol{d}(n) - \boldsymbol{x}(n)\boldsymbol{H}(n) + \mu \boldsymbol{x}(n)\boldsymbol{g}(n)) \cdot \\
&\quad [\boldsymbol{d}(n) - \boldsymbol{x}(n)\boldsymbol{H}(n) + \mu \boldsymbol{x}(n)\boldsymbol{g}(n))^{\mathrm{H}} \big]
\end{aligned}
\tag{7.46}
$$

由于 $\mu_n \geqslant 0$ 是函数 $\varphi_n(\mu) = f(\boldsymbol{H}(n) - \mu \boldsymbol{g}(n))$ 的极小点，利用局部极小点一阶必要条件可得

$$
\begin{aligned}
\varphi'_n(\mu_n) &= [\boldsymbol{x}(n)\boldsymbol{g}(n)][\boldsymbol{d}(n) - \boldsymbol{x}(n)\boldsymbol{H}(n) + \mu \boldsymbol{x}(n)\boldsymbol{g}(n)]^{\mathrm{H}} + \\
&\quad [\boldsymbol{d}(n) - \boldsymbol{x}(n)\boldsymbol{H}(n) + \mu \boldsymbol{x}(n)\boldsymbol{g}(n)][\boldsymbol{x}(n)\boldsymbol{g}(n)]^{\mathrm{H}} \\
&= 0
\end{aligned}
\tag{7.47}
$$

因此

$$
\mu_n = -\frac{\boldsymbol{x}(n)\boldsymbol{g}(n)\boldsymbol{e}^{\mathrm{H}}(n) + \boldsymbol{e}(n)[\boldsymbol{x}(n)\boldsymbol{g}(n)]^{\mathrm{H}}}{2\boldsymbol{x}(n)\boldsymbol{g}(n)[\boldsymbol{x}(n)\boldsymbol{g}(n)]^{\mathrm{H}}} = -\frac{\mathrm{Re}\{\boldsymbol{x}(n)\boldsymbol{g}(n)\boldsymbol{e}^{\mathrm{H}}(n)\}}{\boldsymbol{x}(n)\boldsymbol{g}(n)[\boldsymbol{x}(n)\boldsymbol{g}(n)]^{\mathrm{H}}}
\tag{7.48}
$$

此时梯度下降法的迭代公式为

$$
\boldsymbol{H}(n+1) = \boldsymbol{H}(n) + \frac{\mathrm{Re}\{\boldsymbol{x}(n)\boldsymbol{g}(n)\boldsymbol{e}^{\mathrm{H}}(n)\}}{\boldsymbol{x}(n)\boldsymbol{g}(n)[\boldsymbol{x}(n)\boldsymbol{g}(n)]^{\mathrm{H}}}\boldsymbol{g}(n)
\tag{7.49}
$$

将 SL0 算法扩展至二维并引入代价函数，则新的代价函数为

$$
\xi_{\mathrm{SL0\text{-}MMVLMS}}(n) = |\boldsymbol{e}(n)|^2 + \gamma \sum_{i=0}^{Q-1} \sum_{j=0}^{N-1} \left\{ 1 - \exp\left[ -\frac{|h_{ij}(n)|^2}{\xi^2} \right] \right\}
\tag{7.50}
$$

结合式（7.49）并最小化式（7.50），可得新的系数迭代公式为

$$
\boldsymbol{H}(n+1) = \boldsymbol{H}(n) + \frac{\mathrm{Re}\{\boldsymbol{x}(n)\boldsymbol{g}(n)\boldsymbol{e}^{\mathrm{H}}(n)\}}{\boldsymbol{x}(n)\boldsymbol{g}(n)[\boldsymbol{x}(n)\boldsymbol{g}(n)]^{\mathrm{H}}}\boldsymbol{g}(n) - \kappa \boldsymbol{H}(n) \odot \exp\left[ -\frac{|\boldsymbol{H}(n)|^2}{\xi^2} \right]
\tag{7.51}
$$

此即为 SL0-MMVLMS 重构算法。

令 $\boldsymbol{H} = \boldsymbol{\Sigma}$，则可根据迭代式（7.51）求解二维 CS-ISAR 重构问题，其流程如表 7.9 所示。

表 7.9　SL0-MMVLMS 算法流程

| SL0-MMVLMS 重构算法 |
| --- |
| 1. 输入：回波信号 $S=[s_1^T,s_2^T,\cdots,s_M^T]^T$，感知矩阵 $\boldsymbol{\Theta}=[\boldsymbol{\theta}_1^T,\boldsymbol{\theta}_2^T,\cdots,\boldsymbol{\theta}_M^T]^T$； |
| 2. 初始化：$\boldsymbol{\Sigma}(0)=\mathbf{0}$，$n=1$，设置 $\kappa,\sigma,\sigma_{\min}$； |
| 3. 当满足迭代条件 $\sigma>\sigma_{\min}$ 时： |
| 4.　　确定输入向量 $\boldsymbol{x}(n)$ 和期望向量 $\boldsymbol{d}(n)$ |
| 　　　$k=\mathrm{mod}(n,M)+1$；$\boldsymbol{x}(n)=\boldsymbol{\theta}_k$；$\boldsymbol{d}(n)=\boldsymbol{s}_k$； |
| 5.　　计算递归错误和代价函数的一阶导数 |
| 　　　$\boldsymbol{e}(n)=\boldsymbol{d}(n)-\boldsymbol{x}(n)\boldsymbol{\Sigma}(n)$； |
| 　　　$\boldsymbol{g}(n)=\nabla f(\boldsymbol{\Sigma}(n))=-2\boldsymbol{x}^H(n)\boldsymbol{e}(n)$； |
| 6.　　更新 |
| 　　　$\boldsymbol{\Sigma}(n+1)=\boldsymbol{\Sigma}(n)+\dfrac{\mathrm{Re}\{[\boldsymbol{x}(n)\boldsymbol{g}(n)]\boldsymbol{e}^H(n)\}}{[\boldsymbol{x}(n)\boldsymbol{g}(n)][\boldsymbol{x}(n)\boldsymbol{g}(n)]^H}\boldsymbol{g}(n)$； |
| 7.　　引入零吸引项 $\boldsymbol{\Sigma}(n)=\boldsymbol{\Sigma}(n)-\kappa\boldsymbol{\Sigma}(n)\odot\exp[-\mid\boldsymbol{\Sigma}(n)\mid^2/\xi^2]$； |
| 8.　　迭代次数递增 $n=n+1$； |
| 9.　　经过一定迭代次数后缩小 $\xi$ |
| 　　　$\xi=\rho\xi,0<\rho<1$ |
| 10. 迭代停止 |

（3）计算复杂度分析

下面通过计算量分析来讨论算法的快速性，分别计算单测量向量–平滑零范数法（SMV-SL0）、多测量向量–平滑零范数法（MMV-SL0）、单测量向量–正交匹配追踪法（SMV-OMP）、多测量向量–稀疏贝叶斯学习法（MMV-SBL）和平滑零范数–多测量向量最小均方法的复杂度。

首先，计算 SL0 算法解 $\boldsymbol{s}_{M\times1}=\boldsymbol{\Theta}_{M\times Q}\boldsymbol{\sigma}_{Q\times1}$ 的复杂度，其核心算法为梯度计算、梯度下降及可行域投影，表达式如式（7.52）～式（7.54）所示：

$$\boldsymbol{\Delta}=\boldsymbol{\sigma}\odot\exp[-\boldsymbol{\sigma}^2/(2\sigma^2)] \tag{7.52}$$

$$\boldsymbol{\sigma}=\boldsymbol{\sigma}-\mu\boldsymbol{\Delta} \tag{7.53}$$

$$\boldsymbol{\sigma}=\boldsymbol{\sigma}-\boldsymbol{\Theta}^+(\boldsymbol{\Theta}\boldsymbol{\sigma}-\boldsymbol{s}) \tag{7.54}$$

式中，$\boldsymbol{\Theta}^+=\boldsymbol{\Theta}^H(\boldsymbol{\Theta}\boldsymbol{\Theta}^H)^{-1}$ 为 $\boldsymbol{\Theta}$ 的伪逆，其计算量为 $O(M^3+2M^2Q+2MQ^2)$。

SL0 算法的每一次迭代的计算量为 $O(4MQ+M+3Q)$，故经过 $I$ 次迭代后 SL0 算法的总计算量约为 $O(MQI+M^3)$。若使用 SL0 算法逐列求解 MMV 问题，则计算 $N$ 倍 SL0 算法的计算量，约为 $O(MNQI+M^3N)$。

其次，若使用 MMV-SL0 算法直接求解 MMV 问题，则每一次迭代的计算量为 $O(MNQ)$，$I$ 次迭代的总计算量约为 $O(MNQI+M^3)$。

再次,若使用 OMP 算法,单次计算量主要集中于求逆运算,则稀疏度为 $K$ 时的计算量约为 $O(M^3+2M^2K)$,应用于 MMV 问题,则为 $O(M^3N+2M^2NK)$。

然后,若使用 SBL 算法直接求解 MMV 问题,由于每一次迭代同样需要求 $\boldsymbol{\Theta}$ 的伪逆,故计算量约为 $O(MN+M^3)$,经 $J$ 次迭代后总计算量约为 $O(MNJ+M^3J)$。

最后,若使用 SL0-MMVLMS 算法,每一次迭代的计算量为 $O(QN)$,经过 $L$ 次迭代后总计算量约为 $O(QNL)$。

对比 SMV-SL0、MMV-SL0、SMV-OMP 和 MMV-SBL 四种算法的计算复杂度可知,SL0-MMVLMS 算法在计算量上并没有很大提高,其主要原因是通过多向量并行处理 LMS 算法,既避免了矩阵的求逆,又消除了大量矩阵冗余计算。

### 7.3.3　仿真实验及分析

为验证所提算法的有效性,这里从最优步长公式的有效性、不同信噪比、不同稀疏孔径条件等方面对所提算法和其他算法进行比较,并利用实测数据进行验证。

(1)仿真 1:最优步长公式的有效性证明

为证明最优步长公式的有效性,令 $M=20$,$N=100$,$K=3$,$\sigma=3.2\times10^{-3}$,使用 SL0 算法进行重构,并以均方误差(MSD)和重构信噪比(RSNR)作为重构质量衡量指标。

根据式(7.35)和式(7.36)计算得到的重构性能收敛曲线如图 7.17 所示。随着步长 $\mu$ 逐步增大,SL0-LMS 算法(虚线)收敛所需次数逐渐减少,但重构信噪比也逐渐呈振荡变化。仿真结果如前文理论所分析,SL0-LMS 算法的重构性能受限于步长的设置。当步长设置不合适时,算法的收敛速度及精度均可能恶化。而 SL0-MMVLMS 算法(实线)利用最优步长公式避免了人工选择固定步长带来的缺陷,能够快速收敛,且算法精度较优。

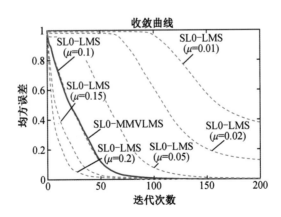

(a) MSD 与迭代次数的关系曲线

图 7.17　使用最优步长公式以及固定步长的 SL0 算法重构性能收敛曲线

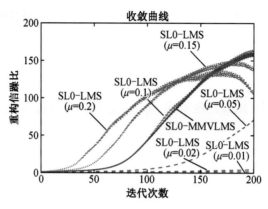

(b) RSNR 与迭代次数的关系曲线

图 **7.17**(续)

(2)仿真 2:SL0-MMVLMS 算法与传统成像算法对比

若使用传统的 RD 成像方法(缺失项补零),稀疏孔径会导致方位向分辨率降低,甚至模糊不清,如图 7.18(a)、图 7.19(a)所示。将稀疏孔径 ISAR 成像问题转化为稀疏信号重构问题,采用传统的重构算法如 SMV-OMP、SMV-SL0、MMV-SL0 和 MMV-SBL 算法,成像结果如图 7.18 和图 7.19 中(b)~(e)所示。而根据表中所述 SL0-MMVLMS 成像算法对稀疏孔径回波进行 ISAR 成像,成像结果如图 7.18(f)和图 7.19(f)所示。各种算法成像结果的相关指标如表 7.10 所示。

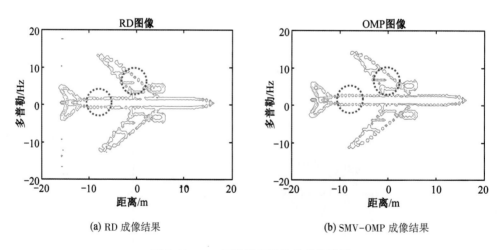

(a) RD 成像结果　　　　　　　　　　(b) SMV-OMP 成像结果

图 **7.18**　50%回波随机缺失的成像结果

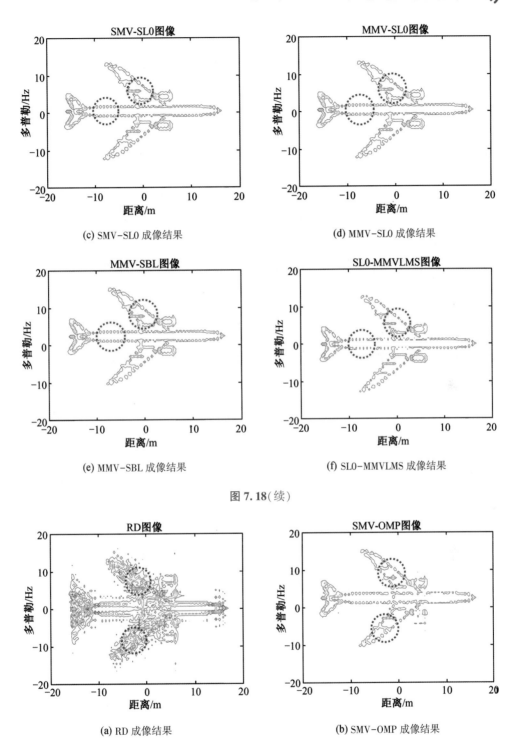

(c) SMV-SL0 成像结果　　　　　(d) MMV-SL0 成像结果

(e) MMV-SBL 成像结果　　　　　(f) SL0-MMVLMS 成像结果

图 7.18(续)

(a) RD 成像结果　　　　　(b) SMV-OMP 成像结果

图 7.19　25%回波块缺失的成像结果

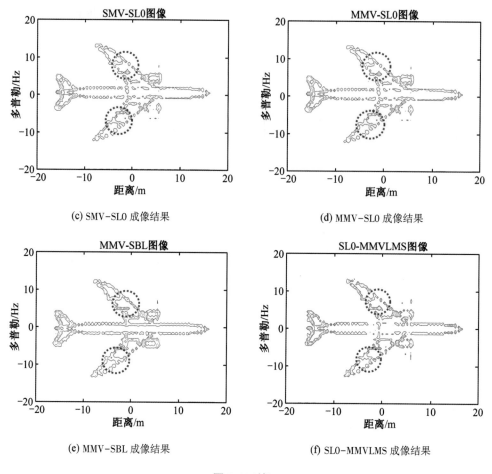

(e) MMV-SBL 成像结果　　　　　　　　(f) SL0-MMVLMS 成像结果

图 7.19(续)

可见,目标回波存在缺失时,采用传统的 RD 算法成像时方位向存在散焦,方位向分辨率降低。利用 OMP、SL0 及 SBL 等传统压缩感知算法通过对稀疏信号重构实现了稀疏孔径方位向成像,在一定程度上缓解了方位向散焦现象,提高了方位向分辨率,其图像质量如表 7.10 所示,相较于 RD 图像,图像更为清晰。本书所提出的 SL0-MMVLMS 算法在自适应滤波框架重构算法的基础上,引入 SL0 范数,两者结合进一步提高了重构精度,因而所成方位向较 IRLS 和 OMP 更为聚焦,图像熵(平均降低了7.7%)和等效视数(平均降低了15.8%)均有所降低,图像质量更优,如图 7.18(e)、图7.19(e)和表 7.10 所示。但由于回波中无噪声影响,各重构算法所成图像相仿。与图 7.10、图 7.11 及表 7.5 相比较,在 MMV 框架下实现 SL0-LMS 算法所成图像的质量与 SMV 框架下所成图像的质量相近,SL0-MMVLMS 算法在提高运行效率的同时并未损害原算法性能。

表 7.10　各算法成像结果的图像质量

| 图像 | | | 熵 | 等效视数 | 平均梯度 | 距离峰值旁瓣比/dB | 方位峰值旁瓣比/dB |
|---|---|---|---|---|---|---|---|
| 随机缺失 | RD | 图 7.17(a) | 8.569 5 | 0.147 7 | **72.1** | 7.469 3 | 5.282 3 |
| | SMV-OMP | 图 7.17(b) | *6.455 4* | *0.073 7* | 0.462 3 | 7.609 4 | *5.653 8* |
| | SMV-SL0 | 图 7.17(c) | 6.719 9 | 0.078 3 | 0.441 9 | *7.644 3* | 5.492 8 |
| | MMV-SL0 | 图 7.17(d) | 6.751 0 | 0.078 7 | 0.442 1 | *7.644 3* | 5.492 8 |
| | MMV-SBL | 图 7.17(e) | 6.758 8 | 0.078 8 | 0.441 1 | 7.642 6 | 5.485 8 |
| | SL0-MMVLMS | 图 7.17(f) | **5.936 5** | **0.062 8** | *0.547 5* | 7.403 6 | **8.003 2** |
| 块缺失 | RD | 图 7.18(a) | 7.351 5 | 0.095 2 | **92.0** | 7.070 6 | *4.802 2* |
| | SMV-OMP | 图 7.18(b) | *6.470 0* | 0.073 4 | 0.523 2 | **7.871 2** | 4.654 6 |
| | SMV-SL0 | 图 7.18(c) | 6.841 0 | *0.079 3* | 0.504 1 | *7.809 3* | 4.622 6 |
| | MMV-SL0 | 图 7.18(d) | 6.872 6 | 0.079 7 | 0.504 5 | 7.809 3 | 4.622 6 |
| | MMV-SBL | 图 7.18(e) | 7.270 2 | 0.091 0 | 0.447 7 | 7.323 0 | **5.642 8** |
| | SL0-MMVLMS | 图 7.18(f) | **5.999 8** | **0.065 9** | *0.538 3* | 5.786 1 | 4.428 2 |

注:黑体表示最优值,黑斜体表示次优值。

在方位向回波中加入噪声,并使信噪比为 -50 dB,此时采用缺失项补零的 RD 算法所成图像如图 7.20(a)、图 7.21(a)所示,各重构算法所成图像则如图 7.20 和图 7.21 中(b)~(f)所示,各成像结果的相关指标如表 7.11 所示。

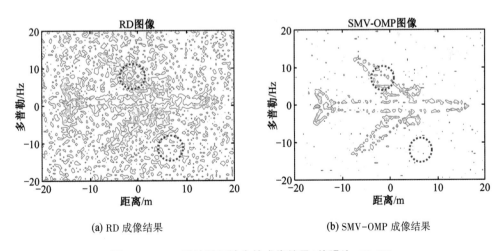

(a) RD 成像结果　　　　　　　　　(b) SMV-OMP 成像结果

图 7.20　50%回波随机缺失的成像结果(信噪比 -50 dB)

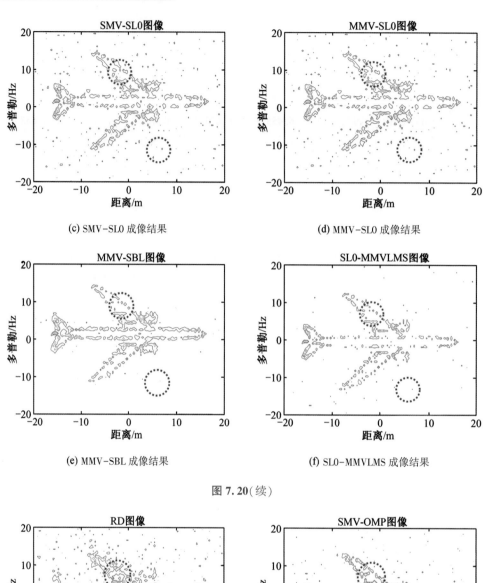

(c) SMV-SL0 成像结果

(d) MMV-SL0 成像结果

(e) MMV-SBL 成像结果

(f) SL0-MMVLMS 成像结果

图 7.20（续）

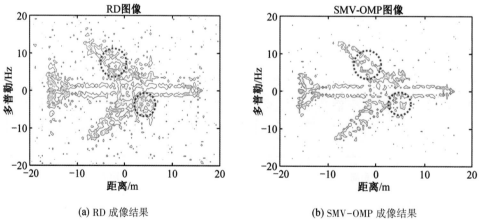

(a) RD 成像结果

(b) SMV-OMP 成像结果

图 7.21　25%回波块缺失的成像结果（信噪比−50 dB）

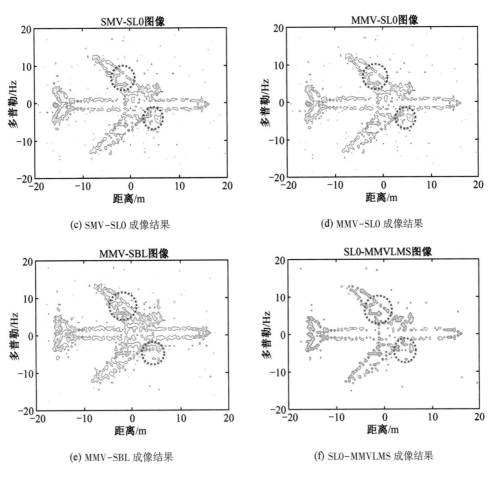

(c) SMV-SL0 成像结果　　　　　　(d) MMV-SL0 成像结果

(e) MMV-SBL 成像结果　　　　　　(f) SL0-MMVLMS 成像结果

图 7.21(续)

　　由图 7.20 和图 7.21 中红色圆框内所示机翼及成像背景对比可知,稀疏回波中加入噪声后,缺失项补零的 RD 算法效果进一步恶化,而传统压缩感知重构算法 OMP、SL0、SBL 算法也受噪声影响,所成图像中存在噪声斑点,目标点散焦,图像质量较无噪声时有所下降,如表 7.11 所示。相比较而言,SL0-MMVLMS 算法结合了 LMS 算法及SL0 算法的抗噪性,在低信噪比条件下所重构的目标图像较为清晰,图像熵(平均降低了 26.7%)、等效视数(平均降低了 67.9%)较 OMP、SL0 及 SBL 算法低,图像质量更优。

表 7.11　各算法成像结果的图像质量

| 图像 | | 熵 | 等效视数 | 平均梯度 | 距离峰值旁瓣比/dB | 方位峰值旁瓣比/dB |
|---|---|---|---|---|---|---|
| 随机缺失 | RD　图 7.19(a) | 10.641 2 | 0.868 7 | **217.3** | 6.321 0 | 5.455 7 |
| | SMV-OMP　图 7.19(b) | *8.341 7* | *0.208 2* | 7.437 3 | **8.019 3** | 5.844 4 |
| | SMV-SL0　图 7.19(c) | 9.602 6 | 0.358 6 | *7.699 4* | 7.286 0 | 5.566 9 |
| | MMV-SL0　图 7.19(d) | 9.602 6 | 0.358 6 | 7.699 4 | 7.282 4 | 5.566 9 |
| | MMV-SBL　图 7.19(e) | 10.340 6 | 0.399 9 | 0.660 3 | 7.059 3 | **6.330 0** |
| | SL0-MMVLMS　图 7.19(f) | **6.455 4** | **0.079 2** | 0.754 9 | 7.585 9 | 5.986 4 |
| 块缺失 | RD　图 7.20(a) | 10.524 5 | 0.589 1 | **226.1** | 4.404 0 | 5.036 2 |
| | SMV-OMP　图 7.20(b) | *8.201 7* | *0.174 6* | 7.149 7 | 4.195 7 | 5.436 3 |
| | SMV-SL0　图 7.20(c) | 10.050 6 | 0.395 1 | *7.387 4* | **5.557 4** | 6.339 3 |
| | MMV-SL0　图 7.20(d) | 10.050 6 | 0.395 1 | 7.387 4 | **5.557 4** | 6.339 3 |
| | MMV-SBL　图 7.20(e) | 10.407 7 | 0.448 6 | 0.772 6 | 4.270 4 | 5.506 2 |
| | SL0-MMVLMS　图 7.20(f) | **6.004 3** | **0.066 6** | 0.608 3 | 7.986 8 | *4.163 6* |

注:黑体表示最优值,黑斜体表示次优值。

　　由仿真 2 的两组实验结果可知,SL0-MMVLMS 算法在提高了运行效率的同时保证了原算法方位向分辨率较高,且具有较好抗噪性的特点。

　　(3)仿真 3:信噪比对重构结果的影响

　　为进一步研究噪声对所提 SL0-MMVLMS 算法性能的影响,设置信噪比从-60 dB 依次递增 10 dB 至 0 dB,其余参数与仿真 2 设置相同,并以 SMV-OMP、SMV-SL0、MMV-SL0 和 MMV-SBL 算法作为对照组分析 SL0-MMVLMS 算法在不同信噪比条件下的重构效果,以图像熵和等效视数为例,六种算法重构所得图像的图像质量曲线如图 7.22 所示。

　　可见,随着信噪比 SNR 逐渐增大,各算法所得图像的图像熵、等效视数均逐渐减小,其图像质量逐渐提高,且与 SMV-OMP、SMV-SL0、MMV-SL0 和 MMV-SBL 算法对比,当信噪比大于等于-50 dB 时,SL0-MMVLMS 算法所得图像的图像熵、等效视数更小,重构性能更优。

　　(4)仿真 4:稀疏度对重构结果的影响

　　为进一步研究稀疏度对所提 SL0-MMVLMS 算法性能的影响,设置稀疏度从 0.1 依次递增 0.1 至 0.9,其余参数与仿真 2 设置相同,并以 SMV-OMP、SMV-SL0、MMV-SL0 和 MMV-SBL 算法作为对照组分析 SL0-MMVLMS 算法在不同稀疏度条件下的重构效果,以图像熵和等效视数为例,六种算法重构所得图像的图像质量曲线如图 7.23

所示。

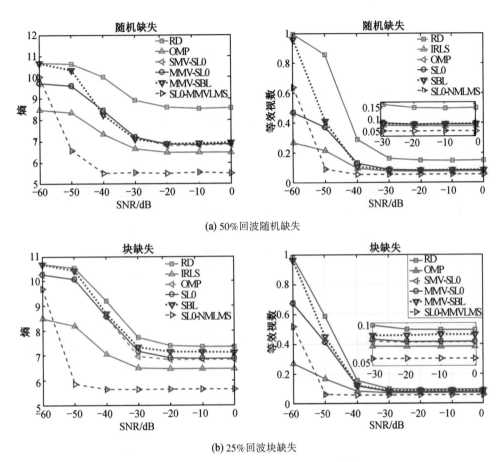

(a) 50%回波随机缺失

(b) 25%回波块缺失

图 7.22　不同信噪比下重构图像质量曲线

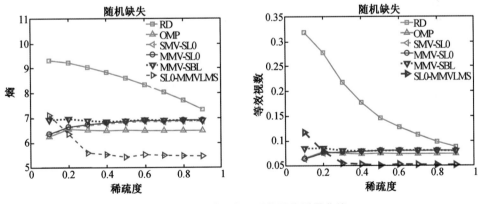

图 7.23　不同稀疏度下重构图像质量曲线

由图 7.23 可知,随着稀疏度逐渐增大,RD 和 SL0-MMVLMS 算法重构得到的图像的图像熵及等效视数逐渐减小,图像质量有所提高。而 OMP、SL0 和 MMV-SBL 算法的重构性能对稀疏度较为敏感,随着稀疏度增大,重构图像熵逐渐增大。这说明,相较于传统重构算法,SL0-MMVLMS 算法对稀疏度敏感性较低,当稀疏度大于 0.1 时均能取得较好的重构性能。

(5)仿真 5:实测数据验证

这里使用 Yak-42 飞机目标的实测数据进一步验证 SL0-MMVLMS 算法性能。

假设回波有所缺失,此时稀疏孔径 RD 成像的结果为图 7.24(a)和图 7.25(a)。利用各重构算法进行稀疏孔径 ISAR 成像结果为图 7.24 和图 7.25 中的(b)~(f)。各成像结果的图像质量指标如表 7.12 所示。

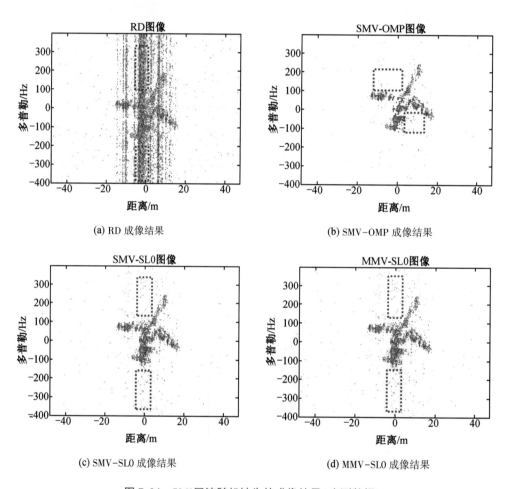

(a) RD 成像结果

(b) SMV-OMP 成像结果

(c) SMV-SL0 成像结果

(d) MMV-SL0 成像结果

图 7.24　50%回波随机缺失的成像结果(实测数据)

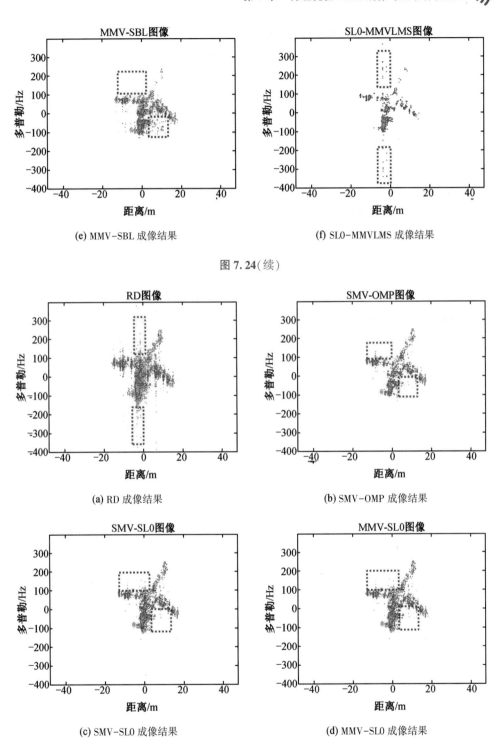

(e) MMV-SBL 成像结果　　　　　　　　　(f) SL0-MMVLMS 成像结果

图 7.24(续)

(a) RD 成像结果　　　　　　　　　(b) SMV-OMP 成像结果

(c) SMV-SL0 成像结果　　　　　　　　　(d) MMV-SL0 成像结果

图 7.25　25% 回波块缺失的成像结果(实测数据)

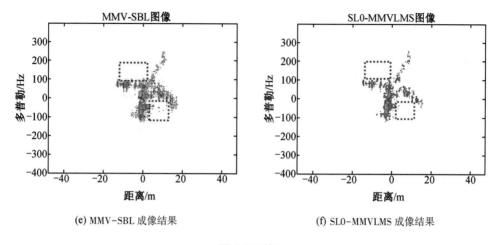

(e) MMV-SBL 成像结果　　　　　　　　(f) SL0-MMVLMS 成像结果

图 7.25(续)

对比图 7.24~图 7.25 及表 7.12 可知,SL0-MMVLMS 算法对于实测数据同样有效,其所成图像的图像熵(平均降低了 5.6%)较小,图像质量较优。然而,SL0-MMV-LMS 算法使用二维矩阵的零范数作为稀疏约束,稀疏性有所降低,降低了压缩感知的重构性能,重构图像的图像熵(平均增大了 5.5%)和等效视数(平均增大了 40.4%)均有所恶化,在提高运行效率同时牺牲了一定的重构精度。

表 7.12　各算法成像结果的图像质量

| 图像 | | 熵 | 等效视数 | 平均梯度 | 距离峰值旁瓣比/dB | 方位峰值旁瓣比/dB |
|---|---|---|---|---|---|---|
| 随机缺失 | RD　图 7.23(a) | 8.814 9 | 0.105 2 | **148.9** | 8.253 5 | 8.321 5 |
| | SMV-OMP　图 7.23(b) | *6.060 9* | *0.042 4* | 0.995 4 | 8.803 3 | 9.015 0 |
| | SMV-SL0　图 7.23(c) | 6.968 4 | 0.050 3 | **7.009 0** | **8.867 5** | *9.073 7* |
| | MMV-SL0　图 7.23(d) | 6.968 4 | 0.050 3 | 7.009 0 | *8.867 1* | 9.073 7 |
| | MMV-SBL　图 7.23(e) | 6.709 2 | 0.044 1 | 0.783 4 | 8.308 7 | *9.841 8* |
| | SL0-MMVLMS　图 7.23(f) | **5.233 5** | **0.036 8** | 0.872 9 | 8.252 6 | 8.887 2 |
| 块缺失 | RD　图 7.24(a) | 7.469 1 | 0.058 9 | **185.7** | *16.721 7* | 7.943 0 |
| | SMV-OMP　图 7.24(b) | **5.470 7** | **0.036 2** | 7.069 9 | 9.539 3 | 8.903 3 |
| | SMV-SL0　图 7.24(c) | 6.125 0 | *0.041 3* | 7.021 0 | 9.682 7 | *9.710 2* |
| | MMV-SL0　图 7.24(d) | 6.832 8 | 0.046 0 | **7.076 4** | 9.682 7 | 9.710 2 |
| | MMV-SBL　图 7.24(e) | 6.871 6 | 0.044 9 | 0.763 0 | 9.828 5 | 8.901 3 |
| | SL0-MMVLMS　图 7.24(f) | *5.607 0* | 0.042 3 | 0.827 2 | **17.294 2** | **13.830 2** |

注:黑体表示最优值,黑科体表示次代值。

## 7.4　基于联合稀疏和低秩特性的稀疏孔径 ISAR 成像算法

Candes 等指出,压缩感知的重构性能受信号信噪比影响较大,当信噪比较低时,重构误差较大。为进一步提高稀疏孔径 ISAR 成像精度,需要改善回波信号的信噪比条件。若目标分布是低秩的,而噪声通常不相关,即满秩,则可以利用低秩特性进行降噪。此时,稀疏孔径 ISAR 成像可以转化为稀疏低秩矩阵的重构问题,然而,求解零范数和矩阵秩为 NP 难问题,常使用 $l_1$ 范数和核范数进行近似求解。不幸的是,Oymak 等证明,使用凸函数对联合特征进行优化重构的性能与对单一特征优化重构的性能相当。为此,其引入了非凸函数进行优化重构。然而,非凸函数面临多极值点问题,容易在优化过程中陷入局部最优,对此,Chen Wei 提出了非凸不可分解正则化方法,利用稀疏贝叶斯学习方法推导新的代价函数,最终实现优化重构,然而该算法复杂度较高,且对矩阵秩的大小较为敏感。Ankit Parekh 则构建了参数化非凸惩罚项,通过参数的设置确保了代价函数为凸,既充分利用了联合特征的抗噪性,又避免了局部最优,然而,该方法当前仅应用于实数域。

本节针对稀疏孔径 ISAR 二维成像问题,利用目标分布的稀疏性和低秩性将成像问题转化为稀疏低秩信号重构问题,提出一种基于稀疏和低秩联合约束的信号矩阵重构算法。

### 7.4.1　问题描述

如前文所述,稀疏孔径 ISAR 二维成像问题可建模为

$$S_{M\times N}=\Theta_{M\times Q}\Sigma_{Q\times N} \tag{7.55}$$

为求解式(7.55),引入 $\Sigma$ 的稀疏性和低秩性进行限定,则上式可转化为求解:

$$\Sigma^*=\arg\min_{\Sigma\in\mathbf{R}^{Q\times N}}\left\{\frac{1}{2}\parallel S-\Theta\Sigma\parallel_{\mathrm{F}}^2+\lambda_0\parallel\Sigma\parallel_0+\lambda_1\mathrm{rank}(\Sigma)\right\} \tag{7.56}$$

式中,$\parallel\Sigma\parallel_0$ 为 $\Sigma$ 的零范数;$\mathrm{rank}(\Sigma)$ 为 $\Sigma$ 的秩。

该问题为 NP 难问题,通常使用 $l_1$ 范数和核范数描述稀疏性和低秩性,即求解

$$\Sigma^*=\arg\min_{\Sigma\in\mathbf{R}^{Q\times N}}\left\{\frac{1}{2}\parallel S-\Theta\Sigma\parallel_{\mathrm{F}}^2+\lambda_0\parallel\Sigma\parallel_1+\lambda_1\parallel\Sigma\parallel_*\right\} \tag{7.57}$$

式中,$\parallel\Sigma\parallel_1=\sum_{i,j}|\Sigma_{i,j}|$ 为 $\Sigma$ 的 $l_1$ 范数;$\parallel\Sigma\parallel_*=\sum_l\sigma_l(\Sigma)$ 为 $\Sigma$ 的核范数;$\sigma_l(\Sigma)$ 为 $\Sigma$ 的奇异值。

$l_1$ 范数和核范数均为凸松弛,其中,核范数可视为信号矩阵奇异值的 $l_1$ 范数,两者相加后容易产生过松弛现象,导致联合特征法的效果并不优于单一特征法,具体证明可参见 Oymak 的文献。

为更准确描述信号特性,我们采用了非凸惩罚函数,同时为避免非凸正则化可能面临的局部最优解问题,进行了参数化改进,则式(7.57)可以转化为求解:

$$\boldsymbol{\Sigma}^* = \arg\min_{\boldsymbol{\Sigma}\in\mathbf{R}^{Q\times N}}\left\{F(\boldsymbol{\Sigma}):=\frac{1}{2}\|\boldsymbol{S}-\boldsymbol{\Theta\Sigma}\|_F^2+\lambda_0\sum_{i=1}^{Q}\sum_{j=1}^{N}\phi(\boldsymbol{\Sigma}_{i,j};a_0)+\lambda_1\sum_{l=1}^{L}\phi(\sigma_l(\boldsymbol{\Sigma});a_1)\right\}$$

$$(7.58)$$

式中,$\phi:\mathbf{R}\rightarrow\mathbf{R}$ 为参数化非凸函数;$L=\min(Q,N)$ 为奇异值个数。

当 $\lambda_0=0$ 时,式(7.58)简化为广义核范数最小化问题。

至此,稀疏孔径 ISAR 成像问题转化为基于参数化非凸函数的稀疏低秩信号重构问题。

### 7.4.2　平滑零范数–低秩最小均方算法(SL0–LRLMS)

由式(7.58)可知,求解该问题有两个关键步骤:一是寻找一非凸函数且保证整体代价函数为凸;二是实现代价函数凸优化的高效算法。

(1)参数化非凸惩罚函数

为确保式(7.58)中 $\phi$ 为非凸函数的同时整体代价函数为凸,Ankit Parekh 提出了一种参数化非凸惩罚函数,如图 7.26 所示。

$$\phi(x;a):=\frac{|x|}{1+a|x|},\quad a\geq 0 \tag{7.59}$$

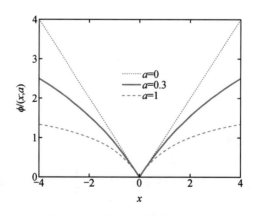

图 7.26　非凸惩罚函数 $\phi(x;a)$

该函数主要满足以下特性:

①$\phi$ 在 $\mathbf{R}$ 上连续且在 $\mathbf{R}\backslash\{0\}$ 上二阶可导,$\phi$ 对称即 $\phi(-x;a)=\phi(x,a)$;

②$\phi'(x)>0,x>0$;

③$\phi''(x)\leq 0,x>0$;

④$\phi'(0^+)=1$;

⑤$\inf\limits_{x\neq0}\phi''(x;a)=\phi''(0^+;a)=-a$。

然而,绝对值函数在复数域不可导,故构造新的非凸惩罚函数:

$$\phi(x;a):=\frac{\sqrt{xx^*}+2a(\sqrt{xx^*})^2}{2+2a\sqrt{xx^*}},x\in\mathbf{C} \tag{7.60}$$

该函数如图 7.27(a)所示,其为对称函数。将新的非凸惩罚函数代入式(7.58)中,为保证整体代价函数的凸性,需设置参数 $a_0$、$a_1$、$\lambda_0$ 和 $\lambda_1$。

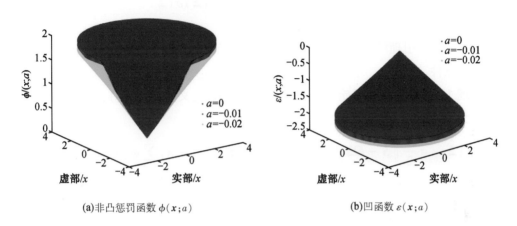

(a)非凸惩罚函数 $\phi(x;a)$　　　　(b)凹函数 $\varepsilon(x;a)$

图 7.27　新的非凸惩罚函数 $\phi(x;a)$ 和凹函数 $\varepsilon(x;a)$

为证明该函数的有效性,这里引入以下三个引理辅助推导(三个引理的证明略)。

**引理 1**　引入函数 $\varepsilon(x;a):=\phi(x;a)-\sqrt{xx^*}$(如图 7.26(b)所示),可证当

$$a\in\left(-\frac{1}{\sup|x|},0\right] \tag{7.61}$$

时,该函数为二阶连续可导,凹函数。

**引理 2**　若 $\varepsilon:\mathbf{C}\to\mathbf{R}$ 是定义在 $\mathbf{C}$ 上的一个函数,$\varepsilon(x;a):=\phi(x;a)-\sqrt{xx^*}$,$\phi(x;a)$ 如式(7.60)定义,则函数 $G_1:\mathbf{C}^{Q\times N}\to\mathbf{R}$ 定义为

$$G_1(\boldsymbol{\Sigma}):=\frac{\alpha_1}{2}\|\boldsymbol{S}-\boldsymbol{\Theta\Sigma}\|_\mathrm{F}^2+\lambda_0\sum_{i=1}^Q\sum_{j=1}^N\varepsilon(\boldsymbol{\Sigma}_{i,j};a_0) \tag{7.62}$$

式中,$\alpha_1>0$ 为正则化因子。

则 $G_1(\boldsymbol{\Sigma})$ 为严格凸函数,当

$$a_0\lambda_0>-\alpha_1\inf\limits_{\sigma}\{(1+a\sqrt{\sigma\sigma^*})^2\cdot\min[1+a\sqrt{\sigma\sigma^*},2\sigma\sigma^*(1+a\sqrt{\sigma\sigma^*}),-2a\sqrt{\sigma\sigma^*}]\} \tag{7.63}$$

**引理 3**　若 $\varepsilon:\mathbf{C}\to\mathbf{R}$ 是定义在 $\mathbf{C}$ 上的一个函数,$\varepsilon(x;a):=\phi(x;a)-\sqrt{xx^*}$,且 $2a\leq\varepsilon''(x;a)\leq0$,$\phi(x;a)$ 如式(7.60)定义,则函数 $G_2:\mathbf{C}^{Q\times N}\to\mathbf{R}$ 定义为

$$G_2(\boldsymbol{\Sigma}) := \frac{\alpha_2}{2} \| \boldsymbol{S} - \boldsymbol{\Theta\Sigma} \|_{\mathrm{F}}^2 + \lambda_1 \sum_{l=1}^{L} \varepsilon(\sigma_l(\boldsymbol{\Sigma}); a_1) \tag{7.64}$$

式中,$\alpha_2 > 0$ 为正则化因子。

则 $G_2(\boldsymbol{\Sigma})$ 为严格凸函数,当

$$a_1\lambda_1 > -\alpha_2 \inf_{\sigma(\boldsymbol{\Sigma})} \left\{ (1+a\sqrt{\sigma(\boldsymbol{\Sigma})\sigma(\boldsymbol{\Sigma})^*})^2 \cdot \min \begin{bmatrix} 1+a\sqrt{\sigma(\boldsymbol{\Sigma})\sigma(\boldsymbol{\Sigma})^*}, \\ 2\sigma(\boldsymbol{\Sigma})\sigma(\boldsymbol{\Sigma})^*(1+a\sqrt{\sigma(\boldsymbol{\Sigma})\sigma(\boldsymbol{\Sigma})^*}), \\ -2a\sqrt{\sigma(\boldsymbol{\Sigma})\sigma(\boldsymbol{\Sigma})^*} \end{bmatrix} \right\} \tag{7.65}$$

由以上三个引理可以推得,为满足整体代价函数为凸函数,参数 $a_0$、$a_1$ 的取值需满足以下条件。

**定理 1**　若 $\phi: \mathbf{C} \to \mathbf{R}$ 是定义在 $\mathbf{C}$ 上的一个函数,定义如式(7.60),函数 $F: \mathbf{C}^{Q \times N} \to \mathbf{R}$ 定义为

$$F(\boldsymbol{\Sigma}) := \frac{1}{2} \| \boldsymbol{S} - \boldsymbol{\Theta\Sigma} \|_{\mathrm{F}}^2 + \lambda_0 \sum_{i=1}^{Q} \sum_{j=1}^{N} \phi(\boldsymbol{\Sigma}_{i,j}; a_0) + \lambda_1 \sum_{l=1}^{L} \phi(\sigma_l(\boldsymbol{\Sigma}); a_1) \tag{7.66}$$

为严格凸函数,当

$$\lambda_0 a_0 + \lambda_1 a_1 > -\zeta \tag{7.67}$$

式中,$\zeta = \max\left\{ \inf_{\sigma}, \inf_{\sigma(\boldsymbol{\Sigma})} \right\}$ 为阈值常数。

故通过设置合理的 $a_0$、$a_1$、$\lambda_1$ 和 $\lambda_2$ 值以满足式(7.67),可以构造非凸惩罚函数,且使得整体代价函数为凸。

(2)平滑零范数-低秩最小均方算法

通过构造非凸惩罚函数,将稀疏孔径 ISAR 成像问题转化为稀疏低秩矩阵重构问题。当 $\lambda_0$、$\lambda_1$、$a_0$、$a_1$ 满足式(7.67)时,$F(\boldsymbol{\Sigma})$ 为凸函数,其代价函数形式如同式(7.50),此时可利用前文所述 SL0-MMVLMS 算法进行求解。

由式(7.49)可得迭代公式为

$$\boldsymbol{H}(n+1) = \boldsymbol{H}(n) + \frac{\mathrm{Re}\{\boldsymbol{x}(n)\boldsymbol{g}(n)\boldsymbol{e}^{\mathrm{H}}(n)\}}{\boldsymbol{x}(n)\boldsymbol{g}(n)[\boldsymbol{x}(n)\boldsymbol{g}(n)]^{\mathrm{H}}} \boldsymbol{g}(n) \tag{7.68}$$

为最小化代价函数,需求得 $\phi(\boldsymbol{x}; a)$ 的梯度函数以及核范数的梯度函数。

其中,$\phi(\boldsymbol{x}; a)$ 的梯度函数为

$$\nabla\phi(\boldsymbol{x}; a) = \frac{-\boldsymbol{x}}{\sqrt{\boldsymbol{x}\boldsymbol{x}^*}(1+a\sqrt{\boldsymbol{x}\boldsymbol{x}^*})} \tag{7.69}$$

而定义核范数的平滑函数为

$$F_\delta(\boldsymbol{\Sigma}) = \sum_{l=1}^{L} f_\delta(\sigma_l(\boldsymbol{\Sigma})) = h_\delta(\sigma(\boldsymbol{\Sigma})) \tag{7.70}$$

式中，$h_\delta(\boldsymbol{x}) = \sum_i f_\delta(x_i)$ 为线性算子。则 $F_\delta(\boldsymbol{\Sigma})$ 的梯度函数为

$$\nabla F_\delta(\boldsymbol{\Sigma}) = \boldsymbol{U} \text{diag}(\chi) \boldsymbol{V}^{\text{H}} \tag{7.71}$$

式中，$\boldsymbol{\Sigma} = \boldsymbol{U} \text{diag}[\sigma(\boldsymbol{\Sigma})] \boldsymbol{V}^{\text{H}}$ 为奇异值分解（singular value decomposition, SVD）；$\chi = \partial h_\delta(\boldsymbol{y}) / \partial \boldsymbol{y}|_{\boldsymbol{y}=\sigma(\boldsymbol{\Sigma})}$ 为 $h_\delta$ 在 $\sigma(\boldsymbol{\Sigma})$ 的梯度，可由式（7.69）计算得到。

由上文可知，随着 $a \to 0$，该非凸函数 $\phi(\boldsymbol{x}; a)$ 与信号的 $l_1$ 范数、核范数越接近，但其平滑度也越差，为此可借鉴平滑零范数思想，选择一个逐步趋近零的序列 $\{a^{(i)}\}$ 来获取一系列平滑函数，从而不断逼近信号的 $l_1$ 范数和核范数。故最小化代价函数 $F(\boldsymbol{\Sigma})$，可得新的系数迭代公式为

$$\begin{aligned}
\boldsymbol{H}(n+1) = \boldsymbol{H}(n) &+ \frac{\text{Re}\{\boldsymbol{x}(n)\boldsymbol{g}(n)\boldsymbol{e}^{\text{H}}(n)\}}{\boldsymbol{x}(n)\boldsymbol{g}(n)[\boldsymbol{x}(n)\boldsymbol{g}(n)]^{\text{H}}}\boldsymbol{g}(n) + \\
&\lambda_0 \sum_{i=1}^{Q} \sum_{j=1}^{N} \frac{\boldsymbol{H}_{i,j}(n)}{\sqrt{\boldsymbol{H}_{i,j}(n)\boldsymbol{H}_{i,j}^*(n)}\left[1 + a_0\sqrt{\boldsymbol{H}_{i,j}(n)\boldsymbol{H}_{i,j}^*(n)}\right]} + \\
&\lambda_1 \boldsymbol{U} \text{diag}\left[\frac{\sigma_l(\boldsymbol{H}(n))}{\sqrt{\sigma_l(\boldsymbol{H}(n))\sigma_l^*(\boldsymbol{H}(n))}\left[1 + a_1\sqrt{\sigma_l(\boldsymbol{H}(n))\sigma_l^*(\boldsymbol{H}(n))}\right]}\right]\boldsymbol{V}'
\end{aligned} \tag{7.72}$$

此即为 SL0-LRLMS 重构算法。

令 $\boldsymbol{H} = \boldsymbol{\Sigma}$，则可根据迭代式（7.72）求解二维 CS-ISAR 重构问题，其算法流程如表 7.13 所示，此即平滑零范数－低秩最小均方算法（smoothed zero norm-low rank least mean square, SL0-LRLMS）。

表 7.13　SL0-LRLMS 算法流程

---

SL0-LRLMS 重构算法

---

1. 输入：回波信号 $\boldsymbol{S} = [\boldsymbol{s}_1^{\text{T}}, \boldsymbol{s}_2^{\text{T}}, \cdots, \boldsymbol{s}_M^{\text{T}}]^{\text{T}}$，感知矩阵 $\boldsymbol{\Theta} = [\boldsymbol{\theta}_1^{\text{T}}, \boldsymbol{\theta}_2^{\text{T}}, \cdots, \boldsymbol{\theta}_M^{\text{T}}]^{\text{T}}$

2. 初始化：$\boldsymbol{\Sigma}(0) = \boldsymbol{0}, n = 1$，设置 $a_0, a_1, \lambda_0, \lambda_1, a_{\max}$；

3. 当迭代条件 $a_i < a_{\max} < 0, i = 0, 1$ 满足时：

4.　　确定输入向量 $\boldsymbol{x}(n)$ 和期望向量 $\boldsymbol{d}(n)$

　　　$k = \text{mod}(n, M) + 1; \boldsymbol{x}(n) = \boldsymbol{\theta}_k; \boldsymbol{d}(n) = \boldsymbol{s}_k$；

5.　　计算递归误差和代价函数的一阶导数

　　　$\boldsymbol{e}(n) = \boldsymbol{d}(n) - \boldsymbol{x}(n)\boldsymbol{\Sigma}(n)$；

　　　$\boldsymbol{g}(n) = \nabla f(\boldsymbol{\Sigma}(n)) = -2\boldsymbol{x}^{\text{H}}(n)\boldsymbol{e}(n)$；

6.　　更新 $\nabla\varphi(\boldsymbol{\Sigma}_{i,j}; a_0)$

　　　$\nabla\varphi(\boldsymbol{\Sigma}_{i,j}; a) = -\boldsymbol{\Sigma}_{i,j} / [\sqrt{\boldsymbol{\Sigma}_{i,j}\boldsymbol{\Sigma}_{i,j}^*}(1 + a_0\sqrt{\boldsymbol{\Sigma}_{i,j}\boldsymbol{\Sigma}_{i,j}^*})]$；

---

表 7.13(续)

7. 　更新 $\nabla \varphi ( \sigma_l ( \boldsymbol{\Sigma} ) ; a_1 )$

　　奇异值分解 $[ \boldsymbol{U} , \boldsymbol{\Lambda} , \boldsymbol{V} ] = \mathrm{svd} ( \boldsymbol{\Sigma} ( n ) )$；

　　$\chi = -\sigma ( \boldsymbol{\Sigma} ) / [ \ \sqrt{\sigma ( \boldsymbol{\Sigma} ) \sigma^{*} ( \boldsymbol{\Sigma} )} \ ( 1 + a_0 \ \sqrt{\sigma ( \boldsymbol{\Sigma} ) \sigma^{*} ( \boldsymbol{\Sigma} )} ) ]$

　　$\nabla F_{\delta} ( \boldsymbol{\Sigma} ) = \boldsymbol{U} \mathrm{diag} ( \chi ) \boldsymbol{V}^{\mathrm{H}}$；

8. 　更新 $\boldsymbol{\Sigma} ( n + 1 )$

$$\boldsymbol{\Sigma} ( n + 1 ) = \boldsymbol{\Sigma} ( n ) + \frac{\mathrm{Re} \{ ( \boldsymbol{x} ( n ) \boldsymbol{g} ( n ) ) ( \boldsymbol{e} ( n ) )^{\mathrm{H}} \}}{( \boldsymbol{x} ( n ) \boldsymbol{g} ( n ) ) ( \boldsymbol{x} ( n ) \boldsymbol{g} ( n ) )^{\mathrm{H}}} \boldsymbol{g} ( n ) +$$

$$\lambda_0 \sum_{i=1}^{Q} \sum_{j=1}^{N} \frac{\boldsymbol{\Sigma}_{i,j} ( n )}{\sqrt{\boldsymbol{\Sigma}_{i,j} ( n ) \boldsymbol{\Sigma}_{i,j}^{*} ( n )} ( 1 + a_0 \sqrt{\boldsymbol{\Sigma}_{i,j} ( n ) \boldsymbol{\Sigma}_{i,j}^{*} ( n )} )} +$$

$$\lambda_1 \boldsymbol{U} \mathrm{diag} \left[ \frac{\sigma_l ( \boldsymbol{\Sigma} ( n ) )}{\sqrt{\sigma_l ( \boldsymbol{\Sigma} ( n ) ) \sigma_l^{*} ( \boldsymbol{\Sigma} ( n ) )} ( 1 + a_1 \sqrt{\sigma_l ( \boldsymbol{\Sigma} ( n ) ) \sigma_l^{*} ( \boldsymbol{\Sigma} ( n ) )} )} \right] \boldsymbol{V}'$$；

9. 　迭代次数递增 $n = n + 1$；

10. 　经过一定迭代次数后增大 $a_0$、$a_1$

　　$a_i = \rho a_i , 0 < \rho < 1 , i = 0 , 1$

11. 迭代停止

### 7.4.3　仿真实验及分析

为验证算法的有效性,本节从不同信噪比、不同稀疏孔径、不同目标分布矩阵的秩条件等方面对所提算法和原 SL0-MMVLMS 算法进行了比较,并利用实测数据进行了验证。

(1)仿真 1:SL0-LRLMS 算法与原 SL0-MMVLMS 算法对比

设置仿真条件同 7.3 节一致。若使用传统的 RD 成像方法(缺失项补零),稀疏孔径会导致方位向分辨率降低,甚至模糊不清,如图 7.28(a)、图 7.29(a)所示。根据式(7.10)~式(7.12)将稀疏孔径 ISAR 成像问题转化为稀疏信号重构问题,采用自适应滤波框架重构算法(SL0-MMVLMS)以及表中所述 SL0-LRLMS 算法进行重构,成像结果如图 7.28 和图 7.29 中(b)~(c)所示。各算法成像结果的相关指标如表 7.14 所示。

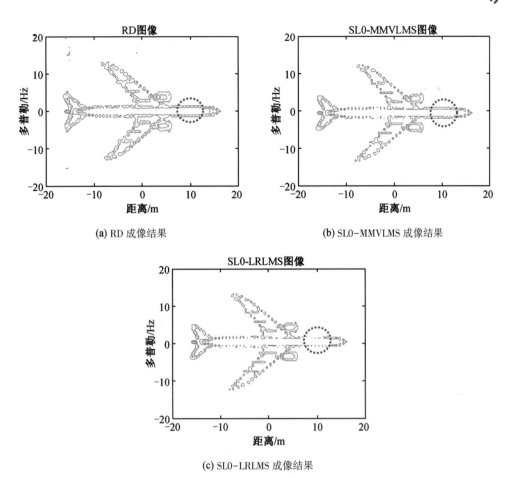

(a) RD 成像结果　　　　　　　　　(b) SL0-MMVLMS 成像结果

(c) SL0-LRLMS 成像结果

图 7.28　50%回波随机缺失的成像结果

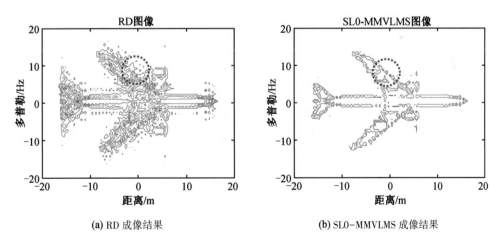

(a) RD 成像结果　　　　　　　　　(b) SL0-MMVLMS 成像结果

图 7.29　25%回波块缺失的成像结果

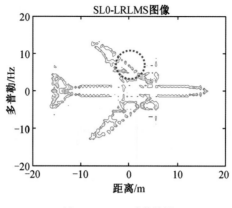

(c) SL0-LRLMS 成像结果

图 7.29(续)

表 7.14  各算法成像结果的图像质量

| 图像 | | | 熵 | 等效视数 | 平均梯度 | 距离峰值旁瓣比/dB | 方位峰值旁瓣比/dB |
|---|---|---|---|---|---|---|---|
| 随机缺失 | RD | 图 7.27(a) | 8.569 5 | 0.147 7 | **72.1** | **7.4693** | 5.282 3 |
| | SL0-MMVLMS | 图 7.27(b) | *5.936 5* | *0.062 8* | *0.547 5* | 7.403 6 | *8.003 2* |
| | SL0-LRLMS | 图 7.27(c) | **5.893 7** | **0.061 1** | 0.417 2 | **7.703 4** | **9.164 1** |
| 块缺失 | RD | 图 7.28(a) | 7.351 5 | 0.095 2 | **92.0** | 7.070 6 | **4.802 2** |
| | SL0-MMVLMS | 图 7.28(b) | *5.999 8* | *0.065 9* | *0.538 3* | 5.786 1 | *4.428 2* |
| | SL0-LRLMS | 图 7.28(c) | **5.908 3** | **0.062 9** | 0.478 4 | **6.186 5** | 4.355 7 |

注:黑体表示最优值,黑斜体表示次优值。

可见,目标回波存在缺失时,采用传统的 RD 算法成像时方位向存在散焦,方位向分辨率降低。使用上节所提 SL0-MMVLMS 算法通过对稀疏信号重构实现了稀疏孔径方位向成像,缓解了方位向散焦现象,提高了方位向分辨率,相较于 RD 图像,图像更为清晰。本文所提出的 SL0-LRLMS 算法在其基础上,引入低秩特性,进一步提高了重构精度,因而所成方位向较 SL0-MMVLMS 算法更为聚焦,图像熵(平均降低了7.1%)和等效视数(平均降低了3.6%)都有所降低,图像质量更优。但由于回波中无噪声影响,两者所成图像相仿。在方位向回波中加入噪声,使信噪比为−50 dB,此时采用缺失项补零的 RD 算法所成图像如图 7.30(a)和图 7.31(a)所示,各重构算法所成图像则如图 7.30 和图 7.31 中(b)~(c)所示,各成像结果的相关指标如表 7.15 所示。

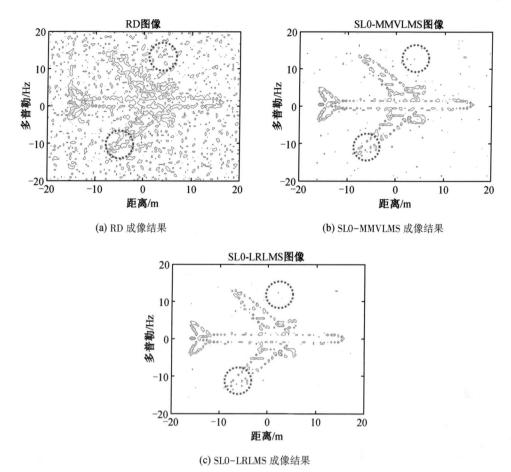

(a) RD 成像结果　　　　　　　　　(b) SL0-MMVLMS 成像结果

(c) SL0-LRLMS 成像结果

图 7.30　50%回波随机缺失的成像结果(信噪比-50 dB)

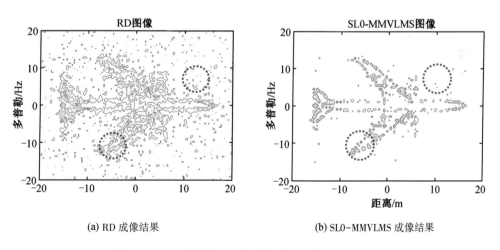

(a) RD 成像结果　　　　　　　　　(b) SL0-MMVLMS 成像结果

图 7.31　25%回波块缺失的成像结果(信噪比-50 dB)

SL0-LRLMS图像

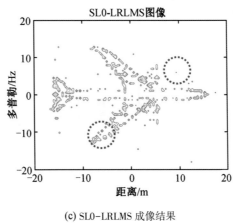

(c) SL0-LRLMS 成像结果

图 7.31(续)

由图 7.30 和图 7.31 中红色圆框内所示机翼及成像背景对比可知,稀疏回波中加入噪声后,缺失项补零的 RD 成像算法效果进一步恶化,上节所提 SL0-MMVLMS 算法结合了 LMS 算法及 SL0 算法的抗噪性,在低信噪比条件下所重构的目标图像较为清晰,但仍存在一些噪声斑点。本节在 SL0-MMVLMS 算法的基础上引入矩阵低秩特性进一步抑制噪声影响,所成图像的图像熵(平均降低了 8.0%)、等效视数(平均降低了 22.5%)较原 SL0-MMVLMS 算法低,图像质量更优,如表 7.15 所示。

表 7.15  各算法成像结果的图像质量

| 图像 | | | 熵 | 等效视数 | 平均梯度 | 距离峰值旁瓣比/dB | 方位峰值旁瓣比/dB |
|---|---|---|---|---|---|---|---|
| 随机缺失 | RD | 图 7.29(a) | 10.635 8 | 0.846 3 | **219.8** | **10.600 5** | *5.657 6* |
| | SL0-MMVLMS | 图 7.29(b) | *6.776 4* | *0.094 1* | *0.822 9* | 7.714 8 | 5.201 8 |
| | SL0-LRLMS | 图 7.29(c) | **5.848 9** | **0.057 4** | 0.453 3 | *9.239 9* | **5.829 1** |
| 块缺失 | RD | 图 7.30(a) | 10.530 9 | 0.602 5 | **224.8** | **7.926 6** | 4.198 6 |
| | SL0-MMVLMS | 图 7.30(b) | *6.089 3* | *0.068 8* | *0.604 4* | 7.441 9 | **6.706 1** |
| | SL0-LRLMS | 图 7.30(c) | **5.954 6** | **0.064 7** | 0.539 2 | *7.445 5* | *4.620 6* |

注:黑体表示最优值,黑斜体表示次优值。

由仿真 1 的两组实验结果可知,本节所提出的 SL0-LRLMS 算法在保持原有 SL0-MMVLMS 算法运行效率的同时提高了算法的抗噪性能。

(2)仿真 2:信噪比对重构结果的影响

为进一步研究噪声对所提 SL0-LRLMS 算法性能的影响,设置信噪比从 -60 dB 依次递增 10 dB 至 0 dB,其余参数与仿真 1 设置相同,并以 SMV-OMP、MMV-SL0、MMV-

410

SBL 和 SL0-MMVLMS 算法作为对照组分析 SL0-LRLMS 算法在不同信噪比条件下的
重构效果,以图像熵和等效视数为例,六种算法重构所得图像的图像质量曲线如图
7.32 所示。

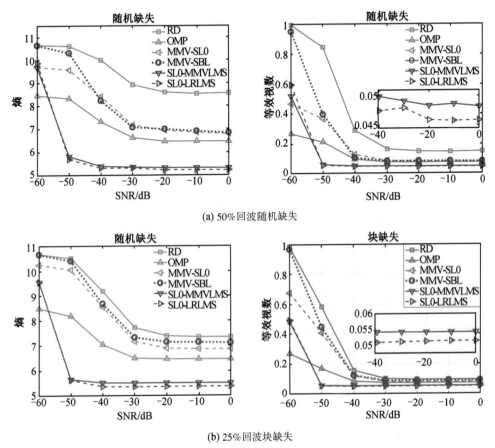

(a) 50%回波随机缺失

(b) 25%回波块缺失

图 7.32  不同信噪比下重构图像质量曲线

可见,随着信噪比 SNR 逐渐增大,各算法所得图像的图像熵、等效视数均逐渐减
小,其图像质量逐渐提高,且与 SMV-OMP、MMV-SL0、MMV-SBL 和 SL0-MMVLMS 算
法对比,当信噪比大于等于-50 dB 时,本节所提出的 SL0-LRLMS 算法所得图像的图
像熵、等效视数更小,重构性能更优。

(3)仿真 3:稀疏度对重构结果的影响

为进一步研究稀疏度对所提 SL0-LRLMS 算法性能的影响,设置稀疏度从 0.1 依
次递增 0.1 至 0.9,其余参数与仿真 2 设置相同,并以 SMV-OMP、MMV-SL0、MMV-
SBL 和 SL0-MMVLMS 算法作为对照组分析 SL0-LRLMS 算法在不同稀疏度条件下的
重构效果,以图像熵和等效视数为例,六种算法重构所得图像的图像质量曲线如图
7.33 所示。

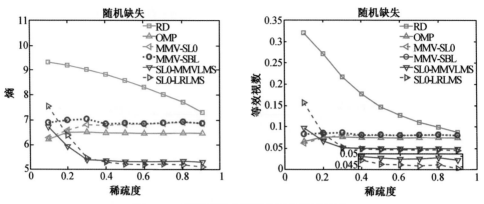

图 7.33　不同稀疏度下重构图像质量曲线

可见,随着稀疏度逐渐增大,RD、SL0-MMVLMS 和 SL0-LRLMS 算法重构得到的图像的图像熵及等效视数逐渐减小,图像质量有所提高。而 OMP、SL0 和 SBL 算法的重构性能对稀疏度较为敏感,随着稀疏度增大,重构图像熵逐渐增大。这说明,相较于传统重构算法,所提出的 SL0-LRLMS 算法继承了 SL0-MMVLMS 算法对稀疏度敏感性低的特点,当稀疏度大于 0.1 时均能取得较好的重构性能。

(4)仿真 4:矩阵的秩对重构结果的影响

SL0-LRLMS 算法结合使用了目标分布的稀疏特性和低秩特性,因而目标分布矩阵的秩对算法重构性能有较大影响,随着矩阵秩的增大,低秩特性约束逐渐失效,重构精度也随之下降。为进一步研究秩对 SL0-LRLMS 算法性能的影响,设置目标分布矩阵的秩从 1 依次递增 1 至 5,如图 7.34 所示,其余参数与仿真 1 设置相同,并以 SMV-OMP、MMV-SL0、MMV-SBL 和 SL0-MMVLMS 算法作为对照组分析 SL0-LRLMS 算法在不同矩阵秩条件下的重构效果,以图像熵和等效视数为例,六种算法重构所得图像的图像质量曲线如图 7.35 所示。

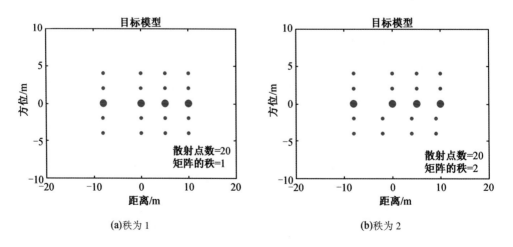

(a)秩为 1　　　　　　　　　　　　(b)秩为 2

图 7.34　不同矩阵秩条件的目标分布

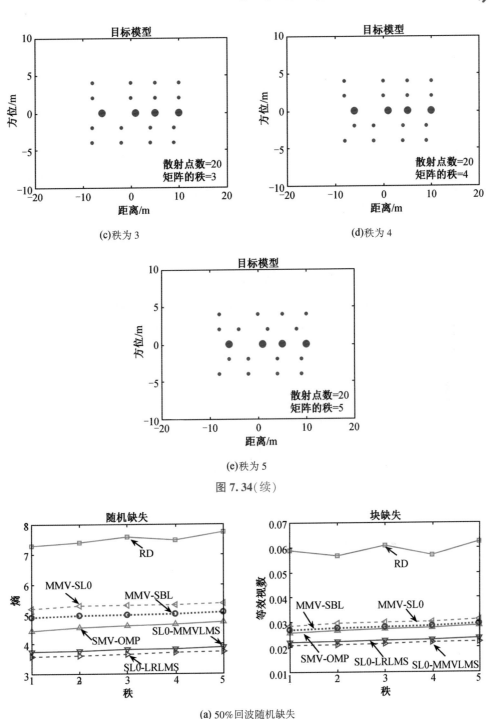

(c)秩为 3

(d)秩为 4

(e)秩为 5

图 7.34(续)

(a) 50%回波随机缺失

图 7.35　不同矩阵秩下重构图像质量曲线

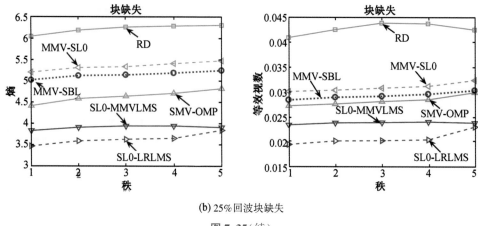

(b) 25%回波块缺失

图 7.35(续)

由图 7.34 可知,随着目标分布矩阵的秩逐渐增大,SL0-LRLMS 算法所得图像的图像熵、等效视数均逐渐增大,其图像质量逐渐降低。但与 SMV-OMP、MMV-SL0、MMV-SBL 和 SL0-MMVLMS 算法对比,当信噪比大于等于−50 dB 时,本节所提出的 SL0-LRLMS 算法所得图像的图像熵、等效视数更小,重构性能更优。

(5)仿真 5:实测数据验证

为进一步验证 SL0-LRLMS 算法的实用性,以 Yak-42 飞机目标的实测数据进行仿真实验,其参数设置及全孔径数据所成图像如前文所示。

假设回波有所缺失,此时稀疏孔径 RD 成像的结果为图 7.36(a)和图 7.37(a)。利用 SL0-MMVLMS 及 SL0-LRLMS 算法进行稀疏孔径 ISAR 成像结果为图 7.36 和图 7.37 中(b)~(c)。各成像结果的图像质量指标如表 7.16 所示。

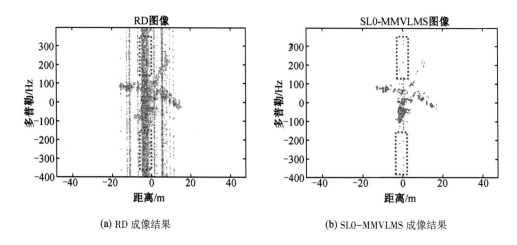

(a) RD 成像结果

(b) SL0-MMVLMS 成像结果

图 7.36　50%回波随机缺失的成像结果(实测数据)

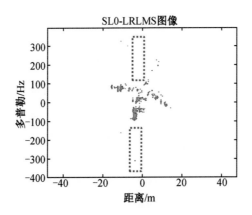

(c) SL0-LRLMS 成像结果

图 7.36(续)

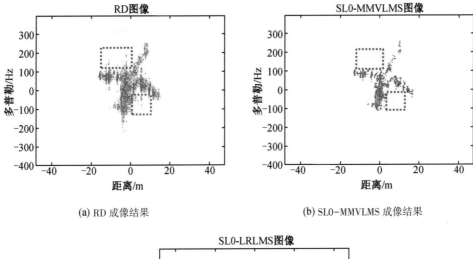

(a) RD 成像结果      (b) SL0-MMVLMS 成像结果

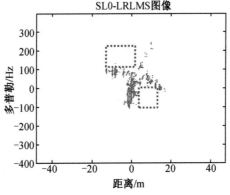

(c) SL0-LRLMS 成像结果

图 7.37 25%回波块缺失的成像结果(实测数据)

表 7.16　各算法成像结果的图像质量

| 图像 | | | 熵 | 等效视数 | 平均梯度 | 距离峰值旁瓣比/dB | 方位峰值旁瓣比/dB |
|---|---|---|---|---|---|---|---|
| 随机缺失 | RD | 图 7.35(a) | 7.646 8 | 0.074 5 | **135.9** | **9.978 1** | 9.988 4 |
| | SL0-MMVLMS | 图 7.35(b) | *5.197 0* | *0.036 7* | *0.862 6* | *8.201 2* | *10.089 2* |
| | SL0-LRLMS | 图 7.35(c) | **4.932 1** | **0.033 9** | 0.613 4 | 7.953 0 | **10.191 0** |
| 块缺失 | RD | 图 7.36(a) | 6.430 7 | 0.049 4 | **174.3** | **16.593 5** | 7.963 2 |
| | SL0-MMVLMS | 图 7.36(b) | *5.559 7* | *0.041 6* | *0.829 5* | 9.113 3 | *7.461 5* |
| | SL0-LRLMS | 图 7.36(c) | **5.279 8** | **0.037 3** | 0.733 0 | *9.396 4* | 8.772 9 |

注:黑体表示最优值,黑斜体表示次优值。

由图 7.36、图 7.37 及表 7.16 对比可知,本节所提 SL0-LRLMS 算法对于实测数据同样有效,其所成图像的图像熵(平均降低了 5.1%)及等效视数(平均降低了 9.0%)较小,图像质量较优。

## 7.5　稀疏孔径条件下高速运动目标 ISAR 成像

受 ISAR 复杂的成像几何及目标高速运动的影响,其回波缺失或人为剔除的情形较为普遍,成像质量难以保证,本节将稀疏孔径 ISAR 成像算法用于成像以提高稀疏孔径条件下的高速运动目标 ISAR 成像质量。

### 7.5.1　问题描述

以解线调处理为例,经速度补偿、平动补偿及多普勒补偿后,回波信号为

$$S_c(f_i, t_m) = \mathrm{sinc}\left[ T_p(f_i + \varphi_0) \right] \exp(-\mathrm{j}2\pi f_{di} t_m) \exp(\mathrm{j}\varphi) \tag{7.73}$$

式中,$f_{di} = f_c K_1$ 为多普勒频率;$\varphi = -2\pi(K_0 - \tau_{\mathrm{ref}} + \mu_m \tau_{\mathrm{ref}})$ 为残余相位。

同理,离散并矢量化式(7.73),可得稀疏孔径下该距离单元的回波表示为

$$s = F s_{\mathrm{fa}} = F \Psi \sigma = \Psi_{\mathrm{F}} \sigma = \Theta \sigma \tag{7.74}$$

式中,$s$ 为稀疏孔径数据;$\Theta = \Psi_{\mathrm{F}} = F\Psi$ 为部分傅里叶重构基;$F$ 为稀疏孔径矩阵;$\Psi$ 为傅里叶基;$\sigma$ 为某一距离单元内的回波散射点强度。利用 $\sigma$ 的稀疏性可将式(7.74)转化为求解

$$\min \| \sigma \|_0 \quad \text{s.t.} \quad s = \Theta \sigma \tag{7.75}$$

由前文可知,式(7.75)可利用 SL0-MMVLMS 算法进行求解。

### 7.5.2　仿真实验及分析

设置仿真条件同 7.4 节一致,在方位向回波中加入噪声,使信噪比为 -45 dB,此时

采用缺失项补零的 RD 算法所成图像如图 7.38(a)、图 7.39(a)所示,各重构算法所成图像则如图 7.38 和图 7.39 中(b)~(f)所示,各成像结果的相关指标如表 7.17 所示。

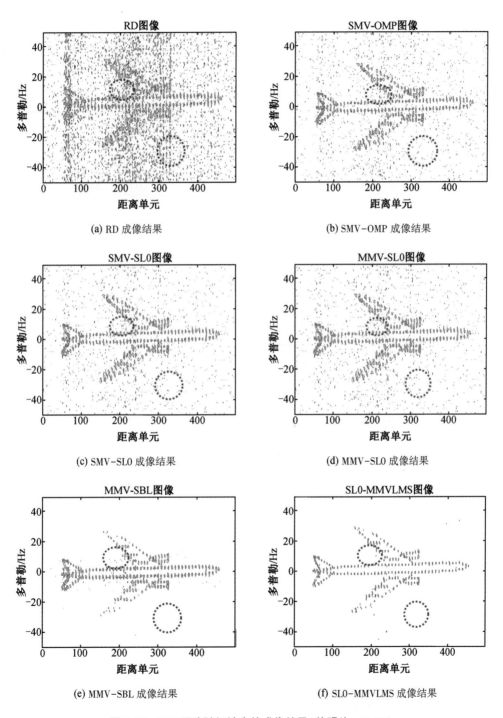

(a) RD 成像结果

(b) SMV-OMP 成像结果

(c) SMV-SL0 成像结果

(d) MMV-SL0 成像结果

(e) MMV-SBL 成像结果

(f) SL0-MMVLMS 成像结果

图 7.38　50%回波随机缺失的成像结果(信噪比−45 dB)

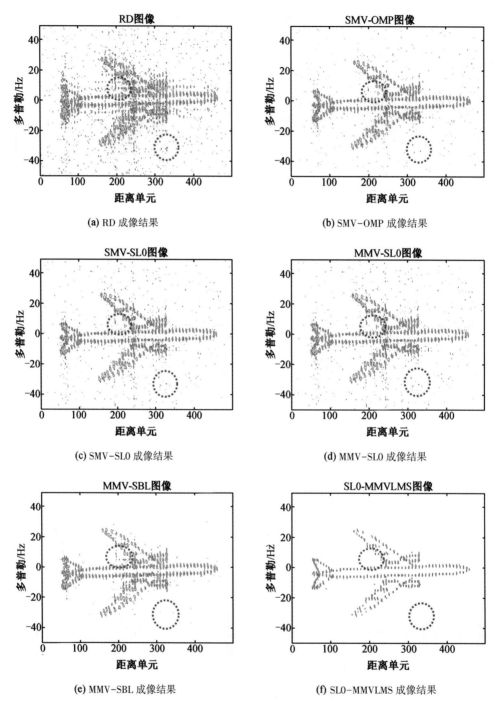

**(a)** RD 成像结果

**(b)** SMV-OMP 成像结果

**(c)** SMV-SL0 成像结果

**(d)** MMV-SL0 成像结果

**(e)** MMV-SBL 成像结果

**(f)** SL0-MMVLMS 成像结果

图 7.39　25%回波块缺失的成像结果(信噪比-45 dB)

由图 7.38 和图 7.39 中红色圆框内所示成像背景对比可知,稀疏回波中加入噪声后,缺失项补零的 RD 成像算法效果较差,而传统压缩感知重构算法 OMP、SL0、SBL 算法也受噪声影响,所成图像中存在噪声斑点,目标点散焦,图像质量较低,如表 7.17 所示。相比较而言,本节中所提出的 SL0-MMVLMS 算法结合了 LMS 算法及 SL0 算法的抗噪性,在低信噪比条件下所重构的目标图像较为清晰,图像熵(平均降低了26.7%)、等效视数(平均降低了 57.9%)较 OMP、SL0 及 SBL 算法低,图像质量更优。

表 7.17　各算法成像结果的图像质量

| 图像 | | | 熵 | 等效视数 | 平均梯度 | 距离峰值旁瓣比/dB | 方位峰值旁瓣比/dB |
|---|---|---|---|---|---|---|---|
| 随机缺失 | RD | 图 7.37(a) | 10.190 6 | 0.624 3 | **67.615 8** | *0.733 7* | 3.840 4 |
| | SMV-OMP | 图 7.37(b) | *8.713 1* | 0.270 7 | *7.492 4* | **0.747 5** | *7.979 1* |
| | SMV-SL0 | 图 7.37(c) | 9.030 2 | 0.282 8 | 7.367 0 | 0.072 2 | 7.891 9 |
| | MMV-SL0 | 图 7.37(d) | 9.030 2 | 0.282 9 | 7.367 0 | 0.073 7 | 7.894 2 |
| | MMV-SBL | 图 7.37(e) | 9.377 1 | *0.260 0* | 0.661 9 | 0.061 7 | 7.271 1 |
| | SL0-MMVLMS | 图 7.37(f) | **6.474 2** | **0.101 2** | 0.831 4 | 0.089 5 | **43.602 4** |
| 块缺失 | RD | 图 7.38(a) | 9.853 3 | 0.395 1 | **76.202 9** | 0.916 0 | 6.370 9 |
| | SMV-OMP | 图 7.38(b) | *8.517 6* | *0.224 2* | *7.203 1* | 0.282 0 | 6.735 6 |
| | SMV-SL0 | 图 7.38(c) | 9.350 1 | 0.297 9 | 7.161 3 | 0.047 7 | 3.387 3 |
| | MMV-SL0 | 图 7.38(d) | 9.350 1 | 0.297 9 | 7.161 3 | 0.047 7 | 3.388 4 |
| | MMV-SBL | 图 7.38(e) | 9.550 7 | 0.296 5 | 0.731 4 | *0.930 0* | 7.150 8 |
| | SL0-MMVLMS | 图 7.3 8(f) | **6.498 0** | **0.101 6** | 0.819 0 | 7.064 4 | 7.058 4 |

注:黑体表示最优值,黑斜体表示次优值。

由实验结果可知,7.3 节所提出的 SL0-MMVLMS 算法适用于稀疏孔径条件下的 ISAR 成像。

## 7.6　稀疏孔径条件下运动补偿算法

当前,大多数压缩感知 ISAR 成像算法都默认目标平动量已被精准补偿,不考虑残余误差的影响。然而,在数据缺损的情况下,回波间的相干性遭受破坏,回波中的相位函数也不连续,现有的相位校正方法稳定性显著降低,补偿精度受到限制,而残余的相位误差会降低方位分辨率,致使图像模糊或散焦。因此,补偿残余相位误差对于稀疏孔径高分辨成像关键十分重要。

自聚焦成像方法常用于补偿残余相位误差。但无论是对稀疏孔径鲁棒性强的相位校正方法还是交替正则化法,均仅在成像阶段利用了压缩感知原理,而在相位误差估计阶段产生的误差将累积传播,在应用于低信噪比、高孔径稀疏度等情形时性能有所降低。贝叶斯统计学习方法将压缩感知理论同样应用于相位校正中,能有效地降低旁瓣和抑制噪声,提高估计精度,但其算法复杂度较高,应用于高分辨 ISAR 成像的大数据处理时耗时较长。

本节针对稀疏孔径 ISAR 自聚焦成像问题,分析了相位误差的主要构成及信号模型,提出一种自聚焦平滑零范数-多测量向量最小均方(autofocus SL0-multiple measurement vectors least mean squares, AFSL0-MMVLMS)算法。该算法在交叉正则化算法的基础上,引入相位误差矩阵分布的稀疏性,以自适应滤波框架重构算法为基础,在多测量向量模型下,分别实现稀疏成像和相位误差矩阵重构,并进行迭代优化,最终得到高分辨图像。

### 7.6.1 相位误差分析

假设雷达发射的信号为线性调频信号,信号波形为

$$s_t(t) = \text{rect}\left(\frac{t}{T_p}\right)\exp(\text{j}2\pi f_c t)\exp(\text{j}\pi\gamma t^2) \tag{7.76}$$

假设在某个距离单元内有 $K$ 个散射点,其散射系数为 $\delta_k(k = 1, 2, \cdots, K)$,则此距离单元的回波信号为

$$s_r(t, t_m) = \sum_{k=1}^{K}\delta_k\text{rect}\left(\frac{t - \tau_k}{T_p}\right)\exp[\text{j}2\pi f_c(t - \tau_k)]\exp[\text{j}\pi\gamma(t - \tau_k)^2] \tag{7.77}$$

式中,$\tau_k(t_m) = 2R_k(t_m)/c$ 为第 $k$ 个散射点在 $t_m$ 时刻的回波时延。

对回波进行脉压可得到:

$$s_c(t, t_m) = \sum_{k=1}^{K}\delta_k\text{sinc}\left[B\left(t - \frac{2R_k(t_m)}{c}\right)\right]\exp\left[-\text{j}4\pi f_c\frac{R_k(t_m)}{c}\right] \tag{7.78}$$

考虑目标参考点相对雷达运动及小转角转动,则可将散射点与雷达之间的距离近似为 $R_k(t_m) \approx R_0 + \Delta R(t_m) + x_k\omega t_m + y_k - 0.5y_k(\omega t_m)^2$,代入式(7.78),对脉压后的回波进行包络对齐,则位于此距离单元处的回波可表示:

$$s_c(t_m) = \sum_{k=1}^{K}\delta_k\exp(-\text{j}2\pi f_k t_m)\exp(-\text{j}\phi_m) \tag{7.79}$$

式中,$f_k = 2x_k\omega/\lambda$ 为表示第 $k$ 个散射点相对于参考点的多普勒频率;$\phi_m = \phi_0 + \phi_{Tm} + \phi_{Rm} + \phi_n$ 为包络对齐后回波相位误差;$\phi_0 = 2\pi(R_0 + y_k)/\lambda$ 为固定相位误差项;$\phi_{Tm} = 2\pi\Delta R(t_m)/\lambda$ 为平动相位误差项,由目标参考点相对雷达运动造成;$\phi_{Rm} = -\pi y_k(\omega t_m)^2/\lambda$ 为转动相位误差项,由目标散射点绕参考点转动造成;$\phi_n$ 为残余相位误差项,由噪声或回波的不相干性造成。

通常,当目标尺寸较小或目标相对雷达转动角速度较小时,转动相位误差项 $\phi_{Rm}$ 可忽略,而对位于同一距离单元内的散射点,其固定相位误差项 $\phi_0$ 相同,此时,影响成像质量的相位误差主要为平动相位误差项和残余误差项。现分析这两个相位误差项

的信号模型。

（1）平动相位误差项 $\phi_{Tm}$ 主要由目标参考点相对雷达的运动形式 $\Delta R(t_m)$ 决定：若目标参考点相对于雷达的运动做一般运动，则可建模为慢时间 $t_m$ 的多项式表达式，即 $\Delta R(t_m) = \sum_i a_i t_m^i$，则相位误差项 $\phi_{Tm}$ 的信号模型为

$$\phi_{Tm} = \sum_i \frac{2\pi a_i t_m^i}{\lambda} \tag{7.80}$$

通常，相干成像时间较短，可将其近似为一次线性项，即 $\phi_{Tm} = 2\pi a_1 t_m / \lambda$，如图 7.40（a）所示。

若目标参考点相对于雷达做复杂运动，如振动、摆动等，在短时间内，可将其建模为只与慢时间相关的谐波信号，表达式为

$$\Delta R(t_m) = A_v \sin(2\pi f_v t_m + \varphi_v) \tag{7.81}$$

式中，$A_v$ 为振动幅度；$f_v$ 为振动频率；$\varphi_v$ 为振动的初始相位。

将式（7.81）代入 $\phi_{Tm}$，可得相位误差项为正弦形式，如图 7.40（b）所示。

（2）残余相位误差项 $\phi_n$ 主要由噪声或回波的不相干决定：当使用传统自聚焦方法补偿平动相位误差项后，由于噪声或稀疏孔径的影响，补偿精度有限，会残余一些相位误差；此外，在对稀疏孔径进行相位校正时，由于各子孔径自聚焦过程中忽略的线性相位和常数相位的不同，使得不同子孔径间存在相位差异，即回波不相干。这些都可能造成后续成像出现模糊或散焦的问题，因此需要进行补偿。

残余相位误差项 $\phi_n$ 通常受噪声影响，表现为随机性，故可建模为随机信号，其形式如图 7.40（c）所示。

$$\phi_n \sim N(0, \sigma_\phi) \tag{7.82}$$

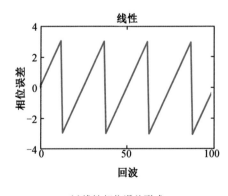

(a)线性相位误差形式

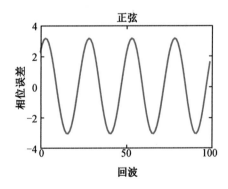

(b)正弦相位误差形式

图 7.40　各种相位误差形式

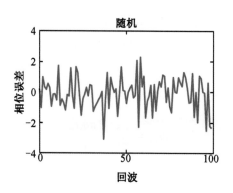

(c)随机相位误差形式

图 7.40(续)

### 7.6.2 基于稀疏特性的自聚焦成像算法

如同稀疏孔径 ISAR 成像处理一样,离散化式(7.79),令 $t_m = mT_r(m=1,2,\cdots,M)$,$T_r$ 为脉冲重复间隔。选取多普勒单元数 $Q>M$,构造多普勒频率集:

$$\left\{f_{d_q}\middle| f_{d_q}=q\Delta f_d-\frac{F_r}{2},q=1,2,\cdots,Q\right\} \tag{7.83}$$

式中,$\Delta f_d = F_r/Q$ 为多普勒分辨率;$F_r = 1/T_r$ 为脉冲重复频率。

假设某一距离单元内的回波散射点强度为 $\boldsymbol{\sigma}=[\sigma_1,\sigma_2,\cdots,\sigma_q,\cdots,\sigma_Q]^{\mathrm{T}}$,其中,$\sigma_q$($q=1,2,\cdots,Q$)表示位于多普勒单元 $f_{d_q}$ 内散射点的散射系数。由于含有散射点的多普勒单元数通常较少,因而可将 $\boldsymbol{\sigma}$ 视为稀疏信号。

构建稀疏基:

$$\boldsymbol{\Psi}=\begin{bmatrix} \exp(-\mathrm{j}2\pi f_{d_1}t_1) & \exp(-\mathrm{j}2\pi f_{d_2}t_1) & \cdots & \exp(-\mathrm{j}2\pi f_{d_q}t_1) & \cdots & \exp(-\mathrm{j}2\pi f_{d_Q}t_1) \\ \exp(-\mathrm{j}2\pi f_{d_1}t_2) & \exp(-\mathrm{j}2\pi f_{d_2}t_2) & \cdots & \exp(-\mathrm{j}2\pi f_{d_q}t_2) & \cdots & \exp(-\mathrm{j}2\pi f_{d_Q}t_2) \\ \vdots & \vdots & \ddots & \vdots & & \vdots \\ \exp(-\mathrm{j}2\pi f_{d_1}t_m) & \exp(-\mathrm{j}2\pi f_{d_2}t_m) & \cdots & \exp(-\mathrm{j}2\pi f_{d_q}t_m) & \cdots & \exp(-\mathrm{j}2\pi f_{d_Q}t_m) \\ \vdots & \vdots & & \vdots & \ddots & \vdots \\ \exp(-\mathrm{j}2\pi f_{d_1}t_M) & \exp(-\mathrm{j}2\pi f_{d_2}t_M) & \cdots & \exp(-\mathrm{j}2\pi f_{d_q}t_M) & \cdots & \exp(-\mathrm{j}2\pi f_{d_Q}t_M) \end{bmatrix} \tag{7.84}$$

矢量化得回波表达式为

$$s_{\mathrm{fa}}=\boldsymbol{E}\boldsymbol{\Psi}\boldsymbol{\sigma} \tag{7.85}$$

式中,$s_{\mathrm{fa}}\in\boldsymbol{C}^{M\times 1}$ 为全孔径数据;$\boldsymbol{E}=\mathrm{diag}[\exp(-\mathrm{j}\phi_1),\cdots,\exp(-\mathrm{j}\phi_M)]\in\boldsymbol{C}^{M\times M}$ 为相位误差矩阵;$\boldsymbol{\Psi}\in\boldsymbol{C}^{M\times Q}$ 为稀疏基;$\boldsymbol{\sigma}\in\boldsymbol{C}^{Q\times 1}$ 为回波散射点强度分布。

若回波数据受成像几何或目标非合作运动等影响有所缺失,即 $s=\boldsymbol{F}s_{\mathrm{fa}}$,$\boldsymbol{F}$ 为稀疏

孔径矩阵,此时稀疏孔径下该距离单元的回波表示为

$$s = Fs_a = FE\Psi\sigma = E\Psi_F\sigma = \Theta\sigma \tag{7.86}$$

式中,$\Psi_F = F\Psi$ 为部分傅里叶重构基;$\Theta = E\Psi_F$ 为感知矩阵。

由于各个距离单元的感知矩阵 $\Theta$ 相同,令 $\Sigma = [\sigma_1, \sigma_2, \cdots, \sigma_N]$,$S = [s_1, s_2, \cdots, s_N]$,则稀疏孔径下 ISAR 的二维回波为

$$S_{M\times N} = \Theta_{M\times Q}\Sigma_{Q\times N} \tag{7.87}$$

上式即为多测量向量模型。由于 $\Theta \in C^{M\times Q}$ 且 $M < Q$,欠定方程组通常有无数解,但借助 $\Sigma$ 的稀疏性进行限定,仍然可求解:

$$\min \|\Sigma\|_0 \quad \text{s. t.} \quad \|S - \Theta\Sigma\|_F^2 \leqslant \varepsilon \tag{7.88}$$

该问题为 NP 难问题,常使用 $l_1$ 范数近似,并将上式拉格朗日化,为

$$\{\Sigma, E\} = \arg\min_{\Sigma \in \mathbf{R}^{Q\times N}} \left\{ \frac{1}{2}\|S - \Theta\Sigma\|_F^2 + \lambda_0\|\Sigma\|_1 \right\} \tag{7.89}$$

式中,$\lambda_0$ 为正则化因子。可通过将稀疏成像问题及相位误差估计问题转化为多测量向量模型下的最优化求解问题。

1. 自聚焦平滑零范数–多测量向量最小均方算法

(1) 交替正则化法

由于 $E$ 未知,且 $\Theta = E\Psi_F$ 可视为 $E$ 的函数 $\Theta(E)$,直接优化求解上述问题比较困难,常使用交替正则化法进行求解,即利用"交替"的思想,先分解待优化变量,再固定其他变量,交替进行优化。

将式(7.89)分解为

$$\begin{cases} \Sigma^{(p+1)} = \arg\min_{\Sigma} \left\{ \frac{1}{2}\|S - \Theta(E^{(p)})\Sigma\|_F^2 + \lambda_0\|\Sigma\|_1 \right\} & \text{(a)} \\[2mm] E^{(p+1)} = \arg\min_{E} \left\{ \frac{1}{2}\|S - \Theta(E)\Sigma^{(p+1)}\|_F^2 \right\} & \text{(b)} \end{cases} \tag{7.90}$$

式中,$p$ 为迭代次数。

假设 $E^{(0)} = I$,即无相位误差,求解式(7.90)(a),即可得到成像结果 $\Sigma^{(1)}$,将 $\Sigma^{(1)}$ 代入式(7.90)(b)中可估计得到 $E^{(1)}$,如此迭代,最终可得到高分辨图像 $\Sigma^{(P)}$。

式(7.90)同式(7.39)相类似,可采用平滑零范数–多测量向量最小均方方法(SL0-MMVLMS)求解,系数迭代更新公式为

$$\Sigma^{(k+1)} = \Sigma^{(k)} + \frac{\text{Re}\{(x^{(k)}g^{(k)})(e^{(k)})^H\}}{(x^{(k)}g^{(k)})(x^{(k)}g^{(k)})^H}g^{(k)} - \kappa\Sigma^{(k)} \odot \exp\left(-\frac{|\Sigma^{(k)}|^2}{\sigma^2}\right) \tag{7.91}$$

式中,$k$ 为迭代更新次数;$x^{(k)} = (\Theta_{(k)_{\text{modM}}, \cdot})$ 为 $\Theta$ 的行向量;$f(\Sigma^{(k)}) = (d^{(k)} - x^{(k)}\Sigma^{(k)})(d^{(k)} - x^{(k)}\Sigma^{(k)})^H$ 为最小均方方法代价函数;$g^{(k)} = \nabla f(\Sigma^{(k)}) = -2(x^{(k)})^H(d^{(k)} - x^{(k)}\Sigma^{(k)})$ 为 $f(\Sigma^{(k)})$ 的一阶导数;$d^{(k)} = (S_{(k)_{\text{modM}}, \cdot})$ 为 $S$ 的行向量;$e^{(k)} = d^{(k)} - x^{(k)}\Sigma^{(k)}$ 为回归误差向量。

（2）相位误差矩阵的迭代估计

①最小熵法

由式（7.90）（b）可估计相位误差矩阵为

$$\hat{\boldsymbol{E}}^{(p+1)} = \operatorname*{argmin}_{\boldsymbol{E}}\left\{\frac{1}{2}\parallel \boldsymbol{S}-\boldsymbol{E}\boldsymbol{\Psi}_{\mathrm{F}}\boldsymbol{\Sigma}^{(p+1)}\parallel_2^2\right\} \tag{7.92}$$

根据最大似然概率准则，可得 $\hat{\boldsymbol{E}}$ 的估计值为

$$\hat{\boldsymbol{E}}^{(p+1)} = \operatorname{diag}\left\{\exp\left[\mathrm{j}\cdot\operatorname{angle}\left(\boldsymbol{S}\boldsymbol{\Sigma}^{(p+1)\mathrm{H}}\boldsymbol{\Psi}_{\mathrm{F}}^{\mathrm{H}}\right)\right]\right\} \tag{7.93}$$

然而，受稀疏孔径的影响，该估计值精度较差，仅可作为粗估计值，但可以利用最小熵估计方法进行精估计。定义图像熵为

$$E_n = -\sum_x\sum_y |\boldsymbol{\Sigma}_{x,y}|^2\log|\boldsymbol{\Sigma}_{x,y}|^2 \tag{7.94}$$

根据最小熵准则，$\hat{\boldsymbol{E}} = \arg\min_{\boldsymbol{E}}\{E_n\}$，故令熵函数一阶导数为零：

$$\frac{\partial E_n}{\partial\varphi_m} = -\sum_x\sum_y\left(1+\log|\boldsymbol{\Sigma}_{x,y}|^2\right)\frac{\partial|\boldsymbol{\Sigma}_{x,y}|^2}{\partial\varphi_m} = 0 \tag{7.95}$$

可得

$$\hat{\phi}_m = \operatorname{angle}\left[\sum_x\sum_y\left(1+\log|\boldsymbol{\Sigma}_{x,y}|^2\right)\boldsymbol{\Sigma}_{x,y}^*\left(\boldsymbol{\Psi}_{\mathrm{F}}\right)_{m,x}^*\boldsymbol{S}_{m,y}\right] \tag{7.96}$$

则相位误差矩阵可更新为

$$\hat{\boldsymbol{E}}^{(p+1)} = \operatorname{diag}\left[\exp\left(\mathrm{j}\cdot\operatorname{angle}\left\{\boldsymbol{S}\left[(\boldsymbol{\Sigma})+(\log|\boldsymbol{\Sigma}|^2)\right]^{\mathrm{H}}\boldsymbol{\Psi}_{\mathrm{F}}^{\mathrm{H}}\right\}\right)\right] \tag{7.97}$$

②稀疏分解法

基于最小熵的估计方法较最小二乘法估计精度及抗噪性更好，但其同样仅利用有限回波进行估计，未充分发掘稀疏性，在孔径缺失较多、信噪比较低的条件下估计精度下降，最终导致成像效果变差。

仔细观察式（7.92），若将 $\boldsymbol{V} = \boldsymbol{\Psi}_{\mathrm{F}}\boldsymbol{\Sigma}^{(p+1)}$ 视为已知信息，则可转化为求解：

$$\hat{\boldsymbol{E}}^{(p+1)} = \operatorname*{argmin}_{\boldsymbol{E}}\left\{\frac{1}{2}\parallel \boldsymbol{S}^{\mathrm{T}}-\boldsymbol{V}^{\mathrm{T}}\boldsymbol{E}^{\mathrm{T}}\parallel_{\mathrm{F}}^2\right\} = \operatorname*{argmin}_{\boldsymbol{E}}\left\{\frac{1}{2}\parallel \boldsymbol{S}^{\mathrm{T}}-\boldsymbol{V}^{\mathrm{T}}\boldsymbol{E}\parallel_{\mathrm{F}}^2\right\} \tag{7.98}$$

考虑 $\boldsymbol{E}$ 矩阵的元素分布稀疏性，则可引入 $\boldsymbol{E}$ 的零范数约束：

$$\hat{\boldsymbol{E}}^{(p+1)} = \operatorname*{argmin}_{\boldsymbol{E}}\left\{\frac{1}{2}\parallel \boldsymbol{S}^{\mathrm{T}}-\boldsymbol{V}^{\mathrm{T}}\boldsymbol{E}\parallel_{\mathrm{F}}^2+\lambda_1\parallel\boldsymbol{E}\parallel_0\right\} \tag{7.99}$$

式中，$\lambda_1$ 为正则化因子。

此时可同样使用 SL0-MMVLMS 算法，其代价函数为

$$\xi_{\mathrm{SL0\text{-}MMVLMS}} = (\boldsymbol{s}-\boldsymbol{v}\boldsymbol{E})(\boldsymbol{s}-\boldsymbol{v}\boldsymbol{E})^{\mathrm{H}}+\gamma\parallel\boldsymbol{E}\parallel_0 \tag{7.100}$$

式中，$\boldsymbol{s} = (\boldsymbol{S}_{.,j})^{\mathrm{T}}$ 为 $\boldsymbol{S}$ 列向量的转置；$\boldsymbol{v} = (\boldsymbol{V}_{.,j})^{\mathrm{T}}$ 为 $\boldsymbol{V}$ 列向量的转置。

记 $\boldsymbol{g}_E^{(k)} = \nabla f(\boldsymbol{E}^{(k)}) = -2(\boldsymbol{v}^{(k)})^{\mathrm{H}}(\boldsymbol{s}^{(k)}-\boldsymbol{v}^{(k)}\boldsymbol{E}^{(k)})$，则可得 $\boldsymbol{E}$ 矩阵的迭代更新公式为

$$\boldsymbol{E}^{(k+1)} = \boldsymbol{E}^{(k)}+\frac{\operatorname{Re}\{(\boldsymbol{v}^{(k)}\boldsymbol{g}_E^{(k)})(\boldsymbol{e}_E^{(k)})^{\mathrm{H}}\}}{(\boldsymbol{v}^{(k)}\boldsymbol{g}_E^{(k)})(\boldsymbol{v}^{(k)}\boldsymbol{g}_E^{(k)})^{\mathrm{H}}}\boldsymbol{g}_E^{(k)}-\kappa\boldsymbol{E}^{(k)}\odot\exp\left(-\frac{|\boldsymbol{E}^{(k)}|^2}{\sigma^2}\right) \tag{7.101}$$

式中，$\boldsymbol{e}_E^{(k)} = \boldsymbol{s}^{(k)} - \boldsymbol{v}^{(k)} \boldsymbol{E}^{(k)}$ 为 $\boldsymbol{E}$ 矩阵的回归误差向量。

将式(7.101)与式(7.91)联立，则可将 SL0-MMVLMS 算法的迭代求解与稀疏成像、相位估计的迭代优化相结合，进一步降低计算复杂度，算法流程如表 7.18 所示。

表 7.18　自聚焦平滑零范数-多测量向量最小均方法算法流程

| Autofocus SL0-MMVLMS（AFSL0-MMVLMS）重构算法 |
| --- |
| 1. 输入：回波信号 $\boldsymbol{S}$，稀疏傅里叶基 $\boldsymbol{\varPsi}_F$ |
| 2. 初始化：$\boldsymbol{\varSigma}(0) = \boldsymbol{0}, \boldsymbol{E} = \boldsymbol{I}, n = 1$，设置 $\kappa, \sigma, \sigma_{\min}$； |
| 3. 当满足迭代条件 $\sigma > \sigma_{\min}$ 时： |
| 4. 稀疏成像步骤： |
|  a. 确定输入向量 $\boldsymbol{x}(n)$ 和期望向量 $\boldsymbol{d}(n)$ |
|   $k = \mathrm{mod}(n, M) + 1; \boldsymbol{x}(n) = (\boldsymbol{E}\boldsymbol{\varPsi}_F)_{k,\cdot}; \boldsymbol{d}(n) = (\boldsymbol{S})_{k,\cdot};$ |
|  b. 计算递归误差和代价函数的一阶导数 |
|   $\boldsymbol{e}(n) = \boldsymbol{d}(n) - \boldsymbol{x}(n)\boldsymbol{\varSigma}(n);$ |
|   $\boldsymbol{g}(n) = \nabla f(\boldsymbol{\varSigma}(n)) = -2\boldsymbol{x}^H(n)\boldsymbol{e}(n)$ |
|  c. 根据式(7.91)求解稀疏成像结果 $\boldsymbol{\varSigma}(n)$ |
| 5. 相位误差矩阵估计步骤： |
|  a. 确定输入向量 $\boldsymbol{v}(n)$ 和期望向量 $\boldsymbol{s}(n)$ |
|   $k_E = \mathrm{mod}(n, N) + 1; \boldsymbol{v}(n) = \left[ (\boldsymbol{\varPsi}_F\boldsymbol{\varSigma})_{\cdot, k_E} \right]^T; \boldsymbol{s}(n) = \left[ (\boldsymbol{S})_{\cdot, k_E} \right]^T;$ |
|  b. 计算递归错误和代价函数的一阶导数 |
|   $\boldsymbol{e}_E(n) = \boldsymbol{s}(n) - \boldsymbol{v}(n)\boldsymbol{E}(n);$ |
|   $\boldsymbol{g}_E(n) = \nabla f(\boldsymbol{E}(n)) = -2\boldsymbol{x}_E^H(n)\boldsymbol{e}_E(n)$ |
|  c. 根据式(7.101)求解相位误差矩阵 $\boldsymbol{E}(n)$ |
| 6. 迭代次数递增 $n = n + 1$； |
| 7. 经过一定迭代次数后缩小 $\sigma$ |
|  $\sigma = \rho\sigma, 0 < \rho < 1$ |
| 8. 迭代停止 |

2. 算法复杂度分析

首先，计算 OMP 算法解 $\boldsymbol{s}_{M\times1} = \boldsymbol{\varTheta}_{M\times Q}\boldsymbol{\sigma}_{Q\times1}$ 的复杂度，单次计算量主要集中于求逆运算 $\boldsymbol{\varTheta}^+ = (\boldsymbol{\varTheta}^H\boldsymbol{\varTheta})^{-1}\boldsymbol{\varTheta}^H$，其计算量为 $O(M^3 + 2M^2Q + 2MQ^2)$，则稀疏度为 $K$ 时的计算量约为 $O(M^3 + 2M^2K)$，应用于 MMV 问题，则为 $O(M^3N + 2M^2NK)$。

其次，若使用 SL0 算法，其核心算法为梯度计算 $\Delta = \boldsymbol{\sigma} \odot \exp(-\boldsymbol{\sigma}^2/(2\sigma^2))$、梯度下降 $\boldsymbol{\sigma} = \boldsymbol{\sigma} - \mu\Delta$ 及可行域投影 $\boldsymbol{\sigma} = \boldsymbol{\sigma} - \boldsymbol{\varTheta}^+(\boldsymbol{\varTheta}\boldsymbol{\sigma} - \boldsymbol{s})$，其中 $\boldsymbol{\varTheta}^+$ 是 $\boldsymbol{\varTheta}$ 的伪逆，故每一次迭代的

计算量为 $O(4MQ+M+3Q)$，经过 $I$ 次迭代后总计算量约为 $O(MQI+M^3)$。若直接求解 MMV 问题，则每一次迭代的计算量为 $O(MNQ)$，$I$ 次迭代的总计算量约为 $O(MNQI+M^3)$。

再次，若使用 SBL 算法求解 MMV 问题，其每一次迭代均需要求逆运算，计算量为 $O(MN+M^3)$，经过 $J$ 次迭代后总计算量为 $O(MNJ+M^3J)$。

然后，若使用 SL0-MMVLMS 算法，每一次迭代的计算量为 $O(MQ)$，经过 $L$ 次迭代后总计算量约为 $O(MQL)$。

最后，考虑交替正则化问题，MLE 准则和 ME 准则的计算量均为 $O(MQ+M^2)$，而使用稀疏约束的相位误差矩阵估计方法与 SL0-MMVLMS 算法相似，计算量为 $O(MQ)$，故所提 AFSL0-MMVLMS 算法相较于其他算法计算复杂度更低。

### 7.6.3  仿真实验及分析

为验证所提算法的有效性，本节从不同相位误差形式、不同信噪比、不同稀疏孔径条件三个方面对所提算法和其他算法进行比较，并利用实测数据进行验证。

（1）实验一：不同相位误差形式下的自聚焦成像效果

为验证所提算法对相位误差的鲁棒性，向回波数据中分别添加线性相位误差、正弦相位误差和随机相位误差。常用的稀疏孔径成像算法主要有 OMP、SL0、SBL 等，而传统自聚焦算法则有最大似然估计法、最小熵法。因而，对比算法可分为两类：第一类为先采用传统自聚焦算法进行补偿，再使用稀疏孔径成像算法实现目标 ISAR 图像重构，如先最小熵法后距离-多普勒算法（first ME then RD，ME+RD）、先最小熵法后正交匹配追踪算法（first ME then OMP，ME+OMP）、先最小熵法后平滑零范数算法（first ME then SL0，ME+SL0）、先最小熵法后稀疏贝叶斯学习算法（first ME then SBL，ME+SBL）、先最小熵法后平滑零范数-多测量向量最小均方算法（first ME then SL0-MMV-LMS，ME+SL0-MMVLMS）等；第二类为采用交替正则化思想，迭代实现稀疏孔径重构算法和相位误差估计算法，如交替正交匹配追踪算法及最大似然估计（alternating OMP and MLE，OMP-MLE）、交替正交匹配追踪算法及最小熵（alternating OMP and ME，OMP-ME）、交替平滑零范数-多测量向量最小均方算法及最大似然估计（alternating SL0-MMVLMS and MLE，SL0-MMVLMS-MLE）、交替平滑零范数-多测量向量最小均方算法及最小熵（alternating SL0-MMVLMS and ME，SL0-MMVLMS-ME）。

假设雷达系统参数、目标模型及参数与第 7.2 节设置一致。孔径为 50% 随机稀疏及 25% 块稀疏，输入信噪比为 −50 dB，所添加的相位误差形式如图 7.40 所示，其给出了各算法的成像结果，其相对应的图像质量如表 7.19 所示。

由图 7.41、图 7.42 及表 7.19 可知，SL0-MMVLMS 算法所成图像的图像熵和等效视数较其余重构算法所成图像的图像熵（平均降低了 6.5%、7.3%、8.0%）和等效视数

(平均降低了 15.7%、17.8%、20.3%)小,且重构性能受残余相位误差形式影响较小。对比图 7.41 和图 7.42 中的(f)(g)的成像评估指标,可以看出基于最小熵准则的 OMP 交替正则化法优于基于最大似然准则的方法。而对比图 7.41 和图 7.42 中的(e)(h)(i)和(j),由图中标出的红框及表中的图像质量指标可以发现,相较于 ME+SL0MMVLMS、SL0-MMVLMS-MLE、SL0-MMVLMS-ME 算法,AFSL0-MMVLMS 算法在不同相位误差形式下均表现更好。

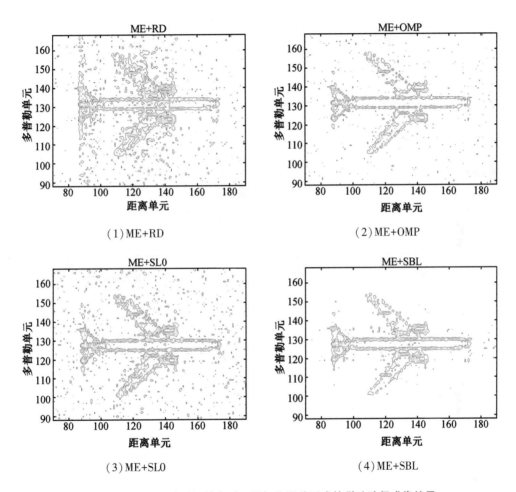

(1)ME+RD

(2)ME+OMP

(3)ME+SL0

(4)ME+SBL

图 7.41　50%回波随机缺失时不同相位误差形式的稀疏孔径成像结果

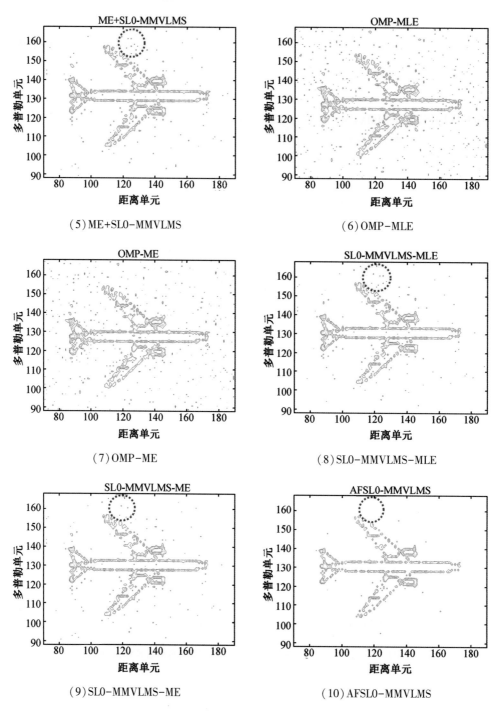

（5）ME+SL0−MMVLMS

（6）OMP−MLE

（7）OMP−ME

（8）SL0−MMVLMS−MLE

（9）SL0−MMVLMS−ME

（10）AFSL0−MMVLMS

(a)线性相位误差

图 7.41(续 1)

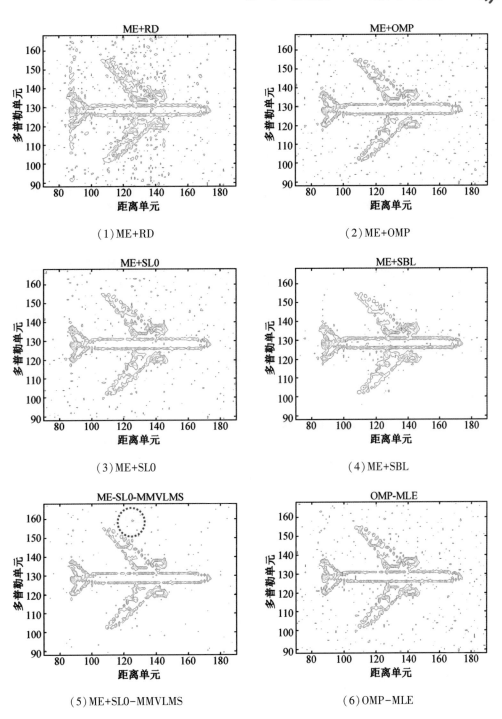

（1）ME+RD

（2）ME+OMP

（3）ME+SL0

（4）ME+SBL

（5）ME+SL0-MMVLMS

（6）OMP-MLE

图 **7.41**(续 2)

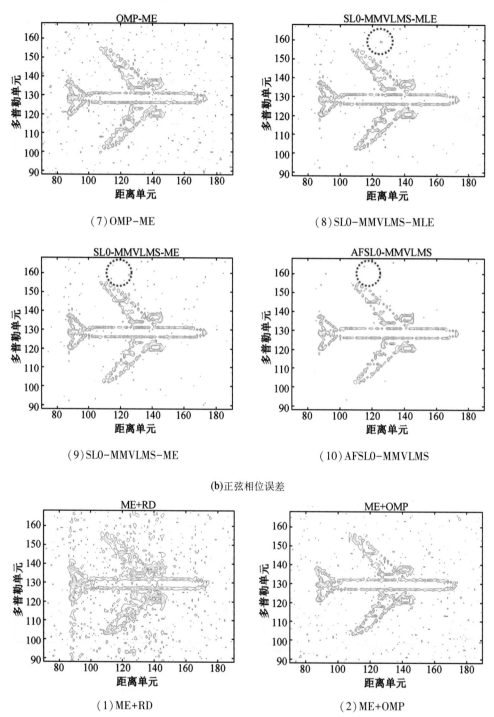

（7）OMP-ME

（8）SL0-MMVLMS-MLE

（9）SL0-MMVLMS-ME

（10）AFSL0-MMVLMS

（b）正弦相位误差

（1）ME+RD

（2）ME+OMP

图 7.41（续 3）

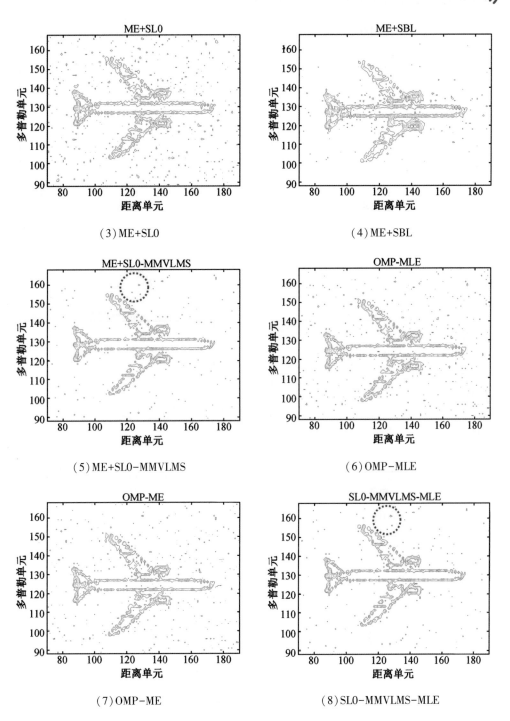

（3）ME+SL0

（4）ME+SBL

（5）ME+SL0-MMVLMS

（6）OMP-MLE

（7）OMP-ME

（8）SL0-MMVLMS-MLE

图 **7.41**(续 4)

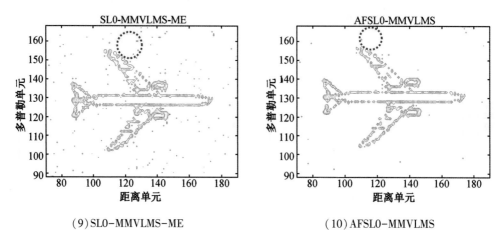

（9）SL0-MMVLMS-ME

（10）AFSL0-MMVLMS

(c)随机相位误差

图 7.41（续 5）

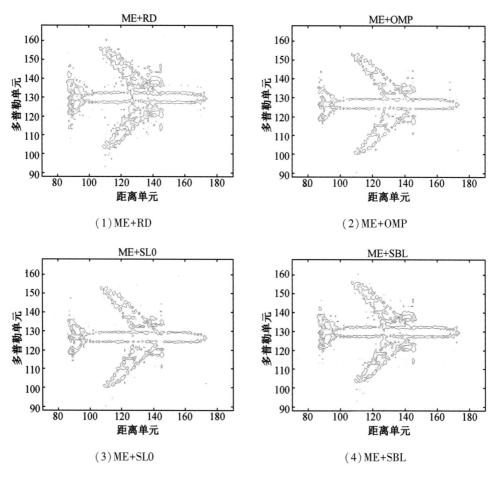

（1）ME+RD

（2）ME+OMP

（3）ME+SL0

（4）ME+SBL

图 7.42　25%回波随机缺失时不同相位误差形式的稀疏孔径成像结果

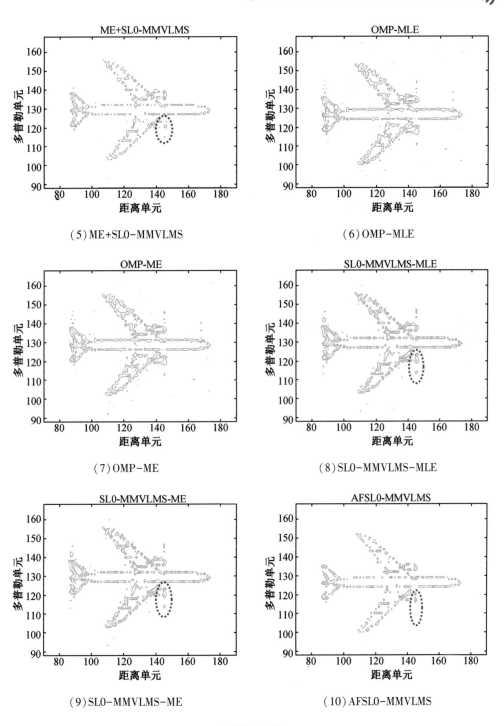

(a)线性相位误差

图 7.42(续 1)

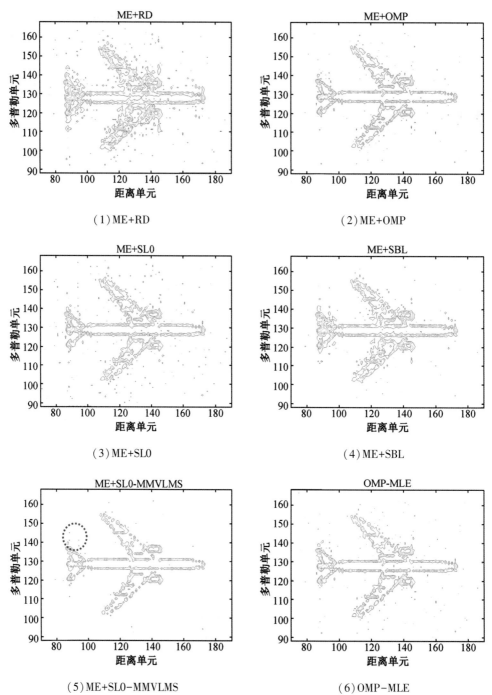

（1）ME+RD

（2）ME+OMP

（3）ME+SL0

（4）ME+SBL

（5）ME+SL0-MMVLMS

（6）OMP-MLE

图 **7.42**(续 2)

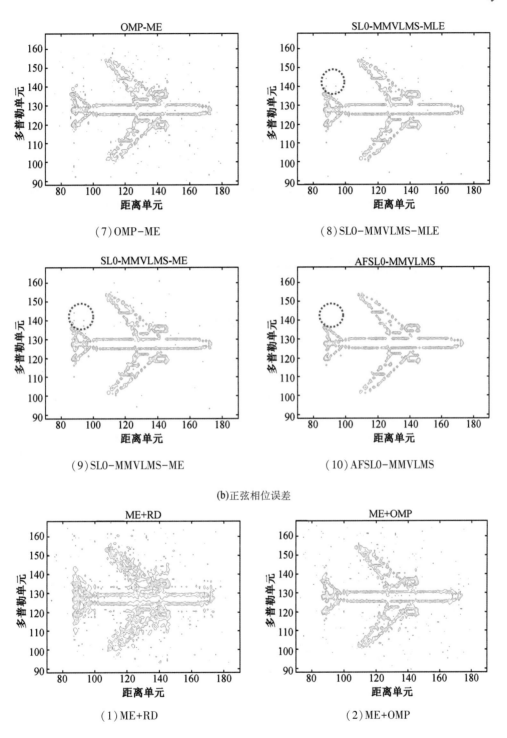

（7）OMP-ME

（8）SL0-MMVLMS-MLE

（9）SL0-MMVLMS-ME

（10）AFSL0-MMVLMS

(b)正弦相位误差

（1）ME+RD

（2）ME+OMP

图 7.42(续 3)

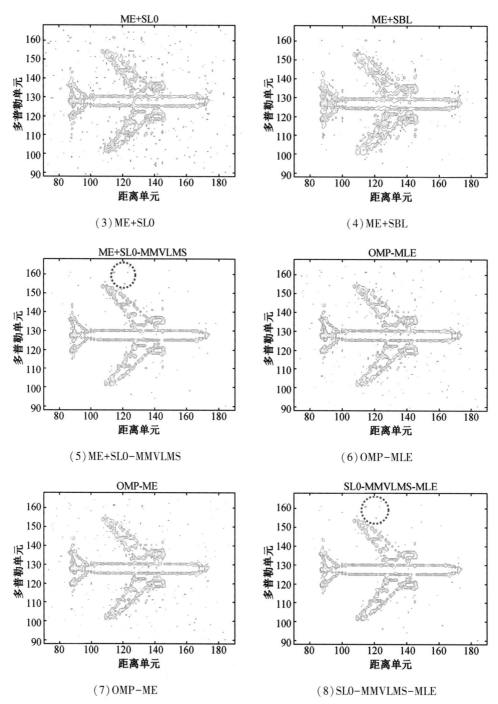

（3）ME+SL0

（4）ME+SBL

（5）ME+SL0−MMVLMS

（6）OMP−MLE

（7）OMP−ME

（8）SL0−MMVLMS−MLE

图 7.42（续 4）

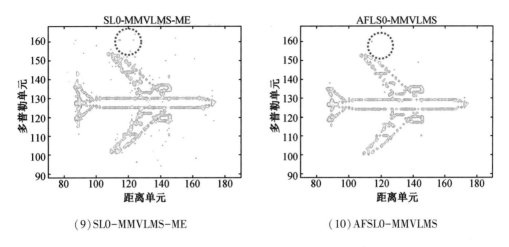

（9）SL0-MMVLMS-ME　　　　　　　　（10）AFSL0-MMVLMS

（c）随机相位误差

图 7.42（续 5）

表 7.19　稀疏孔径成像结果各指标

| 图像 | | | （a）线性相位误差 | | （b）正弦相位误差 | | （c）随机相位误差 | |
|---|---|---|---|---|---|---|---|---|
| | | | 熵 | 等效视数 | 熵 | 等效视数 | 熵 | 等效视数 |
| 随机缺失 | ME+RD | 图 7.41（1） | 10.451 8 | 0.525 9 | 10.463 1 | 0.540 1 | 10.454 1 | 0.530 3 |
| | ME+OMP | 图 7.41（2） | 8.226 1 | 0.184 9 | 8.237 1 | 0.186 7 | 8.244 2 | 0.188 2 |
| | ME+SL0 | 图 7.41（3） | 9.496 0 | 0.314 8 | 9.487 8 | 0.308 7 | 9.494 0 | 0.311 3 |
| | ME+SBL | 图 7.41（4） | 10.039 0 | 0.281 5 | 10.067 7 | 0.289 8 | 10.058 1 | 0.288 2 |
| | ME+SL0-MMVLMS | 图 7.41（5） | 6.788 7 | 0.095 4 | *6.917 2* | *0.100 3* | *6.872 6* | *0.098 8* |
| | OMP-MLE | 图 7.41（6） | 8.229 5 | 0.187 6 | 8.239 4 | 0.188 2 | 8.253 4 | 0.191 8 |
| | OMP-ME | 图 7.41（7） | 8.231 2 | 0.187 4 | 8.239 6 | 0.188 0 | 8.252 4 | 0.191 8 |
| | SL0-MMVLMS-MLE | 图 7.41（8） | *6.723 7* | *0.092 8* | 6.940 4 | 0.108 0 | 6.955 8 | 0.103 1 |
| | SL0-MMVLMS-ME | 图 7.41（9） | 6.745 7 | 0.093 8 | 6.921 9 | 0.100 7 | 6.975 5 | 0.103 9 |
| | AFSL0-MMVLMS | 图 7.41（10） | **6.065 0** | **0.070 1** | **6.195 2** | **0.074 3** | **6.177 1** | **0.074 0** |
| 块缺失 | ME+RD | 图 7.42（1） | 10.281 2 | 0.368 7 | 10.269 6 | 0.376 4 | 10.275 6 | 0.382 8 |
| | ME+OMP | 图 7.42（2） | 7.995 2 | 0.136 9 | 7.991 7 | 0.145 7 | 7.978 6 | 0.143 5 |
| | ME+SL0 | 图 7.42（3） | 9.890 8 | 0.300 2 | 9.889 5 | 0.319 7 | 9.887 6 | 0.322 4 |
| | ME+SBL | 图 7.42（4） | 10.218 5 | 0.330 0 | 10.192 4 | 0.333 0 | 10.198 8 | 0.337 1 |
| | ME+SL0-MMVLMS | 图 7.42（5） | *5.812 7* | *0.059 0* | *6.157 4* | *0.072 2* | 6.379 8 | 0.079 7 |
| | OMP-MLE | 图 7.42（6） | 8.005 9 | 0.141 6 | 8.000 7 | 0.147 1 | 7.991 0 | 0.145 1 |
| | OMP-ME | 图 7.42（7） | 8.005 6 | 0.141 8 | 7.994 4 | 0.145 7 | 7.988 7 | 0.144 8 |
| | SL0-MMVLMS-MLE | 图 7.42（8） | 6.056 8 | 0.068 6 | 6.223 2 | 0.074 1 | 6.378 1 | 0.079 7 |
| | SL0-MMVLMS-ME | 图 7.42（9） | 6.056 4 | 0.068 5 | 6.220 3 | 0.074 2 | *6.372 7* | *0.079 7* |
| | AFSL0-MMVLMS | 图 7.42（10） | **5.621 3** | **0.054 9** | **5.895 8** | **0.065 2** | **6.001 6** | **0.067 3** |

注：黑体表示最优值，黑斜体表示次优值。

（2）实验二：不同信噪比下的自聚焦成像效果

为验证所提算法的抗噪性，对回波数据添加不同大小的噪声，使信噪比为$-60 \sim$ 0 dB。设相位误差为随机分布，回波分别为 50%随机缺失和 25%块缺失，将 AFSL0-MMVLMS 算法与其余九种算法进行对比。以图像熵为例，图 7.43 给出了各算法所成图像的指标随信噪比变换的曲线。

由图 7.43 可知，当输入信噪比大于$-40$ dB 时，SL0-MMVLMS 算法所成图像的图像熵小于其他算法，表明 SL0-MMVLMS 算法在稀疏成像时能够有效抑制噪声，重构性能较好。相较于 ME+SL0-MMVLMS、SL0-MMVLMS-MLE 和 SL0-MMVLMS-ME 算法，所提的 AFSL0-MMVLMS 算法所成目标图像熵更低，聚焦性能更佳。

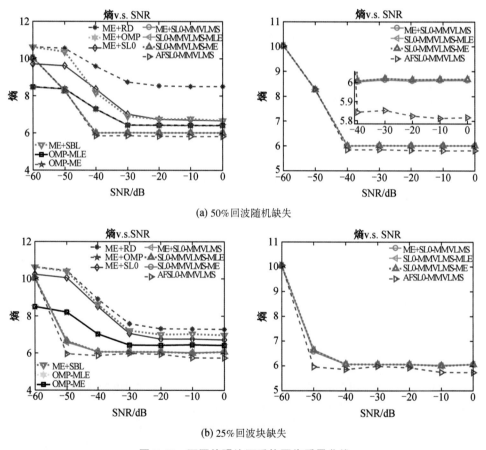

(a) 50%回波随机缺失

(b) 25%回波块缺失

图 7.43　不同信噪比下重构图像质量曲线

（3）实验三：不同稀疏孔径条件下的自聚焦成像效果

为验证所提算法的有效性，对不同稀疏孔径条件下的回波数据进行自聚焦成像。设孔径为随机稀疏，稀疏度为$0.1 \sim 0.9$，相位误差为随机分布，将 AFSL0-MMVLMS 算法与其余九种算法进行对比。以图像熵为例，图 7.44 给出了各成像算法的成像结果。

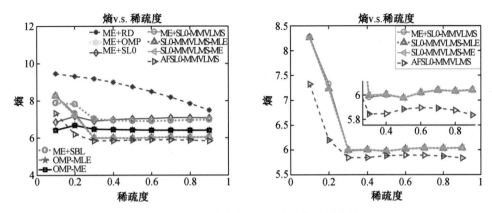

图 7.44　不同稀疏孔径下重构图像质量曲线

由图 7.44 可知,随着稀疏度增大,非空孔径数增大,回波相干累积增益变大,RD 算法所成图像的熵减小,估计误差变小。但同时,OMP、SL0 和 SBL 重构算法精度受回波稀疏性影响,随着稀疏度变大,算法所成图像熵略有上升。相比较其他算法,所提的 AFSL0-MMVLMS 算法受稀疏度影响较小,所成图像的图像熵较其他算法更小,当回波稀疏度低至 0.2 时,算法仍能有效重构目标图像。

(4)实验四:实测数据验证

为进一步验证本节所提 AFSL0-MMVLMS 算法的实用性,以 Yak-42 飞机目标的实测数据进行仿真实验,假设回波缺失为 40% 随机缺失以及 25% 块缺失,信噪比为 -45 dB,其余参数设置及全孔径数据所成图像与前文相同。利用各种算法对缺失回波进行稀疏孔径 ISAR 自聚焦成像结果如图 7.45 和图 7.46 所示,各成像结果的相关指标如表 7.20 所示。

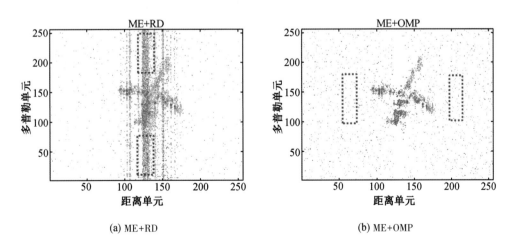

(a) ME+RD　　　　　　　　　　　(b) ME+OMP

图 7.45　40% 回波随机缺失的成像结果(实测数据)

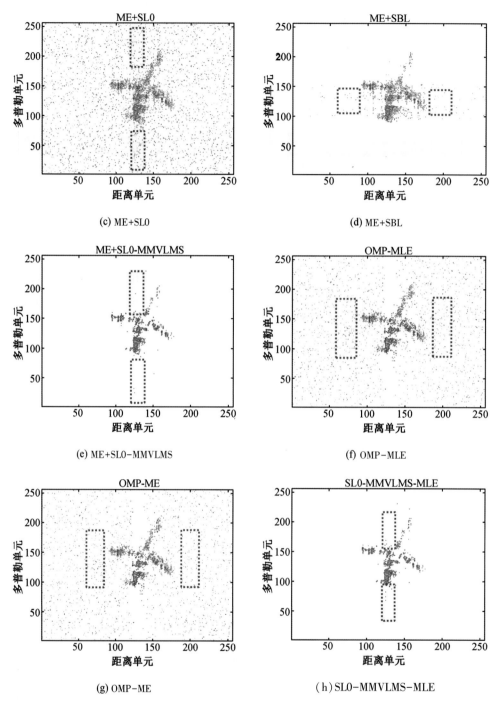

(c) ME+SL0

(d) ME+SBL

(e) ME+SL0-MMVLMS

(f) OMP-MLE

(g) OMP-ME

(h) SL0-MMVLMS-MLE

图 7.45(续 1)

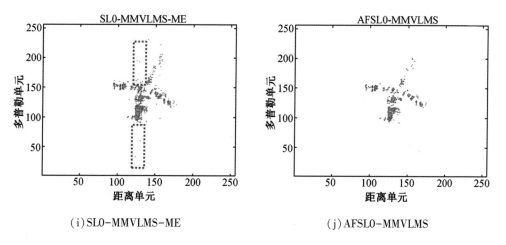

（i）SL0-MMVLMS-ME

（j）AFSL0-MMVLMS

图 7.45（续 2）

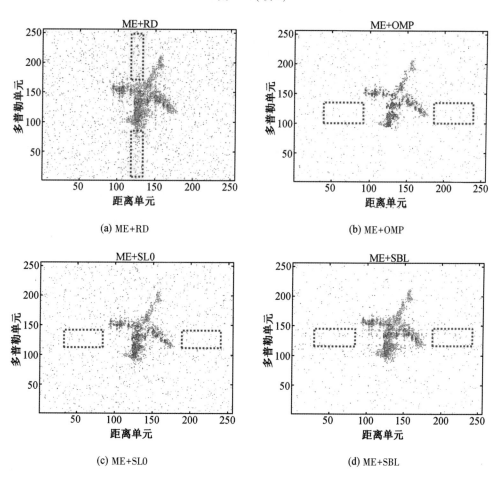

(a) ME+RD

(b) ME+OMP

(c) ME+SL0

(d) ME+SBL

图 7.46　25%回波块缺失的成像结果（实测数据）

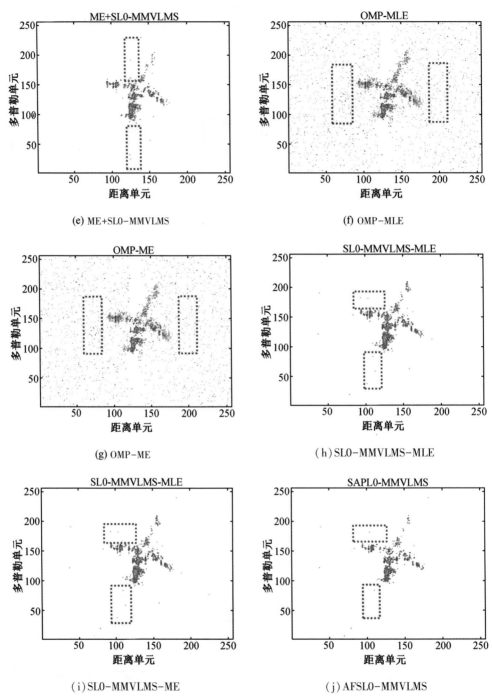

图 7.46(续)

表 7.20　稀疏孔径成像结果各指标

| 图像 | | | 熵 | 等效视数 | 平均梯度 | 距离峰值旁瓣比/dB | 方位峰值旁瓣比/dB |
|---|---|---|---|---|---|---|---|
| 随机缺失 | ME+RD | 图 7.45（a） | 8.834 4 | 0.086 2 | **178.8** | **15.544 6** | 3.374 1 |
| | ME+OMP | 图 7.45（b） | 6.477 3 | 0.045 0 | 7.133 1 | 10.213 1 | 9.243 7 |
| | ME+SL0 | 图 7.45（c） | 8.045 9 | 0.064 0 | 7.239 2 | *10.732 7* | 9.282 1 |
| | ME+SBL | 图 7.45（d） | 7.714 7 | 0.049 6 | 0.847 8 | 9.731 0 | **10.613 5** |
| | ME+SL0-MMVLMS | 图 7.45（e） | *5.338 5* | *0.035 2* | 0.901 7 | 10.216 5 | 9.047 1 |
| | OMP−MLE | 图 7.45（f） | 6.479 1 | 0.045 9 | 7.135 2 | 9.600 2 | 9.188 3 |
| | OMP−ME | 图 7.45（g） | 6.478 5 | 0.045 9 | 7.135 0 | 9.626 3 | 9.195 1 |
| | SL0−MMVLMS−MLE | 图 7.45（h） | 5.379 2 | 0.036 6 | 0.888 2 | 8.797 5 | 9.324 3 |
| | SL0−MMVLMS−ME | 图 7.45（i） | 5.374 5 | 0.036 5 | 0.889 1 | 8.863 7 | 9.377 2 |
| | AFSL0−MMVLMS | 图 7.45（j） | **5.052 4** | **0.033 6** | *7.713 6* | 9.402 9 | *9.851 0* |
| 块缺失 | ME+RD | 图 7.46（a） | 8.725 3 | 0.078 4 | **216.3** | *20.603 0* | 13.188 4 |
| | ME+OMP | 图 7.46（b） | 6.450 7 | 0.044 7 | 7.284 7 | 15.706 4 | 17.188 1 |
| | ME+SL0 | 图 7.46（c） | 8.439 7 | 0.067 7 | 7.373 1 | 13.093 6 | 10.794 6 |
| | ME+SBL | 图 7.46（d） | 8.539 3 | 0.066 5 | 0.891 8 | **20.822 3** | 18.359 8 |
| | ME+SL0-MMVLMS | 图 7.46（e） | *5.651 0* | 0.041 6 | 0.851 6 | 16.806 6 | 15.308 6 |
| | OMP−MLE | 图 7.46（f） | 6.444 0 | 0.043 5 | 7.270 7 | 10.058 1 | 10.061 9 |
| | OMP−ME | 图 7.46（g） | 6.416 8 | 0.042 6 | 7.290 4 | 10.185 9 | 10.160 5 |
| | SL0−MMVLMS−MLE | 图 7.46（h） | 5.654 4 | 0.041 5 | 0.855 2 | 18.400 6 | **19.283 4** |
| | SL0−MMVLMS−ME | 图 7.46（i） | 5.654 6 | *0.041 5* | 0.855 0 | 18.394 4 | *19.213 8* |
| | AFSL0−MMVLMS | 图 7.46（j） | **5.315 3** | **0.037 5** | *7.709 9* | 14.464 3 | 7.495 8 |

注：黑体表示最优值，黑斜体表示次优值。

由图 7.45 及表 7.20 可知，当回波为随机缺失时，ME+SBL 及 SL0−MMVLMS 算法在稀疏成像时重构图像质量更优，其中 ME+SBL 算法主要受噪声斑点影响，而 ME+SL0MMVLMS 及 SL0−MMVLMS−ME 算法则是受旁瓣影响较大。而对比图 7.45（e）（h）（i）和（j），由图中标出的红框可以发现，相较于 ME+SL0MMVLMS、SL0−MMVLMS−MLE 及 SL0−MMVLMS−ME 算法，AFSL0−MMVLMS 算法所成图像的噪声斑点及旁瓣更少。而由图 7.46 可知，当回波为块缺失时，SL0−MMVLMS 算法的成像质量较其他重构算法更好，对比其所成图像的质量指标可知，AFSL0−MMVLMS 算法所成图像的图像熵（平均降低了 5.7%）、等效视数（平均降低了 7.1%）和平均梯度（平均提高了

95.0%）均比 ME+SL0MMVLMS、SL0-MMVLMS-MLE 及 SL0-MMVLMS-ME 算法所成图像的相关指标更好。

可见,所提 AFSL0-MMVLMS 算法同样适用于实测数据,其所成图像的图像熵及等效视数较小,图像质量较优。

# 第 8 章　双基地 ISAR 成像处理

传统的单基地 ISAR 受限于其成像几何及威力,在对高速、高机动以及隐身目标跟踪成像上有所不足,难以满足对高速运动目标成像的迫切需求,人们逐渐探寻基于双/多基地形式的新的成像雷达体制。双基地 ISAR(bistatic ISAR, B-ISAR)将收发单元的空间展开分布与目标相对雷达的运动相结合,为成像提供了多个视角的目标观测,解决了单基地 ISAR 的盲角问题。采用远发近收的布局则有利于增大雷达的探测距离。此外,双基地 ISAR 还具有很强的生存能力和抗干扰能力,能有效弥补单基地 ISAR 系统在抗电磁干扰、抗反辐射导弹、抗隐形目标、抗低空入侵等方面的技术短板。

然而,双基地 ISAR 与高速运动目标的结合也带来诸多成像难题,如高速运动对双基地 ISAR 回波的调制问题、双基地 ISAR 固有的几何畸变和定标问题与目标的高速运动耦合后恶化等,这些都阻碍着双基地 ISAR 真正实现对高速运动目标的成像。此外,回波数据缺失情形下的运动补偿和二维成像等问题也是双基地 ISAR 成像进行实际应用时无法回避的难题。本章针对高速运动目标在双基地 ISAR 成像中的共性问题进行研究,对高速运动目标双基地 ISAR 的成像机理,高速运动对目标回波产生的主要影响以及反映到最终双基地 ISAR 成像时的具体体现等进行了研究和分析,探寻相应的处理方法,以最终获得高速运动目标的清晰图像。

## 8.1　高速运动目标双基地 ISAR 成像处理现状

### 8.1.1　一般运动目标 ISAR 成像处理现状

1. ISAR 成像方法

ISAR 成像实质上是利用目标与雷达之间的相对运动,对目标回波进行相干积累,重建目标散射系数空间分布的过程。当前常见的成像算法主要有距离-多普勒(range-doppler, RD)算法、子孔径(sub aperture)算法、极坐标格式成像(polar format algorithm, PFA)算法、卷积反投影成像(convolution backprojection algorithm, CBP)算法等。

（1）距离-多普勒算法（RD）

RD算法是当前应用范围最广的ISAR成像算法，其运算量较小。算法假设目标上每个散射点相对于参考点的多普勒频率在成像时间内不变，从而将距离向和方位向解耦合，再利用宽带回波信号进行脉冲压缩处理以获得距离向分辨率，常用的脉冲压缩算法有匹配滤波法和解线调法，最后在方位向上进行多普勒分析从而分辨相同距离单元内不同方位距离的散射点。

当前，宽带雷达所发射的信号带宽在吉赫兹量级，相对应的距离分辨率可达分米量级，而方位分辨率受限于多普勒分析精度，通常仅为米量级。若要提高方位向分辨率，在雷达参数不变的条件下，需要增大成像转角，通常目标相对雷达转动角速度难以调节，故只能增加相干成像时间。然而，随着成像时间的延长，目标回波往往会产生跨分辨单元徙动（migration through resolution cells，MTRC），如跨距离单元徙动（across range unit，ARU）、跨多普勒单元徙动（across doppler unit，ADU）甚至于跨越成像波束徙动（across beam unit，ABU），此时，回波的相参性受到破坏，使用RD算法将获得模糊或散焦的目标图像。此外，在大成像转角条件下，RD算法原有的一阶近似不再成立，此时额外产生的二次项同样将致使所成图像模糊或散焦。RD算法流程如图8.1所示。

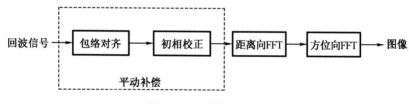

图8.1　RD算法流程图

（2）大转角成像算法

为克服RD算法在大转角成像上的缺陷，人们相继提出了子孔径算法、极坐标格式成像（PFA）算法和卷积反投影成像（CBP）算法等。

Jain A将整个合成孔径分成若干个子孔径分别成像，确保在划分的子孔径中目标回波不发生MTRC，可以正常使用RD算法，而后对所成子图像进行叠加积累得到整个孔径的图像。

PFA算法的核心在于"极坐标存储—插值转换—直角坐标成像"，以环形方式将回波存储于极坐标中，避免了远离成像中心的散射点MTRC的问题，而后通过二维插值将极坐标数据转换为平面直角坐标数据，便于最后经二维傅里叶变换获得目标图像。PFA算法流程如图8.2所示，极坐标格式下插值示意图如图8.3所示。

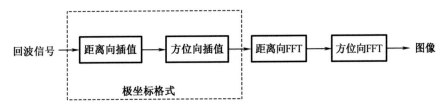

图 8.2 PFA 算法流程图

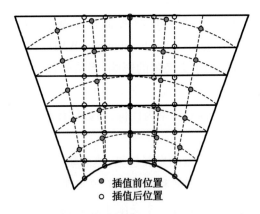

图 8.3 极坐标格式下插值示意图

卷积反投影成像算法从解投影观点处理微波成像,利用目标的回波电场频谱以及相位因子通过卷积和反投影处理重建目标的雷达图像。

(3)复杂运动目标成像算法

以上算法初期均为实现平稳运动目标成像,但实际应用中,目标更多情况下为非平稳运动,此时目标回波的多普勒频率是时变的,通过多普勒分析难以正确表明目标散射点的方位分布。针对此类目标,学者提出距离–瞬时多普勒算法(range instantaneous Doppler, RID),采用瞬时谱估计例如 Radon-Wigner 变换,Dechirp CLEAN 和自适应 Chirplet 分解等代替傅里叶变换处理方位向数据,无需复杂的运动补偿便可获得目标的瞬时像,从而能够较好地表征目标回波的时变多普勒。

随着目标运动更加复杂,ISAR 成像也需要更多的信号处理步骤。按照是否进行参数估计可将其分为以下两类方法:

第一类:参数估计方法,这类算法将回波信号近似为特定信号模型,通过估计信号参数进而得到 ISAR 瞬态像。常用的近似信号有线性调频信号(linear frequency modulation, LFM)和多项式相位信号(polynomial phase signal, PPS)。

针对 LFM 信号参数估计的方法有分数阶傅里叶变换(fractional Fourier transform, FrFT)、匹配傅里叶变换(match Fourier transform, MFT)、离散 Chirp 变换(discrete Chirp transform, DCT)、二次相位函数(quadratic phase function, QPF)、吕变换(Lv's transform, LVT)等。

针对 PPS 信号参数估计的方法则有离散多项式变换（discrete polynomial transform，DPT）、三次相位函数（cubic phase function，CPF）、高阶模糊函数（high-order ambiguity function，HAF）、keystone 时间–调频率分布（keystone time-chirp rate distribution，KTCRD）、调频率–二阶调频率分布（chirp rate-quadratic chirp rate distribution，CRQCRD）等。

第二类：非参数估计方法，使用时频分布（time-frequency distribution，TFD）来表征目标的瞬时像。常见的时频分布有短时傅里叶变换（short-time Fourier transform，STFT）、魏格纳–维利分布（Wigner-Ville distribution，WVD）、Cohen 类双线性时频分布等。常用的时频分布通常受困于交叉项的影响，当信号包含多个分量时，交叉项会产生干扰项，干扰真实信号的提取。为克服交叉项的影响，人们提出了多种基于核函数设计的改进方法，但大多以牺牲分辨率为代价，参数估计精度也随之下降。

（4）超分辨成像算法

追求高分辨成像是 ISAR 技术的发展趋势，然而频段、带宽、相干成像时间等不可能无限增大，因而人们开始思索如何利用有限资源实现超分辨成像。当信号带宽和成像转角固定不变，传统成像算法的分辨率受限于经典傅里叶变换估计分辨率，而超分辨成像算法则采用现代谱估计理论实现高分辨谱估计，从而提高成像分辨率。已提出的 ISAR 超分辨算法有：基于线性预测数据外推的成像算法、基于 Capon 估计器的成像算法、基于 MUSIC 算法的成像算法、基于 ESPRIT 的成像算法等。ISAR 超分辨成像算法极大降低了雷达系统的带宽需求，能够帮助提高目标识别的准确性。

基于压缩感知（compressive sensing，CS）的 ISAR 成像方法是近年来新兴发展的一种成像方法。基于 CS 理论，通过较少的回波信号即可实现机动目标高分辨 ISAR 成像，然而在实际应用中，CS-ISAR 仍存在一些问题，如重构算法的抗噪性能、稀疏字典的构造以及存在相位误差时的重构误差等，具体内容将在稀疏孔径 ISAR 成像方法中讨论。

2. 平动补偿方法

目标相对雷达的运动可分解为目标上参考点相对雷达的径向运动和其余散射点绕参考点的旋转运动两部分，如图 8.4 所示。其中，旋转运动是 ISAR 获取方位分辨率的基础，而径向运动对成像不仅没有贡献，而且可能会致使目标回波在相干成像积累时间内跨越多个距离单元，产生较大的多普勒频移，最终造成目标图像的模糊或散焦，因而，需要通过平动补偿消除径向运动对成像的影响。

假设目标在时刻 $t$ 的回波信号为 $s_{\mathrm{r}}(t)\mathrm{e}^{\mathrm{j}\omega_0 t}$，其中 $s_{\mathrm{r}}(t)$ 为复包络，$\omega_0$ 为载频。假设目标平移运动导致回波时延 $\tau$，回波信号应为 $s_{\mathrm{r}}(t-\tau)\mathrm{e}^{\mathrm{j}\omega_0(t-\tau)}$，通常回波信号在基带处理，即为 $s_{\mathrm{r}}(t-\tau)\mathrm{e}^{-\mathrm{j}\omega_0\tau}$，故平动补偿主要包括复包络 $s_{\mathrm{r}}(t-\tau)$ 对齐和初相 $\omega_0\tau$ 调整两部分。

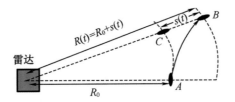

图 8.4　目标和雷达的相对运动示意图

（1）包络对齐

包络对齐，是将各次回波包络内的同一散射点校正到同一距离单元内，最初的包络对齐方法便是通过跟踪回波中的强散射点来对齐各个包络，但由于目标散射点存在闪烁和遮挡等问题，强散射点在回波中可能起伏或消隐，该方法效果较为一般。而后，针对包络对齐方法的研究取得了广泛的成果，其实现过程大致可以分为两个步骤：一是设定对齐准则，二是选取补偿方式。

第一，对齐准则。

对齐准则是包络对齐的评价标准，常用的准则有最大相关性、最小熵、最大对比度等。

由于目标相邻回波相对于雷达的转角变化较小，两者的包络通常具有很强的相关性，若两回波的包络是对齐的，则相关性最大。基于这个性质，1980 年，Chen 和 Andrews 提出了基于相邻相关法的包络对齐方法。同理，包络对齐前各次回波的和包络分布较为平均，此时熵较大，若完成包络对齐，各次回波包络相同，其和包络分布集中，熵最小。基于此，1997 年，Wang G Y 提出了基于最小熵的包络对齐方法。相类似，对比度也是衡量和包络分布的一种代价函数，当分布较为平均时，对比度较小，反之，当分布较为集中时，对比度较大。

第二，补偿方式。

包络对齐实现补偿的方式可分为非参数法和参数法两类，其主要区别在于是否对偏移量进行建模。

相邻相关法、频域法以及最初的最小熵法均为非参数法，其主要基于相邻回波进行对齐，因而既无法避免误差随时间的积累，也不能处理突跳误差，故对齐效果较为一般。积累互相关法使用多个回波加权得到的合成包络代替单个回波包络作为对齐基准，可以有效抑制"漂移"和"突跳"误差，但同样存在误差积累问题。将积累互相关法扩展至所有回波作为迭代基准，则为迭代相关法，单次对齐后的平均距离像与各距离像有更高的相关性，经过多次迭代，对齐效果更优，但运算量较大。非参数法依赖于各个回波数据，因而无法避免"突跳"误差和误差积累的问题。为此，参数法通过将获得的各个回波的偏移量进行多项式拟合，从而抑制"突跳"误差。而为抑制误差积累问题，Wang J F 提出了一种全局包络对齐算法，该方法使用多项式模型对所有回波的偏移量进行建模，以最小熵或最大对比度为对齐准则，搜索模型参数的最优解，从而估计得到所有回波的偏移量。该方法有效利用了所有回波，避免了相邻回波偏移量误差的累积，但其同样存在运算量较大的问题。朱岱寅则基于所有距离像和的熵最小准则，推导得到各回波偏移量的解析表达式，通过多次迭代，可收敛到近似全局最优解。该方法既避免了烦琐的搜索过程，提高对齐速度，又抑制了误差的积累，提高对齐精度。

（2）初相校正

包络对齐的精度较低，通常存在 $1/4 \sim 1/8$ 个距离单元的误差，其相较于雷达波长不可忽略，这导致各次回波的初相不同，目标图像难以聚焦，因而需要进行精校正，即初相校正。

初相校正又称为自聚焦，是通过相位补偿将目标上某参考点等效置于转台中心，使得各次回波的初相与转台目标相同。初相校正方法按照是否构造目标运动模型可分为参数化和非参数化两大类。

参数化初相校正方法通常假设目标进行平稳运动，且其运动参数可以精确测量或通过多项式拟合。参数化的方法依赖于目标运动模型，对于复杂运动目标来说，过多的运动参数会导致拟合计算量的增加以及拟合精度的下降，最终影响初相校正性能。

非参数化相位补偿方法主要有三种：第一，特显点法。Steinberg 提出，若目标中存在一个明显且稳定的散射点，则可跟踪其在不同脉冲间的相位误差以实现初相校正。然而，实际应用中通常没有稳定的特显点，因而一些基于多散射点平均的改进方法相继被提出，如加权多特显点综合法等。第二，多普勒中心跟踪法（Doppler centroid tracking，DCT）。对于分布式目标，其难以找到特显点，因而特显点法并不适用。DCT 法则假设目标存在一个多普勒中心，通过跟踪该多普勒中心的平均多普勒频率，将其补偿为零，实现初相校正。此方法不需要目标存在特显点，性能较为稳健，但受限于转动分量，补偿精度不高。第三，基于代价函数的相位补偿方法，此类方法不依赖于散射点的分布，而是通过最小化图像代价函数的方法来校正初相。常用的代价函数有熵函数、对比度函数、秩函数等。

相位梯度自聚焦（phase gradient autofocus，PGA）和最小熵法是当前应用最为广泛的初相校正方法。PGA 是一种多特显点法，其通过循环移位和加窗隔离筛选强散射点，而后消除该点的转动分量及同一距离单元其他散射点的干扰，再进行加权平均，从而实现初相的准确估计，性能较为稳健。

最小熵法是一种参数化的迭代补偿方法，其将初相校正与成像质量相联系，认为当初始相位完全校正时图像熵最小。这种方法能够获得较好的目标图像，且抗噪性能优越，然而计算量较大。为此，邱晓晖提出了一种二维快速最小熵相位补偿法（fast minimum entropy phase compensation，FMEPC），该方法通过推导熵函数与相位误差的关系得到相位误差的估计解析式，并利用快速傅里叶变换进行计算，从而提高了最小熵法的运算速度。与此类似的补偿方法还有对比度最优相位补偿法(contrast optimization phase adjustment，COPA)、秩一相位估计法(rank one phase estimation，ROPE)、改进的秩一相位误差估计法(Improved rank one phase estimation，IROPE)等。

3.定标方法

通常,目标的 ISAR 图像能够反映大致的几何结构信息,有利于对目标进行分类识别。但若想提高目标的识别性能,诸如目标的大小等尺度信息十分重要,此时需要对 ISAR 图像进行定标处理。由于雷达发射信号参数等通常已知,故距离分辨率可以直接计算获得,因而对 ISAR 图像的定标处理主要在于对其方位分辨率进行求解。方位分辨率与信号波长成正比、与目标相对雷达转动角度成反比,故当相干成像积累时间确定后,ISAR 图像横向定标问题可以转化为目标相对雷达转动角速度的估计问题。然而,ISAR 成像对象通常为无法准确获取运动轨迹信息的非合作目标,其相对雷达的有效转角或转速难以获取,因而需要通过间接的方式进行估计。当前,常用的定标方法可分为两大类。

(1)基于多普勒调频斜率估计的方法

由于目标相对雷达的转动角速度在目标多普勒中表现为二次相位,因而可以通过估计多普勒调频斜率来估计转动角速度。多普勒调频斜率的估计方法有很多,如 Martorella 提出的基于局部多项式傅里叶变换(local polynomial Fourier transform，LPFT)的方法,Park Sang-Hong 等提出了基于二维傅里叶变换及极坐标变换的方法,Liu L 等运用的离散多项式相位变换等,此类参数估计的方法已较为成熟,估计精度也相差不多,因而定标的关键更多在于如何选取进行调频斜率估计的散射区域。常用的方法有基于图像分割强散射区域法和多特显点法。

基于图像分割强散射区域法通过图像分割技术提取多个强散射区域进行调频斜率估计,估计精度较高,但在实测数据应用时,难以给定分割门限阈值。多特显点法通过最大对比度或质量评估准则来区分不同距离单元内是否含有相对独立的特显点,从而选择特显点单元进行调频斜率估计。然而,若是特显点单元分布较为集中,多普勒调频斜率的拟合效果较差。

(2)基于图像域的方位定标方法

该类算法主要包括图像旋转相关法、图像特征匹配法和卷积反投影法。

该类算法以 ISAR 图像序列为处理对象,根据图像间的相关性、特征点匹配度等进行转动角度的估计,从而计算得到转动角速度,但该类算法存在需要图像序列、计算量大等问题。

### 8.1.2  高速运动目标 ISAR 成像方法研究现状

ISAR 技术凭借其良好的二维成像能力在空间目标监视、识别领域得到广泛应用,而相比于舰船和空中目标,空间目标大多具有高速运动的特征,飞行速度可达到 10 马赫以上。此外,与长期在轨可预测或轨道可测量估计的常规目标不同,以空天飞机为代表的新型飞行器可在大气层或卫星轨道上灵活机动。这类新型飞行器也拥有超高的速度,通常在 12~25 马赫,可在高空中长时间巡航。空天飞行器按照入轨方式可分为水平起降飞行器和两级入轨有翼飞行器,当前后者发展较为成熟。

目标的高速运动会使得回波在脉冲持续时间内的走动距离大于距离向分辨单元,从而造成脉冲压缩失配,使得一维距离像畸变,最终导致二维图像模糊散焦,甚至于无法成像。有文献从宽带线性调频信号目标回波的精确模型入手,从理论推导和仿真实验两方面研究目标高速运动对目标一维距离像的影响:一维距离像严重变形,谱峰分裂,多普勒展宽,解线调处理后的接收信号为线性调频信号,对数据进行运动补偿后,才能提取目标准确的一维距离像。文献还基于离散调频傅里叶变换(discrete chirp Fourier transform, DCFT)和离散匹配傅里叶变换(discrete match Fourier transform, DMFT)提出了几种补偿方法,并基于仿真数据进行了验证。

这类由高速运动产生的距离像调制称为距离色散问题,其传统解决方法是速度补偿,即将调制回波视为线性调频信号,通过接收的回波估计调频斜率,并根据估计的调频斜率构造相位补偿函数进行补偿,由于通常调频斜率与速度有关,故又称为速度补偿。常用的估计方法有 FrFT、MFT、DCFT、QPF、LVT 等。然而,在实际应用中,这类直接计算估计方法易受噪声影响,且估计精度与算法效率难以兼顾。王瑜等利用窄带雷达跟踪得到速度的粗估计值,而后基于最小熵准则搜索得到最佳补偿速度,具有较强的抗噪能力。但当目标速度变化较大时,其搜索过程耗时较长。有文献提出了基于牛顿法的快速最小熵补偿法,提高了最小熵法的运行效率,但容易陷入局部极小值点,补偿精度存在不确定性。

不同于先估计补偿后距离压缩的思路,尹治平将速度补偿与距离压缩相结合,采用 FrFT 代替 FFT 完成距离压缩处理,简化了处理流程。利用参数化稀疏表征方法进行补偿则是消除高速运动影响的另一个研究方向,陈春晖利用目标回波的稀疏性,通过构造包含目标未知速度的参数化感知矩阵来自适应寻优,从而得到优化后的感知矩阵及目标运动速度。金光虎则构造了 Chirplet 基,利用小波分解实现了速度的估计,经过速度补偿后得到了目标的清晰图像。

### 8.1.3 双基地 ISAR 成像方法研究现状

随着空间目标技术的发展,单基地 ISAR 受其成像几何及威力的限制,在对各类高威胁目标(高速、高机动、隐身等)进行高分辨成像时遭遇较多挑战,因而基于双/多基地形式的成像雷达体制成为新的发展方向。双基地 ISAR 是指发射单元与接收单元分置两地且相距较远的 ISAR 成像系统,是多基地 ISAR 的基本组成单元。双基地

ISAR 将收发单元的空间展开分布与目标相对雷达的运动相结合,为成像提供了多个视角的目标观测,解决了单基地 ISAR 的盲角问题。采用远发近收的布局则有利于提高雷达的探测距离。此外,双基地 ISAR 还具有很强的生存能力和抗干扰能力,在抗电磁干扰、抗反辐射导弹、抗隐形目标、抗低空入侵等方面具有较大优势。

早在 20 世纪 70 年代,针对双基地雷达成像技术的研究便已开始。1980 年,Walker 等分析了双/多基地成像的基本架构,并指出 PFA 算法适用于双基地 ISAR 成像分析。1995 年,Simon 等提出了一种从时域数据中提取信息进行双基地 ISAR 成像的方法,其只需在某一频率获取数据,降低了计算量。然而,相较于双基地 SAR 技术在 2002 年便完成了样机实验,双基地 ISAR 成像研究发展较为缓慢,其主要存在三个方面的困难:一是系统同步,双基地 ISAR 布局相对较远,在时间、频率、空间均需要同步;二是数据处理,对于非合作运动目标而言,雷达发射机、接收机的数据观测面及目标的运动平面之间的关系都是未知的,成像平面难以确定;三是图像处理,双基地 ISAR 所成图像天然存在几何畸变问题,其图像分辨率也受双基地布局影响,故难以从 ISAR 图像中获取目标的大小等尺寸信息,对目标识别准确率也有所影响。

2005 年,意大利比萨大学的 M. Martorella 引入双基地角的概念,将双基地 ISAR 等效为双基地角的角平分线方向上的单基地 ISAR,将其与目标的连线定义为距离向,其与目标所成平面内与距离向相垂直的方向为方位向,即单基地等效模型。根据该理论可以简化双基地 ISAR 的回波模型,而后利用传统单基地 ISAR 成像方法进行处理,便可得到双基地 ISAR 成像系统的点扩散函数(point spread function, PSF)。该方法的提出极大地推动了双基地 ISAR 成像技术的发展,而后关于双基地 ISAR 成像分析的文献大多在此方法的基础上依据目标运动形式的变化而加以改进。

单基地等效模型最初是基于匀速转台目标或平动速度较低的目标,在相干成像积累时间内双基地角可近似为不变,因而当目标存在较大的平动速度时,时变的双基地角会导致双基地 ISAR 成像质量下降,此时理想的单基地等效模型不再适用。比萨大学、美国海军实验室等针对平动目标双基地 ISAR 图像质量下降的问题进行了研究,其中,M. Martorella 将其归结为散焦效应,而 V. C. Chen 则将其归因为微多普勒效应,具体而言,其根本原因是时变的双基地角引起的多普勒频率呈现高次项,从而在方位成像时散射点模糊或散焦。通过对方位多普勒进行补偿,可以有效抑制图像的散焦现象。然而,时变的双基地角还引发了另一严重后果——几何畸变。2011 年,M. Martorella 对散焦效应和几何畸变进行了具体分析。而后,更多人开始关注几何畸变校正方法的研究。

在双基地 ISAR 成像过程中,时变的双基地角导致目标距离向和方位向在多普勒频率中存在深度耦合,因而成像后产生几何畸变。而对于早期单基地 ISAR 等效模型方法,其将发射机、接收机和目标的三角几何关系进行了简化,因而难以消除耦合,得到的双基地 ISAR 图像是扭曲的。近些年,伴随着目标等效旋转角速度的引入以及解耦技术的发展,人们陆续开展双基地 ISAR 几何畸变校正研究。Cataldo 和 M. Martorella 通过缩小相干成像时间来抑制几何畸变,并提出了超分辨的方法来弥补由此带来的分辨率下降的问题。S. B. Sun 等利用散射点的几何分布提取畸变角度从而进行校正。X. F. Ai 等将畸变矩阵中各个元素定义为旋转角速度的函数,并通过对旋转角速度的估计来实现畸变校正。M. S. Kang、J. H. Bae 等发表了一系列双基地 ISAR 畸变校正和定标处理的论文,其主要思想是利用泰勒展开时变双基地角将回波建模为多项式相位信号,而后利用参数估计的方法求解与分辨率有关的系数,最终实现几何畸变校正和定标。

除此之外,柴守刚根据运动分解解耦的思想,提出了联合几何畸变校正方法,其通过推导获得双基地成像、几何畸变校正及定标问题的解析式,并利用目标稀疏性将参数估计问题转化为稀疏分解问题,最终实现联合成像及畸变校正、定标。但当参数先验知识较少时该方法存在搜索范围大、运算速度慢的缺点。

近年来,随着各类高速飞行器层出不穷以及对未知目标成像需求的增大,双基地 ISAR 凭借在高速运动目标成像上的优势受到更多人的关注。但空间目标监视双基地雷达基线较长,较高精度的时间同步难以完全实现,需要使用距离-多普勒算法等对时间同步要求略低的算法。而距离-多普勒算法基于回波在脉冲持续时间内走动距离小于距离向分辨单元的假设,将成像过程分解为多个慢时间时刻,即"停-走"模型,上述的双基地 ISAR 成像方法如单基地等效模型及分解法均基于此模型。

然而,同单基地 ISAR 对高速运动目标成像时相同,当目标速度增大到一定程度时,回波在脉冲持续时间内的走动距离大于距离向分辨单元,此时脉冲压缩失配,使得一维距离像畸变,最终导致二维图像模糊散焦。为此,B. F. Guo 等分析了高速运动目标在双基地条件下回波的性质及其与双基地角的关系。张瑜等分析了双基地角时变下目标的高速运动对双基地 ISAR 成像畸变及成像质量的影响。借鉴单基地 ISAR 利用速度补偿来处理高速目标的思路,某文献利用分数阶傅里叶变换消除高速运动带来的二次相位项,从而实现 B-ISAR 的高速目标成像。朱小鹏等推导出双基地 ISAR 的速度补偿项关于快时间频率与速度的表达式,在快时间频域完成了高速运动补偿。韩宁等则同样推导了补偿项的表达式,而后利用回波稀疏性构造冗余基求解速度。马少闯等提出了基于最小熵的速度估计算法,并分析讨论了速度误差对脉冲压缩及成像的影响。这些方法能够有效消除目标高速运动引起的一维距离像主瓣展宽和谱峰畸变问题,得到较高质量的目标二维像。然而,速度补偿后的目标图像仍是扭曲的,仍需对图像进行几何畸变校正,但速度补偿过程中破坏了原有回波的相位信息,使得前文所述的基于单基地等效模型及分解法的几何畸变校正及定标算法性能有所下降,需要对此进行进一步分析处理。

## 8.2　高速运动目标双基地 ISAR 成像存在的问题

### 8.2.1　高速运动目标双基地 ISAR 成像存在的一般问题

双基地 ISAR 在对高速运动目标成像方面较单基地 ISAR 具有较大优势,其通过收发分置获得了更多的观测角度,通过远发近收增加了探测距离。但双基地 ISAR 复杂的成像几何使得成像平面难以确定,分布式部署也加大了系统同步、结果融合的难度。下面分析双基地 ISAR 成像时存在的一般性问题:①双基地 ISAR 最佳构型的问题。受限于雷达的威力和视角,不同的双基地 ISAR 构型所获得的观测角度和增益均不相同,针对不同目标的成像需求,常常需要选择相应目标的最优构型,这种选择既依赖于所部署雷达的性能,又受所观测目标特性的约束,因而,在实际应用中,通常需要进行先期侦测、后期调整才能得到双基地 ISAR 的最佳构型。②双基地 ISAR 三大同步的问题。为获得目标的有效回波,双基地 ISAR 通常需要在空间、时间和频率上保持一致,即收发装置能够进行统一行动,从而保证发射端的波束、时频能与接收端相一致。然而,这通常难以完全保证,因而需要对回波进行预处理,完成“三大同步”。③双基地 ISAR 图像融合的问题。由于目标在不同观测角度下散射特性通常不同,利用双基地 ISAR 系统所得目标图像如何在多基地系统中进行融合,是现阶段理论研究和工程实现的最大难题。

目标的高速运动使得雷达跟踪成像时产生诸多问题,下面进行具体分析:①目标高速运动使得雷达的发射、接收波束难以跟踪对准,导致回波丢失概率增大。②目标较高的速度会产生较大的多普勒频率,而通常雷达的脉冲重复频率有限,故多普勒模糊问题不可避免。③ISAR 雷达成像需要一定的相干累积时间,而在这段时间内,目标进行高速运动,可能跨越距离单元、多普勒单元乃至波束,造成通道迁移问题,极大降低雷达的相干处理增益,使得目标难以成像。为解决这些问题,雷达系统需要进行精细规划,相关的信号处理方法也层出不穷,其中,较为引人关注的为检测前聚焦技术。

### 8.2.2　高速运动目标双基地 ISAR 成像存在的关键问题

除了存在的一般问题,当双基地 ISAR 成像应用于高速运动目标成像时,其固有的散焦效应及几何畸变在处理高速运动目标时有所恶化,且增大了获取目标尺寸信息的难度。由于各种有意或无意干扰,目标回波可能出现缺失现象,在高速运动目标双基地 ISAR 成像环境下,此缺失现象将有所加剧。下面总结出高速运动目标双基地 ISAR 成像存在的几个关键问题,并加以研究。

1. 高速运动目标双基地 ISAR 成像回波建模问题

使用双基地 ISAR 系统对高速运动目标进行成像,回波信号受高速运动、双基地 ISAR 成像几何双重影响,为实现二维成像,需要先建立回波模型。为此,需要分析目标及其运动特性,建立高速运动目标与双基地 ISAR 相结合的成像模型;此外,消除高速运动影响的方法也是研究重点,在不同脉冲压缩实现形式下,探寻准确反映目标成像特征的回波建模方法。

2. 高速运动目标双基地 ISAR 成像几何畸变校正和定标问题

双基地 ISAR 存在固有的几何畸变问题,对目标识别造成较大影响,而为了准确反映目标大小等尺寸信息,需要对 ISAR 图像进行定标。但由于高速运动与双基地成像相耦合,使得原有的几何畸变校正和定标方法性能下降。为解决这一问题,需要建立几何畸变校正和定标模型,分析相关参数,研究针对高速运动目标双基地 ISAR 成像的几何畸变校正和定标方法。

3. 稀疏孔径条件下目标 ISAR 成像问题

在复杂电磁环境下,由于成像雷达宽窄带交替工作模式、目标非合作运动造成的回波目标暂消情况、有意或无意干扰等多种因素,会得到一些非正常的一维距离像,需要进行人为剔除,此时方位向孔径为稀疏分布,而目标的高速运动和双基地 ISAR 复杂的成像几何使得这一缺失现象更加难以避免,如何充分利用残缺孔径对目标进行高分辨成像,是实际应用双基地 ISAR 所面临的问题。基于压缩感知的成像算法是近年来较受关注的稀疏孔径数据处理方法,其重构算法主要有凸优化法、贪婪算法等,然而这些算法在重构精度、重构速度、抗噪性等方面仍有所不足。因此,可以从低信噪比、低计算复杂度、高重构精度等需求出发研究新的适用于稀疏孔径 ISAR 成像的算法。

4. 稀疏孔径条件下 ISAR 运动补偿问题

传统的基于压缩感知的成像算法大多假设稀疏孔径数据已经过精确运动补偿,然而,在稀疏孔径条件下,相邻回波之间的相关性会被破坏,回波中的相位函数也将不连续,初相校正精度有所降低,因而难以满足这一假设。此外,双基地稀疏孔径 ISAR 还面临着同步、回波相干化的问题,最终都将反应在回波的相位误差上,因而需要研究稀疏孔径下回波的运动补偿方法。当前关于稀疏孔径条件下的自聚焦方法研究主要集中在交替正则化法,然而其受困于估计误差传播及抗噪性能。而以贝叶斯统计学习为基础的压缩感知自聚焦方法虽能有效克服这些缺陷,但算法复杂度较高,难以适应高分辨 ISAR 成像的大数据处理要求。为此,需要研究适用于低信噪比、低计算复杂度的稀疏孔径运动补偿方法。

## 8.3 高速运动目标双基地 ISAR 成像回波建模

随着各类高速飞行器及未知空间目标层出不穷,针对高速运动目标的成像需求日益迫切,基于双/多基地形式的成像雷达体制成为新的发展方向。然而,双基地 ISAR 复杂的几何成像关系使得成像分析较为困难,为此,意大利比萨大学的 M. Martorella 引入双基地角的概念,提出了单基地等效模型。但发射机、接收机和目标的三角几何关系形成了方位向和距离向的深度耦合,从而导致基于单基地等效原理的回波模型无法准确给出时变双基地角产生的畸变、定标与成像几何的解析关系。为此,柴守刚提出了基于运动分解的双基地 ISAR 成像方法,利用双基地成像几何,消除方位向和距离向的耦合。

然而,当目标为高速运动时,其回波在一个脉冲持续时间内的徙动距离大于距离单元宽度,不满足传统的"停-走"模型,因而原有的单基地等效法及运动分解法性能均有所降低。借鉴单基地 ISAR 速度补偿的思路,通过分数阶傅里叶变换消除高速运动带来的二次相位项,从而实现 B-ISAR 的高速目标成像,但这仅是解决了高速运动对一维距离像的影响,其对 B-ISAR 回波模型的影响仍需进一步研究。

本节针对高速运动目标双基地 ISAR 成像回波建模问题,将单基地等效原理与运动分解模型相结合,旨在为后续几何畸变校正与定标建立一个准确的回波模型。首先,对目标对象及其运动特性进行分析;而后,分析研究单基地等效原理的特点,对一般运动目标回波进行建模;针对不同脉冲压缩处理方法,分别提出基于宽带匹配滤波器和基于解线调处理的高速运动目标回波建模方法。

### 8.3.1　目标及其运动特性分析

当前,针对导弹、高速飞行器等非传统高速目标的 ISAR 成像技术成为研究热点,其特点主要有速度高、无固定轨道或轨道不易获取、机动性强、威胁大等。

以美国研制的空天飞机为代表的新型飞行器是一类非传统高速目标,其飞行速度大于 5 马赫,飞行高度大致在 20 km 至 100 km 之间,运动形式复杂,雷达散射截面积(radar cross section, RCS)较小。这类目标的高速高机动使得雷达跟踪观测难度增大,且对回波产生了脉内调制。此外,可能产生的"黑障"现象也是雷达成像难以解决的困难之一。

由于单基地 ISAR 受限于其成像几何及威力,难以满足对高速运动目标跟踪成像的迫切需求,人们逐渐探寻基于双/多基地形式的新的成像雷达体制。本节主要从这一类高速运动目标在 B-ISAR 成像中的共性问题出发,而暂不考虑具体目标的个性问题(如自旋、黑障等),即研究高速运动对目标回波产生的主要影响以及反映到最终成像时的具体体现,探寻对这些影响的处理方法,以最终获得高速运动目标的清晰图像。

高速运动目标的运动轨道示意图如图 8.5 所示。虽然目标存在多种飞行状态,如上升、下降、机动、巡航等,但从成像雷达角度出发,在较短的相干积累时间内,目标总体是以一定速度匀速运动。

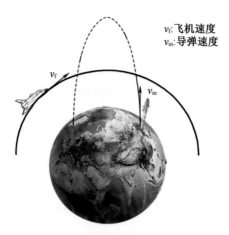

$v_f$:飞机速度
$v_m$:导弹速度

图 8.5 高速运动目标的运动轨道示意图

以单基地雷达为例,假设目标起始位于 $P$ 点,雷达布置于 $O$ 点,二者相距 $R=$ 50 km,目标高度 $H=30$ km,目标飞行速度为 $v_s=2\ 000$ m/s,速度与 $V$ 轴夹角为 $\theta=$ 60°。计算目标与雷达的相对距离变化及转角变化,其结果如图 8.6 所示。从图中可以看出,当利用单基地 ISAR 对目标进行观测时,目标相对于雷达径向上近似为匀速直线运动,转动上近似为匀速转动。

相较于单基地 ISAR 条件,目标在双基地 ISAR 条件下的相对运动特性更加复杂,其与双基地雷达的相对运动模型如图 8.6(a)所示。假设发射机、接收机分别布置于 $A$ 点、$B$ 点,两雷达之间基线长度为 $L=40$ km,其余参数不变,计算目标与双基地雷达的相对距离变化及转角变化,其结果如图 8.7 所示。

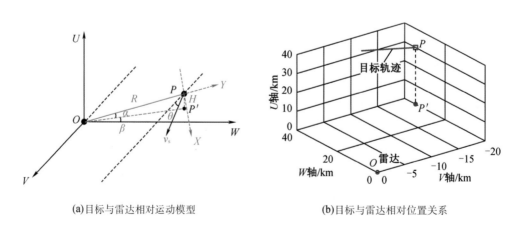

(a)目标与雷达相对运动模型      (b)目标与雷达相对位置关系

图 8.6 单基地 ISAR 条件下目标相对运动特性

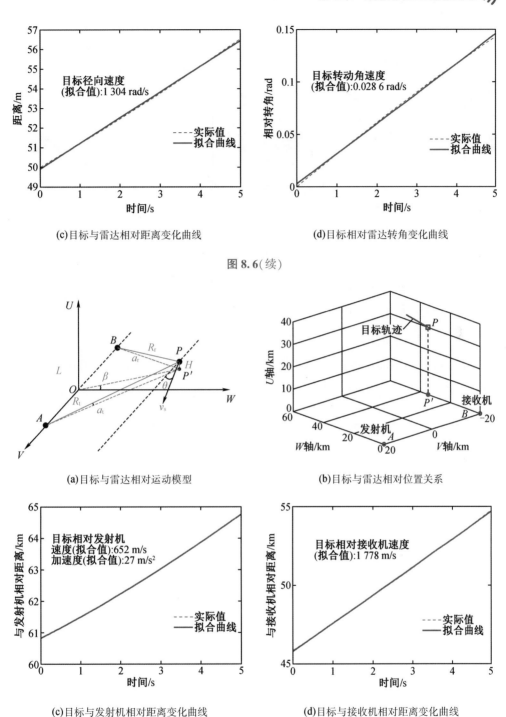

(c)目标与雷达相对距离变化曲线　　　　　(d)目标相对雷达转角变化曲线

图 8.6(续)

(a)目标与雷达相对运动模型　　　　　(b)目标与雷达相对位置关系

(c)目标与发射机相对距离变化曲线　　　　(d)目标与接收机相对距离变化曲线

图 8.7　双基地 ISAR 条件下目标相对运动特性

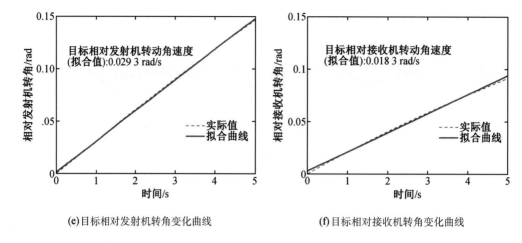

(e)目标相对发射机转角变化曲线　　　　(f)目标相对接收机转角变化曲线

图 8.7(续)

从图 8.7 中可以看出,当利用双基地 ISAR 对目标进行观测时,目标相对于发射机径向上近似为匀加速直线运动,转动上近似为匀速转动;目标相对于接收机径向上近似为匀速直线运动,转动上近似为匀速转动。

图 8.7(a)所示的目标相对运动模型可简化为图 8.8,此时,$R_t$ 与双基地雷达基线的夹角为 $\theta_a = \arccos[(R_t^2 + L^2 - R_r^2)/(2R_tL)]$,则目标相对发射机的转动角速度为

$$\omega_t = |\boldsymbol{\omega}_t| = \left|\frac{\hat{R}_t \times \boldsymbol{v}}{|R_t|}\right| = \frac{v\sin(\pi - \theta_a - \theta)}{R_t} = \frac{v\sin(\theta_a + \theta)}{R_t} \tag{8.1}$$

式中,$\hat{R}_t$ 为 $R_t$ 的单位向量。

而目标相对发射机的径向速度为

$$v_t = v\cos(\pi - \theta_a - \theta) = -v\cos(\theta_a + \theta) \tag{8.2}$$

同理,可得 $R_r$ 与双基地雷达基线的夹角为 $\theta_b = \arccos[(R_r^2 + L^2 - R_t^2)/(2R_rL)]$,目标相对接收机的转动角速度为

$$\omega_r = |\boldsymbol{\omega}_r| = \left|\frac{\hat{R}_r \times \boldsymbol{v}}{|R_r|}\right| = \frac{v\sin(\theta_b - \theta)}{R_r} \tag{8.3}$$

式中,$\hat{R}_r$ 为 $R_r$ 的单位向量。

而目标相对发射机的径向速度为

$$v_r = v\cos(\theta_b - \theta) \tag{8.4}$$

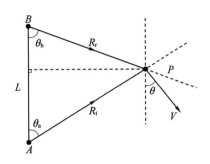

图 8.8　目标相对雷达运动的简化模型

目标相对雷达的转角变化是 ISAR 成像方位分辨率的来源,而目标相对雷达的径向运动则会导致回波走动甚至产生调制相位,降低成像质量。由式(8.1)~式(8.4)可知,这两者与目标速度、目标与雷达的距离以及双基地雷达的基线长度有关,现分析这三种因素对成像转角及径向运动的影响。

1. 目标速度对成像转角及径向运动的影响

若目标与发射机、接收机的距离分别为 60 km、45 km,目标高度为 30 km,双基地雷达的基线长度为 40 km,设置目标速度由 1 000 m/s 至 3 000 m/s 变化,方向为与 V 轴夹角 $\theta = 60°$,则不同目标速度情况下成像转角及径向运动随时间变化曲线如图 8.9 所示。图中,$R_v$ 表示转动角速度(rotational velocity),$V_t$ 表示相对发射机的径向速度,$V_r$ 表示相对接收机的径向速度,$a_t$ 表示相对发射机的径向加速度。

根据所设置条件,可计算得到 $\theta_a = 48.6°$,$\theta_b = 89.6°$,又 $\theta = 60°$,则有

$$\omega_t = 1.58 \times 10^{-5} v \tag{8.5}$$

$$v_t = 0.32 v \tag{8.6}$$

$$\omega_r = 1.12 \times 10^{-5} v \tag{8.7}$$

$$v_r = 0.87 v \tag{8.8}$$

由图 8.9 可知,随着目标速度增大,目标相对于发射机、接收机的转动角速度、径向速度及径向加速度均增大,与式(8.5)~式(8.8)所分析的转动角速度 $\omega_t$、$\omega_r$ 及径向速度 $v_t$、$v_r$ 均为目标速度 $v$ 的递增函数相符。此时,目标相对于雷达的转动角度变大,方位成像的分辨率有所提高。然而,当径向速度及径向加速度增大到一定程度时,回波在一个脉冲持续时间内的走动量超过一个距离分辨单元,回波经过脉冲压缩时会产生"失配"现象,导致一维距离像谱峰"分裂"和多普勒展宽,最终使得所成目标二维图像模糊及散焦。

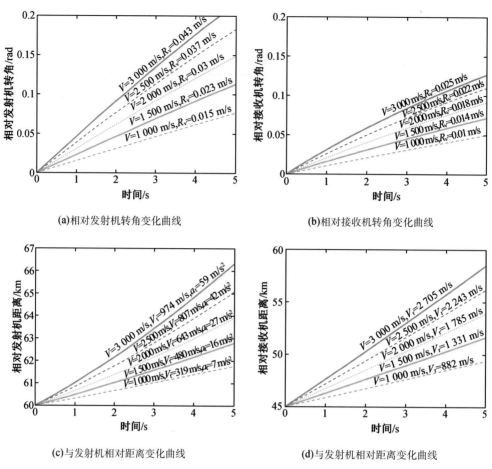

(a)相对发射机转角变化曲线 　　　　　(b)相对接收机转角变化曲线

(c)与发射机相对距离变化曲线 　　　　　(d)与发射机相对距离变化曲线

**图8.9　不同目标速度情况下成像转角及径向运动的变化曲线**

2. 目标与雷达的距离对成像转角及径向运动的影响

若目标速度为 2 000 m/s,先固定目标与接收机的距离为 45 km,设置目标与发射机的距离从 50 km 到 70 km 变化,再固定目标与发射机的距离为 60 km,设置目标与接收机的距离从 35 km 到 55 km 变化,保持其他参数不变,目标与雷达相对运动模型如图 8.5 和图 8.7(a)所示,则不同的目标与雷达距离情况下成像转角及径向运动随时间变化曲线如图 8.10 所示。图中,$R_t$、$R_r$ 分别表示目标与发射机、接收机的距离。

根据所设置条件,可计算得到 $\theta_a$、$\theta_b$ 随 $R_t$ 变化曲线如图 8.11(a)所示,又 $\theta=60°$,则 $90°<(\theta_a+\theta)<180°,0°<(\theta_b-\theta)<90°$,故 $v_t=-v\cos(\theta_a+\theta)$、$v_r=v\cos(\theta_b-\theta)$ 此时均为 $R_t$ 的递减函数,又 $f(\theta_a)=\sin(\theta_a+\theta)/R_t$、$f(\theta_b)=\sin(\theta_b-\theta)/R_r$ 随 $R_t$ 变化曲线如图 8.11(b)所示,则 $\omega_t$ 也为 $R_t$ 的递减函数,而 $\omega_r$ 为 $R_t$ 的递增函数。

同理,由图 8.11(c)(d)可知,此时 $v_t$、$v_r$ 为 $R_r$ 的递增函数,而 $\omega_t$、$\omega_r$ 为 $R_r$ 的递减函数。

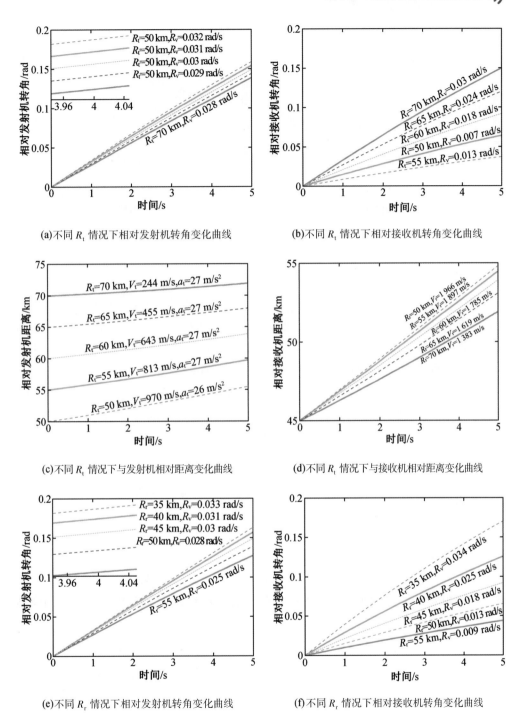

(a)不同 $R_t$ 情况下相对发射机转角变化曲线

(b)不同 $R_t$ 情况下相对接收机转角变化曲线

(c)不同 $R_t$ 情况下与发射机相对距离变化曲线

(d)不同 $R_t$ 情况下与接收机相对距离变化曲线

(e)不同 $R_r$ 情况下相对发射机转角变化曲线

(f)不同 $R_r$ 情况下相对接收机转角变化曲线

图 8.10 不同的目标与雷达距离情况下成像转角及径向运动的变化曲线

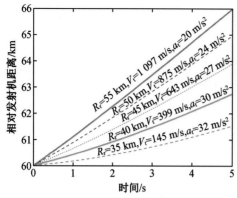

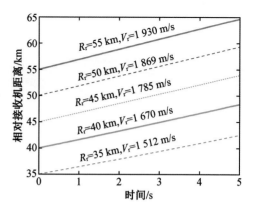

(g)不同 $R_r$ 情况下与发射机相对距离变化曲线　　（h）不同 $R_t$ 情况下与接收机相对距离变化曲线

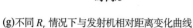

图 8.10（续）

由图 8.11 可知,随着目标与发射机距离增大,目标相对发射机的转动角速度减小,其径向速度也同样减小,而目标相对接收机的转动角速度增大,其径向速度减小;随着目标与接收机距离增大,目标相对发射机、接收机的转动角速度减小,而相对雷达的径向速度则增大。这与前文所做的理论分析相一致。

总体而言,随着目标相对于雷达的距离不断增大,目标相对雷达的转角变化变小,提高了雷达跟踪目标成像的概率,但同时也降低了方位成像的分辨率。此外,目标相对雷达的径向速度、加速度则继续影响雷达成像的性能。

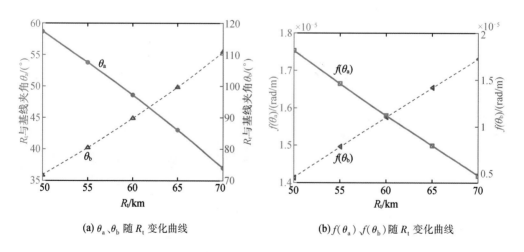

(a) $\theta_a$、$\theta_b$ 随 $R_t$ 变化曲线　　　　　(b) $f(\theta_a)$、$f(\theta_b)$ 随 $R_t$ 变化曲线

图 8.11　各夹角随 $R_t$ 和 $R_r$ 变化理论曲线

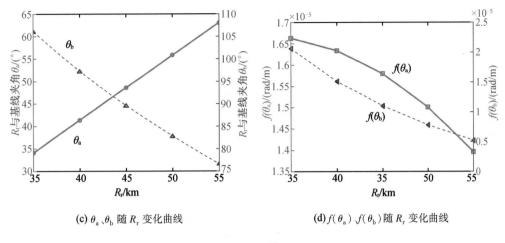

(c) $\theta_a$、$\theta_b$ 随 $R_r$ 变化曲线　　　　　　(d) $f(\theta_a)$、$f(\theta_b)$ 随 $R_r$ 变化曲线

图 8.11(续)

### 3. 双基地雷达的基线长度对成像转角及径向运动的影响

若目标速度为 2 000 m/s,目标距发射机、接收机起始距离分别为 60 km 和 45 km,设置双基地雷达的基线长度由 30 km 至 70 km 变化,保持其他参数不变,目标与雷达相对运动模型如图 8.5 和图 8.7(a)所示,则不同双基地雷达基线长度情况下成像转角及径向运动随时间变化曲线如图 8.12 所示。图中,$L$ 表示双基地雷达的基线长度。

根据所设置条件,可计算得到 $\theta_a$、$\theta_b$ 随 $L$ 变化曲线如图 8.13 所示,将其代入式(8.1)~式(8.4),可得 $\omega_r$ 为 $L$ 的递减函数,$v_r$ 为 $L$ 的递增函数,而 $\omega_t$ 在 $L \geqslant 40$ km 时为 $L$ 的递增函数,$v_t$ 在 $L \geqslant 40$ km 时为 $L$ 的递减函数。

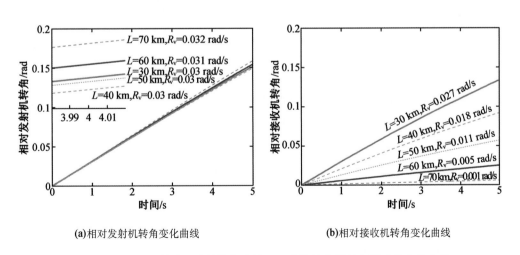

(a)相对发射机转角变化曲线　　　　　　(b)相对接收机转角变化曲线

图 8.12　不同双基地雷达基线长度情况下成像转角及径向运动的变化曲线

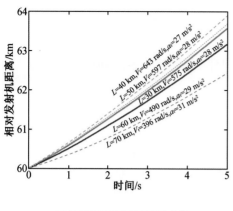

(c)与发射机相对距离变化曲线

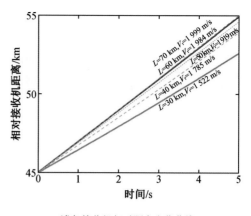

(d)与接收机相对距离变化曲线

图 8.12(续)

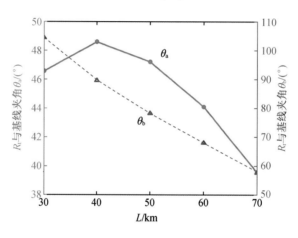

图 8.13　$\theta_a$、$\theta_b$ 随 $L$ 变化曲线

由图 8.12 可知,当 40 km≤$L$≤70 km 时,随着双基地雷达基线长度的增大,目标相对发射机的转动角速度增大,其径向速度减小,而目标相对接收机的转动角速度减小,其径向速度增大,与理论分析相一致。

若目标距发射机、接收机起始距离不变,随着双基地雷达基线长度的增大,双基地角增大,雷达的作用范围降低,目标相对接收机的转动角速度减小,径向速度增大,成像分辨率下降。若基线长度太短,则发射机和接收机之间会产生相互干扰,因此应选择合适的基线长度。根据双基地雷达理论,双基地雷达最优基线长度应满足:$\sqrt{2}R_e/2$≤$L<\sqrt{2}R_e$,其中 $R_e$ 为等效单基地作用距离。

本节分析了目标对象及其运动特性,针对目标参数、雷达布局对双基地 ISAR 成像的影响进行了仿真分析。为深入研究双基地 ISAR 成像机理,下面就具体回波形式进行建模,并探讨双基地 ISAR 成像所面临的主要问题及其解决方案。

### 8.3.2　基于单基地等效原理的一般运动目标 B-ISAR 回波建模

单基地等效方法是近些年来处理双基地 ISAR 成像问题最为常用的回波建模工具,由 Martorella 提出,其核心思想是将收发分置的 B-ISAR 等效为双基地角平分线上的单基地 ISAR,再利用单基地 ISAR 的成像处理方法进行成像,其成像几何模型如图 8.14 所示。

图中,$A$ 点为发射机,$B$ 点为接收机,$L$ 为基线 $AB$ 的长度,$\boldsymbol{R}_t(t_m)$ 和 $\boldsymbol{R}_r(t_m)$ 分别为发射机和接收机指向目标参考点的距离向量,$|\boldsymbol{R}_t(t_m)| = \boldsymbol{R}_t(t_m)$,$|\boldsymbol{R}_r(t_m)| = \boldsymbol{R}_r(t_m)$。$\beta(t_m)$ 为 $R_t(t_m)$ 和 $R_r(t_m)$ 的夹角,称为双基地角,$Y$ 轴为双基地角的角平分线,$X$ 轴垂直于 $Y$ 轴。目标以速度 $v$ 飞行,与 $X$ 轴夹角为 $\theta$,$|\boldsymbol{v}| = v_0$。

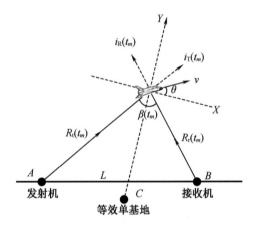

图 8.14　双基地 ISAR 成像几何

若雷达发射信号为线性调频信号:

$$s_t(t, t_m) = \text{rect}\left(\frac{t}{T_p}\right) \text{rect}\left(\frac{t_m}{T_m}\right) \exp(j2\pi f_c t) \exp(j\pi \gamma t^2) \tag{8.9}$$

式中,$t$ 为快时间;$t_m = m/\text{PRF}$ 为慢时间,PRF 为脉冲重复频率;$T_p$ 为脉冲宽度;$T_m$ 为相干积累成像时间;$f_c$ 为载波频率;$\gamma = B/T_p$ 为调频率;$B$ 为信号带宽。

假设回波时延为 $\tau$,则回波信号为

$$s_r(t, t_m) = \text{rect}\left(\frac{t-\tau}{T_p}\right) \text{rect}\left(\frac{t_m}{T_m}\right) \exp\left[j2\pi f_c(t-\tau)\right] \exp\left[j\pi \gamma(t-\tau)^2\right] \tag{8.10}$$

参考信号为

$$s_{\text{ref}}(t, t_m) = \text{rect}\left(\frac{t-\tau_{\text{ref}}}{T_{\text{ref}}}\right) \text{rect}\left(\frac{t_m}{T_m}\right) \exp\left[j2\pi f_c(t-\tau_{\text{ref}})\right] \exp\left[j\pi \gamma(t-\tau_{\text{ref}})^2\right] \tag{8.11}$$

式中,$\tau_{\text{ref}}$ 为参考时延。

两者相乘,令 $\bar{t} = t - \tau_{\mathrm{ref}}$ 可得

$$s_{\mathrm{c}}(\bar{t}, t_m) = \mathrm{rect}\left(\frac{\bar{t} - \tau_\Delta}{T_{\mathrm{p}}}\right) \mathrm{rect}\left(\frac{t_m}{T_m}\right) \exp(-\mathrm{j}2\pi f_c \tau_\Delta) \exp(-\mathrm{j}2\pi\gamma\tau_\Delta \bar{t}) \exp(\mathrm{j}\pi\gamma\tau_\Delta^2) \quad (8.12)$$

式中,$\tau_\Delta = \tau - \tau_{\mathrm{ref}}$ 为时延差。

由上式对快时间 $\bar{t}$ 做快速傅里叶变换(fast Fourier transform,FFT),可得回波的距离频域形式为

$$s_{\mathrm{c}}(f_i, t_m) = \mathrm{rect}\left(\frac{t_m}{T_m}\right) \mathrm{sinc}\left[T_{\mathrm{p}}(f_i + \gamma\tau_\Delta)\right] \exp(-\mathrm{j}\pi\gamma\tau_\Delta^2) \exp(-\mathrm{j}2\pi f_i \tau_\Delta) \exp(-\mathrm{j}2\pi f_c \tau_\Delta)$$

$$(8.13)$$

由峰值 $f_i = -\gamma\tau_\Delta$,可得剩余视频相位项为

$$\varphi_{\mathrm{RVP}} = \exp(-\mathrm{j}\pi\gamma\tau_\Delta^2) \exp(-\mathrm{j}2\pi f_i \tau_\Delta) = \exp(\mathrm{j}\pi\gamma\tau_\Delta^2) = \exp\left(\mathrm{j}\pi\frac{f_i^2}{\gamma}\right) \quad (8.14)$$

构造相位补偿项 $\varphi_{\mathrm{comp}} = \exp(-\mathrm{j}\pi f_i^2/\gamma)$,与式(8.13)相乘,可得

$$s_{\mathrm{c}}(f_i, t_m) = \mathrm{rect}\left(\frac{t_m}{T_m}\right) \mathrm{sinc}\left[T_{\mathrm{p}}(f_i + \gamma\tau_\Delta)\right] \exp(-\mathrm{j}2\pi f_c \tau_\Delta) \quad (8.15)$$

由图8.14空间几何可知,目标散射点的回波延迟量为

$$\tau = \frac{1}{c}\left\{R_{\mathrm{t}}(t_m) + R_{\mathrm{r}}(t_m) + \boldsymbol{s} \cdot \left[\boldsymbol{i}_{\mathrm{T}}(t_m) + \boldsymbol{i}_{\mathrm{R}}(t_m)\right]\right\} \quad (8.16)$$

式中,$\boldsymbol{s} = (x, y)$ 为目标上参考点指向散射点的向量;$\boldsymbol{i}_{\mathrm{T}}(t_m)$ 为发射机指向目标参考点的单位向量;$\boldsymbol{i}_{\mathrm{R}}(t_m)$ 为接收机指向目标参考点的单位向量。

通常,雷达以目标参考点时延为参考时延,即 $\tau_{\mathrm{ref}} = [R_{\mathrm{t}}(t_m) + R_{\mathrm{r}}(t_m)]/c$,故时延差为

$$\tau_\Delta = \frac{1}{c}\left\{\boldsymbol{s} \cdot \left[\boldsymbol{i}_{\mathrm{T}}(t_m) + \boldsymbol{i}_{\mathrm{R}}(t_m)\right]\right\} = \frac{1}{c}\left[\left|\boldsymbol{i}_{\mathrm{T}}(t_m) + \boldsymbol{i}_{\mathrm{R}}(t_m)\right| \boldsymbol{s} \cdot \frac{\boldsymbol{i}_{\mathrm{T}}(t_m) + \boldsymbol{i}_{\mathrm{R}}(t_m)}{\left|\boldsymbol{i}_{\mathrm{T}}(t_m) + \boldsymbol{i}_{\mathrm{R}}(t_m)\right|}\right]$$

$$(8.17)$$

假设 $\boldsymbol{i}_{\mathrm{T}}(t_m)$ 和 $\boldsymbol{i}_{\mathrm{R}}(t_m)$ 所成夹角的角平分线上 $C$ 处有一单基地雷达,由其指向目标参考点的单位向量为 $\boldsymbol{i}_{\mathrm{C}}(t_m)$,则

$$\boldsymbol{i}_{\mathrm{C}}(t_m) = \frac{\boldsymbol{i}_{\mathrm{T}}(t_m) + \boldsymbol{i}_{\mathrm{R}}(t_m)}{\left|\boldsymbol{i}_{\mathrm{T}}(t_m) + \boldsymbol{i}_{\mathrm{R}}(t_m)\right|} \quad (8.18)$$

假设目标相对于 $C$ 处单基地雷达的转动角速度为 $\boldsymbol{\omega}$,则

$$\boldsymbol{s} \cdot \frac{\boldsymbol{i}_{\mathrm{T}}(t_m) + \boldsymbol{i}_{\mathrm{R}}(t_m)}{\left|\boldsymbol{i}_{\mathrm{T}}(t_m) + \boldsymbol{i}_{\mathrm{R}}(t_m)\right|} = (x, y) \cdot (\sin\omega t_m, \cos\omega t_m) = x\sin\omega t_m + y\cos\omega t_m \quad (8.19)$$

式中,$\omega = |\boldsymbol{\omega}|$ 为转动角速度大小。

令 $K(t_m) = \left|\boldsymbol{i}_{\mathrm{T}}(t_m) + \boldsymbol{i}_{\mathrm{R}}(t_m)\right|$,且 $\omega t_m$ 满足小转角条件时,式(8.17)可转化为

$$\tau_\Delta = \frac{1}{c} K(t_m) \cdot (x\omega t_m + y) \tag{8.20}$$

又

$$K(t_m) = \mid \boldsymbol{i}_\mathrm{T}(t_m) + \boldsymbol{i}_\mathrm{R}(t_m) \mid = 2\cos\frac{\beta(t_m)}{2} \tag{8.21}$$

当相干积累成像时间较短时,双基地角可近似为其在 $t_m = 0$ 处的一阶泰勒展开式,即

$$\beta(t_m) = \beta(0) + \beta'(0) t_m \tag{8.22}$$

式中,$\beta'(0)$ 为双基地角 $\beta(t_m)$ 在 $t_m = 0$ 处的一阶导数。

若令 $K(t_m) = K_0 + K_1 t_m$,则有

$$\begin{cases} K_0 = 2\cos[\beta(0)/2] \\ K_1 = -\beta'(0)\sin[\beta(0)/2] \end{cases} \tag{8.23}$$

将其代入式(8.17),可得

$$\tau_\Delta \approx \frac{1}{c}[K_0 y + (K_0 x\omega + K_1 y)t_m + K_1 x\omega t_m^2] = \frac{1}{c}(\alpha_0 + \alpha_1 t_m + \alpha_2 t_m^2) \tag{8.24}$$

式中,$\alpha_0 = K_0 y$ 为距离项;$\alpha_1 = K_0 x\omega + K_1 y$ 为多普勒项,此时距离和方位相耦合;$\alpha_2 = K_1 x\omega$ 为多普勒展宽项。

将 $\tau_\Delta$ 代入 $s_c(f_i, t_m)$,可得

$$s_c(f_i, t_m) = \mathrm{rect}\left(\frac{t_m}{T_m}\right)\mathrm{sinc}\left\{T_p\left[f_i + \frac{\gamma}{c}(\alpha_0 + \alpha_1 t_m + \alpha_2 t_m^2)\right]\right\} \cdot \exp\left[-\mathrm{j}2\pi\frac{f_c}{c}(\alpha_0 + \alpha_1 t_m + \alpha_2 t_m^2)\right] \tag{8.25}$$

对上式进行平动补偿,得

$$s_c(f_i, t_m) = \mathrm{rect}\left(\frac{t_m}{T_m}\right)\mathrm{sinc}\left[T_p\left(f_i + \frac{\gamma\alpha_0}{c}\right)\right]\exp\left[-\mathrm{j}2\pi\frac{f_c}{c}(\alpha_0 + \alpha_1 t_m + \alpha_2 t_m^2)\right] \tag{8.26}$$

由式(8.26)可知,平动补偿后每一个距离单元内的回波信号可看作多分量线性调频信号之和,可利用参数 $\alpha_2$ 的估计值构造相位补偿函数 $\exp(\mathrm{j}2\pi f_c\alpha_2 t_m^2/c)$,与式(8.26)相乘得

$$s_c(f_i, t_m) = \mathrm{rect}\left(\frac{t_m}{T_m}\right)\mathrm{sinc}\left[T_p\left(f_i + \frac{\gamma\alpha_0}{c}\right)\right]\exp\left(-\mathrm{j}2\pi\frac{\alpha_1}{\lambda}t_m\right)\exp\left(-\mathrm{j}2\pi\frac{\alpha_0}{\lambda}\right) \tag{8.27}$$

式中,$\lambda = c/f_c$ 为信号波长。

对慢时间 $t_m$ 做 FFT 并忽略无关项,得

$$s_c(f_i, f_d) = \mathrm{sinc}\left[T_p\left(f_i + \frac{\gamma\alpha_0}{c}\right)\right]\mathrm{sinc}\left[T_m\left(f_d + \frac{\alpha_1}{\lambda}\right)\right] \tag{8.28}$$

则距离频率、多普勒频率与散射点位置的对应关系为

$$\begin{cases} f_i = -\dfrac{\gamma \alpha_0}{c} = -\dfrac{\gamma K_0}{c} y \\[3mm] f_d = -\dfrac{\alpha_1}{\lambda} = \dfrac{K_0 \omega x + K_1 y}{\lambda} \end{cases} \qquad (8.29)$$

由式(8.29)可以看出,距离频率和多普勒频率均存在衰减项 $K_0$,使得分辨率有所降低,且多普勒频率还存在距离向 $y$ 和方位向 $x$ 的耦合,导致目标图像产生几何畸变。

### 8.3.3 基于宽带匹配滤波器的高速运动目标 B-ISAR 回波建模

上节所述基于单基地等效原理的回波建模假设回波满足"停-走"模型,如图 8.15 所示,回波在一个脉冲持续时间内徙动距离不超过一个距离分辨单元。然而,随着目标速度的增大,目标回波在一个脉冲持续时间内的徙动距离通常大于一个距离分辨单元,此时会产生调制相位,使得传统的脉冲压缩处理不匹配,导致后续所成图像模糊或散焦。

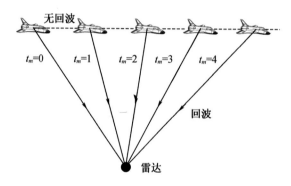

图 8.15 ISAR 成像"停-走"模型

在回波时延中考虑快时间项的影响,假设 $t_m$ 时刻,$v_{Tm}$ 与 $v_{Rm}$ 为目标相对于发射机、接收机的径向速度(假设离开雷达方向为正)。设发射信号时间为 $t_m + \tilde{t}$,发射信号到达散射点处的时延为 $\tau_1$,信号由散射点处到达接收机所需时间为 $\tau_2$,则有

$$c\tau_1 = R_T(t_m + \tilde{t} + \tau_1) \approx r_t(s, t_m) + v_{Tm}\tilde{t} + v_{Tm}\tau_1 \qquad (8.30)$$

$$c\tau_2 = R_R(t_m + \tilde{t} + \tau_1) \approx r_r(s, t_m) + v_{Rm}\tilde{t} + v_{Rm}\tau_1 \qquad (8.31)$$

式中,$r_t(s, t_m) = |R_t(t_m) + s| \approx R_t(t_m) + s \cdot i_T(t_m)$ 为散射点 $s = (x, y)$ 与发射机之间的斜距;$r_r(s, t_m) = |R_r(t_m) + s| \approx R_r(t_m) + s \cdot i_R(t_m)$ 为散射点 $s = (x, y)$ 与接收机之间的斜距。

由上式可知,双基地回波时延 $\tau$ 为

$$\tau = \tau_1 + \tau_2 = \frac{v_{Tm} + v_{Rm}}{c - v_{Tm}}\tilde{t} + \frac{r_t(s, t_m) + r_r(s, t_m)}{c} + \frac{(v_{Tm} + v_{Rm}) \cdot r_t(s, t_m)}{c(c - v_{Tm})} \qquad (8.32)$$

则接收机接收回波的总时长为

$$t_{all} = t_m + \tilde{t} + \tau = t_m + \frac{c+v_{Rm}}{c-v_{Tm}}\tilde{t} + \frac{r_t(\boldsymbol{s},t_m)+r_r(\boldsymbol{s},t_m)}{c} + \frac{(v_{Tm}+v_{Rm})\cdot r_t(\boldsymbol{s},t_m)}{c(c-v_{Tm})} \tag{8.33}$$

由上式可知发射时间 $\tilde{t}$ 与接收时间 $t$ 的关系为

$$
\begin{aligned}
\tilde{t} &= \frac{c-v_{Tm}}{c+v_{Rm}}(t_{all}-t_m) - \frac{(c-v_{Tm})\left[r_t(\boldsymbol{s},t_m)+r_r(\boldsymbol{s},t_m)\right]}{c(c+v_{Rm})} - \frac{(v_{Tm}+v_{Rm})\cdot r_t(\boldsymbol{s},t_m)}{c(c+v_{Rm})} \\
&= \frac{c-v_{Tm}}{c+v_{Rm}}t - \frac{(c-v_{Tm})\left[r_t(\boldsymbol{s},t_m)+r_r(\boldsymbol{s},t_m)\right]}{c(c+v_{Rm})} - \frac{(v_{Tm}+v_{Rm})\cdot r_t(\boldsymbol{s},t_m)}{c(c+v_{Rm})}
\end{aligned} \tag{8.34}
$$

将式(8.34)代入式(8.32),则有

$$
\begin{aligned}
\tau &= \frac{v_{Tm}+v_{Rm}}{c+v_{Rm}}t + \frac{r_t(\boldsymbol{s},t_m)+r_r(\boldsymbol{s},t_m)}{c} - \frac{(v_{Tm}+v_{Rm})\cdot r_r(\boldsymbol{s},t_m)}{c(c+v_{Rm})} \\
&= \frac{v_{Tm}+v_{Rm}}{c+v_{Rm}}t + \frac{R_t(t_m)+R_r(t_m)+\boldsymbol{s}\cdot\left[\boldsymbol{i}_T(t_m)+\boldsymbol{i}_R(t_m)\right]}{c} \\
&\quad - \frac{(v_{Tm}+v_{Rm})\cdot\left[R_r(t_m)+\boldsymbol{s}\cdot\boldsymbol{i}_R(t_m)\right]}{c(c+v_{Rm})}
\end{aligned} \tag{8.35}
$$

与单基地等效原理中的式(8.16)相比,式(8.35)中延迟项包含快时间,无法直接脉冲压缩,需要进行补偿。

为进一步研究高速运动目标的 B-ISAR 成像机理,引入柴守刚所提运动分解原理,其几何示意图如图 8.16 所示。以目标上的参考点 $O$ 为坐标原点,以 $t_m=0$ 时刻的双基地角平分线方向作为 $Y$ 轴,将 $t_m=0$ 时刻的发射机、接收机以及目标三者所确定的平面作为坐标 $XOY$ 平面,假设该坐标系在成像期间随目标运动。

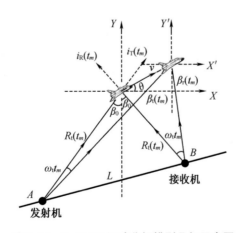

图 8.16　B-ISAR 运动分解模型几何示意图

假设目标相对于发射机和接收机的有效转动矢量分别为 $\boldsymbol{\omega}_t$ 和 $\boldsymbol{\omega}_r$,由前文可知,在

较短的相干积累成像时间内，目标相对于发射机和接收机的转动为匀速转动，$\omega_t = |\boldsymbol{\omega}_t|$，$\omega_r = |\boldsymbol{\omega}_r|$，则由图 8.16 可知距离矢量 $\boldsymbol{R}_t$、$\boldsymbol{R}_r$ 与 $Y$ 轴的夹角分别为 $\beta_t(t_m) = \beta_0 + \omega_t t_m$ 和 $\beta_r(t_m) = \beta_0 - \omega_r t_m$，其中 $\beta_0$ 为 $t_m = 0$ 时刻的半双基地角。

又 $\boldsymbol{i}_T = (\sin\beta_t, \cos\beta_t)$ 和 $\boldsymbol{i}_R = (-\sin\beta_r, \cos\beta_r)$，可得散射点与发射机的斜距为 $r_t(\boldsymbol{s}, t_m) \approx R_t(t_m) + x\sin\beta_t(t_m) + y\cos\beta_t(t_m)$，与接收机的斜距为 $r_r(\boldsymbol{s}, t_m) \approx R_r(t_m) - x\sin\beta_r(t_m) + y\cos\beta_r(t_m)$。

将式（8.35）代入式（8.10），整理得

$$s_r(t, t_m) = \text{rect}\left(\frac{t_m}{T_m}\right) \text{rect}\left(\frac{t - \dfrac{v_{Tm} + v_{Rm}}{c + v_{Rm}} t - \tau'_m}{T_p}\right) \exp\left[j\pi\gamma\left(t - \frac{v_{Tm} + v_{Rm}}{c + v_{Rm}} t - \tau'_m\right)^2\right] \cdot$$

$$\exp\left[j2\pi f_c\left(t - \frac{v_{Tm} + v_{Rm}}{c + v_{Rm}} t - \tau'_m\right)\right]$$

$$= s_\omega\left(t - \frac{v_{Tm} + v_{Rm}}{c + v_{Rm}} t - \tau'_m\right) \text{rect}\left(\frac{t_m}{T_m}\right) \exp\left[j2\pi f_c\left(t - \frac{v_{Tm} + v_{Rm}}{c + v_{Rm}} t - \tau'_m\right)\right]$$

$$= s_\omega\left[\kappa_0\left(t - \frac{\tau'_m}{\kappa_0}\right)\right] \text{rect}\left(\frac{t_m}{T_m}\right) \exp(j2\pi f_c \kappa_0 t) \exp(-j2\pi f_c \tau'_m)$$

$$= s_\omega[\kappa_0(t - \xi_m)] \text{rect}\left(\frac{t_m}{T_m}\right) \exp[j2\pi(f_c + f_{d0})t] \exp(-j2\pi f_c \kappa_0 \xi_m) \tag{8.36}$$

式中，$s_\omega(t) = \text{rect}(t/T_p)\exp(j\pi\gamma t^2)$ 为线性调频脉冲；$\tau'_m = \tau - (v_{Tm} + v_{Rm}) \cdot t/(c + v_{Rm})$ 为回波时延中慢时间项；$\kappa_0 = (c - v_{Tm})/(c + v_{Rm})$ 为脉宽尺度伸缩因子；$\xi_m = \tau'_m/\kappa_0$ 为考虑尺度伸缩时的回波时延；$f_{d0} = (\kappa_0 - 1)f_c = -(v_{Tm} + v_{Rm}) \cdot f_c/(c + v_{Rm})$ 为多普勒频移。

则式（8.36）的基带信号为

$$s_r(t) = \sqrt{\kappa_0} s_\omega[\kappa_0(t - \xi_m)]\exp[j2\pi f_{d0}(t - \xi_m)]\exp(-j2\pi f_c \xi_m) \tag{8.37}$$

若采用传统窄带匹配滤波器，脉宽尺度伸缩因子 $\kappa_0$ 将使得滤波器失配，为此，采用宽带匹配滤波器进行脉冲压缩。设滤波器的冲激响应函数 $h(t, \kappa)$ 为

$$h(t, \kappa) = \sqrt{\kappa} s_\omega^*(-\kappa t)\exp(j2\pi f_d t) \tag{8.38}$$

式中，$\kappa$ 为匹配函数的尺度伸缩因子，$f_d = (\kappa - 1)f_c$，可得到匹配脉压后的信号为

$$s_{rm}(t, \kappa) = s_r(t) \otimes h(t, \kappa)$$

$$= \int_{-\infty}^{\infty} s_r(\tau) h(t - \tau, \kappa) \mathrm{d}\tau$$

$$= \exp\{j2\pi[(\kappa - 1)f_c t - \kappa f_c \xi_m]\} \cdot \chi(\Delta t, \kappa) \tag{8.39}$$

式中，$\Delta t = t - \xi_m$；

$$\chi(\Delta t, \kappa) = \int_{-\infty}^{\infty} \sqrt{\kappa\kappa_0} s_\omega(\kappa_0 \tau) s_\omega^*[\kappa(\tau - \Delta t)]\exp[j2\pi(\kappa_0 - \kappa)f_c \tau]\mathrm{d}\tau \tag{8.40}$$

当 $\kappa = \kappa_0$ 时，$\chi(\Delta t, \kappa_0) = \kappa_0 \int_{-\infty}^{\infty} s_\omega(\kappa_0 \tau) s_\omega^*[\kappa_0(\tau - \Delta t)]\mathrm{d}\tau$ 为自相关函数。当 $\Delta t =$

$0$,即 $t=\xi_m$ 时,可得到 $s_{rm}(t,\kappa)$ 的峰值:

$$s_{rm}(\xi_m,\kappa_0)=\mathcal{X}(0,\kappa_0)\exp(-j2\pi f_c\xi_m) \tag{8.41}$$

由式(8.41)可知,此时目标距离像峰值沿平面 $t=\xi_m$ 分布,如图 8.17 所示。

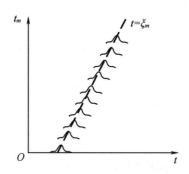

图 8.17　匹配滤波后的距离像峰值

下面分析 $\xi_m$,由式(8.36)可得

$$\xi_m=\left[\frac{r_t(\boldsymbol{s},t_m)+r_r(\boldsymbol{s},t_m)}{c}-\frac{(v_{Tm}+v_{Rm})\cdot r_r(\boldsymbol{s},t_m)}{c(c+v_{Rm})}\right]\Big/\left(\frac{c-v_{Tm}}{c+v_{Rm}}\right)$$

$$=\frac{(c+v_{Rm})\cdot r_t(\boldsymbol{s},t_m)+(c-v_{Tm})\cdot r_r(\boldsymbol{s},t_m)}{c(c-v_{Tm})} \tag{8.42}$$

代入 $r_t(\boldsymbol{s},t_m)$ 与 $r_r(\boldsymbol{s},t_m)$,则:

$$\xi_m=\frac{(c+v_{Rm})\cdot[R_t(t_m)+x\sin\beta_t(t_m)+y\cos\beta_t(t_m)]}{c(c-v_{Tm})}+$$

$$\frac{(c-v_{Tm})\cdot[R_r(t_m)-x\sin\beta_r(t_m)+y\cos\beta_r(t_m)]}{c(c-v_{Tm})} \tag{8.43}$$

由目标运动特性分析可知,当成像时间较短,目标可视为平稳运动,且相对转角较小,结合图 8.16 所示 B-ISAR 的成像几何关系,式(8.43)可简化为:

$$\xi_m\approx K_0+K_1 t_m+K_2 t_m^2 \tag{8.44}$$

式中:

$$K_0\approx\frac{R_t(0)+R_r(0)}{c}+\frac{2y\cos\beta_0+2\dfrac{v_0}{c}\cdot R_t(0)\cdot\sin\theta\cos\beta_0}{c-v_0\sin(\theta+\beta_0)} \tag{8.45}$$

$$K_1\approx\frac{\left[x+\dfrac{v_0\cos\theta\cdot R_t(0)}{c}\right](\omega_t+\omega_r)\cos\beta_0+\left[y+\dfrac{v_0\sin\theta\cdot R_t(0)}{c}\right](\omega_r-\omega_t)\sin\beta_0}{c-v_0\sin(\theta+\beta_0)}+$$

$$\frac{2v_0\sin\theta\cos\beta_0}{c-v_0\sin(\theta+\beta_0)} \tag{8.46}$$

$$K_2 \approx \frac{v_0\omega_{\mathrm{t}}\cos(\theta+\beta_0)}{c} \cdot \frac{c+v_0\sin(\theta-\beta_0)}{c-v_0\sin(\theta+\beta_0)} \qquad (8.47)$$

将式(8.44)代入式(8.41)中,则距离向成像为

$$s_{\mathrm{rm}}(t,t_m) = \mathrm{rect}\left(\frac{t_m}{T_{\mathrm{m}}}\right)\mathrm{sinc}\left[B(t-\xi_m)\right]\exp(-\mathrm{j}2\pi f_{\mathrm{c}}\xi_m)$$

$$= \mathrm{rect}\left(\frac{t_m}{T_{\mathrm{m}}}\right)\mathrm{sinc}\left[B(t-K_0-K_1 t_m-K_2 t_m^2)\right] \cdot \exp(-\mathrm{j}2\pi f_{\mathrm{c}}K_0)\exp(-\mathrm{j}2\pi f_{\mathrm{di}}t_m) \cdot$$

$$\exp(-\mathrm{j}2\pi f_{\mathrm{c}}K_2 t_m^2) \qquad (8.48)$$

式中,$f_{\mathrm{di}}=f_{\mathrm{c}} \cdot K_1$ 为多普勒频率。

利用单基地 ISAR 的相应方法进行平动补偿后为

$$s_{\mathrm{rm}}(t,t_m) = \mathrm{rect}\left(\frac{t_m}{T_{\mathrm{m}}}\right)\mathrm{sinc}\left[B(t-K_0)\right]\exp(-\mathrm{j}2\pi f_{\mathrm{c}}K_0)\exp(-\mathrm{j}2\pi f_{\mathrm{di}}t_m)\exp(-\mathrm{j}2\pi f_{\mathrm{c}}K_2 t_m^2)$$

$$(8.49)$$

二次相位项 $\exp(-\mathrm{j}2\pi f_{\mathrm{c}}K_2 t_m^2)$ 对成像无益,会导致方位模糊或散焦,需要进行补偿。通常构造相位补偿函数 $\exp(\mathrm{j}2\pi f_{\mathrm{c}}K_2 t_m^2)$ 进行对消。补偿后,对式(8.49)中的 $t_m$ 做傅里叶变换可完成方位向成像:

$$s_{\mathrm{rm}}(t,f_{\mathrm{d}}) = T_{\mathrm{m}}\mathrm{sinc}\left[B(t-K_0)\right]\exp(-\mathrm{j}2\pi f_{\mathrm{c}}K_0)\mathrm{sinc}\left[T_{\mathrm{m}}(f_{\mathrm{d}}+f_{\mathrm{di}}B)\right] \qquad (8.50)$$

式中,$f_{\mathrm{d}}$ 为转动多普勒。

由式(8.50)可知,此时散射点纵坐标 $y$ 与快时间 $t$ 的定标关系为

$$t = \frac{2y\cos\beta_0}{c-v_0\sin(\theta+\beta_0)}+C_0 \qquad (8.51)$$

式中,$C_0 = \dfrac{R_{\mathrm{t}}(0)+R_{\mathrm{r}}(0)}{c}+\dfrac{2v_0 \cdot R_{\mathrm{t}}(0) \cdot \sin\theta\cos\beta_0}{c\left[c-v_0\sin(\theta+\beta_0)\right]}$ 为常数项。

而散射点坐标 $(x,y)$ 与转动多普勒 $f_{\mathrm{d}}$ 的定标关系为

$$f_{\mathrm{d}} = -f_{\mathrm{c}} \cdot \frac{\left[(x+C_1)(\omega_{\mathrm{t}}+\omega_{\mathrm{r}})\cos\beta_0+(y+C_2)(\omega_{\mathrm{r}}-\omega_{\mathrm{t}})\sin\beta_0+C_3\right]}{c-v_0\sin(\theta+\beta_0)} \qquad (8.52)$$

式中,$C_1=v_0\cos\theta \cdot R_{\mathrm{t}}(0)/c$,$C_2=v_0\sin\theta \cdot R_{\mathrm{t}}(0)/c$,$C_3=2v_0\sin\theta\cos\beta_0$ 为常数项。

### 8.3.4 基于解线调处理的高速运动目标 B-ISAR 回波建模

采用直接采样脉冲压缩的方式对模数转换(analog to digital,A/D)器件要求较高,且需要较大的存储空间,在实际工程中,信号通常使用解线调(dechirp)处理,此时信号的处理带宽降低,降低了后续设备的复杂度。

由式(8.35)可设回波延迟为

$$\tau = \mu_m t + \tau_{im} \qquad (8.53)$$

式中，$\mu_m = (v_{Tm}+v_{Rm})/(c+v_{Rm})$ 为回波延迟中关于快时间 $t$ 项系数；$\tau_{im}=\tau-\mu_m \hat{t}$ 为回波延迟中关于慢时间 $t_m$ 项。

将式（8.53）代入时延差 $\tau_\Delta$ 中，可得 $\tau_\Delta = \tau-\tau_{ref}=\mu_m t+\tau_{im}-\tau_{ref}=\mu_m t+\tau_{i\Delta}$，将其与式（8.35）代入式（8.12），整理得

$$
\begin{aligned}
s_c(t,t_m) &= \mathrm{rect}\left(\frac{t-\tau_{ref}-\mu_m t-\tau_{i\Delta}}{T_p}\right)\exp\left[\mathrm{j}\pi\gamma(\mu_m t+\tau_{i\Delta})^2\right]\cdot\exp\left[-\mathrm{j}2\pi f_c(\mu_m t+\tau_{i\Delta})\right]\cdot\\
&\quad \exp\left[-\mathrm{j}2\pi\gamma(t-\tau_{ref})(\mu_m t+\tau_{i\Delta})\right]\\
&= \mathrm{rect}\left[\frac{(1-\mu_m)(t-\tau_{ref})-(\tau_{i\Delta}+\mu_m\tau_{ref})}{T_p}\right]\exp\left[\mathrm{j}\pi\gamma(\mu_m^2-2\mu_m)t^2\right]\cdot\\
&\quad \exp\left[\mathrm{j}2\pi(\gamma\mu_m\tau_{i\Delta}+\gamma\mu_m\tau_{ref}-\gamma\tau_{i\Delta}-\mu_m f_c)t\right]\cdot\\
&\quad \exp\left[\mathrm{j}\pi(\gamma\tau_{i\Delta}^2+2\gamma\tau_{ref}\tau_{i\Delta}-2f_c\tau_{i\Delta})\right]
\end{aligned}
\tag{8.54}
$$

考虑到 $v_{Tm}\ll c$ 和 $v_{Rm}\ll c$，并令 $\bar{t}=t-\tau_{ref}$，即快时间以参考点为起点，则有

$$
s_c(\bar{t},t_m) = \mathrm{rect}\left[\frac{\bar{t}-(\tau_{i\Delta}+\mu_m\tau_{ref})}{T_p}\right]\exp\left[-\mathrm{j}2\pi(\phi_1+\phi_2+\phi_3\bar{t}+\phi_4\bar{t}^2)\right]
\tag{8.55}
$$

式中：

$$
\phi_1 = f_c(\mu_m\tau_{ref}+\tau_{i\Delta})
\tag{8.56}
$$

$$
\phi_2 = -\frac{\gamma}{2}(\mu_m\tau_{ref}+\tau_{i\Delta})^2
\tag{8.57}
$$

$$
\phi_3 = \gamma(\mu_m\tau_{ref}+\tau_{i\Delta})(1-\mu_m)+\mu_m f_c
\tag{8.58}
$$

$$
\phi_4 = \gamma\mu_m\left(1-\frac{\mu_m}{2}\right)
\tag{8.59}
$$

由式（8.55）可以看出，经混频处理后，回波的相位项共四项，其中 $\phi_4\bar{t}^2$ 为快时间 $\bar{t}$ 的二次函数，会导致距离像展宽，需要进行补偿。$\phi_3\bar{t}$ 为快时间 $\bar{t}$ 的一次函数，经傅里叶变换后表现为距离像谱峰的"走动"，可通过平动补偿消除。$(\phi_1+\phi_2)$ 为快时间 $\bar{t}$ 的常数项，对一维距离像不起作用，但关系后续二维成像的多普勒分析，其中 $\phi_1$ 为线性相位项，$\phi_2$ 为残余视频相位项。

1. 速度补偿

由式（8.55）可知，对于每一个脉冲回波，经解线调处理后在快时间域表现为一个线性调频信号，此时可对调频率进行估计，而后构造相位补偿函数消除二次相位项。假设估计所得的调频率为 $\bar{\gamma}_m$，可构造相位补偿函数为

$$
s_{cmp}(\bar{t}) = \exp(\mathrm{j}\pi\bar{\gamma}_m\bar{t}^2)
\tag{8.60}
$$

则完成相位补偿后可得

$$
s(\bar{t}) = s_c(\bar{t},t_m)\cdot s_{cmp}^*(\bar{t}) = \mathrm{rect}\left[\frac{\bar{t}-(\tau_{i\Delta}+\mu_m\tau_{ref})}{T_p}\right]\exp\left[-\mathrm{j}2\pi(\phi_1+\phi_2+\phi_3\bar{t})\right]
\tag{8.61}
$$

由于 $\overline{\gamma}_m = \gamma\mu_m(\mu_m-2) = \gamma[(1-\mu_m)^2-1]$，故由调频率估计值可计算得到 $\mu_m = 1-\sqrt{1+\overline{\gamma}_m/\gamma}$。

对式(8.61)做快时间域的 FFT，令 $\tau' = \tau_{i\Delta}+\mu_m\tau_{\text{ref}}$，得到

$$S(f_i) = \text{sinc}[T_p(f_i+\phi_3)]\exp(-\text{j}2\pi f_c\tau')\exp(\text{j}\pi\gamma\tau'^2)\exp[-\text{j}2\pi(f_i+\phi_3)\tau']$$

(8.62)

则由一维距离像峰值 $f_i = -\phi_3$ 可得剩余视频相位项(residual video phase，RVP)为

$$\varphi_{\text{RVP}} = \exp(\text{j}\pi\gamma\tau'^2) = \exp\left[\text{j}\pi\frac{(f_i+\mu_m f_c)^2}{\gamma(1-\mu_m)^2}\right]$$

(8.63)

补偿 RVP 项后，回波信号为

$$S(f_i,t_m) = \text{sinc}[T_p(f_i+\phi_3)]\exp(-\text{j}2\pi f_c\tau')$$

(8.64)

定义 $\phi_3 = \gamma(1-\mu_m)\tau'+\mu_m f_c \triangleq \phi_0+\phi_0't_m+O(t_m)$，其中 $\phi_0$ 为常数量，而变化量 $\phi_0't_m+O(t_m)$ 可通过单基地 ISAR 传统的平动补偿方法进行校正，校正后则距离单元 $f_i = -\phi_0$ 处的回波信号为

$$S(f_i,t_m) = \text{sinc}[T_p(f_i+\phi_0)]\exp(-\text{j}2\pi f_c\tau')$$

(8.65)

**2. 多普勒补偿**

由式(8.65)可知，此时回波信号的相位与 $\tau' = \tau_{i\Delta}+\mu_m\tau_{\text{ref}} = \tau_{im}-(1-\mu_m)\tau_{\text{ref}}$ 有关，而

$$\tau_{im} = \frac{r_t(\boldsymbol{s},t_m)+r_r(\boldsymbol{s},t_m)}{c}-\frac{(v_{Tm}+v_{Rm})\cdot r_r(\boldsymbol{s},t_m)}{c(c+v_{Rm})}$$
$$= \frac{(c+v_{Rm})\cdot r_t(\boldsymbol{s},t_m)+(c-v_{Tm})\cdot r_r(\boldsymbol{s},t_m)}{c(c+v_{Rm})}$$

(8.66)

代入 $r_t(\boldsymbol{s},t_m)$ 与 $r_r(\boldsymbol{s},t_m)$，则

$$\tau_{im} = \frac{(c+v_{Rm})\cdot[R_t(t_m)+x\sin\beta_t(t_m)+y\cos\beta_t(t_m)]}{c(c+v_{Rm})}+$$
$$\frac{(c-v_{Tm})\cdot[R_r(t_m)-x\sin\beta_r(t_m)+y\cos\beta_r(t_m)]}{c(c+v_{Rm})}$$

(8.67)

同理，若目标运动平稳，且相对转角较小时，结合图 8.16 所示 B-ISAR 的成像几何关系，式(8.67)可简化为

$$\tau_{im} \approx K_0+K_1 t_m+K_2 t_m^2$$

(8.68)

式中：

$$K_0 \approx \frac{R_t(0)+R_r(0)}{c}+\frac{2y\cos\beta_0-2\dfrac{v_0}{c}\cdot R_r(0)\cdot\sin\theta\cos\beta_0}{c+v_0\sin(\theta-\beta_0)}$$

(8.69)

$$K_1 \approx \frac{\left[x-\dfrac{v_0\cos\theta\cdot R_r(0)}{c}\right](\omega_t+\omega_r)\cos\beta_0+\left[y-\dfrac{v_0\sin\theta\cdot R_r(0)}{c}\right](\omega_r-\omega_t)\sin\beta_0}{c+v_0\sin(\theta-\beta_0)}+$$

$$\frac{2v_0\sin\theta\cos\beta_0}{c+v_0\sin(\theta-\beta_0)} \tag{8.70}$$

$$K_2\approx\frac{v_0\omega_t\cos(\theta+\beta_0)}{c} \tag{8.71}$$

将式(8.68)代入式(8.65)可得

$$S(f_i,t_m)=\mathrm{sinc}\left[T_p(f_i+\phi_0)\right]\exp\left[-\mathrm{j}2\pi f_c(\tau_{im}-\tau_{ref}+\mu_m\tau_{ref})\right]$$
$$=\mathrm{sinc}\left[T_p(f_i+\phi_0)\right]\exp\left[-\mathrm{j}2\pi f_c(K_0-\tau_{ref}+\mu_m\tau_{ref}+K_1t_m+K_2t_m^2)\right] \tag{8.72}$$

回波可视为关于 $t_m$ 的二次相位函数,可对调频率进行估计,而后构造相位补偿函数消除二次相位项。假设估计所得的调频率为 $\bar{\eta}$,则可构造相位补偿函数为 $S_{cmp}(t_m)$ $=\exp(\mathrm{j}\pi\bar{\eta}t_m^2)$,则补偿后可得

$$S_c(f_i,t_m)=S(f_i,t_m)\cdot S_{cmp}^*(t_m)=\mathrm{sinc}\left[T_p(f_i+\phi_0)\right]\exp(-\mathrm{j}2\pi f_{di}t_m)\exp(\mathrm{j}\phi) \tag{8.73}$$

式中,$f_{di}=f_cK_1$ 为多普勒频率;$\phi=-2\pi(K_0-\tau_{ref}+\mu_m\tau_{ref})$ 为残余相位。

3. RD 成像及定标关系

对式(8.73)中的 $t_m$ 做傅里叶变换完成方位向成像:

$$s_{dc}(f_i,f_d)=\mathrm{sinc}\left[T_p(f_i+\phi_0)\right]\mathrm{sinc}\left[T_m(f_d+f_{di})\right]\exp(\mathrm{j}\phi) \tag{8.74}$$

联立方程可知:

$$\begin{aligned}\phi_3&=\gamma(1-\mu_m)(\tau_{i\Delta}+\mu_m\tau_{ref})+\mu_mf_c\\&=\gamma(1-\mu_m)(K_0+K_1t_m+K_2t_m^2-\tau_{ref}+\mu_m\tau_{ref})+\mu_mf_c\\&=\left[\gamma(1-\mu_m)(K_0-\tau_{ref}+\mu_m\tau_{ref})+\mu_mf_c\right]+\gamma K_1(1-\mu_m)t_m+\gamma K_2(1-\mu_m)t_m^2\\&=\phi_0+\phi_0't_m+O(t_m)\end{aligned} \tag{8.75}$$

故由上述推导可知,此时散射点纵坐标 $y$ 与快时间频率 $f_i$ 的定标关系为

$$f_i=-\left[\gamma(1-\mu_m)(K_0-\tau_{ref}+\mu_m\tau_{ref})+\mu_mf_c\right]\approx-\gamma(K_0-\tau_{ref}) \tag{8.76}$$

而散射点坐标 $(x,y)$ 与转动多普勒 $f_d$ 的定标关系为

$$f_d=-f_cK_1=-f_c\cdot\frac{\left[(x-C_1)(\omega_t+\omega_r)\cos\beta_0+(y-C_2)(\omega_r-\omega_t)\sin\beta_0+C_3\right]}{c+v_0\sin(\theta-\beta_0)} \tag{8.77}$$

式中,$C_1=v_0\cos\theta\cdot R_r(0)/c$,$C_2=v_0\sin\theta\cdot R_r(0)/c$,$C_3=2v_0\sin\theta\cos\beta_0$ 为常数项。

### 8.3.5 回波仿真实验及分析

衡量所建回波模型的准确性关键在于回波模型是否能够准确反映目标及其运动特性,最终体现在目标所成 ISAR 图像的图像质量上。

常用的 ISAR 图像质量评估指标有:图像熵(image entropy, IE)、等效视数(equivalent number of looks, ENL)、平均梯度(average gradient, AG)、峰值旁瓣比(peak side lobe ratio, PSLR)等,其定义如下:

（1）图像$I_{P\times Q}$的图像熵（IE）为

$$H = \sum_{p=1}^{P} \sum_{q=1}^{Q} \frac{|I^2(p,q)|}{S} \ln \frac{S}{|I^2(p,q)|} = \ln S - \frac{1}{S} \sum_{p=1}^{P} \sum_{q=1}^{Q} |I^2(p,q)| \ln |I^2(p,q)|$$

（8.78）

式中，$I^2(p,q)$为$I_{P\times Q}$各像素的强度；$S = \sum_p \sum_q |I^2(p,q)|$为$I_{P\times Q}$总强度。通常，ISAR图像熵越小，说明其聚焦性能越好。

（2）等效视数（ENL）为

$$ENL = \frac{E[I^2(p,q)]}{\sigma[I^2(p,q)]}$$

（8.79）

式中，$\sigma[I^2(p,q)]$为像素强度的标准差；$E[I^2(p,q)]$为像素强度的均值。等效视数描述了图像与噪声背景的对比度，等效视数越小，表明图像聚焦效果越好，图像对比度越强。

（3）平均梯度（AG）为

$$\bar{g} = \frac{1}{N} \sum \sqrt{\frac{\Delta l_x^2 + \Delta l_y^2}{2}}$$

（8.80）

式中，$\Delta l_x$与$\Delta l_y$为图像在$x$、$y$方向上像素幅度的差分；$N$为图像大小。图像的平均梯度值越大，反映的层次就越多，表示一幅图像的清晰度越好。

（4）峰值旁瓣比（PSLR）为

$$PSLR = 20 \lg \frac{I_m}{I_{smax}}$$

（8.81）

式中，$I_m$为主瓣峰值；$I_{smax}$为最强旁瓣峰值。峰值旁瓣比（图8.18）的值越大，表明旁瓣幅度越小，图像质量越高。峰值旁瓣比包括距离向峰值旁瓣比（range PSLR，RPSLR）和方位向峰值旁瓣比（azimuth PSLR，APSLR）。

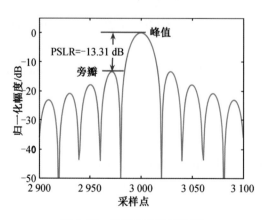

图8.18　峰值旁瓣比示意图

1. 基于宽带匹配滤波器回波模型的回波仿真

设置雷达系统参数如表 8.1 所示,目标为 248 个散射点组成的飞机模型,如图 8.19 所示,其速度为 2 000 m/s,与 $X$ 轴夹角为 60°,目标与雷达形成的成像几何如图 8.16 所示,在 $t_m = 0$ 时刻,半双基地角为 $\beta_0 = 20°$。不同于传统空间目标,本节主要以导弹与高速飞行器等高速运动目标为研究对象,其相对高度较传统空间目标较低,可假设其与发射机、接收机的初始距离为 50 km、30 km。

表 8.1　雷达系统参数

| 参数名称 | 参数 |
|---|---|
| 信号波形 | LFM |
| 载频 $f_c$ | 10 GHz |
| 带宽 $B$ | 1 GHz |
| 脉冲重复频率 PRF | 100 Hz |
| 脉宽 $T_p$ | 200 μs |
| 采样频率 $f_s$ | 1. 2 GHz |
| 脉数 $M$ | 100 |

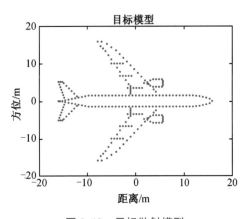

图 8.19　目标散射模型

由式(8.51)可知,距离时域的间隔为 $\Delta t = 2\Delta y \cos \beta_0 / [c - v_0 \sin(\theta + \beta_0)]$,故根据 sinc 函数的 3 dB 带宽可知距离向分辨率为

$$\rho_r = \frac{c - v_0 \sin(\theta + \beta_0)}{2B \cos \beta_0} \tag{8.82}$$

将目标运动和雷达参数代入式(8.82),可知 $\rho_r \approx 0. 160$ m,若目标速度为 600 m/s,其回波在一个脉冲持续时间内的徙动距离($\Delta_r = v_0 \sin(\theta + \beta_0) t_p = 0. 118$ m)小于距离向分辨率,此时速度对脉冲压缩的影响可忽略,如图 8.20(a)所示。然而,当目标速度增

大为 2 000 m/s,其回波在一个脉冲持续时间内的徙动距离($\Delta_r = v_0 \sin(\theta + \beta_0) t_p = 0.394$ m)大于距离向分辨率,此时高速运动会产生回波的脉内调制,从而导致距离像谱峰分裂,如图 8.20(b)所示。

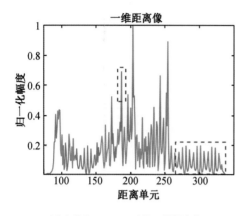 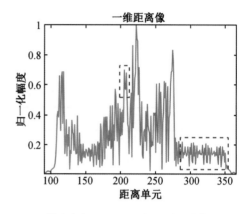

(a)速度为 600 m/s 时的一维距离像        (b)速度为 2 000 m/s 时的一维距离像

图 8.20 窄带匹配滤波器输出的一维距离像

对比图 8.20 中红框区域可看出,目标的高速运动使得回波脉冲压缩后一维距离像的谱峰分裂和扩展,无法正确指示散射点的距离位置,进而使得二维成像所得图像模糊或散焦,如图 8.22(a)所示。为此,使用宽带滤波器进行匹配,消除脉宽尺度因子的影响,所得脉冲压缩后一维距离像和二维图像分别如图 8.21 和图 8.22(b)所示。

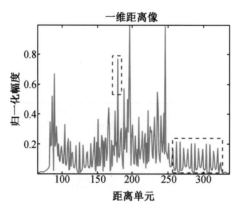

图 8.21 宽带匹配滤波器输出的一维距离像

目标的高速运动使得回波产生脉内调制,如果继续使用窄带匹配滤波器进行脉冲压缩,则会产生失配,导致距离向模糊,方位向散焦。使用宽带匹配滤波器可以有效抑制高速运动对成像的影响,如图 8.21 所示,红框区域内的距离像谱峰正常指示散射点的距离位置。然而,由图 8.22(b)中红色虚线可以看出,机翼平行线的垂直方向与飞机中轴线存在一定的夹角,即此时目标图像存在几何畸变,这是由于双基地 ISAR 进行成像时距离向和方位向在多普勒域产生耦合,随着散射点与参考点的距离增大,其多普勒频率变化增大,畸变程度扩大。

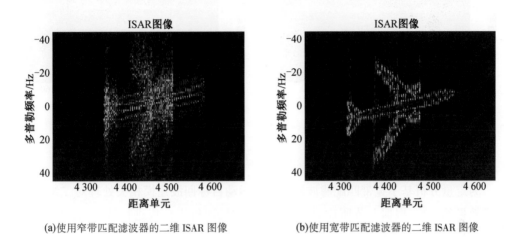

(a)使用窄带匹配滤波器的二维 ISAR 图像　　(b)使用宽带匹配滤波器的二维 ISAR 图像

图 8.22　使用窄、宽带匹配滤波器匹配的二维 ISAR 图像

由式(8.49)可知回波经宽带匹配滤波及平动补偿后,方位向上可视为关于 $t_m$ 的二次相位函数,而关于慢时间的高阶相位项将导致方位向成像散焦,如图 8.23(a)(c)所示。同样利用参数估计方法得到高阶相位项系数的估计值,构造相位补偿函数进行多普勒补偿后得到的一维方位像和二维图像如图 8.23(b)(d)所示。从补偿前后的一维方位像及图中红色圆圈区域可以看出,经过多普勒补偿后,目标散射点在方位向上聚焦程度更好,与前文理论分析相一致。

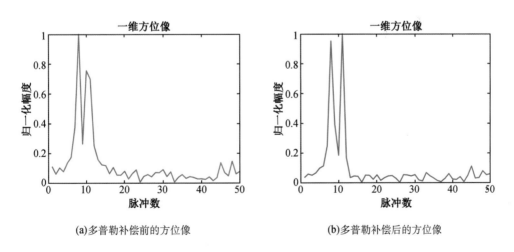

(a)多普勒补偿前的方位像　　　　　　　　(b)多普勒补偿后的方位像

图 8.23　多普勒补偿前后的方位像以及二维 ISAR 图像

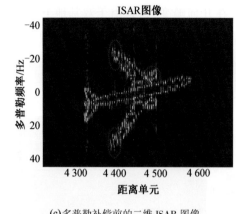

(c)多普勒补偿前的二维 ISAR 图像

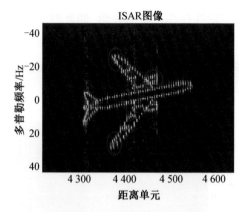

(d)多普勒补偿后的二维 ISAR 图像

图 8.23(续)

为定量分析基于宽带匹配滤波器的高速运动目标回波建模相关处理对二维 ISAR 成像效果的影响,根据上节所建立 ISAR 图像质量评价指标集进行计算,各成像结果的相关指标如表 8.2 所示。

表 8.2　ISAR 图像质量

| 图像 | | 熵 | 等效视数 | 平均梯度 | 距离峰值旁瓣比/dB | 方位峰值旁瓣比/dB |
|---|---|---|---|---|---|---|
| 窄带匹配滤波器 | 图 8.22(a) | 9.074 0 | 0.063 6 | 6.089 0 | 4.400 8 | 3.792 9 |
| 宽带匹配滤波器 | 未多普勒补偿 图 8.22(b) | *7.923 1* | *0.032 5* | 7.311 4 | *4.607 9* | *7.305 1* |
| | 经多普勒补偿 图 8.23(d) | 7.787 2 | 0.030 4 | 8.066 6 | 4.685 6 | 8.072 7 |

注:黑体表示最优值,黑斜体表示次优值。

上表各指标的数值表明,针对高速运动目标双基地成像场景,相较于传统的基于窄带匹配滤波器的回波模型,基于宽带匹配滤波器的成像方法所成目标图像的图像熵降低了 14.2%,等效视数降低了 52.2%,平均梯度增长了 32.5%,距离峰值旁瓣比提高了 0.28 dB,方位峰值旁瓣比提高了 4.28 dB,成像质量显著提高,表明所建回波模型有效。

2. 基于解线调处理回波模型的回波仿真

构建参考信号对回波进行解线调处理可有效降低数据采样需求,令系统采样频率为 $f_s = 10$ MHz。假设成像目标如图 8.19 所示,雷达的其余参数与上文仿真相同,则目标的高速运动对一维距离像的影响如图 8.24 所示。

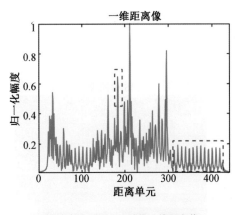
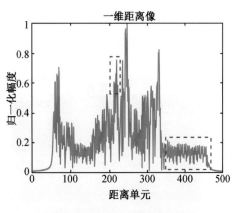

(a)速度为 600 m/s 时的一维距离像　　　　(b)速度为 2 000 m/s 时的一维距离像

图 8.24　解线调处理得到的一维距离像

由图 8.24 可知,解线调处理后的回波同样受目标高速运动的影响(红框区域),一维距离像谱峰产生分裂或扩展,无法正确指示散射点的距离信息。为此,利用速度补偿消除由高速运动导致的回波调制。首先,将各个回波建模为线性调频信号,而后利用参数估计方法估计 LFM 信号的调频率,根据式(8.60)构造相位补偿函数,最终得到补偿后的一维距离像如图 8.25 所示,速度补偿前后的目标二维 ISAR 图像如图 8.26 所示。

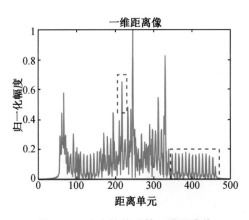

图 8.25　速度补偿后的一维距离像

对比图 8.24 和图 8.25 中一维距离像的红框区域及速度补偿前后的目标二维 ISAR 图像,可以看出经速度补偿后,一维距离像的调制相位已被补偿,谱峰不再产生分裂或扩展,目标的二维图像聚焦性较速度补偿前更好。同理,图 8.26 中所示红色虚线反映了双基地 ISAR 成像固有的几何畸变现象。

与基于宽带匹配滤波器的方法相同,由式(8.72)可知回波经速度补偿及平动补偿后,方位向上可视为关于 $t_m$ 的二次相位函数,如图 8.27(a)(c)所示,根据式(8.73)进行多普勒补偿后得到的一维方位像和二维 ISAR 图像如图 8.27(b)(d)所示。计算基于解线调处理的高速运动目标回波建模过程中相关处理所成图像的相关指标如表 8.3 所示。

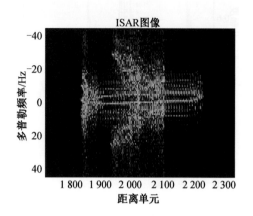

(a)速度补偿前的二维 ISAR 图像     (b)速度补偿后的二维 ISAR 图像

图 8.26 速度补偿前后的二维 ISAR 图像

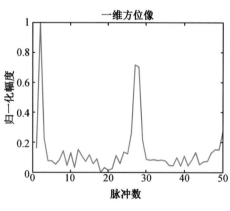 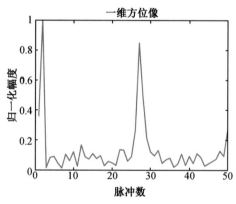

(a)多普勒补偿前的一维方位像     (b)多普勒补偿后的一维方位像

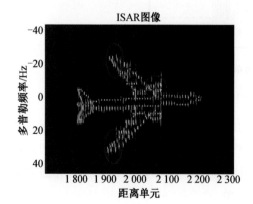 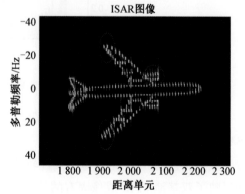

(c)多普勒补偿前的二维 ISAR 图像     (d)多普勒补偿后的二维 ISAR 图像

图 8.27 方位像以及二维 ISAR 图像

由表 8.3 中各指标的数值表明，相较于传统的无速度补偿的回波模型，经速度补偿、多普勒补偿后产生的目标 ISAR 图像的图像熵降低了 15.0%，等效视数降低了 54.3%，平均梯度增长了 33.6%，距离峰值旁瓣比提高了 0.30 dB，方位峰值旁瓣比提高了 2.85 dB，成像质量各项指标最优，即针对高速运动目标双基地成像场景，基于解线调的回波模型能够较好地反映高速运动目标在双基地 ISAR 成像系统中的特殊性质，且相较于基于宽带匹配滤波器的回波模型，数据采样需求的降低是此模型最大的优势。

表 8.3 ISAR 图像质量

| 图像 | | 熵 | 等效视数 | 平均梯度 | 距离峰值旁瓣比/dB | 方位峰值旁瓣比/dB |
| --- | --- | --- | --- | --- | --- | --- |
| 无速度补偿 | 图 8.26(a) | 9.431 3 | 0.120 1 | 7.041 2 | 0.656 5 | 5.273 0 |
| 经速度补偿 | 未多普勒补偿 图 8.26（b） | *8.213 2* | *0.059 9* | *8.213 2* | *0.855 0* | *6.982 6* |
| | 经多普勒补偿 图 8.27(d) | **8.012 4** | **0.054 9** | **9.405 0** | **0.961 4** | **8.122 8** |

注：黑体表示最优值，黑斜体表示次优值。

## 8.4 高速运动目标双基地 ISAR 成像几何畸变校正和定标

由于距离-多普勒算法所得图像是目标在距离-多普勒域平面上的投影，此二维平面通常分辨率不同，目标图像存在失真等问题，无法真实反映目标的尺寸信息，因而需要对图像进行定标。由于定标因子与相干成像时间长度、目标相对雷达转动角速度等有关，需要获取目标的运动信息，而目标通常为非合作式，故计算较为困难。双基地 ISAR 的距离向定标因子与方位向定标因子均存在与时变双基地角相关的衰减项，也增大了双基地 ISAR 图像的定标难度。此外，双基地 ISAR 由于方位向和距离向在多普勒域的深度耦合，所成图像还存在另一独特现象——几何畸变，此时所成图像失真严重，难以获取目标准确的结构信息。且目标的高速运动特性会加剧这一畸变，使得几何畸变校正更加困难。

为获得目标的真实尺寸信息，对 B-ISAR 图像需要进行两方面处理，一是几何畸变校正。二是图像定标。Kang 和柴守刚分别提出了基于单基地等效法和运动分解法的畸变校正和定标方法。然而，这两种方法均基于"停-走"模型，而目标的高速运动会致使一维距离像畸变，若对其进行补偿则会破坏等效单基地法及运动分解法的相位信息，使原有算法性能下降。

本节主要针对高速运动目标双基地 ISAR 成像几何畸变校正和定标问题开展研究。首先,分析构建一般运动目标 B-ISAR 成像的几何畸变校正和定标模型;而后,分别基于宽带匹配滤波器和解线调处理高速运动目标回波提出相对应的几何畸变校正和定标方法;然后,针对解线调处理高速运动目标时需要预处理的问题,提出基于最小熵的运动补偿方法;最后,提出了基于稀疏分解的联合几何畸变校正和定标的改进方法。

### 8.4.1 几何畸变校正和定标模型构建

**定义 1** 若一存在几何畸变且未进行定标的 B-ISAR 图像 $I'_{B\text{-}ISAR}$,其像素满足:

$$\begin{cases} \text{pixel}_r = \eta_r y \\ \text{pixel}_a = \zeta y + \eta_a x \end{cases} \tag{8.83}$$

则可定义几何畸变校正因子为 $\zeta$,距离向定标因子为 $\eta_r$,方位向定标因子为 $\eta_a$。

根据定义 1,对 $I'_{B\text{-}ISAR}$ 进行几何畸变校正和定标的实现步骤为:

(1)计算定标因子 $\eta_r$、$\eta_a$ 和几何畸变校正因子 $\zeta$;

(2)距离向定标:

$$y = \text{pixel}_r / \eta_r \tag{8.84}$$

(3)选定各距离单元分别进行几何畸变校正:

$$\text{pixel}'_a = \text{pixel}_a - \zeta y \tag{8.85}$$

(4)方位向定标:

$$x = \text{pixel}'_a / \eta_a \tag{8.86}$$

由第 2 章回波建模可知,基于单基地等效原理的一般运动目标距离频率、多普勒频率与散射点位置的对应关系为

$$\begin{cases} f_i = -\dfrac{\gamma \alpha_0}{c} = -\dfrac{\gamma K_0}{c} y \\ f_d = -\dfrac{\alpha_1}{\lambda} = -\dfrac{K_0 \omega x + K_1 y}{\lambda} \end{cases} \tag{8.87}$$

式中,$K_0 = 2\cos[\beta(0)/2]$ 为时变双基地角固定项;$K_1 = -\beta'(0)\sin[\beta(0)/2]$ 为时变双基地角一次项系数;$\beta(t_m)$ 为时变双基地角。

根据定义 1,可知基于单基地等效原理的一般运动目标的 ISAR 图像定标因子和几何畸变校正因子为

$$\begin{cases} \eta_r = -\gamma K_0 / c \\ \eta_a = -K_0 \omega / \lambda \\ \zeta = -K_1 / \lambda \end{cases} \tag{8.88}$$

分析此三个参数,其所包含的未知物理量主要为时变双基地角 $\beta(t_m)$ 和等效转动

角速度 $\omega$,可构建几何畸变校正和定标模型如图 8.28 所示。

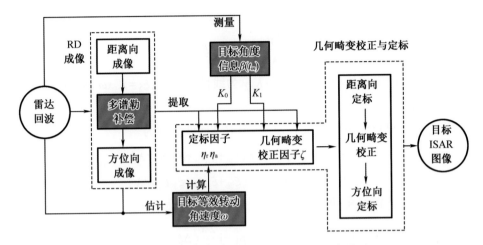

图 8.28　一般运动目标几何畸变校正和定标模型

其具体步骤为:

(1)对回波 $s(t,t_m)$ 进行距离向脉冲压缩得到一维距离像 $s_c(f_i,t_m)$:

$$s_c(f_i,t_m)=\mathrm{FFT}_t\big[s(t,t_m)s_{\mathrm{ref}}^*(t,t_m)\big] \tag{8.89}$$

(2)对一维距离像 $s_c(f_i,t_m)$ 进行平动补偿,得到对齐后的一维距离像 $s_c'(f_i,t_m)$,选定距离单元 $f_k$,提取回波 $s_c'(t_m)$:

$$s_c'(t_m)=s_c'(f_i,t_m)\big|_{i=k}=s_c(f_i+\Delta f,t_m)\big|_{i=k} \tag{8.90}$$

(3)对回波 $s_c'(t_m)$ 进行多普勒补偿,得到线性多普勒相位的回波信号 $s_c''(t_m)$:

$$s_c''(t_m)=s_c'(t_m)\cdot s_{\mathrm{cmp}}^*(t_m)=s_c'(t_m)\cdot\exp(-\mathrm{j}\pi\widetilde{\gamma}t_m^2) \tag{8.91}$$

式中,$\widetilde{\gamma}$ 为多普勒二次相位系数估计值。

(4)对 $s_c''(t_m)$ 沿慢时间 $t_m$ 做傅里叶变换,实现方位向成像,得到目标距离-多普勒图像 $s_c''(f_i,f_d)$:

$$s_c''(f_i,f_d)=\mathrm{FFT}_{t_m}\big[s_c''(t_m)\big] \tag{8.92}$$

(5)利用雷达回波测量目标相对于雷达的角度信息 $\beta(t_m)$,拟合角度变化曲线得到参数 $K_0$、$K_1$:

$$\beta(t_m)=K_0+K_1t_m \tag{8.93}$$

(6)利用雷达回波多普勒信息估计目标等效转动角速度 $\omega$:

常用的转动角速度估计方法主要为多普勒相位估计法。由式(8.20)可知,散射点的回波信号相位历程为

$$\varphi=-\frac{2\pi}{\lambda}(K_0+K_1t_m)\left(x\omega t_m+y-\frac{1}{2}y\omega^2t_m^2\right)$$

$$= -\frac{2\pi}{\lambda} \left[ K_0 y + (K_0 x\omega + K_1 y) t_m + \left( K_1 x\omega - \frac{1}{2} K_0 y\omega^2 \right) t_m^2 - K_1 y\omega^2 t_m^3 \right] \quad (8.94)$$

当相干成像时间 CPI 较短时,慢时间 $t_m$ 的三次项可以忽略,则上式可简化为

$$\varphi = -\frac{2\pi}{\lambda} (\xi_0 + \xi_1 t_m + \xi_2 t_m^2) \quad (8.95)$$

式中,$\xi_0 = K_0 y$ 为固定相位项;$\xi_1 = K_0 x\omega + K_1 y$ 为线性相位项;$\xi_2 = K_1 x\omega - K_0 y\omega^2/2$ 为二次相位项。

选取存在特显点的距离单元 $y_l$ 及 $y_k$,提取其回波分别为

$$s_p(t_m) = \sigma_l \exp\left[ -j2\pi(\xi_{0l} + \xi_{1l} t_m + \xi_{2l} t_m^2)/\lambda \right] \quad (8.96)$$

$$s_q(t_m) = \sigma_k \exp\left[ -j2\pi(\xi_{0k} + \xi_{1k} t_m + \xi_{2k} t_m^2)/\lambda \right] \quad (8.97)$$

将上述两式共轭相乘,得

$$\chi(t_m) = s_p(t_m) s_q^*(t_m) = \sigma_l \sigma_k \exp\left[ -j\frac{2\pi}{\lambda}(\Delta\xi_0 + \Delta\xi_1 t_m + \Delta\xi_2 t_m^2) \right] \quad (8.98)$$

式中,$\Delta\xi_0 = K_0 \Delta y$ 为固定相位项;$\Delta\xi_1 = K_0 \Delta x\omega + K_1 \Delta y$ 为线性相位项;$\Delta\xi_2 = K_1 \Delta x\omega - K_0 \Delta y\omega^2/2$ 为二次相位项;$\Delta x = x_l - x_k$ 为方位向位置差;$\Delta y = y_l - y_k$ 为距离向位置差。

根据式(8.98)估计信号 $\chi(t_m)$ 的频率和调频率分别为 $\Delta\hat{\xi}_{1k}/\lambda$、$2\Delta\hat{\xi}_{2k}/\lambda$,当 $\Delta y \neq 0$,构造转动角速度的估计式为

$$\hat{\omega} = \sqrt{\frac{2\left[ (\Delta\hat{\xi}_{1k} - K_1 \Delta y)(K_1/K_0) - \Delta\hat{\xi}_{2k} \right]}{K_0 \Delta y}} \quad (8.99)$$

(7)由式(8.88)计算定标因子 $\eta_r$、$\eta_a$ 和几何畸变校正因子 $\zeta$;

(8)由定标因子和几何畸变校正因子根据式(8.84)~式(8.86)实现定标和几何畸变校正,得到准确的目标二维图像 $s_c(x,y)$。

### 8.4.2　基于宽带匹配滤波器的高速运动目标 B-ISAR 几何畸变校正和定标方法

基于宽带匹配滤波器的高速运动目标快时间、多普勒频率与散射点位置的对应关系为

$$\begin{cases} t = \dfrac{2y\cos\beta_0}{c - v_0 \sin(\theta+\beta_0)} + C_0 \\[3mm] f_d = -f_c \cdot \dfrac{\left[ (x+C_1)(\omega_t+\omega_r)\cos\beta_0 + (y+C_2)(\omega_r-\omega_t)\sin\beta_0 + C_3 \right]}{c - v_0 \sin(\theta+\beta_0)} \end{cases} \quad (8.100)$$

式中,$\omega_t$ 为目标相对于发射机的等效转动角速度;$\omega_r$ 为目标相对于接收机的等效转动角速度;$C_0$、$C_1$、$C_2$、$C_3$ 为常数项。

根据定义1,可知基于宽带匹配滤波器的高速运动目标的 ISAR 图像定标因子和几何畸变校正因子为

$$\begin{cases} \eta_r = 2\cos\beta_0 / [c - v_0 \sin(\theta + \beta_0)] \\ \eta_a = -f_c(\omega_r + \omega_t)\cos\beta_0 / [c - v_0 \sin(\theta + \beta_0)] \\ \zeta = -f_c(\omega_r - \omega_t)\sin\beta_0 / [c - v_0 \sin(\theta + \beta_0)] \end{cases} \tag{8.101}$$

宽带匹配滤波器的尺度伸缩因子为

$$\kappa = (c - v_{Tm}) / (c + v_{Rm}) \tag{8.102}$$

分析此四个参数,其所包含的未知物理量主要为目标速度 $v_0$、时变双基地角 $\beta(t_m)$ 和目标相对于发射机、接收机的转动角速度 $\omega_t$、$\omega_r$,可构建几何畸变校正和定标模型如图 8.29 所示。

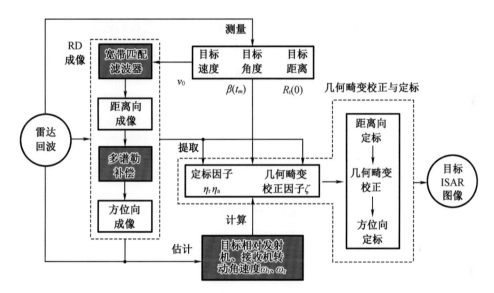

图 8.29　基于宽带匹配滤波器的几何畸变校正和定标模型

根据图 8.29 所示基于宽带匹配滤波器的几何畸变校正和定标模型,其具体步骤为:

(A) RD 成像

(1) 利用测量得到的目标速度信息及宽带匹配滤波器,其冲激响应函数为

$$h(t, \kappa) = \sqrt{\kappa}\, s_\omega^*(-\kappa t)\exp[\mathrm{j}2\pi f_c(\kappa - 1)t] \tag{8.103}$$

(2) 利用宽带匹配滤波器对回波 $s(t, t_m)$ 进行距离向脉冲压缩得到一维距离像 $s_c(t, t_m)$:

$$s_c(t, t_m) = s(t, t_m) \otimes h(t, \kappa) \tag{8.104}$$

(3) 对一维距离像 $s_c(t, t_m)$ 进行平动补偿,得到对齐后的一维距离像 $s_c'(t, t_m)$,选定距离单元 $t_k$,提取回波 $s_c'(t_m)$:

$$s_c'(t_m) = s_c'(t, t_m)\big|_{t=t_k} = s_c(t + \Delta t, t_m)\big|_{t=t_k} \tag{8.105}$$

（4）对回波 $s'_c(t_m)$ 进行多普勒补偿，得到线性多普勒相位的回波信号 $s''_c(t_m)$：

$$s''_c(t_m) = s'_c(t_m) \cdot s^*_{cmp}(j\pi\tilde{\gamma}t_m^2) \tag{8.106}$$

式中，$\tilde{\gamma}$ 为关于慢时间的二次相位系数估计值。

（5）对 $s''_c(t_m)$ 沿慢时间 $t_m$ 做傅里叶变换，实现方位向成像，得到目标距离–多普勒图像 $s''_c(t,f_d)$：

$$s''_c(t,f_d) = \text{FFT}_{t_m}\left[s''_c(t_m)\right] \tag{8.107}$$

（B）参数估计

（6）利用雷达回波测量 $t_m = 0$ 时的半双基地角 $\beta(0)$，目标速度 $v_0$，目标相对于发射机的初始距离 $R_t(0)$。

（7）利用雷达回波多普勒信息估计目标相对发射机、接收机的转动角速度 $\omega_t$、$\omega_r$。

同理使用多普勒相位估计法，散射点的回波信号相位历程为

$$\varphi = -2\pi f_c\left(K_0 + K_1 t_m + K_2 t_m^2\right) \tag{8.108}$$

式中：

$$K_0 \approx \frac{2y\cos\beta_0}{c - v_0\sin(\theta+\beta_0)} + C_0 \tag{8.109}$$

$$K_1 \approx \frac{(x+C_1)(\omega_t+\omega_r)\cos\beta_0 + (y+C_2)(\omega_r-\omega_t)\sin\beta_0 + C_3}{c - v_0\sin(\theta+\beta_0)} \tag{8.110}$$

$$K_2 \approx -\frac{1}{2}\frac{(x+C_1)(\omega_t^2-\omega_r^2)\sin\beta_0 + (y+C_2)(\omega_t^2+\omega_r^2)\cos\beta_0}{c - v_0\sin(\theta+\beta_0)} + \frac{v_0\omega_t\cos(\theta+\beta_0)}{c} \cdot$$

$$\frac{c + v_0\sin(\theta-\beta_0)}{c - v_0\sin(\theta+\beta_0)} \tag{8.111}$$

选取存在特显点的距离单元 $y_l$ 及 $y_k$，提取其回波分别为

$$s_p(t_m) = \sigma_l\exp\left[-j2\pi f_c\left(K_{0l} + K_{1l}t_m + K_{2l}t_m^2\right)\right] \tag{8.112}$$

$$s_q(t_m) = \sigma_k\exp\left[-j2\pi f_c\left(K_{0k} + K_{1k}t_m + K_{2k}t_m^2\right)\right] \tag{8.113}$$

将两式共轭相乘，得

$$\chi(t_m) = s_p(t_m)s_q^*(t_m) = \sigma_l\sigma_k\exp\left[-j2\pi f_c\left(\Delta K_0 + \Delta K_1 t_m + \Delta K_2 t_m^2\right)\right] \tag{8.114}$$

式中，$\Delta K_0 = 2\Delta y\cos\beta_0/\left[c - v_0\sin(\theta+\beta_0)\right]$ 为固定相位项；

$\Delta K_1 = \left[\Delta x(\omega_t+\omega_r)\cos\beta_0 + \Delta y(\omega_r-\omega_t)\sin\beta_0\right]/\left[c - v_0\sin(\theta+\beta_0)\right]$ 为线性相位项；

$\Delta K_2 = -\left[\Delta x(\omega_t^2-\omega_r^2)\sin\beta_0 + \Delta y(\omega_t^2+\omega_r^2)\cos\beta_0\right]/\left[2c - 2v_0\sin(\theta+\beta_0)\right]$ 为二次相位项。

当相干成像积累时间内目标转动角度较小时，如第 2 章分析，$K_2$ 可简化为

$$K_2 \approx \frac{v_0\omega_t\cos(\theta+\beta_0)}{c} \cdot \frac{c + v_0\sin(\theta-\beta_0)}{c - v_0\sin(\theta+\beta_0)} \tag{8.115}$$

根据式（8.112）估计信号 $s_p(t_m)$ 的调频率 $2f_c\hat{K}_{2l} \approx 2f_c\hat{K}_2$，构造目标相对于发射机

的转动角速度的估计式为

$$\hat{\omega}_{t} = \hat{K}_{2}\kappa c / [v_{0}\cos(\theta+\beta_{0})] \tag{8.116}$$

根据式(8.114)估计信号 $\chi(t_m)$ 的频率和调频率分别为 $f_c\Delta\hat{K}_1$、$2f_c\Delta\hat{K}_2$，将式(8.116)代入 $\Delta K_1$ 及 $\Delta K_2$，令：

$$
\begin{aligned}
\rho &= [(\omega_{t}-\omega_{r})\sin\beta_{0}\Delta\hat{K}_{1}+2\cos\beta_{0}\Delta\hat{K}_{2}][c-v_{0}\sin(\theta+\beta_{0})] \\
&= -\Delta y \cdot \omega_{r}^{2}+2\Delta y\omega_{t}\sin^{2}\beta_{0} \cdot \omega_{r}-\Delta y\omega_{t}^{2}
\end{aligned}
\tag{8.117}
$$

则上式为关于 $\omega_r$ 的一元二次方程,当 $\Delta y\neq 0$,构造目标相对于接收机的转动角速度的估计式为

$$\hat{\omega}_{r} = \frac{-b\pm\sqrt{b^{2}-4ac}}{2a} \tag{8.118}$$

式中,$a=\Delta y$ 为一元二次方程二次项系数;

$b=-2\Delta y\omega_{t}\sin^{2}\beta_{0}-\sin\beta_{0}\Delta\hat{K}_{1}c+\sin\beta_{0}\Delta\hat{K}_{1}v_{0}\sin(\theta+\beta_{0})$ 为一元二次方程一次项系数;

$c=\Delta y\omega_{t}^{2}+(2\cos\beta_{0}\Delta\hat{K}_{2}+\omega_{t}\sin\beta_{0}\Delta\hat{K}_{1})[c-v_{0}\sin(\theta+\beta_{0})]$ 为一元二次方程常数项系数。

**说明**　式(8.114)在多特显点条件下的变形:

当目标中不存在多个含特显点的距离单元时,可使用多特显点法进行求解,即假设某一具有多特显点的距离单元回波为

$$s_{p}(t_{m}) = \sum_{i}\sigma_{i}\exp[-j2\pi f_{c}(K_{0i}+K_{1i}t_{m}+K_{2i}t_{m}^{2})] \tag{8.119}$$

选取的参考距离单元为包含单特显点 $k$,则其回波为

$$s_{q}(t_{m}) = \sigma_{k}\exp[-j2\pi f_{c}(K_{0k}+K_{1k}t_{m}+K_{2k}t_{m}^{2})] \tag{8.120}$$

两者共轭相乘,得

$$\chi(t_{m}) = s_{p}(t_{m})s_{q}^{*}(t_{m}) = \sum_{i}\sigma_{i}\sigma_{k}\exp[-j2\pi f_{c}(\Delta K_{0i}+\Delta K_{1i}t_{m}+\Delta K_{2i}t_{m}^{2})] \tag{8.121}$$

同理,对于每一对 $(\Delta K_{1i},\Delta K_{2i})$,均存在一元二次方程:

$$
\begin{aligned}
\rho &= [(\omega_{t}-\omega_{r})\sin\beta_{0}\Delta\hat{K}_{1i}+2\cos\beta_{0}\Delta\hat{K}_{2i}][c-v_{0}\sin(\theta+\beta_{0})] \\
&= -\Delta y \cdot \omega_{r}^{2}+2\Delta y\omega_{t}\sin^{2}\beta_{0} \cdot \omega_{r}-\Delta y\omega_{t}^{2}
\end{aligned}
\tag{8.122}
$$

故可提取最大能量的 $(\Delta K_{1i},\Delta K_{2i})$ 进行求解。

(C)几何畸变校正及定标

(8)确定定标因子 $\eta_r$、$\eta_a$ 和几何畸变校正因子 $\zeta$。

(9)由定标因子和几何畸变因子实现定标和几何畸变校正,得到准确的目标二维图像 $s_c(x,y)$。

由于步骤(A)已在第 2 章中进行验证,现对步骤(B)(C)进行仿真验证。

（A）仿真1：所提方法的有效性实验

假设利用雷达回波测量 $t_m=0$ 时的半双基地角 $\beta(0)$，目标速度 $v_0$，目标相对于发射机的初始距离 $R_t(0)$ 的误差均可忽略，首先挑选存在特显点的距离单元，计算各距离单元的幅度归一化方差（amplitude normalized variance，ANV），如图8.30所示。

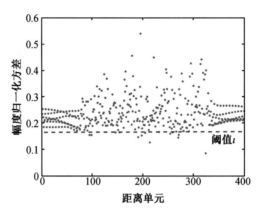

图8.30　各距离单元的幅度归一化方差

根据阈值 $\iota$ 筛选存在特显点的距离单元 $\{s_k \mid \forall k, \mathrm{ANV}_k < \iota\}$，估计 $\hat{K}_2$、$\Delta\hat{K}_1$ 和 $\Delta\hat{K}_2$，并进行求解，得到 $\hat{\omega}_t$、$\hat{\omega}_r$。最后根据定标和几何畸变校正公式得到准确的目标二维图像，如图8.31所示。

由图8.31可知，经定标和几何畸变校正后，基于宽带匹配滤波器的双基地 ISAR 成像方法能够得到清晰、准确的目标图像。为定量衡量定标和几何畸变校正效果，引入图像归一化均方误差，其定义为

$$\mathrm{NMSE} = 10\log_{10} \| \hat{\boldsymbol{\Sigma}} / |\hat{\boldsymbol{\Sigma}}|_{\max} - \boldsymbol{\Sigma} / |\boldsymbol{\Sigma}|_{\max} \|_{F}^{2} \qquad (8.123)$$

式中，$\hat{\boldsymbol{\Sigma}}$ 为定标和几何畸变校正后的图像；$\boldsymbol{\Sigma}$ 为目标模型图像。

根据式（8.123）进行计算，可得无噪声条件下定标和畸变校正后的 NMSE 分别为 7.752 2 dB 和 7.873 2 dB。

（B）仿真2：所提方法的抗噪性实验

为进一步研究噪声对所提方法性能的影响，设置信噪比从 −40 dB 依次递增 5 dB 至 10 dB，其余参数与仿真1设置相同，所得图像的熵及 NMSE 曲线如图8.32所示。

由图8.32可知，随着信噪比逐渐增大，使用所提方法进行定标和几何畸变校正后的图像的熵逐渐降低，与原始尺寸目标的 NMSE 也逐渐减小。当信噪比大于 −30 dB 时，可认为该 ISAR 图像完成定标和几何畸变校正。

（C）仿真3：所提方法的鲁棒性实验

由图8.29可知，测量或估计得到的目标速度、半双基地角对所提方法的精度影响较大，为进一步研究所提方法的鲁棒性，分别对目标速度大小 $v_0$、与 $x$ 轴夹角 $\theta$ 以及半

双基地角 $\beta_0$ 的真实值添加误差,设置误差从−50%依次递增 5% 至 50%,其余参数与仿真 1 设置相同,所得图像的熵及 NMSE 曲线如图 8.33 所示。

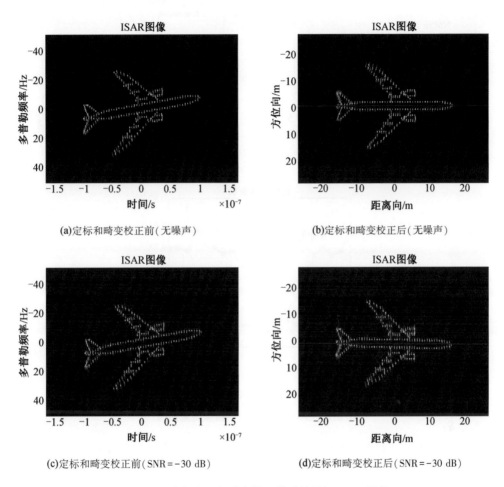

(a)定标和畸变校正前(无噪声)　　　　　　(b)定标和畸变校正后(无噪声)

(c)定标和畸变校正前(SNR=−30 dB)　　　　(d)定标和畸变校正后(SNR=−30 dB)

图 8.31　定标和几何畸变校正前后的目标 ISAR 图像

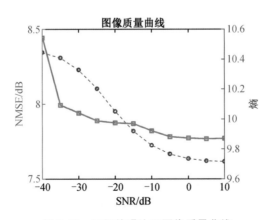

图 8.32　不同信噪比下图像质量曲线

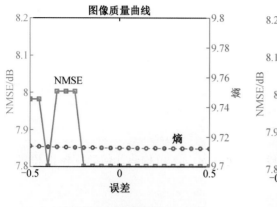

(a)不同 $v_0$ 测量误差条件

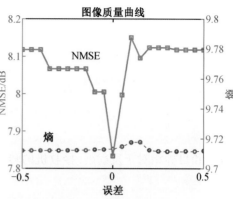

(b)不同 $\theta$ 测量误差条件

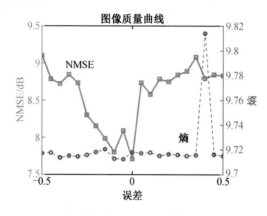

(c)不同 $\beta_0$ 测量误差条件

图 8.33　不同测量误差下图像质量曲线

由图 8.33 可以看出,由于目标已完成成像步骤,故其图像熵基本不变,而对于 NMSE 而言,受 $v_0$ 的测量误差影响较小(此处仅考虑 $v_0$ 对估计转动角速度 $\omega_\mathrm{t}$、$\omega_\mathrm{r}$ 的影响,并不考虑 $v_0$ 对宽带匹配滤波器 $\kappa$ 的影响),但受 $\theta$ 和 $\beta_0$ 的测量误差影响较大,当测量值的误差较大时,所提方法得到的图像与目标真实分布的归一化误差较大。

### 8.4.3　基于解线调处理的高速运动目标 B-ISAR 几何畸变校正和定标方法

由于基于解线调处理的高速运动目标距离频率、多普勒频率与散射点位置的对应关系为

$$\begin{cases} f_i \approx -2\gamma \dfrac{y\cos\beta_0 - C_0}{c + v_0\sin(\theta - \beta_0)} \\[2mm] f_\mathrm{d} = -f_\mathrm{c} \cdot \dfrac{[(x - C_1)(\omega_\mathrm{t} + \omega_\mathrm{r})\cos\beta_0 + (y - C_2)(\omega_\mathrm{r} - \omega_\mathrm{t})\sin\beta_0 + C_3]}{c + v_0\sin(\theta - \beta_0)} \end{cases} \tag{8.124}$$

式中,$C_0$、$C_1$、$C_2$、$C_3$ 为常数项。

根据定义 1,可知基于解线调处理的高速运动目标的 ISAR 图像定标因子和几何畸变校正因子为

$$\begin{cases} \eta_r = -2\gamma\cos\beta_0 / [c+v_0\sin(\theta-\beta_0)] \\ \eta_a = -f_c(\omega_r+\omega_t)\cos\beta_0 / [c+v_0\sin(\theta-\beta_0)] \\ \zeta = -f_c(\omega_r-\omega_t)\sin\beta_0 / [c+v_0\sin(\theta-\beta_0)] \end{cases} \tag{8.125}$$

分析此三个参数,其所包含的未知物理量主要为目标速度 $v_0$、时变双基地角 $\beta(t_m)$ 和目标相对于发射机、接收机的转动角速度 $\omega_t$、$\omega_r$,可构建几何畸变校正和定标模型如图 8.34 所示。

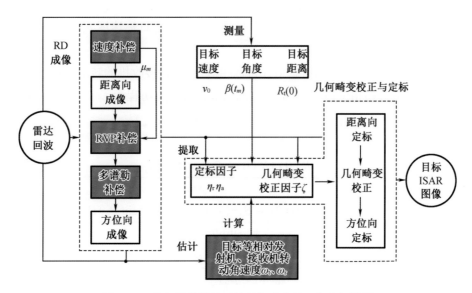

图 8.34 基于解线调处理的几何畸变校正和定标模型

根据图 8.34 所示基于解线调处理的几何畸变校正和定标模型,其具体步骤为

(A)RD 成像

(1)对回波 $s(t,t_m)$ 进行解线调处理得到差频信号 $s_c(t,t_m)$:

$$s_c(t,t_m) = s(t,t_m)s_{ref}^*(t,t_m) \tag{8.126}$$

(2)根据调频率估计值 $\overline{\gamma}_m$ 构造相位补偿函数 $s_{vcmp}(t)$,对差频信号 $s_c(t,t_m)$ 进行速度补偿,再沿快时间 $t$ 做傅里叶变换,得到一维距离像 $S_c(f_i,t_m)$:

$$S_c(f_i,t_m) = \mathrm{FFT}_t[s_c(t,t_m)s_{vcmp}^*(t)] \tag{8.127}$$

(3)根据调频率估计值可达到回波延迟中关于快时间 $t$ 项的系数 $\mu_m$,构造 RVP 项补偿函数 $S_{RVPcmp}(f_i)$,去斜后的一维距离像 $s_c(f_i,t_m)$ 为

$$s_c(f_i,t_m) = S_c(f_i,t_m)S_{RVPcmp}^*(f_i) \tag{8.128}$$

(4)对一维距离像 $s_c(f_i,t_m)$ 进行平动补偿,得到对齐后的一维距离像 $s_c'(f_i,t_m)$,选

定距离单元 $f_k$，提取回波 $s_c'(t_m)$：

$$s_c'(t_m) = s_c'(f_i, t_m)\big|_{i=k} = s_c(f_i + \Delta f, t_m)\big|_{i=k} \tag{8.129}$$

（5）对回波 $s_c'(t_m)$ 进行多普勒补偿，得到线性多普勒相位的回波信号 $s_c''(t_m)$：

$$s_c''(t_m) = s_c'(t_m) \cdot s_{cmp}^*(t_m) = s_c'(t_m) \cdot \exp(-j\pi\widetilde{\gamma}t_m^2) \tag{8.130}$$

式中，$\widetilde{\gamma}$ 为关于慢时间的二次相位系数估计值。

（6）对 $s_c''(t_m)$ 沿慢时间 $t_m$ 做傅里叶变换，实现方位向成像，得到目标距离-多普勒图像 $s_c''(f_i, f_d)$：

$$s_c''(f_i, f_d) = \mathrm{FFT}_{t_m}\left[s_c''(t_m)\right] \tag{8.131}$$

（B）参数估计

（7）利用雷达回波测量 $t_m = 0$ 时的半双基地角 $\beta(0)$，目标速度 $v_0$，目标相对于发射机的初始距离 $R_t(0)$。

（8）利用雷达回波多普勒信息估计目标相对发射机、接收机的转动角速度 $\omega_t$、$\omega_r$：

同理使用多普勒相位估计法，散射点的回波信号相位历程为

$$\varphi = -2\pi f_c(K_0 - \tau_{ref} + \mu_m\tau_{ref} + K_1 t_m + K_2 t_m^2) \tag{8.132}$$

式中：

$$K_0 \approx \frac{R_t(0) + R_r(0)}{c} + \frac{2y\cos\beta_0 - 2C_0}{c + v_0\sin(\theta - \beta_0)} \tag{8.133}$$

$$K_1 \approx \frac{(x - C_1)(\omega_t + \omega_r)\cos\beta_0 + (y - C_2)(\omega_r - \omega_t)\sin\beta_0 + C_3}{c + v_0\sin(\theta - \beta_0)} \tag{8.134}$$

$$K_2 \approx -\frac{1}{2}\frac{(x - C_1)(\omega_t^2 - \omega_r^2)\sin\beta_0 + (y - C_2)(\omega_t^2 + \omega_r^2)\cos\beta_0}{c + v_0\sin(\theta - \beta_0)} + \frac{v_0\omega_t\cos(\theta + \beta_0)}{c} \tag{8.135}$$

选取存在特显点的距离单元 $y_l$ 及 $y_k$，提取其回波分别为

$$s_p(t_m) = \sigma_l\exp\left[-j2\pi f_c(K_{0l} + K_{1l}t_m + K_{2l}t_m^2)\right] \tag{8.136}$$

$$s_q(t_m) = \sigma_k\exp\left[-j2\pi f_c(K_{0k} + K_{1k}t_m + K_{2k}t_m^2)\right] \tag{8.137}$$

将式（8.136）与式（8.137）共轭相乘，得

$$\chi(t_m) = s_p(t_m)s_q^*(t_m) = \sigma_l\sigma_k\exp\left[-j2\pi f_c(\Delta K_0 + \Delta K_1 t_m + \Delta K_2 t_m^2)\right] \tag{8.138}$$

式中，$\Delta K_0 = 2\Delta y\cos\beta_0/[c + v_0\sin(\theta - \beta_0)]$ 为固定相位项；

$\Delta K_1 = [\Delta x(\omega_t + \omega_r)\cos\beta_0 + \Delta y(\omega_r - \omega_t)\sin\beta_0]/[c + v_0\sin(\theta - \beta_0)]$ 为线性相位项；

$\Delta K_2 = -[\Delta x(\omega_t^2 - \omega_r^2)\sin\beta_0 + \Delta y(\omega_t^2 + \omega_r^2)\cos\beta_0]/[2c + 2v_0\sin(\theta - \beta_0)]$ 为二次相位项。

当相干成像积累时间内目标转动角度较小时，$K_2$ 可简化为

$$K_2 \approx \frac{v_0\omega_t\cos(\theta + \beta_0)}{c} \tag{8.139}$$

根据式(8.136)估计信号 $s_p(t_m)$ 的调频率 $2f_c\hat{K}_{2l} \approx 2f_c\hat{K}_2$,构造目标相对于发射机的转动角速度的估计式为

$$\hat{\omega}_t = \hat{K}_2 c/[v_0\cos(\theta+\beta_0)] \tag{8.140}$$

根据式(8.138)估计信号 $\chi(t_m)$ 的频率和调频率分别为 $f_c\Delta\hat{K}_1$、$2f_c\Delta\hat{K}_2$,将式(8.136)代入 $\Delta K_1$ 及 $\Delta K_2$,令:

$$\begin{aligned}\rho &= [(\omega_t-\omega_r)\sin\beta_0\Delta\hat{K}_1+2\cos\beta_0\Delta\hat{K}_2][c+v_0\sin(\theta-\beta_0)] \\ &= -\Delta y\cdot\omega_r^2+2\Delta y\omega_t\sin^2\beta_0\cdot\omega_r-\Delta y\omega_t^2\end{aligned} \tag{8.141}$$

则上式为关于 $\omega_r$ 的一元二次方程,当 $\Delta y\neq 0$,构造目标相对于接收机的转动角速度的估计式为

$$\hat{\omega}_r = \frac{-b\pm\sqrt{b^2-4ac}}{2a} \tag{8.142}$$

式中,$a=\Delta y$ 为一元二次方程二次项系数;

$b=-2\Delta y\omega_t\sin^2\beta_0-\sin\beta_0\Delta\hat{K}_1 c-\sin\beta_0\Delta\hat{K}_1 v_0\sin(\theta-\beta_0)$ 为一元二次方程一次项系数;

$c=\Delta y\omega_t^2+(2\cos\beta_0\Delta\hat{K}_2+\omega_t\sin\beta_0\Delta\hat{K}_1)[c+v_0\sin(\theta-\beta_0)]$ 为一元二次方程常数项系数。

同理,在多特显点条件下,可选择能量最大的 $(\Delta K_{1i},\Delta K_{2i})$ 求解。

(C)几何畸变校正及定标

(9)计算定标因子 $\eta_r$、$\eta_a$ 和几何畸变校正因子 $\zeta$。

(10)由定标因子和几何畸变校正因子实现定标和几何畸变校正,得到准确的目标二维图像 $s_c(x,y)$。

同理,现对步骤(B)(C)进行仿真验证。

(A)仿真1:所提方法的有效性实验

假设利用雷达回波测量 $t_m=0$ 时的半双基地角 $\beta(0)$,目标速度 $v_0$,目标相对于发射机的初始距离 $R_t(0)$ 的误差均可忽略,首先挑选存在特显点的距离单元,计算各距离单元的幅度归一化方差,如图8.35所示。

根据阈值 $\iota$ 筛选存在特显点的距离单元 $\{s_k\mid\forall k,\text{ANV}_k<\iota\}$,估计 $\hat{K}_2$、$\Delta\hat{K}_1$ 和 $\Delta\hat{K}_2$,并进行求解,得到 $\hat{\omega}_t$、$\hat{\omega}_r$。最后根据定标和几何畸变校正公式得到准确的目标二维图像,如图8.36所示。

由图8.36可知,经定标和几何畸变校正后,基于解线调处理的双基地 ISAR 成像方法能够得到清晰、准确的目标图像。根据计算,可得无噪声和信噪比−30 dB 条件下定标和畸变校正后的 NMSE 分别为 7.626 6 dB 和 7.742 9 dB。

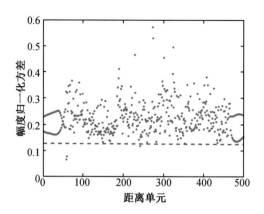

图 8.35　各距离单元的幅度归一化方差

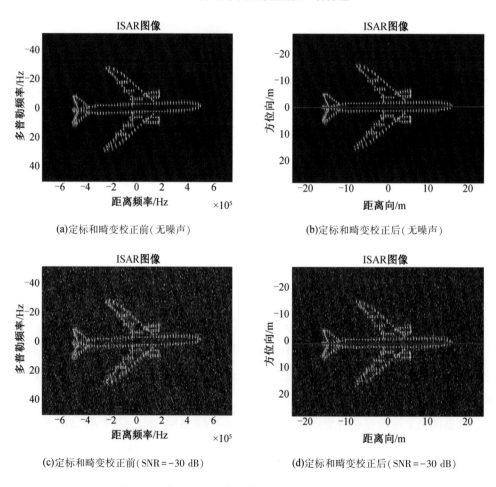

(a)定标和畸变校正前(无噪声)　　　　　(b)定标和畸变校正后(无噪声)

(c)定标和畸变校正前(SNR=-30 dB)　　　　(d)定标和畸变校正后(SNR=-30 dB)

图 8.36　定标和几何畸变校正前后的目标 ISAR 图像

（B）仿真 2:所提方法的抗噪性实验

为进一步研究噪声对所提方法性能的影响,设置信噪比从-45 dB 依次递增 5 dB 至 5 dB,其余参数与仿真 1 设置相同,所得图像的熵及 NMSE 曲线如图 8.37 所示。

由图 8.37 可知,随着信噪比逐渐增大,使用所提方法进行定标和几何畸变校正后的图像的熵逐渐降低,与原始尺寸目标的 NMSE 也逐渐减小。当信噪比大于−30 dB 时,可认为该 ISAR 图像完成定标和几何畸变校正。

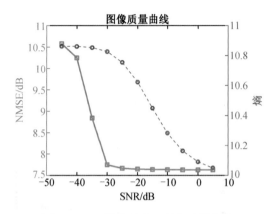

图 8.37　不同信噪比下图像质量曲线

(C)仿真 3:所提方法的鲁棒性实验

由前文可知,测量或估计得到的目标速度、半双基地角对所提方法的精度影响较大,为进一步研究所提方法的鲁棒性,分别对目标速度大小 $v_0$、与 $x$ 轴夹角 $\theta$ 以及半双基地角 $\beta_0$ 的真实值添加误差,设置误差从−50% 依次递增 5% 至 50%,其余参数与仿真 1 设置相同,所得图像的熵及 NMSE 曲线如图 8.38 所示。

可以看出,由于目标已完成成像步骤,故其图像熵基本不变,而对于 NMSE 而言,受 $v_0$ 的测量误差影响较小,但受 $\theta$ 和 $\beta_0$ 的测量误差的影响较大,当测量值误差较大时,所提方法得到的图像与目标真实分布的归一化误差较大。

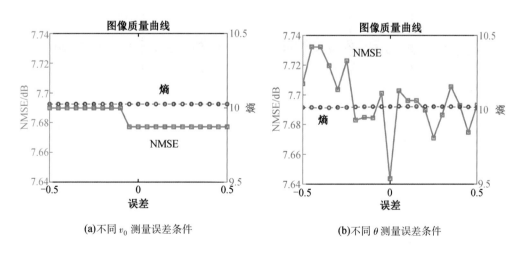

(a)不同 $v_0$ 测量误差条件　　　　　(b)不同 $\theta$ 测量误差条件

图 8.38　不同测量误差下图像质量曲线

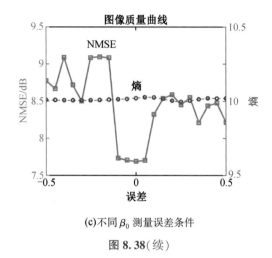

(c)不同 $\beta_0$ 测量误差条件

图 8.38(续)

### 8.4.4　高速目标运动补偿方法

速度补偿是基于解线调处理的高速运动目标双基地成像方法的重要组成部分,其将调制回波视为线性调频信号,通过接收的回波估计调频率,并根据估计的调频率构造相位补偿函数进行补偿。常用的调频率估计方法可分为两大类:

一是相关法,其基本原理为通过相关处理将二次项降阶,从而转化为频率估计问题,如延迟相关法、Radon-Wigner 变换、修正 Wigner-Ville 变换等。相关法通过降阶处理有效降低了估计的复杂度,但其同时也引入了交叉项问题。吕变换是 Lv Xiaolei 于 2011 年提出的一种相关变换,其将线性调频信号投射到中心频率-调频率域(centroid frequency-chirp rate,CFCR),从而得到调频率的估计值。该方法所产生的交叉项幅值不仅受自项的影响,还受自项位置的影响,因而可以有效抑制交叉项,从而提高估计精度。

二是匹配法,通过匹配二次项相位获得代价函数最小,如匹配傅里叶变换、调频傅里叶变换以及二次相位函数法等,常用的代价函数包括峰值、熵和对比度等。匹配法是一种线性处理,不会引入交叉项,但代价函数的优化通常计算量较大,且受所搜范围、搜索步长的影响较大。分数阶傅里叶变换是一种线性时频分析方法,不存在交叉项,且具有极强的能量聚集性。随着其离散算法研究的不断深入,其计算复杂度不断降低。

当前,为获得更高分辨率的 ISAR 图像,发射信号的带宽不断增大,距离分辨单元不断缩小,目标的高速运动产生的影响愈加严重,为获得较好的补偿效果,对估计精度有较高要求。然而,随着带宽的增大,信号的数据量也急剧增大,一些高精度的估计方法计算量太大,难以满足大数据处理的速度要求。本节旨在提出一种兼顾补偿精度与速度的运动补偿方法。

简化高速目标的运动模型如图 8.39 所示,假设雷达坐标为 $(U_r,V_r,0)$,目标参考

点初始坐标为 $(U_i, V_t, h)$ ，目标速度为 $\boldsymbol{v}$ ， $|\boldsymbol{v}| = v$ ，其径向分量为 $\boldsymbol{v}_s$ ， $|\boldsymbol{v}_s| = v_s$ 。令目标参考点与雷达的初始距离为 $\boldsymbol{R}_0$ ，则 $|\boldsymbol{R}_0| = \sqrt{(U_t-U_r)^2 + (V_t-V_r)^2 + h^2}$ ， $t$ 时刻目标运动过程中参考点与雷达的瞬时距离为 $\boldsymbol{R}$ ， $|\boldsymbol{R}| = |\boldsymbol{R}_0| + v_s t$ 。不失一般性假设雷达位于坐标原点，即 $U_r = V_r = 0$ ，则 $|\boldsymbol{R}_0| = \sqrt{U_t^2 + V_t^2 + h^2}$ ， $|\boldsymbol{R}| = \sqrt{U_t^2 + V_t^2 + h^2} + v_s t$ 。以参考点为原点构造目标坐标系 $xO_t y$ ，则散射点 $p_i(x_i, y_i)$ 与雷达的瞬时距离为 $|\boldsymbol{R}_i(t)| = \sqrt{U_t^2 + V_t^2 + h^2} + v_s t + y_i \cos\theta(t) - x_i \sin\theta(t)$ 。

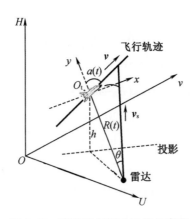

图 8.39　高速目标运动三维示意图

通常，利用解调频方式处理得到的散射点 $p_i(x_i, y_i)$ 的回波信号为

$$s_c(t, t_m) = \mathrm{rect}\left(\frac{t-\tau_i}{T_p}\right)\exp(\mathrm{j}\pi\gamma\tau_\Delta^2)\exp(-\mathrm{j}2\pi f_c\tau_\Delta)\exp\left[-\mathrm{j}2\pi\gamma\tau_\Delta(t-\tau_{\mathrm{ref}})\right] \quad (8.143)$$

式中， $\tau_i = 2R_i(t_m)/c$ 为散射点回波时延； $R_i(t_m)$ 为散射点与雷达的距离； $\tau_{\mathrm{ref}}$ 为参考时延。

当目标的相对于雷达的径向速度 $v_s$ 较大时，即满足 $v_s t_p > \rho_r$ 时（ $\rho_r$ 为距离分辨率），回波在一个脉冲持续时间内的走动距离无法忽略，此时 $R_i(t_m, \hat{t}) = \sqrt{U_t^2 + V_t^2 + h^2} + y_i + v_s t_m + v_s t - x_i \omega t_m$ ，代入式（8.143）中，并令 $\bar{t} = t - \tau_{\mathrm{ref}}$ ，可得

$$s_c(\bar{t}, t_m) \approx \mathrm{rect}\left[\frac{\bar{t} - (\tau_{i\Delta} + \mu\tau_{\mathrm{ref}})}{T_p}\right]\exp\left[-\mathrm{j}2\pi(\phi_1\bar{t}^2 + \phi_2\bar{t} + \phi_3 + \phi_4)\right] \quad (8.144)$$

式中， $\tau_{i\Delta} = \tau_{im} - \tau_{\mathrm{ref}}$ 为时延差慢时间项； $\tau_{im} = \tau_i - \mu t$ 为回波时延慢时间项， $\mu = 2v_s/c$ ，且

$$
\begin{aligned}
\phi_1 &= \gamma\mu(1-\mu/2) \\
\phi_2 &= \gamma(1-\mu)(\tau_{i\Delta} + \mu\tau_{\mathrm{ref}}) + \mu f_c \\
\phi_3 &= f_c(\tau_{i\Delta} + \mu\tau_{\mathrm{ref}}) \\
\phi_4 &= -\gamma(\tau_{i\Delta} + \mu\tau_{\mathrm{ref}})^2/2
\end{aligned}
\quad (8.145)
$$

式（8.144）中，二次相位项 $\phi_1\bar{t}^2$ 会产生脉内调制，展宽一维距离像，而 $\phi_2\bar{t}$ 为线性

相位项,在距离频域上表现为距离像的"走动",$\phi_3$ 和 $\phi_4$ 与一维距离像无关,但会影响之后二维成像的多普勒分析过程,其中 $\phi_3$ 为方位成像所需的多普勒项,$\phi_4$ 为残余视频相位项。

为获取清晰的一维距离像,需要对二次相位项进行补偿,由式(8.145)可知,解调频处理后的目标回波信号为多个初始频率不同、调频率相同的线性调频信号之和,其调频率为 $\gamma' = 2\phi_1$。令目标的飞行速度为 $v$,其与雷达初始视线夹角为 $\alpha_0$,则目标的等效转动角速度为

$$\omega = \frac{\boldsymbol{v} \times \boldsymbol{R}_0}{|\boldsymbol{R}_0|} = \frac{v \sin \alpha_0}{\sqrt{U_t^2 + V_t^2 + h^2}} \tag{8.146}$$

因而,目标相对雷达的径向速度为

$$v_s = v \cos \alpha(t) = v \cos(\alpha_0 - \omega t_m) \approx v \cos \alpha_0 + v \omega t_m \sin \alpha_0 \tag{8.147}$$

固定目标投影在 $(U_t, V_t) = (20 \text{ km}, 20 \text{ km})$,假设 $\alpha = 60°$,$B = 600 \text{ MHz}$,$t_p = 200 \text{ μs}$,$t_m = 0.02 \text{ s}$,可得调频率 $\gamma'$ 随目标高度 $h$、速度 $v$ 以及信号带宽的变化曲线如图 8.40 所示。

由式(8.145)可知,$\phi_1$ 在 $v_s \in (0, c/2]$ 区间内为递增函数。随着目标高度 $h$ 的增大,目标等效转动角速度 $\omega$ 减小,目标相对雷达的径向速度 $v_s$ 减小,调频率 $\gamma'$ 也随之减小;而当目标高度 $h$ 不变时,增大目标速度 $v$ 可以增大其径向速度 $v_s$,从而增大调频率 $\gamma'$。又 $\phi_1 \propto \gamma = B/t_p$,故随着信号带宽的增大,调频率 $\gamma'$ 增大。

为补偿二次相位项,构造相位补偿函数 $s_{cmp} = \exp(\mathrm{j}\pi \hat{\gamma}' \cdot \bar{t}^2)$,其中 $\hat{\gamma}'$ 为 $\gamma'$ 的估计值,将相位补偿函数与式(8.144)相乘可得

$$s_c'(\bar{t}, t_m) \approx \mathrm{rect}\left[\frac{\bar{t} - (\tau_{i\Delta} + \mu\tau_{ref})}{T_p}\right] \exp[-\mathrm{j}2\pi(\phi_2 \bar{t} + \phi_3 + \phi_4)] \tag{8.148}$$

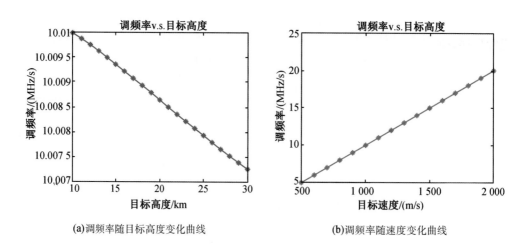

(a)调频率随目标高度变化曲线　　　(b)调频率随速度变化曲线

图 8.40　调频率随目标高度和速度、信号带宽的变化曲线

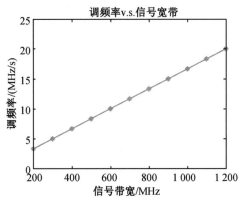

(c)调频率随信号带宽变化曲线

图 8.40(续)

又 $\tau_{i\Delta} \approx 2(\sqrt{U_t^2+V_t^2+h^2}-R_{ref}+vt_m+x_i\omega t_m+y_i)/c$，故 $s_c'(\bar{t},t_m)$ 经快时间傅里叶变换，RVP 项补偿，包络对齐和初相校正，慢时间傅里叶变换并忽略无关项，可得

$$s_c'(f_j,f_d) = \mathrm{sinc}\big[T_p(f_j+\phi_{20})\big] \cdot \mathrm{sinc}\Big[T_m\Big(f_d+\frac{x_i\omega}{2\lambda}\Big)\Big] \tag{8.149}$$

式中，$\phi_{20}$ 为 $t_m=0$ 时刻 $\phi_2$ 的值。

综上可知，高速目标 ISAR 成像的关键在于对高速运动产生的二次相位项进行补偿。

高速目标回波可建模为多分量线性调频信号之和，这些分量的初始频率不同、调频率相同，故回波可简化为

$$s_{target}(t,t_m) = \sum_{i=1}^{P} \exp(\mathrm{j}2\pi f_{0i}t + \mathrm{j}\pi\gamma t^2) \cdot \exp\big[\mathrm{j}\theta(i,t_m)\big] \tag{8.150}$$

式中，$P$ 为分量个数；$f_{0i}$ 为各分量初始频率；$\gamma$ 为调频率；$\exp[\mathrm{j}\theta(i,t_m)]$ 为慢时间多普勒相位。为得到目标的一维距离像，需补偿 $s_{target}$ 中快时间 $t$ 的二次项，而后沿 $t$ 做傅里叶变换，即

$$\begin{aligned}
S_{profile}(f_j,t_m) &= \int s_{target}(t,t_m) \cdot \exp(-\mathrm{j}\pi\hat{\gamma}t^2)\exp(-\mathrm{j}2\pi f_j t)\,\mathrm{d}t \\
&= \sum_{i=1}^{P} \exp\big[\mathrm{j}\theta(i,t_m)\big]\int\{\exp[-\mathrm{j}2\pi(f_j-f_{0i})t + \mathrm{j}\pi(\gamma-\hat{\gamma})t^2]\}\,\mathrm{d}t
\end{aligned} \tag{8.151}$$

式中，$\hat{\gamma}$ 为 $\gamma$ 的估计值。

当 $\hat{\gamma}=\gamma$ 时，式(8.151)可简化为

$$S_{profile}(f_j,t_m) = \sum_{i=1}^{P} \exp\big[\mathrm{j}\theta(i,t_m)\big]\delta(f_j-f_{0i}) \tag{8.152}$$

对于 $\gamma$ 的估计，相关法快速简单，但会引入交叉项，影响估计精度；匹配法为线性

处理方法,不会引入交叉项,但代价函数的优化通常计算量较大,且受所搜范围、搜索补偿的影响较大。本节将两者相结合,利用延迟相乘快速定位,再使用最小频谱熵法进行精估计,能够有效提高估计精度和估计速度。

(A)粗补偿:延迟相乘

离散化式(8.150),得

$$s_{\text{target}}(n,m) = \sum_{i=1}^{P} \exp(\mathrm{j}2\pi f_{0i}nT_{\text{s}} + \mathrm{j}\pi\gamma n^2 T_{\text{s}}^2) \cdot \exp[\mathrm{j}\theta(i,mT_{\text{PRF}})] \quad (8.153)$$

式中,$T_{\text{PRF}}$ 为脉冲重复间隔。

将信号与延迟共轭相乘,可得

$$\begin{aligned} s_{\text{NEW}}(n,\tau_0,m) &= s_{\text{target}}(n,m) \cdot s_{\text{target}}^*(n,\tau_0,m) \\ &= \sum_{i=1}^{P}\sum_{l=1}^{P} \{\exp[\mathrm{j}2\pi(f_{0i}-f_{0l})nT_{\text{s}} + \mathrm{j}2\pi\gamma n\tau_0 T_{\text{s}}^2] \times \\ &\quad \exp(\mathrm{j}2\pi f_{0l}\tau_0 T_{\text{s}} - \mathrm{j}\pi\gamma\tau_0^2 T_{\text{s}}^2) \times \exp[-\mathrm{j}\theta(l,mT_{\text{PRF}})] \cdot \\ &\quad \exp[\mathrm{j}\theta(i,mT_{\text{PRF}})]\} \end{aligned} \quad (8.154)$$

式中,$\tau_0$ 为延迟点数。

对 $s_{\text{NEW}}(n,\tau_0,m)$ 沿 $n$ 做傅里叶变换,由辛格函数的 3 dB 带宽可知,可得谱线为 $k_{\text{peak}} = N(f_{0i}-f_{0l})T_{\text{s}}$(假谱峰)或 $k_{\text{peak}} = N\gamma\tau_0 T_{\text{s}}^2$(真谱峰)。令 $\hat{\gamma} = k_{\text{peak}}/(N\tau_0 T_{\text{s}}^2)$,构造相位补偿函数为 $s_{\text{cmp}}(n) = \exp(-\mathrm{j}\pi\hat{\gamma}n^2 T_{\text{s}}^2) = \exp[-\mathrm{j}\pi n^2 k_{\text{peak}}/(N\tau_0)]$,与式(8.153)相乘得

$$s'_{\text{target}}(n,m) = \sum_{i=1}^{P} \exp\left[\mathrm{j}2\pi f_{0i}nT_{\text{s}} + \mathrm{j}\pi n^2\left(\gamma T_{\text{s}}^2 - \frac{k_{\text{peak}}}{N\tau_0}\right)\right] \cdot \exp[\mathrm{j}\theta(i,mT_{\text{PRF}})]$$

$$(8.155)$$

当 $k_{\text{peak}}/(N\tau_0) = \gamma T_{\text{s}}^2$ 时,此时 $s'_{\text{target}}(n,m)$ 的频谱熵最小,当 $k_{\text{peak}} = N(f_{0i}-f_{0l})T_{\text{s}}$ 时,$s'_{\text{target}}(n,m)$ 的频谱熵较大,故由频谱熵可以区分真假谱线。

由谱线 $k_{\text{peak}} = Nb\tau_0 T_{\text{s}}^2$ 可知信号的调频率估计值 $\hat{b} = k_{\text{peak}}/(N\tau_0 T_{\text{s}}^2)$,又 $k = -N/2:1:N/2-1$,故该方法估计范围为 $\Delta\hat{b} = [-1/(2\tau_0 T_{\text{s}}^2),1/(2\tau_0 T_{\text{s}}^2)]$,估计分辨率为 $\rho\hat{b} = 1/(N\tau_0 T_{\text{s}}^2)$,平均估计误差为 $\delta\hat{b} = 1/(4N\tau_0 T_{\text{s}}^2)$。当 $\tau_0$ 越小时,估计范围 $\Delta\hat{b}$ 越大,但估计分辨率 $\rho\hat{b}$ 及估计误差 $\delta\hat{b}$ 也同时增大;当 $\tau_0$ 越大时,能获得较优的估计分辨率 $\rho\hat{b}$ 和估计误差 $\delta\hat{b}$,但可估计范围 $\Delta\hat{b}$ 也随之变小。常用的 $\tau_0$ 值取 0.4 N。

由于相位补偿项 $s_{\text{cmp}}(n)$ 仅与信号长度 $N$、信号谱线位置 $k_{\text{peak}}$ 以及所设延迟点数 $\tau_0$ 有关,无需信号采样率、载频、带宽等先验信息,此方法为盲补偿方法。由前文分析可知,该方法的估计分辨率为 $\rho\hat{b} = 1/(N\tau_0 T_{\text{s}}^2)$,为获得较大的估计范围,$\tau_0$ 通常取值较小,此时误差较大,为此,可采用最小熵准则法进行精补偿。

(B)精补偿:最小熵法

对 $s_{\text{LFM}}(t)$ 能量归一化后做傅里叶变换得信号的频谱为

$$S_{\text{LFM}}(f) \approx \sqrt{\frac{1}{BT_{\text{p}}}} \text{rect}\left(\frac{f-a}{B}\right) \exp\left[-j\pi \frac{(f-a)^2}{b} + j\frac{\pi}{4}\right], BT_{\text{p}} \gg 1 \qquad (8.156)$$

频谱熵的定义式为

$$H = -\sum_f \frac{|S_{\text{LFM}}(f)|^2}{I} \log \frac{|S_{\text{LFM}}(f)|^2}{I} = -\frac{1}{I} \sum_f |S_{\text{LFM}}(f)|^2 \log |S_{\text{LFM}}(f)|^2 + \log I$$

$$(8.157)$$

式中，$I = \sum_f |S_{\text{LFM}}(f)|^2 = \sum_t |s_{\text{LFM}}(t)|^2$ 为信号能量，为常量。

故式(8.157)可简化为

$$H' = -\sum_f |S_{\text{LFM}}(f)|^2 \log\left[|S_{\text{LFM}}(f)|^2\right] \qquad (8.158)$$

将式(8.156)代入式(8.158)，可得

$$H' = \sum_f \text{rect}\left(\frac{f-a}{B}\right) \frac{1}{BT_{\text{p}}} \log(BT_{\text{p}}) \approx \frac{1}{T_{\text{p}}} \log(|b| \cdot T_{\text{p}}^2) \qquad (8.159)$$

当 $T_{\text{p}}$ 一定时，$H$ 随着 $|b|$ 的增大而增大，如图 8.41 所示，当调频率 $b$ 越趋近于零，熵越小。当 $\hat{\gamma}$ 接近 $\gamma$ 时，此时 $b = (\gamma - \hat{\gamma})$ 趋近于零，此时熵趋近于最小值，故可通过最小熵准则来估计 $\gamma$。由于单分量线性调频信号的频谱熵为凸函数，因而可以利用牛顿迭代搜索法得到频谱熵函数的极小值。

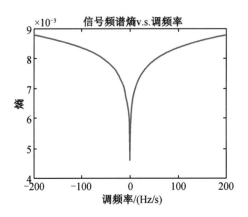

图 8.41  调频率与信号频谱熵的关系曲线

令 $d = \gamma T_{\text{s}}^2$ 并忽略无关项，则式(8.153)可改写为

$$s_{\text{target}}(n,m) = \sum_{i=1}^P \exp(j2\pi f_{0i} nT_{\text{s}} + j\pi dn^2) \qquad (8.160)$$

构建相位补偿函数 $s_{\text{cmp}}(n) = \exp(-j\pi \hat{d}n^2)$，与上式相乘，可得

$$z(n) = \sum_{i=1}^P \exp\left[j2\pi f_{0i} nT_{\text{s}} + j\pi(d-\hat{d})n^2\right] \qquad (8.161)$$

根据式(8.158)可计算得 $z(n)$ 的频谱熵为

$$H'\big|_{z(n)} = -\sum_{k=0}^{N-1} |Z(k)|^2 \log[\,|Z(k)|^2\,] = -\sum_{k=0}^{N-1} Z(k)Z^*(k)\log[\,Z(k)Z^*(k)\,]$$

$$(8.162)$$

式中,$Z(k)$ 为 $z(n)$ 的频谱。

以频谱熵为代价函数,使用牛顿法进行精估计,其迭代公式为

$$\hat{d}_{r+1} = \hat{d}_r - F(\hat{d}_r)^{-1}G(\hat{d}_r) \qquad\qquad (8.163)$$

式中,$r$ 为迭代次数;$F(\hat{d}_r)$ 为二阶导数;$G(\hat{d}_r)$ 为一阶导数,且

$$G(\hat{d}_r) = \frac{\mathrm{d}H'}{\mathrm{d}\hat{d}}\bigg|_{\hat{d}=\hat{d}_r} = -\sum_{k=0}^{N-1} 2\mathrm{Re}\left\{\frac{\partial Z(k)}{\partial\hat{d}}Z^*(k)\right\}\{1+\ln[Z(k)Z^*(k)]\}\bigg|_{\hat{d}=\hat{d}_r}$$

$$(8.164)$$

$$\begin{aligned}
F(\hat{d}_r) &= \frac{\mathrm{d}^2 H'}{\mathrm{d}\hat{d}^2}\bigg|_{\hat{d}=\hat{d}_r} \\
&= -\sum_{k=0}^{N-1}\left\{\frac{4\left[\mathrm{Re}\left\{\dfrac{\partial Z(k)}{\partial\hat{d}}Z^*(k)\right\}\right]^2}{|Z(k)|^2} + \{1+\ln[Z(k)Z^*(k)]\}\cdot\right. \\
&\qquad\qquad \left. 2\mathrm{Re}\left\{\left|\frac{\partial Z(k)}{\partial\hat{d}}\right|^2 + \frac{\partial^2 Z(k)}{\partial\hat{d}^2}Z^*(k)\right\}\right\}\bigg|_{\hat{d}=\hat{d}_r}
\end{aligned}$$

$$(8.165)$$

式中:

$$\frac{\partial Z(k)}{\partial\hat{d}} = \sum_{n=0}^{N-1}(-\mathrm{j}\pi n^2)z(n)\exp(-\mathrm{j}2\pi nk/N) \qquad (8.166)$$

$$\frac{\partial^2 Z(k)}{\partial\hat{d}^2} = \sum_{n=0}^{N-1}(-\pi^2 n^4)z(n)\exp(-\mathrm{j}2\pi nk/N) \qquad (8.167)$$

以粗补偿中的估计值为初始值,利用牛顿迭代算法,可以有效收敛至频谱熵的极小值点,从而达到精补偿的效果。

(C)局部最小值陷阱

由式(8.164)及式(8.166)可得精补偿过程中的频谱熵一阶导数为

$$\frac{\mathrm{d}H'}{\mathrm{d}\hat{d}} = -2\mathrm{Im}\left\{\sum_{n=0}^{N-1}\pi n^2 z(n)\sum_{k=0}^{N-1}\{1+\ln[Z(k)Z^*(k)]\}Z^*(k)\exp(-\mathrm{j}2\pi nk/N)\right\}$$

$$(8.168)$$

令 $\mathrm{d}H'/\mathrm{d}\hat{d}=0$,可得

$$\begin{aligned}
&\sum_{k=0}^{N-1}\left[1+\ln|Z(k)|^2\right]\mathrm{Im}\left\{\left(\sum_{n=0}^{N-1}n^2\sum_{i=1}^{P}\exp\left\{\mathrm{j}\pi\left[2f_{0i}T_s n - \frac{2k}{N}n + (d-\hat{d})n^2\right]\right\}\right)\times\right. \\
&\left.\left(\sum_{l=0}^{N-1}\sum_{i=1}^{P}\exp\left\{-\mathrm{j}\pi\left[2f_{0i}T_s l - \frac{2k}{N}l + (d-\hat{d})l^2\right]\right\}\right)\right\} = 0
\end{aligned}$$

$$(8.169)$$

由式(8.169)可知,精补偿过程中的频谱熵存在多个极小值点,因而在利用牛顿法迭代收敛时,一旦粗补偿估计值落入非最小值点所在波谷中,则将收敛到局部最小值处,如图 8.42 所示。

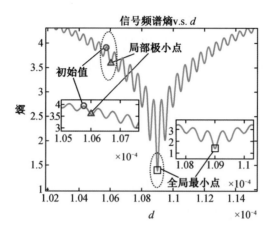

图 8.42　信号频谱熵的极小点与最小点

为此,本节提出了一种二分搜索-牛顿法(binary search-Newton method, BSNM),该方法利用粗补偿估计得到初始点,以粗补偿估计分辨率为搜索范围,利用二分法,以牛顿迭代得到的极小值点作为梯度方向,线性搜索频谱熵曲线的最小点,如图 8.43 所示。

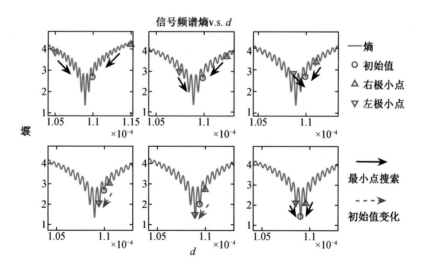

图 8.43　线性搜索频谱熵曲线最小点

综上,基于最小熵准则的高速目标 ISAR 成像运动补偿方法步骤为:

第 1 步,设定合理延迟量 $\tau_0$,利用补偿后的频谱熵判断含调频率的真实谱峰 $k_{\text{peak}}$,得到 $d$ 的粗估计值 $\tilde{d} = k_{\text{peak}} / (N\tau_0)$;

第 2 步，以 $\tilde{d}$ 为初始点 $d_{\text{ini}}$，粗补偿估计分辨率 $1/(N\tau_0)$ 为搜索范围 $r_d$，取左搜索点 $d_{\text{left}} = \tilde{d} - r_d$，右搜索点 $d_{\text{right}} = \tilde{d} + r_d$；

第 3 步，分别以初始点和左、右搜索点为初值，进行牛顿法迭代，分别获得局部最小值点 $d'_{\text{ini}}$、$d'_{\text{left}}$、$d'_{\text{right}}$，构造相应补偿函数并计算补偿后频谱熵 $E'_{\text{ini}}$、$E'_{\text{left}}$、$E'_{\text{right}}$；

第 4 步，判断 $E'_{\text{ini}}$、$E'_{\text{left}}$、$E'_{\text{right}}$ 大小，若 $E'_{\text{ini}}$ 最小，初始点 $d_{\text{ini}}$ 不变，搜索范围 $r_d = \lambda \cdot r_d$ ($0.5 \le \lambda < 1$)；若 $E'_{\text{left}}$ 最小，搜索范围 $r_d$ 不变，初始点 $d_{\text{ini}} = d_{\text{ini}} - r_d$；若 $E'_{\text{right}}$ 最小，搜索范围 $r_d$ 不变，初始点 $d_{\text{ini}} = d_{\text{ini}} + r_d$；

第 5 步，判断搜索范围 $r_d$ 是否满足循环终止条件 $r_d < \xi$，若不满足，则循环执行第 2~5 步；若满足，则输出 $d'_{\text{ini}}$；

第 6 步，用 $d'_{\text{ini}}$ 进行运动补偿。

为验证所提补偿方法的有效性，从线性调频信号参数的估计性能和高速目标 ISAR 成像运动补偿效果两方面进行了仿真实验。

（A）仿真 1：线性调频信号的参数估计

假设信号初始频率分别为 90 Hz，100 Hz，101 Hz，105 Hz 和 110 Hz，持续时长为 2 s，调频率为 50 Hz，采样频率为 400 Hz，幅度 $A = 1$，同时加入均值为 0，方差为 $\sigma^2$ 的高斯白噪声，信噪比为 $\text{SNR} = 10\lg(A^2/\sigma^2)$。在不同信噪比下，所提算法与分数阶傅里叶变换（FrFT）、吕变换（LVT）、最小熵等传统算法的性能对比如图 8.44 所示。为衡量估计值与真值的偏差，常使用均方根误差（root mean squared error, RMSE），其定义为

$$\text{RMSE} = \sqrt{\frac{1}{N}\sum_{t=1}^{N}(\hat{d}_t - d)^2} \tag{8.170}$$

式中，$\hat{d}_t$ 为 $d$ 的估计值。

图 8.44 为不同估计算法的 RMSE 和耗时变化曲线，蒙特卡洛仿真次数为 500 次。最小熵准则的估计方法为有偏估计，当 SNR>−5 dB 时，其 RMSE 估计性能优于克拉美罗（Cramer-Rao lower bound, CRLB）界。

（B）仿真 2：高速目标 ISAR 成像运动补偿

经过多年的研究发展，高速目标运动补偿方法的估计精度都已接近克拉美罗界，在处理一般数据时性能相差不大。但随着高频段微波成像技术的发展，大带宽信号在提高分辨率的同时也面临着高精度参数估计和大数据量处理的难题。

为验证所提方法在兼顾补偿精度与速度方面的有效性，本节利用测量数据进行了实验。该数据未提供相关参数先验知识，即信号采样率、载频、带宽和雷达工作参数均未知，目标运行速度大约为第一宇宙速度 7 900 m/s。利用 FrFT（不同搜索步长 $10^{-2}/10^{-3}/10^{-4}$）、LVT、最小熵（不同收敛阈值 $10^{-4}/10^{-5}/10^{-6}$）及所提方法（不同收敛阈值 $10^{-6}/10^{-7}/10^{-8}$）对数据进行处理后，所成图像如图 8.45 所示。图像的各项指标

如表 8.4 所示。

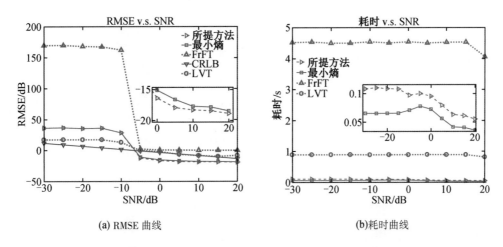

(a) RMSE 曲线　　　　　　　　　　　　(b) 耗时曲线

**图 8.44　不同估计算法的 RMSE 和耗时变化曲线**

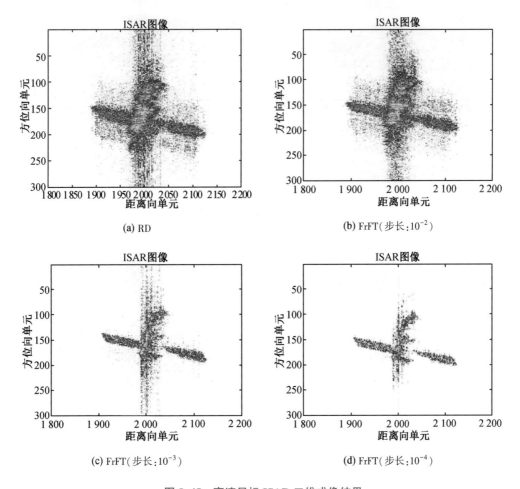

(a) RD　　　　　　　　　　　　(b) FrFT(步长:$10^{-2}$)

(c) FrFT(步长:$10^{-3}$)　　　　　　　　(d) FrFT(步长:$10^{-4}$)

**图 8.45　高速目标 ISAR 二维成像结果**

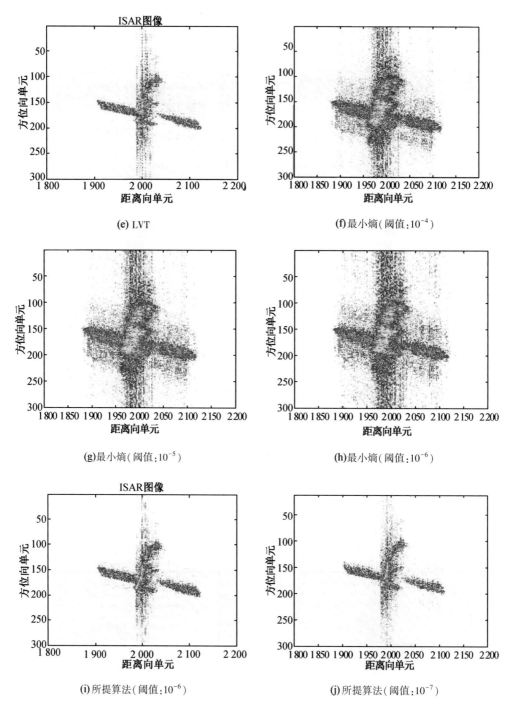

(e) LVT

(f) 最小熵(阈值:$10^{-4}$)

(g) 最小熵(阈值:$10^{-5}$)

(h) 最小熵(阈值:$10^{-6}$)

(i) 所提算法(阈值:$10^{-6}$)

(j) 所提算法(阈值:$10^{-7}$)

图 8.45(续 1)

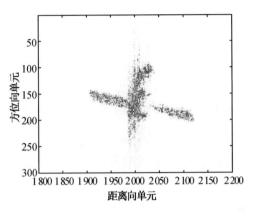

(k)所提算法(阈值:$10^{-8}$)

图 8.45(续 2)

表 8.4　不同补偿算法所成图像的图像指标

| 算法 | | | 图像熵 | 等效视数 | 平均梯度 | 距离向峰值旁瓣比/dB | 方位向峰值旁瓣比/dB | 补偿耗时/min |
|---|---|---|---|---|---|---|---|---|
| RD | | | 9.9244 | 0.0480 | 1658 | 1.85 | 3.74 | None |
| FrFT | 步长 | $10^{-2}$ | 9.9024 | 0.0471 | 1686 | 1.85 | 6.09 | 24.32 |
| | | $10^{-3}$ | 9.1827 | 0.0229 | 1846 | 7.23 | 8.16 | 243.6 |
| | | $10^{-4}$ | **8.9953** | **0.0193** | **1987** | **11.27** | **10.24** | 2350 |
| LVT | | | *9.0959* | *0.0206* | *1930* | 10.09 | 2.95 | 504.5 |
| 最小熵 | 阈值 | $10^{-4}$ | 9.9245 | 0.0480 | 1658 | 3.75 | 6.31 | **0.13** |
| | | $10^{-5}$ | 9.9149 | 0.0482 | 1662 | 2.70 | 4.70 | *2.41* |
| | | $10^{-6}$ | 10.0106 | 0.0494 | 1676 | 4.72 | 2.06 | 5.31 |
| 所提算法 | 阈值 | $10^{-6}$ | 9.2825 | 0.0331 | 1859 | 9.33 | 3.93 | 4.72 |
| | | $10^{-7}$ | 9.2680 | 0.0322 | 1880 | 9.78 | 4.75 | 7.11 |
| | | $10^{-8}$ | 9.1915 | 0.0257 | 1914 | *10.26* | *9.97* | 9.10 |

注:黑体表示最优值,黑斜体表示次优值。

　　由仿真结果可知,由于处理数据急剧增大,小步长的 FrFT 算法和 LVT 算法虽然补偿效果较好,但补偿耗时难以忍受。而最小熵算法耗时最短,但收敛至局部最小值,补偿效果较差。本节所提算法能够在较短时间内完成高速目标的速度补偿,获得清晰的目标图像。

### 8.4.5　联合几何畸变校正和定标改进方法

利用雷达回波分别估计构建几何畸变校正因子和定标因子所需的变量,其估计精度受回波质量影响较大,且几何畸变校正和定标分开实现,易产生误差传播,最终使得目标 B-ISAR 图像畸变校正和定标误差较大。柴守刚充分发掘目标二维分布的稀疏性,将未知参数的估计与目标 B-ISAR 成像联立,利用稀疏分解算法实现联合几何畸变校正和定标,但其仅适用于较低的运动速度,当目标为高速运动时,其回波存在脉内调制,利用宽带匹配滤波器或速度补偿消除脉内调制时,破坏了回波间原有的多普勒相位,此时无法直接进行成像。此外,双基地角 $\beta_0$、速度方向 $\theta$ 和大小 $v_0$、目标相对于发射机和接收机的转动角速度 $\omega_t$ 和 $\omega_r$ 均对定标因子和几何畸变校正因子有所影响,仅考虑双基地角 $\beta_0$、目标相对于发射机和接收机的转动角速度 $\omega_t$ 和 $\omega_r$,无法实现高速目标双基地 ISAR 成像联合几何畸变校正和定标。

本节从所建回波模型出发,针对已有方法进行改进:①根据第 2 章所建回波模型构建观测矩阵 $A(\omega_t,\omega_r,\beta_0,\theta,v_0)$;②以传统测量和估计方法为粗值,选取适当的搜索范围构建参数字典库 $\{I^i|\min(I)\leqslant I^i\leqslant\max(I),I\in\{\omega_t,\omega_r,\beta_0,\theta,v_0\}\}$;③利用最大后验概率准则和期望-最大化算法求解稀疏表示问题。

B-ISAR 成像的距离向、方位向定标以及畸变校正因子与双基地角 $\beta_0$、速度方向 $\theta$ 和大小 $v_0$、目标相对于发射机和接收机的转动角速度 $\omega_t$ 和 $\omega_r$ 有关,因此为了实现高速运动目标 B-ISAR 成像的几何畸变校正和二维定标,需要先估计这五个参数。

将快时间和慢时间离散化为 $n(n=1,2,\cdots,N)$ 和 $m(m=1,2,\cdots,M)$,同时将成像区域根据 $\mathrm{d}x$ 和 $\mathrm{d}y$ 间隔划分为 $K\times L$ 的均匀网络,则经宽带匹配滤波(或速度补偿)以及平动补偿后的目标双基地回波均可离散化为

$$S = \sum_{k=1}^{K}\sum_{l=1}^{L}A^{k,l}\sigma_{k,l} + E \tag{8.171}$$

式中,$A^{k,l}=[a_{n,m}^{k,l}]_{N\times M}$ 为散射点 $(k,l)$ 对应的观测矩阵;$\sigma_{k,l}$ 为其散射系数;$E$ 为噪声矩阵。

将上式矢量化,即令 $s=\mathrm{vec}(S)$,$A=[\mathrm{vec}(A^{1,1}),\cdots,\mathrm{vec}(A^{K,1}),\mathrm{vec}(A^{1,2})\cdots,\mathrm{vec}(A^{K,L})]$,$e=\mathrm{vec}(E)$,$\mathrm{vec}(\cdot)$ 为矢量化操作,故有

$$s_{MN\times 1} = A_{MN\times KL}\sigma_{KL\times 1} + e_{MN\times 1} \tag{8.172}$$

式中,$e$ 为均值为零的协方差矩阵为 $\eta I$ 的噪声;$\eta$ 为噪声功率。

通常 $MN\gg KL$,故式(8.172)是一个欠定方程,方程有无数解,通常借助 $\sigma$ 的稀疏性进行限定,即求解:

$$\min\|\sigma\|_0 \quad \mathrm{s.t.} \quad \|s-A\sigma\|_2^2\leqslant\varepsilon \tag{8.173}$$

该问题为 NP(non-deterministic polynomial)难问题,通常使用 $l_1$ 范数来近似 $l_0$ 范数,因而式(8.173)可转化为求解:

$$\min\|\sigma\|_1 \quad \mathrm{s.t.} \quad \|s-A\sigma\|_2^2\leqslant\varepsilon \tag{8.174}$$

式(8.174)为一典型基追踪降噪(basis pursuit de-noising,BPDN)问题,其传统解

法有贪婪算法、凸优化算法、统计学习方法等。为获得较高的重构精度,本节采用基于贝叶斯推断理论的最大后验概率准则(maximum a posterior,MAP)。由上文可知,$A$ 与未知参数 $\beta_0$、$\theta$、$v_0$、$\omega_t$ 和 $\omega_r$ 有关,将 $\sigma$ 看成待估计参数,则式(8.174)的求解问题可转化为一个多参数估计问题。根据最大后验概率准则,$\sigma$、$\eta$、$\beta_0$、$\theta$、$v_0$、$\omega_t$ 和 $\omega_r$ 可以通过联合最优化问题来获得:

$$(\hat{\sigma},\hat{\eta},\hat{\omega}_t,\hat{\omega}_r,\hat{\beta}_0,\hat{\theta},\hat{v}_0)$$
$$=\arg\max_{\sigma,\eta,\omega_t,\omega_r,\beta_0,\theta,v_0} f(\sigma,\eta,\omega_t,\omega_r,\beta_0,\theta,v_0|s)$$
$$\propto\arg\max_{\sigma,\eta,\omega_t,\omega_r,\beta_0,\theta,v_0} [f(s|\sigma,\eta,\omega_t,\omega_r,\beta_0,\theta,v_0)\times f(\sigma)f(\eta)f(\omega_t)f(\omega_r)f(\beta_0)f(\theta)f(v_0)]$$
(8.175)

而 $e\sim CN(0,\eta I)$,则回波 $s$ 的条件概率密度函数为

$$f(s|\sigma,\eta,\omega_t,\omega_r,\beta_0,\theta,v_0)=CN(A\sigma,\eta I)$$
(8.176)

通常,$\eta$、$\beta_0$、$\theta$、$v_0$、$\omega_t$ 和 $\omega_r$ 等参数均难以获得其准确分布,故可采用无信息先验分布,即

$$f(\eta)f(\omega_t)f(\omega_r)f(\beta_0)f(\theta)f(v_0)\propto 1$$
(8.177)

考虑 $\sigma$ 服从 Laplace 先验分布,即 $f(\sigma)=\exp(-\lambda\|\sigma\|_1)$,将其与式(8.176)、式(8.177)代入式(8.174),并取负对数,得

$$\begin{cases} J(\sigma)=\|s-A(\omega_t,\omega_r,\beta_0,\theta,v_0)\sigma\|_2^2+2\eta\|\sigma\|_1 \\ (\hat{\sigma},\hat{\eta},\hat{\omega}_t,\hat{\omega}_r,\hat{\beta}_0,\hat{\theta},\hat{v}_0)=\arg\min_{\sigma,\eta,\omega_t,\omega_r,\beta_0,\theta,v_0}\{J(\sigma)\} \end{cases}$$
(8.178)

为获得代价函数最小值,可令代价函数一阶导为零。然而,$l_1$ 范数不可导,为此,引入近似函数:

$$\|\sigma\|_1=\sum_{kl}|\sigma_{kl}|\approx\sum_{kl}(|\sigma_{kl}|^2+\zeta)^{\frac{1}{2}}$$
(8.179)

式中,$\zeta$ 为一个小的正数。

此时式(8.178)转化为

$$\begin{cases} J(\sigma)=\|s-A(\omega_t,\omega_r,\beta_0,\theta,v_0)\sigma\|_2^2+2\eta\sum_{kl}(|\sigma_{kl}|^2+\zeta)^{\frac{1}{2}} \\ (\hat{\sigma},\hat{\eta},\hat{\omega}_t,\hat{\omega}_r,\hat{\beta}_0,\hat{\theta},\hat{v}_0)=\arg\min_{\sigma,\eta,\omega_t,\omega_r,\beta_0,\theta,v_0}\{J(\sigma)\} \end{cases}$$
(8.180)

对代价函数 $J(\sigma)$ 求共轭梯度:

$$\nabla J_{\sigma^*}(\sigma)=H(\sigma)\sigma-2A^H s$$
(8.181)

式中,$H(\sigma)=2A^H A+2\eta\Lambda(\sigma)$ 为代价函数的 Hessian 矩阵;$\Lambda(\sigma)=\mathrm{diag}[1/\sqrt{|\sigma_{kl}|^2+\zeta}]$,$(kl=1,2,\cdots,KL)$。

根据牛顿法，迭代求解公式为

$$\boldsymbol{\sigma}^{w+1} = \boldsymbol{\sigma}^w - \left[\boldsymbol{H}(\boldsymbol{\sigma}^w)\right]^{-1} \nabla J_{\boldsymbol{\sigma}^*}(\boldsymbol{\sigma}^w)$$

$$= \boldsymbol{\sigma}^w - \left[\boldsymbol{H}(\boldsymbol{\sigma}^w)\right]^{-1}\left[\boldsymbol{H}(\boldsymbol{\sigma}^w)\boldsymbol{\sigma}^w - 2\boldsymbol{A}^H\boldsymbol{s}\right]$$

$$= \left[\boldsymbol{A}^H\boldsymbol{A} + \eta\boldsymbol{\Lambda}(\boldsymbol{\sigma}^w)\right]^{-1}\boldsymbol{A}^H\boldsymbol{s} \qquad (8.182)$$

直接求逆矩阵计算量较大，可使用共轭梯度法来求解式(8.182)。然而，$\boldsymbol{A}$ 随着参数的变化而变化，因而可以利用期望-最大化(expectation maximization，EM)算法将式(8.180)分解为两个过程并以交替迭代方式分别求解：稀疏成像，固定 $\beta_0$、$\theta$、$v_0$、$\omega_t$ 和 $\omega_r$ 而优化 $\boldsymbol{\sigma}$、$\eta$；参数估计，固定 $\boldsymbol{\sigma}$、$\eta$ 而优化 $\beta_0$、$\theta$、$v_0$、$\omega_t$ 和 $\omega_r$。其具体流程如表8.5所示。

表8.5　联合几何畸变校正和定标算法流程

---

联合几何畸变校正和定标算法

---

1. 输入：回波矢量 $\boldsymbol{s}'$。

2. 初始化：$\hat{\boldsymbol{\sigma}}^0, \hat{\eta}^0, \hat{\omega}_t^0, \hat{\omega}_r^0, \hat{\beta}_0^0, \hat{\theta}^0, \hat{v}_0^0$。

3. 预处理：对于解线调处理，对 $\boldsymbol{s}'$ 进行速度补偿和多普勒补偿得到 $\boldsymbol{s}$。

4. 循环：

　　a. 匹配滤波（对于宽带匹配滤波器法）

　　　　固定参数 $\hat{\omega}_t^i, \hat{\omega}_r^i, \hat{\beta}_0^i, \hat{\theta}^i, \hat{v}_0^i$，计算脉宽尺度因子 $\hat{\kappa}_0$，经过宽带匹配滤波后得到信号 $\boldsymbol{s}$。

　　b. 稀疏成像

　　　　固定参数 $\hat{\omega}_t^i, \hat{\omega}_r^i, \hat{\beta}_0^i, \hat{\theta}^i, \hat{v}_0^i$，计算观测矩阵 $\boldsymbol{A}^i(\hat{\omega}_t^i, \hat{\omega}_r^i, \hat{\beta}_0^i, \hat{\theta}^i, \hat{v}_0^i)$，

　　　　利用共轭梯度法求解式(8.182)。

　　c. 参数估计

　　　　固定稀疏成像结果 $\hat{\boldsymbol{\sigma}}^{i+1}$，求解

$$(\hat{\omega}_t^{i+1}, \hat{\omega}_r^{i+1}, \hat{\beta}_0^{i+1}, \hat{\theta}^{i+1}, \hat{v}_0^{i+1}) = \arg\max_{\omega_t, \omega_r, \beta_0, \theta, v_0} C_p(\omega_t, \omega_r, \beta_0, \theta, v_0)$$

$$= \arg\max_{\omega_t, \omega_r, \beta_0, \theta, v_0} \| \boldsymbol{s} - \boldsymbol{A}(\omega_t, \omega_r, \beta_0, \theta, v_0)\hat{\boldsymbol{\sigma}}^{i+1} \|_2^2,$$

　　　　可利用线性搜索法、黄金分割法或粒子群等智能算法实现估计。

　　d. 收敛判断

　　　　当稀疏解满足收敛条件 $\| \hat{\boldsymbol{\sigma}}^{i+1} - \hat{\boldsymbol{\sigma}}^i \|_2 / \| \hat{\boldsymbol{\sigma}}^{i+1} \|_2 < \zeta_\sigma$ 时停止迭代；

　　　　否则继续循环迭代直至算法收敛。

5. 输出：成像结果 $\hat{\boldsymbol{\sigma}}$ 及参数 $\hat{\eta}, \hat{\omega}_t, \hat{\omega}_r, \hat{\beta}_0, \hat{\theta}, \hat{v}_0$

---

假设雷达参数、目标模型及参数如表 8.1 和图 8.19 所示,且参数 $\omega_t$、$\omega_r$、$\beta_0$、$\theta$ 和 $v_0$ 的初值由传统方法得到,估计误差均设置为 5%。

(A)基于宽带匹配滤波器的联合几何畸变校正和定标方法

按表 8.5 所示流程对目标进行成像,并对 RD 算法、多普勒相位估计法、文献( 见参考文献[132])所提方法的成像结果进行对比,如图 8.46 所示,其中图 8.46(a)(b)分别为窄带、宽带匹配滤波器脉冲压缩后的 RD 算法成像结果。图 8.46(c)(d)分别为基于窄、宽带匹配滤波器的成像结果。图 8.46(e)(f)分别为基于窄、宽带匹配滤波器的稀疏成像方法结果。图 8.46(g)为本节所提改进方法成像结果。各成像结果的图像熵及图像归一化均方误差如表 8.6 所示。

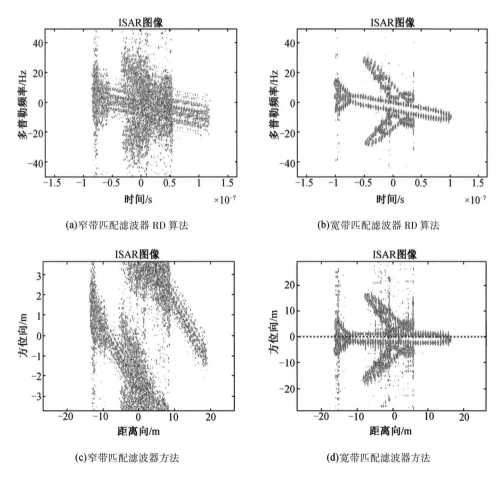

(a)窄带匹配滤波器 RD 算法        (b)宽带匹配滤波器 RD 算法

(c)窄带匹配滤波器方法        (d)宽带匹配滤波器方法

图 8.46 ISAR 成像结果

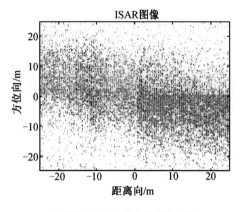

(e)窄带匹配滤波器文献所提方法

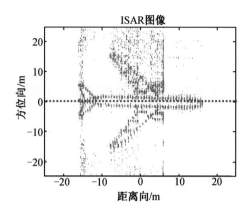

(f)宽带匹配滤波器文献所提方法

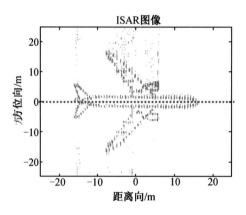

(g)本节所提稀疏成像改进方法

图 8.46(续)

表 8.6　各成像结果的图像熵及图像归一化均方误差

| 算法 | | 图像 | 熵 | NMSE/dB |
|---|---|---|---|---|
| RD 算法 | 窄带匹配滤波器 | 图 8.46(a) | 9.074 0 | None |
| | 宽带匹配滤波器 | 图 8.46(b) | 7.787 2 | None |
| 所提算法 | 窄带匹配滤波器 | 图 8.46(c) | 9.929 6 | 8.953 7 |
| | 宽带匹配滤波器 | 图 8.46(d) | 8.713 8 | 8.092 1 |
| 文献所提算法 | 窄带匹配滤波器 | 图 8.46(e) | 10.972 4 | 8.814 9 |
| | 宽带匹配滤波器 | 图 8.46(f) | 8.938 8 | 8.239 6 |
| 本节所提算法 | | 图 8.46(g) | 8.920 0 | **7.951 0** |

由图 8.46 及表 8.6 对比可知,目标的高速运动使得距离像谱峰扩展及分裂,从而所成图像模糊散焦。如前文所述,高速运动目标的回波不满足传统的"走-停"模型,因而基于泰勒展开和运动分解理论的双基地 ISAR 成像方法都不再有效,故 RD 算法、

窄带匹配滤波器多普勒相位估计法、文献所提稀疏成像算法所成图像质量都较差,如图 8.46(a)(c)(e)所示。宽带匹配滤波器可以有效抑制高速运动的影响,从而获得较为清晰的图像,如图 8.46(b)(d)(f)所示。但此时仍存在三个问题:(1)受参数测量或估计误差影响,所得几何畸变校正因子和定标因子存在误差,图像仍存在残余几何畸变,且方位向聚焦性一般,如图 8.46(d)所示;(2)使用宽带匹配滤波器后方位相位项遭受破坏,直接应用文献所提算法时回波与感知矩阵失配,参数估计误差较大,几何畸变校正和定标效果不佳,如图 8.46(f)所示;(3)难以直接估计脉宽尺度因子以构造宽带匹配滤波器。为此,本节对联合几何畸变校正及定标的稀疏成像算法进行改进,所成图像如图 8.46(g)所示。由图 8.46 及表 8.6 对比可知,该方法能够完成高速目标的稀疏成像,成像质量较高(NMSE 降低了 0.14 dB),且实现了几何畸变校正及定标。

为验证改进算法在低信噪比下的效果,向回波加入噪声使信噪比为-45 dB,此时各算法的成像结果如图 8.47 所示,其图像熵及图像归一化均方误差如表 8.7 所示。

由图 8.47 及表 8.7 可知,低信噪比条件下,基于窄带匹配滤波器的脉冲压缩失配严重,RD 成像失败,因而在此回波上进行基于多普勒估计的畸变校正和定标方法同样失效,如图 8.47(a)(c)(e)所示。基于宽带匹配滤波器的 RD 成像受噪声影响较小,能够得到较为清晰的目标图像,但基于此回波的方法在参数估计时受噪声影响,精度有所下降,图像仍存在残余几何畸变,如图 8.47(d)中红线所示。基于宽带匹配滤波器的文献所提算法受噪声影响较小,但同样受残留的多普勒相位影响,图像存在散焦现象且存在残余几何畸变,如图 8.47(f)中红线所示。而本节所提改进方法在低信噪比下仍能完成几何畸变校正和定标,图像归一化均方误差最小(降低了 0.32 dB)。

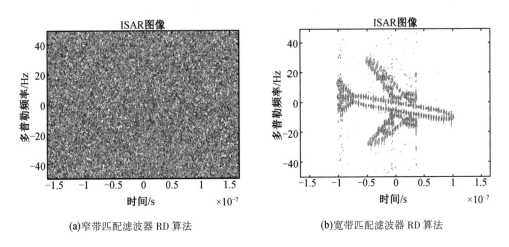

(a)窄带匹配滤波器 RD 算法　　　　　　(b)宽带匹配滤波器 RD 算法

**图 8.47　ISAR 成像结果(信噪比-45 dB)**

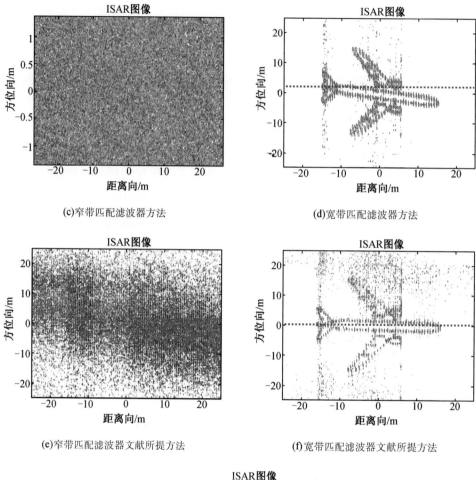

(c)窄带匹配滤波器方法

(d)宽带匹配滤波器方法

(e)窄带匹配滤波器文献所提方法

(f)宽带匹配滤波器文献所提方法

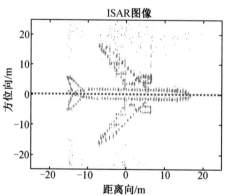

(g)本节所提稀疏成像改进方法

图 8.47(续)

表 8.7　各成像结果的图像熵及图像归一化均方误差

| 算法 | | 图像 | 熵 | NMSE/dB |
|---|---|---|---|---|
| RD 算法 | 窄带匹配滤波器 | 图 8.47(a) | 12.457 5 | None |
| | 宽带匹配滤波器 | 图 8.47(b) | 10.202 0 | None |
| 所提算法 | 窄带匹配滤波器 | 图 8.47(c) | 12.456 8 | None |
| | 宽带匹配滤波器 | 图 8.47(d) | 10.201 2 | 8.538 4 |
| 文献[128]所提算法 | 窄带匹配滤波器 | 图 8.47(e) | 11.456 7 | 8.783 2 |
| | 宽带匹配滤波器 | 图 8.47(f) | 10.275 9 | 8.417 1 |
| 本节所提算法 | | 图 8.47(g) | 10.258 8 | **8.096 0** |

（B）基于解线调处理的联合几何畸变校正和定标方法

按表 8.5 所示流程对目标进行成像，并对 RD 算法、多普勒相位估计法、文献[128]所提方法的成像结果进行对比，如图 8.48 所示，其中图 8.48(a)(b)分别为未速度补偿、速度补偿后的 RD 算法成像结果。图 8.48(c)(d)分别为无、有速度补偿的成像结果。图 8.48(e)(f)分别为无、有速度补偿的文献[128]所提稀疏成像方法结果。图 8.48(g)为本节所提改进方法成像结果。各成像结果的图像熵及图像归一化均方误差如表 8.8 所示。

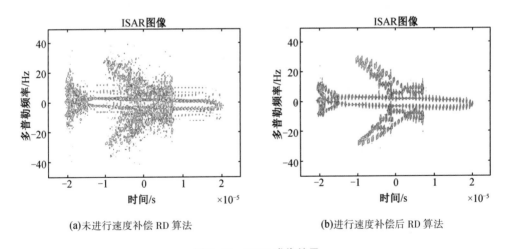

(a)未进行速度补偿 RD 算法　　　　　(b)进行速度补偿后 RD 算法

图 8.48　ISAR 成像结果

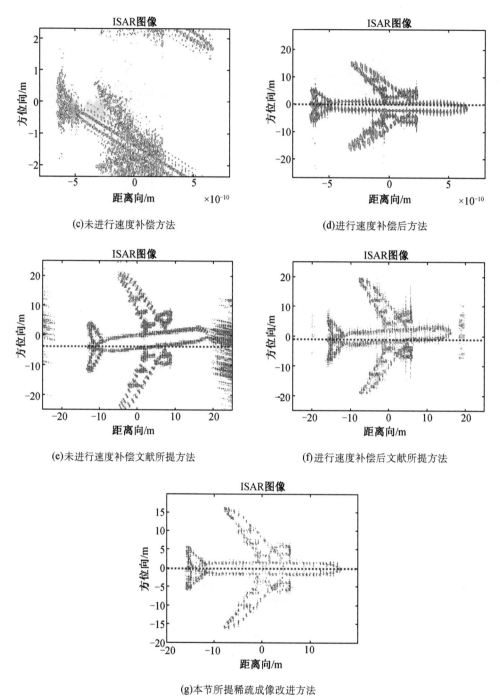

(c)未进行速度补偿方法

(d)进行速度补偿后方法

(e)未进行速度补偿文献所提方法

(f)进行速度补偿后文献所提方法

(g)本节所提稀疏成像改进方法

图 8.48(续)

表 8.8　各成像结果的图像熵及图像归一化均方误差

| 算法 | | 图像 | 熵 | NMSE/dB |
|---|---|---|---|---|
| RD 算法 | 未进行速度补偿 | 图 8.48(a) | 10.325 7 | None |
| | 进行速度补偿 | 图 8.48(b) | 10.005 9 | None |
| 前文算法 | 未进行速度补偿 | 图 8.48(c) | 10.326 3 | 8.601 2 |
| | 进行速度补偿 | 图 8.48(d) | 10.012 0 | 7.839 6 |
| 文献[128]所提算法 | 未进行速度补偿 | 图 8.48(e) | 10.602 2 | 8.837 6 |
| | 进行速度补偿 | 图 8.48(f) | 10.405 4 | 8.513 8 |
| 本节所提算法 | | 图 8.48(g) | 9.405 5 | **6.232 8** |

　　由图 8.48(a)(c)及表 8.8 对比可知,目标的高速运动使得距离像谱峰分裂,方位向频谱扩散,因而利用 RD 算法所成图像散焦。若采用文献[128]中所述模型进行稀疏成像,旁瓣较高,畸变校正不完全,因而成像效果不佳,如图 8.48(e)所示。若利用速度补偿消除由目标高速运动产生的高阶相位项,可以获得较为清楚的目标图像,如图 8.48(b),再利用前文所述方法进行畸变校正和定标,受参数测量或估计误差的影响,残留几何畸变,如图 8.48(d)所示。若对速度补偿后的回波直接应用文献[128]所述方法,则相位不匹配,校正效果较差和且定标不准确,如图 8.48(f)所示。相较而言,本节所提改进方法能够有效匹配速度补偿后回波相位,校正效果较好且定标准确(NMSE 降低了 1.60 dB),所成图像如图 8.48(g)所示。

　　为验证改进算法在低信噪比下的效果,向回波加入噪声使信噪比为−45 dB,此时各算法的成像结果如图 8.47 所示,其图像熵及图像归一化均方误差如表 8.7 所示。

　　由图 8.49 及表 8.9 可知,低信噪比条件下,各算法性能均有所下降,速度补偿后基于前文所提算法以及文献[128]所提算法的几何畸变校正和定标精度均有所下降,未能有效完成畸变校正和定标,而本节所提改进方法在低信噪比下仍能完成几何畸变校正和定标,图像归一化均方误差最小(降低了 0.91 dB)。

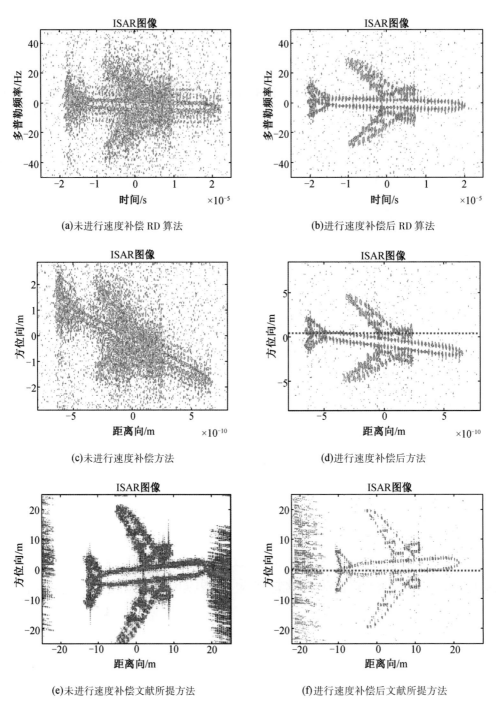

(a)未进行速度补偿 RD 算法

(b)进行速度补偿后 RD 算法

(c)未进行速度补偿方法

(d)进行速度补偿后方法

(e)未进行速度补偿文献所提方法

(f)进行速度补偿后文献所提方法

图 8.49　ISAR 成像结果(信噪比−45 dB)

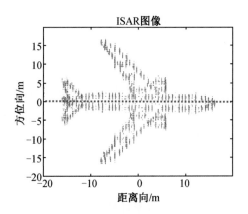

(g)本节所提稀疏成像改进方法

图 8.49(续)

表 8.9　各成像结果的图像熵及图像归一化均方误差

| 算法 | | 图像 | 熵 | NMSE/dB |
|---|---|---|---|---|
| RD 算法 | 未进行速度补偿 | 图 8.49(a) | 10.612 2 | None |
| | 进行速度补偿 | 图 8.49(b) | 10.561 4 | None |
| 前文算法 | 未进行速度补偿 | 图 8.49(c) | 10.612 2 | 8.505 3 |
| | 进行速度补偿 | 图 8.49(d) | 10.560 6 | 8.541 8 |
| 文献[128]所提算法 | 未进行速度补偿 | 图 8.49(e) | 11.777 1 | 8.979 2 |
| | 进行速度补偿 | 图 8.49(f) | 11.321 0 | 8.682 3 |
| 本节所提算法 | | 图 8.49(g) | 10.185 8 | **7.596 9** |

### 8.4.6　基于 FEKO 电磁软件的几何畸变校正和定标方法实验

前文所述仿真验证均基于信号级,仿真条件较为理想,而高速运动目标的监测与识别目前仍为各国研究领域的前沿课题,受限于实际客观条件,无法获得实测数据,为此,本节采用 FEKO 电磁软件对实际回波进行模拟,并对所提几何畸变校正和定标方法加以验证。

FEKO 是一个三维全波电磁仿真分析软件,其利用数值方法矩量法(method of moments,MOM)分析电大尺寸目标,能够高效处理各类问题。其核心算法主要有矩量法、多层快速多极子方法(MLFMM)、物理光学法(PO)、一致性绕射理论(UTD)、有限元(FEM)、平面多层介质的格林函数,以及它们的混合算法。FEKO 主要应用于天线设计、天线布局、SAR 计算、雷达截面积计算等。

FEKO 主要分为 CADFEKO、EDITFEKO 和 POSTFEKO 三个流程模块,其中,CAD-FEKO 主要用于建立/导入模型、剖分网格、端口设置、计算方法设置、计算参数设定等;EDITFEKO 则是用于参数化.PRF 脚本文件,便于编程工具如 C++、Matlab 等调用 FEKO 求解器;POSTFEKO 可以提供工程参数结果图形显示。

对于飞机、舰船等大尺寸目标,可以使用 PO 和 UTD 进行求解,得到不同角度的散射数据后,在小转角条件下进行二维傅里叶变换,得到目标的二维散射中心模型,即目标的 ISAR 图像。由于 FEKO 没有集成成像算法,因而通常需要将数据导入 Matlab 中,或者使用 Matlab 调用 FEKO 提供的求解器接口进行成像。

利用 Matlab 软件和 FEKO 软件联合成像的主要步骤为:

(1)几何建模。在 CADFEKO 中设置模型参数或导入需要的 CAD 模型。

(2)设置参数。根据系统所需分辨率计算系统参数。

(3)剖分网格。在 CADFEKO 中设定波长,确定剖分区域,PO 法一般取波长的 $1/3 \sim 1/6$。

(4)修改.PRE 脚本文件。修改 CADFEKO 预处理生成.PRE 文件,设定可调参数变量。

(5)求解远场散射。在 Matlab 中调用 FEKO 求解器求解远场散射系数。

(6)二维成像。读取散射求解结果.FFE 文件,得到不同角度不同距离频率处的电场散射系数,利用二维傅里叶变换即可计算得到目标的二维图像。

(A)仿真一:高速运动目标双基地 ISAR 回波仿真

为仿真生成高速运动目标双基地 ISAR 回波,建立飞机目标三维缩比模型如图 8.50 所示,构造成像场景如图 8.51 所示,设置可调参数为发射机指向目标向量与距离向的夹角 $\theta_t$(入射波角度)、接收机指向目标向量与距离向的夹角 $\theta_r$(散射波角度),俯仰角为 $45°$。

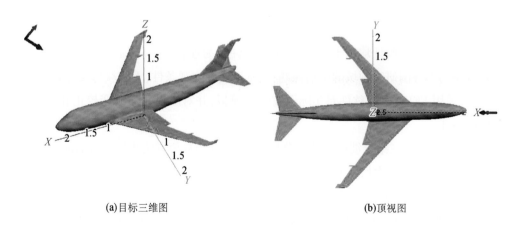

(a)目标三维图　　　　　　　　　　　　(b)顶视图

图 8.50　飞机目标三维模型(单位:m)

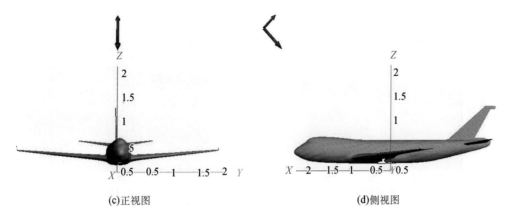

(c)正视图 (d)侧视图

图 8.50(续)

假设目标速度为 2 000 m/s,接收机与发射机相距 $L = 5\,000$ m,在 $t_m = 0$ 时刻,目标与接收机距离为 $R_r(0) = 6\,000$ m,半双基地角为 $\beta_0 = 20°$,雷达载频为 10 GHz,带宽 1 GHz,脉冲重复频率为 100 Hz,脉冲个数为 50,FEKO 距离频点数为 41。

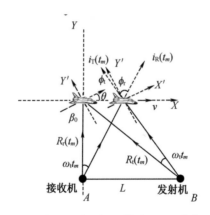

图 8.51 高速运动目标双基地 ISAR 成像几何

利用 Matlab 生成不同慢时间时刻对应的脚本文件( * . pre),此时目标的入射波角度和散射波角度均唯一,求解不同频率下的散射系数可以得到该次回波数据。得到不同回波数据后,经距离向成像、平动补偿和方位向成像后可得到高速运动目标双基地 ISAR 成像结果,如图 8. 52(a)所示,对回波数据进行速度补偿后成像,结果如图 8. 52(b)所示。

提取速度补偿前后的一维距离像,如图 8. 53 所示,由图中红框区域可以看出,目标的高速运动使得一维距离像谱峰分裂和展宽,经速度补偿后,一维距离像聚焦性好,与理论分析一致。

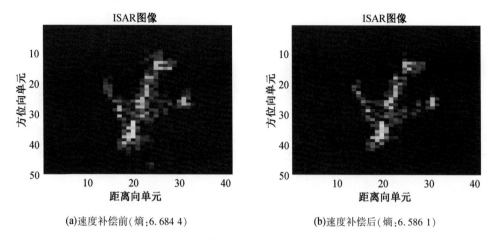

(a)速度补偿前(熵:6.684 4)　　　　　　(b)速度补偿后(熵:6.586 1)

图 8.52　速度补偿前后的 ISAR 图像

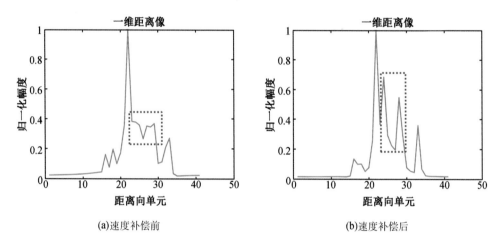

(a)速度补偿前　　　　　　　　(b)速度补偿后

图 8.53　速度补偿前后的一维距离像

(B)仿真二:高速运动目标双基地 ISAR 成像几何畸变校正和定标仿真

利用 8.3.3 小节所述方法对图 8.52(b)所示目标 ISAR 图像进行几何畸变校正和定标,处理前后的图像如图 8.54 所示。由图中可以看出,经几何畸变校正和定标后,目标的顶点坐标分别为 $A(-1.481,-2.643)$、$B(0.341\ 8,\ 2.265)$、$C(-2.393,\ 1.133)$ 和 $D(1.481,-0.377\ 6)$,故图像中目标长度为 $|AB|=5.235\ 6$ m,宽度为 $|CD|=4.158\ 1$ m,长轴与宽轴夹角为 $90.7°$,由图 8.50 可知电磁波入射方向为 $X$ 轴俯仰角 $45°$,目标成像真实尺寸为$(4$ m$/\cos\ 45°×4$ m$)=(5.657$ m$×4$ m$)$,故长度、宽度、长轴与宽轴夹角的估计误差分别为 $7.45\%$、$3.95\%$、$7.8\%$。

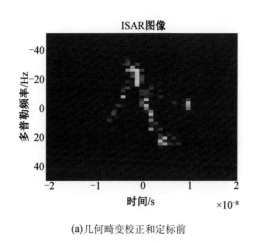
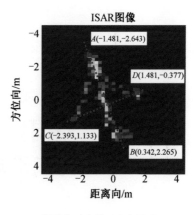

(a)几何畸变校正和定标前　　　　　　　　(b)几何畸变校正和定标后

图 8.54　几何畸变校正和定标前后的 ISAR 图像

综合仿真一及仿真二验证可得,本章所提回波模型及几何畸变校正和定标方法对于 FEKO 软件产生的电磁波数据同样有效。

# 第 9 章　空间目标 ISAR 图像直接定标 与三维成像处理

现实中,空间目标是分布在三维空间中的,但经典 ISAR 图像却是距离-方位(多普勒或瞬时多普勒)二维的。因此,经典 ISAR 成像的实质是将三维目标信息投影到二维距离-多普勒平面上,对于给定的目标和已知的目标运动参数,ISAR 图像的样子是由成像投影平面(IPP)决定的。

由于经典 ISAR 图像仅仅是一个降维测量结果,存在目标图像的尺度未标定或标定误差,空间目标的图像显示与其真实姿态和运行状况等往往存在较大差异,ISAR 图像的非光学效应导致非专业用户对成像结果的理解存在困难。空间目标的传统 ISAR 图像非人眼视觉效应的特点,极大制约了高分辨二维 ISAR 图像在实际中的运用效益。这一难题在面对机动性极强的空间目标时尤其突出。为满足空间目标探测、跟踪、识别、状态判断,威胁评估等方面的需求,获取空间目标的三维雷达影像一直是人们关心的问题,本章尝试探讨这一问题并给出相应的技术方案。

## 9.1　经典 ISAR 图像的成像投影平面

机动目标由于存在运动速度,其速度矢量在雷达观测视线方向存在径向投影速度,因此产生了多普勒效应。由于刚体目标上不同的散射点相对于雷达视线方向的径向投影大小各不相同,因此,雷达便具有了利用多普勒频率差异区分不同目标散射中心的能力。配合使用宽带雷达探测信号和脉冲压缩技术,雷达同时可以获得对不同散射中心的距离分辨能力,从而利用不同散射中心在距离以及多普勒频率上的差异区分不同的散射中心,从而实现成像,这就是经典 ISAR 成像的基本原理。

实际中,对于给定的目标和已知的目标旋转参数,ISAR 图像的样子由 ISAR 图像投影平面(IPP)决定。通常,空间目标可以看作是一个具有 6 个自由度的刚体,其沿 $X$、$Y$、$Z$ 方向进行 3 次平移,围绕局部坐标($X$、$Y$、$Z$)进行 3 次滚转(roll)、俯仰(pitch)和偏航(yaw)旋转($\Omega_r$,$\Omega_p$,$\Omega_y$),如图 9.1 所示。

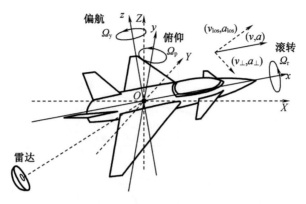

图 9.1　运动目标的六个自由度

通常,目标的平动运动用速度和加速度$(v,a)$来描述,沿着雷达视距可分解为一个分量$(v_{los},a_{los})$和一个垂直于 LOS 的分量$(v_\perp,a_\perp)$。沿视线的分量产生多普勒频移。另一方面,平移也可以改变雷达对目标的视向角。视向角度的变化是目标旋转的结果。在短时间内,目标的旋转可以用一个恒定的旋转速率来建模。目标中的不同散射体产生不同的多普勒频移,从而形成目标的距离-多普勒图像。视向旋转与目标自旋转相结合,产生空间相关的多普勒频移,用于区分不同空间位置的散射体。然而,这两个旋转向量的组合并不是简单的线性向量和。对于具有复杂横滚、俯仰和偏航运动的目标,它具有更高的复杂性。在这种情况下,恒定旋转的假设只在很短的时间内有效,在这段时间内可以使用基于低阶近似的公式进行描述。ISAR 图像是由雷达接收到的信号进行相干处理而形成的,由于目标与雷达的相对运动,使目标的俯仰角随时间发生变化。因此,$r(t)$处的散射体位置往往是时间的函数。假设$r(t)$处的散射体以径向速度$v_r$和加速度$a_r$运动,则雷达信号在被散射体反射之前的移动距离为

$$c\frac{\tau(t)}{2} = |\boldsymbol{r}(t) - \boldsymbol{R}_0| + v_r\frac{\tau(t)}{2} + \frac{1}{2}a_r\left[\frac{\tau(t)}{2}\right]^2 \tag{9.1}$$

式中,$\boldsymbol{R}_0$为目标中心到雷达的矢量距离,如图 9.2 所示。

在大多数情况下,二阶项要比一阶项小得多。因此有

$$c\frac{\tau(t)}{2} = |\boldsymbol{r}(t) - \boldsymbol{R}_0| + v_r\frac{\tau(t)}{2} \tag{9.2}$$

于是信号往返的时间延迟变为

$$\tau(t) = \frac{2|\boldsymbol{r}(t) - \boldsymbol{R}_0|}{c - v_r} \approx \frac{2|\mathrm{r}(t) - \boldsymbol{R}_0|}{c} \tag{9.3}$$

式中,$t$ 时刻散射体的位置向量$r(t)$由 $t_0$ 时刻散射体的位置向量$\boldsymbol{r}(t_0)$和一个旋转矩阵$\Re(\theta_r,\theta_p,\theta_y)$得到:

$$\boldsymbol{r}(t) = \Re(\theta_r,\theta_p,\theta_y)\boldsymbol{r}(t_0) \tag{9.4}$$

式中,横滚角为 $\theta_r = \Omega_r t$,俯仰角为 $\theta_r = \Omega_p t$,偏航角为 $\theta_r = \Omega_y t$。

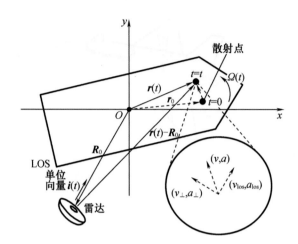

图 9.2　雷达和旋转目标的二维几何图形

显然的,信号的相位函数是 $\varphi(t) = 4\pi f_c R(t)/c$。如果目标从初始距离沿视线方向以速度 $v_{\text{los}}$ 移动,则相位函数可表示为

$$\varphi(t) = 4\pi \frac{f_c}{c} \left[ R_0 - \int v_{\text{los}}(t)\,\mathrm{d}t \right] \tag{9.5}$$

式中,$c$ 为波的传播速度;$f_c$ 为雷达载频;$r_0$ 为旋转中心的初始距离;$v_{\text{los}}(t)$ 为决定目标多普勒频移的目标径向速度。径向速度是目标速度矢量 $v(t)$ 在 LOS 单位矢量 $i(t)$ 上的投影:

$$v_{\text{los}}(t) = v(t) \cdot i(t) \tag{9.6}$$

ISAR 图像在二维距离和多普勒平面上显示。多普勒频率为

$$f_D(t) = \frac{2f_c}{c} |v(t) \cdot i(t)| \tag{9.7}$$

如果 $r$ 是从旋转中心测量的散射体的位置矢量,则散射体的多普勒频移变为

$$f_D(t) = \frac{2f_c}{c} [\Omega(t) \times r] \cdot i(t) \tag{9.8}$$

式中,$\Omega(t)$ 为目标的实际旋转向量。假设在时间 $t$ 时,实际旋转向量 $\Omega(t)$ 与 LOS 单位向量 $i(t)$ 的夹角 $\zeta$ 如图 9.3 所示,则多普勒频移可以重写为

$$f_D(t) = \frac{2f_c}{c} \Omega(t) r_{\text{cr}} \sin\xi = \frac{2f_c}{c} [\Omega(t) \sin\zeta] r_{\text{cr}} = \frac{2f_c}{c} \Omega_{\text{eff}}(t) r_{\text{cr}} \tag{9.9}$$

式中,有效旋转矢量 $\Omega_{\text{eff}}(t)$ 的大小 $\Omega_{\text{eff}}(t) = \Omega(t) \sin\xi$;$r_{\text{cr}}$ 为散射体的实际横向位移。

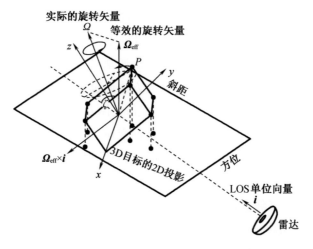

图 9.3　图像投影平面

当目标有横滚、俯仰和偏航运动时,目标的实际旋转矢量 $\boldsymbol{\Omega}$ 决定了目标中给定散射体的多普勒频移。有效旋转向量 $\boldsymbol{\Omega}_{\mathrm{eff}}$ 是一个垂直于 LOS 单位向量 $i$,并且在 $\boldsymbol{\Omega}$ 和 $i$ 所在平面的向量,如图 9.3 所示。因此,目标的图像投影平面定义为垂直于 $\boldsymbol{\Omega}_{\mathrm{eff}}$ 且 $i$ 所在的平面,如图 9.3 所示。当目标的横滚、俯仰和偏航运动随时间发生变化时,有效旋转矢量 $\boldsymbol{\Omega}_{\mathrm{eff}}$ 可能随时间发生变化。因此,目标的 ISAR 图像以时变距离-多普勒图像的形式出现在一个不断变化的二维图像投影平面上。

上述描述实际中很难操作,原因是非合作目标的等效旋转矢量 $\boldsymbol{\Omega}_{\mathrm{eff}}$ 往往很难直接确定。但是,在特殊的情况下,对于平稳运动的刚体目标而言(例如轨道上运动的姿态稳定的空间目标),等效旋转矢量 $\boldsymbol{\Omega}_{\mathrm{eff}}$ 在成像的短时间内往往是垂直于速度矢量的,因此,可以近似认为此时 ISAR 成像的投影平面是 LOS 视线矢量和目标运动速度矢量共同确定的平面。

## 9.2　基于成像投影几何的 ISAR 图像直接快速定标

根据成像投影几何关系,平稳运动刚体目标的 ISAR 图像的成像平面显然可近似为雷达 LOS 视线矢量和目标运动速度矢量共同确定的平面,利用这一特性,可以实现基于成像投影几何的 ISAR 图像直接快速定标,而无须估计非合作目标的等效旋转角速度,大大提高图像定标的效率。本节首先给出一种基于成像投影几何的空间目标 ISAR 图像直接快速定标方法。

当前,ISAR 图像定标的经典方法主要是基于短孔径时间观测条件下,利用有限次脉冲估计旋转角速度的方法。对非合作目标 ISAR 精确成像和方位定标,转角估计至关重要。ISAR 处理需要进行平动和转动补偿。针对 ISAR 目标的转动估计和补偿,现有处理思路主要可分为两类。第一类可定义为调频率估计方法,此类方法通常通过选取目标在不同距离单元的强散射中心作为估计样本,对各个散射中心的调频率进行估计并线性拟合估计目标的转角速度。此类方法通常对目标回波中的特显点数量有较强的依赖性。第二类为图像处理方法。该类方法通过确定邻接相干处理时间段的目标成像姿态变化估计转角速度,利用了目标成像整体姿态信息,性能较为稳健,但由于需要搜索过程中引入二维图像的旋转或极坐标变换,运算量大。现有的 ISAR 目标转角估计方法通常假设匀速转台模型,对目标信号的形式和质量要求通常较高或运算量大,方法应用范围受限。为了提高旋转角速度的估计精度,西安电子科技大学雷达信号处理国家重点实验室陈倩倩、邢孟道等提出了一种短孔径 ISAR 方位定标方法,该方法基于 ISAR 图像的稀疏特征,利用压缩感知理论提高 ISAR 成像的分辨率,有效提高散射中心定位精度。再基于二维快速傅里叶变换和极坐标映射方法,利用两视子孔径图像相关法进行转动角速度估计,同时利用压缩感知精确估计相关函数的峰值位置,提高转动角速度的估计效率和精度,最终实现目标的方位定标。也有学者提出了一种以目标成像的聚焦程度作为代价函数,通过交替迭代优化求解目标的有效转角速度和加速度,继而实现精确转动补偿和成像方位定标的方法。这种方法考虑到和平动一样,目标转动引起的高次相位调制也导致距离-多普勒成像散焦,以成像的聚焦评价(例如图像熵和对比度等)作为代价函数可通过优化估计实现对转角的估计。考虑到实际 ISAR 成像处理中,对机动非合作目标通常难以预先获知目标转角变化,利用图像聚焦优化对目标有效转速估计。考虑到飞机等机动目标的转角速度在相干处理时间内通常难以保证恒定,该方法还进一步扩展到加速转台模型下的目标转角估计处理。还有学者提出一种基于特征匹配的 ISAR 转角估计和方位定标方法。该方法结合了图像特征提取匹配的思路,对相邻 ISAR 图像用尺度不变特征变换(SIFT)和快速鲁棒特征点提取,通过配对的特征点坐标估计相邻 ISAR 图像间转角。利用 SIFT 和 SURF 特征对微波 ISAR 图像有很好的稳定性和精确性的特点,利用信号模型找出目标姿态与图像信息的关系,构建代价函数并确定算法原则;结合 SIFT 和 SURF 提取目标特征点信息;通过相对位置校正去掉平动分量对于转角估计的影响,并分别用基于欧氏距离的粗配准和基于 RANSAC 的精配准对提取的特征点进行特征点相关;通过基于模型构建的图像信息的代价函数进行转角估计并精确定标。采用特征匹配避免了直接信号域或图像变换处理,有效提升了转角估计的精确性和运算效率,同时提取的特征点具有很好的稳健性,能适应实际较低信噪比下 ISAR 方位定标处理。但是上述这些稳健的 ISAR 目标转角估计方法计算复杂,比较耗时,耗计算资源。而且由于 ISAR 成像的空间目标往往是不合作的,且空间目标本身机动性极高,运动状态复杂,导致估计的目标旋转角速度往往存在较大误差,严重影响了图像方位定标的准确性。在机动性强的空间目标 ISAR 成像探测过程中,由雷达跟踪目标形成的空间波数矢量扫描形成的曲面非常复杂,导致运动补偿复杂,ISAR 成像旋转中心往往与真实情况存在偏差,所以也会导致基于目标旋转角速度估计的 ISAR 成像定标方法存在误差,严重影响用户对目标尺度信息的准确提取。经典 ISAR 成像定标方法为了确保定标的准确度,往往需要采用迭代处理的方法,反复估计和优化目标旋转角速度的估计精度,导致定标过程计算量大,定标速度比较耗时。上述这些问题都十分不利于空间目标 ISAR 图像在目标识别领域的推广和运用。

针对上述问题,本节提出一种基于成像投影几何的 ISAR 图像直接快速定标方法。该方法另辟蹊径,不需要估计目标旋转角速度即可快速实现成像结果的定标处理。相比经典 ISAR 成像定标方法,它运算简单,无须反复迭代估计定标所需的旋转角速度,定标过程快速,定标结果准确,更加有利于工程实现和实际应用,可辅助实现对目标尺度信息的精确提取,更加有利于目标精确识别等应用场合。

本节基于成像投影几何的 ISAR 图像直接快速定标方法,完全基于雷达跟踪测量空间目标的数据,首先估计数据补偿所需的相关参数并实施运动补偿处理;然后,对补偿后的回波数据进行经典 ISAR 成像处理(可使用距离-多普勒、距离-瞬时多普勒等经典的 ISAR 成像处理方法);随后,根据雷达跟踪测量数据,快速估计目标运动速度矢量、运动轨迹,准确确定目标成像平面;最后,根据成像投影几何关系将经典 ISAR 成像处理获取的目标图像在具有真实尺度信息的成像平面上投影,从而完成目标 ISAR 图像的定标处理,输出具有真实尺度信息的目标雷达图像。该方法不需要估计目标旋转角速度即可快速实现成像结果的定标处理,可在不影响雷达系统以及观测条件决定的最佳分辨率的条件下确保获得复杂运动目标在当前探测几何决定的成像平面上的高质量的尺度定标后的 ISAR 图像,具有广阔的应用前景。

基于成像投影几何的 ISAR 图像直接快速定标方法的主要步骤如下:

**步骤 1** 读取数据,假设数据为一个矩阵 $\text{Data}(m,n)$。其中,$m$ 为各脉冲距离像的采样点序号,$n$ 为脉冲序号,假设成像子孔径使用的脉冲数为 $N$,每个脉冲的采样点数为 $M$,即 $m$ 的取值满足 $m=1,2,3,\cdots,M$,$n$ 的取值满足 $n=1,2,3,\cdots,N$。

**步骤 2** 对数据 $\text{Data}(m,n)$ 沿距离向做傅里叶变换,得到初始的距离像:

$$\text{Profile}_{\text{rgc}}(:,n)=\text{FFT}_{\text{rg}}[\text{Data}(:,n)] \tag{9.10}$$

$\text{FFT}_{\text{rg}}[\text{Data}(:,n)]$ 表示对第 $n$ 个脉冲回波数据(数据矩阵 Data 的第 $n$ 列)进行傅里叶变换操作,即沿数据矩阵 Data 的行进行逐列的傅里叶变换。

**步骤 3** 计算初始距离像峰值 $\text{Profile}_{\text{rg}}|_{\max}$ 并存储:

$$\text{Profile}_{\text{rg}}(m,n)=\text{Profile}_{\text{rgc}}(m,n)\times\cos(\pi m),\quad m=0,1,2,\cdots,M-1 \tag{9.11}$$

$$\text{Profile}_{\text{rg}}|_{\max}=\max[\text{abs}(\text{Profile}_{\text{rg}}(:,n))] \tag{9.12}$$

式中,$\text{abs}(\cdot)$ 表示取模运算;$\max[\cdot]$ 表示取最大值的运算。

**步骤 4** 利用改进的离散 chirp 变换或分数阶傅里叶变换进行脉冲内运动补偿,

具体步骤如下：

当应用改进的离散 chirp 变换时，操作如下：

（1）构造参考函数：

$$\text{expr}(m,i) = \exp\left(-\text{j}2\pi\,\frac{m^2}{M}\,\frac{i}{M}\right),\quad m=0,1,2,\cdots,M-1, i=0,1,2,\cdots,M-1 \quad(9.13)$$

（2）遍历所有的 $i$ 值，计算经过补偿的数据矩阵及其补偿后的距离像：

$$\text{Data}_{\text{pc}}(m,n) = \text{Data}(m,n)\times\text{expr}(m,i) \quad\quad\quad (9.14)$$

$$\text{Profile}_{\text{pcrgc}}(\,:\,,n) = \text{FFT}_{\text{rg}}\left[\text{Data}_{\text{pc}}(\,:\,,n)\right] \quad\quad\quad (9.15)$$

（3）计算补偿距离像峰值 $\text{Profile}_{\text{pcrg}}|_{\max}$ 并存储：

$$\text{Profile}_{\text{pcrg}}(m,n) = \text{Profile}_{\text{pcrgc}}(m,n)\times\cos(\pi m),\quad m=0,1,2,\cdots,M-1 \quad(9.16)$$

$$\text{Profile}_{\text{pcrg}}|_{\max} = \max\left[\text{abs}\left(\text{Profile}_{\text{pcrg}}(\,:\,,n)\right)\right] \quad\quad\quad (9.17)$$

（4）比较 $\text{Profile}_{\text{pcrg}}|_{\max}$ 与 $\text{Profile}_{\text{rg}}|_{\max}$，按下述操作：

若 $\text{Profile}_{\text{pcrg}}|_{\max} > \text{Profile}_{\text{rg}}|_{\max}$，则记录取得当前最大值的 $i$ 值以及峰值在补偿距离像中的位置 $p$，并将 $\text{Profile}_{\text{rg}}|_{\max}$ 取值替换为 $\text{Profile}_{\text{pcrg}}|_{\max}$。

（5）遍历 $i$ 值，重复步骤（2）至步骤（4），不断更新取得最大值的 $i$ 值以及峰值在补偿距离像中的位置 $p$，同时更新 $\text{Profile}_{\text{rg}}|_{\max}$，直至所有的 $i$ 值都遍历完。

（6）输出运动补偿参数 $p_\text{e} = 2p$。

（7）遍历所有的脉冲回波，令 $n=1,2,3,\cdots,N$，重复步骤（1）至（5），得到整个数据各脉冲的运动补偿参数 $p_\text{e}(n) = 2p(n)$，$n=1,2,3,\cdots,N$。

（8）根据运动补偿参数 $p_\text{e}(n)$，$n=1,2,3,\cdots,N$，进行多项式拟合，得到精估计的运动补偿参数 $p_{\text{ep}}(n)$，$n=1,2,3,\cdots,N$。

$$p_{\text{ep}} = \text{polyfit}(n,p_\text{e},k) \quad\quad\quad (9.18)$$

式中，$\text{polyfit}(n,p_\text{e},k)$ 表示对初始补偿参数 $p_\text{e}$ 以 $n$ 为自变量进行 $k$ 阶的多项式拟合，$p_{\text{ep}}$ 为根据拟合多项式所得的运动补偿参数。

（9）根据运动补偿参数 $p_\text{e}(n)$，$n=1,2,3,\cdots,N$，构造参考函数 $\text{expr}$，对回波数据 $\text{Data}$ 进行脉内运动补偿。操作如下：

构造参考函数

$$\text{expr}(m,n) = \exp\left[-\text{j}\pi\left(\frac{m}{M}\right)^2 p_\text{e}(n)\right],\quad m=0,1,2,\cdots,M-1 \quad(9.19)$$

实施运动补偿

$$\text{Data}_{\text{pc}}(m,n) = \text{Data}(m,n)\times\text{expr}(m,n) \quad\quad\quad (9.20)$$

（10）对数据 $\text{Data}_{\text{pc}}(m,n)$ 沿距离向做傅里叶变换，得到脉内运动补偿后的距离像：

$$\text{Profile}_{\text{rgc}}(\,:\,,n) = \text{FFT}_{\text{rg}}\left[\text{Data}_{\text{pc}}(\,:\,,n)\right] \quad\quad\quad (9.21)$$

$\text{FFT}_{rg}[\text{Data}_{pc}(:,n)]$ 表示对第 $n$ 个脉冲回波数据(数据矩阵 $\text{Data}_{pc}$ 的第 $n$ 列)进行傅里叶变换操作,即沿数据矩阵 $\text{Data}_{pc}$ 的行进行逐列的傅里叶变换。

当应用分数阶傅里叶变换时,操作如下:

(1)取出数据矩阵的任意一个脉冲 $\text{Data}(:,n),n=1,2,3,\cdots,N$,对其实施阶数搜索的分数阶傅里叶变换。假设起始阶数为 $\alpha_{start}$,终止阶数为 $\alpha_{end}$,初始搜索步长为 $\alpha_{steps}$,终止搜索步长为 $\alpha_{stepend}$。

则初始搜索的阶数为:

$$\alpha = \alpha_{start} \quad \alpha_{start}+\alpha_{steps} \quad \alpha_{start}+2\alpha_{steps} \quad \cdots \quad \cdots \quad \alpha_{end} \tag{9.22}$$

(2)逐一阶数对任意一个脉冲回波 $\text{Data}(:,n),n=1,2,3,\cdots,N$,实施分数阶傅里叶变换:

$$\text{Profile}_{frft}(:,n) = \text{FrFT}[\text{Data}(:,n),\beta] \tag{9.23}$$

其中,$\text{FrFT}[:,\beta]$ 表示对数据进行 $\beta$ 阶的分数阶傅里叶变换,$\beta$ 的取值依次取 $\alpha$ 序列中的值。其中,分数阶傅里叶变换的定义为

$$X_\alpha(u) = \int_{-\infty}^{+\infty} x(t)K_\alpha(u,t)\mathrm{d}t \tag{9.24}$$

$$K_\alpha(u,t) = \begin{cases} \sqrt{1-\mathrm{j}\cot\alpha}\exp\{\mathrm{j}\pi[(t^2+u^2)\cot\alpha-2ut\csc\alpha]\}, & \alpha \neq n\pi; \\ \delta(u-t), & \alpha = 2n\pi; \\ \delta(u+t), & \alpha = (2n\pm1)\pi \end{cases} \tag{9.25}$$

式中,$n=1,2,\cdots$。如图 9.4 所示,当角度旋转 $\pi/2$ 时,FrFT 就变为传统的傅里叶变换。

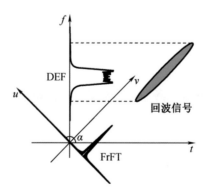

图 9.4　DFT 与 FrFT 实现距离压缩原理图

对回波信号做 FrFT,可得:

$$S_\alpha(u,t_m) = \sigma A(u) \cdot \exp(\mathrm{j}2\pi P_0)\int_{-\infty}^{\infty} \text{rect}\left(\frac{t_k-\tau}{T_p}\right)\exp[\mathrm{j}2\pi(P_1-u\csc\alpha)t_k] \cdot$$
$$\exp[\mathrm{j}\pi(2P_2+\cot\alpha)t_k^2]\mathrm{d}t_k \tag{9.26}$$

式中，$A(u) = \sqrt{1-\mathrm{j}\cot\alpha}\exp(\mathrm{j}\pi u^2\cot\alpha)$。当旋转角度 $\alpha = -\mathrm{arccot}(2P_2)$ 时，可得到回波信号能量高度聚集的分数阶傅里叶分布：

$$S_\alpha(u,t_m) = \sigma T_\mathrm{p}A(u)\exp(\mathrm{j}2\pi P_0)\mathrm{sinc}\left[T_\mathrm{p}\left(\frac{u}{\sin\alpha}-P_1\right)\right] \tag{9.27}$$

式中，$A(u) = \sqrt{1+\mathrm{j}2P_2}\exp(-\mathrm{j}2\pi P_2 u^2)$，且将 $\alpha = -\mathrm{arccot}(2P_2)$ 时的角度称为最优旋转角。

在已知最优旋转角度 $\alpha$ 后，便可求出 LFM 信号的调频斜率 $K$：

$$K = 2P_2 = -\cot\alpha \tag{9.28}$$

实际中，回波信号是经过采样和离散化了的，因此在计算 FrFT 过程中可采用 Ozaktas 等提出的分解型离散算法，该算法可借助 FFT 实现快速计算。同时，FrFT 是一种线性变换，不存在交叉项的影响，且具有很高的时频分辨率。因此，利用 FrFT 实现回波信号的脉内运动补偿有巨大的优势。当 $\alpha$ 取最优旋转角时，利用 FrFT 既能够使回波信号能量在分数阶傅里叶分布域高度聚集，又可通过最优旋转角得到 LFM 信号的调频斜率。因此，利用 FrFT 可通过两种方式实现对 ISAR 回波距离向的聚焦：一是估计 FrFT 的最优旋转角度，在该角度下对 ISAR 距离向回波信号做 FrFT 以直接获取聚焦的距离像；二是估计 FrFT 的最优旋转角度，通过求出调频斜率，构造补偿函数，并与回波信号共轭相乘，接着对补偿后的信号做 FFT 获取距离像。

（3）对 $\beta$ 阶的分数阶傅里叶变换结果取模平方，并对其求和取值归一化：

$$P_\beta(m) = \frac{\mathrm{abs}\left[\mathrm{Profile}_\mathrm{frft}(m,n)\right]^2}{\sum_m \mathrm{abs}\left[\mathrm{Profile}_\mathrm{frft}(m,n)\right]^2}, \quad m = 1,2,3,\cdots,M \tag{9.29}$$

计算其熵值：

$$EP_\beta = \sum_m -P_\beta(m)\log P_\beta(m), \quad m = 1,2,3,\cdots,M \tag{9.30}$$

（4）遍历阶数序列 $\alpha = \begin{bmatrix} \alpha_\mathrm{start} & \alpha_\mathrm{start}+\alpha_\mathrm{steps} & \alpha_\mathrm{start}+2\alpha_\mathrm{steps} & \cdots & \cdots & \alpha_\mathrm{end} \end{bmatrix}$，重复步骤（2）至步骤（3），得到一个对应于各阶数的熵值序列 $EP_\beta$。

（5）找到最小熵取值对应的序号及其对应的阶数 $\alpha_\mathrm{min}$，其中：

$$\alpha_\mathrm{min} \in \begin{bmatrix} \alpha_\mathrm{start} & \alpha_\mathrm{start}+\alpha_\mathrm{steps} & \alpha_\mathrm{start}+2\alpha_\mathrm{steps} & \cdots & \cdots & \alpha_\mathrm{end} \end{bmatrix} \tag{9.31}$$

（6）更新阶数序列 $\alpha$ 以及搜索步长 $\alpha_\mathrm{step}$。每完成一次阶数序列搜索就将起始阶数更新为 $\alpha_\mathrm{start} = \alpha_\mathrm{min}-10\alpha_\mathrm{steps}$，终止阶数更新为 $\alpha_\mathrm{end} = \alpha_\mathrm{min}+10\alpha_\mathrm{steps}$，搜索步长更新为 $\alpha_\mathrm{step} = \dfrac{\alpha_\mathrm{steps}}{10}$。于是新的阶数搜索序列更新为

$$\alpha = \begin{bmatrix} \alpha_\mathrm{start} & \alpha_\mathrm{start}+\alpha_\mathrm{step} & \alpha_\mathrm{start}+2\alpha_\mathrm{step} & \cdots & \cdots & \alpha_\mathrm{end} \end{bmatrix} \tag{9.32}$$

（7）重复步骤（2）至步骤（6），直至 $\alpha_\mathrm{step} < \alpha_\mathrm{stepend}$。

（8）当搜索步长 $\alpha_\mathrm{step}$ 小于终止步长 $\alpha_\mathrm{stepend}$ 时，输出最小熵取值对应的序号及其对

应的阶数 $\alpha_{\min}$,作为初始估计的分数阶傅里叶变换阶数。

(9)遍历所有脉冲,重复步骤(1)至步骤(8),得到各脉冲对应的分数阶变换阶数序列 $\alpha_{\min}(n),n=1,2,3,\cdots,N$。

(10)根据运动补偿参数 $\alpha_{\min}(n),n=1,2,3,\cdots,N$,进行多项式拟合,得到精估计的运动补偿参数 $\alpha_{\min p}(n),n=1,2,3,\cdots,N$。

$$\alpha_{\min p} = \mathrm{polyfit}(n,\alpha_{\min},k) \tag{9.33}$$

其中,$\mathrm{polyfit}(n,\alpha_{\min},k)$ 表示对初始补偿参数 $\alpha_{\min}$ 以 $n$ 为自变量进行 $k$ 阶的多项式拟合,$\alpha_{\min p}$ 为根据拟合多项式所得的运动补偿参数。

(11)以最终输出的分数阶数 $\alpha_{\min p}$,对原始回波数据 $\mathrm{Data}(:,n),n=1,2,3,\cdots,N$,实施阶数为 $\alpha_{\min p}(n)$ 的分数阶傅里叶变换,作为脉内运动补偿后的距离像输出。

**步骤 5**　对完成脉内运动补偿的距离像实施脉冲之间的包络对齐处理,具体包络对齐方法可以采用经典的最小熵包络对齐方法、互相关包络对齐方法等。

**步骤 6**　对完成包络对齐处理的回波数据进行初相校正,初相校正方法与经典 ISAR 成像处理方法类似,可以采用经典的相位梯度自聚焦算法(PGA)、最小熵方法等。

**步骤 7**　对完成初相校正的回波数据实施方位向傅里叶变换,得到目标的输出图像。

图 9.5、图 9.6、图 9.7、图 9.8 分别给出了运动参数估计结果、脉内运动补偿前后的距离像、包络对齐-初相校正后的距离像以及各子孔径回波数据经过成像处理后的成像结果。

由图 9.6 的结果可知,脉内运动补偿前,雷达回波的距离像(竖向)存在明显的展宽效应,而且能量散布严重,目标散射中心并未完全聚焦(表现为图像上竖向的模糊),相互之间能量混淆、叠掩严重;经过脉内运动补偿后,雷达回波的距离像存在的能量散布、散射中心散焦、能量混淆等现象明显消失,补偿效果较好。

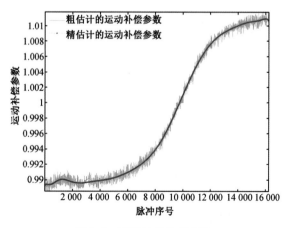

图 9.5　盲估计的补偿参数

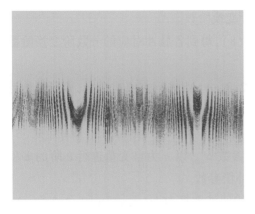

(a)脉内运动补偿前雷达回波          (b)脉内运动补偿后雷达回波

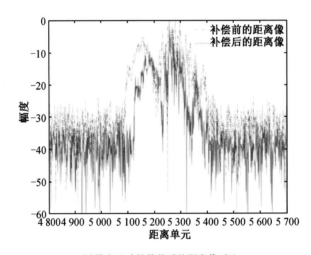

(c)脉内运动补偿前后的距离像对比

图9.6 运动补偿前后的雷达回波,横向为脉冲序号,竖向为距离向

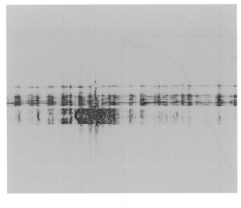 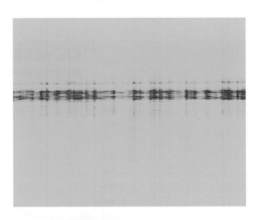

(a)子孔径(回波时段)1          (b)子孔径(回波时段)2

图9.7 运动补偿后的回波数据,横向为脉冲序号,竖向为距离向

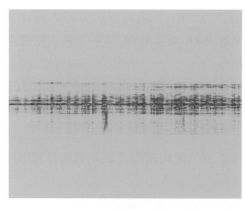

(c)子孔径(回波时段)3

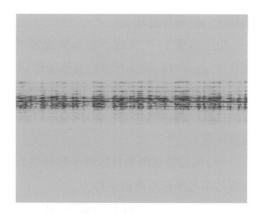

(d)子孔径(回波时段)4

图 9.7(续)

(a)子孔径(回波时段)1

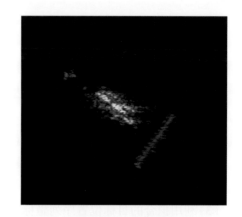

(b)子孔径(回波时段)2

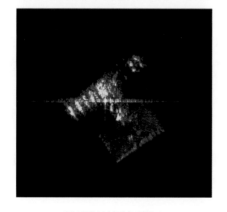

(c)子孔径(回波时段)3

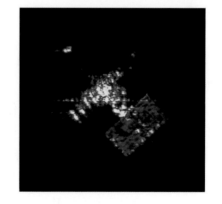

(d)子孔径(回波时段)4

图 9.8　ISAR 成像处理的结果,横向为方位向,竖向为距离向

　　经过运动补偿,不同脉冲的距离像(竖向)完全实现了对齐(横向看),处于同一个距离单元(竖向不同位置)的散射中心雷达响应实现了对齐,便于方位向(横向)对其

实施统一的聚焦处理。

以上步骤 1~7,实现了在经典成像平面上的 ISAR 成像处理,接下来进入图像直接快速定标阶段,相关步骤的具体操作描述如下:

**步骤 8** 利用雷达测量的距离、方位角、俯仰角参数等通过多项式拟合初步估计目标位置序列,确定成像平面中心点位置,预估目标雷达回波录取过程中目标的运动速度矢量。

(1)假设雷达测量目标的参数分别为距离 $R$、方位角 $\theta$、俯仰角 $\varphi$,则目标位置序列在雷达本地坐标系内的坐标为

$$p_{\text{tgt}} = (R \cdot \cos \varphi \cdot \cos \theta, R \cdot \cos \varphi \cdot \sin \theta, R \cdot \sin \varphi) \tag{9.34}$$

随着每个脉冲雷达跟踪测量目标的角度和距离的变化,从而获得目标的位置序列:

$$p_{\text{tgt},i} = (R_i \cdot \cos \varphi_i \cdot \cos \theta_i, R_i \cdot \cos \varphi_i \cdot \sin \theta_i, R_i \cdot \sin \varphi_i) \quad i = 1, 2, \cdots, M \tag{9.35}$$

其中,$i = 1, 2, \cdots, M$ 为该批次雷达数据的脉冲序号,总的脉冲数目为 $M$。

(2)利用多项式拟合方法,拟合雷达跟踪测量目标所得的坐标序列,得到经过拟合后的目标位置序列坐标:

$$\boldsymbol{p}_{\text{tgt\_poly},i} = \text{polyfit}(p_{\text{tgt},i}) \quad i = 1, 2, \cdots, M \tag{9.36}$$

其中,$\text{polyfit}(\cdot)$ 表示多项式拟合操作,$i = 1, 2, \cdots, M$ 为该批次雷达数据的脉冲序号,总的脉冲数目为 $M$。

(3)利用拟合的目标位置序列坐标 $\boldsymbol{p}_{\text{tgt\_poly},i}, i = 1, 2, \cdots, M$ 差分运算,并将差分结果除以雷达的脉冲重复周期 PRT,得到预估的目标雷达回波录取过程中目标的运动速度矢量 $\boldsymbol{V}_{\text{tgt\_poly},i}$,描述如下:

$$\boldsymbol{V}_{\text{tgt\_poly},i} = \text{diff}(\boldsymbol{p}_{\text{tgt\_poly},i})/\text{PRT} \quad i = 1, 2, \cdots, M \tag{9.37}$$

其中,$\text{diff}(\cdot)$ 表示差分运算,$i = 1, 2, \cdots, M$ 为该批次雷达数据的脉冲序号,总的脉冲数目为 $M$。

以上得到的 $\boldsymbol{p}_{\text{tgt\_poly},i}$、$\boldsymbol{V}_{\text{tgt\_poly},i}$ 对应任意一个 $i$ 值均为一个向量,代表了对应脉冲周期内目标的坐标位置以及运动速度矢量在雷达本地坐标系内的取值。

**步骤 9** 根据当前雷达探测几何和步骤 8 拟合所得的目标跟踪测量参数,确定目标成像的成像平面法向量 $\boldsymbol{N}$。该法向量 $\boldsymbol{N}$ 正交于雷达探测几何决定的成像平面,该成像平面由成像中心时刻(第 $\frac{M}{2}$ 个脉冲时刻)的目标运动速度矢量 $\boldsymbol{V}_{\text{tgt\_poly},i}$ 和雷达与目标连线 LOS 矢量 $\boldsymbol{p}_{\text{tgt\_poly},i}$ 共同确定,法向量 $\boldsymbol{N}$ 满足:

$$\boldsymbol{N} = \boldsymbol{V}_{\text{tgt\_poly}, \frac{M}{2}} \otimes \boldsymbol{p}_{\text{tgt\_poly}, \frac{M}{2}} = (n_x, n_y, n_z) \tag{9.38}$$

其中,$\otimes$ 表示向量的叉乘运算。

**步骤 10** 以确定的成像平面中心点位置为原点,根据成像平面法向量确定成像平面。

成像平面可以采用平面点法式方程来描述,假设用户定义的成像平面的法向量为 $N$,$N$ 可以描述在原点位于雷达测量的目标位置,坐标轴平行于雷达本地坐标系的这样一个直角坐标系 $(X,Y,Z)$ 中。

假设 $N = (n_x,n_y,n_z)$,将 $N$ 转换为单位向量,即使其满足:

$$n_x^2 + n_y^2 + n_z^2 = 1 \tag{9.39}$$

假设成像平面过点 $p = (x_p,y_p,z_p)$,则该平面的一般方程为

$$n_x(x-x_p) + n_y(y-y_p) + n_z(z-z_p) = 0 \tag{9.40}$$

经过整理得:

$$n_x \cdot x + n_y \cdot y + n_z \cdot z = n_x x_p + n_y y_p + n_z z_p \tag{9.41}$$

在步骤 8 定义直角坐标系 $(X,Y,Z)$ 内,令 $p = (0,0,0)$,即假设成像平面过直角坐标系 $(X,Y,Z)$ 的原点时,得到成像平面法向量确定的成像平面方程为

$$n_x \cdot x + n_y \cdot y + n_z \cdot z = 0 \tag{9.42}$$

**步骤 11** 在成像平面上按所需分辨率对应的空间单元最小尺度以及成像的尺度范围,划分均匀且正交的二维平面网格。

(1) 在步骤 8 定义直角坐标系 $(X,Y,Z)$ 内,以平面法向量 $N$ 的方向为 $Z$ 轴,平面法向量 $N$ 与向量 $(0,0,1)$ 叉乘所得向量为 $X$ 轴(或 $Y$ 轴),满足右手系规则定义 $Y$ 轴(或 $X$ 轴)所得的新的直角坐标系内,假设成像平面划分的网格为 $H_x$ 行和 $L_y$ 列构成的矩形网格在该坐标系的 $XOY$ 平面,则这些网格点的坐标 $p_{uvz}$ 可以描述为

$$p_{uvz} = (u_x,v_y,0) \tag{9.43}$$

其中,$u_x$、$v_y$ 分别代表其中任意一个网格点在新的直角坐标系内的 $X$ 坐标和 $Y$ 坐标。

假设成像平面划分网格的实际尺度范围为 $U$ 和 $V$,则有

$$\boldsymbol{u}_x = \left[ -\frac{U}{2} \quad -\frac{U}{2}+\frac{U}{H_x-1} \quad -\frac{U}{2}+\frac{2U}{H_x-1} \quad \cdots \quad -\frac{U}{2}+\frac{k_x \cdot U}{H_x-1} \cdots \quad \frac{U}{2}-\frac{2U}{H_x-1} \quad \frac{U}{2}-\frac{U}{H_x-1} \quad \frac{U}{2} \right]$$

$$\tag{9.44}$$

$$\boldsymbol{u}_y = \left[ -\frac{V}{2} \quad -\frac{V}{2}+\frac{V}{L_y-1} \quad -\frac{V}{2}+\frac{2V}{L_y-1} \quad \cdots \quad -\frac{V}{2}+\frac{k_y \cdot V}{L_y-1} \cdots \quad \frac{V}{2}-\frac{2V}{L_y-1} \quad \frac{V}{2}-\frac{V}{L_y-1} \quad \frac{V}{2} \right]$$

$$\tag{9.45}$$

其中,$k_x = 0,1,2,\cdots,H_x-1,k_y = 0,1,2,\cdots,L_y-1$ 为行列方向的网格序号,成像平面划分的网格点的总数为 $H_x \cdot L_y$。

(2) 根据成像平面的法向量为 $N$ 与向量 $(0,0,1)$ 之间的方向关系,通过坐标旋转变换,确定成像平面划分的 $H_x$ 行和 $L_y$ 列构成的矩形网格中各点在步骤 8 定义的原点

位于雷达测量的目标位置,坐标轴平行于雷达本地坐标系的这样一个直角坐标系$(X, Y, Z)$中的坐标取值$(X_u, Y_v, Z_{uv})$。

$$(X_u, Y_v, Z_{uv})^{\mathrm{T}} = \boldsymbol{M}_{\mathrm{rot}} \cdot (u_x, v_y, 0)^{\mathrm{T}} \tag{9.46}$$

其中,$\boldsymbol{M}_{\mathrm{rot}}$为3行3列的坐标旋转矩阵,$(\cdot)^{\mathrm{T}}$表示向量的转置操作。此步骤需完成所有网格点的坐标转换操作。其中旋转矩阵的确定按如下步骤:

(1)计算法向量$\boldsymbol{N}$与向量$(0,0,1)$的夹角,该角度通常通过两个向量内积的反余弦得到:

$$\alpha = \arccos\{\mathrm{dot}[(n_x, n_y, n_z), (0,0,1)]\} = \begin{cases} \arccos(n_z) & n_z \geqslant 0 \\ \pi - \arccos(n_z) & n_z < 0 \end{cases} \tag{9.47}$$

其中,$\mathrm{dot}(\cdot)$为向量内积运算,$\arccos(\cdot)$为反余弦运算。

(2)计算法向量$\boldsymbol{N}$与向量$(0,0,1)$的叉乘向量:

$$\boldsymbol{F} = \mathrm{cross}[(n_x, n_y, n_z), (0,0,1)] = (n_y, -n_x, 0) \tag{9.48}$$

显然,向量$\boldsymbol{F}$位于步骤8定义的直角坐标系$(X, Y, Z)$的$XOY$平面。

(3)根据定义,向量$\boldsymbol{F}$是新的直角坐标系的$X$轴(或$Y$轴),计算向量$\boldsymbol{F}$与向量$(1,0,0)$(或向量$(0,1,0)$)的夹角,即可确定绕$Z$轴的旋转角$\beta$:

$$\beta = \arccos\{\mathrm{dot}[(n_y, -n_x, 0), (1,0,0)]\} = \begin{cases} \arccos\left(\dfrac{n_y}{\sqrt{n_y^2 + n_x^2}}\right) & n_y \geqslant 0 \\ \pi - \arccos\left(\dfrac{n_y}{\sqrt{n_y^2 + n_x^2}}\right) & n_y < 0 \end{cases} \tag{9.49}$$

旋转角$\beta$的计算也可以直接通过反正切计算:

$$\beta = \begin{cases} \arctan\left(\left|-\dfrac{n_x}{n_y}\right|\right) & n_x < 0 \quad n_y > 0 \\[2mm] 2\pi - \arctan\left(\left|-\dfrac{n_x}{n_y}\right|\right) & n_x \geqslant 0 \quad n_y > 0 \\[2mm] \pi - \arctan\left(\left|-\dfrac{n_x}{n_y}\right|\right) & n_x < 0 \quad n_y < 0 \\[2mm] \pi + \arctan\left(\left|-\dfrac{n_x}{n_y}\right|\right) & n_x \geqslant 0 \quad n_y < 0 \\[2mm] \dfrac{\pi}{2} & n_x \leqslant 0 \quad n_y = 0 \\[2mm] \dfrac{3\pi}{2} & n_x > 0 \quad n_y = 0 \end{cases} \tag{9.50}$$

其中,$\mathrm{dot}(\cdot)$为向量内积运算,$\arccos(\cdot)$为反余弦运算,$\arctan(\cdot)$为反正切运算。

(4)由于法向量$\boldsymbol{N}$与向量$(0,0,1)$的叉乘向量$\boldsymbol{F}$为新的直角坐标系的$X$轴(或$Y$

轴),所以坐标转换的过程是首先绕新的直角坐标系的 $X$ 轴(或 $Y$ 轴)逆时针旋转角度 $\alpha$,使得新的直角坐标系的 $Z$ 轴与步骤 8 定义直角坐标系的 $Z$ 轴重合,然后再绕 $Z$ 轴顺时针旋转角度 $\beta$,使得两个直角坐标系完全重合。因此,坐标转换的旋转矩阵满足:

$$\boldsymbol{M}_{\mathrm{rot}} = \boldsymbol{R}_Z(-\beta) \cdot \boldsymbol{R}_X(\alpha) \tag{9.51a}$$

或者

$$\boldsymbol{M}_{\mathrm{rot}} = \boldsymbol{R}_Z(-\beta) \cdot \boldsymbol{R}_Y(\alpha) \tag{9.51b}$$

其中,$\boldsymbol{R}_X(\alpha)$ 表示绕 $X$ 轴逆时针旋转角度 $\alpha$;$\boldsymbol{R}_Y(\alpha)$ 表示绕 $Y$ 轴逆时针旋转角度 $\alpha$;$\boldsymbol{R}_Z(-\beta)$ 表示绕 $Z$ 轴顺时针旋转角度 $\beta$,且它们满足:

$$\boldsymbol{R}_X(\theta) = \begin{pmatrix} 1 & 0 & 0 \\ 0 & \cos\theta & \sin\theta \\ 0 & -\sin\theta & \cos\theta \end{pmatrix} \tag{9.52}$$

$$\boldsymbol{R}_Y(\theta) = \begin{pmatrix} \cos\theta & 0 & -\sin\theta \\ 0 & 1 & 0 \\ \sin\theta & 0 & \cos\theta \end{pmatrix} \tag{9.53}$$

$$\boldsymbol{R}_Z(\theta) = \begin{pmatrix} \cos\theta & \sin\theta & 0 \\ -\sin\theta & \cos\theta & 0 \\ 0 & 0 & 1 \end{pmatrix} \tag{9.54}$$

$$\boldsymbol{R}^{-1}(\theta) = \boldsymbol{R}(-\theta) = \boldsymbol{R}^{\mathrm{T}}(\theta) \tag{9.55}$$

**步骤 12**　根据目标雷达回波录取过程中预估的目标运动速度矢量、成像平面上按需划分的平面网格的坐标参数,确定成像平面上划分的所有网格点与雷达之间的距离以及多普勒参数。

(1)距离参数的计算,成像平面的任意网格点与雷达之间的距离可以通过网格点在雷达本地坐标系中的坐标向量的模值获得,其中网格点在雷达本地坐标系的坐标为 $(X_u, Y_v, Z_{uv}) + \boldsymbol{p}_{\mathrm{tgt\_poly},i}$,因此成像平面的任意网格点与雷达之间的距离为 $R_{\mathrm{pix}} = \| (X_u, Y_v, Z_{uv}) + \boldsymbol{p}_{\mathrm{tgt\_poly},i} \|$。

(2)多普勒参数的计算,成像平面的任意网格点与雷达之间相对运动的多普勒频率取值可以通过网格点在雷达本地坐标系中的坐标向量的单位方向向量与目标运动速度矢量之间的内积计算,具体计算操作为

$$f_{\mathrm{d}} = -\frac{2 \cdot f_c \cdot \mathrm{dot}(\boldsymbol{V}_{\mathrm{tgt\_poly},i}, (X_u, Y_v, Z_{uv}) + \boldsymbol{p}_{\mathrm{tgt\_poly},i})}{\| (X_u, Y_v, Z_{uv}) + \boldsymbol{p}_{\mathrm{tgt\_poly},i} \| \cdot c} \tag{9.56}$$

式中,$f_c$ 为雷达的工作载波频率;$c$ 为光速;$\mathrm{dot}(\cdot)$ 代表向量的内积运算。

考虑到短时间内目标的运动的速度矢量变化并不大,因此上述计算可在成像时间的中心脉冲计算,因此令 $i = \dfrac{M}{2}$,有:

$$f_{d} = -\frac{2 \cdot f_{c} \cdot \mathrm{dot}\left(\boldsymbol{V}_{\mathrm{tgt\_poly},\frac{M}{2}}, (X_{u}, Y_{v}, Z_{uv}) + \boldsymbol{p}_{\mathrm{tgt\_poly},\frac{M}{2}}\right)}{\| (X_{u}, Y_{v}, Z_{uv}) + \boldsymbol{p}_{\mathrm{tgt\_poly},\frac{M}{2}} \| \cdot c} \quad (9.57)$$

**步骤 13** 将步骤 1 至步骤 7 经典 ISAR 成像算法所获得的目标复图像上幅度最大的像素调整至图像中心,同时标度图像数据矩阵对应行和列的相关距离参数 $R_0$ 以及多普勒参数 $f_{d0}$。

其中,距离压缩采用匹配滤波时,若参考距离为 $R_{\mathrm{ref}}$,距离参数 $R_0$ 为

$$R_{0} = R_{\mathrm{ref}} + \frac{c}{2f_{s}}i \quad i = 1, 2, 3, \cdots, N_{r} \quad (9.58)$$

式中,$f_s$ 为采样频率;$N_r$ 为距离采样点数;$c$ 为光速;$i$ 表示采样序号或雷达图像的距离单元序号。

距离压缩采用解线调时,若参考距离为 $R_{\mathrm{ref}}$,距离参数 $R_0$ 为

$$R_{0} = R_{\mathrm{ref}} - \frac{c \cdot f_{r}}{2 \cdot \gamma}, \quad f_{r} = i\frac{f_{s}}{N_{r}} - \frac{f_{s}}{2}, \quad i = 0, 1, 2, \cdots, N_{r} - 1 \quad (9.59)$$

式中,$f_s$ 为采样频率;$\gamma$ 为雷达发射信号的调频斜率;$N_r$ 为距离采样点数;$c$ 为光速;$i$ 表示采样序号或雷达图像的距离单元序号。

多普勒参数 $f_{d0}$ 的表达式为

$$f_{d0} = j\frac{\mathrm{PRF}}{M} - \frac{\mathrm{PRF}}{2} \quad j = 0, 1, 2, \cdots, M - 1 \quad (9.60)$$

式中,PRF 为雷达脉冲重复频率;$M$ 是雷达数据的脉冲数目;$j$ 表示脉冲序号或雷达图像的方位单元序号。

**步骤 14** 根据步骤 12 所得的距离和多普勒参数以及标度经典 ISAR 成像算法所获得的目标复图像数据矩阵行和列的距离参数 $R_0$ 和多普勒参数 $f_{d0}$,将步骤 13 的目标 ISAR 图像向用户定义的成像平面上投影,获得目标在相应成像平面上的图像。该操作描述为

$$\mathrm{Img}(R_{\mathrm{pix}}, f_{d}) = \mathrm{interp}\left[\mathrm{Img0}(R_{0}, f_{d0})\right] \quad (9.61)$$

式中,interp( · )表示二维插值操作。

**步骤 15** 输出步骤 13 所得的雷达图像,即可获取目标在当前雷达探测几何决定的成像平面上且完成尺度定标的目标雷达图像。

根据上述步骤 1 至步骤 15,利用某实测数据获得的 ISAR 成像结果及其尺度定标结果如图 9.9、图 9.10 所示。图 9.9 是经典 ISAR 成像处理获得的目标图像,不具有实际尺度特征,必须经过定标处理才能反映实际目标的尺度。图 9.10 是完成尺度定标的成像结果,它具有实际的目标尺度特征,且整个定标过程不需要估计目标旋转角速度,定标过程简单、快速,图像定标过程在 Windows7 系统 Intel(R) Core(TM)i7-4900MQ CPU @ 2.80 GHz 的计算机配置下,非常快速地完成了图像定标处理。

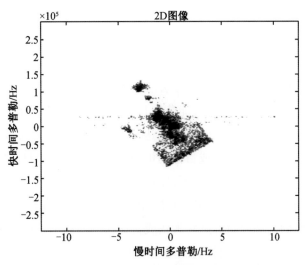

图 9.9 经典 ISAR 成像处理获得的目标图像,不具有实际的目标尺度特征,
图像两维分别是距离频率与方位多普勒频率,单位是 Hz

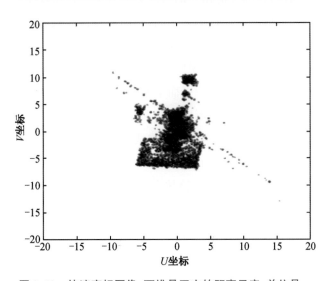

图 9.10 快速定标图像,两维是正交的距离尺度,单位是 m

注意,图 9.10 的定标图像相对于图 9.9 的原始 ISAR 图像存在变形和旋转,这是由于图 9.10 的原始 ISAR 图像两维分别对应距离视线 LOS 矢量与方位多普勒方向,它们本身并不正交;而图 9.10 的定标后图像的两个维度是严格正交的,具有明确的空间尺度意义,加之图像定标本身会造成单元尺度的变化,这一结果是上述因素共同作用的正常现象。

## 9.3　基于成像投影几何的多成像平面成像处理

经过多年的发展,ISAR成像处理方法已经取得长足的进步,已经能够实现高分辨二维成像。但是,经典ISAR成像仅能获取目标在唯一的成像平面上的雷达图像,且该成像平面完全由对应回波录取时段内雷达和目标之间的距离矢量扫描形成的曲面决定。如果成像处理的时间很长或目标的机动性很强,雷达和目标之间的距离矢量扫描形成的曲面很有可能不是一个平面,导致成像质量严重下降。因此,经典ISAR成像通常基于短时间和小转角的约束。在ISAR的距离-多普勒图像中,多普勒频移是由目标的旋转引起的。如果目标旋转太快或雷达探测的相干累积时间太长,在距离包络对齐和相位校正后,多普勒频移仍然是随时间变化的。在这种情况下,最终重建的ISAR距离-多普勒图像仍然可能散焦或模糊。因此,必须校正由于目标快速旋转而导致的影响。在短时间内,目标相对雷达的视线方向转动的视角较小,此时,雷达和目标之间的距离矢量扫描形成的曲面近似为平面,从而使得目标成像更加容易实现。但有一点是肯定的,那就是经典ISAR成像所获取的目标雷达图像,其成像平面在成像回波对应的时间段内是唯一的,也就是说同样的目标的同一次测量中相同的一组脉冲回波数据仅能获得该目标在唯一的成像平面上的图像,且该成像平面是由回波录取时段内雷达和目标之间的距离矢量扫描形成的曲面唯一确定的。

理论上讲,使用经典雷达成像的极坐标格式算法(PFA)也可以实现至少3个成像平面的雷达成像。极坐标格式算法(PFA)是一种众所周知的补偿旋转运动的技术。PFA是基于医学成像的CT扫描技术,该技术已用于重建空间物体的图像。根据投影切片定理,雷达观测数据是空间物体电磁散射 $f(x,y)$ 在空间角度为雷达视线方向的一条线上的投影的傅里叶变换。

但是,PFA算法在ISAR成像中的应用仅仅具有理论上的意义,PFA算法并不适用于ISAR成像探测的实际应用场合。原因是不同于SAR成像目标不运动,而雷达自身运动的成像场合,SAR雷达参数可以精确测量,因此波数数据曲面可以被精确估计。但是,这一操作过程在ISAR成像的应用场合通常是不可能完成的任务。

为了在ISAR成像中实施极坐标格式算法,雷达必须从接收到的回波数据中精确地测量目标运动参数,以便对波数数据曲面进行建模,才能将数据投影到成像平面上,并插值为均匀采样,然后利用傅里叶逆变换实现成像。但是,令人遗憾的是,ISAR成像的目标往往都是非合作的,且雷达测量所得的这些非合作机动目标的运动参数往往存在误差,无法用于精确地实现对波数数据曲面的建模和估计,且雷达波长较短,看似微小的测量误差往往都可能导致非常大的、难以容忍的相位误差,因此直接导致基于傅里叶逆变换实现成像的PFA方法在实际ISAR成像应用场合中实质是不可行的。

针对上述问题,本节提出一种基于成像投影几何的单测多图 ISAR 成像处理方法。该方法另辟蹊径,首先基于回波数据完成成像所需的补偿参数估计,完成回波数据的高精度补偿处理,然后利用经典 ISAR 成像方法获得清晰的目标 ISAR 影像,并将所获得的目标复图像上幅度最大的像素调整至图像中心,同时标度图像数据矩阵对应行和列的相关距离参数以及多普勒参数;再根据用户需求,定义任意的用户所需的待成像平面;利用雷达测量的距离、方位角、俯仰角参数初步估计目标位置序列,确定成像平面中心点位置,预估目标雷达回波录取过程中目标的运动速度矢量;并以确定的成像平面中心点位置为原点,确定用户定义的成像平面并按所需的空间单元尺度划分均匀的平面网格;随后根据目标雷达回波录取过程中预估的目标运动速度矢量、成像平面上按需划分的平面网格的坐标参数,确定用户定义的成像平面上划分的所有网格点与雷达之间的距离以及多普勒参数;最后将所得的目标图像向用户定义的成像平面投影,获得目标在用户定义的任意成像平面上的高分辨雷达图像。

该方法有效规避了对 ISAR 回波波数数据曲面的建模问题,克服了雷达测量的机动目标的运动参数误差大带来的难题。完全基于同一个目标的单次测量数据,获取用户定义的任意成像平面上目标对应的雷达图像。不会改变现有雷达的硬件配置,但可以获取更加丰富的目标信息,在目标精确识别应用领域具有突出的优势。同时,该方法获取的目标图像数量大,分辨性能相当,图像差异显著,非常有利于满足当前人工智能目标识别领域对巨量、逼真、高可靠训练数据的应用需求,而且由于这些图像全部都是基于质量相同的实测数据,具有极高的可信度。

在利用经典成像处理实现经典成像平面上的 ISAR 成像处理后,根据任意的用户定义的成像平面法向量参数可以同时获得用户定义的成像平面的雷达图像,相关步骤描述如下:

**步骤 1**　根据用户需求,可定义相应的用户需求的待成像平面。

这一用户定义的成像平面可以采用平面点法式方程来描述,假设用户定义的成像平面的法向量为 $N$,$N$ 可以描述在原点位于雷达测量的目标位置,坐标轴平行于雷达本地坐标系的这样一个直角坐标系 $(X,Y,Z)$ 中。

假设 $N=(n_x,n_y,n_z)$,且 $N$ 为单位向量,即 $n_x{}^2+n_y{}^2+n_z{}^2=1$。假设该用户定义的成像平面过点 $p=(x_p,y_p,z_p)$,则该平面的一般方程定义为

$$n_x(x-x_p)+n_y(y-y_p)+n_z(z-z_p)=0 \tag{9.62}$$

经过整理得:

$$n_x \cdot x+n_y \cdot y+n_z \cdot z=n_x x_p+n_y y_p+n_z z_p \tag{9.63}$$

**步骤 2**　利用雷达测量的距离、方位角、俯仰角参数等初步估计目标位置序列,确定成像平面中心点位置,预估目标雷达回波录取过程中目标的运动速度矢量。

(1)假设雷达测量目标的参数分别为距离 $R$、方位角 $\theta$、俯仰角 $\varphi$,则目标位置序列

在雷达本地坐标系内的坐标为

$$p_{\text{tgt}} = (R \cdot \cos \varphi \cdot \cos \theta, R \cdot \cos \varphi \cdot \sin \theta, R \cdot \sin \varphi) \tag{9.64}$$

随着每个脉冲雷达跟踪测量目标的角度和距离的变化,从而获得目标的位置序列:

$$p_{\text{tgt},i} = (R_i \cdot \cos \varphi_i \cdot \cos \theta_i, R_i \cdot \cos \varphi_i \cdot \sin \theta_i, R_i \cdot \sin \varphi_i) \quad i = 1, 2, \cdots, M \tag{9.65}$$

式中,$i = 1, 2, \cdots, M$ 为该批次雷达数据的脉冲序号,总的脉冲数目为 $M$。

(2)利用多项式拟合方法,拟合雷达跟踪测量目标所得的坐标序列,得到经过拟合后的目标位置序列坐标:

$$p_{\text{tgt\_poly},i} = \text{polyfit}(p_{\text{tgt},i}) \quad i = 1, 2, \cdots, M \tag{9.66}$$

式中,$\text{polyfit}(\cdot)$ 表示多项式拟合操作,$i = 1, 2, \cdots, M$ 为该批次雷达数据的脉冲序号,总的脉冲数目为 $M$。

(3)利用拟合的目标位置序列坐标 $\boldsymbol{p}_{\text{tgt\_poly},i}$,$i = 1, 2, \cdots, M$ 差分运算,并将差分结果除以雷达的脉冲重复周期 PRT,得到预估的目标雷达回波录取过程中目标的运动速度矢量 $\boldsymbol{V}_{\text{tgt\_poly},i}$,描述如下:

$$\boldsymbol{V}_{\text{tgt\_poly},i} = \text{diff}(\boldsymbol{p}_{\text{tgt\_poly},i}) / \text{PRT} \quad i = 1, 2, \cdots, M \tag{9.67}$$

式中,$\text{diff}(\cdot)$ 表示差分运算,$i = 1, 2, \cdots, M$ 为该批次雷达数据的脉冲序号,总的脉冲数目为 $M$。

以上得到的 $\boldsymbol{p}_{\text{tgt\_poly},i}$、$\boldsymbol{V}_{\text{tgt\_poly},i}$ 对应任意一个 $i$ 值均为一个向量,代表了对应脉冲周期内目标的坐标位置以及运动速度矢量在雷达本地坐标系内的取值。

**步骤3** 以确定的成像平面中心点位置为原点,用户定义的成像平面法向量确定成像平面。

根据步骤8的成像平面方程,令 $p = (0,0,0)$,即假设成像平面过直角坐标系 $(X, Y, Z)$ 的原点时,得到用户定义的成像平面法向量确定的成像平面方程为

$$n_x \cdot x + n_y \cdot y + n_z \cdot z = 0 \tag{9.68}$$

**步骤4** 在确定的用户定义的成像平面上按所需的空间单元尺度划分均匀的平面网格。

(1)在步骤1定义直角坐标系 $(X, Y, Z)$ 内,以平面法向量 $N$ 的方向为 $Z$ 轴,平面法向量 $N$ 与向量 $(0,0,1)$ 又乘所得向量为 $X$ 轴(或 $Y$ 轴),满足右手系规则定义 $Y$ 轴(或 $X$ 轴)所得的新的直角坐标系内,假设用户成像平面划分的网格为 $H_x$ 行和 $L_y$ 列构成的矩形网格在该坐标系的 $XOY$ 平面,则这些网格点的坐标 $p_{uvz}$ 可以描述为

$$p_{uvz} = (\boldsymbol{u}_x, \boldsymbol{v}_y, 0) \tag{9.69}$$

其中,$\boldsymbol{u}_x$、$\boldsymbol{v}_y$ 分别代表其中任意一个网格点在新的直角坐标系内的 $X$ 坐标和 $Y$ 坐标。

假设用户成像平面划分网格的实际尺度范围为 $U$ 和 $V$,则有

$$\boldsymbol{u}_x = \left[ -\frac{U}{2} \quad -\frac{U}{2}+\frac{U}{H_x-1} \quad -\frac{U}{2}+\frac{2U}{H_x-1} \quad \cdots -\frac{U}{2}+\frac{k_x \cdot U}{H_x-1} \cdots \quad \frac{U}{2}-\frac{2U}{H_x-1} \quad \frac{U}{2}-\frac{U}{H_x-1} \quad \frac{U}{2} \right]$$

(9.70)

$$\boldsymbol{v}_y = \left[ -\frac{V}{2} \quad -\frac{V}{2}+\frac{V}{L_y-1} \quad -\frac{V}{2}+\frac{2V}{L_y-1} \quad \cdots -\frac{V}{2}+\frac{k_y \cdot V}{L_y-1} \cdots \quad \frac{V}{2}-\frac{2V}{L_y-1} \quad \frac{V}{2}-\frac{V}{L_y-1} \quad \frac{V}{2} \right]$$

(9.71)

其中, $k_x=0,1,2,\cdots,H_x-1$ , $k_y=0,1,2,\cdots,L_y-1$ 为行列方向的网格序号,成像平面划分的网格点的总数为 $H_x \cdot L_y$ 。

（2）根据用户定义的成像平面的法向量 $\boldsymbol{N}$ 与向量 $(0,0,1)$ 之间的方向关系,通过坐标旋转变换,确定用户成像平面划分的 $H_x$ 行和 $L_y$ 列构成的矩形网格中各点在步骤 8 定义的原点位于雷达测量的目标位置,坐标轴平行于雷达本地坐标系的这样一个直角坐标系 $(X,Y,Z)$ 中的坐标取值 $(X_u,Y_v,Z_{uv})$ 。

$$(X_u,Y_v,Z_{uv})^T = \boldsymbol{M}_{rot} \cdot (u_x,v_y,0)^T$$

(9.72)

其中, $\boldsymbol{M}_{rot}$ 为 3 行 3 列的坐标旋转矩阵; $(\cdot)^T$ 表示向量的转置操作。此步骤需完成所有网格点的坐标转换操作。其中旋转矩阵的确定按如下步骤:

①计算法向量 $\boldsymbol{N}$ 与向量 $(0,0,1)$ 的夹角,该角度通常通过两个向量内积的反余弦得到:

$$\alpha = \arccos\{ \mathrm{dot}[(n_x,n_y,n_z),(0,0,1)] \} = \begin{cases} \arccos(n_z) & n_z \geqslant 0 \\ \pi-\arccos(n_z) & n_z < 0 \end{cases}$$

(9.73)

式中, $\mathrm{dot}(\cdot)$ 为向量内积运算; $\arccos(\cdot)$ 为反余弦运算。

②计算法向量 $\boldsymbol{N}$ 与向量 $(0,0,1)$ 的叉乘向量:

$$\boldsymbol{F} = \mathrm{cross}[(n_x,n_y,n_z),(0,0,1)] = (n_y,-n_x,0)$$

(9.74)

显然,向量 $\boldsymbol{F}$ 位于步骤 8 定义的直角坐标系 $(X,Y,Z)$ 的 $XOY$ 平面。

③根据步骤 11 的定义,向量 $\boldsymbol{F}$ 是新的直角坐标系的 $X$ 轴（或 $Y$ 轴）,计算向量 $\boldsymbol{F}$ 与向量 $(1,0,0)$ （或向量 $(0,1,0)$ ）的夹角,即可确定绕 $Z$ 轴的旋转角 $\beta$ :

$$\beta = \arccos\{ \mathrm{dot}[(n_y,-n_x,0),(1,0,0)] \} = \begin{cases} \arccos\left( \dfrac{n_y}{\sqrt{n_y^2+n_x^2}} \right) & n_y \geqslant 0 \\ \pi-\arccos\left( \dfrac{n_y}{\sqrt{n_y^2+n_x^2}} \right) & n_y < 0 \end{cases}$$

(9.75)

旋转角 $\beta$ 的计算也可以直接通过反正切计算:

$$\beta = \begin{cases} \arctan\left(\left|-\dfrac{n_x}{n_y}\right|\right) & n_x < 0 \quad n_y > 0 \\[2mm] 2\pi - \arctan\left(\left|-\dfrac{n_x}{n_y}\right|\right) & n_x \geqslant 0 \quad n_y > 0 \\[2mm] \pi - \arctan\left(\left|-\dfrac{n_x}{n_y}\right|\right) & n_x < 0 \quad n_y < 0 \\[2mm] \pi + \arctan\left(\left|-\dfrac{n_x}{n_y}\right|\right) & n_x \geqslant 0 \quad n_y < 0 \\[2mm] \dfrac{\pi}{2} & n_x \leqslant 0 \quad n_y = 0 \\[2mm] \dfrac{3\pi}{2} & n_x > 0 \quad n_y = 0 \end{cases} \tag{9.76}$$

式中, dot($\cdot$)为向量内积运算; arccos($\cdot$)为反余弦运算, arctan($\cdot$)为反正切运算。

④按步骤4的定义, 法向量 $N$ 与向量$(0,0,1)$的叉乘向量 $F$ 为新的直角坐标系的 $X$ 轴(或 $Y$ 轴), 所以坐标转换的过程是首先绕新的直角坐标系的 $X$ 轴(或 $Y$ 轴)逆时针旋转角度 $\alpha$, 使得新的直角坐标系的 $Z$ 轴与步骤8定义直角坐标系的 $Z$ 轴重合, 然后再绕 $Z$ 轴顺时针旋转角度 $\beta$, 使得两个直角坐标系完全重合。因此, 坐标转换的旋转矩阵满足:

$$\boldsymbol{M}_{\text{rot}} = R_Z(-\beta) \cdot R_X(\alpha) \tag{9.77a}$$

或者

$$\boldsymbol{M}_{\text{rot}} = R_Z(-\beta) \cdot R_Y(\alpha) \tag{9.77b}$$

式中, $\boldsymbol{R}_X(\alpha)$表示绕 $X$ 轴逆时针旋转角度 $\alpha$; $\boldsymbol{R}_Y(\alpha)$表示绕 $Y$ 轴逆时针旋转角度 $\alpha$; $\boldsymbol{R}_Z(-\beta)$表示绕 $Z$ 轴顺时针旋转角度 $\beta$, 且它们满足:

$$\boldsymbol{R}_X(\theta) = \begin{pmatrix} 1 & 0 & 0 \\ 0 & \cos\theta & \sin\theta \\ 0 & -\sin\theta & \cos\theta \end{pmatrix} \tag{9.78}$$

$$\boldsymbol{R}_Y(\theta) = \begin{pmatrix} \cos\theta & 0 & -\sin\theta \\ 0 & 1 & 0 \\ \sin\theta & 0 & \cos\theta \end{pmatrix} \tag{9.79}$$

$$\boldsymbol{R}_Z(\theta) = \begin{pmatrix} \cos\theta & \sin\theta & 0 \\ -\sin\theta & \cos\theta & 0 \\ 0 & 0 & 1 \end{pmatrix} \tag{9.80}$$

$$\boldsymbol{R}^{-1}(\theta) = \boldsymbol{R}(-\theta) = \boldsymbol{R}^{\text{T}}(\theta) \tag{9.81}$$

**步骤5** 根据目标雷达回波录取过程中预估的目标运动速度矢量、成像平面上按需划分的平面网格的坐标参数,确定用户定义的成像平面上划分的所有网格点与雷达之间的距离以及多普勒参数。

(1)距离参数的计算,成像平面的任意网格点与雷达之间的距离可以通过网格点在雷达本地坐标系中的坐标向量的模值获得,其中网格点在雷达本地坐标系的坐标为 $(X_u,Y_v,Z_{uv})+\boldsymbol{p}_{\text{tgt\_poly},i}$,因此成像平面的任意网格点与雷达之间的距离为 $R_{\text{pix}}=\|(X_u,Y_v,Z_{uv})+\boldsymbol{p}_{\text{tgt\_poly},i}\|$,其中 $\|\cdot\|$ 表示取向量的 2 范数。

(2)多普勒参数的计算,成像平面的任意网格点与雷达之间相对运动的多普勒频率取值可以通过网格点在雷达本地坐标系中的坐标向量的单位方向向量与目标运动速度矢量之间的内积计算,具体计算操作为

$$f_d=-\frac{2\cdot f_c\cdot\text{dot}(\boldsymbol{V}_{\text{tgt\_poly},i},(X_u,Y_v,Z_{uv})+\boldsymbol{p}_{\text{tgt\_poly},i})}{\|(X_u,Y_v,Z_{uv})+\boldsymbol{p}_{\text{tgt\_poly},i}\|\cdot c} \tag{9.82}$$

式中,$f_c$ 为雷达的工作载波频率;$c$ 为光速;$\text{dot}(\cdot)$ 代表向量的内积运算。

考虑到短时间内目标的运动的速度矢量变化并不大,因此上述计算可在成像时间的中心脉冲计算,因此令 $i=\dfrac{M}{2}$,有:

$$f_d=-\frac{2\cdot f_c\cdot\text{dot}(\boldsymbol{V}_{\text{tgt\_poly},\frac{M}{2}},(X_u,Y_v,Z_{uv})+\boldsymbol{p}_{\text{tgt\_poly},\frac{M}{2}})}{\|(X_u,Y_v,Z_{uv})+\boldsymbol{p}_{\text{tgt\_poly},\frac{M}{2}}\|\cdot c} \tag{9.83}$$

**步骤 6**　将经典 ISAR 成像算法所获得的目标复图像上幅度最大的像素调整至图像中心,同时标度图像数据矩阵对应行和列的相关距离参数 $R_0$ 以及多普勒参数 $f_{d0}$。

其中,距离压缩采用匹配滤波时,若参考距离为 $R_{\text{ref}}$,距离参数 $R_0$ 为

$$R_0=R_{\text{ref}}+\frac{c}{2f_s}i\quad i=1,2,3,\cdots,N_r \tag{9.84}$$

式中,$f_s$ 为采样频率;$N_r$ 为距离采样点数;$c$ 为光速;$i$ 表示采样序号或雷达图像的距离单元序号。

距离压缩采用解线调时,若参考距离为 $R_{\text{ref}}$,距离参数 $R_0$ 为

$$R_0=R_{\text{ref}}-\frac{c\cdot f_r}{2\cdot\gamma},\quad f_r=i\frac{f_s}{N_r}-\frac{f_s}{2},\quad i=0,1,2,\cdots,N_r-1 \tag{9.85}$$

式中,$f_s$ 为采样频率;$\gamma$ 为雷达发射信号的调频斜率;$N_r$ 为距离采样点数;$c$ 为光速;$i$ 表示采样序号或雷达图像的距离单元序号。

多普勒参数 $f_{d0}$ 的表达式为

$$f_{d0}=j\frac{\text{PRF}}{M}-\frac{\text{PRF}}{2}\quad j=0,1,2,\cdots,M-1 \tag{9.86}$$

式中,PRF 为雷达脉冲重复频率;$M$ 是雷达数据的脉冲数目;$j$ 表示脉冲序号或雷达图像的方位单元序号。

**步骤7** 根据步骤5所得的距离以及多普勒参数以及标度经典 ISAR 成像算法所获得的目标复图像数据矩阵行和列的距离参数 $R_0$ 和多普勒参数 $f_{d0}$，将步骤6的目标 ISAR 图像向用户定义的成像平面上投影，获得目标在相应成像平面上的图像。该操作描述为

$$\mathrm{Img}(R_{\mathrm{pix}}, f_d) = \mathrm{interp}\left[\mathrm{Img0}(R_0, f_{d0})\right] \tag{9.87}$$

式中，$\mathrm{interp}(\cdot)$ 表示插值操作。

**步骤8** 根据用户需求，可随时变换用户定义的待成像平面的法向量指向。

**步骤9** 重复以上步骤1至步骤7，可以获取目标在用户定义的另一成像平面上的图像。

显然，上述方法和步骤除了成像平面的法向量为 $N$ 是用户任意定义的之外，本节多成像平面成像处理的步骤同图像定标的步骤完全相同。基于该方法，所获得的成像结果的成像平面非常多样，理论上可以获取用户定义的任意成像平面的目标图像，这些成像平面包含了经典 PFA 算法所能描述的所有成像平面。利用某实测数据获得的不同成像平面的成像结果如图 9.11~图 9.15 所示。

图 9.11 是经典 ISAR 成像处理获得的单一成像平面图像，方位向（横向）不具有实际尺度特征，必须经过方位定标才能反映实际目标的尺度。图 9.12、图 9.13、图 9.14、图 9.15 是利用本节方法获得的不同成像平面的成像处理结果，它们具有实际的尺度特征，无须再做额外的定标处理。其中，图 9.12 是法向量 $N=(0,0,1)$ 时的成像平面上的成像结果；图 9.13 是法向量 $N=(0,1,0)$ 时的成像平面上的成像结果；图 9.14 是法向量 $N=(1,0,0)$ 时的成像平面上的成像结果；图 9.15 是法向量 $N=(1,1,0)$ 时的成像平面上的成像结果。其中，图 9.12、图 9.13、图 9.14 三个成像平面相互正交。

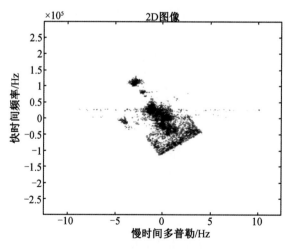

图 9.11 经典 ISAR 成像处理获得的单一成像平面图像，不具有实际的空间尺度特征

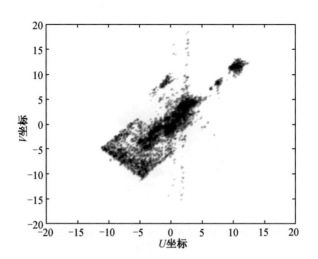

图 9.12　法向量 $N=(0,0,1)$ 对应的成像平面上的成像结果

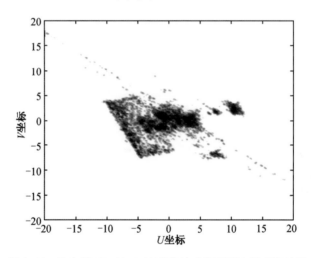

图 9.13　法向量 $N=(0,1,0)$ 对应的成像平面上的成像结果

　　显然的,利用本节的方法,基于同一目标单次测量的唯一雷达回波数据理论上可以获取用户定义的任意成像平面上对应的雷达图像。该方法适用于对机动飞机、海面舰船、空间目标等非合作复杂运动目标的高分辨成像处理,基于有限的目标测量数据,有效获取同一目标在不同成像平面上的雷达图像。该方法突破了经典 ISAR 成像处理方法仅能获取目标在单一成像平面的雷达图像的约束,相比经典 ISAR 成像方法,更加有利于实现对目标信息的精确提取,更加有利于目标精确识别等应用场合,可在不影响雷达系统以及观测条件决定的最佳分辨率的条件下确保获得复杂运动目标在用户定义的任意成像平面上的高质量 ISAR 图像。

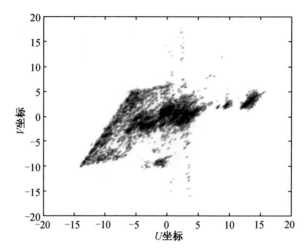

图 9.14　法向量 $N=(1,0,0)$ 对应的成像平面上的成像结果

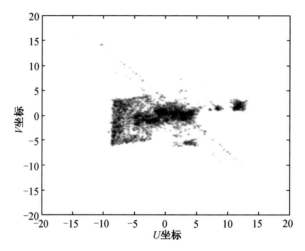

图 9.15　法向量 $N=(1,1,0)$ 对应的成像平面上的成像结果

## 9.4　基于成像投影几何的目标三维散射特性重构

根据本章 9.2 节和 9.3 节的描述,上述方法显然可以进一步推广应用,从而获得空间目标在一个有限的空间范围内的目标散射特性。因此,它具备对目标的三维散射特性进行重构的潜力。

利用上述方法,将 9.3 节步骤 4 中的二维平面网格划分替换为以目标质心为中心的三维网格划分,显然也可以通过成像投影的几何关系得到目标 ISAR 图像在确定的空间范围内的三维分布图像,从而在一定程度上实现对目标的散射特性的三维重构。

基于该思想,利用某轨道飞行的目标卫星进行了相关实验,所得结果如图 9.16 所示。显然,方法是有效的。但是,需要注意的是,在孔径时间较短的情况下,重建的三维散射特性在经典 ISAR 成像平面的法向方向分辨能力明显不足,需要结合其他方法进一步提高该方向的分辨能力,才能获得更佳的三维散射特性重构结果。

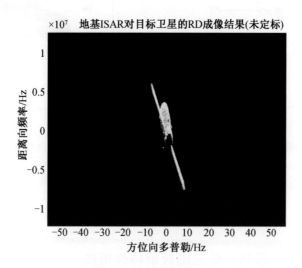

(a)经典 ISAR 距离−多普勒图像

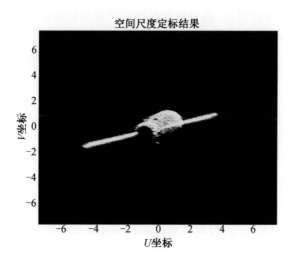

(b)经典成像平面的定标结果(坐标单位为 m)

图 9.16　单一孔径重建的三维散射特性,沿经典成像平面法向量方向空间分辨能力差

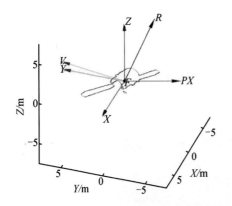
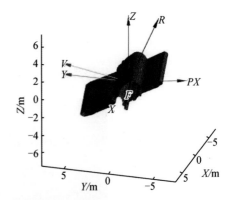

(c)三维散射特性重建结果,沿经典成像平面法向量观察(经典成像平面法向量垂直纸面向外)

(d)三维散射特性重建结果,不沿经典成像平面法向量观察

图 9.16(续)

## 9.5　同时多成像平面与目标三维散射特性重构

受本章9.4节的方法启示,高分辨的目标三维散射特性重构需要不同成像平面的成像结果的融合处理。利用不同成像平面法向量方向的差异性,通过不同空间方向分辨能力互补融合,可以克服单一成像平面三维散射特性重建结果沿法向量方向空间分辨能力差的问题,通过多个三维散射特性重建结果的融合,实现对空间目标的高分辨散射特性重构。

融合的基本规则选择如下:

(1)在相同的空间三维网格上对每一次的三维散射重建结果取极小值,通过重建散射特性等值面呈现目标三维散射特性重构结果。

(2)对所有空间网格打分,只要任意网格对应的任意一次三维散射重建强度大于给定阈值,就给相应网格加一分;最后通过选择得分数大于阈值的网格点,呈现空间目标三维结构的点云重建结果。

(3)综合规则(1)和规则(2),对所有空间网格打分,只要任意网格对应的任意一次三维散射重建强度大于给定阈值,就给相应网格加一分;最后通过选择得分数大于阈值的网格点,并利用该网格点对应的非零散射强度数值序列,通过取最大散射强度、最小散射强度或平均散射强度,以散射强度等值面方式呈现空间目标三维重构结果。

上述三种融合规则均可选择使用,但它们的共同点是重建良好分辨性能的目标三维散射特性都需要利用成像平面互不相同的多个子孔径的成像处理结果。如果测量雷达仅有一部,则必然需要更长的观测时间,且同时要求目标姿态稳定,否则仍然存在融合的困难。

## 9.6　基于多站观测的目标三维散射特性重构

为了克服本章 9.5 节单测量站重建目标三维散射特性需要长观测时间,对目标姿态稳定性要求过高,实际应用面临挑战的问题,本节基于多站同时观测数据,利用 9.5 节提出的多成像平面目标三维散射特性融合重构的基本规则,实现空间目标高分辨三维散射特性重构。

多测量站分别部署在空间不同的位置,但保证能对同一个空间目标同时进行观测,这就缩短了观测数据的测量时间,克服了目标姿态变化的不利影响。由于所有测量站的观测数据都是对应相同的目标姿态的,且不同测量站对应的 ISAR 成像平面法向量各不相同,因此天然具备了 9.5 节多成像平面目标三维散射特性融合重构的基本条件,可以确保获得高分辨的空间目标三维雷达散射特性重构结果。

多站雷达同时工作,两两配合,还可以实现双站测量,双站 ISAR 成像平面和单站 ISAR 成像平面各不相同,进一步增加了成像平面的多样性,从而可以进一步提高空间目标三维雷达散射特性重构精度。

考虑到多部雷达同时工作,为了避免互扰,需要特殊设计各雷达站的宽带雷达信号。下面首先介绍一种基于离散频率编码的宽带正交雷达信号设计方法。

基于本节提出的离散频率编码宽带雷达信号设计方法设计的雷达信号体制在继承了频率分集雷达信号的优点的同时,无须使用阵列天线,克服了频率分集线性阵列雷达天线系统必须使用阵列天线带来的系统复杂度,仅利用经典雷达系统惯用的天线系统即可实现。相比频率分集线性阵列雷达,其系统复杂度低,更加有利于物理实现。同时,该方法设计出的一系列离散频率编码雷达信号具有时隙上严格的频率正交性,可有效支持多部雷达系统同时探测同一目标或协同探测同一目标,而不会产生相互之间的干扰。

该方法运算简单,设计输入参数类型和数量少,设计输出信号正交编码的速度快,非常有利于工程实现和实际应用,可用于 MIMO 雷达正交波形编码设计等目标精确探测和识别的应用场合,是一种简洁高效的雷达正交波形设计方法。

该方法完全基于同时工作的雷达数量、预期的信号带宽(或分辨率需求)、最小可实现频率间隔以及不同雷达同时发射信号的频率最小间隔需求等指标,设计输出可供多部雷达同时或协同工作的一系列离散频率编码正交雷达信号波形,设计的宽带雷达信号克服了经典频率步进雷达信号体制在应用中还存在的所有问题,一方面,摒弃了经典频率步进雷达信号基于时域采样序列 IFFT 的距离像合成方法,有效克服了信道噪声的不利影响,且避免了距离像去冗余的复杂处理过程;另一方面,有效解决了经典频率步进信号体制存在的最大无模糊距离约束限制问题,拓展了离散频率编码雷达信号在高分辨–宽测绘带探测领域的应用范围。此外,利用该方法设计的离散频率编码雷达信号可以利用传统雷达天线进行应用,而无须使用频率分集阵列雷达必需的阵列天线,具有广阔的应用前景。其设计方法及其具体实现步骤及流程如下:

**步骤 1** 给定用户需求参数,这些参数包括同时工作的雷达数量 $N_{radar}$、预期的信号带宽 $B_{sig}$(或分辨率需求 $\delta_r = \dfrac{c}{2B_{sig}}$)、最小可实现频率间隔 $\Delta f$,以及不同雷达同时发射的信号频率之间的最小间隔 $B_{df}$,且 $B_{df} = minB \cdot \Delta f$,$minB$ 是一个非零的正整数。

**步骤 2** 根据预期的信号带宽 $B_{sig}$,最小可实现频率间隔 $\Delta f$,初始化离散频率编码信号的子脉冲数目为

$$N_{subp} = \left\lceil \frac{B_{sig}}{\Delta f} \right\rceil \tag{9.88}$$

其中,$\lceil \cdot \rceil$ 表示向上取整。

**步骤 3** 根据同时工作的雷达数量 $N_{radar}$,离散频率编码信号的子脉冲数目 $N_{subp}$,确定设计过程的分段参数 $N_{fc} = \left\lceil \dfrac{N_{subp}}{N_{radar}} \right\rceil$,其中 $\lceil \cdot \rceil$ 表示向上取整。

**步骤 4** 产生序列 id 和 $id_j$

$$id = \begin{bmatrix} 1 & 2 & \cdots & N_{fc} \end{bmatrix} \tag{9.89}$$

$id_j = id(j)$,其中 $j = \begin{bmatrix} minB & 2 \cdot minB & \cdots & N_j \cdot minB \end{bmatrix}$,$N_j \cdot minB \leqslant N_{fc}$

如果 $N_j < minB$,则令 $N_{fc} = N_{fc} + 1$,根据更新后的 $N_{fc}$ 重新产生序列 id 和 $id_j$,直至满足 $N_j \geqslant minB$。

**步骤 5** 根据更新的参数 $N_{fc}$,更新离散频率编码信号的子脉冲数目为

$$N_{subp} = N_{radar} \cdot N_{fc} \tag{9.90}$$

同时,更新编码信号的带宽参数 $B_{sig}$,有

$$B_{sig} = N_{subp} \cdot \Delta f \tag{9.91}$$

**步骤 6** 产生序列 $F_{code0} = \begin{bmatrix} 1 & 2 & 3 & \cdots & N_{subp}-1 & N_{subp} \end{bmatrix}$。

**步骤 7** 产生序列 $SN_{fc} = \begin{bmatrix} 1 & 2 & 3 & \cdots & N_{radar}-1 & N_{radar} \end{bmatrix}$。

令 $i = 1$,取 $id = SN_{fc}(in)$,其中 $in = \begin{bmatrix} i & i+minB+1 & i+2(minB+1) & \cdots \end{bmatrix}$,且 $in \leqslant N_{radar}$,并将序列 id 打乱为随机顺序。如果 $i = 1$,则直接将序列 id 输出并存储到序列 SNfcDV。

令 $i = i+1$,重复上述相似的步骤,依然取 $id = SNfc(in)$,其中 $in = \begin{bmatrix} i & i+minB+1 & i+2(minB+1) & \cdots \end{bmatrix}$,且 $in \leqslant N_{radar}$,并将序列 id 打乱为随机顺序。判断当前序列 id 的第一位数与序列 SNfcDV 的最后一位数之间的差,若 $|SNfcDV(end) - id(1)| < minB+1$,则重新随机排列序列 id 的各位数,直至序列 id 的第一位数与序列 SNfcDV 的最后一位数之间的差满足 $|SNfcDV(end) - id(1)| \geqslant minB+1$。然后输出当前的序列 id 至序列

SNfcDV,并接续存储在序列 SNfcDV 已经存储的数值之后。

令 $i=i+1$,重复上一步骤的相同操作,直至 $i=\min\boldsymbol{B}+1$。

**步骤 8**　将序列 SNfcDV 赋值给序列 SNfc,即令序列 SNfc = SNfcDV,计算差分序列 DSNfc = SNfc(2:end) − SNfc(1:end−1),并在差分序列最后补充一位数 SNfc(end) − SNfc(1),使差分序列 DSNfc 的长度维持不变。

**步骤 9**　判断差分序列中 DSNfc 存储的所有数值大于 $\min\boldsymbol{B}$ 的个数是否小于 $N_{\text{radar}}$,若是,则重复步骤 7 至步骤 8;否则,继续进行下一步骤。

**步骤 10**　基于序列 SNfc,按两种方案产生离散频率编码。

(1)第一种方案:局部缓变编码方案,按下述方法设计:

A. 首先产生随机排序的整数序列 $Npp$,其取值是 1 至 $N_{\text{radar}}$ 之间的整数,顺序随机,并计算其差分序列 D$Npp$,差分序列的产生办法同步骤 8。判断差分序列 D$Npp$ 中数值大于 $\min\boldsymbol{B}$ 的个数是否小于 $N_{\text{radar}}$,若是,则重新产生随机排序的整数序列 $Npp$,其取值是 1 至 $N_{\text{radar}}$ 之间的整数,顺序随机,并计算其差分序列 D$Npp$,直至差分序列 D$Npp$ 中数值大于 $\min\boldsymbol{B}$ 的个数不小于 $N_{\text{radar}}$。

B. 然后,令 $i=1$,令 SNfc$ii$ = circshift(SNfc,$Npp(i)$),其中 circshift($A$,$B$)表示对序列 $A$ 循环移位 $B$ 个位数。

C. 令 $j=1$,
$$\text{id} = \{[\text{SNfc}ii(j)-1]\cdot N_{\text{fc}}+1 \quad [\text{SNfc}ii(j)-1]\cdot N_{\text{fc}}+2 \quad \cdots \quad \text{SNfc}ii(j)\cdot N_{\text{fc}}\}$$
(9.92)

令 $k=1$,id$j$=id($k$:$\min\boldsymbol{B}$+1:$N_{\text{fc}}$)并随机排序,当 $k=1$ 时,直接将 id$j$ 输出并存储进新的序列 id$jj$。

D. 令 $k=k+1$,重复上一步骤,id$j$=id($k$:$\min\boldsymbol{B}$+1:$N_{\text{fc}}$)并随机排序,当 $k>1$ 时,确保随机排序后序列 $idj$ 的第一位与序列 id$jj$ 最后一位的数值差异不小于 $\min\boldsymbol{B}$+1,然后将新产生的序列 id$j$ 接续存储进序列 id$jj$ 的末尾。这一操作循环进行,直至 $k=\min\boldsymbol{B}+1$,得到最终的序列 id$jj$。

E. 取出步骤 6 产生的序列 $F_{\text{code}0}$ 中位于 id$jj$ 数值对应的位置处的数值,存储进入新的序列 $F_{\text{code}j}$,令 $j=j+1$,重复步骤 C 至步骤 E,确保序列 $F_{\text{code}0}$ 中位于 id$jj$ 数值对应的位置处的数值接续存入序列 $F_{\text{code}j}$,直至 $j=N_{\text{radar}}$。此时输出的序列 $F_{\text{code}j}$ 就是对应雷达 $i$ 的离散频率编码。

F. 令 $i=i+1$,重复上述步骤 B 至步骤 E,得到所有雷达对应的离散频率编码。

(2)第二种方案:全局快变编码方案,按下述方法设计:

A. 首先产生随机排序的整数序列 $Npp$,其取值是 1 至 $N_{\text{radar}}$ 之间的整数,顺序随机,并计算其差分序列 D$Npp$,差分序列的产生办法同步骤 8。判断差分序列 D$Npp$ 中数值大于 $\min\boldsymbol{B}$ 的个数是否小于 $N_{\text{radar}}$,若是,则重新产生随机排序的整数序列 $Npp$,其取值是 1 至 $N_{radar}$ 之间的整数,顺序随机,并计算其差分序列 DN$pp$,直至差分序列 DN$pp$ 中数值大于 min$B$ 的个数不小于 $N_{radar}$。

B. 然后,令 $i=1$,令 SNfc$ii$=circshift(SNfc,N$pp(i)$),其中 circshift$(A,B)$ 表示对序列 $A$ 循环移位 $B$ 个位数。

C. 令 $j=1$,

$$\text{id}=\left\{\begin{bmatrix}\text{SNfc}ii(j)-1\end{bmatrix}\cdot N_{fc}+1 \quad \begin{bmatrix}\text{SNfc}ii(j)-1\end{bmatrix}\cdot N_{fc}+2 \quad \cdots \quad \text{SNfc}ii(j)\cdot N_{fc}\right\}$$

$$(9.93)$$

D. 将序列 id 按奇数和偶数位置分成两组子序列,分别记为奇数序列 id1 和偶数序列 id2,并将奇数序列 id1 和偶数序列 id2 分别随机排序,根据奇数序列 id1 和偶数序列 id2 数据的长度,对较短的子序列补零,使两个子序列的数据长度相同。从第一位数据开始,顺序交替选择奇数序列 id1 和偶数序列 id2 存储的相应位置的数据串联成一个新的数据序列 id$jj$,该操作可以描述为

$$\text{id}jj=\begin{bmatrix}\text{id1}(1) & \text{id2}(1) & \text{id1}(2) & \text{id2}(2) & \cdots & \text{id1}(\text{end}) & \text{id2}(\text{end})\end{bmatrix} \quad (9.94)$$

并将该新的数据序列 id$jj$ 中数值为零的数据剔除,记最终得到的取值非零的序列为 id$jj$。

E. 取出步骤 6 产生的序列 $F_{code0}$ 中位于 id$jj$ 数值对应的位置处的数值,存储进入新的序列 $F_{codej}$,令 $j=j+1$,重复步骤 C 至步骤 E,确保序列 $F_{code0}$ 中位于 id$jj$ 数值对应的位置处的数值接续存入序列 $F_{codej}$,直至 $j=N_{radar}$。此时输出的序列 $F_{codej}$ 就是对应雷达 $i$ 的离散频率编码。

F. 令 $i=i+1$,重复上述步骤 B 至步骤 E,得到所有雷达对应的离散频率编码。

不论采用方案一,还是采用方案二,上述步骤 1 至步骤 10 可以重复进行多个周期,每个周期将产生不同的离散频率编码,可应用于不同的雷达对应的不同的工作周期。

图 9.17、图 9.18、图 9.19 给出了实施方案一对应的情况下,设计的 $N_{radar}=32$,min$B=2$,$\Delta f=2$ MHz,$B_{sig}=640$ MHz,$N_{subp}=320$ 时对应某一工作周期的所有同时工作的 32 部雷达的离散频率编码图案、从 32 部雷达中抽取的 8 部雷达的离散频率编码频率-时隙变化曲线以及 32 部雷达对应时隙频率间隔的统计分布图。由图 9.18 可见,局部缓变方案中,信号的频率在局部小范围内是缓变的。由图 9.19 可见,32 部雷达在对应时隙的频率间隔统计分布的最小值大于 2,满足 min$B=2$ 的设计需求,确保了同一时隙不同雷达用频的正交性。

同理,图 9.20、图 9.21、图 9.22 给出了实施方案二对应的情况下,设计的 $N_{radar}=32$,min$B=2$,$\Delta f=2$ MHz,$B_{sig}=640$ MHz,$N_{subp}=320$ 时对应某一工作周期的所有同时工作的 32 部雷达的离散频率编码图案、从 32 部雷达中抽取的 8 部雷达的离散频率编码频率-时隙变化曲线以及 32 部雷达对应时隙频率间隔的统计分布图。由图 9.21 可

见,全局快变方案中,信号的频率是在全带宽范围内快速切换的。由图 9.22 可见,32
部雷达在对应时隙的频率间隔统计分布的最小值大于 2,满足 min$\boldsymbol{B}$ = 2 的设计需求,
确保了同一时隙不同雷达用频的正交性。

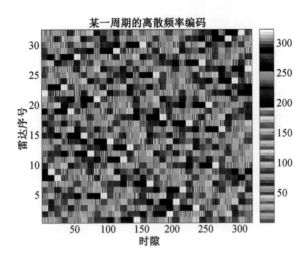

图 9.17　某一工作周期所有 32 部雷达的离散频率编码图案 1

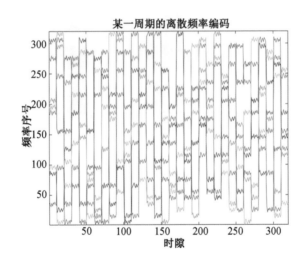

图 9.18　某一工作周期抽取的 8 部雷达离散频率编码频率–
时隙变化曲线 1,相同色彩的对应同一部雷达

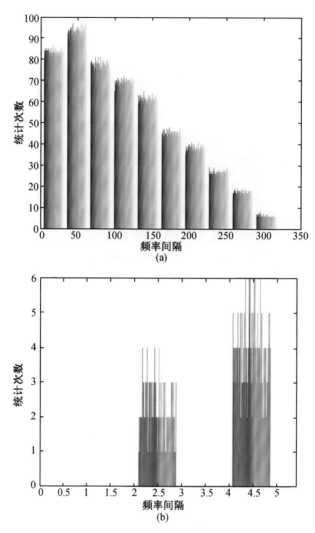

图 9.19　32 部雷达在对应时隙的频率间隔统计分布图,频率间隔的
最小值大于 2,满足 $\mathrm{min}B=2$ 的设计需求 1

　　上述离散频率编码宽带雷达信号设计方法无须雷达系统使用阵列天线,采用离散频率编码方式,在给定同时工作的雷达数量、预期的信号带宽(或分辨率需求)、最小可实现频率间隔以及不同雷达同时发射信号的频率最小间隔需求等指标时,设计输出可供多部雷达同时或协同工作的一系列离散频率编码正交雷达信号波形;使用该设计方法输出的一系列离散频率编码信号在同一时隙对应的频率相互正交,且相互之间最近的频率间隔满足用户定义的最小频率间隔需求;使用该设计方法输出的一系列离散频率编码信号具有瞬时窄带特性、全局宽带特性,可以兼顾雷达探测的高分辨率需求以及抗干扰需求,因此,具有非常广阔的应用前景。

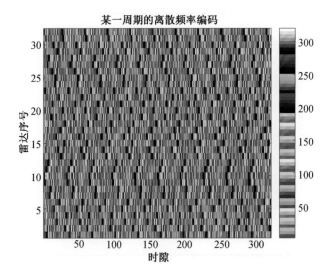

图 9. 20　某一工作周期所有 32 部雷达的离散频率编码图案 2

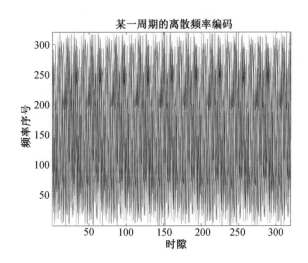

图 9.21　某一工作周期抽取的 8 部雷达离散频率编码频率-时隙变化曲线 2

　　基于上述离散频率编码正交信号设计方法对多站观测的空间目标三维散射特性重构性能进行研究,基于空间位置不同的 6 部地基雷达,本节对某轨道运行空间目标的三维散射特性的重建开展了系列实验。雷达配置和观测场景如图 9.23 所示。

　　当仅仅采用单基地探测数据进行重建时,所得结果分别如图 9.24 至图 9.29 所示。

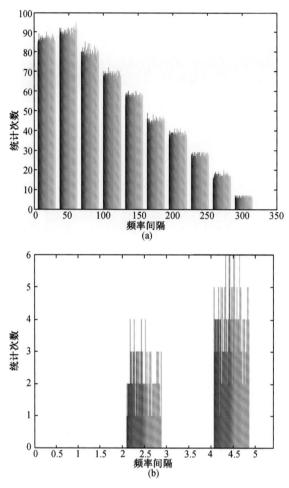

图 9.22 32 部雷达在对应时隙的频率间隔统计分布，频率
间隔的最小值大于 2，满足 $minB=2$ 的设计需求

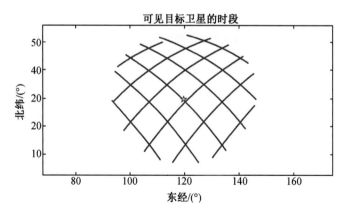

(a)目标观测弧段和雷达站点位置示意
图 9.23 雷达配置与观测场景示意

564

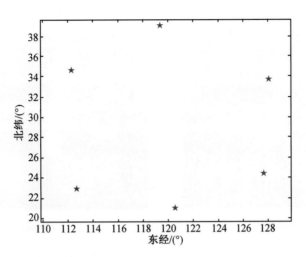

(b) 6 部雷达的具体坐标位置分布

图 9. 23(续)

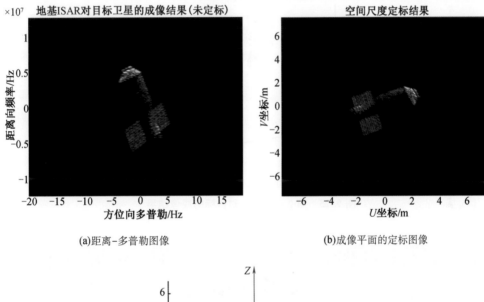

(a)距离-多普勒图像　　　　　　　　　　(b)成像平面的定标图像

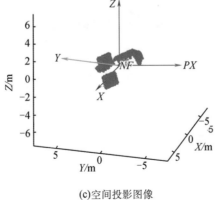

(c)空间投影图像

图 9.24　第 1 部 ISAR 对目标的成像结果

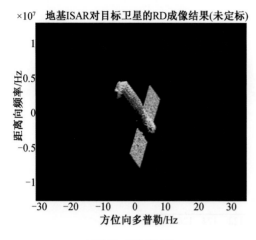

(a)距离-多普勒图像

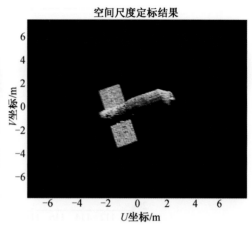

(b)成像平面的定标图像

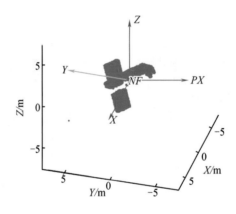

(c)空间投影图像

图 9.25　第 2 部 ISAR 对目标的成像结果

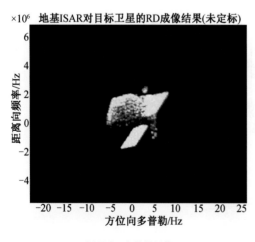

(a)距离-多普勒图像

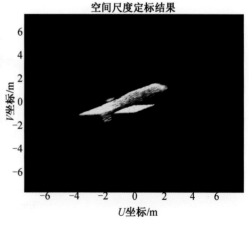

(b)成像平面的定标图像

图 9.26　第 3 部 ISAR 对目标的成像结果

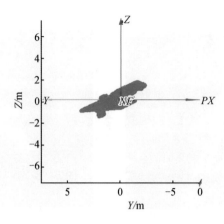

(c)空间投影图像

图 **9. 26**(续)

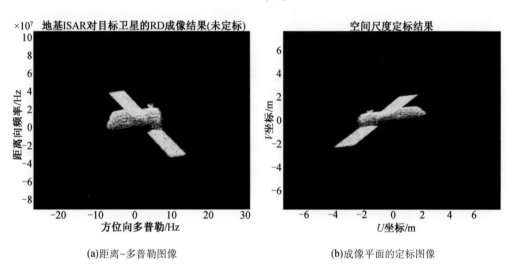

(a)距离-多普勒图像

(b)成像平面的定标图像

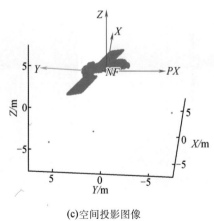

(c)空间投影图像

图 **9. 27**　第 **4** 部 **ISAR** 对目标的成像结果

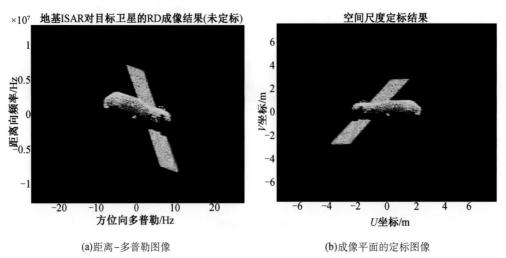

(a)距离-多普勒图像　　　　　　　　(b)成像平面的定标图像

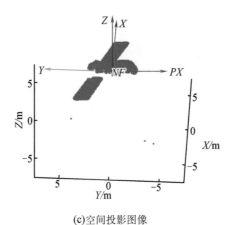

(c)空间投影图像

图 9.28　第 5 部 ISAR 对目标的成像结果

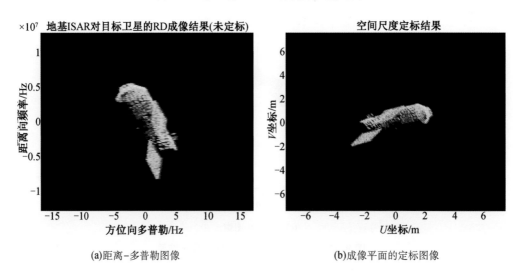

(a)距离-多普勒图像　　　　　　　　(b)成像平面的定标图像

图 9.29　第 6 部 ISAR 对目标的成像结果

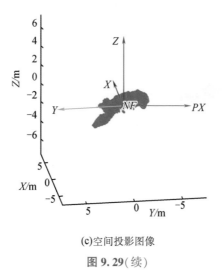

(c)空间投影图像

图 9.29(续)

　　显然的,任何一部单基地 ISAR 所获得的三维散射特性图像均存在各自成像平面法向量对应的空间方向的低分辨问题,导致三维重建的结果并不理想。为了提高三维重建的质量,将 6 部 ISAR 所得测量结果进行融合,所得空间目标的三维散射特性重建结果如图 9.30 所示,图 9.30 中所示为散射强度等值面重建结果,对应的三维点云重建结果如图 9.31 所示。显然,目标可见部分的三维结构清晰地呈现了出来。

　　图 9.32 所示为实际的空间目标三维结构。通过对比图 9.30、图 9.31 可知,通过融合 6 部 ISAR 所得测量结果,成功重建了目标的三维结构。这充分证明了基于多站观测的空间目标三维散射特性重构方法的正确性和有效性。

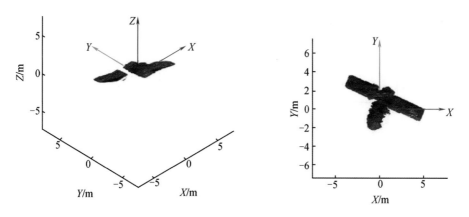

图 9.30　通过 6 部单基地雷达同时观测数据的空间目标三维散射强度等值面重建结果

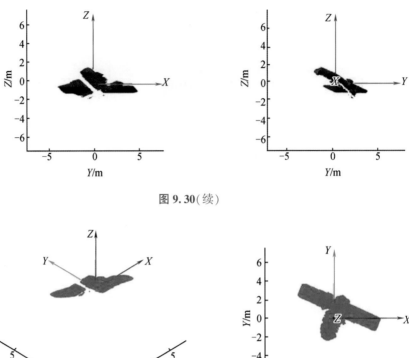

图 9.30(续)

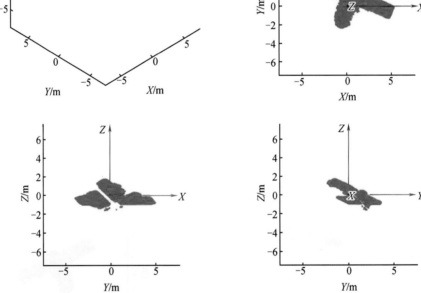

图 9.31　通过 6 部单基地雷达同时观测数据的空间目标三维点云重建结果

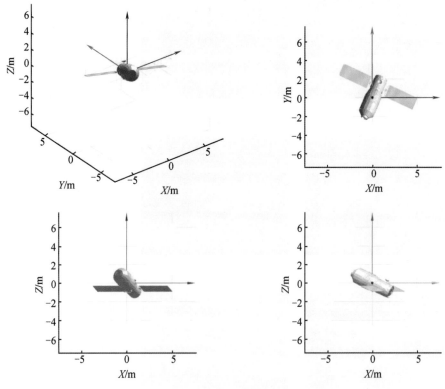

图 9.32  空间目标三维结构图

考虑到 6 部 ISAR 所用离散频率编码信号相互正交,因此可以同时将雷达站两两配合所得双基地测量结果一并融合,进一步提高目标三维散射特性重建的准确度。图 9.33 至图 9.38 所示分别为雷达两两组合构成双/多基地 ISAR 探测构型所得的 ISAR 成像结果,对每一对组合,均可以重建一个三维散射特性测量结果,但任意一对组合所得目标三维散射特性重建结果在成像平面法向量方向均面临空间分辨能力不足的问题。

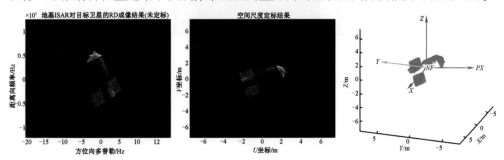

图 9.33  雷达 1 为发射机所得的 6 组双基地 ISAR 重建结果

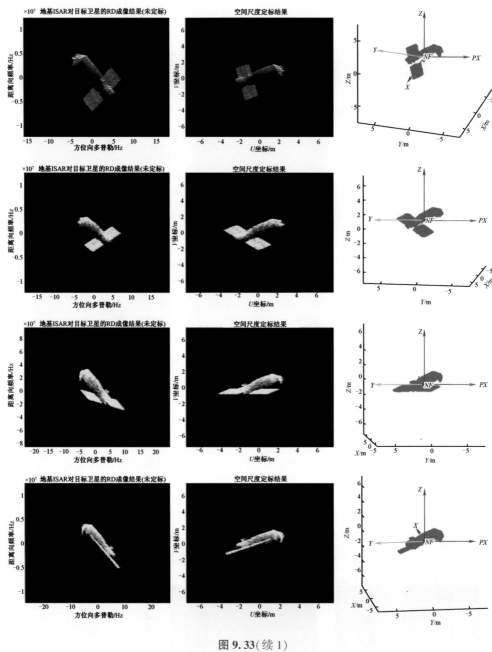

图 9.33(续 1)

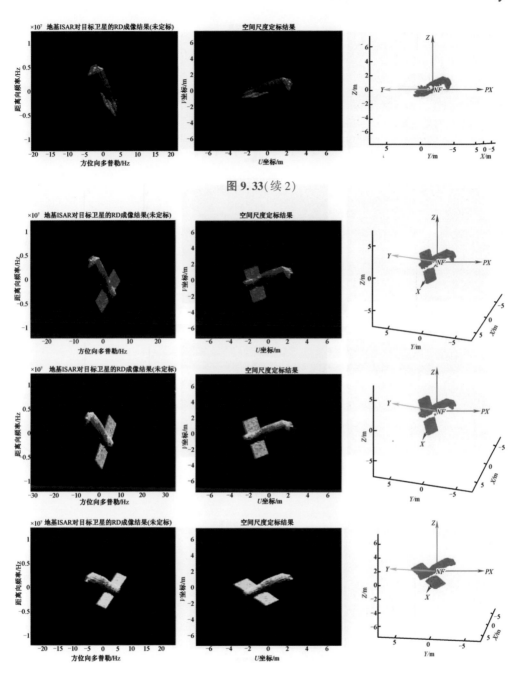

图 9.33(续 2)

图 9.34　雷达 2 为发射机所得的 6 组双基地 ISAR 重建结果

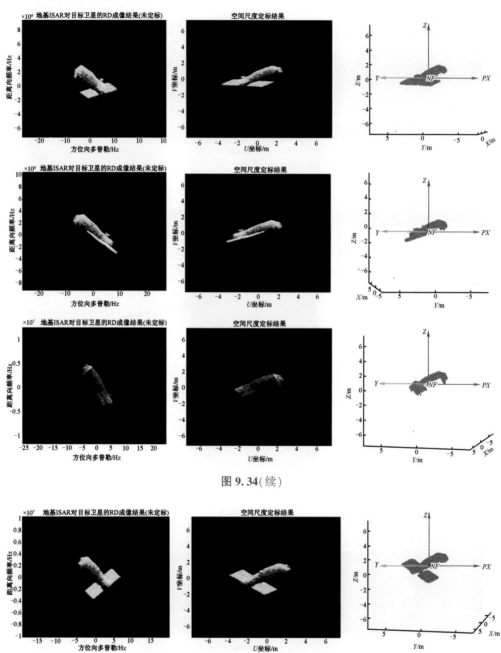

图 9.34(续)

图 9.35　雷达 3 为发射机所得的 6 组双基地 ISAR 重建结果

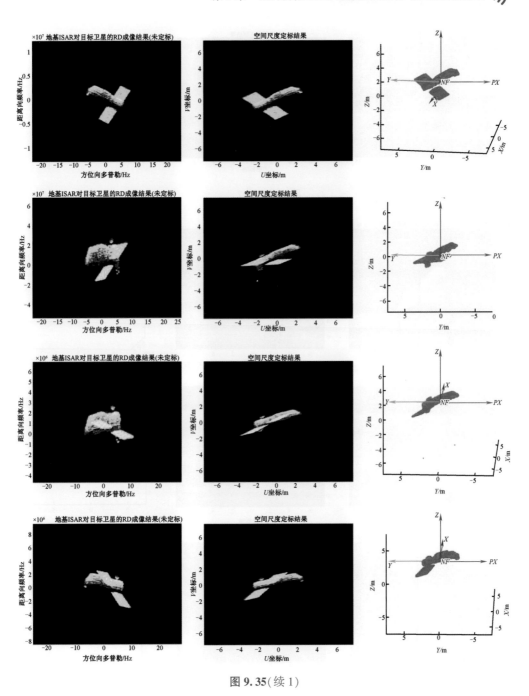

图 9.35(续 1)

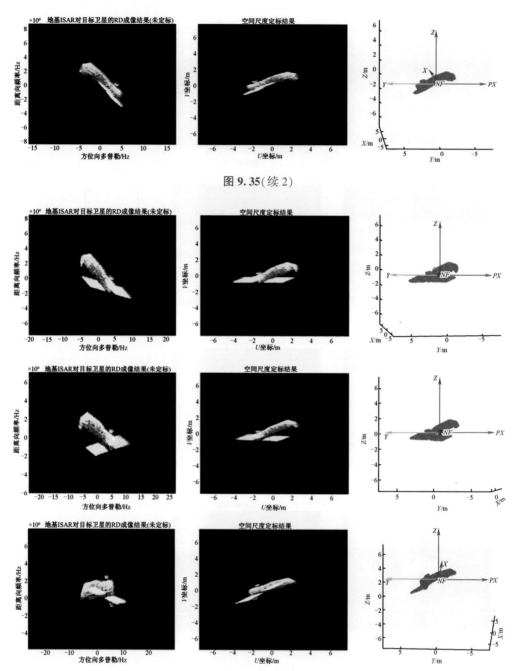

图 9.35(续 2)

图 9.36  雷达 4 为发射机所得的 6 组双基地 ISAR 重建结果

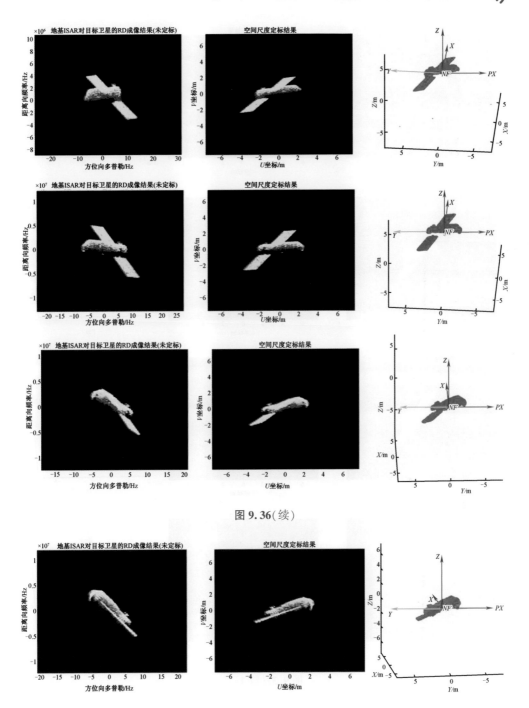

图 9.36(续)

**图 9.37** 雷达 5 为发射机所得的 6 组双基地 ISAR 重建结果

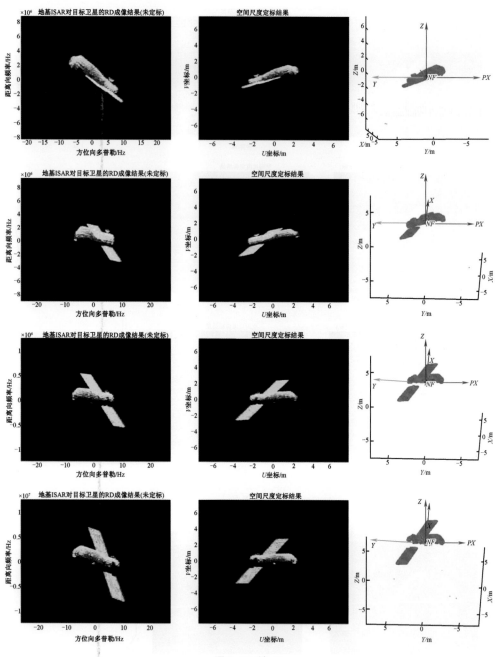

图 9.37(续 1)

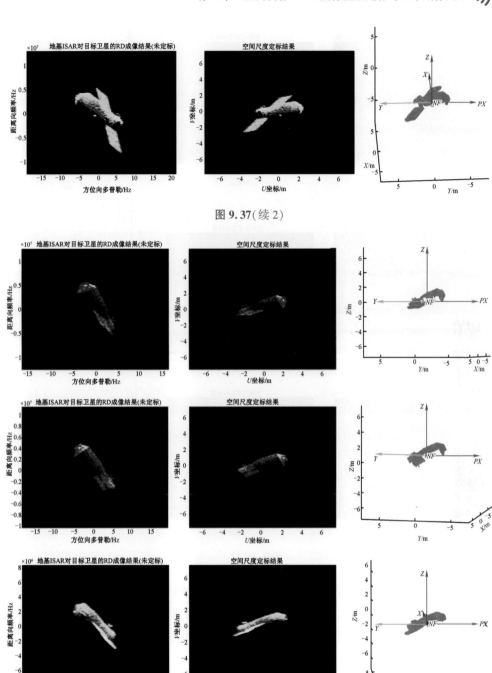

图 9.37(续 2)

图 9.38　雷达 6 为发射机所得的 6 组双基地 ISAR 重建结果

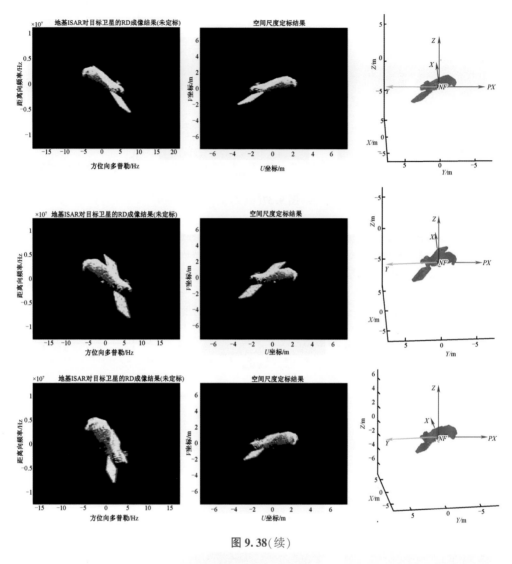

图 9.38(续)

通过融合所有 36 个组合对应的测量结果,可以得到精度更高的目标三维散射特性重建结果。图 9.39、图 9.40 分别给出了目标三维散射特性的等值面重建结果和点云重建结果。显然,通过融合双基地观测结果,进一步提高了三维重建的精度,改善了重建图像的质量。

对于机动性非常强的空间目标而言,提高成像帧率是准确测量和感知目标动态的关键。但是,传统成像处理面临分辨率和合成孔径时间之间的矛盾。一旦提高成像帧率,即意味着缩短成像的合成孔径时间,必然会损失成像图像的分辨率,较差的分辨率则会严重影响目标散射特性的三维重建质量和精度。这一现象如图 9.41 所示。

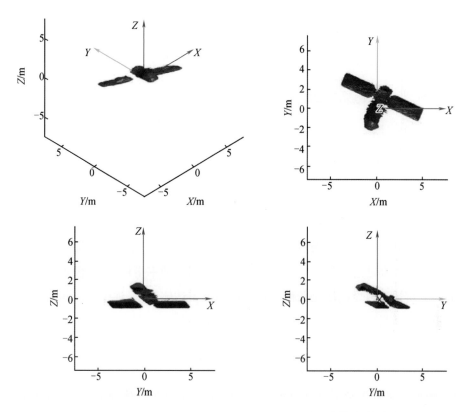

图 9.39 融合双基地观测的空间目标三维散射强度等值面重建结果

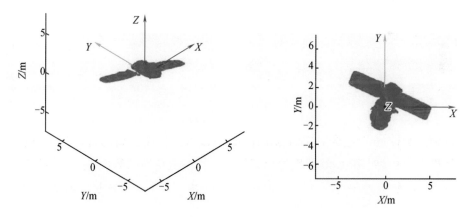

图 9.40 融合双基地观测的空间目标三维点云重建结果

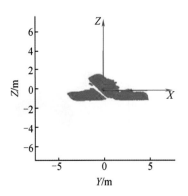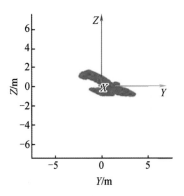

图 9.40(续)

如图 9.41 所示,在传统微波探测技术途径下,空间分辨率和所需探测时间是一对矛盾。若要实现高动态监视所需的高分辨率和高图像帧率指标,解决极短探测时间条件下的高分辨快速成像问题是关键。在传统微波雷达体制下,远距离探测的目标回波散射能量小,信噪比低,需增加探测时间,或采用多脉冲、多域能量累积的雷达增程技术来提高回波信噪比,既无法满足高动态探测的高成像帧率/实时性要求,又无法保证高精度成像所需的信号相干性。因此,需在探测体制、空间分辨理论、探测时间、信号相干性、微波能量相干累积等方面无法调和的矛盾和约束的基础上,解决高帧率快速成像方法与高动态监视机理问题。

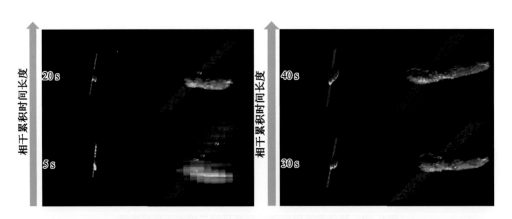

图 9.41 空间目标在不同探测时间下的成像结果对比(充分表明分辨率和探测时长的矛盾)

根据本书第 7 章稀疏孔径 ISAR 成像处理方法,在缩短成像探测时间的同时,可以利用压缩感知理论有效获取空间目标的高分辨图像,这为解决上述问题提供了有效的途径。利用本节基于多站观测的目标三维散射特性重构方法,在维持雷达探测构型和基本信号体制与参数不变的情况下,将探测的时间缩短为原先的 1/3,通过融合单/双基地探测结果,所得空间目标传统二维 ISAR 图像如图 9.42 至图 9.47 所示。由于合成孔径时间缩短,经典 ISAR 成像处理所得的二维成像结果的分辨率明显下降,基于该分辨率受限的数据重建的三维目标散射特性分布如图 9.48、图 9.49 所示。

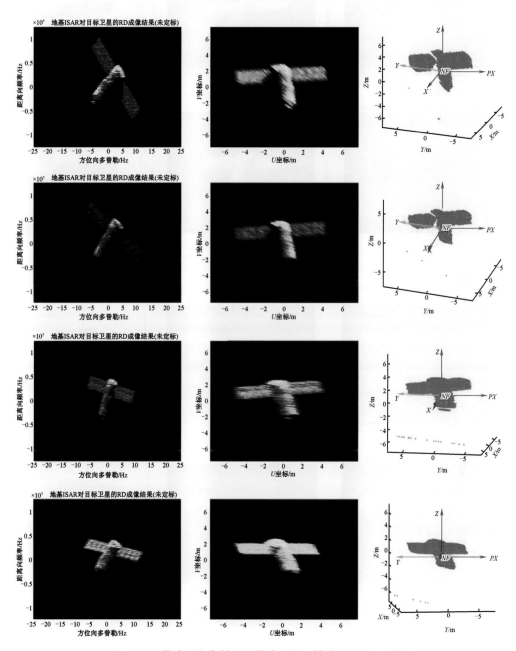

图 9.42　雷达 1 为发射机所得的 6 组双基地 ISAR 重建结果

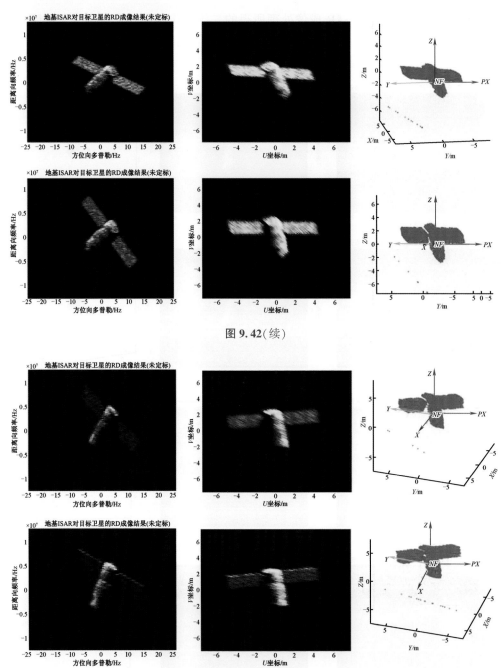

图 9.42(续)

图 9.43　雷达 2 为发射机所得的 6 组双基地 ISAR 重建结果

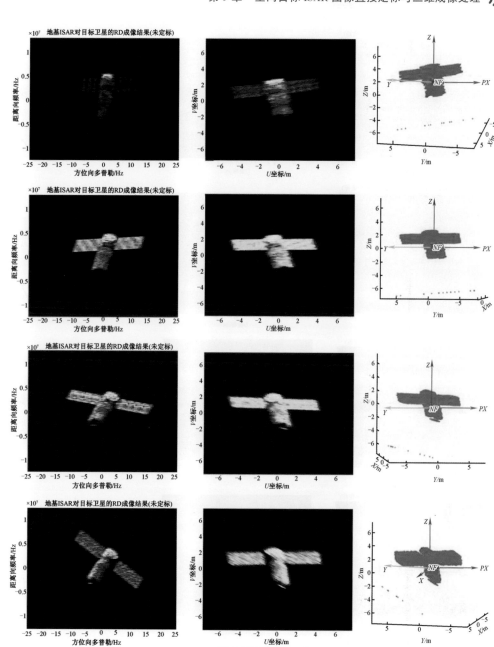

图 9.43(续)

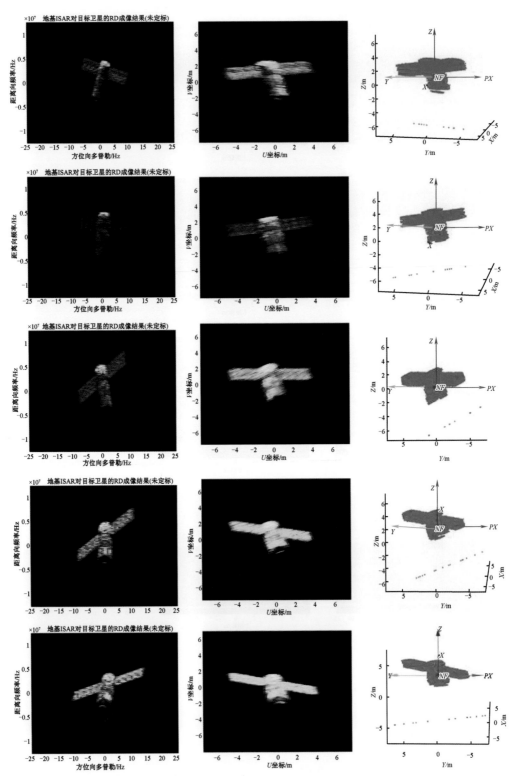

图 9.44　雷达 3 为发射机所得的 6 组双基地 ISAR 重建结果

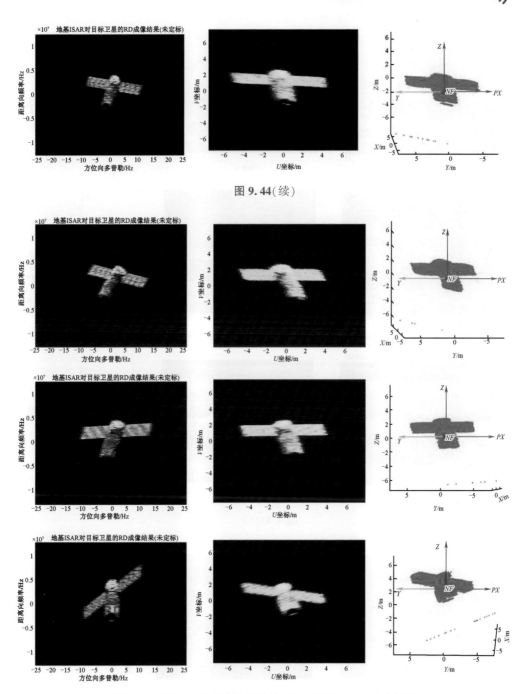

图 9.44(续)

图 9.45　雷达 4 为发射机所得的 6 组双基地 ISAR 重建结果

逆合成孔径雷达成像处理

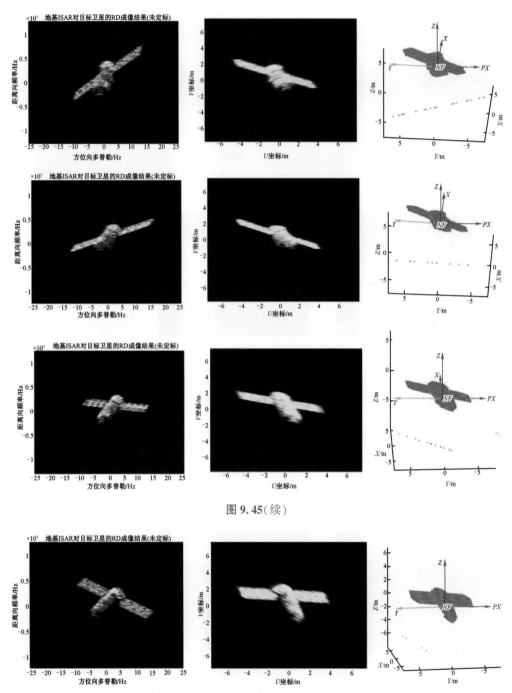

图 9.45(续)

图 9.46　雷达 5 为发射机所得的 6 组双基地 ISAR 重建结果

588

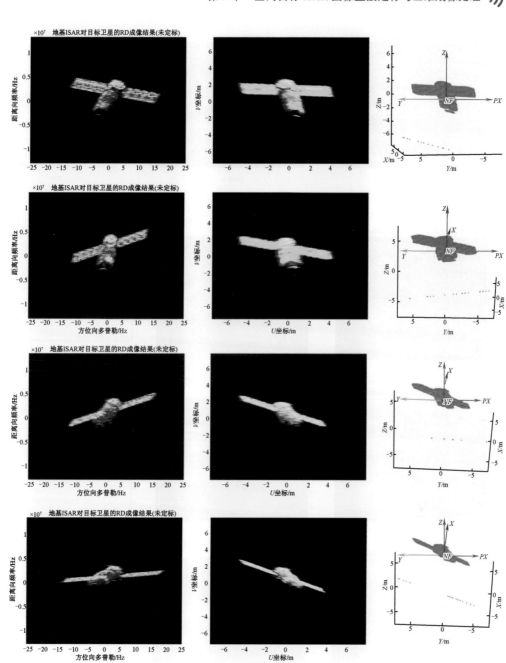

图 9.46(续 1)

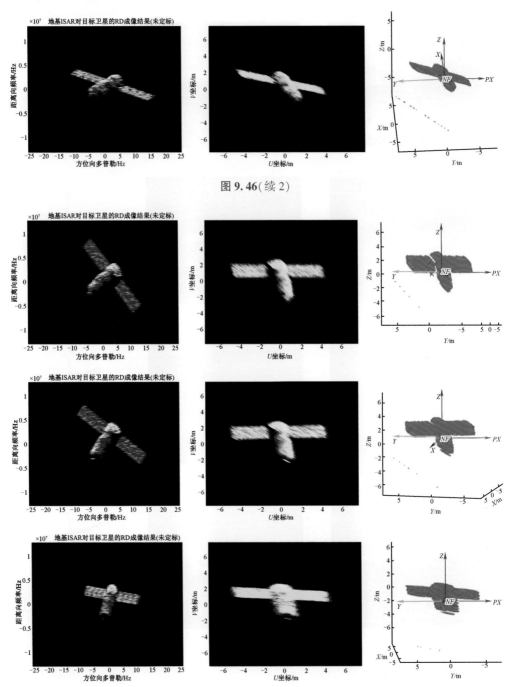

图 9.47　雷达 6 为发射机所得的 6 组双基地 ISAR 重建结果

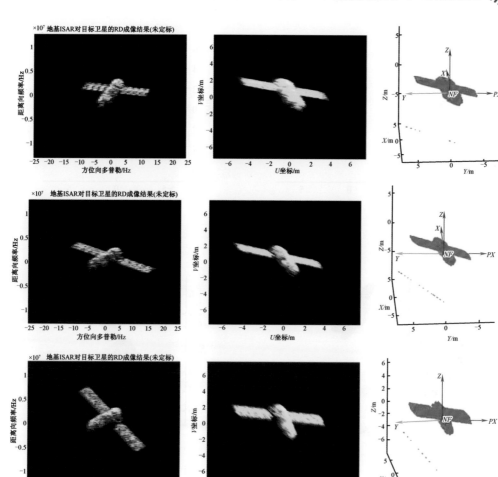

图 9.47(续)

图 9.48　空间目标模型及姿态

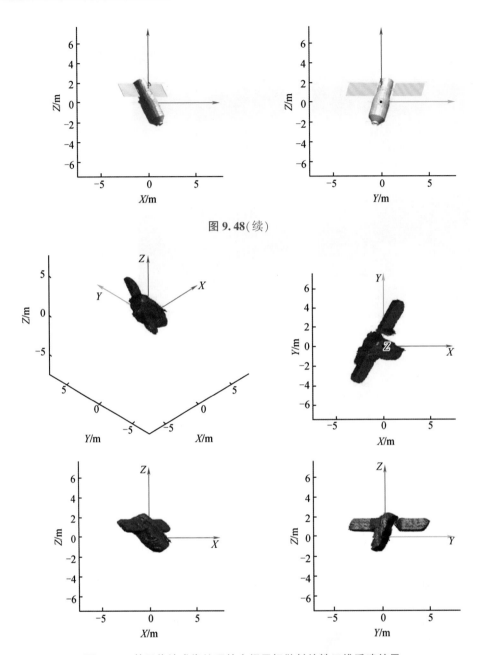

图 9.48（续）

图 9.49　基于传统成像处理的空间目标散射特性三维重建结果

对比图 9.49 与图 9.39 和图 9.40 可知,在分辨率受限的条件下,三维散射特性的重建结果的精确度存在明显的下降,主要表现为可见面元对应的散射中心的重建位置偏差和等值面相对真实目标的体积膨胀以及边缘向外扩展现象。

相对应的,基于压缩感知的空间目标成像结果如图 9.50、图 9.51 所示,分辨率明显改善。

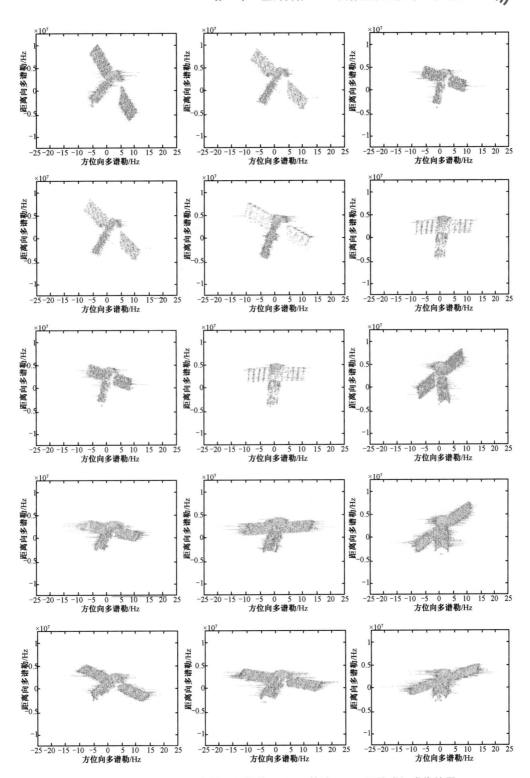

图 9.50　雷达 1 至 3 为发射机所得的 18 组双基地 ISAR 压缩感知成像结果

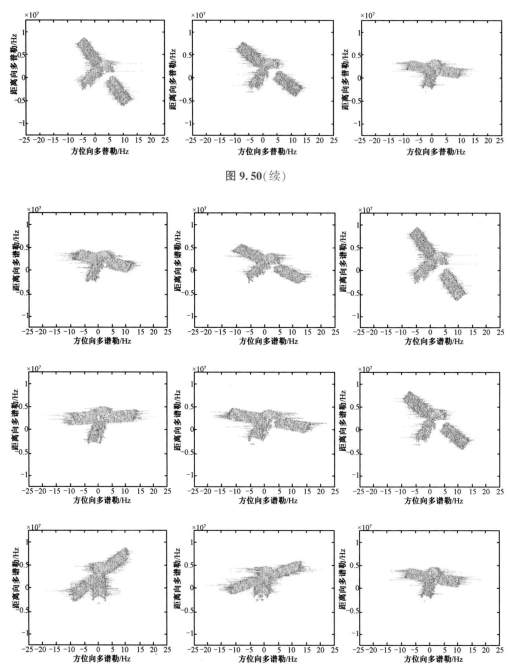

图 9.50(续)

图 9.51 雷达 4 至 6 为发射机所得的 18 组双基地 ISAR 压缩感知成像结果

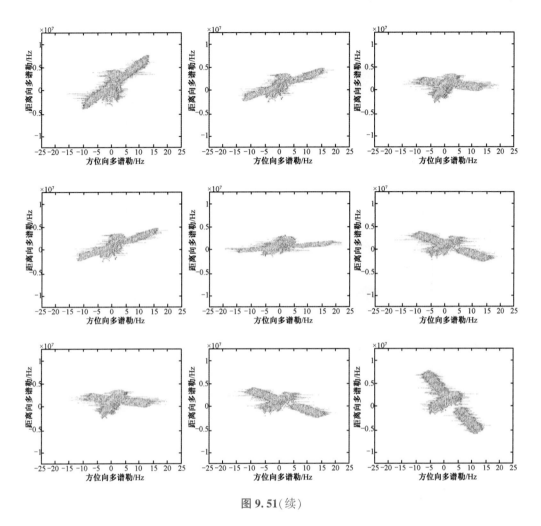

图 **9.51**(续)

　　基于压缩感知成像的散射特性三维重建结果如图 9.52、图 9.53 所示,在孔径时间十分有限的情况下,压缩感知处理对空间目标散射特性三维重建的改善极其明显,重建精度相比传统方法大大提高,所得结果与目标真实空间结构和姿态吻合程度极好,有效减小了可见面元对应的散射中心重建位置偏差,克服了等值面相对真实目标的体积膨胀以及边缘向外扩展现象,确保了重建质量。注意,此时孔径时间缩短为图9.39 对应结果的孔径时间的 33.33%,但重建质量无明显的损失。

　　为了进一步考察基于压缩感知成像的散射特性三维重建性能,进一步缩短孔径时间长度至 2 s、1 s,分别对应图 9.39 对应孔径时间的 20% 和 10%,2 s 时所得重建结果分别如图 9.54 至图 9.56 所示,1 s 时所得重建结果分别如图 9.57 至图 9.59 所示。

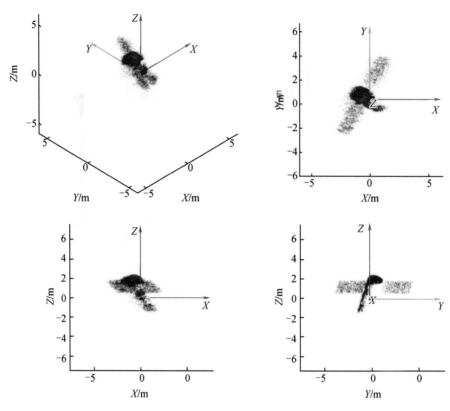

图 9.52 基于压缩感知成像的空间目标三维散射特性强度等值面重建结果

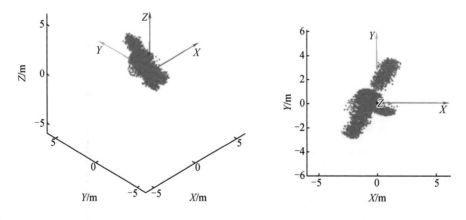

图 9.53 基于压缩感知成像的三维散射特性点云重建结果

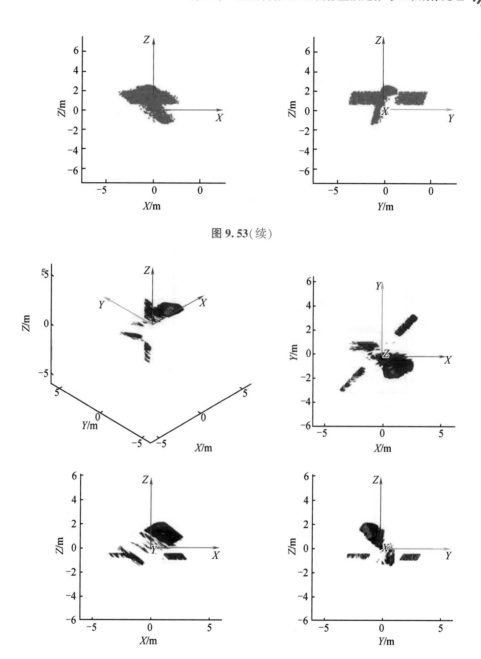

图 9.53(续)

图 9.54　孔径时间长度 2 s 时经典傅里叶方法的目标三维重建结果

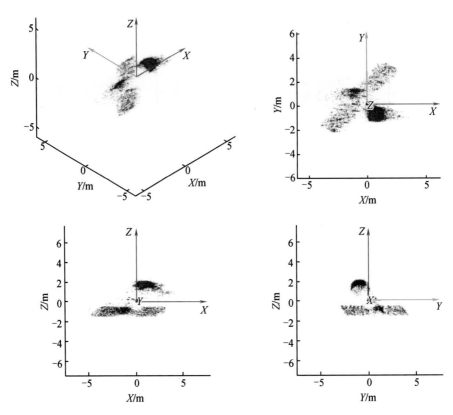

图 9.55　孔径时间长度 2 s 时压缩感知目标三维重建结果

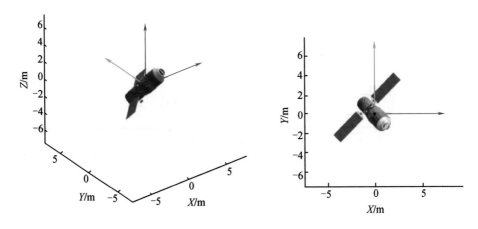

图 9.56　孔径时间长度 2 s 时目标三维真实姿态

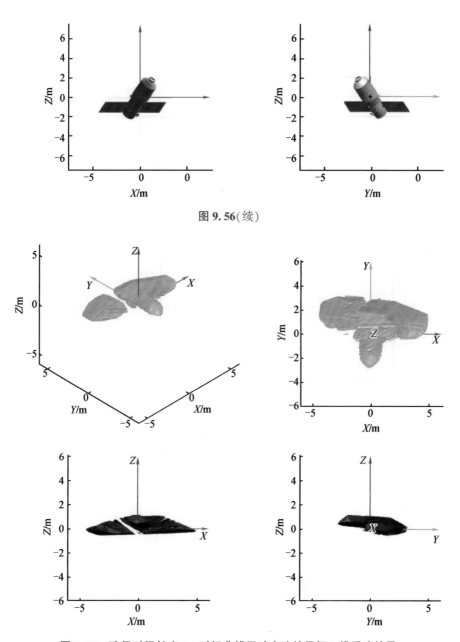

图 9.56(续)

图 9.57　孔径时间长度 1 s 时经典傅里叶方法的目标三维重建结果

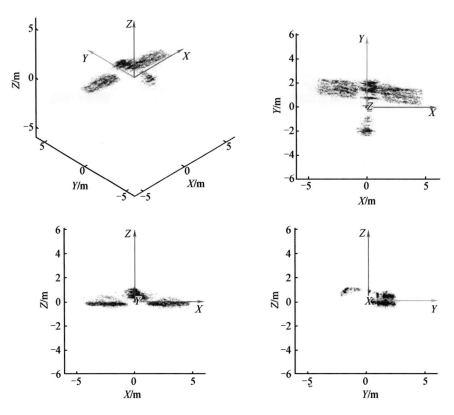

图 9.58　孔径时间长度 1 s 时压缩感知目标三维重建结果

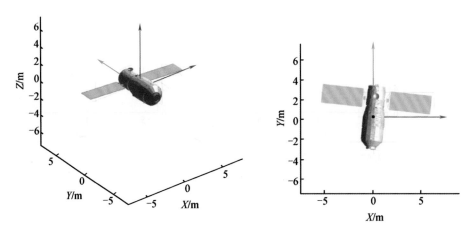

图 9.59　孔径时间长度 1 s 时目标三维真实姿态

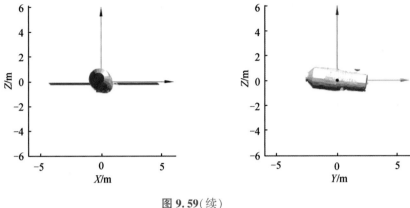

图 9.59(续)

　　显然,即使成像孔径时间压缩至 1 s,压缩感知方法重建结果依然稳健。在短孔径时间的条件下,传统傅里叶方法重建质量严重下降,但压缩感知方法重建质量没有明显的损失。这充分证明了基于压缩感知的空间目标散射特性重建方法在提高探测帧率方面的优势,这对于高动态信息的探测是非常有利的。

　　空间目标姿态运动复杂,传统 ISAR 图像是其三维雷达散射响应在二维成像平面的降维测量结果,存在可读性差、成像质量不高、尺寸标定误差大等问题,所得结果与目标真实姿态和运行状况存在较大差异,显著制约了目标特性研判和实际应用。空间目标二维 ISAR 图像的非光学图像效应使用户对图像的理解存在困难。这一问题在测量机动性极强的空间目标时尤其突出。本节提出的空间目标雷达散射特性三维重构技术可以突破传统 ISAR 探测手段的局限,有效实现空间目标三维散射结构的高精度重构,提高目标信息探测的精确度,为空间目标意图解译提供高精度测量信息。该技术通过对获取的原始信息实施精确处理,实现空间目标三维散射信息重构,可以将探测结果直接转换为符合人眼视觉的直观结果,对反演空间目标姿态、状态、行为、意图,实现高可信度、高精度的目标定轨、定姿、定态等具有现实意义。

　　通过三维散射特性重建,目标真实的三维信息最终呈现为具有真实空间尺度信息的三维图像,而不再是经典 ISAR 成像结果所呈现的需要复杂定标处理的抽象的、降维的二维图像,这从根本上克服了 ISAR 成像探测结果非人眼视觉效应的缺点,使得目标信息更加直观易懂。

# 参 考 文 献

［1］ 马建光, 张杰. 聚焦新战略空间: 俄罗斯成立空天军的战略考量［J］. 军事文摘, 2015(21): 15-17.

［2］ 南博一. 外媒: 美国天空司令部将于 8 月 29 日正式成立［EB/OL］. https://www.thepaper.cn/newsDetail_forward_4216072? spm = C73544894212. P59792594134.0.0, 2019-08-21.

［3］ 苑基荣. 印度成功发射月球探测器, 人类将首次在月球南端附近着陆［EB/OL］. https://wap.peopleapp.com/article/4406681/4276062, 2019-07-22.

［4］ 倪书爱. 空间目标双基地 ISAR 成像同步技术的研究［D］. 北京: 北京理工大学, 2006.

［5］ WILEY C A. Synthetic aperture radar［J］. IEEE Transactions on Aerospace and Electronic Systems, 2007, 21(3): 440-443.

［6］ BROWN W M. Synthetic aperture radar［J］. IEEE Transactions on Aerospace and Electronic Systems, 1967, 3(2): 217-229.

［7］ 史仁杰. 雷达反导与林肯实验室［J］. 系统工程与电子技术, 2007, 29(11): 1781-1799.

［8］ ELSON B M. Krems facility supports advanced technology［J］. Aviation Week & Space Technology, 1980(7): 52-54.

［9］ SAAD T A. The story of the MIT radiation laboratory［J］. IEEE Aerospace and Electronic Systems Magazine, 1990, 5(10): 46-51.

［10］ ANDREWS S E, YOHO P K, BANNER G P, et al. Radar open system architecture for Lincoln space surveillance activities［C］. Proceedings of the 2001 (2000) Space Control Conference. MIT Lincoln Laboratory, USA, 2001: 1-13.

［11］ WEISS H G. The Millstone and Haystack radars［J］. IEEE Transactions on Aerospace and Electronic Systems, 2001, 37(1): 365-379.

［12］ WILLIAM M B, ANTONIO F P. Histroy of Haystack［J］. Lincoln Laboratroy Journal, 2014, 21(1): 4-7.

[13] AVENT R K, SHELTON J D, BROWN P. The ALCOR C-band imaging radar[J]. IEEE Antennas and Propagation Magazine, 1996, 38(3): 16-27.

[14] AUSHERMAN D A, KOZMA A, WALKER J L, et al. Developments in radar imaging [J]. IEEE Transactions on Aerospace and Electronic Systems, 1984, 20(4): 363-399.

[15] CAMP W W, MAYHAN J T, O'DONNELL R M. Wideband radar for ballistic missile defense and range-Doppler imaging of satellites [J]. Lincoln Laboratroy Journal, 2000, 12(2): 267-280.

[16] BILL D. Wideband radar [J]. Lincoln Laboratory Journal, 2010, 18(2): 87-88.

[17] MIT Lincoln Laboratroy 2007 Annual Report [R/OL]. https://archive. ll. mit. edu/publications/.

[18] KEMPKES M A, HAWKEY T J, GAUDREAU M P J, et al. W-Band transmitter upgrade for the Haystack ultrawideband satellite imaging radar (HUSIR) [C]. Proceedings of 2006 IEEE International Vacuum Electronics Conference. Monterey, USA: IEEE, 2006: 551-552.

[19] CZERWINSKI M G, USOFF J M. Development of the Haystack ultrawideband satellite imaging radar [J]. Lincoln Laboratroy Journal, 2014, 21(1): 28-44.

[20] ABOUZAHRA M D, AVENT R K. The 100 kW millimeter-wave radar at the Kwajalein atoll [J]. IEEE Antennas and Propagation Magazine, 1994, 36(2): 7-19.

[21] STAMBAUGH J J, LEE R K, CANTRELL W H. The 4 GHz bandwidth millimeter-wave radar [J]. Lincoln Laboratory Journal, 2012, 19(2): 64-76.

[22] KEVIN M C, JEAN E P, JOSEPH T M. Ultra-wideband coherent processing [J]. Lincoln Laboratroy Journal, 1997, 10(2): 203-222.

[23] MEHRHOLZ D. Radar observations in low earth orbit[J]. Advances in Space Research, 1997, 19(2): 203-212.

[24] MEHRHOLZ D. Radar techniques for the characterization of meter-sized objects in space[J]. Advances in Space Research, 2001, 28(9): 1259-1268.

[25] FRAUNHOFER FHR. Long-term analysis of the attitude motion of the defunct ENVISAT [R/OL]. https://www. fhr. fraunhofer. de/en/businessunits/space/long-term-analysis-of-the-attitude-motion-of-the-defunct-satellite-ENVISAT. html.

[26] FRAUNHOFER FHR. Researchs at Fraunhofer monitor re-entry of Chinese space station Tiangong-1 [R/OL]. https://www. fhr. fraunhofer. de/en/press-media/press-releases/reentry_tiangong-1. html.

[27] CHEN C C, ANDREWS H C. Target-motion-induced radar imaging [J]. IEEE

Transactions on Aerospace and Electronic Systems, 1980, 16(1): 2-14.

［28］ CHEN C C, ANDREWS H C. Multifrequency imaging of radar turntable data［J］. IEEE Transactions on Aerospace and Electronic Systems, 1980, 16(1): 15-22.

［29］ GOODMAN R, NAGY W, WILHELM J, et al. A high fidelity ground to air imaging radar system［C］. Proceedings of 1994 IEEE National Radar Conference. Atlanta, USA: IEEE, 1994: 29-34.

［30］ VOLES R. Resolving revolutions: Imaging and mapping by modern radar［J］. IEEE Proceedings F Radar and Signal Processing, 1993, 140(1): 1.

［31］ CHEN V C. Adaptive time-frequency ISAR processing［J］. SPIE Proceedings-Radar Processing, Technology, and Applications, 1996, 2845: 133-140.

［32］ CHEN V C, LI F Y, HO S S, et al. Micro-doppler effect in radar: Phenomenon, model, and simulation study［J］. IEEE Transactions on Aerospace and Electronic Systems, 2006, 42(1): 2-21.

［33］ LI J, LING H. Application of adaptive chirplet representation for ISAR feature extraction from targets with rotating parts［J］. IEEE Proceedings-Radar, Sonar and Navigation, 2003, 150(4): 284.

［34］ HU X W, TONG N N, HE X Y, et al. 2D superresolution ISAR imaging via temporally correlated multiple sparse Bayesian learning［J］. Journal of the Indian Society of Remote Sensing, 2018, 46(3): 387-393.

［35］ RAJ R G, RODENBECK C T, LIPPS R D, et al. A multilook processing approach to 3-D ISAR imaging using phased arrays［J］. IEEE Geoscience and Remote Sensing Letters, 2018, 15(9): 1412-1416.

［36］ CHEN V C, LIU B K. Hybrid SAR/ISAR for distributed ISAR imaging of moving targets［C］//2015 IEEE Radar Conference (RadarCon). Arlington, VA, USA. IEEE, 2015: 658-663.

［37］ PADGETT M J, BOYD R W. An introduction to ghost imaging: Quantum and classical［J］. Philosophical Transactions Series A, Mathematical, Physical, and Engineering Sciences, 2017, 375(2099): 20160233.

［38］ 喻洋. 太赫兹雷达目标探测关键技术研究［D］. 成都: 电子科技大学, 2016.

［39］ 吕亚昆. 空间目标天基逆合成孔径激光雷达成像关键技术研究［D］. 北京: 航天工程大学, 2019.

［40］ HUANG D R, ZHANG L, XING M D, et al. Doppler ambiguity removal and ISAR imaging of group targets with sparse decomposition［J］. IET Radar, Sonar & Navigation, 2016, 10(9): 1711-1719.

［41］ 吴敏. 逆合成孔径雷达提高分辨率成像方法研究［D］. 西安：西安电子科技大学，2016.

［42］ 保铮，邓文彪，杨军. ISAR 成像处理中的一种运动补偿方法［J］. 电子学报，1992，20(6)：3-8.

［43］ 朱兆达，叶蓁如，邬小青. 一种超分辨距离多普勒成像方法［J］. 电子学报，1992，20(7)：1-6.

［44］ 毛引芳，吴一戎，张永军，等. 以散射质心为基准的 ISAR 成像的运动补偿［J］. 电子科学学刊，1992，14(5)：532-536.

［45］ 刘永坦. 雷达成像技术［M］. 哈尔滨：哈尔滨工业大学出版社，2014.

［46］ 邢孟道，保铮，李真芳. 雷达成像算法进展［M］. 北京：电子工业出版社，2014.

［47］ 冯德军，王雪松，肖顺平，等. 弹道目标中段雷达成像仿真研究［J］. 系统仿真学报，2004，16(11)：2511-2513.

［48］ 西陆东方军事. 中国雷达对国际空间站的最新成像图曝光［EB/OL］. http://club. xilu. com/emas/msgview-821955-2667139. html.

［49］ DOERRY A W. Synthetic aperture radar processing with polar formatted subapertures［C］. Proceedings of 1994 28th Asilomar Conference on Signals, Systems and Computers. Pacific Grove, USA. IEEE, 1994：1210-1215.

［50］ WALKER, J, L. Range-doppler imaging of rotating objects［J］. IEEE Transactions on Aerospace and Electronic Systems, 1980, 16(1)：23-52.

［51］ 舒明敏，全绍辉. ISAR 快速 CBP 成像算法研究［J］. 微波学报，2014，30(6)：31-35.

［52］ LI Z Z, ZHANG Y, WANG S, et al. Fast adaptive pulse compression based on matched filter outputs［J］. IEEE Transactions on Aerospace and Electronic Systems, 2015, 51(1)：548-564.

［53］ 何兴宇，童宁宁，胡晓伟. 基于解线调 ISAR 成像与散射中心匹配的弹道目标识别［J］. 火力与指挥控制，2015，40(2)：6-8.

［54］ 许稼，彭应宁，夏香根，等. 空时频检测前聚焦雷达信号处理方法［J］. 雷达学报，2014，3(2)：129-141.

［55］ JAIN A, PATEL I. SAR/ISAR imaging of a non-uniformly rotating target［J］. IEEE Transactions on Aerospace and Electronic Systems, 1992, 28(1)：317-321.

［56］ XIONG D, WANG J L, ZHAO H P, et al. Modified polar format algorithm for ISAR imaging［C］//IET International Radar Conference 2015. Hangzhou, China. Institution of Engineering and Technology, 2015：1-7.

[57] BERIZZI F, MESE E D, DIANI M, et al. High-resolution ISAR imaging of maneuvering targets by means of the range instantaneous Doppler technique：Modeling and performance analysis[J]. IEEE Transactions on Image Processing：A Publication of the IEEE Signal Processing Society, 2001, 10(12)：1880-1890.

[58] 常雯, 李增辉, 杨健. 基于迭代 Radon-Wigner 变换的 FMCW-ISAR 目标速度估计及速度补偿[J]. 清华大学学报(自然科学版), 2014, 54(4)：464-468.

[59] CEXUS J C, TOUMI A, COUDERC O. Quantitative measures in ISAR image formation based on time-frequency representations[C]//2017 International Conference on Advanced Technologies for Signal and Image Processing (ATSIP). Fez, Morocco. IEEE, 2017：1-5.

[60] 肖达. 浮空器载逆合成孔径雷达飞机目标成像技术研究[D]. 哈尔滨：哈尔滨工业大学, 2016.

[61] 姜敏敏, 罗文茂, 张业荣. 应用 FrFT 的调频步进 ISAR 低信噪比成像方法[J]. 微波学报, 2017, 33(5)：87-92.

[62] LI Y Y, FU Y W, ZHANG W P. Distributed ISAR subimage fusion of nonuniform rotating target based on matching Fourier transform[J]. Sensors, 2018, 18(6)：1806.

[63] 王超. 基于信号处理新方法的机动目标 ISAR 成像算法研究[D]. 哈尔滨：哈尔滨工业大学, 2015.

[64] LV Y K, WANG Y P, WU Y H, et al. A novel inverse synthetic aperture radar imaging method for maneuvering targets based on modified Chirp Fourier transform[J]. Applied Sciences, 2018, 8(12)：2443.

[65] LV X L, BI G A, WAN C R, et al. Lv's distribution：Principle, implementation, properties, and performance[J]. IEEE Transactions on Signal Processing, 2011, 59(8)：3576-3591.

[66] KANG B S, RYU B H, KIM K T. Efficient determination of frame time and length for ISAR imaging of targets in complex 3-D motion using phase nonlinearity and discrete polynomial phase transform[J]. IEEE Sensors Journal, 2018, 18(14)：5739-5752.

[67] 李东, 占木杨, 粟嘉, 等. 一种基于相干积累 CPF 和 NUFFT 的机动目标 ISAR 成像新方法[J]. 电子学报, 2017, 45(9)：2225-2232.

[68] LI D, ZHAN M Y, ZHANG X Z, et al. ISAR imaging of nonuniformly rotating target based on the multicomponent CPS model under low SNR environment[J]. IEEE Transactions on Aerospace and Electronic Systems, 2017, 53(3)：1119-1135.

［69］ ZHENG J B, SU T, ZHU W T, et al. ISAR imaging of targets with complex motions based on the keystone time-chirp rate distribution［J］. IEEE Geoscience and Remote Sensing Letters, 2014, 11(7): 1275-1279.

［70］ ZHENG J B, SU T, ZHANG L, et al. ISAR imaging of targets with complex motion based on the chirp rate-quadratic chirp rate distribution［J］. IEEE Transactions on Geoscience and Remote Sensing, 2014, 52(11): 7276-7289.

［71］ HOU Y N, SUN J, LI S G, et al. Research of sparse signal time-frequency analysis based on compressed sensing［C］//IET International Radar Conference 2013. Xi'an, China. Institution of Engineering and Technology, 2013: 1-4.

［72］ WHITELONIS N, LING H. Radar signature analysis using a joint time-frequency distribution based on compressed sensing［J］. IEEE Transactions on Antennas and Propagation, 2014, 62(2): 755-763.

［73］ CORRETJA V, GRIVEL E, BERTHOUMIEU Y, et al. Enhanced Cohen class time-frequency methods based on a structure tensor analysis: Applications to ISAR processing［J］. Signal Processing, 2013, 93(7): 1813-1830.

［74］ 芮力, 钱广红, 张国庆, 等. 基于自适应最优核时频分布理论的 ISAR 成像方法［J］. 电光与控制, 2014, 21(7): 46-50.

［75］ HAN N, XIA M, CHEN G, et al. High azimuth resolution imaging algorithm for space targets bistatic ISAR based on linear prediction［C］. Proceedings of 2013 3rd International Conference on Consumer Electronics, Communications and Networks. Xianning, China. IEEE, 2014: 335-338.

［76］ 凌牧, 袁伟明, 邢文革. 基于 AR-CAPON 联合谱估计的超分辨 ISAR 成像算法［J］. 现代雷达, 2009, 31(12): 32-34.

［77］ KOUSHIK A R, SHRUTHI B S, RAJESH R, et al. A root-music algorithm for high resolution ISAR imaging［C］. Proceedings of 2016 IEEE International Conference on Recent Trends in Electronics, Information and Communication Technology (RTEICT). Bangalore, India: IEEE, 2017: 522-526.

［78］ KIM H, MYUNG N H. ISAR imaging method of radar target with short-term observation based on ESPRIT［J］. Journal of Electromagnetic Waves and Applications, 2018, 32(8): 1040-1051.

［79］ GIUSTI E, CATALDO D, BACCI A, et al. ISAR image resolution enhancement: Compressive sensing versus state-of-the-art super-resolution techniques［J］. IEEE Transactions on Aerospace and Electronic Systems, 2018, 54(4): 1983-1997.

［80］ WANG G Y. The minimum entropy criterion of range alignment in ISAR motion compensation[C]//Radar Systems (RADAR 97). Edinburgh, UK. IEEE, 1997: 236-239.

[81] 赵会朋, 王俊岭, 高梅国, 等. 基于轨道误差搜索的双基地 ISAR 包络对齐算法[J]. 系统工程与电子技术, 2017, 39(6): 1235-1243.

[82] 张佳佳, 姜卫东. 嵌套并行的包络对齐方法研究[J]. 数字技术与应用, 2015 (8): 98-99.

[83] 邹璐, 李潺, 张勇强, 等. 逆合成孔径雷达成像包络对齐的迭代改进方法[J]. 微型机与应用, 2013, 32(16): 74-76.

[84] WANG J F, KASILINGAM D. Global range alignment for ISAR[J]. IEEE Transactions on Aerospace and Electronic Systems, 2003, 39(1): 351-357.

[85] ZHU D Y, WANG L, TAO Q N, et al. ISAR range alignment by minimizing the entropy of the average range profile [C]// Proceedings of 2006 IEEE Conference on Radar. Verona, USA: IEEE, 2006: 813-818.

[86] 保铮, 邢孟道, 王彤. 雷达成像技术[M]. 北京: 电子工业出版社, 2005.

[87] BERIZZI F, MARTORELLA M, HAYWOOD B. A survey on ISAR autofocusing techniques [C]// Proceedings of 2004 International Conference on Imaging Processing (ICIP04). Singapore, Singapore: IEEE, 2004: 9-12.

[88] STEINBERG B D. Microwave imaging of aircraft[J]. Proceedings of the IEEE, 1988, 76(12): 1578-1592.

[89] 朱兆达, 邱晓晖, 余志舜. 用改进的多普勒中心跟踪法进行 ISAR 运动补偿[J]. 电子学报, 1997, 25(3): 65-69.

[90] XI L, LIU G S, NI J L. Autofocusing of ISAR images based on entropy minimization[J]. IEEE Transactions on Aerospace and Electronic Systems, 1999, 35(4): 1240-1252.

[91] MARTORELLA M, BERIZZI F, HAYWOOD B. Contrast maximization based technique for 2-D ISAR autofocusing [J]. IEEE Proceedings-Radar, Sonar and Navigation, 2005, 152(4): 253-262.

[92] WAHL D E, EICHEL P H, GHIGLIA D C, et al. Phase gradient autofocus-a robust tool for high-resolution SAR phase correction [J]. IEEE Transactions on Aerospace and Electronic Systems, 1994, 30(3): 827-835.

[93] 邱晓晖, HENG W C A, YEO S Y. ISAR 成像快速最小熵相位补偿方法[J]. 电子与信息学报, 2004, 26(10): 1656-1660.

[94] 邓云凯, 王宇, 杨贤林, 等. 基于对比度最优准则的自聚焦优化算法研究[J]. 电子学报, 2006, 34(9): 1742-1744.

［95］ SNARSKI C A. Rank one phase error estimation for range-Doppler imaging ［J］. IEEE Transactions on Aerospace and Electronic Systems, 1996, 32(2): 676-688.

［96］ WANG L, ZHU D, ZHU Z. Improvements of ROPE in ISAR motion compensation ［C］// Proceedings of 2007 1st Asian & Pacific Conference on Synthetic aperture radar. Huangshan, China: IEEE, 2008: 735-738.

［97］ 左潇丽. 空间目标 ISAR 成像及定标技术研究［D］. 南京: 南京航空航天大学, 2017.

［98］ MARTORELLA M. Novel approach for ISAR image cross-range scaling ［J］. IEEE Transactions on Aerospace and Electronic Systems, 2008, 44(1): 281-294.

［99］ PARK S H, KIM H T, KIM K T. Cross-range scaling algorithm for ISAR images using 2-D Fourier transform and polar mapping［J］. IEEE Transactions on Geoscience and Remote Sensing, 2011, 49(2): 868-877.

［100］ LIU L, ZHOU F, TAO M L, et al. Cross-range scaling method of inverse synthetic aperture radar image based on discrete polynomial-phase transform［J］. IET Radar, Sonar & Navigation, 2015, 9(3): 333-341.

［101］ 李宁, 汪玲. 一种改进的 ISAR 图像方位向定标方法［J］. 雷达科学与技术, 2012, 10(1): 74-81.

［102］ YEH C M, XU J A, PENG Y N, et al. Cross-range scaling for ISAR based on image rotation correlation［J］. IEEE Geoscience and Remote Sensing Letters, 2009, 6(3): 597-601.

［103］ XU Z W, ZHANG L, XING M D. Precise cross-range scaling for ISAR images using feature registration［J］. IEEE Geoscience and Remote Sensing Letters, 2014, 11(10): 1792-1796.

［104］ 王昕. ISAR 图像方位向定标方法研究［D］. 南京: 南京航空航天大学, 2012.

［105］ LO R E, WOLF D M. The sanger-concept-a fully reusable winged launch vehicle ［J］. Earth-Oriented Applications of Space Technology, 1987, 7(4): 24199.

［106］ 康开华. 英国"云霄塔"空天飞机的最新进展［J］. 国际太空, 2014(7): 42-50.

［107］ 张斌, 许凯, 徐博婷, 等. 俄罗斯高超音速武器展露锋芒［J］. 军事文摘, 2018(15): 37-40.

［108］ 黄小红, 邱兆坤, 王伟. 目标高速运动对宽带一维距离像的影响及补偿方法研究［J］. 信号处理, 2002, 18(6): 487-490.

［109］ LIU Y X, ZHANG S H, ZHU D K, et al. A novel speed compensation method for ISAR imaging with low SNR［J］. Sensors, 2015, 15(8): 18402-18415.

［110］ 王瑜, 秦忠宇, 文树梁. 高分辨雷达去斜处理一维距离像速度补偿技术［J］.

系统工程与电子技术, 2004, 26(12): 1757-1759.

[111] TIAN B A, LU Z J, LIU Y X, et al. High velocity motion compensation of IFDS data in ISAR imaging based on adaptive parameter adjustment of matched filter and entropy minimization[J]. IEEE Access, 2018, 6: 34272-34278.

[112] 尹治平, 张冬晨, 王东进, 等. 基于 FrFT 距离压缩的高速目标 ISAR 成像[J]. 中国科学技术大学学报, 2009, 39(9): 944-948.

[113] 陈春晖, 张群, 顾福飞, 等. 基于参数化稀疏表征高速目标 ISAR 成像方法[J]. 华中科技大学学报(自然科学版), 2017, 45(2): 67-71.

[114] 金光虎, 高勋章, 黎湘, 等. 基于 Chirplet 的逆合成孔径雷达回波高速运动补偿算法[J]. 宇航学报, 2010, 31(7): 1844-1849.

[115] SIMON M P, SCHUH M J, WOO A C. Bistatic ISAR images from a time-domain code[J]. IEEE Antennas and Propagation Magazine, 1995, 37(5): 25-32.

[116] YATES G, HORNE A M, BLAKE A P, et al. Bistatic SAR image formation [J]. IEE proceedings Radar, sonar and navigation, 2006, 153(3): 208-213.

[117] MARTORELLA M. Bistatic ISAR image formation in presence of bistatic angle changes and phase synchronisation errors [C]. Proceedings of 7th European Conference on Synthetic Aperture Radar (EUSAR 2008). Friedrichshafen, Germany: VDE, 2008: 1-4.

[118] MARTORELLA M, PALMER J, HOMER J, et al. On bistatic inverse synthetic aperture radar[J]. IEEE Transactions on Aerospace and Electronic Systems, 2007, 43(3): 1125-1134.

[119] CHEN V C, DES ROSIERS A, LIPPS R. Bi-static ISAR range-Doppler imaging and resolution analysis [C]//2009 IEEE Radar Conference. Pasadena, CA, USA. IEEE, 2009: 1-5.

[120] MARTORELLA M. Analysis of the robustness of bistatic inverse synthetic aperture radar in the presence of phase synchronisation errors [J]. IEEE Transactions on Aerospace and Electronic Systems, 2011, 47(4): 2673-2689.

[121] MARTORELLA M, PALMER J, BERIZZI F, et al. Advances in bistatic inverse synthetic aperture radar [C]// Proceedings of 2009 International Radar Conference "Surveillance for a Safer World" (RADAR 2009). Bordeaux, France: IEEE, 2009: 1-6.

[122] CATALDO D, MARTORELLA M. Bistatic ISAR distortion mitigation via super-resolution [J]. IEEE Transactions on Aerospace and Electronic Systems, 2018, 54(5): 2143-2157.

[ 123 ]　SUN S B, YUAN Y S, JIANG Y C. Bistatic inverse synthetic aperture radar imaging method for maneuvering targets [ J ]. Journal of Applied Remote Sensing, 2016, 10( 4 ): 045016.

[ 124 ]　AI X F, ZENG Y H, WANG L D, et al. ISAR imaging and scaling method of precession targets in wideband t/r-r bistatic radar[ J ]. Progress in Electromagnetics Research M, 2017, 53: 191−199.

[ 125 ]　KANG M S, KANG B S, LEE S H, et al. Bistatic-ISAR distortion correction and range and cross-range scaling[ J ]. IEEE Sensors Journal, 2017, 17( 16 ): 5068−5078.

[ 126 ]　BAE J H, KANG B S, LEE S H, et al. Bistatic ISAR image reconstruction using sparse-recovery interpolation of missing data[ J ]. IEEE Transactions on Aerospace and Electronic Systems, 2016, 52( 3 ): 1155−1167.

[ 127 ]　KANG B S, BAE J H, KANG M S, et al. Bistatic-ISAR cross-range scaling[ J ]. IEEE Transactions on Aerospace and Electronic Systems, 2017, 53( 4 ): 1962−1973.

[ 128 ]　CHAI S, CHEN W. Bistatic ISAR signal modelling and image analysis [ C ]// Proceedings of 2013 Asia-Pacific Conference on Synthetic Aperture Radar ( APSAR ). Tsukuba, Japan: IEEE, 2013: 510−512.

[ 129 ]　张瑜, 张英朝, 陈国玖, 等. 空间目标双基地 ISAR 成像畸变分析[ C ]//第四届高分辨率对地观测学术年会论文集. 武汉: 2017: 1247−1259.

[ 130 ]　GUO B F, SHANG C X. Research on bistatic ISAR coherent imaging of space high speed moving target[ C ]//2014 IEEE Workshop on Electronics, Computer and Applications. Ottawa, ON, Canada: IEEE, 2014: 205−209.

[ 131 ]　ZHANG S S, SUN S B, ZHANG W, et al. High resolution bistatic ISAR image formation for high-speed and complex motion targets [ J ]. IEEE Journal of Selected Topics in Applied Earth Observations and Remote Sensing, 2015, 8( 7 ): 3520−3531.

[ 132 ]　朱小鹏, 颜佳冰, 张群, 等. 基于双基 ISAR 的空间高速目标成像分析[ J ]. 空军工程大学学报( 自然科学版 ), 2011, 12( 6 ): 44−49.

[ 133 ]　韩宁, 尚朝轩, 董健. 空间目标双基地 ISAR 一维距离像速度补偿方法[ J ]. 宇航学报, 2012, 33( 4 ): 507−513.

[ 134 ]　马少闯, 何强, 郭宝锋. 空间目标双基地 ISAR 速度补偿研究[ J ]. 军械工程学院学报, 2016, 28( 2 ): 37−46.

[ 135 ]　BORISON S L, BOWLING S B, CUOMO K M. Super-resolution methods for

wideband radar [J]. Lincoln Laboratory Journal, 1992, 5(3): 441-461.

[136] LIU J, CHEN Y, GAO L, et al. High resolution process based on interpolation and extrapolation in random step frequency radar [C]// Proceedings of 2017 International Applied Computational Electromagnetics Society Symposium (ACES). Suzhou, China: IEEE, 2017: 1-2.

[137] 韩宁, 尚朝轩, 董健. 小转角下空间目标双基地 ISAR 二维成像算法[J]. 传感器与微系统, 2011, 30(11): 138-141.

[138] ZHANG Y Q. Super-resolution passive ISAR imaging via the RELAX algorithm [C]//2016 9th International Symposium on Computational Intelligence and Design (ISCID). Hangzhou, China. IEEE, 2016: 65-68.

[139] REN X Z, QIAO L H, QIN Y, et al. Sparse regularization based imaging method for inverse synthetic aperture radar[C]//2016 Progress in Electromagnetic Research Symposium (PIERS). Shanghai, China: IEEE, 2016: 4348. 4351.

[140] HASHEMPOUR H R, ALI MASNADI-SHIRAZI M, ABBASI ARAND B. Compressive Sensing ISAR imaging with LFM signal[C]//2017 Iranian Conference on Electrical Engineering (ICEE). Tehran, Iran: IEEE, 2017: 1869. 1873.

[141] CANDÈS E, BECKER S. Compressive sensing: Principles and hardware implementations[C]//2013 Proceedings of the ESSCIRC (ESSCIRC). Bucharest, Romania: IEEE, 2013: 22-23.

[142] DONOHO D, REEVES G. The sensitivity of compressed sensing performance to relaxation of sparsity [C]//2012 IEEE International Symposium on Information Theory Proceedings. Cambridge, MA, USA: IEEE, 2012: 2211-2215.

[143] CANDÈS E J, ROMBERG J K, TAO T. Stable signal recovery from incomplete and inaccurate measurements[J]. Communications on Pure and Applied Mathematics, 2006, 59(8): 1207-1223.

[144] 刘记红, 徐少坤, 高勋章, 等. 压缩感知雷达成像技术综述[J]. 信号处理, 2011, 27(2): 251-260.

[145] YOON Y S, AMIN M G. High resolution through-the-wall radar imaging using extended target model [C]// Proceedings of 2008 IEEE Radar Conference. Rome, Italy: IEEE, 2008: 6968A.

[146] ENDER J H G. On compressive sensing applied to radar[J]. Signal Processing, 2010, 90(5): 1402-1414.

[147] YARDIBI T, LI J A, STOICA P, et al. Source localization and sensing: A non-parametric iterative adaptive approach based on weighted least squares[J]. IEEE

Transactions on Aerospace and Electronic Systems, 2010, 46(1): 425-443.

[148] TAN X, ROBERTS W, LI J A, et al. Sparse learning via iterative minimization with application to MIMO radar imaging[J]. IEEE Transactions on Signal Processing, 2011, 59(3): 1088-1101.

[149] ZHUANG Y, XU S Y, CHEN Z P, et al. ISAR imaging with sparse pulses based on compressed sensing[C]//2016 Progress in Electromagnetic Research Symposium (PIERS). Shanghai, China: IEEE, 2016: 2066-2070.

[150] RAO W, LI G, WANG X Q, et al. Adaptive sparse recovery by parametric weighted $l_1$ minimization for ISAR imaging of uniformly rotating targets [J]. IEEE Journal of Selected Topics in Applied Earth Observations and Remote Sensing, 2013, 6(2): 942-952.

[151] LI J, XING M, WU S. Application of compressed sensing in sparse aperture imaging of radar [C]// Proceedings of 2009 2nd Asian-Pacific Conference on Synthetic Aperture Radar. Xi'an, China: IEEE, 2009: 1119-1122.

[152] PANG L N, ZHANG S S, TIAN X Z. Robust two-dimensional ISAR imaging under low SNR via compressed sensing[C]//2014 IEEE Radar Conference. Cincinnati, OH, USA: IEEE, 2014: 846-849.

[153] BU H X, BAI X A, ZHAO J A, et al. Adaptive noise depression CSISAR imaging via OMP with CFAR thresholding[C]//2016 IEEE International Geoscience and Remote Sensing Symposium (IGARSS). Beijing, China: IEEE, 2016: 4992-4995.

[154] XU G, YANG L, BI G A, et al. Enhanced ISAR imaging and motion estimation with parametric and dynamic sparse Bayesian learning[J]. IEEE Transactions on Computational Imaging, 2017, 3(4): 940-952.

[155] ZOU Y Q, GAO X Z, LI X A. A block sparse bayesian learning based ISAR imaging method[C]//2016 IEEE International Geoscience and Remote Sensing Symposium (IGARSS). Beijing, China: IEEE, 2016: 1011-1014.

[156] XU X J, LI J A. Ultrawide-band radar imagery from multiple incoherent frequency subband measurements [J]. Journal of Systems Engineering and Electronics, 2011, 22(3): 398-404.

[157] SHENG J L, ZHANG L, XU G, et al. Coherent processing for ISAR imaging with sparse apertures[J]. Science China Information Sciences, 2012, 55(8): 1898-1909.

[158] 张磊. 高分辨 SAR/ISAR 成像及误差补偿技术研究[D]. 西安: 西安电子科技大学, 2012.

［159］ YE W, YEO T S, BAO Z. Weighted least-squares estimation of phase errors for SAR/ISAR autofocus［J］. IEEE Transactions on Geoscience and Remote Sensing, 1999, 37(5): 2487-2494.

［160］ LIU Q C, WANG Y. A fast eigenvector-based autofocus method for sparse aperture ISAR sensors imaging of moving target［J］. IEEE Sensors Journal, 2019, 19 (4): 1307-1319.

［161］ ZHANG S H, LIU Y X, LI X A. Autofocusing for sparse aperture ISAR imaging based on joint constraint of sparsity and minimum entropy［J］. IEEE Journal of Selected Topics in Applied Earth Observations and Remote Sensing, 2017, 10 (3): 998-1011.

［162］ ÖNHON N Ö, CETIN M. A sparsity-driven approach for joint SAR imaging and phase error correction［J］. IEEE Transactions on Image Processing: A Publication of the IEEE Signal Processing Society, 2012, 21(4): 2075-2088.

［163］ XU G, CHEN Q Q, ZHANG S X, et al. A novel autofocusing algorithm for ISAR imaging based on sparsity-driven optimization［C］//Proceedings of 2011 IEEE CIE International Conference on Radar. Chengdu, China: IEEE, 2011: 1470-1474.

［164］ DU X Y, DUAN C W, HU W D. Sparse representation based autofocusing technique for ISAR images［J］. IEEE Transactions on Geoscience and Remote Sensing, 2013, 51(3): 1826-1835.

［165］ ZHAO L F, WANG L, BI G A, et al. An autofocus technique for high-resolution inverse synthetic aperture radar imagery［J］. IEEE Transactions on Geoscience and Remote Sensing, 2014, 52(10): 6392-6403.

［166］ ZHANG S H, LIU Y X, LI X A, et al. Joint sparse aperture ISAR autofocusing and scaling via modified Newton method-based variational Bayesian inference［J］. IEEE Transactions on Geoscience and Remote Sensing, 2019, 57(7): 4857-4869.

［167］ ZHANG S S, SUN S B, ZHANG W, et al. High-resolution bistatic ISAR image formation for high-speed and complex-motion targets［J］. IEEE Journal of Selected Topics in Applied Earth Observations and Remote Sensing, 2015, 8(7): 3520-3531.

［168］ 龚旻, 谭杰, 李大伟, 等. 临近空间高超声速飞行器黑障问题研究综述［J］. 宇航学报, 2018, 39(10): 1059-1070.

［169］ 王洋, 金胜, 黄璐. 空间目标双基地雷达 ISAR 成像技术研究［J］. 雷达科学与技术, 2015, 13(5): 485-489.

［170］ QIAN L C, XU J A, XIA X G, et al. Wideband-scaled Radon-Fourier transform for high-speed radar target detection[J]. IET Radar, Sonar & Navigation, 2014, 8(5): 501-512.

[171] 刘爱芳, 朱晓华, 陆锦辉, 等. 基于解线调处理的高速运动目标 ISAR 距离像补偿[J]. 宇航学报, 2004, 25(5): 541-545.

[172] ZHANG L, SHENG J L, DUAN J, et al. Translational motion compensation for ISAR imaging under low SNR by minimum entropy[J]. EURASIP Journal on Advances in Signal Processing, 2013, 2013(1): 1-19.

[173] KANAKARAJ S, NAIR M S, KALADY S. SAR image super resolution using importance sampling unscented Kalman filter[J]. IEEE Journal of Selected Topics in Applied Earth Observations and Remote Sensing, 2018, 11(2): 562-571.

[174] LI M J, DONG Y B, WANG X L. Image fusion algorithm based on gradient pyramid and its performance evaluation[J]. Applied Mechanics and Materials, 2014, 525: 715-718.

[175] ZHU X X, HE F, YE F, et al. Sidelobe suppression with resolution maintenance for SAR images via sparse representation[J]. Sensors, 2018, 18(5): 1589.

[176] 柴守刚. 运动目标分布式雷达成像技术研究[D]. 合肥: 中国科学技术大学, 2014.

[177] 吴亮. 复杂运动目标 ISAR 成像技术研究[D]. 长沙: 国防科学技术大学, 2012.

[178] PELEG S, PORAT B. Linear FM signal parameter estimation from discrete-time observations[J]. IEEE Transactions on Aerospace and Electronic Systems, 1991, 27(4): 607-616.

[179] WANG M S, CHAN A K, CHUI C K. Linear frequency-modulated signal detection using Radon-ambiguity transform[J]. IEEE Transactions on Signal Processing, 1998, 46(3): 571-586.

[180] LU H, ZHANG S S, KONG L K. A new WVD algorithm jointed CLEAN technique in ISAR imaging[C]//2012 Second International Conference on Intelligent System Design and Engineering Application. Sanya, China: IEEE, 2012: 69-72.

[181] WANG L H, MA H G, LI Z, et al. Parameters estimation of linear FM signal based on matching Fourier transform[C]//2008 IEEE International Conference on Industrial Technology. Chengdu, China: IEEE, 2008: 1-4.

[182] YANG P, LIU Z, JIANG W L. Parameter estimation of multi-component chirp signals based on discrete chirp Fourier transform and population Monte Carlo[J].

Signal, Image and Video Processing, 2015, 9(5): 1137-1149.

[183] LI H, QIN Y L, JIANG W D, et al. Performance analysis of parameter estimation algorithm for LFM signals using quadratic phase function[C]//2009 International Conference on Wireless Communications & Signal Processing. Nanjing, China: IEEE, 2009: 1-4.

[184] SERBES A. On the estimation of LFM signal parameters: Analytical formulation [J]. IEEE Transactions on Aerospace and Electronic Systems, 2018, 54(2): 848-860.

[185] KANG M S, LEE S J, LEE S H, et al. ISAR imaging of high-speed maneuvering target using gapped stepped-frequency waveform and compressive sensing[J]. IEEE Transactions on Image Processing: A Publication of the IEEE Signal Processing Society, 2017, 26(10): 5043-5056.

[186] DU Y H, JIANG Y C, ZHOU W. An accurate two-step ISAR cross-range scaling method for earth-orbit target[J]. IEEE Geoscience and Remote Sensing Letters, 2017, 14(11): 1893-1897.

[187] PELEG S, PORAT B. Estimation and classification of polynomial-phase signals [J]. IEEE Transactions on Information Theory, 1991, 37(2): 422-430.

[188] PELEG S, PORAT B. Linear FM signal parameter estimation from discrete-time observations[J]. IEEE Transactions on Aerospace and Electronic Systems, 1991, 27(4): 607-616.

[189] 刘渝. 快速解线性调频技术[J]. 数据采集与处理, 1999, 14(2): 175-178.

[190] NAGAJYOTHI A, RAJA RAJESWARI K. Modelling of LFM spectrum as rectangle using steepest descent method[J]. International Journal of Computer Applications, 2013, 69(16): 13-17.

[191] LAO G C, YIN C B, YE W, et al. A frequency domain extraction based adaptive joint time frequency decomposition method of the maneuvering target radar echo [J]. Remote Sensing, 2018, 10(2): 266.

[192] PELEG S, FRIEDLANDER B. The discrete polynomial-phase transform[J]. IEEE Transactions on Signal Processing, 1995, 43(8): 1901-1914.

[193] KHWAJA A, CETIN M. Compressed sensing ISAR reconstruction considering highly maneuvering motion[J]. Electronics, 2017, 6(1): 21.

[194] ZHANG L, WANG H X, QIAO Z J. Resolution enhancement for ISAR imaging via improved statistical compressive sensing[J]. EURASIP Journal on Advances in Signal Processing, 2016, 2016(1): 1-19.

［195］ WU M, ZHANG L, XIA X G, et al. Phase adjustment for polarimetric ISAR with compressive sensing［J］. IEEE Transactions on Aerospace and Electronic Systems, 2016, 52(4): 1592-1606.

［196］ ZHOU H, ALEXANDER D, LANGE K. A quasi-Newton acceleration for high-dimensional optimization algorithms［J］. Statistics and Computing, 2011, 21(2): 261-273.

［197］ CHONG E K P, ZAK S H. An introduction to optimization ［M］. 4th ed. New York: John Wiley & Sons, 2016.

［198］ LIU Y, ZOU J W, XU S Y, et al. Nonparametric rotational motion compensation technique for high-resolution ISAR imaging via golden section search［J］. Progress in Electromagnetics Research M, 2014, 36: 67-76.

［199］ LIU L, QI M S, ZHOU F. A novel non-uniform rotational motion estimation and compensation method for maneuvering targets ISAR imaging utilizing particle swarm optimization［J］. IEEE Sensors Journal, 2018, 18(1): 299-309.

［200］ 董明慧. ISAR 成像电磁模拟的研究［D］. 西安: 西安电子科技大学, 2012.

［201］ 张智, 莫翠琼, 祝强. 基于 FEKO 的二维散射中心建模［J］. 航天电子对抗, 2011, 27(2): 55-57.

［202］ XU G, XING M D, ZHANG L, et al. Sparse apertures ISAR imaging and scaling for maneuvering targets［J］. IEEE Journal of Selected Topics in Applied Earth Observations and Remote Sensing, 2014, 7(7): 2942-2956.

［203］ 李少东, 杨军, 马晓岩. 基于压缩感知的 ISAR 高分辨成像算法［J］. 通信学报, 2013, 34(9): 150-157.

［204］ ZHAO G H, WANG Z Y, WANG Q, et al. Robust ISAR imaging based on compressive sensing from noisy measurements［J］. Signal Processing, 2012, 92(1): 120-129.

［205］ CANDES E J, ROMBERG J, TAO T. Robust uncertainty principles: Exact signal reconstruction from highly incomplete frequency information［J］. IEEE Transactions on Information Theory, 2006, 52(2): 489-509.

［206］ JIN J A, GU Y T, MEI S L. A stochastic gradient approach on compressive sensing signal reconstruction based on adaptive filtering framework［J］. IEEE Journal of Selected Topics in Signal Processing, 2010, 4(2): 409-420.

［207］ YE C, GUI G, XU L. Compressive sensing signal reconstruction using $l_0$-norm normalized least mean fourth algorithms［J］. Circuits, Systems, and Signal Processing, 2018, 37(4): 1724-1752.

[208] ZHANG S H, LIU Y X, LI X A, et al. Fast ISAR cross-range scaling using modified Newton method[J]. IEEE Transactions on Aerospace and Electronic Systems, 2018, 54(3): 1355-1367.

[209] FENG J, ZHANG G. High resolution ISAR imaging based on improved smoothed $l_0$ norm recovery algorithm [J]. KSII Transactions on Internet and Information Systems, 2015, 9(12): 5103-5115.

[210] 李少东, 陈文峰, 杨军, 等. 任意稀疏结构的多量测向量快速稀疏重构算法研究[J]. 电子学报, 2015, 43(4): 708-715.

[211] 彭军伟, 韩志韧, 游行远, 等. 冲击噪声下任意稀疏结构的 MMV 重构算法[J]. 哈尔滨工程大学学报, 2017, 38(11): 1806-1811.

[212] 陈文峰, 李少东, 杨军. 任意稀疏结构的复稀疏信号快速重构算法及其逆合成孔径雷达成像[J]. 光电子激光, 2015, 26(4): 797-804.

[213] CHEN W. Simultaneously sparse and low-rank matrix reconstruction via nonconvex and nonseparable regularization [J]. IEEE Transactions on Signal Processing, 2018, 66(20): 5313-5323.

[214] OYMAK S, JALALI A, FAZEL M, et al. Simultaneously structured models with application to sparse and low-rank matrices [J]. IEEE Transactions on Information Theory, 2015, 61(5): 2886-2908.

[215] PAREKH A, SELESNICK I W. Improved sparse low-rank matrix estimation[J]. Signal Processing, 2017, 139: 62-69.

[216] MALEK-MOHAMMADI M, BABAIE-ZADEH M, AMINI A, et al. Recovery of low-rank matrices under affine constraints via a smoothed rank function[J]. IEEE Transactions on Signal Processing, 2014, 62(4): 981-992.

[217] 盛佳恋. ISAR 高分辨成像和参数估计算法研究[D]. 西安: 西安电子科技大学, 2016.